U0181974

计算材料科学导论
——原理与应用

Introduction to Computational Materials Science
Fundamentals to Applications

〔美〕Richard LeSar 著

姚 曼 唐葆生 黄 昊 译

科 学 出 版 社

北 京

图字：01-2017-2102 号

内 容 简 介

本书着重介绍计算材料科学的基本方法和普遍原理，为材料行为模拟计算提供全面的知识。本书在广泛的尺度上考察材料建模，从电子结构方法到显微组织演化，涵盖从原子尺度到介观尺度的全部关键方法，包括密度泛函理论、分子动力学、蒙特卡罗方法、元胞自动机和相场方法等；对用于材料建模的基本方程，提供详细易懂的解释和总结性的数学背景知识；同时给出内容广泛的附录，包括材料学、经典力学、量子力学、统计热力学和线性弹性等基本背景知识。

本书可作为学习计算材料科学、材料建模与模拟等课程的本科生及研究生的教材或参考书，也可作为有材料模拟应用需求的研究者和工程师的工作参考书。

图书在版编目(CIP)数据

计算材料科学导论：原理与应用 / (美)理查德·莱萨(Richard LeSar)著；姚曼，唐葆生，黄昊译. —北京：科学出版社，2020.9

书名原文：Introduction to Computational Materials Science: Fundamentals to Applications

ISBN 978-7-03-065899-9

Ⅰ. ①计…　Ⅱ. ①理…　②姚…　③唐…　④黄…　Ⅲ. ①材料科学-计算
Ⅳ. ①TB3

中国版本图书馆CIP数据核字(2020)第156576号

责任编辑：裴　育　陈　婕　纪四稳 / 责任校对：王萌萌
责任印制：吴兆东 / 封面设计：蓝正设计

科学出版社出版
北京东黄城根北街 16 号
邮政编码：100717
http://www.sciencep.com
北京中石油彩色印刷有限责任公司 印刷
科学出版社发行　各地新华书店经销
*
2020 年 9 月第　一　版　开本：720 × 1000　1/16
2023 年 1 月第六次印刷　印张：26
字数：520 000

定价：168.00 元

(如有印装质量问题，我社负责调换)

译 者 前 言

计算材料科学是材料科学与工程学科近年来兴起并快速发展的一个新领域。材料建模与计算已成为先进纳米材料、催化材料、能源材料、极端环境服役高性能材料等材料研究和材料工程中不可或缺的重要方法和工具，也是连接理论研究和实验研究的“桥梁”。目前，国内外正在大力提倡“理论设计计算+实验验证”的材料开发新理念，旨在减少新材料冗长的开发周期和巨大的成本。中国、美国、欧洲等大力推进有关材料基因组等计划。这需要大批精通计算材料科学的研究者和工程师参与完成。因此，一本完整全面且易读易懂的计算材料科学入门指南或参考书对于该领域的广泛和深入发展是非常必要的。

计算材料科学通过建立描述材料行为的模型和借助计算机越来越强大的计算能力，来模拟研究材料行为。计算材料科学跨越很大的空间和时间尺度，如电子、原子/分子、显微组织等；涉及很多不同的计算方法，如第一性原理、分子动力学、蒙特卡罗方法、介观方法等，而不同的方法基于的理论是不同的。如何在一本书里将这些看上去独立且难懂、应用时又要互相结合的理论和方法有机地统一在一个体系下，并非易事。作者需要具有均衡深入的知识背景和应用体验。这样的困难可能也是一直没有一本系统完整阐述材料计算理论和方法的理想教材或参考书的重要原因。

译者讲授“计算材料科学”研究生课程多年，深有此感。目前的状况大多是不同理论和方法需要参考不同书籍，然后自行选择学习。国内外近些年出版的类似图书总结起来大致可归纳为两类：一类是物理、化学领域的相关书籍，对于材料研究者不够浅显易懂；另一类是不同研究背景的作者所写的书籍，往往侧重介绍其所熟悉的理论方法，难免有失全面和系统。很高兴看到由剑桥大学出版社出版的 Richard LeSar 教授的著作 *Introduction to Computational Materials Science: Fundamentals to Applications*。该书直接针对材料建模与模拟理论和方法搭建起比较完整的计算材料科学体系，克服了上述相关书籍的不足，是目前不可多得的有关计算材料科学的入门书籍。这就是译者翻译该书的目的所在。

本书翻译初稿，第 1～6 章由姚曼完成，其余章节以及附录由唐葆生完成；全书的最终审核由姚曼和黄昊共同完成。感谢研究生范华伟在书稿编辑、公式和图表修改方面所做的大量烦琐细致的工作。感谢大连理工大学材料科学与工程学院提供的良好工作氛围以及出版经费的支持。

译　者

2018 年 7 月于大连

原书前言

本书主要介绍建立材料计算模型所使用的基本方法，在内容选择上做了许多方面的权衡，包括广度和深度、教学法和细节、主题等方面。写作意图是提供关于这些方法的理论知识，使学生能够由此开始将这些知识应用于材料的研究之中。也就是说，这不是一本关于“计算”的书。本书不讨论如何用特定的计算机语言实现这些方法的细节，有关资源可以在线获取，对此将做少量介绍。

建模与模拟逐渐成为材料研究者工具箱中的关键工具。希望本书有助于吸引和培养下一代材料建模者，并为他们奠定知识基础。

本书的结构

本书适合高年级本科生(学习过统计热力学，至少学习过一些经典力学和量子力学)和研究生阅读。为了反映材料研究的本质，本书涵盖了范围广泛的主题。主题宽泛，但不晦涩深奥。参考文献中给出更详细的教材和讨论，有兴趣的读者可以更深入地研究。对于那些没有材料科学背景的读者，本书在附录 B 中简要介绍了晶体学、缺陷等方面的知识。

本书介绍了多种类型的方法，涉及各种时间和长度尺度。全书分五部分，每部分都有一个特定的主题。例如，第一部分介绍几乎全部模拟中使用的基本方法。第 2 章介绍全书运用的一些重要概念，包括模拟的随机性质。由于书中的每种方法都涉及材料的晶格或网格系统，第 3 章着重介绍计算参数，如晶格能量。

第二部分侧重于原子和分子系统建模。第 4 章介绍计算材料电子结构的基本方法。除了这些方法的应用之外，为了拓展模拟的长度尺度，第 5 章分析和讨论各种类型材料的原子间的相互作用势。第 6 章讨论分子动力学方法，通过解牛顿方程监测原子的运动，使材料的热力学和动力学特性的建模成为可能。第 7 章介绍的蒙特卡罗方法是从热力学角度研究的，它具有极大的灵活性，不仅可以应用于原子系统，而且适用于能量可以由一组变量表达式来描述的任何模型。第 8 章探讨如何将这些思路扩展到分子系统中。

材料科学家与其他领域科学家研究材料的关注点中，一个最重要的不同是，材料科学家把重点放在研究材料的缺陷和缺陷的分布上，涉及的长度和时间尺度范围介于原子尺度和日常物品连续尺度之间。这个长度和时间尺度范围通常称为介观尺度。认识到这一区别，第三部分将讨论延伸到用于介观尺度材料的物理建模方法。第 9 章介绍动力学蒙特卡罗方法，该方法描述系统的演变是基于该系统的基本过程的速率。在第 10 章再次讨论标准蒙特卡罗方法，重点建立微观结构变化模型的通用方法。元胞自动机方法是基于规则的方法，具有很大的灵活性，同时也有一定的局限性，这些将在第 11 章中讨论。计算材料中发展速度最快、最强有力的方法之一是相场方法，它的基础是热力学。第 12 章通过相对简单的应用案例介绍相场方法。第 13 章介绍一系列基于介观动力学的方法，即应用于具有集合变量的系统中的标准动力学方法，这些变量通常表示材料中的缺陷。

第四部分归纳总结了许多本书前面已叙述的观点。集成计算材料工程(ICME)的相关思路在第 14 章中加以阐述。这是一个全新的领域，通过集成实验和计算，可以加速材料开发。同时，介绍材料信息学的基本思路，并对其在 ICME 中的重要作用加以讨论。

第五部分附录提供了一系列与本书内容相关的背景知识，涵盖了广泛的主题，如经典力学、电子结构、统计热力学、速率理论和弹性理论等。

书中不涉及任何连续体层面的建模，如有限元法、热或流体流动等。这并不代表我对这些内容不感兴趣或者它们在材料科学与工程中不重要，而仅仅是因为本书的篇幅有限。

计算

本书既包括材料模型的建立，也包括这些模型的利用，只是后者需要借助计算机计算来实现。本书介绍了一系列用于这类计算的数值方法，读者要想完全理解书中介绍的各种模型方法的局限性，需要具有这些数值方法的应用知识。

也就是说，本书不是一本关于计算机编程的书，因此未介绍有关这些方法和算法如何用计算机程序实现的细节。但是，本书涉及的示例算法可在网站 https://www.cambridge.org/lesar 上获取，那里对各种方法的实现进行了一定程度的细致讨论。这些代码基于商业平台 MATLAB®和 Mathematica®，而这些平台在许多大学都可以获取，它们足够强大，可以用来展示本书的例子，而且足够直观，其编程易于理解，且示例需要的图形处理能力一般都内置其中。需要注意的是，示例应用程序可能是未经过很好优化的计算机代码，因为这些代码虽清晰地列出但不一定有效。对于想要获得更丰富经验的学生，建议基于本书所介绍的算法来创建自己的代码。

学习计算模拟最好的方法就是动手做计算。鼓励广大读者使用网站 https://www.cambridge.org/lesar 上的计算机代码进行这些类型的模拟。模拟对于理解这些方法是极其重要的，而且我常常发现，与阅读相比，学生更喜欢做运行计算。

致谢

在过去的一段时间里，许多人阅读了本书的部分章节，提出了非常好的改进意见。特别感谢 Chris van de Walle、Tony Rollett、Simon Phillpot、Robin Grimes、Scott Beckman、Jeff Rickman 和 Alan Constant 等细心地阅读本书的有关章节，并提出建设性的意见。他们的评论对本书有很大帮助。当然，由于我能力有限，书中难免存在疏漏和不足之处。

本书源自我在美国加利福尼亚大学圣巴巴拉分校材料系讲授的一门关于计算机建模的课程，那时候我还是洛斯·阿拉莫斯国家实验室的一名技术人员。感谢 David Clarke 教授，当时他作为加利福尼亚大学圣巴巴拉分校材料系主任，邀请我和他一起共事，讲授计算机建模课程。同时感谢我在洛斯·阿拉莫斯国家实验室工作时的领导，是他的宽容使我得以定期地离开实验室，来到加利福尼亚大学圣巴巴拉分校授课。还要感谢艾奥瓦州立大学材料科学与工程系的各位同仁，在完成本书的过程中，对我给予的耐心配合。此外，感谢所有在我完成本书撰写过程中做出贡献的人。

目　录

第二部分　原子和分子

第三部分　介 观 方 法

第1章　材料建模和模拟导论

随着计算机计算速度的不断提高和价格的不断下降，以及许多应用软件可用性的不断增强，材料的计算建模和模拟已经从完全由专家掌握逐渐发生转变，那些并不把建模作为主要工作而是作为一种辅助手段的人也能够接触到。进入材料建模和模拟领域门槛降低的这一变化，带来了激动人心的新机遇，利用计算模型极大地推进了材料和材料加工的开发和完善。

本书的目的不是“制造”专家，实际上，在本书中仅仅用几页介绍的主题，常常需要一整本书进行详细论述。因此，从设计上讲，本书是一本导引性著作，略去了许多有关实现的详细细节。本书将介绍计算材料科学与工程(computational materials science and engineering, CMSE)的主要特点及发展可能性，并讨论其应用，以推动材料的发现、开发和应用。

1.1　建模与模拟

在开始讨论材料的建模和模拟之前，认真地考虑一下有关术语是必要的。“模型”或“模拟”到底是什么意思？两者有哪些不同？更精确地定义这些术语，将有助于本书问题的讨论。

模型(model)是真实行为的理想化，也就是说，它是基于某种经验性和/或物理推理的近似描述。一个模型常常起始于一组概念，然后被转化成数学形式，由此可以从中定量计算出一些性质或行为。一个理论和一个模型的区别在于，在建立模型时，其目的是在一定的精度内使真实行为理想化，而不是绝对真实的基本原理描述。

模拟(simulation)是研究所建立模型系统对外力和约束的响应。进行模拟就是对模型施加输入和约束条件来模拟真实事件。对于模拟，要记住的一个关键点就是它们是基于模型的。因此，模拟不代表现实，而只是现实的模型。

对于试图模拟的真实系统，模拟精度取决于多种因素，有些因素与模拟方法本身相关，如数值求解方程组的精度。然而，模拟精度是与模型对真实系统描述的优劣相关的，模拟的最大误差通常是由模型的不足引起的，因此，绝不可以将模拟与基本模型相分离。

本书既研究模型，也讨论模拟。本书将详细讨论如何模拟特定材料的行为、如何建立和理解模型及其局限性，还将详细介绍许多常用的模拟方法，指出在开发精确的数值方法时必须解决的一些关键问题。

1.2 计算材料科学与工程

最普遍的意义上来说，计算材料科学与工程通过计算机建模和模拟的方式来了解和预测材料的行为。在实践中，通常对计算材料科学和计算材料工程加以区别，前者的目标是使人们更好地了解和预测材料的行为，而后者的重点在于材料的实际应用，尤其是着重于产品。请注意，这种区分有些随意和不确切，因为两者的基本方法一般是相同的，不同的是这些方法的应用有不同的目标。对于本书关注的重点是方法，而不是有关科学和工程之间的区别。

人们运用计算材料科学与工程有多种目的。例如，采用一个简单的模型，在一定程度上体现系统的基本物理行为，通过对模型的研究对一个过程或性质的现象进行描述。这种计算的目的通常是寻求理解，而不是用一种准确的方式来描述行为。例如，建模者可以仅留下一个感兴趣的物理过程，而剔除所有其他过程，将所有关注点都集中于这一过程对行为的作用，从而进行一个“干净的实验”——某种终极的思想(gedanken)实验。另外，也可以以预测特定材料的某些特性或行为为目的，开发出更详细的模型和方法，如预测一个新合金的热力学行为或一个掺杂陶瓷的力学性能。这类计算所依赖的模型既可以是复杂的，也可以是简单的，它取决于研究的实际目标和计算期望的精度。这两种类型的材料建模都是常见的，都将在本书中加以介绍。

当计算材料科学与工程和实验有很强的关联时，它是最强大的。简单来说，实验数据可以用来验证模型的准确性和考察基于该模型进行计算的精度。然而，当一起使用二者来探究实验无法看到的现象时，计算材料科学与工程可以提供对材料系统更深入的理解，这是单独通过实验所无法企及的。建模也能够预测行为，无论是在完全没有实验数据的条件下，还是在如下情形下：系统具有众多的参数，实施所有可能的实验是不现实的。事实上，在最佳的情形下，计算材料科学与工程和实验是平等的伙伴。

1.3 材料结构和行为的尺度

材料的建模和模拟是具有挑战性的，这在很大程度上是因为支配材料响应的长度和时间尺度范围极大。支配一种现象的长度尺度的跨度可能从原子的纳米级到工程结构的米级。类似地，重要时间尺度的范围可以从原子振动的飞秒到材料产品服役的数十年。假如物理过程遍历上述范围的每一个尺度，没有任何单一的技术能适用于所有尺度，这一点是不应该令人惊讶的。因此，人们已经开发出很多方法，而每种方法集中在一组特定的物理现象，并在给定的长度和时间尺度内适用。本书将叙述这些方法中一些最重要的背景知识。

这里以晶体材料的力学行为(Ashby, 1992)为例列出了一些力学行为重要的长度和时间尺度，如表 1.1 所示。对材料的其他行为也可以编制类似的表。

表 1.1　材料科学中的长度和时间尺度(Ashby, 1992)

单元	长度尺度	时间尺度	力学方法
复杂结构	10^{3}m	10^{6}s	结构力学
简单结构	10^{1}m	10^{3}s	断裂力学
元件	10^{-1}m	10^{0}s	连续介质力学
晶粒微观组织	10^{-3}m	10^{-3}s	晶体塑性
位错微观组织	10^{-5}m	10^{-6}s	微观力学
单一位错	10^{-7}m	10^{-9}s	位错动力学
原子	10^{-9}m	10^{-12}s	分子动力学
电子轨道	10^{-11}m	10^{-15}s	量子力学

注：第一列为在每个尺度下的重要结构单元，第二列和第三列分别为近似的长度和时间尺度，第四列为用于模拟材料力学行为的方法。

表 1.1 中第一列列出了基本结构的“单元”，其行为支配材料在特定的长度和时间尺度上的响应①。在最小尺度下，“单元”代表固体中的电子；在最大尺度下，“单元”表示某类复杂结构(如飞机的机翼)。这两者之间的尺度，对应的是与所列尺度相关的其他重要结构，如原子、位错、晶粒等。

例如，通常在微米到毫米的尺度范围内，材料的主要结构特征是晶粒，这些晶粒的总体行为在该尺度下对材料的力学响应起主导作用。当然，晶粒的变形行为取决于位错，位错取决于原子，原子取决于键合。因此，在各个尺度下的行为取决于在更小的尺度下发生了什么。在一组晶粒变形的模型中，尽管可能会清楚地包括位错(和原子、电子)，但更有可能是建立一个以某种平均方式反映位错(和原子、电子)行为的模型。这样的模型将在晶粒级别上描述力学行为(通常称为“晶体塑性”)。

在表 1.1 中，每个尺度所反映的行为均是由其结构“单元”所决定的，由它自己的一组模型来描述。例如，考虑从 1Å 至 100μm(10^{-10}～10^{-4}m)长度尺度的范围，在其最小尺度下，原子之间的键合支配着原子的行为。当然，键合来自基本的电子结构，对它的描述需要使用能够计算电子分布的方法，理解这类方法需要了解量子力学，这将在第 4 章中简要叙述。在稍微大的尺度下，需要考虑许多原子的行为。虽然可以用电子结构的方法来描述键合，但是一般来说这些方法非常复杂，必须用某种经验的或近似的函数对键合进行近似处理，这类函数称为原子间相互作用势，将在第 5 章中讨论。因此，原子间相互作用势是原子之间相互作用的模型。要了解

① 如果对这些术语不熟悉，请参阅附录 B 中有关材料的简要介绍。

原子的行为，必须模拟它们的行为，可以用各种原子模拟的方法来进行，如分子动力学方法(第 6 章)或蒙特卡罗方法(第 7 章)。如前面所讨论的，如果使用原子间相互作用的模型，那么其实不是在模拟材料，而仅仅是模拟材料的模型，所以得到的结果仅在该模型所代表的真实相互作用范围内是有效的。

在更大的尺度下，有太多的原子要去考虑，所以必须找到新的办法，着眼于占主导地位的“单元”。这些单元可以是位错、晶界或其他一些缺陷，其模拟是基于这些缺陷作为基本单元的。受缺陷支配的长度尺度通常称为介观尺度。什么是“介观尺度”，尚没有明确的定义。在本书中，它所描述现象的长度和时间尺度，可介于原子尺度和那些通过连续的理论进行描述的尺度之间。本书第三部分将介绍一些介观尺度的建模方法。

正如将会看到的，虽然这里介绍的许多模拟方法已经在拓展长度尺度方面跨越了一大步，但是这些方法描述时间尺度的能力与实验室测量的量级相比，往往还受到很大的限制。例如，用来描述原子运动的分子动力学方法，其基本的时间尺度在 10^{-14}s 量级，即使是超过几纳秒的原子模拟都极具挑战性。因此，对于某些问题，即使有能够描述长度尺度的方法，人们往往还必须寻找到新的方法，以便涵盖感兴趣的时间尺度。

1.4　如何开发模型

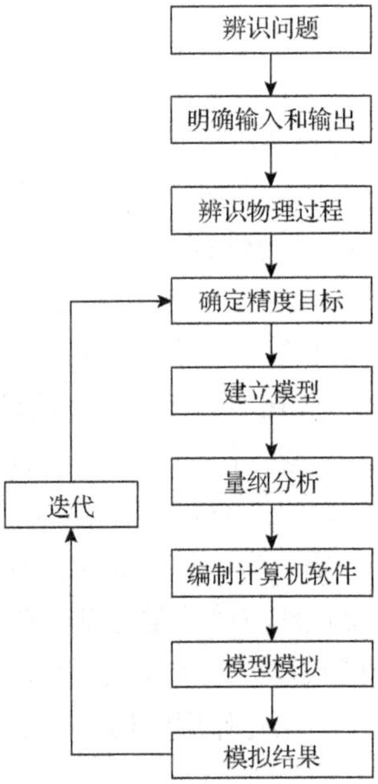

图 1.1　开发模型的步骤(Ashby, 1992)

对于任何计算材料的项目，第一步也是最重要的一步就是建立模型，在感兴趣的长度和时间尺度上描述材料的性质。这里介绍建立模型的逻辑步骤。本节的讨论基于 Ashby(1992)的一篇非常有价值的文章，该文章中阐述了材料模型开发和验证的系统化流程，并提出了模型建立的流程图。图 1.1 为以稍微简化的形式重新绘出开发模型的步骤。

开发模型的第一步是辨识问题(图 1.1 顶部)，这似乎是显而易见的。但是建立模型经常误入歧途，因为在开始建模时，对到底要建立一个什么样的模型，研究者往往实际上并没有清晰的思路。这种类型失误的产生，可能源自对问题的理解不够好，或者是对模型要实现的目标考虑得不够清楚。

问题确定之后，开发模型的下一步是明确

模型将产生什么信息以及有什么现成的信息能够在模型中使用，也就是说，要明确输出和输入。这一步骤是至关重要的，也是常常未被研究透彻的。忽略重要的信息，要么使模型质量低劣，要么使模型过于复杂，甚至两种情况同时出现，从而为后续的模拟带来了问题。

接下来是辨识物理过程，这常常是建模工作中最具挑战性的部分。研究者可能不掌握所研究问题基本现象的全貌。在这一步骤中，通常做法是建立一个较小尺度的模型，通过研究较小尺度模型，帮助识别在较大尺度下潜在的物理过程。仔细研究实验数据和趋势，也能使人们对物理过程的理解更加清晰。

辨识问题、明确输入和输出、辨识物理过程，这些构成了模型开发的实际工作框架，与此同时，确定模型所需要的质量也是十分重要的。模型不应比特定问题的实际需要更加复杂。追求模型的完美通常会导致模型极度复杂，当不得不“考核”模型时，即基于该模型进行实际计算，会出现困难。

建立模型之后，要进行量纲分析，这一简单的工作常常会让我们发现模型可能在哪里出现错误。量纲分析是基于物理量的量纲来检查参量之间关系的方法。物理学中的一个简单结论就是任何方程的左侧和右侧必须具有相同的量纲。检查量纲是否相同是量纲分析的基本步骤。对于量纲分析在模型检查上的价值以及作为一个有助于组变量(group variable)的工具，怎么强调都不过分。为什么是组变量？这将在后面可以看到，两个看起来非常不同的模型，在整理成相同的形式时，就显现出非常相似的特性。认识这样的相似性，有助于避免大量不必要的精力浪费。

除非用模型做些什么，否则它们是无用的，这通常需要通过执行某种类型的计算机程序来实现。这一步常常会对模型的形式产生重要影响。如果模型无法实施或者需要使用太多的计算时间，那么模型是无效的。因此，往往要在模型的期望精度及其在计算中的实际可行性之间取得平衡。

编制好程序之后，下一步是 CMSE 的真正关注点，也就是利用模型计算具体问题，即核对模型的有效性。这是一个起验证作用的步骤，将模型的预测结果与现有的实验数据、理论等进行比较，以评估模型质量、适用范围、参数敏感性等。人们经常使用比较的结果来调整模型，使其更准确和有更好的鲁棒性。从这一步再返回建模阶段并不少见，通过调整模型的形式以更好地满足计算的需要。自然地，建立模型的目的就是使用该模型来计算一些材料的性质和作用。到底要计算“什么”，取决于提出的问题。值得指出的是，本步骤的关键是展示结果，以反映重要特征。

本书在建立模型时将经常使用图 1.1 所示的流程。尽管很少明确提及所建模型与这些步骤的关联，但它们将一直贯穿于本书的建模和模拟的全过程。

在结束建立模型的讨论之前，要强调核查与验证(verification and validation, V&V)过程的重要性。验证是评估模型对一些行为描述的质量，核查是一种确保计算机软件实际计算的，即预先计划的过程，目标是模拟材料的响应。要确保所做的是精准的，既需要有优异的模型，又需要妥善地将模型用计算机代码实现。很多时候，这些过程中的一个或两个被偷工减料，都会导致模拟结果较差。如果要用基于模型模拟的结果进行工程决策，那么核查和验证过程至关重要。

1.5 本章小结

计算材料科学与工程是一个能力和重要性都在不断提升的领域。本书的目的是向读者介绍有关用于模拟材料行为最重要方法的基础知识。本书不刻意去“制造”专家，而是作为进入这个十分令人振奋的领域里的初级入门书籍。

第一部分　基 础 知 识

第 2 章　无规行走模型

在介绍更复杂的方法之前，先介绍一个材料过程的基本模型，即扩散的无规行走(random walk)模型。无规行走模型是材料研究中最简单的计算模型之一，有助于介绍许多有关计算机模拟的基本思路。不仅如此，虽然无规行走模型简单，但是对于描述原子在固体中扩散这个材料学中最重要的过程之一，它是一个很好的起点①。

2.1　扩散的无规行走模型

扩散是原子在与系统中其他原子相互作用的影响下从一个阵点位置到另一个阵点位置的运动。一般来说，与其振动周期相比，原子处于一个阵点位置的时间很长。原子由一个阵点位置快速过渡到另一个阵点位置的现象，称为跃迁(jump)。描述这个过程需要更深入的知识，而现在尚不具备(当然，在后面的章节中会有所介绍)，因此，本章采取忽略所有原子级细节的方式，只把重点放在非常简单的无规行走模型上。

下面研究一个简单的例子，即单个原子在表面上移动，假设这个表面由正方形格子上的阵点组成，阵点的最近邻距离为 a。当原子在格子上进行一系列的由一个阵点位置随机地跃迁到另一个阵点位置时，就发生扩散，如图 2.1 所示。通

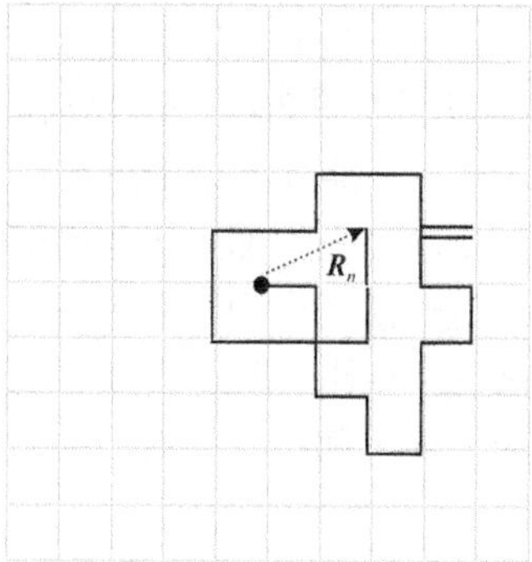

图 2.1　在正方形格子上，无规行走中的前 27 次跃迁
($n = 27$，如式(2.1)的定义)

① 附录 B.7 对扩散进行了简要介绍，更多知识请参阅本章结尾列出的推荐读物。

过考虑扩散原子和底层固体之间相互作用的能量，就能够理解扩散的基本物理过程。如图 2.2(a)所示，原子在其中的一个势阱的底部周围振动，直到它在一个方向上有足够的能量，它就能够跃迁到相邻的阵点位置。阵点间沿最小能量路径的能量面示意图如图 2.2(b)所示。

(a) 原子与表面的相互作用势，显示低能量势阱之间的势垒

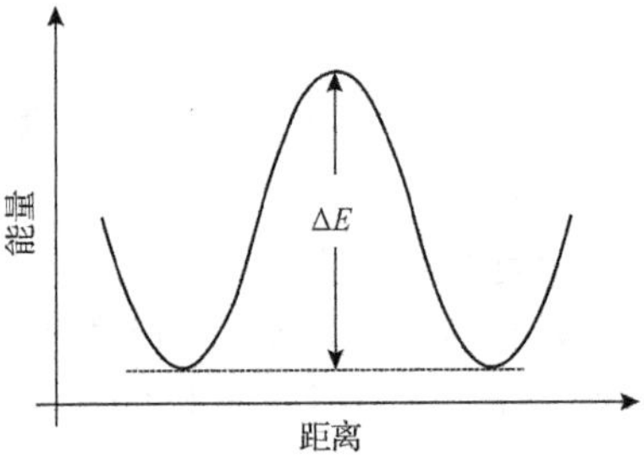

(b) 两个势阱之间的势垒示意图

图 2.2　原子与表面的相互作用

不能预先确定原子什么时候会跃迁，也不能预测它会跃迁到相邻的哪个阵点位置上，这是一个随机过程①。根据动力学知识②和阿伦尼乌斯方程，已知跃迁速率 k_{jump}(单位为跃迁次数/时间)，原子从一个阵点位置跃迁到另一个位置取决于势垒高度，这个过程通常称为激活过程(activated process)。观察图 2.2(a)可以看到，一个阵点位置和第二近邻之间的势垒比原子和其最近邻阵点位置之间的势垒要高出很多。相对于跃迁到某个最近邻阵点的速率，原子跃迁到第二近邻阵点位置的速率将是非常低的，因此只需要考虑最近邻的跃迁。

假设初始时原子处于正方形格子上的某个点，为了方便，设这个阵点为(0,0)，它可以随机跃迁到四个最近邻中的一个，这四个最近邻分别位于(0,1)a(上)、(0,−1)a(下)、(1,0)a(右)、(−1,0)a(左)③。阵点上的原子可以随机地向左、向右、向上或向下跃迁，并重复这个过程，直到它的跃迁达到一定的次数(如 n 次)。如果追溯它在格子上的跃迁，这个过程如图 2.1 所示。它在空间上往来的路径通常称为轨迹(trajectory)。如图 2.1 所示，在路径的某个点上，它转身折返，而在另一个点上，它跨越以前的轨迹，即对于轨迹在平面上走向的变化，完全没有限制。由于所有的跃迁在方向上是随机的，这一跃迁序列通常称为无规行走。如果把原子重新放回原点，再开始走一遍，与图 2.1 相比，跃迁序列的轨迹看起来可能会有很大的不同，因为每次跃迁都是从四个方向上随机选择的。原子在格子上随机地从一个阵点

① 随机过程是随机确定的，具有随机概率分布模式，可以进行统计学分析，但除平均方式外是不能预测的。本书中会遇到许多随机过程。

② 关于动力学速率理论的简要介绍，请参阅附录 G.8。

③ 使用矢量记号 $\mathbf{r}$ 表示矢量，描述跃迁的位置 $(x, y)a$ 表示在正方形晶格上沿 $\hat{x}$ 方向移动距离为 ax 和沿 $\hat{y}$ 方向移动距离为 ay。用黑体字表示所有的矢量。关于矢量的介绍见附录 C.1。

位置跃迁到相邻阵点位置这一思路，是非常简单的扩散模型基础，所需要知道的就是晶格(及其晶格长度)和跃迁速率，这里假定已经以某种方式得到了跃迁速率。这些量是模型的输入量(见 1.4 节)。要定义输出还需要更多的努力。

这里的目标是计算原子在扩散中的运动，因此需要追踪其位置。由于假定这些都是不相关的随机过程事件①(将在后面重新考虑这一假设)，可以考虑每次跃迁都是随机事件，以平均跃迁速率 k_{jump} 进行跃迁，也就是说，在平均意义上，单位时间内跃迁 k_{jump} 次。

由于跃迁的原点是任意的，如果假设时间 $t=0$，那么原子起始于点(0,0)是最简单的。第一次跃迁后的位置设定为 $\boldsymbol{r}_1$，它是随机选择的四个最近邻中的一个。第二次跃迁后的位置是阵点位置 1 最近邻之一。同样，不知道它从阵点位置 1 跃迁到四个方向中的哪一个最近邻。重复这一过程，则会产生一个跃迁序列。第 n 次跃迁后的位置用 $\boldsymbol{R}_n$ 表示，它是序列中每一次跃迁的矢量和：

$$\boldsymbol{R}_n = \boldsymbol{r}_1 + \boldsymbol{r}_2 + \cdots + \boldsymbol{r}_n = \sum_{k=1}^{n} \boldsymbol{r}_k \tag{2.1}$$

即 $\boldsymbol{r}$ 的四种可能性的 n 次随机选择组合。

现在已掌握了扩散的无规行走模型的基础。利用这种方法，可以追踪原子的运动，如原子会如何在表面上扩散。多次考察无规行走，会发现扩散是一个随机过程，每次跃迁序列都会沿着表面产生一个不同的路径。这就需要检验无规行走模型是否是一种能够合理地描述实际扩散的方法。要做到这一点，需要把模型输出结果的量值与可以检测的量值关联起来。显然，对于扩散，这个量应是扩散系数。

2.2　与扩散系数的关联

1. 均方位移

统计物理学的一个经典结果是扩散系数与均方位移有关，其关系式为

$$D = \frac{1}{6t} \langle R^2 \rangle \tag{2.2}$$

式中，t 为时间；$\langle R^2 \rangle$ 为均方位移②；D 为扩散系数，D 是适用于宏观时间尺度的。从原子尺度看，t 为很长的时间。但正如所知，在一般情况下，扩散系数 D 是与时间无关的，因此式(2.2)隐含了有关 $\langle R^2 \rangle$ 的十分重要的性质，也就是说，它必须是

① 如果事件之间既不相互影响也不相互依赖，那么两个事件就是不相关的。

② 下文中，符号〈 〉代表平均值。

与时间呈线性关系的，即$\langle R^2\rangle \propto t$。下面将看到这对无规行走是成立的[①]。

图 2.1 给出了在正方形格子上一个二维无规行走的跃迁次序示意图。按照式(2.1)的定义，跃迁 n 步后，原子从它的起始位置(0,0)行走的距离为矢量 $\boldsymbol{R}_n$ 的长度。该距离称为位移(displacement)，是 $\boldsymbol{R}_n$ 与其自身点积的平方根，即

$$R_n = \sqrt{\boldsymbol{R}_n \cdot \boldsymbol{R}_n} \tag{2.3}$$

行走距离的平方(即位移的平方)就是 R_n 的平方，即

$$R_n^2 = \boldsymbol{R}_n \cdot \boldsymbol{R}_n \tag{2.4}$$

假设生成另一个次数相同的随机跃迁序列。这个新的序列与图 2.1 中的类似，但并不相同。在第 n 步后，R_n^2 也与第一个序列不同。如果生成 N 个跃迁序列(每一个序列跃迁的次数相同)，那么将得到 N 个 R_n^2 值。均方位移$\langle R_n^2\rangle$是对所有 N 个序列的 R_n^2 求平均。

能够通过一些简单的代数运算解析地计算出均方位移，并且与有关求平均值的思想方法相结合，这就是无规行走模型的完美所在。合并式(2.1)和式(2.4)，n 次跃迁后的位移为

$$R_n^2 = \boldsymbol{R}_n \cdot \boldsymbol{R}_n = \left(\boldsymbol{r}_1 + \boldsymbol{r}_2 + \cdots + \boldsymbol{r}_n\right) \cdot \left(\boldsymbol{r}_1 + \boldsymbol{r}_2 + \cdots + \boldsymbol{r}_n\right) \tag{2.5}$$

在做点积时，$\boldsymbol{r}_1+\boldsymbol{r}_2+\cdots+\boldsymbol{r}_n$ 中的每一项都将与自己本身相乘一次，所以有 $r_1^2 + r_2^2 + \cdots + r_n^2$ 的项。为了简化公式，采用求和记号(见附录 C 中的式(C.9))，将上述的和写成 $\sum_{k=1}^{n} r_k^2$。每个不同下标的点积项，即当 $j \neq k$ 时 $\boldsymbol{r}_j$ 和 $\boldsymbol{r}_k$ 之间的项，它们的乘积将出现两次，因此还将有 $2\boldsymbol{r}_1 \cdot \boldsymbol{r}_2 + 2\boldsymbol{r}_1 \cdot \boldsymbol{r}_3 + \cdots + 2\boldsymbol{r}_2 \cdot \boldsymbol{r}_3 + \cdots + 2\boldsymbol{r}_{n-1} \cdot \boldsymbol{r}_n$ 的项。后面一组的各项是相当烦琐的，但是可以利用求和公式把各项归拢并进行简化，把这些项写成短式，即

$$\begin{aligned}\sum_{k=1}^{n-1} \sum_{j=i+1}^{n} \boldsymbol{r}_k \cdot \boldsymbol{r}_j = &\left(\boldsymbol{r}_1 \cdot \boldsymbol{r}_2 + \boldsymbol{r}_1 \cdot \boldsymbol{r}_3 + \cdots + \boldsymbol{r}_1 \cdot \boldsymbol{r}_n\right) \\ &+ \left(\boldsymbol{r}_2 \cdot \boldsymbol{r}_3 + \boldsymbol{r}_2 \cdot \boldsymbol{r}_4 + \cdots + \boldsymbol{r}_2 \cdot \boldsymbol{r}_n\right) \\ &+ \left(\boldsymbol{r}_3 \cdot \boldsymbol{r}_4 + \boldsymbol{r}_3 \cdot \boldsymbol{r}_5 + \cdots + \boldsymbol{r}_3 \cdot \boldsymbol{r}_n\right) \\ &+ \cdots + \boldsymbol{r}_{n-1} \cdot \boldsymbol{r}_n\end{aligned}$$

这样，位移矢量的平方为

① 这是一个非常有用的量纲分析的例子。了解到均方位移对时间有依赖关系，就是从看时间在式(2.2)中各个项中的量纲得出的。

$$R_n^2 = \sum_{k=1}^{n} r_k^2 + 2\sum_{k=1}^{n-1}\sum_{j=i+1}^{n} \boldsymbol{r}_k \cdot \boldsymbol{r}_j \tag{2.6}$$

对于正方形格子，所有跃迁的长度都是相同的 $(r_k = a)$，所以 $r_k^2 = a^2$。基于点积的定义，$\boldsymbol{r}_i \cdot \boldsymbol{r}_j = r_i r_j \cos\theta_{ij} = a^2 \cos\theta_{ij}$，其中 θ_{ij} 为两个矢量 $\boldsymbol{r}_i$ 和 $\boldsymbol{r}_j$ 之间的夹角。因为在第一个求和公式中有 n 项，每个值均为 a^2，这个和的值为 na^2。将其代入式(2.6)中(并将 n 从求和公式中提取出来)，得到位移矢量平方的公式形式为

$$R_n^2 = na^2\left(1 + \frac{2}{n}\sum_{k=1}^{n-1}\sum_{j=i+1}^{n} \cos\theta_{kj}\right) \tag{2.7}$$

为了计算扩散系数，需要计算许多无规行走跃迁序列 R_n^2 的平均值，要知道，各个序列中的每一次跃迁 $\boldsymbol{r}_k$ 都是随机移动到最近邻阵点位置的。因为一个常数的平均值就是这个常数值本身，所以对式(2.7)中的 R_n^2 求平均值，其表达式可以表示为

$$\langle R_n^2 \rangle = na^2\left(1 + \frac{2}{n}\left\langle \sum_{k=1}^{n-1}\sum_{j=i+1}^{n} \cos\theta_{kj} \right\rangle\right) \tag{2.8}$$

求平均所采取的方式是对许多独立的跃迁序列一步一步进行的。对于每一步，无论是向左、向右，还是向上、向下，都有同样多的机会。因此，对所有 $\cos\theta_{kj}$ 的平均必定等于 0，第二项就消失了(只要系统是对称的，这个项就会消掉)。预测得到一个十分简单的结果，就是

$$\langle R_n^2 \rangle = na^2 \tag{2.9}$$

也就是说，均方位移和跃迁次数之间存在着线性关系。这个关系与所使用格子的类型无关，也与是否是在一个、两个或三个(或任何数量的)维度中的无规行走无关。

式(2.9)是一个非常简单的关系式，在无规行走中，表示出均方位移是如何与跃迁的次数相关的。时间相关性可以通过跃迁发生的跃迁速率 k_{jump} (跃迁次数/时间)来得到。这样，n 次跃迁的平均时间为 $t = n / k_{\text{jump}}$，所以有

$$\langle R_n^2 \rangle = k_{\text{jump}} a^2 t \tag{2.10}$$

正如在量纲分析中所预期的，均方位移与时间具有线性相关性。

根据式(2.2)，可得扩散系数

$$D = \frac{k_{\text{jump}} a^2}{6} \tag{2.11}$$

需要注意的是，实际上还不能计算 D，因为没有跃迁速率 k_{jump} 的数值。如果能够以某些其他方式确定 k_{jump}，那么就能对扩散系数做一个简单的预测。

只有在无规行走的条件下，逐次跃迁的方向之间没有相关性，式(2.11)才是完全成立的。在真实的系统中，当一个原子跃迁到一个新的阵点位置时，新阵点位置周围和先前阵点位置周围的那些原子将有所松弛，使位置稍微改变，因此，原子就可能会有跃迁回到它们先前阵点位置的一个轻微倾向。

在简单的无规行走模型中，不考虑这类相关运动。可以通过引入一个比例系数 f，近似地修正此类相关运动，使得

$$D = \frac{k_{\text{jump}} a^2}{6} f \tag{2.12}$$

式中，无规行走模型的 $f = 1$，而大多数真实系统的 $f < 1$。

本节介绍的模型是针对一个非常简单的问题——沿着表面的原子扩散。更令人感兴趣的是，原子在固体中扩散这个重要的问题。然而，在做这项工作之前，还需要计算另外一个量，为扩散问题提供一些补充和说明信息。

2. 端距概率分布

无规行走模型非常简单。通过该模型不仅能够求出均方位移，而且可以得出无规行走序列的解析表达式。例如，表征许多无规行走平均行为特性的一个重要的量就是概率分布函数，也就是一个原子在 n 次跃迁后的终端位置相对于其初始位置的矢量概率分布(见附录 C.4)。这个量被称为端距概率分布(end to end probability distribution)，记为 $P(\boldsymbol{R}_n)$，显式地表示为矢量 $\boldsymbol{R}_n$ 的函数。在这里不介绍如何推导出 $P(\boldsymbol{R}_n)$，而只是讨论它的一些性质。

在给出 $P(\boldsymbol{R}_n)$ 的表达式之前，来思考一下它的含义。方便起见，假设有一个原子正在一维表面沿着 x 轴扩散，起始位置为 $x = 0$。沿着轴线在任何一次跃迁中，它可以向右或向左移动 1 个阵点位置，其概率是相等的，阵点位置之间的距离为 a。经过 n 次跃迁后，它将达到的位置为 x_n。现在，假设生成了许多等价的随机轨迹(跃迁序列)。n 次跃迁后，在其中一条轨迹中，x 轴某位置上的原子位于它初始位置的左侧或右侧的概率相等。如果对足够的轨迹求平均[①]，能够确定原子位于格子 x_n 的可能性(概率)。

① 在本章的后面将讨论这里所说的“足够”是什么含义。

由于 x_n 可以是正的或负的，对许多条轨迹求平均将趋向于将 x_n 抵消掉，发现最大概率出现在 $x_n=0$ 处。完整的分析表明，在沿着 x 轴的无规行走中，x_n 的概率由式(2.13)给出：

$$I\left(x_n\right)=\left(\frac{3}{2\pi na^2}\right)^{1/2}\exp\left(-\frac{3x_n^2}{2na^2}\right) \tag{2.13}$$

$I\left(x_n\right)$ 所示函数形式称为高斯分布(Gaussian distribution)函数，如图 2.3(a)所示，在本书中会经常遇到。其峰值出现在 $x_n=0$ 处，而在 x_n 非零时沿正和负两个方向迅速变为零。这个函数从平均意义上说明了原子无规行走将在某处结束的概率，但是不能提供任何有关个体轨迹的直接信息。例如，可以看到，出现直的轨迹的 $I\left(x_n\right)$ 是微乎其微的，这里的 $x_n=na$（在图 2.3(a)的情形下，$n=100$，$a=1$，$I\left(x_n=na\right)\sim \mathrm{e}^{-150}$）。但这并不意味着在一维无规行走中出现直的轨迹是不可能的，只是可能性非常小。

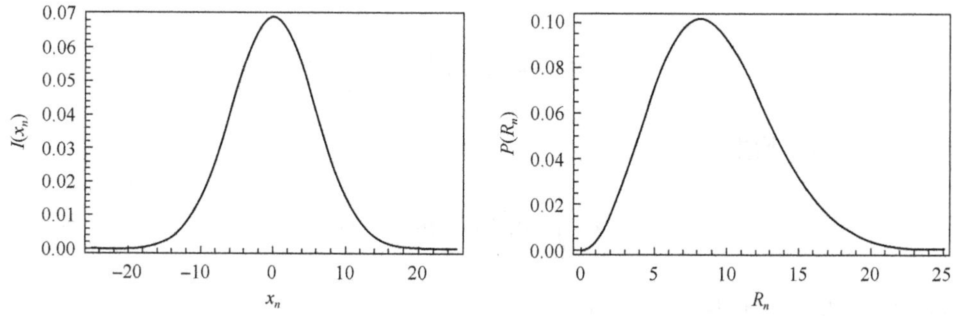

(a) 在n步随机跃迁后，距离起点为x_n的概率$I(x_n)$　(b) 端距为R_n的概率分布$P(R_n)$

图 2.3　端距分布函数（$a=1$，$n=100$）

事实证明，关于 $I(x_n)$ 的表达式是近似的。式(2.13)中的高斯函数快速地趋向于零，但实际上在 $x\to\infty$ 前并没有达到零。因此，式(2.13)所示的表达式具有有限的(尽管非常小)概率，使得端距实际上大于总长度(即 $x_n=na$)，当然这是不可能的。在任何实际意义上说，高斯分布是“精确”的。

在三维中，概率分布的形式为

$$P\left(\boldsymbol{R}_n\right)=I\left(x_n\right)I\left(y_n\right)I\left(z_n\right) \tag{2.14}$$

式中，$\boldsymbol{R}_n=\left(x_n,y_n,z_n\right)$，其中 $I\left(y_n\right)$ 和 $I\left(z_n\right)$ 的表达式类似于式(2.13)。$P\left(\boldsymbol{R}_n\right)$ 给出的是矢量 $\boldsymbol{R}_n$ 位于 $\left(x_n,y_n,z_n\right)$ 位置上的概率。对于扩散路径的端距，一个更有用途的量是描述扩散路径端矩的概率分布，来量度经过 n 步后原子扩散有多远。因为 $\boldsymbol{R}_n$ 是矢量，所以 $P\left(\boldsymbol{R}_n\right)$ 包括了确定端距所不需要的角度信息。需要通过求平均

来消掉这些角度，即通过坐标变换将 $P(\boldsymbol{R}_n)$ 中的 (x_n, y_n, z_n) 变为球面极坐标，并对所有的角度求积分。这样做后，就会发现端距的概率分布为

$$P(R_n) = \left(\frac{3}{2\pi n a^2}\right)^{3/2} 4\pi R_n^2 \exp\left(-\frac{3R_n^2}{2na^2}\right) \tag{2.15}$$

如图 2.3(b) 中所示。

请注意图 2.3 中 $I(x_n)$ 和 $P(R_n)$ 之间的差异。R_n 是一个距离，因此总是大于或等于零。$P(R_n)$ 说明在一个 n 次跃迁序列中，端距的最大概率出现在 $P(R_n)$ 曲线峰值处，其中 $R_n > 0$。具有解析表达式是很方便的，因为可以通过求函数的极大值求出峰值概率的值。为了求得这个值，对 $P(R_n)$ 求关于 R_n 的导数，并令这个导数等于零，从而得到峰值概率的距离 $R_n^{\max}$。本例中，$R_n^{\max} = \sqrt{2n/3}a$。

正如附录 C.4 中讨论的，平均性质可以直接通过计算概率分布函数求出。例如，端距的均值 $\langle R_n \rangle$ 由式(2.16)给出：

$$\langle R_n \rangle = \int_0^\infty R_n P(R_n) \mathrm{d}R_n = \sqrt{\frac{8n}{3\pi}} a \tag{2.16}$$

端距的均方值(均方位移)为

$$\langle R_n^2 \rangle = \int_0^\infty R_n^2 P(R_n) \mathrm{d}R_n = na^2 \tag{2.17}$$

这正是在式(2.9)中求出的结果。

2.3 体扩散

2.1 节已经开发出原子在一个空格子上扩散的简单模型，但从材料的视角来看，这不是一个真实的问题，意义不大。下面考虑一个原子在固体中运动的情况。忽略晶格缺陷(如晶界或位错)，并假定没有间隙位置可以被占据，则一个原子可以跃迁到另一个阵点位置的唯一前提就是那个阵点位置未被占据，也就是说，相邻的阵点位置是一个空位。当然，当一个原子迁入空位时，它就填充了该空位，而它原来的位置就成为空位，如图 2.4 所示。

假设在固体中只有一个空位，可移动的原子就只是那些毗邻空位的原子。而原子的每次跃迁“移动”着空位，随着时间的推移，就像是空位在系统中移动。因此，虽然可以通过监测原子的运动来描述扩散，但在实践中，追踪空位移动更有效率。顺理成章地，这种类型的扩散称为空位扩散。

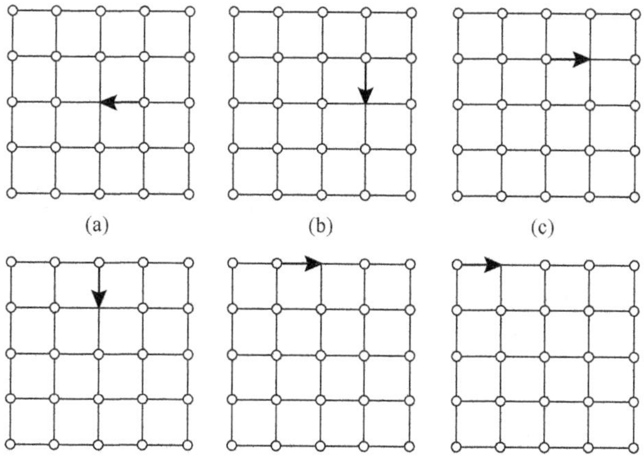

图 2.4　原子随机跃迁至空位的序列

空位扩散可以看成空位的无规行走，可以对其建立模型。在二维空间上，这个模型与上面讨论的表面扩散情况完全相同，空位取代了原子的角色。分析在三维空间上的无规行走与二维的情形是相同的，均方位移遵从式(2.10)中的关系。正如将在下面看到的，从一个阵点到另一个阵点的唯一变化就是随机跃迁到最近邻阵点位置的方向，其平均性质不变。

在实际系统中，没有浓度梯度情况下的扩散通常称为示踪扩散，它是原子的自发混合。利用同位素示踪物进行实验可得出示踪扩散的特性，这就是其名称的由来。假定同位素示踪物对原子的运动没有显著的影响，示踪物扩散通常就被假定为等同于自扩散。示踪物扩散系数和空位扩散系数之间的关系为 $D_t = X_v D_v$，其中 X_v 是式(B.23)中空位的摩尔分数。注意，X_v 和 D_v 均是(通过跃迁速率)高度依赖温度的。

有了这些结果，现在就来完成图 1.1 所示的建模过程中的以下各个步骤。虽然在前面还没有对每一步加以明确，但是已经有了输入(格子和跃迁速率)和输出(扩散系数)，辨识出机理(随机跃迁)，确定了精确度(因为无法预测 k_{jump}，所以不能预测 D 的值，这些量将是定性的而不是定量的结果)，已经构建了模型(随机跃迁的序列)，并且进行了量纲分析(D 必须是与时间无关的)，所以接下来就可以编制计算机程序，开始模拟计算。

2.4　无规行走模型的实施

本节讨论如何在计算机上建立空位(或表面)扩散的无规行走模型。因为每种编程语言有不同的语法、命令名称等，在这里做非常具体的讨论是很困难的，所以只勾勒出基本思路，把基于计算机的具体实施作为练习留给读者。

在进入细节讨论之前，应该先指出扩散的无规行走模型的一个明显缺点。虽然可以通过式(2.11)将扩散系数与模型关联到一起，但是实际上无法计算出 D 值。跃迁速率 k_{jump} 是一个具有原子过程性质的量，不能用无规行走模型计算。事实上，它是一个输入参数，在下面的讨论中将取 $k_{\text{jump}}=1$。任何其他 k_{jump} 取值的选择，对结果而言，只是时间尺度的缩放，不会提供任何额外信息。

第一步是定义晶格，因为空位将要在其上移动，所以晶格可能是二维或三维上任意类型的晶格。完成定义后可建立一个列表，列出在模拟过程中空位能到达的所有可能的晶格点。问题是该列表需要做多大？空位在任意方向上可以移动的最大距离是 n，即跃迁的总数。当然，一个空位在一条直线上进行大量的移动是不太可能的。为确保空位在模拟期间不移“出”晶格，晶格的尺寸在每个方向上都需要为 n 的某个分数。

创建这样的晶格存在几个问题。首先，不知道要把它做成多大。解决这个问题，可以将晶格做得足够大，足以容纳所有可能的轨迹。例如，考虑一个在二维正方形晶格上的无规行走，从原点开始，行走 n 步。在任意的正轴或负轴方向上，沿 x 轴的最大运动量将是 n 次跃迁的直线轨迹，这将需要有 $2n$ 个阵点位置的晶格，沿 y 轴所需要的尺寸大小也是相同的。这样，系统中阵点位置的总数将是 $4n^2$。诚然，轨迹会是直的概率非常小，但是这个假设能确保无规行走者不会到达晶格的边缘。在 n 步行走中，到达的阵点位置比例可能为 $n/(2n)^2=1/(4n)$。如果 n 是相当大的，那么到达的阵点位置的比例将是相当小的。这种方法的计算效率非常低，因此不是要采用的最佳方法。在后面的章节中会看到，对于许多模拟方法，建立晶格并在其上进行计算，将是最好的方法。

由式(2.1)可知是如何开始计算均方位移的。在本例中，要确定随着时间变化的原子(或空位)的位置，只简单地求出随机跃迁的矢量和即可。在计算机上，可以按照相同的方法，在每次跃迁之后生成一个位置的列表。对于正方形晶格上的无规行走，每次跃迁都出现在四个最近邻中的一个位置。第 k 步的空位位置矢量表示为 $\boldsymbol{R}_k$，而第 k 步随机跃迁本身的矢量表示为 $\boldsymbol{r}_k$。

假设在开始时，$\boldsymbol{R}_0=(0,0)$。定义四种可能的晶格跃迁为

$$
\begin{aligned}
\Delta\boldsymbol{r}_1&=(1,0)a\\
\Delta\boldsymbol{r}_2&=(0,1)a\\
\Delta\boldsymbol{r}_3&=(-1,0)a\\
\Delta\boldsymbol{r}_4&=(0,-1)a
\end{aligned}
\tag{2.18}
$$

式中，a 为晶格常数(设定为 1)。跃迁的定义确定了晶格的对称性，因为每一次跃迁都将沿着这些矢量中的一个进行。例如，如果要在三角形晶格上建立扩散模型，那么跃迁会有六个可能的最近邻阵点位置。

对于第一次跃迁，随机地选择式(2.18)中的四种可能性之一。要做到这一点，应使用随机数生成器，它是生成很长伪随机数列表的计算机软件。因为不是真正随机的，所以称为"伪随机"，它们近似于一个随机分布。本书的模拟将会经常使用随机数，生成一组"好"的随机数是极为重要的。附录 I.2 介绍了如何生成随机数，并讨论了"好"与"坏"的判据是什么。

第一次跃迁生成范围为 1～4 的随机数，在式(2.18)中选择其中一个跃迁。本书自始至终都将用符号 $\mathcal{R}$ 表示随机数。那么，新的位置将是

$$\boldsymbol{R}_1 = \boldsymbol{R}_0 + \Delta \boldsymbol{r}_{\mathcal{R}} \tag{2.19}$$

例如，如果 $\mathcal{R}=2$，则 $\Delta \boldsymbol{r}_{\mathcal{R}} = \Delta \boldsymbol{r}_2 = a\hat{y}$。为了计算下一步的位置 $\boldsymbol{r}_2$，选择另一个随机数 $\mathcal{R}$，并且将 $\Delta \boldsymbol{r}_{\mathcal{R}}$ 加到 $\boldsymbol{R}_1$ 上。这一过程正是式(2.1)推导均方位移的过程。通过重复这个过程(这是非常适合于计算机的工作任务)，就建立起与式(2.1)类似的作为跃迁次数函数的位置列表。

按照前面描述的方法，图 2.5(a)给出了每一次跃迁后生成的单条轨迹的位置。仔细观察图形，这个行走碰巧大多将自身限制于 y 轴的右侧，并且有点呈线性。另一个行走看起来有非常大的不同，这可以利用计算机在计算练习中看到。由于这是一个随机过程，无法预测轨迹的形状。

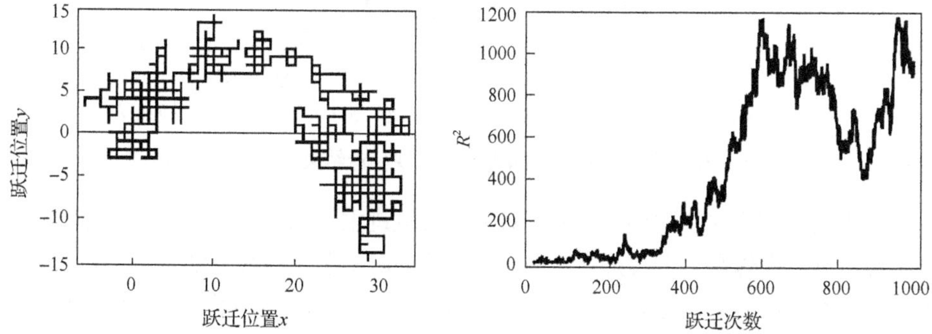

(a) 无规行走轨迹　(b) 沿着轨迹每一点位移的平方

图 2.5　在二维正方形晶格上无规行走结果(a=1，n=1000)

因为在每一次跃迁结束后都会有确定的位置，所以可以沿轨迹计算出位移的平方，由于轨迹是从(0,0)开始的，$R_k^2 = x_k^2 + y_k^2$，其中 $\boldsymbol{R}_k = (x_k, y_k)$。图 2.5(b)中曲线为图 2.5(a)中行走的位移的平方。注意，与式(2.9)中表达式所预期的不同，它并不是线性的。为什么？因为它只是一个单一轨迹的结果，而不是多个轨迹的

平均结果。式(2.9)中的均方位移(平均值)只与跃迁的次数有关。

观察图 2.5(b)中每次跃迁的 R^2 曲线，它给出很多有关图 2.5(a)中无规行走的信息。起初，空位的移动离原点不远。事实上，在最初的 200 步，它仍然位于离原点约 5 个晶格的长度以内。之后空位开始快速远离原点，然后有点反转其路径，返回接近于它的起点后，再次向远方移动。

可以在一维、二维或三维空间上(或在更高的维数上，虽然物理意义可能不清楚)任意的晶格上重复地模拟。所有可能的变化如同式(2.18)中跃迁的定义。假设要建立三维面心立方晶格(FCC)的无规行走模型(见附录 B.2)，其轨迹将起始于 $\boldsymbol{R}_0=(0,0,0)$，然后进行一系列的随机跃迁。这里需要定义 12 个到最近邻的矢量，并选择一个 1～12 的随机整数。除此之外，其他与二维情形都是相同的。图 2.6(a)显示了在三维面心立方晶格上的无规行走结果，其中晶格参数 $a=1$，跃迁次数 n=1000。仔细观察，可以看到跃迁的对称性反映了面心立方晶格的结构。轨迹位移的平方曲线如图 2.6(b)所示，可再次看到，曲线根本不是线性的，这正如所预期的，因为它不是平均值，仅仅反映了单个轨迹的性质。

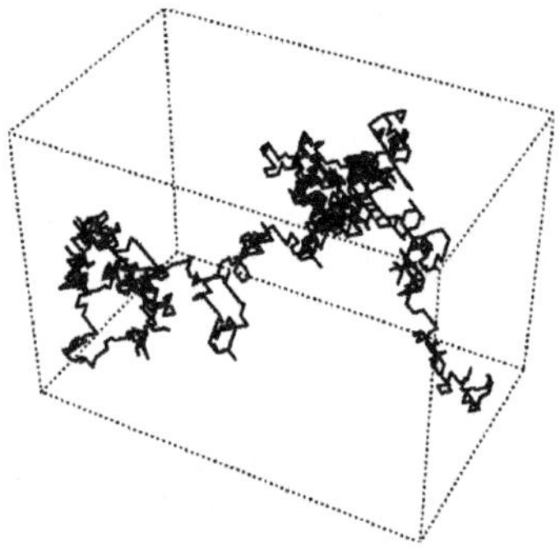

(a) 无规行走轨迹

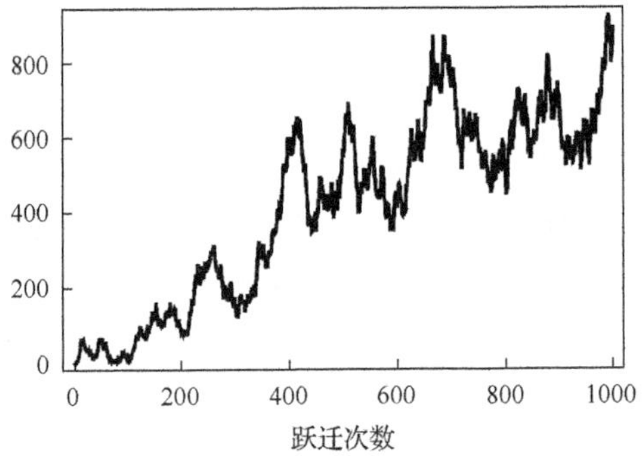

(b) 沿着轨迹上每个点位移的平方

图 2.6 在三维面心立方体晶格上的无规行走结果(a=1，n=1000)

为比较均方位移的预期值，需要对许多条轨迹求平均值，这可以通过几种方法来实现。可以设想在一个模拟中，有很多空位同时扩散。一种方法是，先追溯它们中每一个空位相对于其起始点的位移，然后对它们求平均。采用这种方法的问题在于，除非系统是巨大的(如在一个真实的晶体中)，否则可能会出现两个空位彼此相邻，在推导式(2.9)的分析中，并没有考虑这种情况。另一种方法是进行多次模拟，每一次只包含一个空位。每个轨迹都是不同的，因为它是由不同的随机数序列生成的。把所有轨迹的位移的平方求平均值得到的均方位移作为跃迁次数的函数，也就是说，对所有轨迹的所有 k 求 R_k^2 的平均值，得到 $\langle R_k^2\rangle$。这里列举这些例子时，采用了后一种方法。具体地说，对所有的轨迹求 R_1^2 的平均值，然后是 R_2^2，依此类推，

直到对所有的 n 次跃迁都求出均方位移。假设有 m 个轨迹，那么均方位移为

$$\langle R_k^2 \rangle = \frac{1}{m}\sum_{i=1}^{m} R_k^2(i), \quad k = 1,2,\cdots,n \tag{2.20}$$

式中，$R_k^2(i)$ 是第 i 个轨迹的 R_k^2 值。

如图 2.7 所示，均方位移将收敛于预期的直线，正如式(2.9)中所表达的，它是跃迁次数的函数。这是基于在正方形晶格上无规行走进行的计算，而在其他二维或三维晶格上，其结果也是非常类似的。图 2.7(a)中示出了在求平均的过程中第一条轨迹的结果，它显示出轨迹迅速远离其起始位置，然后迅速返回。在图 2.7(b)中，对 11 条轨迹求平均，其中包括在图 2.7(a)中所示的那一条，尽管不是完全平滑的，但很容易看出，均方位移是趋近于跃迁次数的线性函数。图 2.7(c)和(d)分别为对 250 条和 500 条轨迹求平均的结果，均方位移变化呈现平稳地趋近于直线。图 2.8 中给出了对 2000 条轨迹求平均后的结果，每个轨迹有 1000 次跃迁。在一个非常小的统计误差范围内，R_k^2 和 k 之间的关系正是依据式(2.9)所预期的直线。因为 $a=1$，所以斜率也正如所预期的。

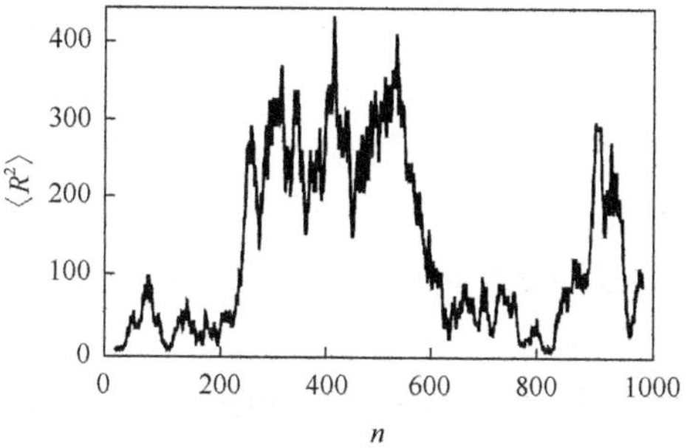

(a) 1条轨迹的 $\langle R_k^2 \rangle$

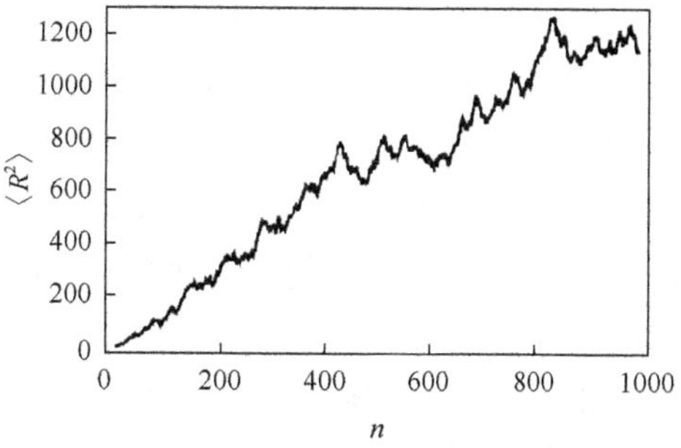

(b) 对11条轨迹求平均的 $\langle R_k^2 \rangle$

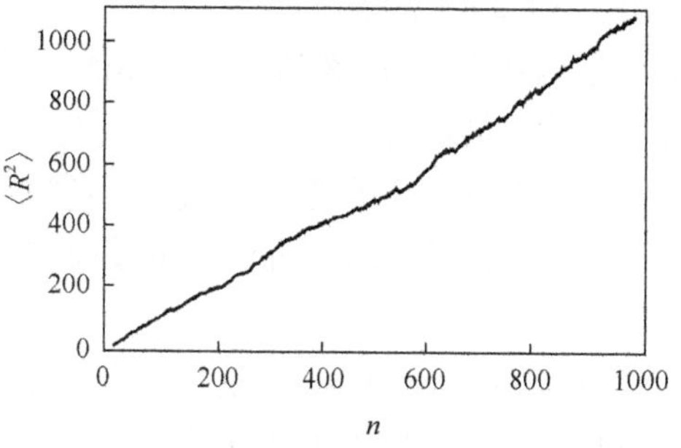

(c) 对250条轨迹求平均的 $\langle R_k^2 \rangle$

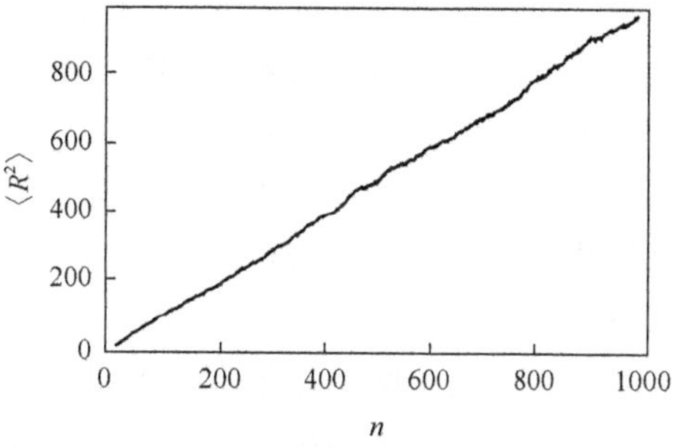

(d) 对500条轨迹求平均的 $\langle R_k^2 \rangle$

图 2.7　均方位移作为跃迁次数的函数在求平均时的变化情况(a=1)

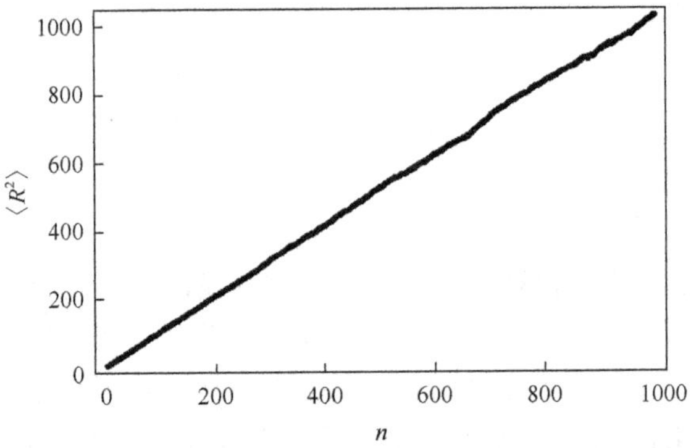

图 2.8　在正方形晶格上无规行走的均方位移(a=1)
(在任何其他具有相同晶格参数的晶格上进行模拟，结果将是相同的)

图 2.7(a)中一次模拟的结果与图 2.8 中许多次模拟的平均结果之间的差异很大，这在书中自始至终都可以看到。在研究材料所采用的很多方法中，进行一次模拟不能得到“典型”的结果，必须对许多次模拟进行平均。

目前已计算出一个平均量，即均方位移，与可测量的量值扩散系数是相关的。计算平均量值与实验数据进行比较，是在本书中将要讨论的很多方法所具有的共同特征。然而，利用计算模拟往往可以做更多的事情，而不仅仅是确定平均值。例如，常常可以求得出现某个结构的概率，或者，对于某些方法，可以求得出现某个事件的概率，如 2.2.1 节所讨论的无规行走模型中的端距距离的概率分布。由于对图 2.3(b)中的问题有解析解，可以通过与这个解析解进行比较，验证模拟结果。

由式(2.16)中概率 $P(R_n)$ 可知出现端距距离(长度为 n 的跃迁序列)为 R_n 的可能性。从 $\langle R_k{}^2 \rangle$ 的计算中，得到所有轨迹 R_n 值的列表。将这些相应的数据转换成概率分布并不困难，这正是基于附录 C.4 所阐述的基本思路。

图 2.3(b)给出了在某个范围内 R_n 值的连续函数 $P(R_n)$。然而，从前述的 m 次模拟中得到的是一组离散的、有限的 R_n 值。因此，最好的方法就是建立 $P(R_n)$ 的离散表达式，即将 m 个值分组，每一组代表一个有限范围的值。$P(R_n)$ 计算的质量取决于分组的数量(和它们的 R_n 范围)和 m 的规模。附录 I.3 将对分组过程的细节进行讨论。

端距距离的概率分布如图 2.9 所示，共有 $m = 2000$ 条轨迹(m 为用于求平均的轨迹数)，每个轨迹都在 $a = 1$ 的晶格上跃迁 1000 次。把数据等距地分成 $n_{\text{bin}} = 20$ 个组。在图 2.9 中，将模拟结果与由式(2.15)所得的结果相比较，总体而言，一致性是非常好的，虽然计算出的值有一些散点，但这也是预料之中的。

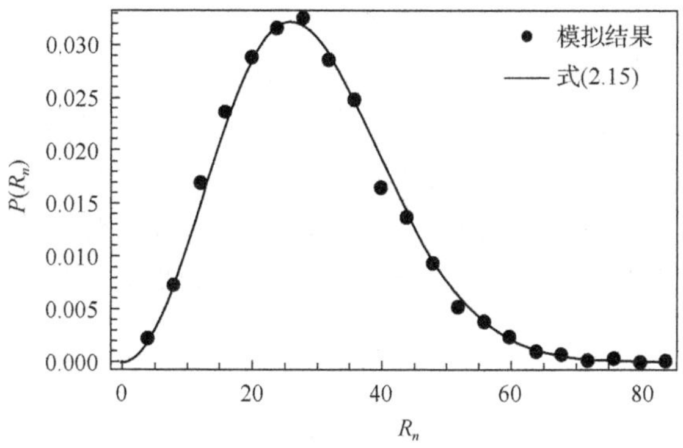

图 2.9　端距距离概率分布 $P(R_n)$

如附录 I.3 的图 I.4 所示，通过增加分组的数量，缩小分组中数据的体量，这可能会增加离散形式的 $P(R_n)$ 和连续表达式之间的一致性。事实上，如果将分组体量缩小到无穷小，那么从原理上讲，其就可以恢复成连续函数。但是，这里有一个问题，将 2000 个模拟的结果分成 20 个组，生成图 2.9 中的点，平均每个组约有 100 个点。图中的散点是统计性质的，波动的原因是来自每个组的数据点较少。若要分成更多个组，就需要更多的数据，以减少统计上的波动。因此，采用这种方式计算概率分布时要进行折中：多个组意味着更精细的、更连续的结果，但是同时也需要做更多次的模拟，以降低统计的不确定性。在本书中将会遇到许多这样的情形。

2.5　材料学的无规行走模型

分析一个先验的无规行走模型，对于实际进行的无规行走模拟，看起来似乎有点浪费时间。然而，正如这里要阐明的，它们的确为认识所有模拟的共同特征提供了很好的入门介绍，如实施的问题、对试验求平均的重要性等。

暂且把实际进行模拟的相关性放一放，可以先讨论无规行走模型对材料问题的有效性。显然，可以建立均方位移与扩散系数之间的关系，但最突出的问题是由于不知道跃迁速率 k_{jump}，实际上不能真正地计算扩散系数。此外，已经讨论过，短时原子弛豫可能抑制原子在阵点位置跃迁后再次进入。这种抑制会出现式(2.12)中的相关项 f，这是无法用无规行走模型描述的。总之，无规行走模型实际上并不能说明太多关于在正常的块体晶格中扩散的情况。

然而在某些情况下，人们可能想要限制到达某些特定阵点位置的概率。例如，假设想要建立具有一些快速扩散通道系统的模型。一个例子可以是穿越薄膜的穿线位错(threading dislocation)，其中沿着位错芯(通常比块体晶格具有较小的密度)

的扩散可能比在本体中的扩散要快得多。对于这个系统中的扩散，采用纯粹的无规行走是不能很好地描述的。然而，通过改变阵点位置之间的跃迁速率 k_{jump}(如沿通道阵点位置的扩散速率比通道外阵点位置的更大)，就可以在一般意义上研究系统中有这样的扩散通道存在会如何影响整体扩散速率。在这种情况下，需要将 k_{jump} 的值作为输入参数。Wang 和 LeSar(1996)阐述了利用这种基本思想的计算方法。在这里只是做一点启发性的尝试，第 9 章将讨论的动力学蒙特卡罗方法就是用来对这种系统建模的。

2.6 本章小结

本章介绍了扩散的无规行走模型的基础知识，演示了如何建模来计算，并利用这个简单的模型，介绍了模拟的许多重要特征，如需要对多条轨迹求平均、如何计算概率分布等。在后面的章节中，将把这些简单的想法加以扩展，构建更复杂和更成熟的模拟方法，然而这些方法的许多基本特征都与这里讨论的相类似。

推荐阅读

一本有关扩散基础知识的优秀书籍，是 Shewmon(1989)的著作 *Diffusion in Solids*。

另一本有关扩散的优秀书籍，是 Glicksman(1999)的著作 *Diffusion in Solids: Field Theory, Solid-State Principles, and Applications*。

第 3 章　有限系统的模拟

在几乎所有的材料建模方法中，系统都是通过一组离散物体进行描述的。这些物体可以是原子，其目标可能是通过对原子间相互作用势求和来计算结合能。但是，这些物体并不必须都是原子，可能要对自旋、位错、序参数或者任何其他量之间的相互作用求和。所以，学习如何计算这些求和，基本上对于所有材料的建模和模拟来说都是重要的。

在材料的建模过程中，常常面临着相当复杂的局面，即试图建立一个包含大量物体的宏观系统的模型，如一个块体材料的样本可能包含许多的原子。如果模型中要反映所有这些原子的行为，在计算上是不可行的。为有效地近似无限系统，使用了各种类型的边界条件，尤其是引入基于重复性晶格这一常用的边界条件。在这些边界条件的范围内，如何对这些物体之间的相互作用求和是本章的重点。

3.1　物体相互作用对的求和

常常会遇到的系统是由以某种方式相互作用的物体组成的。典型的例子是固体的内聚能，由组成固体的原子和分子之间相互作用的总和决定①。在最简单的情况下，相互作用只发生在物体对(pair of objects)之间，并且仅依赖于物体对之间的距离。方便起见，用 $\phi(r)$ 表示一个物体对之间的相互作用，其中 r 是物体对之间的距离(标量)。

考虑一对物体，用 i 和 j 表示。如果物体 i 所处位置由矢量 $\boldsymbol{r}_i$ 定义，而 j 位于 $\boldsymbol{r}_j$，那么物体之间的矢量为 $\boldsymbol{r}_{ij}=\boldsymbol{r}_j-\boldsymbol{r}_i$，其中下标 ij 表示是从 i 到 j 的矢量(注意顺序)(见附录 C.1)。物体之间的距离是以通常的方式来确定的，即 $r_{ij}=\left(\boldsymbol{r}_{ij}\cdot\boldsymbol{r}_{ij}\right)^{1/2}$。

现在研究一组物体之间相互作用的求和。如果 $\phi(r)$ 是原子之间的相互作用势，那么，这个和为 U，U 就是势能，它有一些重要性质。首先，由于相互作用是能量，所以它是标量，即 $\phi_{ij}=\phi_{ji}$；i 与 j 的相互作用和 j 与 i 的相互作用是相同的。此外，物体之间只彼此相互作用一次，而且物体不与自身进行作用。例如，如果有四个相同的物体，那么

$$U=\phi\left(r_{12}\right)+\phi\left(r_{13}\right)+\phi\left(r_{14}\right)+\phi\left(r_{23}\right)+\phi\left(r_{24}\right)+\phi\left(r_{34}\right) \tag{3.1}$$

---

① 原子间作用势将在第 5 章中进行详细介绍。

现在，假设系统中有 N 个物体，其中 N 很大。当然不能像式(3.1)那样写出所有的相互作用项，所以需要一个简练的标记符号。有许多等价的方法都可以表示这些求和项，一种常见的表达方式(尽管它在实际计算方面效率不高)是

$$U=\frac{1}{2}\sum_{i=1}^{N}\sum_{j=1}^{N}{}'\phi_{ij}\left(r_{ij}\right) \tag{3.2}$$

式中，上撇号′表示 i=j 的项不包含在求和式内，系数 1/2 是为了消除在求和时每个相互作用相加两次的影响。例如，N=4，则式(3.2)变化为

$$\begin{aligned}U=&\frac{1}{2}\left\{\left\{\phi\left(r_{12}\right)+\phi\left(r_{13}\right)+\phi\left(r_{14}\right)\right\}+\left\{\phi\left(r_{21}\right)+\phi\left(r_{23}\right)+\phi\left(r_{24}\right)\right\}\right.\\&\left.+\left\{\phi\left(r_{31}\right)+\phi\left(r_{32}\right)+\phi\left(r_{34}\right)\right\}+\left\{\phi\left(r_{41}\right)+\phi\left(r_{42}\right)+\phi\left(r_{43}\right)\right\}\right\}\\=&\phi\left(r_{12}\right)+\phi\left(r_{13}\right)+\phi\left(r_{14}\right)+\phi\left(r_{23}\right)+\phi\left(r_{24}\right)+\phi\left(r_{34}\right)\end{aligned} \tag{3.3}$$

与式(3.1)一致。式(3.2)有时写为

$$U=\frac{1}{2}\sum_{i=1}\sum_{j\neq i}\phi\left(r_{ij}\right) \tag{3.4}$$

要计算式(3.1)中有多少个独立的相互作用项是很容易的。在有 N 个原子的系统中，每个原子可以与 $N-1$ 个其他原子相互作用，所以有 $N\left(N-1\right)$ 项。然而，这夸大了相互作用的总数，是实际数量的 2 倍，这是由于每个相互作用项被计入两次，而实际上只应计入一次。因此，独立的作用对总数为 $N\left(N-1\right)/2$ 项。在计算时，如果所有的 N 个原子都被包含在相互作用的求和之中，当 N 增大时，就会使求和计算成为巨大挑战。

相互作用项求和的另一种常见表达方式是直接来自对式(3.1)的归纳，即

$$U=\sum_{i=1}^{N-1}\sum_{j=i+1}^{N}\phi\left(r_{ij}\right) \tag{3.5}$$

注意下标的范围，并与式(3.1)进行比较。式(3.5)还可以写成更紧凑的形式：

$$U=\sum_{i}\sum_{j>i}\phi\left(r_{ij}\right) \tag{3.6}$$

后面两个表达式的优点是避免了相同项计数多于一次，这正是通常在计算机上进行求和的方式①。

① 读者应当验证式(3.2)、式(3.4)、式(3.5)和式(3.6)都是等价的，这些公式在本书中都会用到。

3.2 完美晶体

假设要计算一组具有周期性排列结构的物体之间的相互作用能量(或力)，最典型的例子是完美晶体上的原子(附录 B.2 对晶格矢量、倒易晶格矢量和晶体结构的基本性质进行了简要介绍)。图 3.1 给出了一个二维晶格的例子。在这个晶格中，每个晶胞中有两个原子，一个位于晶胞的原点，另一个位于晶胞的中间，如图 3.1(a)所示。晶胞中原子的分布称为它的基，该结构的基为 2。图 3.1(b)给出了两个矢量，一个为晶格矢量 $\boldsymbol{R}_1$，它将一个晶胞与另一个晶胞连接到一起；另一个矢量为 $\boldsymbol{R}_1+\boldsymbol{r}_2-\boldsymbol{r}_1$，它将一个晶胞中的原子与另一个晶胞中的原子连接到一起，其中 $\boldsymbol{r}_i$ 为晶胞内的位置矢量。

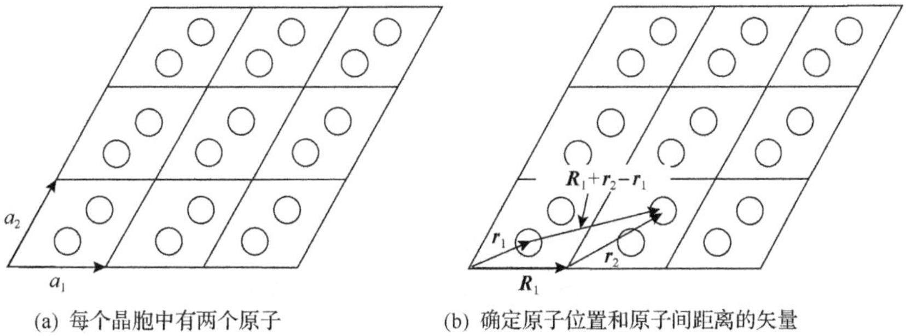

图 3.1　同基上的二维晶格

如果所有的物体是相同的，那么在完美晶格的情况下，式(3.2)可以表示为

$$U_{\text{cell}}=\frac{1}{2}\sum_{\boldsymbol{R}}\sum_{i=1}^{N}\sum_{j=1}^{N}{}'\phi_{ij}\left(\left|\boldsymbol{R}+\boldsymbol{r}_j-\boldsymbol{r}_i\right|\right) \tag{3.7}$$

式中，$\sum_{\boldsymbol{R}}$ 表示所有晶格矢量的总和；$\left|\boldsymbol{R}+\boldsymbol{r}_j-\boldsymbol{r}_i\right|$ 是位于中心晶胞中的原子 i 到位于 $\boldsymbol{R}$ 的晶胞中原子 j 的距离，如图 3.1 所示；上撇号′表示 $\boldsymbol{R}=(0,0,0)$ (中心晶胞)中 i=j 的项不包含在求和式内，例如，物体 1 在中心晶胞中不与自身相互作用，但它与所有其他晶胞中的“物体 1”相互作用。

式(3.7)中的 U_{cell} 是每个晶胞的能量，它是中心晶胞中所有物体之间的相互作用以及与晶格中其他晶胞中物体之间相互作用的总和。除了中心晶胞外，它不包括任何其他单元晶胞中的物体之间的相互作用。因此，U_{cell} 是一个晶胞中 n 个物体的能量。由于不同的晶体结构的基中含有的物体数量可以不同，所以比较时针

对基中每个物体的晶格总和计算值进行更容易一些，即

$$u = U_a = \frac{1}{n} U_{\text{cell}} \tag{3.8}$$

为了区分每个物体(原子)的能量和每个晶胞的能量，有许多种表示方法，在上面已经叙述了其中的两种。

由于本书中多次用到类似于式(3.7)的表达式，所以对它做一些讨论。为了使讨论更清楚，假定一个二维的正方形晶格，其晶胞参数为 a 且每个晶胞只有一个原子，如图 3.2 所示①。正方形晶格上晶格矢量的一般形式为 $\boldsymbol{R} = a\left(n_1\hat{x} + n_2\hat{y}\right)$，其中 n_1 和 n_2 是 $-\infty \sim \infty$ 的整数。因此，对所有 $\boldsymbol{R}$ 求和：

$$\sum_{\boldsymbol{R}} = \sum_{n_1=-\infty}^{\infty} \sum_{n_2=-\infty}^{\infty} \tag{3.9}$$

在三维空间中，对于一个立方体晶格 $\boldsymbol{R} = a\left(n_1\hat{x} + n_2\hat{y} + n_3\hat{z}\right)$，还将需要对所有的 n_3 求和②。

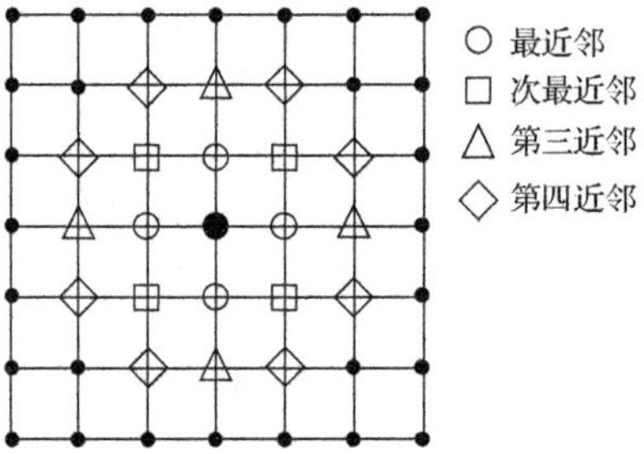

图 3.2　在正方形晶格上最近的 4 层近邻

如果按照近邻的层来求和，也许式(3.9)的基本形式会更容易理解一些，近邻层就是与中心原子距离相同的一组近邻。图 3.2 展示了 4 个距离为 a 的最近邻、4 个距离为 $\sqrt{2}a$ 的次最近邻、4 个距离为 $2a$ 的第三近邻及 8 个距离为 $\sqrt{5}a$ 的第四近邻。因此，式(3.7)中 U_{cell} 的前几项为

$$U_{\text{cell}} = 2\phi(a) + 2\phi\left(\sqrt{2}a\right) + 2\phi(2a) + 4\phi\left(\sqrt{5}a\right) + \cdots \tag{3.10}$$

要记住式(3.7)中的系数 $1/2$。

---

① 扩展到非立方系统并不困难，详细介绍参见附录 B.2.4。

② 读者应针对二维正方形晶格写出式(3.7)的几项，假设每个晶胞中只有一个物体(n=1)，然后添加一个基。

3.3 截 止 域

式(3.10)表达的是近邻层物体的求和式，这些近邻层与中心原子的距离越来越远。相互作用项$\phi(r)$随着距离的增大而减小，所以在式(3.10)中ϕ对总和的贡献越来越小。在本书中所遇到的大多数系统中，函数$\phi(r)$(或等价的)的范围是有限的，因而如果r是大的，则ϕ值就会足够小，这样可以在某个截止距离r_c处截止求和式，只有很小而且适度的误差①。

图 3.3 显示出了相互作用的原子系统作用势的截止域，相对于位于圆心的原子，只有处于半径r_c的圆之内的原子被假定为与中心原子有相互作用。在考虑截止距离r_c的情况下，必须修改式(3.6)中的表达式，以去除物体之间距离大于r_c的那些相互作用。

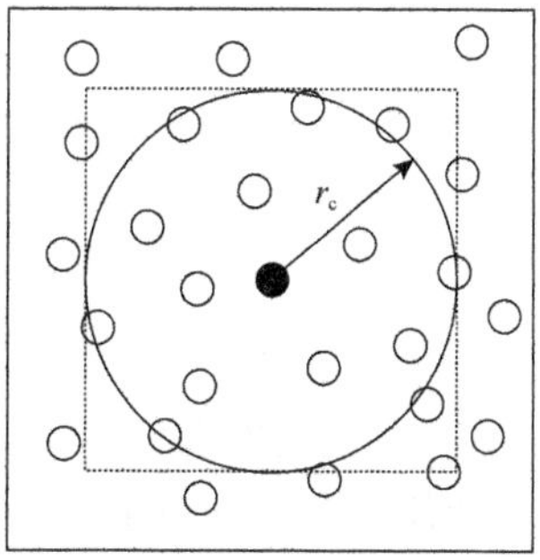

图 3.3　相互作用的原子系统作用势的截止域
(虚线方框示出的为测试原子是否处于截止域内的最佳区域)

尽管距离大于r_c的相互作用可能很小，但不是零，从而导致在能量计算上出现误差。可以用以下方法估计误差：

(1)一个壳层上近邻数量的粗略估计方法是不考虑晶格的结构，假定原子在某个区域的数量近似地为数量密度ρ与该区域体积的乘积。

(2)对于距离为r的近邻层，其体积可以取为半径r的球体表面积与层的厚度δr的乘积，所以与中心原子距离为r的近邻层的原子数量为$4\pi r^2\rho\delta r$。

(3)在该壳层上的物体对相互作用能的总贡献为

$$\delta U \approx 4\pi r^2 \rho\phi(r)\delta r \tag{3.11}$$

式中，$\phi(r)$为相互作用势。当对晶格求和时，近邻的每一层越来越远，但平均包

① 对于函数$\phi(r)$，如果随r的增大趋近于零的速度太慢，则截止作用势是不正确的，必须使用其他方法。3.6 节进行了详细的讨论并给出了关于“太慢”含义的定义。

含着更多的原子。因此，存在每个近邻层作用势的值与该层的近邻总数量之间的平衡。因为忽略了原子的实际分布情况，所以式(3.11)是一个近似的结果。

(4)由引入截止距离而产生的误差可以粗略地估计如下：将式(3.11)中的δr变换为微分，并对其从r_c到无穷大积分，也就是说，对由于引入截止距离而排除在求和之外的所有相互作用求积分。

$$\Delta U \approx 4\pi\rho\int_{r_c}^{\infty} r^2\phi(r)\mathrm{d}r \tag{3.12}$$

在第 5 章中将会了解到，许多相互作用势可以近似为一个函数，与距离的某个幂指数的倒数相关，即$\phi(r)\propto 1/r^n$。将这个函数形式代入式(3.12)，可得到

$$\Delta U \approx 4\pi\rho\int_{r_c}^{\infty} r^{2-n}\mathrm{d}r = \frac{4\pi\rho}{3-n}r^{3-n}\bigg|_{r_c}^{\infty} = \frac{4\pi\rho}{n-3}r_c^{3-n} \tag{3.13}$$

此公式要求$n \geqslant 4$。将在第 5 章看到，对许多分子和原子系统的能量做出重要贡献的相互作用，是形式为$1/r^6$的长程相互作用(范德瓦耳斯能量)。对于这样的相互作用，由于引入截止域而产生的势能误差为$1/r_c^3$。

注意，在式(3.13)中，当$n=3$时，被积分函数为$1/r$，其积分值是$\ln r$，在无穷远处发散。积分在$n<3$的情况下也是发散的。因此，该式只能用来对$n \geqslant 4$的简单晶格求和，计算总的相互作用能量(Hansen, 1986)。对于$n \leqslant 3$的相互作用，必须采用其他数值计算方法，这些将在 3.6 节进行讨论。

在计算晶格的求和式时，存在精度与计算速度之间的平衡问题。r_c值越小，式(3.7)中求和的近邻就越少，因此计算的速度就会越快。基于同样的原因，在求和式中忽视了更多的项，较小的截止距离会引起误差的增大，这正是式(3.12)所表达的含义。在实践中，r_c的选择通常在计算速度与精度之间折中平衡。

3.4　周期性边界条件

材料建模和模拟可以基于许多类型的物体，从原子到“自旋”和序参数。应用这些模型的大多数目标是描述一个宏观系统的性质，可以认为相对于计算机能用合理的时间进行建模和模拟的系统尺寸，这样的宏观系统是无穷大的。因此，需要一种方法来模仿真实(基本上为无穷大)的系统，首先从一个尺寸大小可以处理的系统入手，然后利用边界条件近似材料其余部分的影响。

一种常见的方法是使用周期性边界条件(periodic boundary condition)，即将宏观系统描述为等价的有限系统的无限排列。将关注的物体排布在一个有限尺寸的

体积中，称为模拟单元；然后将这个单元复制到整个空间，如图 3.4 所示的二维粒子系统的周期性边界条件，其一个重要特点是：无论模拟单元中物体具有什么性质，在其复制副本中也有相同性质。例如，如果在图 3.4 中标记为①的粒子具有某个与之相关的值，那么系统中所有其他①也都具有相同的值。在周期性边界条件下，如果一个粒子在中心单元内移动，那么复制的粒子在它们的单元内以同样的方式移动。当一个粒子离开模拟单元时，其复制粒子从相反的一侧进入，所以在模拟单元中粒子的数量是恒定的。当对粒子之间的相互作用求和时，周期性复制的粒子用于表示系统中位于模拟单元以外的粒子。

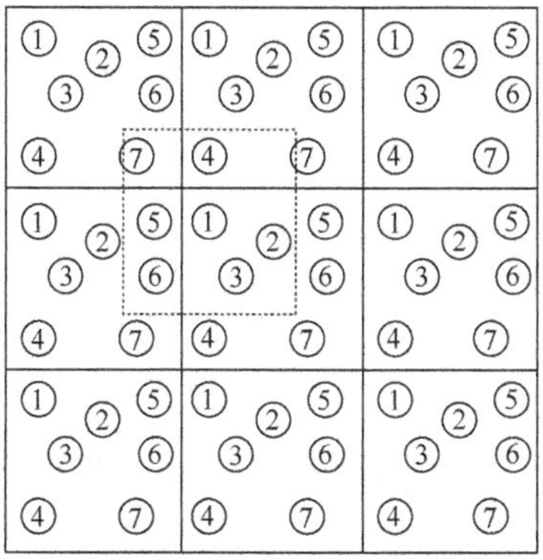

图 3.4　周期性边界条件

（虚线框表示粒子①最近邻镜像约定的有效截止域）

具有周期性边界条件的系统非常像在前面讨论的完美晶格。在模拟单元内物体之间相互作用，并且与整个系统中的所有其他复制副本相互作用。复制单元的相对位置用晶格矢量表述，与在完美晶体的表述方式一样，复制单元内物体的位置表述也一样。只要可以被复制，能填满空间，模拟的单元就可以是任何形状的。因此，任何晶体晶格系统都可以作为一个模拟单元，而晶格类型的选择取决于所要研究的问题。这样，对晶格的求和，就具有了与式(3.6)所给出的势能表达式相同的形式，其中的 $\boldsymbol{R}$ 就成为中心模拟单元(比一个完美晶体中的晶胞单元大得多)的晶格矢量。

周期性边界条件的应用在模拟材料整体行为中是非常强大的工具。但是，也有一些问题必须予以考虑，如采用周期性边界条件引入了单元之间的相关性。如果在模拟单元中物体移动，它的所有复制副本也同样移动。一个单元中物体所具有的值，在所有其他单元中的复制副本也具有一样的值。这些相关性的长度尺度是模拟单元的尺寸。这些相关性不允许长波段扰动，当所计算的量依赖于更大尺度时，会造成计算的不准确。

检验由周期性边界条件引入的误差，可通过增大模拟单元的尺寸并重复这样的计算，较大的模拟单元由于相关性降低而应该更加准确。实际上，检查系统尺寸效应是验证模拟有效性的通用步骤。

一个更微妙的问题是，基础模拟单元必须与要研究的系统是相称的，也就是说，该结构的对称性必须与周期性边界条件相匹配。例如，假设要建立一个上下自旋系统的模型，最近邻的自旋具有最低能量且以逆平行(antiparallel)方式(如↑↓)排列。利用周期性边界条件建立最低能量结构模型，要求这个结构在所有边界上都成立。在图 3.5(a)中，中心单元具有偶数个自旋，在单元的边缘保持着最低能量的结构。然而，如果中心单元置入的自旋数为奇数，再复制和填充到空间中，如图 3.5(b)所示，那么在每个边界上就会得到平行的自旋，这不是处于最低能量的构型。因此，基于图 3.5(b)的系统建模与模拟结果与图 3.5(a)是不相同的。

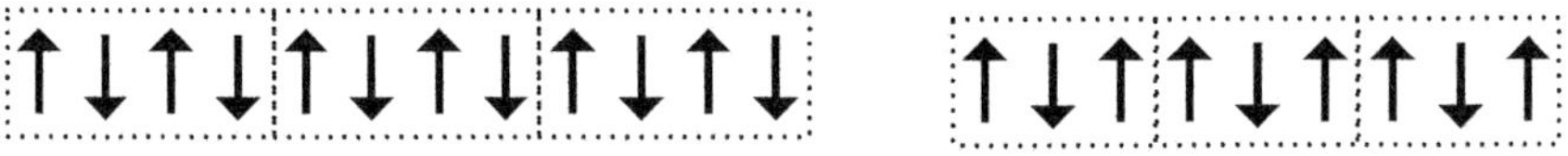

(a) 中心单元有偶数个自旋，并且自旋在单元的边界上保持着它们的逆平行排列方式　　(b) 中心单元有奇数个自旋，不可能在边界存在逆平行的排列方式，因此不可能构建低能量结构模型

图 3.5　中心单元和具有周期性边界的相邻单元(由虚线框界定)

3.5　实　　施

在距离或能量计算中所需要的每一个数学运算都会花费计算机的时间，所以只计算式(3.7)中确实需要计算的相互作用。引入截止距离有助于减少计算量，但是如何实施截止域，必须谨慎处理。

假设正在研究中心单元(i)中某个原子和所有其他原子之间的相互作用，其截止距离设定为r_c。其过程首先是选择一个原子，计算该原子与所关注原子之间的距离，核查该距离是否小于r_c。如果是，则计算出作用势，并将其加入总和之中。这里所面临的困难是计算与r_c以外的原子间距离只增加计算时间，因为这些相互作用是被忽略的。一种简单的方法是将搜索原子限制在可能为截止距离以内的范围，这样能最大限度地减少那些r_c之外的原子的数量。处理这个问题的简单方法是考虑以原子 i 为中心的一个假想框，如图 3.3 所示。如果该框每个边的长度设置为$2r_c$，那么可能与位于中心的原子相互作用的原子都在框内，求和公式(3.7)中对所有 j 的求和只包括框内的原子，需要计算出所有的距离并核查截止条件，因为位于框角的原子超出了截止范围。尽管如此，搜索范围受到限制，会节省一些计算机的运行时间。

一种更有效的方法是引入可能近邻的列表，并且在晶格求和中仅考虑近邻列表。这个列表被恰当地称为近邻表(neighbor list)，在计算开始的时候确定，并在整个计算过程中不断地更新。图 3.6 给出了一个简单版本的近邻表。在计算开始时，创建距离在 $r_u > r_c$ 范围内原子的列表，其中，r_u 为近邻表中距离的上限。在第一轮相互作用求和时，只需要考虑在该列表上的那些原子。这并没有节省计算机的运行时间。然而，在后续的求和计算中，只要没有原子的移动超过 $r_u - r_c$，就可以使用相同的近邻表，从而节省了大量的计算机运行时间。一旦原子已经移动的距离大于 $r_u - r_c$，则必须重新计算近邻表。例如，就固体而言，一般情况下，原子移动的距离是很小的，在模拟中可能不需要重新计算近邻表。对于有大的原子移动的模拟系统，如液体，在选择 r_u 时需要折中，过大的值将在求和项中包括很多超出 r_c 的原子，而太小的值会导致更大量地增加近邻表更新次数。创建近邻表还有一些其他方法，特别是在周期性边界条件下，可参阅其他专业书籍(Frenkel and Smit, 2002)。

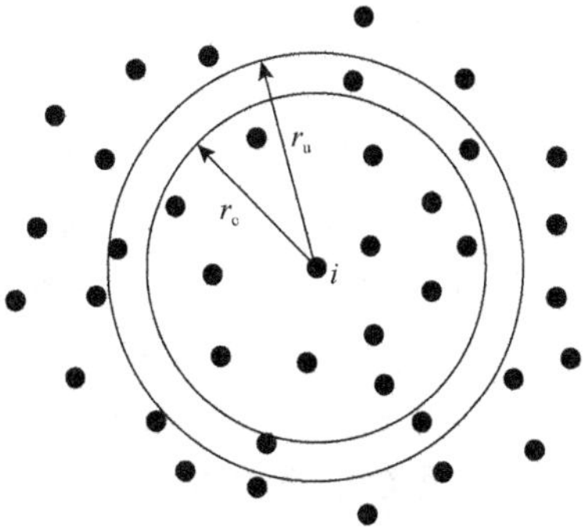

图 3.6　原子 i 的近邻表的构建

对于非常小的系统，可以用一种特别简单的方法进行计算。考虑式(3.7)，对于模拟单元 i 中的所有粒子，对系统中所有其他粒子求和(对所有 j 和 $\boldsymbol{R}$ 求和)。为了简化计算，假想围绕每个阵点中心都有一个框，其边长为模拟单元的长度，如图 3.3 所示。单元中的各个原子仅与那些位于框内的原子相互作用。因为每个粒子只与模拟单元中所有其他粒子的最近邻镜像相互作用，这种方法称为最小镜像约定(minimum image convention)，如图 3.4 所示。最大截止域小于或等于模拟单元大小的一半，即 $r_c \leqslant a_{cell}/2$。对于大的系统，最小镜像约定的有效截止距离过大，必须使用上面讨论的方法，以确保在截止域内有效地搜索原子。

3.6　长程作用势

正如 3.3 节所讨论的，对于由相互作用物体构成的系统，如果其作用势的表达式为$1/r^n$且$n\leqslant 3$，那么就不能简单地用成对的相互作用求和方法来计算总的相互作用势。这种相互作用通常称为长程作用(long range interaction)。式(3.6)的求和不能收敛于一个有限的值，或者在最好的情形下有条件地收敛。条件收敛的级数是指收敛但不是绝对收敛的级数。也就是说，如果是对该级数的绝对值求和，级数就是不收敛的。例如，级数和

$$1-\frac{1}{2}+\frac{1}{3}-\frac{1}{4}+\cdots=\sum_{n=1}^{\infty}\frac{(-1)^{n+1}}{n} \tag{3.14}$$

它的确收敛于一个有限值(ln2)，但是级数和$\sum_{n=1}^{\infty}(1/n)$不收敛。一个典型的例子是离子固体，其性质由形式为$q_i q_j / r_{ij}$的静电相互作用支配，在各离子上的电荷为q_i(详见第 5 章讨论)。包括所有静电相互作用的能量总和是有限的，由于正离子与旁边的负离子相邻，对所有相互作用能的求和是有条件的收敛。然而，相互作用项是长程的，不能对它们直接求和，而需要特殊的技术手段。

重要的是要记住，对于长程作用势，相互作用不能在任何距离上截止，否则会破坏计算的有效性(Hansen, 1986)。因此，在能量的计算上必须包含所有可能的相互作用项。由于有无限多这样的项，所以不能直接对它们求和。研究用替代方法进行求和已经做了很多的工作，特别是对离子系统。3.8 节将讨论在文献中常用的方法，特别是 Ewald 方法和分层树方法的特殊变体，以及一种近似方法，这些方法容易实现而且有效，似乎能得到准确的结果。

3.7 本 章 小 结

本章介绍了计算物体之间相互作用的基本方法，以及完美晶格和晶格矢量；展示了如何扩展晶格的思路，采用周期性边界条件的方式来模仿无限系统；为了减少计算机的运行时间，讨论了如何在预设的距离上截止相互作用；介绍了使用长程作用势时的有关问题，并在 3.8 节中叙述计算方法。

推荐阅读

一系列的书籍都对这一重要主题进行了很好的讨论。例如：

Frenkel 和 Smit(2002)的著作 *Understanding Molecular Simulations: From algorithms to Applications*，论述了原子模拟的基础知识，是一本非常好的书。

Allen 和 Tildesley(1987)的著作 *Computer Simulation of Liquids*，尽管只是专注于液体的模拟，但也是一本很好的关于如何进行模拟的基础指南。

3.8　附加内容

本节主要介绍三种计算长程相互作用的势能量的方法(其中一种为近似的)，不包括为处理这些相互作用而开发的所有方法。例如，Frenkel 和 Smit(2002)的文献中讨论的粒子网格方法，该方法对于某些类型的系统具有优势。但是，本节叙述的方法都是材料研究中常用的方法。例如，有关静电能量的计算请参阅附录 E 中关于静电相互作用的叙述。要了解更多有关的细节和讨论，以及力的计算方法改进，请阅读其他更专业的书籍，如 Frenkel 和 Smit(2002)的著作。

假设有一个系统，其周期性重复单元中有 n 个点电荷，那么其总静电势能为①

$$U_e = \frac{1}{2}\sum_{\boldsymbol{R}}\sum_{i=1}^{n}\sum_{j=1}^{n}{}' \frac{q_i q_j}{\left|\boldsymbol{R}+\boldsymbol{r}_j-\boldsymbol{r}_i\right|} \tag{3.15}$$

式中，上撇号′表示当 $\boldsymbol{R}=0$ 时不包含 $i=j$ 的项，这与式(3.7)的情形相同。能量项在长程上与 $1/r$ 相关，所以式(3.15)的求和不是绝对收敛的。但是它们是有条件的收敛，即如果求和正确，将收敛得到正确的结果；如果求和不正确，那么它们要么不收敛，要么收敛于错误的结果。下面将介绍如何进行求和计算。

3.8.1　Ewald 方法

Ewald 方法是一种常用的方法，其策略是将有条件收敛总和转换成收敛总和。Ewald 方法可能是离子系统中最常用的方法。如上所述，它仅限于具有周期性边界条件的系统(如晶体晶格)。在此不做有关推导过程的介绍，因为这在许多文献中都有涉及。Frenkel 和 Smit(2002)在其著作中就给出了一个特别清晰的推导过程。

计算静电能量的挑战在于静电作用项都是特别长程的相互作用。Ewald 方法通过在每个晶格位置上加上和减去一个人为的高斯电荷分布来实现。增加电荷，再减去电荷，系统是不变的，但是正如所看到的，可以利用新的项来重新排列方程，形成一个收敛的而不是发散的求和公式。

高斯电荷分布的形式是

$$\rho_i^G(\boldsymbol{r}) = \sum_{i=1}^{n} q_i \left(\frac{\alpha}{\pi}\right)^{3/2} \mathrm{e}^{-\alpha(\boldsymbol{r}-\boldsymbol{r}_i)^2} \tag{3.16}$$

---

① 注意，方便起见，这些表达式中都省略了系数 k。正如在附录 E 中所讨论的，k 值取决于在计算中所使用的单位。

其中，电荷分布被集中在原子阵点$(\boldsymbol{r}_i)$上，并且在这样阵点上的原子具有相同的电荷。参数 α 支配着分布的宽度。高斯分布的曲线见附录 C 中的图 C.5(a)。

Ewald 方法由向/从每个晶格阵点上的电荷加/减 $\rho_i^G(\boldsymbol{r})$ 开始，如图 3.7 所示。点电荷系统在图 3.7 中左侧图中用一条线来表示正电荷或负电荷。数学上，位于每个晶格阵点的点电荷可由一系列 Dirac 函数描述：

$$\rho_i(\boldsymbol{r}) = \sum_{i=1}^{n} q_i \delta(\boldsymbol{r} - \boldsymbol{r}_i) \tag{3.17}$$

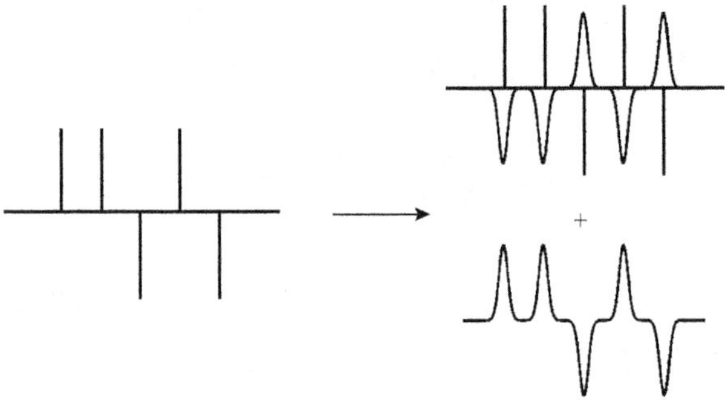

图 3.7　运用 Ewald 方法的过程示意图(Frenkel and Smit, 2002)

在图 3.7 中，右上图所示的是减去高斯电荷，右下图所示的是加入电荷，右上图的总电荷为

$$\rho_i^{\text{total}}(\boldsymbol{r}) = \sum_{i=1}^{n} q_i \left[\delta(\boldsymbol{r} - \boldsymbol{r}_i) - \left(\frac{\alpha}{\pi}\right)^{3/2} \mathrm{e}^{-\alpha(\boldsymbol{r}-\boldsymbol{r}_i)^2} \right] \tag{3.18}$$

静电势能可以由电荷分布推导得出。式(3.15)中的 $\dfrac{q_i q_j}{|\boldsymbol{R} + \boldsymbol{r}_j - \boldsymbol{r}_i|}$ 项可由 $\dfrac{q_i q_j \operatorname{erfc}\left(\sqrt{\alpha}\left(|\boldsymbol{R} + \boldsymbol{r}_j - \boldsymbol{r}_i|\right)\right)}{|\boldsymbol{R} + \boldsymbol{r}_j - \boldsymbol{r}_i|}$ 代换。其中，余误差函数 erfc(x) 如附录 C 中图 C.5(b)所示，它随着 x 的增大非常快速地趋近于零。因此，当减去高斯分布后，有条件收敛的实际能量求和表达式转换为绝对收敛的求和式。现在，必须计算由高斯分布之间的相互作用产生的项，见图 3.7 中的右下图。关于这一项不再赘述，它可以通过将电荷分布从直接晶格变换为倒易晶格进行计算(见附录 B.2.3)，其形式为

$$
\begin{aligned}
\left|\rho(\boldsymbol{k})\right|^2 &= \sum_{i=1}^{n}\sum_{j=1}^{n} q_i q_j \mathrm{e}^{-\mathrm{i}\boldsymbol{k}\cdot\left(\boldsymbol{r}_j-\boldsymbol{r}_i\right)} \\
&= \sum_{i=1}^{n}\sum_{j=1}^{n} q_i q_j \cos\left(\boldsymbol{k}\cdot\left(\boldsymbol{r}_j-\boldsymbol{r}_i\right)\right)
\end{aligned}
\tag{3.19}
$$

在式中取指数的实部。来自这一项的能量为 $\dfrac{2\pi}{V}\sum\limits_{k\neq 0}\dfrac{1}{k^2}\left|\rho(\boldsymbol{k})\right|^2 \mathrm{e}^{-k^2/(4\alpha^2)}$，这是对所有倒易晶格矢量求和。对于立方模拟单元，其倒易晶格矢量的形式为

$$
\boldsymbol{k} = 2\pi / L\left(k_x, k_y, k_z\right) \tag{3.20}
$$

其中，L 是模拟单元的尺寸，$\left(k_x, k_y, k_z\right)$ 是整数。当 k 很大时，这一项表达式中的 $\exp\left(-k^2/(4\alpha^2)\right)$ 趋向于零，所以它快速收敛。

因此，总静电势能(式(3.15))是上述各项的总和加上一个自能量的修正项，如 Frenkel 和 Smit(2002)的书中所述：

$$
\begin{aligned}
U_e = & \frac{1}{2}\sum_{i=1}^{n}\sum_{j=1}^{n}\sum_{\boldsymbol{R}}{}' \frac{q_i q_j \operatorname{erfc}\left(\sqrt{\alpha}\left(\left|\boldsymbol{R}+\boldsymbol{r}_j-\boldsymbol{r}_i\right|\right)\right)}{\left|\boldsymbol{R}+\boldsymbol{r}_j-\boldsymbol{r}_i\right|} \\
& + \frac{2\pi}{V}\sum_{k\neq 0}\frac{1}{k^2}\left|\rho(\boldsymbol{k})\right|^2 \mathrm{e}^{-k^2/(4\alpha^2)} - \left(\frac{\alpha}{\pi}\right)^{1/2}\sum_{i=1}^{n} q_i^2
\end{aligned}
\tag{3.21}
$$

注意，假定系统是嵌入在一个导体中，也就是说，是在一个具有无限大介电常数的介质中，否则，就需要一个额外的项，如 Frenkel 和 Smit(2002)所述。也有类似的表达式，用于计算偶极子晶格之间的相互作用(Frenkel and Smit, 2002)。

对所有 $\operatorname{erfc}\left(\sqrt{\alpha}r\right)$ 求和在 α 值很大的情况下收敛更快，然而倒易晶格的求和在 α 很小的情况下收敛较快，因此，在求和的效率上就要有折中平衡，选择的 α 必须使总体计算得到优化。总体而言，Ewald 方法需要计算机运行的量级为 $O\left(N^{3/2}\right)$，其中 N 是中心单元中原子的数量(Darden et al., 1993)。但是，Ewald 方法的使用是有限制的。对于大尺寸的系统，模拟单元的晶格常数大，因而倒易晶格矢量小，因此倒易晶格的求和就变得难处理。粒子-网格 Ewald 方法加快了倒易晶格项的计算，其计算负荷的量级为 $N\ln N$，因此对大系统更有用(Darden et al., 1993)。总而言之，对于具有长程作用势的周期性固体系统模型相对小的情况，Ewald 方法比较有效。

3.8.2 快速多极方法

鉴于 Ewald 求和方法在大型系统上的局限性，为了减少计算上的花费，在寻求其他长程的相互作用求和方法方面，研究者已经做了大量的工作。在这些方法中，比较受关注的是快速多极方法(fast multipole method, FMM) (Greengard and Rokhlin, 1987; Greengard, 2003)。FMM 是一种分层的方法，每次计算相互作用所需要的运算量级为 $O(N)$。本节简要介绍利用 FMM 来研究三维空间库仑系统(Wang and LeSar, 1995)。

当两组粒子是“良好分离”时，如图 3.8 所示，就能够在给定精度下确定一组粒子电场的多极展开式所需要的项数，以计算其作用在另一组粒子上的力(多极展开式的讨论见附录 E.3)。在这一定义下，如果每个区域内的粒子相互分布距离比区域之间的距离更近，那么这两个区域就是良好分离的。这并不是说，良好分离是多极展开式收敛所需的。收敛只要求各组被分离。需要注意，在下面叙述的多极方法中，所使用的良好分离单元的定义是稍有不同的。

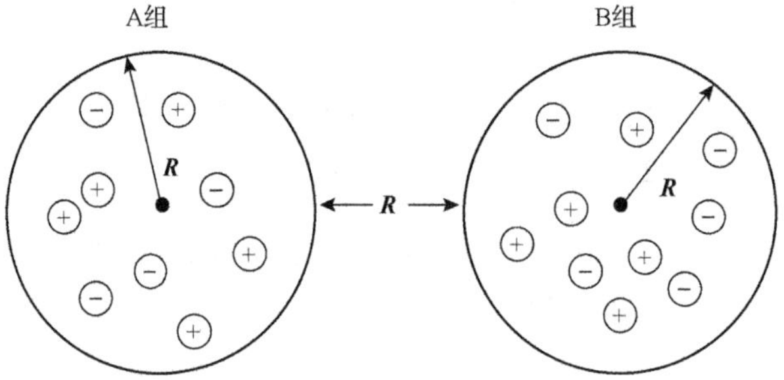

图 3.8 良好分离的带电粒子组

多极方法构建单元的层次结构可以用于任何维度中，下面讨论一个二维系统。如图 3.9 所示的一个典型的二维三层次结构，其最高层次为 0，是模拟单元本身；该单元被分成 4 块，构建 1 层次单元；1 层次单元再次分成 4 块，构建 2 层次单元，2 层次单元又被划分，以构建 3 层次单元。这里 $n+1$ 层次单元是通过将 n 层次单元分成 4 块而衍生的，因此 n 层次单元是 4 个 $n+1$ 单元的父辈。在具有 M 个层次的系统中，一共有 $\sum_{n=0}^{M} 4^n$ 个层次单元。在三维空间中，从每个父辈单元可以衍生出 8 个子辈单元，在具有 M 个层次的系统中，总共有 $\sum_{n=0}^{M} 8^n$ 个单元。在这种类型的层次结构中，次最近邻单元被认为是最近的“良好分离”单元，这在所有层次上都适用。

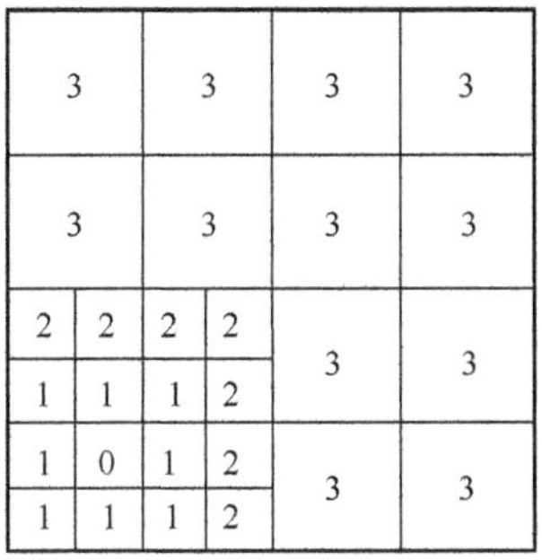

图 3.9　二维三层次结构相互作用的示意图

FMM 能达到 $O(N)$ 的运算速度，在于其有效的多极矩和相互作用计算。例如，考虑一个具有 3 层次系统的带电粒子系统（图 3.9），计算 0 单元中的粒子与 0 单元中其他粒子以及与那些在 3 层单元系统最近邻单元（标记为“1”）的粒子之间的相互作用，作为静电相互作用的直接求和。次最近邻粒子（标记为“2”）是与 0 单元良好分离的，因此它们与 0 单元中的粒子之间的相互作用可以用多极展开式来近似。标记为“3”的单元与 0 单元是良好分离的，因而在 0 单元中的粒子与其他标记为“3”的单元的粒子是多极相互作用。

各类单元的多极矩按照图 3.10 所示方式计算。最低层次单元的极矩（在本例中为层次 3 的单元）计算是直接对所有离子求和，如同附录 E.3 中讨论的方法。2 层次单元的极矩（在图 3.9 中标记为“3”）的计算通过将多极展开式从 3 层次单元的中心移位到它们的父辈 2 层次单元，从而产生简单的 2 层次的多极表达式，而不需要对所有的粒子求和。1 层次单元的多极矩（即 2 层次单元的父辈）的计算也以相同的方式进行。

考虑相对于原点的矩分布计算，根据式(E.13b)可知，在相对于一个移动的位置 $\boldsymbol{R}$，偶极矩为

$$\boldsymbol{\mu} = \sum_{i=1}^{N} q_i \left(\boldsymbol{R} + \boldsymbol{r}_i\right) = \boldsymbol{R}\sum_{i=1}^{N} q_i + \sum_{i=1}^{N} q_i \boldsymbol{r}_i = Q\boldsymbol{R} + \boldsymbol{\mu} \tag{3.22}$$

移位的偶极矩取决于该区域的电荷及偶极矩，移位的四极矩取决于四极矩、偶极矩和电荷等，并依此类推。

这个方法应用的细节以及计算各种多极矩适用的公式及其移位，在其他文献中(Wang and LeSar, 1996; Greengard, 2003)都有介绍。在最好的情况下，FMM 所需要的计算量级为 $O(N)$，比 Ewald 方法速度快，当然在构建多极矩上要花费一定的计算成本。FMM 已经在许多场合得到应用(Greengard, 2003)，包括星系模拟、带电粒子模拟及位错模拟等(Wang and LeSar, 1995)。它可以用于具有或不具有周

期性边界条件的情况，因此相比 Ewald 方法具有特殊的优点。

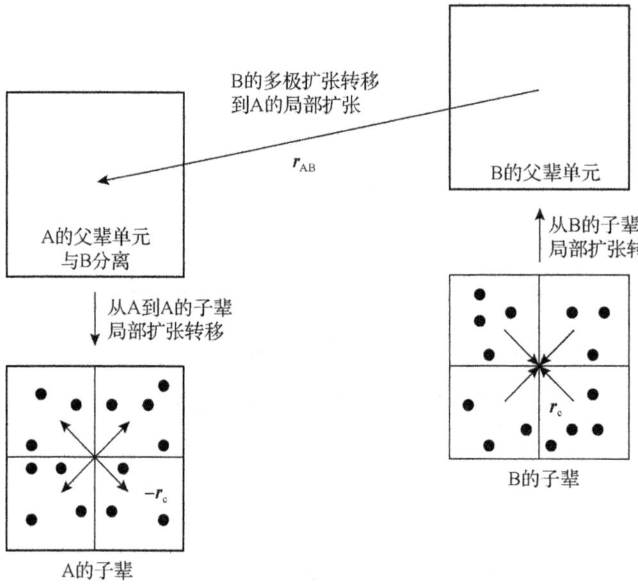

图 3.10　图 3.9 中单元 0 中粒子与父辈单元 0 次最近邻(3)多极矩之间相互作用计算所需要步骤

3.8.3　球截止库仑电势

Wolf 等(1999)提出了一种库仑相互作用的近似计算方法，相当引人注目。其基本思路是在计算上引入截止距离，并用修正项来近似在求和中被截止所忽略的项。与前面叙述的两种方法相比，它不是一个形式完美的方法，但避免了采用截止而没有修正的缺陷，已经在库仑内聚能计算上给出合理的准确值。该方法的基本思路见图 3.11。每个原子 i 与截止距离 r_c 内所有的离子相互作用。正如已经讨论过的，对于长程势能，使用这个相互作用能是不正确的。求出修正项的基础是在整个系统中电荷是中性的。因此，如果在 r_c 内原子 i 周围的总电荷量是 Q_i，那么在系统中剩余离子的总电荷量必须是 $-Q_i$，即

$$Q_i = \sum_j^{r_{ij}<r_c} q_j \tag{3.23}$$

求和是对 r_c 内的所有原子 i 进行的，Q_i 需要对每个原子加以确定。为了简化问题，外部离子的作用由半径为 r_c 的球体和电荷 $-Q_i$ 来近似。依据静电学的基本结论，具有电荷 $-Q_i$ 和半径 r_c 的带电球体内的静电势能是 $-Q_i / r_c$，所以离子 i 和外部电荷之间的总静电能量是 $-q_iQ_i / r_c$。因此，总库仑能量是各个原子与那些截止半径

内部原子之间的相互作用能的总和加上截止半径外部离子所产生的静电能量修正，即

$$E_{\mathrm{coul}}=\sum_{i=1}^{N}\left(\sum_{j\neq i}^{r_{ij}<r_{\mathrm{c}}}\frac{q_i q_j}{r_{ij}}-\frac{q_i Q_i}{r_{\mathrm{c}}}\right) \tag{3.24}$$

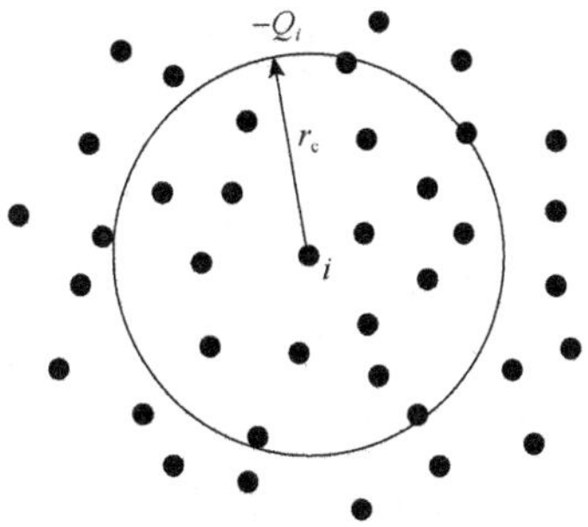

图 3.11　球截止库仑电势示意图

第二部分　原子和分子

第 4 章　电子结构方法

材料的行为与原子之间的键合类型相关，如金属键、共价键、离子键等。键合表征电子围绕原子核的分布方式。共价键在原子之间有局域化电子分布，通常很强且具有方向性。具有很强共价键的材料包括重要的半导体，如硅、镓和金刚石。与此相反，金属系统的键合有一定程度的方向性，但其主导特征是大量的离域电子。离子键由离子之间的强静电相互作用主导。从根本上讲，每一种材料的性质起源于它的键合。

对键合进行基本描述需要计算电子分布。能产生这样信息的一类方法称为电子结构方法(electronic structure method)。本章简要介绍有关电子结构方法的基础知识，指出其固有的近似性。有许多关于量子力学及电子结构方法的书籍专门介绍了这些方法的基础理论(Parr and Yang, 1989; Payne et al., 1992; Kaxiras, 2003; Martin, 2008)。本章只是进行简单叙述，以满足本书后面的讨论需要，便于读者理解。

仅仅是前些年，电子结构计算的实践者通常还要使用自行编制的计算机软件，这往往需要程序员的巨大努力，而时至今日，众多的现成软件都可以使用，既有免费的，也有相当昂贵的，几乎没有人自己编写软件了。在这种情况下，有利的是，现在大多数研究人员可以广泛地使用和进行电子结构计算；而不利的是，这增加了低质量计算的风险。在此必须提醒，本书的讨论并不会使读者完全避免所有与这些计算相关的隐患。

这部分内容对没有量子力学方面经验的读者来说可能有点困难，因此附录 F 对量子力学进行了极为简单的入门介绍。有兴趣的读者，希望深入了解的可阅读本章结尾列出的书籍。关于电子结构计算的内容，可阅读 Nogueira 的著作(Nogueira, 2003)，其内容比本章要丰富得多。

4.1　多电子系统量子力学

材料电子结构的所有量子力学计算基础是薛定谔方程(Schrödinger equation)(见附录 F.3)，即

$$\mathcal{H}\Psi = E\Psi \tag{4.1}$$

式中，$\mathcal{H}$ 为哈密顿算子；E 为能量；Ψ 为波函数。$\mathcal{H}$ 是一个算子，这是量子力学的一个关键点，因此它与经典系统的等价函数的表现极为不同。

薛定谔方程描述了材料中电子和原子核的能量。电子通过静电势与带正电荷的原子核相互作用。

从电子的角度看，原子核是固定的①，因此电子与原子核 α 的相互作用可以认为是一个外部作用势，其形式为 $v = -Z_\alpha / r_{i\alpha}$，其中 Z_α 是原子核的电荷，$r_{i\alpha}$ 是从原子核 α 到第 i 个电子的距离。如果系统有 N 个电子和 M 个原子核，则哈密顿算子为

$$\mathcal{H} = \sum_{i=1}^{N}\left(-\frac{1}{2}\nabla_i^2 + v_{\text{ext}}(\boldsymbol{r}_i)\right) + \sum_i\sum_{j>i}\frac{1}{r_{ij}} \tag{4.2}$$

式中，M 个原子核作用于电子 i 上的静电(库仑)势是对所有 M 个原子核求和，即

$$v(\boldsymbol{r}_i) = -\sum_{\alpha=1}^{M}\frac{Z_\alpha}{r_{i\alpha}} \tag{4.3}$$

这些公式使用原子单位，其中的基本常数 m、e、$\hbar$ 等都等于 1。能量的单位是哈特里(hartree, 1hartree=4.3597×10^{-18}J)，长度的单位是玻尔(bohr, 1bohr= 5.2918×10^{-11}m)等，更详细的讨论参见附录 F.8。

波函数 Ψ 取决于电子的位置 $\boldsymbol{r}$，将在后面做更具体的讨论，现在只是写出波函数，作为 N 个电子位置的函数，其形式为 $\Psi = \Psi(\boldsymbol{r}^N)$，其中 $\boldsymbol{r}^N$ 是 $\{\boldsymbol{r}_1, \boldsymbol{r}_2, \cdots, \boldsymbol{r}_N\}$ 短式标记。系统的电子密度为 ρ，是单位体积中的电子数量：

$$\rho(\boldsymbol{r}_1) = N\int\cdots\int\left|\psi(\boldsymbol{r}^N)\right|^2 \mathrm{d}\boldsymbol{r}_2\cdots\mathrm{d}\boldsymbol{r}_N \tag{4.4}$$

这里是对所有的电子求积分，但是其中一个除外。波函数的归一化形式是 $\int\rho(\boldsymbol{r}_1)\mathrm{d}\boldsymbol{r}_1 = N$。

式(4.2)中的薛定谔方程是描述材料电子结构的基本方程。如果它可以被精确地解出，其解将是波函数和能量，能给出电子特性的完整描述。然而，除了一些简单的问题，不能求出这些方程的精确解，见附录 F.5 中讨论的例子。本章主要

① 本质上讲，所有的计算方法都是基于 Born-Oppenheimer 近似，它假定电子比原子核轻得多和小得多，它们运动速度足够快，对原子位置的变化能够做“瞬间”响应。因此，在确定电子分布和能量时，可以认为原子核的坐标是固定的。

介绍在现代电子结构方法中使用的近似方法。

有一类方法是假设一个近似的波函数，求出式(4.2)的变分解。这些方法有许多名称，这取决于对波函数所用的近似方法。例如，在 Hartree 近似方法中，总波函数由每一个电子的单一粒子函数组成，这会导致方程解的不准确，但很容易求解。对于电子的交换，电子波函数遇到反对称(antisymmetric)的问题，如附录 F.6.2 中所讨论的。

在 Hartree-Fock 计算方法中，波函数的构造使得其对于电子的交换具有反对称性，这些计算结果比用简单的 Fock 方法得到的结果要优越很多。但是，Hartree-Fock 理论忽略了关联能(correlation energy)，这是与电子运动相关联的能量，可使电子保持彼此分开(见附录 F.6)。

Hartree-Fock 方法和其他类似的方法是几十年来电子结构计算(尤其是在量子化学中)的支柱，但是，基于量子力学的公式化表述的密度泛函理论(density function theory, DFT)方法已经在很大程度上取代了它。在 DFT 中，能量被表述为电子密度的函数，而电子密度又是位置的函数，因此能量是密度的一个泛函数(见附录 C.6)。鉴于其使用的普遍性，DFT 将是本章的重点。对传统方法感兴趣的读者，建议研读列在本章结尾推荐阅读中的 Kaxiras (2003) 的著作。

4.2 早期密度泛函理论

尝试利用电子密度作为电子结构计算基本参数的文章最早发表在 1927 年，分别由 Thomas (1927) 和 Fermi (1927) 独立完成(注意薛定谔方程仅仅在 1926 年才发表)。他们各自研究解决原子的电子结构的简单方法。通过类比经典力学的方法，假设能量由三个部分组成：原子中电子和原子核之间的吸引、电子的动能、电子之间的排斥。然后，假设能量可以不用波函数来表述，而是表述成系统中的电子密度 $\rho(\boldsymbol{r})$ 的函数。

电子与带正电的原子核通过静电势相互作用，对于一个原子，其表达形式为 $v_{\text{ext}} = -Z/r$，其中 Z 是原子核的电荷，r 是从原子核到电子的距离。用电子密度(r 的函数)乘以电子与原子核之间的相互作用(距离为 r)，并对这个乘积进行积分，就得到所有电子与原子核的相互作用能，即 $\int \rho(\boldsymbol{r}) v_{\text{ext}}(\boldsymbol{r}) \mathrm{d}\boldsymbol{r}$。

在量子力学中，动能用式(4.2)中的哈密顿算子 $-\nabla^2/2$ 进行计算。在 Thomas-Fermi 模型中，动能密度由密度为 ρ 的均匀电子气的能量来近似表示，如附录 F.5.1 中所说明的。电子气的总动能 T_{eg} 是对动能密度在整个空间进行积分得到的，在采用原子单位时，其形式为(依据式(F.24))

$$T_{\text{eg}}[\rho] = C_F \int \rho^{5/3}(\boldsymbol{r})\mathrm{d}\boldsymbol{r} \tag{4.5}$$

式中，$C_F = \frac{3}{10}\left(3\pi^2\right)^{2/3}$。

对于式(4.5)，有一个方面的问题是值得讨论的。图 4.1 给出了一个原子核附近的电子密度示意图。在图中，在距离 r_1 处密度为 ρ_1，在 r_2 处密度为 ρ_2。在式(4.5)中，两个距离上的动能密度分别正比于 $\rho_1^{5/3}$ 和 $\rho_2^{5/3}$。然而，动能密度表达式是由假定电子密度各处均匀的电子气而推导出来的(见附录 F.5.1)。在各个点上应用电子气表达式，而不考虑密度实际上是如何变化的，这是一种近似。尽管如此，这也是许多电子结构计算十分重要的近似方法。由于密度泛函应用于各个点上，并且仅依赖于在该点上电子密度的值，被称为局域密度近似(LDA)。

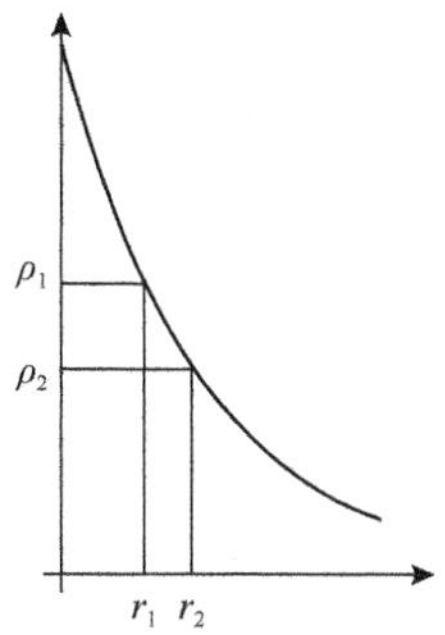

图 4.1　局域密度近似

Thomas-Fermi 模型中的最后一项是经典的电子之间静电(库仑)相互作用，这项很常用(见附录 E.2)，它有专有的表示符号 J，可由电子分布的积分求出：

$$J[\rho] = \frac{1}{2}\int\int \frac{\rho(\boldsymbol{r}_1)\rho(\boldsymbol{r}_2)}{|\boldsymbol{r}_2 - \boldsymbol{r}_1|}\mathrm{d}\boldsymbol{r}_1\mathrm{d}\boldsymbol{r}_2 \tag{4.6}$$

Thomas-Fermi 模型的总能量是

$$E_{\text{TF}}[\rho] = T_{\text{eg}}[\rho] + J[\rho] - Z\int \frac{\rho(\boldsymbol{r})}{r}\mathrm{d}\boldsymbol{r} \tag{4.7}$$

式中，$E_{\text{TF}}[\rho]$ 是电子密度 ρ 的一个泛函数，也就是说，它是函数 ρ 的函数①。因此，Thomas-Fermi 模型是密度泛函理论的一个简单例子。

在量子力学中，对库仑项(式(4.7)中的 J)有修正，该项起因是电子的量子性质。其中的一个修正来自称为交换的量子效应，它基于这样一个事实，自旋相同的两个电子绝不能出现在同一个位置。因此，自旋相同的电子彼此回避，使得电子-电子排斥能出现不同，具有相同自旋的电子比具有相反自旋的电子的排斥能要小。这种平行自旋电子间和反平行自旋电子之间的能量差就是交换能。在附录 F.6.3 中讨论了交换能的起源，对于均匀的电子气，在整个空间上对式(F.45)的交换能量密度积分，即可求得交换能为

① 泛函有一些有趣的性质，详见附录 C.6。在后面的章节中，将在相场模型的讨论中再次用到泛函。

$$E_x[\rho] = -C_x \int \rho^{4/3}(\boldsymbol{r})\,\mathrm{d}\boldsymbol{r} \tag{4.8}$$

式中，$C_x = \frac{3}{4}\left(\frac{3}{\pi}\right)^{1/3}$。

1930 年，Dirac 改进了 Thomas-Fermi 模型(式(4.7))，加入了交换能，得到的新模型被称为 Thomas-Fermi-Dirac(TFD)模型。总能量的泛函数为

$$E_{\mathrm{TFD}}[\rho] = T_{\mathrm{eg}}[\rho] + E_x[\rho] + J[\rho] - Z\int \frac{\rho(\boldsymbol{r})}{r}\mathrm{d}\boldsymbol{r} \tag{4.9}$$

Thomas-Fermi 模型和 Thomas-Fermi-Dirac 模型建立的目的都是确定基态(最低)能量与基态电子密度，这是通过相对于密度求最小能量来实现的，基态可以通过这样的最小化来确定，这个思路在当时只是一种假想，直到 Hohenberg-Kohn 定理(在 4.3 节介绍)的出现，才得以证明。利用拉格朗日乘子方法及恒定电子总数(密度的积分)的约束条件，满足 $\boldsymbol{r} \to 0$ 时 $\rho(\boldsymbol{r}) \to 0$ (避免库仑能出现奇点)和 $\boldsymbol{r} \to \infty$ 时 $\rho(\boldsymbol{r}) \to 0$ (有限尺度的原子)的要求，即可以求得最小值。

考虑 Thomas-Fermi-Dirac 模型的解。通过使用拉格朗日乘子(Arfken and Weber, 2001)，可以计入约束 $\int \rho(\boldsymbol{r}_1)\mathrm{d}\boldsymbol{r}_1 = N$，这样

$$\delta\left\{E_{\mathrm{TFD}}[\rho] - \mu_{\mathrm{TFD}}\left(\int \rho(\boldsymbol{r}_1)\mathrm{d}\boldsymbol{r}_1 - N\right)\right\} = 0 \tag{4.10}$$

式中，δ 是泛函微分(见附录 C.6 中有关泛函微积分的讨论)。对泛函求导(如 $\delta E/\delta\rho$)，有

$$\mu_{\mathrm{TFD}} = \frac{\delta E[\rho]}{\delta\rho} = \frac{5}{3}C_F\rho^{2/3}(\boldsymbol{r}) - \frac{4}{3}C_x\rho^{1/3}(\boldsymbol{r}) - \phi(\boldsymbol{r}) = 0 \tag{4.11}$$

其中，静电势是

$$\phi(\boldsymbol{r}) = \frac{Z}{r} - \int \frac{\rho(\boldsymbol{r}_1)}{|\boldsymbol{r} - \boldsymbol{r}_1|}\mathrm{d}\boldsymbol{r}_1 \tag{4.12}$$

式(4.11)可以用多种方式求解，例如，可以引入泛函的形式，它包含约束条件当 $\boldsymbol{r} \to 0$ 时 $\rho(\boldsymbol{r}) \to 0$ 和当 $\boldsymbol{r} \to \infty$ 时 $\rho(\boldsymbol{r}) \to 0$，或者使用完全的数值解。

Thomas-Fermi 模型和 Thomas-Fermi-Dirac 模型简单，极其吸引人，它基于均匀电子气泛函，利用局域密度近似方法。但是，两者对动能和交换能的表述是粗糙的，忽略了在附录 F.6 中讨论的关联能(correlation energy)，其电子密度也不是基于实际

波函数等。鉴于这些近似的方法，接下来的问题就是：这些方法准确到什么程度？

实际上有两个问题可以考虑：①Thomas-Fermi 模型和 Thomas-Fermi-Dirac 模型的计算结果与类似的但是更准确的计算结果相比，相符合的程度如何？②计算结果与原子和分子的真实能量相符合程度如何？在本书中将自始至终都面临着这类问题。依据模型计算的结果应该与现实情况还是其他计算结果进行比较呢？通常情况下会是后者。例如，Thomas-Fermi 模型和 Thomas-Fermi-Dirac 模型正是这样的模型。两者都忽略了重要的物理现象。因此，不能期望它们与实验或实际系统精确的计算相一致。所以，在这种情况下，探讨问题②的意义并不大。将这些模型的计算结果与利用其他最接近于这些模型的更准确方法的计算结果相比较，这种做法会给出关于这些模型优劣程度的更多信息。对于 Thomas-Fermi 模型和 Thomas-Fermi-Dirac 模型的情形，最好能够与精确计算方法的结果相比较，如 4.1 节提到的 Hartree-Fock 方法。利用反对称的波函数，Hartree-Fock 方法在式(4.2)中给出的薛定谔方程的解是非常准确的。当然，Hartree-Fock 方法没有考虑关联能。因此，在不考虑关联能的前提下，利用 Thomas-Fermi 模型计算结果和 Thomas-Fermi-Dirac 模型计算结果与 Hartree-Fock 方法计算结果的比较，可直接检验用这些简单模型描述多电子系统物理现象的优劣程度。

解析分析表明，中性、闭壳原子的 Thomas-Fermi 能量为(Parr and Yang, 1989)

$$E_{\mathrm{HF}} = -0.7687 Z^{7/3} \tag{4.13}$$

式中，Z 是原子核上的电荷量(并且与电子数量相等)。表 4.1 中将 Thomas-Fermi 能量与 Hartree-Fock 方法精确计算的能量进行了比较，并计算出 $-E_{\mathrm{HF}}/Z^{7/3}$ 的值。如果 Thomas-Fermi 模型的结果是正确的，那么依据式(4.13)，Hartree-Fock 的结果应该取值 0.7687。显然，从表中可以看出，Thomas-Fermi 模型给出的能量有相当大的误差，它过度地估计了电子结合能，其相对误差从氦的约 35%到氡的 13%。

表 4.1　稀有气体原子的 Thomas-Fermi 模型能量与计算的能量 E_{HF} 的比较(Clementi and Roetti, 1974)

原子	Z	$-E_{\mathrm{HF}}/Z^{7/3}$
氦(He)	2	0.5678
氖(Ne)	10	0.5967
氩(Ar)	18	0.6204
氪(Kr)	36	0.6431
氙(Xe)	54	0.6562
氡(Rn)	86	0.6698

注：E_{HF} 是依据 Hartree-Fock 方法计算的，因而不包含关联能。

虽然加入交换能修正的本意是改进 Thomas-Fermi 模型的计算结果，但是实际上这样做使 Thomas-Fermi-Dirac 模型的预期比 Thomas-Fermi 模型还不如，这一点可以从式(4.9)直接看出。Thomas-Fermi 模型高估了原子的结合能。由于添加的交换能项是负的，会更进一步降低总能量，增加误差。

在不考虑关联能的前提下，Thomas-Fermi 模型和 Thomas-Fermi-Dirac 模型计算结果与精确计算结果相比表现很差。对于这些模型已经提出许多改进的建议，包括在动能中采用梯度项(Parr and Yang, 1989)。虽然结果有所改善，但仍然不能满足需要。所以，这些模型中存在某些根本上的不正确性问题。误差出现的主要原因是对动能的处理，在这一方面，Thomas-Fermi 模型和 Thomas-Fermi-Dirac 模型都忽略了电子壳结构(Martin, 2008)。

尽管模型是失败的，但还是要讨论 Thomas-Fermi 模型和 Thomas-Fermi-Dirac 模型，因为它们是最早基于密度泛函理论计算电子结构这类方法的代表。这些方法和类似的方法有着很长的历史，都是基于同样的假设，即真正的密度泛函是可以找到的，它能描述电子和原子核系统的能量。这种假设是极为大胆的。事实上，这些方法曾被认为不是建立在完备的理论之上的。直到 20 世纪 60 年代初期 Hohenberg-Kohn 定理的出现，人们才确切地知道这样的密度泛函确实存在。

4.3 Hohenberg-Kohn 定理

Hohenberg 和 Kohn 于 1964 向世人表明，在外部势场的作用下(在此情况下，为固体中来自原子核的库仑势)，电子系统的总能量 E 是由电子密度 ρ 的泛函精确确定的；并进一步指出，使 $E[\rho]$ 取最小值的密度就是基态电子密度，而其他基态性质也是基态密度的泛函。这就是 Hohenberg-Kohn 定理。它证明了 Thomas-Fermi 模型、Thomas-Fermi-Dirac 模型以及其他类似的方法具有正当的理论依据，为密度泛函理论奠定了坚实的基础。

关于 Hohenberg-Kohn 定理，有一个重要的问题：该定理虽然指出了泛函 $E[\rho]$ 的存在，但是没有指明泛函是什么或者如何找到它。Hohenberg-Kohn 定理所做的就是告诉人们这样的泛函是值得寻找和期待的。

各类模型，如 Thomas-Fermi 模型、Thomas-Fermi-Dirac 模型等，都曾试图找到正确的泛函。或许并不是很好，但是它在正确的方向上迈出了一步。4.4 节将讨论更准确的方法，这是目前大多数计算的基础。

4.4 Kohn-Sham 方法

本节介绍用于解决多电子系统的量子力学问题的 Kohn-Sham 方法(Kohn and

Sham, 1965)。这种方法，在关联能处理方面做了改进，解决了许多 Thomas-Fermi 模型和 Thomas-Fermi-Dirac 模型的不足，是当今大多数密度泛函理论计算的基础。这里的许多讨论都基于 Parr 和 Yang (1989) 的文献。最近的一个综述文献也是非常有用的(Nogueira et al., 2003)。对于想了解更深内容的读者，其他书籍可能会有所帮助(Fiolhais et al., 2003; Martin, 2008)。

泛函 $E[\rho]$ 表示总电子能量是电子密度 ρ 的泛函，并且是外部势场和电子能量贡献的总和，即

$$E[\rho]=F[\rho]+\int v_{\text{ext}}(\boldsymbol{r})\rho(\boldsymbol{r})\text{d}\boldsymbol{r} \tag{4.14}$$

式中

$$F[\rho]=T[\rho]+V_{\text{ee}}[\rho] \tag{4.15}$$

$F[\rho]$ 为动能 $T[\rho]$ 和电子之间的相互作用能 $V_{\text{ee}}[\rho]$ 的总和。将 $V_{\text{ee}}[\rho]$ 表示为经典库仑积分(式(E.10))加上修正项，即

$$V_{\text{ee}}[\rho]=J[\rho]+\left(V_{\text{ee}}[\rho]-J[\rho]\right) \tag{4.16}$$

现在的重点是寻找动能 T 的近似表达式和没有被经典库仑能量 J 表述的电子-电子相互作用的近似表达式，即 $V_{\text{ee}}[\rho]-J[\rho]$。

正如前面所指出的，Thomas-Fermi 模型和 Thomas-Fermi-Dirac 模型中误差的主要来源是在动能中没有反映电子壳结构固有的不连续性。为了避免这些问题，Kohn-Sham 方法假定，具有 N 个电子的系统，其电子密度可以表示为单个电子轨函 ψ_i 的总和，即

$$\rho(\boldsymbol{r})=\sum_{i=1}^{N}\left|\psi_i(\boldsymbol{r})\right|^2 \tag{4.17}$$

将密度表示成单个电子轨函总和的意义在于：薛定谔方程的求解得到大大简化；壳层的不连续性成为解的自然结果。如下所述多电子问题可简化为一组单个电子的求解问题。

Kohn 和 Sham 定义的动能泛函是

$$T_{\text{KS}}[\rho]=\sum_{i=1}^{N}\left\langle\psi_i\left|-\frac{1}{2}\nabla_i^2\right|\psi_i\right\rangle \tag{4.18}$$

这里的关键点是，Kohn-Sham 方法假设采用简单的轨道波函数来描述密度，然后用准确的动能函数与这些近似波函数进行运算，求出动能的近似值。由此，式(4.15)中密度泛函的电子部分为

$$F[\rho]=T_{\mathrm{KS}}[\rho]+J[\rho]+E_{\mathrm{xc}}[\rho] \tag{4.19}$$

式中

$$E_{\mathrm{xc}}[\rho]=T[\rho]-T_{\mathrm{KS}}[\rho]+V_{\mathrm{ee}}[\rho]-J[\rho] \tag{4.20}$$

$E_{\mathrm{xc}}[\rho]$ 称为交换-关联能(exchange-correlation energy)，它包括在动能和库仑能之和与正确答案之间的所有修正。作为一个修正项，希望 $E_{\mathrm{xc}}[\rho]$ 在式(4.19)中相对于其他项是比较小的。由此，下面的任务就是研究出好的 $E_{\mathrm{xc}}[\rho]$ 公式，这将在 4.5 节讨论。

Kohn-Sham 方法中使用了迭代解法，在图 4.2 中示意性示出了这一过程。初始时猜测一组波函数为 ψ_i^0，利用它并依据式(4.17)构造出初始的电子密度 ρ_0。基于该密度，通过对 $E[\rho]$ 取泛函导数求得有效的 Kohn-Sham 势场：

$$v_{\mathrm{KS}}(\boldsymbol{r})=v_{\mathrm{ext}}(\boldsymbol{r})+\int\frac{\rho(\boldsymbol{r}_1)}{|\boldsymbol{r}-\boldsymbol{r}_1|}\mathrm{d}\boldsymbol{r}_1+v_{\mathrm{xc}}(\boldsymbol{r}) \tag{4.21}$$

式中，

$$v_{\mathrm{xc}}(\boldsymbol{r})=\frac{\delta E_{\mathrm{xc}}}{\delta\rho(\boldsymbol{r})} \tag{4.22}$$

而 E_{xc} 是选取的交换-关联函数。

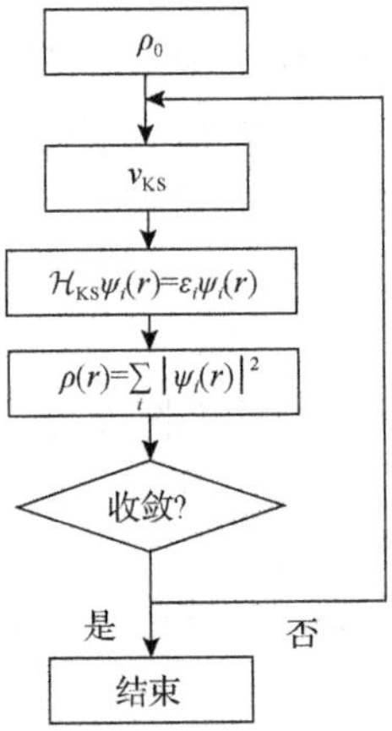

图 4.2　Kohn-Sham 方法的求解步骤(Nogueira et al., 2003)

因为 $v_{\mathrm{KS}}(\boldsymbol{r})$ 是由迭代循环中前一步骤的电子密度定义的，哈密顿函数没有包括电子之间直接的相互作用，它描述每个电子是在一个固定电子分布 $\rho(\boldsymbol{r})$ 的外场作用下运动。哈密顿函数为

$$\mathcal{H}_{\mathrm{KS}}=-\frac{1}{2}\nabla^2+v_{\mathrm{KS}}(\boldsymbol{r}) \tag{4.23}$$

由此求解得

$$\mathcal{H}_{\mathrm{KS}}\psi_i(\boldsymbol{r})=\epsilon_i\psi_i(\boldsymbol{r}) \tag{4.24}$$

解方程(4.24)，得到一组新的 N 个轨道波函数 ψ（以及 1 个电子轨道能量 ϵ），由此得到一个新的 ρ，然后得到一个新的 v_{KS}。对方程(4.24)再次求解，并且重复这个过程，直到求得一个自洽的(self-consistent) ρ。自洽是指从一次迭代到下一次迭代，ρ 值的变化不超过预先规定的值。

一般地，人们用一组基函数(basis function)展开波函数 ψ：

$$\psi=\sum_j c_j\phi_j \tag{4.25}$$

为了解方程(4.24)，构建哈密顿矩阵，然后使其对角线化，以寻找本征矢量和本征值(基组计算见附录 F.7)。哈密顿矩阵元素为

$$H_{ij}=\int\phi_i^*(\boldsymbol{r})\left\{-\frac{1}{2}\nabla^2+v_{\mathrm{KS}}(\boldsymbol{r})\right\}\phi_j(\boldsymbol{r})\mathrm{d}\boldsymbol{r} \tag{4.26}$$

Kohn-Sham 方法得到的能量不是式(4.24)中“轨道”能量 ϵ_i 的总和，还必须添加附加项才能得到正确的总能量，总能量为(Nogueira et al., 2003)

$$E=\sum_{i=1}^{n_{\mathrm{occ}}}\epsilon_i-\int\left[\frac{1}{2}\int\frac{\rho(\boldsymbol{r}_1)}{|\boldsymbol{r}-\boldsymbol{r}_1|}\mathrm{d}\boldsymbol{r}_1+v_{\mathrm{xc}}(\boldsymbol{r})\right]\rho(\boldsymbol{r})\mathrm{d}\boldsymbol{r}+E_{\mathrm{xc}} \tag{4.27}$$

注意 $\int E_{\mathrm{xc}}\mathrm{d}\boldsymbol{r}\neq\int v_{\mathrm{xc}}\rho(r)\mathrm{d}\boldsymbol{r}$ 。

要重点强调的是，对于计算所选用的基组(basis set)采用图 4.2 中的迭代法，收敛于最低能量状态。最小能量对应于基态，这是 Hohenberg-Kohn 定理的结果和 Kohn-Sham 方程的结构。一个差的基组将导致对系统基态不利的计算结果。事实上，测试基组的方法是与其他基组计算的基态能量相比较，优先选择能产生最低能量的基组。

4.5 交换-关联泛函

在式(4.20)中定义的项称为交换-关联泛函(exchange-correlation functional) $E_{\mathrm{xc}}[\rho]$。该项包括对 Kohn-Sham 哈密顿近似的所有修正。在实际使用中有两种主要类型的交换-关联泛函，一种是基于局域密度近似(LDA)方法，另一种是含有对 LDA 修正的方法，通常采用密度梯度形式。

局域密度近似方法的一个例子是 Thomas-Fermi-Dirac 模型，式(4.8)给出了交换函数 E_x。计算 E_{xc} 的常用近似方法是从 E_x 开始，加上相关项，即

$$E_{xc} = E_x + E_c \tag{4.28}$$

已经有一些模型用于 E_c。一个常见的模型是 ρ 的一个简单的泛函，与 E_x 非常相像。对于均匀的电子气，曾做过严格的量子蒙特卡罗计算①，关联能的计算是由总能量减去动能、库仑能和交换能得出的(Ceperley and Alder, 1980)。对高电子密度和低电子密度都获得了能量的精确表达式，并提出各种方案对这些结果进行参数化处理(Perdew and Zunger, 1981; Perdew and Wang, 1992)。这些方法的优点是 E_{xc} 仍然保持为 ρ 的简单泛函，可以用同样的运算形式来推导 $v_{xc} = \delta E_{xc}\left[\rho(\boldsymbol{r})\right] / \delta\rho(\boldsymbol{r})$。其缺点是 E_{xc} 仍然用局域密度近似方法计算。

最常见的 E_{xc} 修正仍然是依据局部理论的，不仅是基于电子密度的局部值，而且是依据电子密度梯度的局部值。这些方法通常称为广义梯度近似(generalized gradient approximations, GGA)方法。在这些方法中，交换-关联能被假定具有如下形式(Lee et al., 1988; Perdew et al., 1996)：

$$E_{xc} = \int \rho(\boldsymbol{r})\epsilon_{xc}\left(\rho(\boldsymbol{r}), \nabla\rho(\boldsymbol{r})\right)\mathrm{d}\boldsymbol{r} \tag{4.29}$$

式中，$\nabla\rho(\boldsymbol{r})$ 是 $\rho(\boldsymbol{r})$ 的梯度。得到 v_{xc} 导数的表达式并不难，对泛函直接求导即可。

关于 E_{xc} 的各种其他近似方法也已经被提出②，但是目前对于固体最常用的是 LDA 和 GGA。如下文将要讨论的，无论 LDA 还是 GGA 泛函产生的带隙都太小，所以寻找新的泛函是一个关注点。在混合方法中，有一种为 Hartree-Fock 近似方法和 GGA 之间进行插值的方法(Lee et al., 1988)正在被越来越多地运用，尽管其最初是为化学应用而研发的，但是目前已经被应用于固体上，极大地改进了对电子结构的描述。

4.6 波 函 数

计算的第一步是选择波函数。正如式(4.25)中所讨论的，波函数典型的表示方式是将其表示为一组函数的总和，这组函数称为基组。基组中选择什么函数取决于对以下两个问题的回答：

(1)选择的基组能够得到具有足够精度的结果吗？

---

① 量子蒙特卡罗方法是一种求解薛定谔方程很准确的方法(Ceperley and Alder, 1986)。

② 包括 meta-GGA 方法，它在泛函中包括拉普拉斯算子($\nabla^2\rho$)(Neumann and Handy, 1997)。

(2)在期望的精度下，获得收敛的结果所需要的计算成本是多大？

显然，波函数的选择在很大程度上取决于所关注的系统。对于固体，波函数应反映系统的周期对称性(周期性系统的讨论见 3.4 节)，即必须满足附录 F.9 中介绍的布洛赫定理(Ashcroft and Mermin, 1976)

$$\phi_{\boldsymbol{k}}(\boldsymbol{r}+\boldsymbol{R})=\mathrm{e}^{\mathrm{i}\boldsymbol{k}\cdot\boldsymbol{R}}\phi_{\boldsymbol{k}}(\boldsymbol{r}) \tag{4.30}$$

式中，$\boldsymbol{R}$ 是直接晶格矢量。一般地，满足这个条件的函数组是平面波函数：

$$\phi_{\boldsymbol{k}}(\boldsymbol{r})=\mathrm{e}^{\mathrm{i}\boldsymbol{k}\cdot\boldsymbol{r}}\sum_{\boldsymbol{G}}c_{\boldsymbol{G}}\mathrm{e}^{\mathrm{i}\boldsymbol{G}\cdot\boldsymbol{r}} \tag{4.31}$$

式中，$\boldsymbol{G}$ 是倒易晶格矢量。特定的平面波能量与 k^2 成正比，正如附录 F.5.1 中介绍的盒子中的粒子的解。对于电子结构计算的应用中，选定 k 值和一组波函数，波函数中的系数按照图 4.2 所述的过程求出。

平面波基组是具有周期性波函数边界约束条件的自由电子的通解(见附录 F.5.1)，为固体的密度泛函计算提供了有利的条件。与更复杂的基函数相比，有关平面波的积分计算和编程更容易。通过涵盖足够数量的平面波函数，形成完整基组，能收敛到任意精度。在实践中，使用有限数量的平面波函数，收敛性的属性在很大程度上由单个参数支配，即在基组里具有最大能量的平面波(用赝势近似函数来近似描述核心区域，见 4.7 节)。基于平面波基组的计算通常会顺利收敛于最小能量解。因为在一个平面波基组中所有函数都是相互正交的，这样避免了一个称为“基组重叠误差”的问题，当使用非平面波基组时会出现这样的问题，这将在下面进行讨论。更多细节参见相关文献(Nogueira et al., 2003)。

借助“超晶胞”(supercell)方法，平面波也可用于有限的系统，如原子或分子，在这里把有限系统放置在假想晶体的单胞(unit cell)中，让该单胞足够大，使得在单胞中心的原子和分子不与其他单胞中它们的那些副本相互作用。超胞不只是用于有限系统的模型建立，而且可以用于任何三维周期性遭到破坏的系统。这方面的例子有表面或界面(具有二维周期性)、纳米线(一维周期性)和量子点(无周期性)。

尽管平面波基组是通用的，但是它们并不一定对所有问题都是最佳选择，例如，描述由分子组成的固体或具有强的方向性键合系统时，通常使用有限数目的原子轨函基组，而不是平面波基组。这些轨道以原子核为中心，做出这样的基组选择类似于(但实际上并不一样)原子轨函线性组合(LCAO)近似方法，这个方法在描述分子的电子结构上已使用很多年。因为类氢轨函更接近于实际的电子分布，而且由于计算哈密顿矩阵元素所需要的各种积分的计算简单，利用高斯函数的线性组合近似这些轨函就具有许多优势。在图 4.3 中，对类氢轨函(称为 Slater 函数)与等效的高斯函数做了比较。注意：它们无论是在短程还是在长程都有显著的差异。采用高斯函数的目的在于：由于每一个高斯函数更准确地契合于电子分布的实际形式，与平面波的计算相比，所需要的基组函数将少得多。因此，非平面波基的方法往往会计算更快。使用非平面波基函数还有另一个优点，就是它们并不需要周期性的条件，因而能够计算非周期性或半周期性超胞性质。

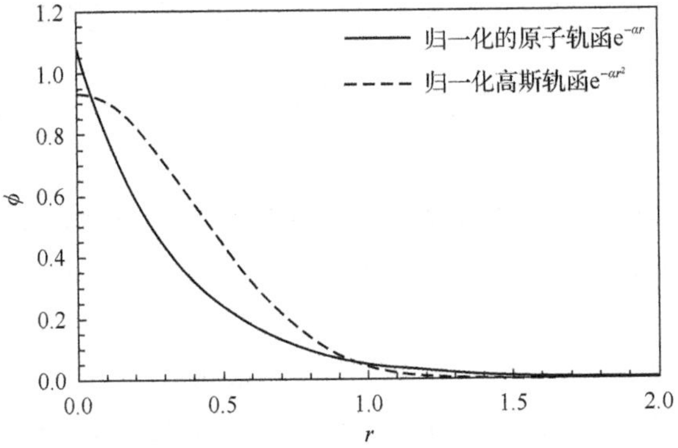

图 4.3　Slater 函数和高斯函数的比较($\alpha=2$)

函数基组的选择取决于许多因素，但最终选择通常由精度和计算时间之间的平衡来确定。这样做是存在风险的，由于没有使用完整的函数基组，对能量取最小化所得到的解可能是不正确的，因为在选择基组时可能已经将实际基态从解中排除掉了。有时还需要加上“鬼”原子，它们是类原子的轨函，并不以原子为中心，而是用特设方式(ad hoc fashion)加入来对原子附近的空间区域加以描述。例如，可以在点缺陷、表面或共价键电荷附近添加额外的轨函。

基于有限基组的计算常常受到“基组重叠误差”的影响，这是由于当两个原子彼此接近时，它们的基函数出现重叠。发生这种情况时，一个原子的波函数呈现出包含来自不同原子波函数的贡献，造成计算中的总体误差。有一系列的方法来消除或减少这种误差，在这里不再赘述相关的细节，请参阅更专业的书籍。

另一种不依赖于平面波的方法是基于实空间网格(real space grid)。在网格的每个点上的波函数只是一个数值，通过数值方法求解 Kohn-Sham 模型的哈密顿函数。这种方法计算速度非常快，并且很容易扩展到非周期性系统。

4.7　赝　　势

在考虑原子的电子结构时，无论是否为固体，很常见的做法是将电子分成两组，即原子外部的价电子和位于内核的电子。内壳层电子被非常紧密地限制到原子核周围，在原子之间的化学键上发挥极小甚至是根本没有作用。从许多方面来看，内壳层电子与原子核一起可被认为是一个基本呈惰性的内核，所带的电荷是原子核的正常电荷减去内壳层电子所带的电荷。这种观点有其优点，这样内芯的电子就可视为被“冻结”，电子结构的计算只需要考虑原子外部的价电子。当然，由于内层电子不是点电荷，它们不能被完全忽略。

内层电子的作用是通过使用赝势在模型中体现的，其中每个原子核加上其内层的电子被视为一个冻结的核，对其环境变化不作相应的变化。原子的价电子与核的相互作用由一个势场函数描述，它称为赝势(pseudopotential)，可以通过第一原理计算来构建，准确地再现原子核和内层电子的行为。通过与包括所有电子的计算结果进行比较，赝势计算的准确性已经得到证明。因为紧束缚的芯电子不直接参与问题的计算，赝势方法比全电子计算速度快得多(Singh, 1994)。

其中一种被称为经验赝势(empirical pseudopotential)的方法是最简单的，它假定一个函数的形式、参数的选择与实验相匹配。从头算赝势(ab initio pseudopotential)的确定是依据自由原子薛定谔方程的精确计算。如今，经验赝势并不常用，基于原子核附近的波函数局部解的第一原理赝势(first-principles pseudopotential)是首选的方法。赝势方法的详细叙述可参阅 Nogueira 等(2003)的书籍。

图 4.4 显示出赝势在系统中是如何作用的。图的下部所示为势场，V_{coul} 表示芯电子裸库仑势(bare Coulomb potential)，V_{pseudo} 表示赝势，其中的库仑势场被芯电子所抵消。图的上部是波函数，以 Ψ_{coul} 表示由于陡变的库仑势急剧升降而出现的波函数振荡，这是由于原子价电子的波函数与那些芯电子(core electron)的波函数必须是正交的。如果不考虑芯电子，该振荡可以消除，就形成了由赝势产生的平滑波函数 Ψ_{pseudo}。r_c 是芯半径(core radius)。

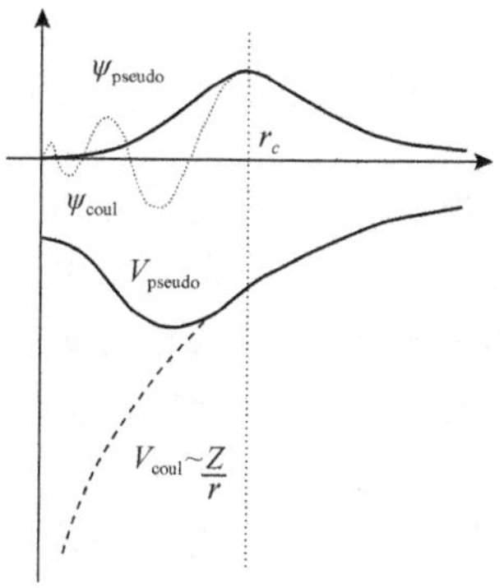

图 4.4　赝势和赝波函数的示意图

4.8　密度泛函理论的应用

可利用密度泛函理论以合理的精度模拟材料的结构性质。在一般情况下，LDA 计算对平衡晶格参数的估计低 1%～2%，而使用 GGA 计算会有比 LDA 大的键长，其预测值可能在一定程度上比实验数值大。类似地，LDA 预测的内聚能比实验数值大，可以由 GGA 校正预测值。

例如，表 4.2 中对共价键块体硅材料的结构性质计算值(LDA 和 GGA)与实验值进行了比较。LDA 的结果过于束缚，其晶格参数约低 1%，GGA 的结果虽然更接近于实验值，但有点过大。LDA 和 GGA 的内聚能计算结果都过大。表 4.3 中显示出金属系统块体铜的类似结果。同样，LDA 的晶格参数计算结果太小(约 1%)，而 GGA 的计算结果太大。两种方法得到的内聚能都过大，其中 GGA 得到的结果更接近于实验数值。对于两个系统，无论是哪个方法对体积模量的计算，结果都不理想，尽管 LDA 的结果的确比 GGA 稍微好一些，但都过小。

表 4.2　由 LDA 与 GGA 得出的块体硅的一些性质比较(Nogueira et al., 2003)

参数	LDA	GGA	实验数据
a/Å	5.378	5.463	5.429
B/Mbar	0.965	0.882	0.978
E_c / (eV/atom)	6.00	5.42	4.63

注：a 为晶格常数，B 为体积模量，E_c 为内聚能；实验结果来源于 Lenosky 等(1997)的文献。

表 4.3　由 LDA 与 GGA 得出块体铜的一些性质比较(Nogueira et al., 2003)

参数	LDA	GGA	实验数据
a/Å	3.571	3.682	3.61
B/Mbar	0.902	0.672	1.420
E_c / (eV/atom)	4.54	3.58	3.50

注：a 为晶格常数，B 为体积模量，E_c 为内聚能；实验结果来源于 Rose 等(1984)的文献。

在表 4.3 中，基于 LDA 和 GGA 计算的差异趋势似乎有普遍性，但是并不总是遵循这个趋势。事实上，对于两种方法之间结果上的差异，没有任何理论的解释。依据 GGA 的计算似乎并不比依据 LDA 的计算更准确，这有点令人惊讶。人们或许期望包含某种附加的信息，如电荷梯度，将会出现更精确的计算结果。

以 Hohenberg-Kohn 定理为基础的 Kohn-Sham 方法仅适用于基态能量，因此密度泛函理论在激发态的能量计算中的结果不好并不奇怪。例如，带隙的预测值过小，在大多数情况下相差约为 2 倍。以硅为例，实验的带隙值为 1.17eV，而 LDA 的计算值是 0.45eV，GGA 的计算值为 0.61eV(Nogueira et al., 2003)。

在确定电子密度方面，密度泛函理论做得确实非常好，它能够带来材料是如何构造和材料行为的新见解。仅以一个例子做说明，在使用密度泛函理论来研究某种铋化合物（$BiAlO_3$ 和 $BiGaO_3$）作为压电材料的势场时（Baettig et al., 2005），发现压电响应是铋的未共享电子对的立体化学活性的结果，这导致在中心对称相中铋离子的位置出现大的位移。这一认识是从电子局域图的分析中获得的。

密度泛函理论的其他局限主要集中在它的计算复杂性上，这限制了它在计算中能够包含的原子数量。随着时间的推移，计算机速度变得更快和算法得到改善，这个数量也在改变，但无须多说，还有许多问题，这些计算仍不适合。使这些方法面临挑战的一个特别重要的问题是对具有有限温度（$T>0$）的系统建模。对于这种状态，已经提出一些扩展的方法，并且证明效果良好（Car and Parrinello, 1985）。然而，计算上的尺度限度限制了它们在许多问题上的应用。在后面的章节中，将介绍一些方法，能够模拟有限温度下原子数量非常大的系统。但是，将不得不放弃对电子状态的直接计算，而是采用对材料键合的近似表述来代替。

尽管有局限性，密度泛函理论已经在材料研究中无处不在，从生物系统到金属中的合金开发都有应用。这里仅列举几个例子，说明这些方法的适用范围[①]。

结构和热力学：从头算方法应用于结构性质计算，已是常规性计算，代表性的有 Curtarolo 等（2005）的研究，使用密度泛函理论建立了 80 种二元合金基态能量和结构表。这些方法常常用于系统的热力学性质计算，例如，von Appen 等（2004）关于 Sn/Zn 的金属间化合物和固溶相的研究，Bercegeay 和 Bernard（2005）关于系列金属的状态方程和弹性性质的研究。

极端条件：这些方法的另一种常见应用是在实验数据获取受到限制的情况下计算材料的性质，如 Lin 等（2012）关于氨硼烷（NH_3BH_3）的高压性质研究。

缺陷结构和性质：这些方法也常用于缺陷结构的研究。例如，Zhang 等（2007）关于 Al/TiN 界面断裂性能的研究。密度泛函理论计算也已经用于洞察位错核心结构，如 Woodward 等（2008）在铝的相关方面的研究。

生物材料的应用：密度泛函理论在生物学上的应用现在也很常见，Ciacchi 和 Payne（2004）关于氧气如何进入蛋白质结构的研究。

新材料：电子结构计算也已经在确定新型材料的基础物理方面具有决定性影响，如 Nicola Spaldin 的工作，该工作引起了人们对多铁性材料（multiferroics）的关注（Hill, 2000）。

以上仅列举了几个例子，用于展示电子结构计算的应用范围。

4.9　本 章 小 结

本章介绍了固体电子结构的密度泛函理论的基本知识。在介绍了一些早期的

① 强烈建议读者查找和阅读相关文献，了解感兴趣系统的电子结构方法的应用。

方法之后，详细地叙述了当前使用最多的电子结构计算的基础知识，即 Kohn-Sham 方法；讨论了局域密度近似方法的使用，并且讨论了通过使用广义梯度近似方法对其进行的改进。

这些方法尽管不完美，但是提供了以最少的假设来计算材料性质的直接方法。通过这些方法可以了解到电子在何处，避免一些因使用原子间键合的近似（即在第 5 章中将要叙述的原子间作用势函数）而出现的缺陷。然而，电子结构方法在计算上成本较高，每次只能计算很少的原子。因此，尽管它们实用，也还常常必须使用在后面几个章节中讨论的近似方法。

推荐阅读

本章讨论的这个主题有许多现成的书籍和文章，可读的很广泛，例如，Kaxiras (2003) 编写的 *Atomic and Electronic Structure of Solids* 是一本优秀而且全面的书籍。如何进行电子结构计算，可阅读 Fiolhais 等 (2003) 的著作 *A Primer in Density Functional Theory*。

Martin (2008) 撰写的 *Electronic Structure: Basic Theory and Practical Methods*，是一本很优秀的基础和应用指南。

一些比较早期的但非常有用的书籍包括：March (1975) 的著作 *Self-Consistent Fields in Atoms* 及 Parr 和 Yang (1989) 的著作 *Density-Functional Theory of Atoms and Molecules*。

第 5 章　原子间作用势

基于原子计算固体的性质需要对这些原子之间能量和力进行描述。正如在第 4 章所讨论的，依据量子力学求解系统中所有的原子核和电子，可以计算求得能量。本章将讨论计算量较少的方法，建立并使用原子之间相互作用的模型。一般地，这种模型基于简单泛函形式来反映固体中各种键合类型。由于这些函数的本性是近似的，所以以这种模式为基础进行的计算得到的结果对于所设计的材料的描述也是近似的。利用这些势场，虽然精确度较低，但是相对于更精确的量子力学方法，能够在更大的系统和更大的时间尺度上建立模型。

5.1　内聚能

在某种程度上，大多数原子级模拟的目标是计算出描述材料的能量和热力学的量。这些量中最基础的量是势能(potential energy)，即原子之间的相互作用能量的总和。在 0K 时，该势能称为内聚能(cohesive energy)，其定义是将组成固体的原子和分子聚集成固体所需的能量。

考虑有 N 个原子的系统，其内聚能 U 就是把所有的原子移动到无限远处所需要能量的负值，即

$$U = E(\text{all atoms}) - \sum_{i=1}^{N} E_i \tag{5.1}$$

式中，$E(\text{all atoms})$为系统的总能量；E_i 为单独的孤立原子的能量。

这里的目标是建立简单的作用势解析式，近似原子之间的相互作用能量(见第 8 章)。构成固体的基本实体是原子和分子，在作用势解析式中对电子和原子核电荷的细节作近似。因此，在某种意义上，简单的作用势函数是对所有电子的平均，相对于必须处理各个单独的电子，意味着极大的简化。在一个尺度上建立模型可借助对更小尺度的性质求平均来进行，这是材料建模的一个主题，这将在以后的章节中多次遇到。

式(5.1)中内聚能 U 在形式上可展开为一系列项，它们依赖于单个原子、成对的原子、三个原子等，如

$$U=\sum_{i=1}^{N}v_1\left(\boldsymbol{r}_i\right)+\frac{1}{2}\sum_{i=1}^{N}\sum_{j=1}^{N}{}'\phi_{ij}\left(\boldsymbol{r}_i,\boldsymbol{r}_j\right)+\frac{1}{6}\sum_{i=1}^{N}\sum_{j=1}^{N}\sum_{k=1}^{N}{}'v_3\left(\boldsymbol{r}_i,\boldsymbol{r}_j,\boldsymbol{r}_k\right)+\cdots \tag{5.2}$$

式中，第二项和第三项中的符号“′”分别表示 $i=j$ 项和 $i=j=k$ 项不包括在求和公式中。图 5.1 显示出原子之间相互作用的层次，也示意性地给出了这个表达式（$N=4$）。

(1) 图 5.1 (a) 给出了 4 个原子的系统。式 (5.2) 中的第一项 v_1 表示外部势场对原子的影响（如电、磁或重力场）。本书中一般不需要考虑这个项。

(2) 图 5.1 (b) 表示所有原子对相互作用势的总和。$\phi_{ij}\left(\boldsymbol{r}_i,\boldsymbol{r}_j\right)$ 是原子位置的函数，代表分别位于 $\boldsymbol{r}_i$ 和 $\boldsymbol{r}_j$ 的原子对 (i,j) 之间的相互作用势。下面的大多数讨论集中于这种类型的相互作用。$\phi_{ij}\left(\boldsymbol{r}_i,\boldsymbol{r}_j\right)$ 称为对势 (pair potential)，因为它是能量，所以有 $\phi_{ij}=\phi_{ji}$。

(3) 图 5.1 (c) 源自于 3 个原子之间的相互作用势 $v_3\left(\boldsymbol{r}_i,\boldsymbol{r}_j,\boldsymbol{r}_k\right)$。这类相互作用称为三体相互作用 (three-body interaction)。任何相互作用若同时包括多于两个以上的原子之间的相互作用，则称为多体相互作用 (many-body interaction)。虽然许多材料的描述用对势是适宜的，但是也有一些重要的材料类型，它们的相互作用势涉及多体项，如金属、共价固体等，在本章的后面将对此进行讨论。

(4) 图 5.1 (d) 表示四体相互作用势，即 $v_4\left(\boldsymbol{r}_1,\boldsymbol{r}_2,\boldsymbol{r}_3,\boldsymbol{r}_4\right)$。假如有 4 个以上的原子，那么计算这些项对能量的贡献将包括所有 4 个原子相互作用的总和。

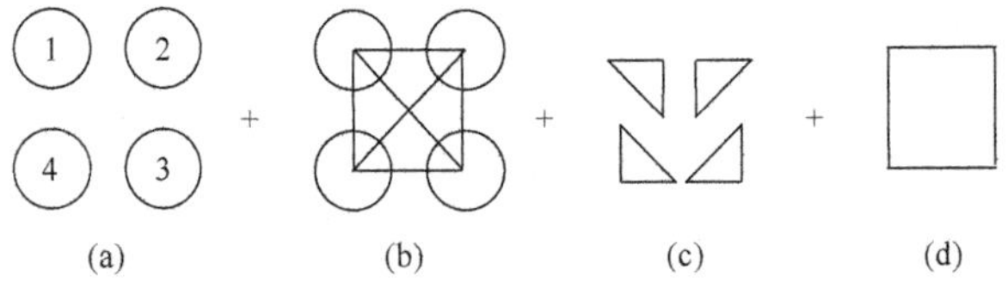

图 5.1　原子之间相互作用的层次：对相互作用 (pair interaction)

5.2　原子间相互作用

原子间作用势 (interatomic potential) 是原子与原子之间的势。关于分子系统留到稍后的章节中讨论。这里将讨论的作用势形式应当反映原子之间的键合。图 5.2 示意性地给出了简单类型固体中的键合。

最简单的键合发生在稀有气体的固体中（氦、氖、氩、氪、氙），如图 5.2 (a) 所示，它们都是闭合壳层原子。它们的键合基本上没有方向性，因此原子间作用势完全依赖原子之间的距离。图 5.2 (b) 给出的是包含典型离子 (Na^+、Cl^-) 的固体。同样，原子是闭合壳层的，因而键合基本上是无方向性的。金属(图 5.2(c))具有非常不同的电子结构。原子被离子化(如图中的 Cu^{+})，价电子分布在整个系统中。同样，在简单的金属中，键合不存在(或非常少的)方向性，但离域电子(delocalized electron)之间的相互作用势必须包含在键合的描述之中。图 5.2(d)所示的是一个共价晶体，原子的连接具有很强的定向键合。在所有的情况下，原子间作用势的精确描述必须反映电子结构的性质，进而反映它们之间的相互作用。当然，在真实的系统中并不是如此简单。大多数系统都不会完全是这种类型或那种类型，它们可能是具有一些共价键合的金属，或部分离子的共价晶体。在这些情况下，本书中讨论的简单模型可能需要进行修正。

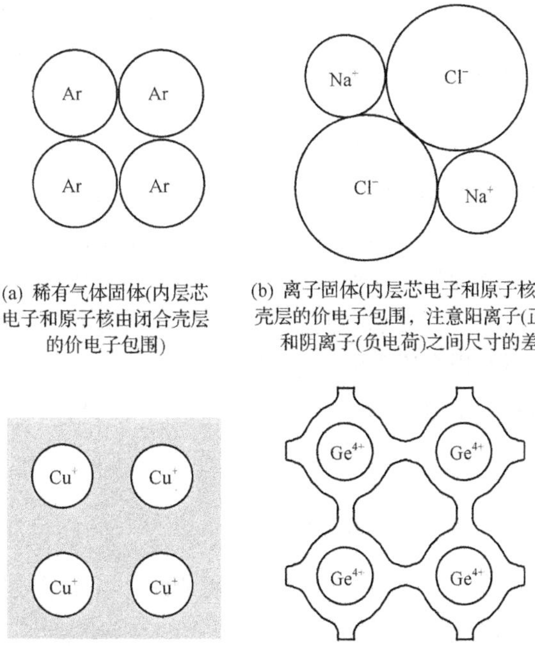

(a) 稀有气体固体(内层芯电子和原子核由闭合壳层的价电子包围)

(b) 离子固体(内层芯电子和原子核由闭合壳层的价电子包围，注意阳离子(正电荷)和阴离子(负电荷)之间尺寸的差异)

(c) 金属(内层芯电子和原子核形成一个正离子，由电子气包围)

(d) 共价固体(原子具有离子芯(ionic core)层，其原子是由具有很强方向性的键连接的)

图 5.2　原子固体(atomic solid)中键合的示意图(原子和离子的大小大致等于相应的原子或离子的半径)(Ashcroft and Mermin, 1976)

5.2.1　原子间相互作用的基本形式

在讨论原子间相互作用的模型之前，叙述一下相互作用的起源是恰当的。现在把讨论限制在中性原子非键合的相互作用(nonbonding interaction)。延伸至离子和共价键系统的讨论将在本章的后面进行。

假设有两个原子 i 和 j，分别位于 $\boldsymbol{r}_i$ 和 $\boldsymbol{r}_j$。两个原子之间的相互作用能量定义

为这对原子的能量 $E(i+j)$ 与各个单个原子分离到无穷远处的能量 $E(i)$ 和 $E(j)$ 之间的差值：$\phi_{ij}(\boldsymbol{r}_i,\boldsymbol{r}_j)=E(i+j)-E(i)-E(j)$。基于简单的推理，对 ϕ_{ij} 的形式就会有一些了解。如果原子之间的距离 $r_{ij}=|\boldsymbol{r}_i-\boldsymbol{r}_j|$ 是足够小的，那么原子必须相互排斥，否则物质会坍塌。然而，如果原子之间有较大的距离，那么原子之间就必须有净相互吸引作用，否则在常压下物质将不会形成固体或液体。

1. 短程相互作用

理解短程相互作用的排斥性质可以有多种方式。假设有两个中性原子聚集到一起，每个原子由一个带正电荷的原子核和分布的电子组成。当原子之间的距离足够远时，电荷分布就没有重叠，同时由于原子是中性的，总的静电相互作用力为零。一旦原子之间的距离足够接近，使得它们的电荷分布重叠，就会增大离子间的库仑排斥力。

但是，静电作用不是原子之间排斥作用的唯一来源。当电荷分布重叠并且电子被迫占据更小的体积时，就会产生一种量子力学效应。根据附录 F.5.1 关于盒子中粒子的讨论，能量的量级为 L^{-2}，其中 L 是电子被限制的长度范围。当限制电子的体积减小时，能量就增加，从而导致原子之间的相互排斥作用。因为这种效应是源自保持波函数正交的需要(如同盒子中的粒子)，并且只有两个电子可以在同一个能态，这是泡利不相容原理的一个例子。

围绕在原子周围的电子密度随距离呈指数降低。短程相互作用模拟模型的一般形式可以表示为

$$\phi_{\mathrm{SR}}(r)=A\mathrm{e}^{-\alpha r} \tag{5.3}$$

这个能量代表着排斥力对能量的贡献，也就是说，当原子被聚集到一起时，在它们之间出现排斥力，使能量增加。

2. 非键和非离子的长程相互作用

前面的分析描述了当电子分布重叠时原子在短程范围内的相互作用。在原子之间的距离与它们的电子分布的尺寸相比大时，它们之间还有一个重要的相互作用，这就导致在上述短程排斥力的项上还必须添加一个额外的吸引力项。这个吸引力项产生于电子云的波动，称为色散能(dispersion energy)。它也常常被称为范德瓦耳斯(van der Waals)能量，以纪念这位伟大的荷兰物理学家。

色散力(dispersion force，又称范德瓦耳斯力)的 Drude 模型是以 London 建立的模型为基础的，Hirschfelder 等(1964)对此进行了详细介绍。关于这些力的比较正规的推导方法在许多其他文献中也进行了讨论，如 Israelachvili(1992)的文献。

原子中的电子不是静态的，它们在原子核附近波动，打破了球对称性。这些波动可以产生这样的情形，在原子核某一侧上的电子可能会多于另一侧，即波动在原子上产生了瞬间偶极矩(instantaneous dipole)(见附录E.3)。图5.3高度简化地表示出了这种波动，其中，原子核为小实心圆，包围在其周围的虚线圆表示平衡分布的价电子。简单起见，假设以原子核(所带电荷为N)为中心的所有N个价电子(所带电荷为$-N$)均位于球壳。假定芯电子与原子核的结合十分紧密，以至于其波动可以忽略不计。由于波动或者由于外部势场的诱导，如果价电子移动，它们的电荷中心会移到小空心圆处，与原子核的距离为δr。移动后电子壳层的电荷球体表示为大的实线圆。

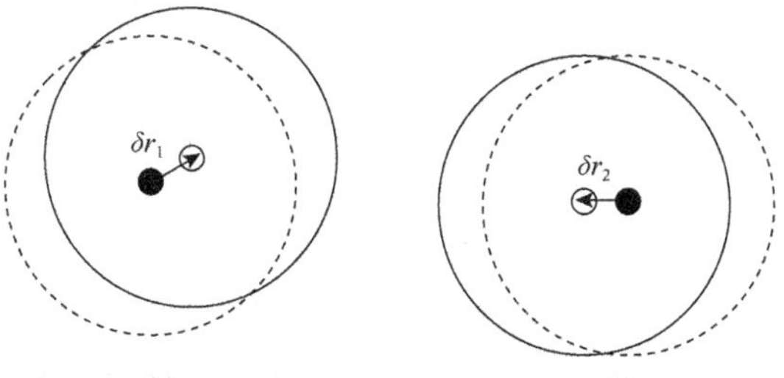

图5.3　色散力相互作用的示意图

当然，一定会有一个恢复力，使电子聚合到它们的原子核上。由于波动很小，可使用简谐聚合力，其能量为$k\delta r^2/2$。力常量是$k=N^2/\alpha$，其中N是价电子数量，α是原子的极化率(polarizability)。α是用来度量在外电场作用下电荷分布从正常形状的变形趋势。假设原子被放置在外部电场$\boldsymbol{E}$中。含有N个电子的外壳将被从原子核处移动，其位移约为δr。正是这个外壳受到简谐力，那么恢复力就将为$-k\delta\boldsymbol{r}$，它必须等于总静电力$-N\boldsymbol{E}$(力等于电荷与电场强度的乘积)。因此，$k\delta\boldsymbol{r}=-N\boldsymbol{E}$或$\delta\boldsymbol{r}=-(N/k)\boldsymbol{E}$。这个位移产生一个偶极矩(式(E.13))$\mu=-N\delta\boldsymbol{r}=\left(N^2/k\right)\boldsymbol{E}$，根据极化率$\alpha$的定义，得到关系式$\alpha=N^2/k$。有一个与简谐运动相关联的量子零点能(quantum zero-point energy)，对于一个孤立的原子，这个值为$3\hbar\omega/2$，其中$\omega=\sqrt{k/m}$，m是电子的有效质量。根据式(F.26)，在基态下一维谐振子的能量($n=0$)为$\hbar\omega/2$。在三维空间中，在每个方向上都将有一个简谐自由度，每个自由度对零点能的贡献为$\hbar\omega/2$。

对于两个相互作用的原子，其能量包括壳的零点移动能以及静电相互作用能。在没有波动的情况下，静电相互作用能将为零，即每个原子的总电荷是零(假设为中性原子，当涉及离子时，产生由感生矩(induced moment)引起的附加能量项)。在波动时，一个原子的瞬时偶极子与另一个原子的瞬时偶极子相互作用。这些偶极子-偶极子相互作用改变了波动电荷的运动，从而导致波动频率的变化。这一频率上的变化又导致波动的零点能变化，从而为原子间相互作用势做出贡献。在此略去正式推导(Hirschfelder et al., 1964; Kim and Gordon, 1974)，对于非离子型闭合壳层系统中的相互作用，长程吸引力作用势的主导项为

$$\phi_{\mathrm{vdw}}(r)=-\frac{A}{r^6} \tag{5.4}$$

式中，A 是一个取决于材料的常数。

式(5.4)中 $\phi_{\mathrm{vdw}}(r)$ 有若干个名称，在前面已有所介绍。本书中通常称其为范德瓦耳斯能量。相对于其他类型的键合，这些相互作用是非常弱的，但是它们对于许多系统极其重要，尤其是对分子系统常常能提供大量的结合能。

5.2.2 对单位的注释

在附录 A.2 中讨论了各种能量的单位以及它们之间的变换。采用何种单位描述原子间作用势在很大程度上取决于作用势所描述的键合类型。对于闭合壳层的稀有气体原子，其能量很小，在这种情况下使用开尔文(K)来描述能量并不少见，但还是会看到尔格(erg)、焦耳(J)和电子伏(eV)的使用。对于金属，电子伏是最常见的单位。有时也会使用化学单位，如千卡每摩尔(kcal/mol)或千焦每摩尔(kJ/mol)。重要的是能够将作用势的任何单位转换成与要使用的单位相一致。

5.3 对 势

下面要描述的势函数是模型，是对真实相互作用的近似。这些模型通常是经验性的，其参数必须以某种方式来确定。因此，这些模型可能并不是很精确，在检验任何基于近似的作用势计算时，应持有怀疑态度。那么，为什么要研究这些函数呢？可以看到，尽管这些作用势函数没有特别好地表述原子之间实际的相互作用，但是根据它们进行的计算仍然可以揭示出重要的材料过程，提供对材料的结构和行为的认识，这些依然是无法替代的。

5.3.1 Lennard-Jones 势

Lennard-Jones(LJ)势经常被使用，这是因为它不仅简单，而且对中心力原子之间相互作用(central-force interatomic interaction)能做出很好的描述(Jones and Ingham, 1925)。虽然它的开发只是为了描述闭合壳层原子和分子间一般的相互作用，但是 Lennard-Jones 势已经被用于几乎所有的建模过程。

1. 构建 Lennard-Jones 模型

Lennard-Jones 模型构建为 1.4 节所描述的模型建立过程提供了一个非常好的案例。

(1) 按照图 1.1 中的流程，首先需要定义输入和输出。目标是建立一个势场，描述两个球形原子之间的相互作用能 $\phi(r)$（输出），从而只依赖（除材料的特定参数）它们之间的距离 r（输入）。

(2) 要建立这个模型，必须识别支配分子之间如何相互作用的物理机制。前面已经讨论了在短程范围内必定有原子之间的排斥力相互作用。而在更长程的范围内，由于物体被束缚，必定有某种吸引力的相互作用。

(3) 目标是找到至少能半定量地应用于多种材料的作用势的通用形式。这一要求以近似的方式说明模型必须有的精度和质量，要由模型的预测值与实验的数据值比较进行评估。

(4) 在式 (5.4) 中已经了解到，对于非离子型闭合壳层系统相互作用，长程吸引力作用势的主导项为 $-1/r^6$。由此，假设长程作用势的形式可取为 $-A/r^6$，其中 A 是一个常数，取决于相互作用原子的种类。在 Lennard-Jones 模型研究的当时，短程排斥力的形式虽不被人们所知，但被认为应该在短程上比吸引力大，并且在远程上随 r 的衰减要比 r^{-6} 更快。完全是为了方便，短程相互作用被假定为 B/r^{12}，其中 B 也是针对相互作用原子种类的常数。这个短程项模仿在式 (5.3) 中所讨论的指数形式，在图 5.6(b) 中将对这两种形式进行比较。幂指数 12 的选择是相当随意的，但它使表达式非常简单，便于计算。总作用势的表达形式为

$$\phi(r) = \frac{B}{r^{12}} - \frac{A}{r^6} \tag{5.5}$$

式中，r 为输入；$\phi(r)$ 为输出。

(5) 由于建模的目标是作用势的表达式要通用且易于使用，所以 Lennard-Jones 势的表达式通常改写成在量纲上更加有利的形式，它依赖于两个不同的参数：σ，作用势为零时的距离，即 $\phi(\sigma)=0$；ϵ，最小作用势的绝对值。利用这些参数，Lennard-Jones 势的形式为

$$\phi(r) = 4\epsilon\left[\left(\frac{\sigma}{r}\right)^{12} - \left(\frac{\sigma}{r}\right)^{6}\right] \tag{5.6}$$

参数组的关系为 $\sigma = (B/A)^{1/6}$ 和 $\epsilon = A^2/(4B)$。

(6) 在本章和后面章节中，将把 Lennard-Jones 势编制成代码，用于模拟材料

的各种性质，还将检验这个势模拟真实材料的优劣程度，并提出改进意见。

Lennard-Jones 势是易于表征的。例如，势能为零的点为 $r=\sigma$，即 $\phi(\sigma)=0$。最小作用势的位置 r_m 可以由求解 $\mathrm{d}\phi/\mathrm{d}r=0$ 得到 r 的值。最小作用势的本征值为 $r_m=2^{1/6}\sigma$ 和 $\phi(r_m)=-\epsilon$。ϵ 通常称为阱深(well depth)。因此，由这两个参数完全确定作用势，σ 具有长度的单位，ϵ 具有能量的单位。

Lennard-Jones 势有时会用 r_m 而不是 σ，写成等价的形式为

$$\phi(r)=\epsilon\left[\left(\frac{r_m}{r}\right)^{12}-2\left(\frac{r_m}{r}\right)^{6}\right] \tag{5.7}$$

毋庸置疑，在这里 $\sigma=2^{-1/6}r_m$。

在本章和后面的章节中，把 Lennard-Jones 势的表达式表示成无量纲(或简化)形式是非常有益的，其中能量表示成以 ϵ 为单位，距离以 σ 为单位。简化的变量改写为 $\phi^*=\phi/\epsilon$ 和 $r^*=r/\sigma$。依据这些定义，Lennard-Jones 势的表达式为

$$\phi^*(r^*)=4\left[\left(\frac{1}{r^*}\right)^{12}-\left(\frac{1}{r^*}\right)^{6}\right] \tag{5.8}$$

在第 6 章关于分子动力学的讨论中，将细致讨论并指出，对于 Lennard-Jones 势所表述的任何相互作用，通过适当的参数替换，任何利用简化作用势 ϕ^* 进行的计算都是有效的，也就是说，计算可以在无量纲条件下进行，其最终的能量通过乘以适当的 ϵ 得到，距离通过乘以适当的 σ 得到。

2. 气相原子 Lennard-Jones 模型的评估

由 Lennard-Jones 势所描述的原型系统是稀有气体原子(氢、氩等)，它们是闭合壳层，所以没有键合出现，并且它们的远程相互作用由范德瓦耳斯力支配。因此，Lennard-Jones 模型应用效果好的物质，就应该是这些稀有气体物质。

图 5.4 对两个氩原子之间作用势的实验曲线与拟合最好的 Lennard-Jones 势曲线进行了比较。实验曲线是由分子束散射实验得到的(Aziz and Chen, 1977)。实验曲线与 Lennard-Jones 势曲线的比较表明，Lennard-Jones 势曲线太直(即排斥壁太陡)，阱太浅。虽然 Lennard-Jones 势曲线的形状是合理的，但并不十分准确。从其简单性和只依赖两个参数的角度看，这又是情理之中的。此外，如同 5.2.1 节所讨论的，短程作用势真实的形式最好是由一个指数来模拟，Lennard-Jones 势用 $1/r^{12}$ 形式来表达并不是特别好。

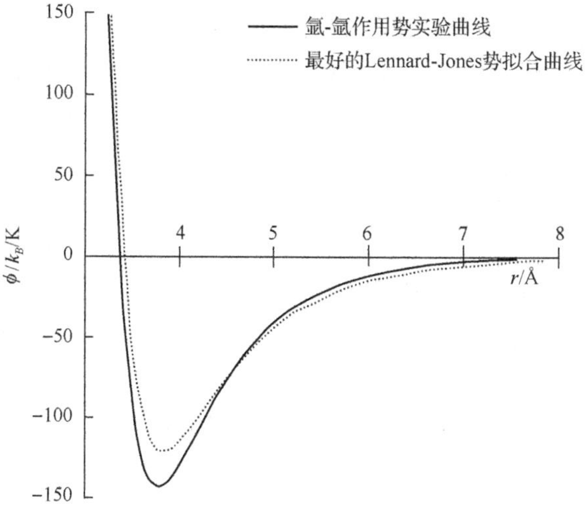

图 5.4　两个氩原子之间作用势的实验曲线与拟合最好的 Lennard-Jones 势曲线的比较(Aziz and Chen, 1977)

基于散射数据(及其他热力学结果)，相同稀有气体原子之间(即氢-氢、氩-氩等)相互作用的 Lennard-Jones 参数已经确定。这些参数见表 5.1。这些相互作用的量级是相当小的。因此，由这些原子组成的固体，其原子间束缚力非常微弱，如呈现出非常低的熔点。

表 5.1　稀有气体的 Lennard-Jones 参数(Bernardes, 1958)

参数	氖	氩	氪	氙
ϵ /eV	0.0031	0.0104	0.0140	0.0200
σ /Å	2.74	3.40	3.65	3.98

3. 固体 Lennard-Jones 模型的评估

对于 Lennard-Jones 势表述的固体相互作用，可以使用第 3 章介绍的方法计算零开尔文时的内聚能 U。例如，利用式(3.7)可以对相互作用求和，在某个截止距离上截止，如图 3.3 所示。在 0K 时，平衡结构所具有的内聚能是最低的。例如，在一个具有立方晶格结构的材料中，只有一个晶格常数 a，它的平衡值为 a_0，对应于最小的作用势，即 a_0 是使得 $\partial U/\partial a=0$ 的 a 值。

然而，有一类系统根本不需要做任何求和计算，其和已经由其他人计算出来并以表格列出。利用特殊的数值方法，基本的完美立方结构作用势形式为 $1/r^n$ ($n\geqslant 4$)，已进行这些晶格作用势的求和计算，包括面心立方(FCC)晶格、体心立方(BCC)晶格以及简单立方晶格。由于未采用截止操作，所以这些求和包括所有可能的相互作用。

在 5.11 节中，对于仅基于形式为$1/r^n$项的任何作用势，如 Lennard-Jones 势表述的系统，给出了如何利用解析求和式建立 0K 时的结构、内聚能和体积弹性模量，以及$B=V(\partial^2U/\partial V^2)$的精确形式。需要强调，这些求和式仅适用于完美立方晶格和$n\geqslant 4$时形式为$1/r^n$的作用势。

使用式(5.40)和表 5.1 中的势参数，利用 Lennard-Jones 势可以计算稀有气体固体 0K 时的内聚性质(cohesive property)。所有由 Lennard-Jones 势描述的系统，材料的平衡状态都是面心立方结构固体。表 5.2 中列出了计算得到的一系列稀有气体固体在平衡状态下最近邻距离 r_0、每个原子的内聚能 u_0 和体积模量 B_0，并将这些值与低温实验结果进行比较。总而言之，在描述稀有气体固体的基本性质上，简单的 Lennard-Jones 势(气相相互作用参数)确实做得非常好。最大误差出现于氖，作为一个很轻的原子，它有大的零点运动，导致趋向计算得到比较大的晶格(见附录 F.5.2)。

表 5.2　计算和实验得出的稀有气体固体的性质(Ashcroft and Mermin, 1976)

参数	比较项	氖	氩	氪	氙
r_0 /Å	实验值	3.13	3.75	3.99	4.33
	理论值	2.99	3.71	3.98	4.34
u_0/(eV/atom)	实验值	–0.02	–0.08	–0.11	–0.17
	理论值	–0.027	–0.089	–0.120	–0.172
B_0/GPa	实验值	1.1	2.7	3.5	3.6
	理论值	1.8	3.2	3.5	3.8

图 5.5(a)中以无量纲的形式显示出了每个原子的内聚能与每个原子体积的相关性，其中还确定了最小能量的值和位置，对应于由式(5.40)给定的系统平衡状态。注意，在内聚能曲线上，这两个参数只确定唯一一个点。在另一方面，体积弹性模量是内聚能在平衡点处形状的度量，因而提供了更多信息来判断作用势描述相互作用的优劣程度。

图 5.5(a)中内聚能曲线 $U(V)$是在$T=0\text{K}$的条件下计算的，这使得热力学问题变得简单。例如，在恒定的温度和体积下，自由能是亥姆霍兹自由能 A，压力为$P=-\left(\partial A/\partial V\right)_{\text{NT}}$。在 0K 条件下，$A=U$，因此依据图 5.5(a)可以计算出压力为$P=-\left(\partial U/\partial V\right)_{\text{NT}}$。基于式(5.39)给出的内聚能作为体积函数的解析式，计算出压力并绘制在图 5.5(b)中。注意，正如所预期的，在$v^*=v_0^*$时，$P=0$，v_0^*和u_0^*是式(5.40)的平衡态值，体积弹性模量与该点的曲率成正比。一旦得出压力，就得到在 0K 条件下的吉布斯自由能$G=U+PV$。

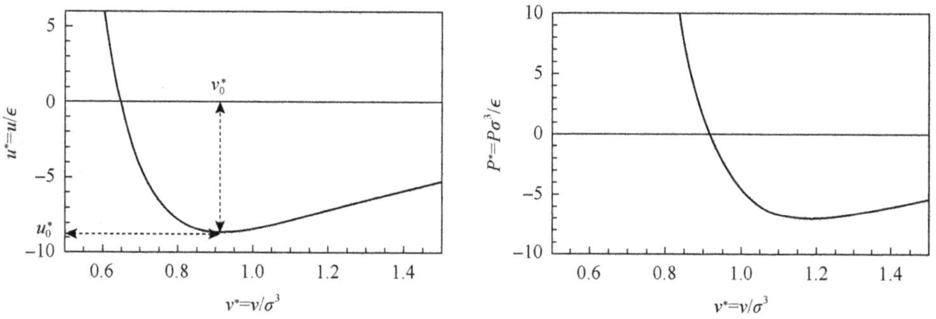

(a) 内聚能曲线　　(b) 压力曲线

图 5.5　0K 条件下，Lennard-Jones 固体原子内聚能-体积曲线及压力-体积曲线

依据表 5.2 中实验和计算结果之间的一致性，可看到的 Lennard-Jones 势可以很好地描述稀有气体原子间相互作用，至少在平衡态附近。Lennard-Jones 势对压力下系统的描述要差得多，在这样的系统中最近邻原子受迫处于作用势的排斥壁(repulsive wall)。此外，稀有气体固体并不能代表大多数的材料。虽然有用，但是 Lennard-Jones 势对大多数材料原子之间相互作用的表述并不很好，因而如果想要精确计算材料性质，就需要用其他表述形式。

5.3.2　Mie 势

Lennard-Jones 势具有两个参数，即 ϵ 和 σ，通过调整它们的值，可以提高计算和实验结果之间比较的质量。表 5.2 列出了三个量之间的比较。可以调整 Lennard- Jones 势中的两个参数，以匹配这些数中的两个，例如，r_0 仅依赖于 σ，u_0 仅依赖于 ϵ。只有两个参数，就不必要同样去拟合 B_0。

改进 Lennard-Jones 势，可以采用添加额外参数的方式(对应图 1.1 中的“迭代”阶段)。一种方法是使作用势 $1/r^{12}$ 和 $1/r^6$ 中的指数成为可调整的参数，也就是说，用 r^{-11} 来替代 r^{-12}，对某些系统的短程相互作用或许是更好的描述。另一种方法是 Lennard-Jones 势的变形形式，称为 Mie 势(或 mn Lennard-Jones 势)，采用这种方法，用 $1/r^m$ 取代 $1/r^{12}$，用 $1/r^n$ 取代 $1/r^6$。Mie 势形式为

$$\phi_{mn}(r)=\frac{\epsilon}{m-n}\left(\frac{m^m}{n^n}\right)^{\frac{1}{m-n}}\left[\left(\frac{\sigma}{r}\right)^m-\left(\frac{\sigma}{r}\right)^n\right] \tag{5.9}$$

得到一个与 Lennard-Jones 势等价的形式。因此 Mie 势有 4 个参数：σ、ϵ、m 和 n。参数 σ 和 ϵ 具有与标准 Lennard-Jones 势相同的含义，即 $\phi_{mn}(\sigma)=0$ 和 $\phi_{mn}(r_m)=-\epsilon$，其最小作用势位于

$$r_m = (m/n)^{1/(m-n)}\sigma \tag{5.10}$$

如果 $m=12$ 且 $n=6$，就得到标准的 Lennard-Jones 势表达式[1]。对于某些系统，特别是那些排斥势不陡于标准 Lennard-Jones 势中 $1/r^{12}$ 项的系统，Mie 势得到的结果更好一些。图 5.6 比较了 Mie 势与其他势。所有计算均以最小势能位于 $r_m=3$ 和 Lennard-Jones $\sigma = 2^{1/6} r_m$ 进行。在所有案例中，阱深均为 $\epsilon = 1$。

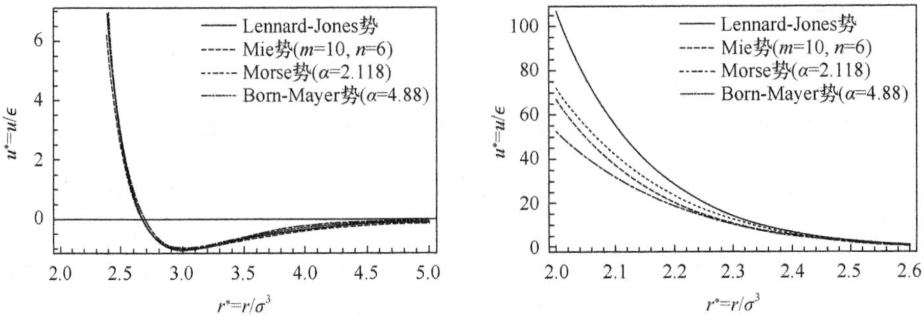

(a) 势阱区域(所有作用势都被设置为具有相同的最小势能并在 $r=\sigma$ 处全都为零)　　(b) 作用势的短程部分

图 5.6　对势之间的比较

在 5.11 节中，关于立方晶格、体心立方晶格和面心立方晶格，形式为 $1/r^n$ 的任何势的晶格总和(lattice sums)均列在表格中。这样与适用于标准 Lennard-Jones 势一样，它们同样适用于 Mie 势。例如，式(5.41)用于表达由 Mie 势描述的系统平衡态内聚性质。

5.3.3　其他对势

任何成对的相互作用的基本形式都类似于 Lennard-Jones 势，具有短程的排斥势和长程的吸引势阱。同 Lennard-Jones 势的情况一样，这些势用于描述闭合壳的原子、离子和分子系统为最佳。在这里介绍两个较为常用的形式。

Born-Mayer 势，有时又称为指数-6(或 exp-6)势，其形式为

$$\phi(r) = Ae^{-\alpha r} - \frac{C}{r^6} \tag{5.11}$$

式中，A、C 和 α 是依赖于相互作用原子特性的正常数，α 的单位为 1/长度，决定排斥壁的陡度。相对于 Lennard-Jones 势，它的优点在于描述排斥力作用势部分的指数函数与人们对相互作用原子的电子分布的预期相吻合(式(5.3))，因此比

① 把式(5.9)中的 Mie 势用 r_m 项代替 σ 项进行改写是很有用的，那么 σ 和 r_m 之间的关系是什么呢？

Lennard-Jones 势中的排斥力项$1/r^{12}$在物理意义上更合理。长程作用势的部分是范德瓦耳斯吸引力$-1/r^6$。Born-Mayer 势常用于离子系统，正如 5.4 节中所讨论的，离子之间的静电相互作用包括在其中。

有时为了方便，将 exp-6 势表示为

$$\phi(r)=\frac{\epsilon}{\alpha r_m-6}\left[6\mathrm{e}^{-\alpha(r-r_m)}-\alpha r_m\left(\frac{r_m}{r}\right)^6\right] \tag{5.12}$$

式中，r_m是最小势能的位置；ϵ是阱深。通过关系式$A=6\epsilon\exp(\alpha r_m)/(\alpha r_m-6)$和$C=\alpha r_m^7\epsilon/(\alpha r_m-6)$，式(5.11)中的参数与$r_m$、$\epsilon$和$\alpha$相关联。请注意，在这个表达式中$r_m$和$\alpha$值的约束条件为$\alpha r_m-6>0$。

起源于双原子键合势的简单理论，Morse 势的表达式为

$$\phi(r)=\epsilon\left[\mathrm{e}^{-2\alpha(r-r_m)}-2\mathrm{e}^{-\alpha(r-r_m)}\right] \tag{5.13}$$

其中，r_m是最小势能的位置；ϵ是阱深；α支配着势的形状。Morse 势有一个非常软的排斥壁，有时用来模拟金属原子间的相互作用。请注意，在长程相互作用上它比式(5.4)中的范德瓦耳斯能量衰退要快得多。

在图 5.6 中比较了基本的对势：Lennard-Jones 势(式(5.6))、$m=10$和$n=6$的 Mie 势(式(5.9))、Born-Mayer 势(式(5.11))和 Morse 势(式(5.13))。在所有的情况下，最小势能设定位于$r_m=3$、阱深$\epsilon=1$。为了使比较更清晰，对 Born-Mayer 势和 Morse 势的参数α都做了调整，直到$\phi(r)=0$时的r与 Lennard-Jones 势的σ值相匹配，$\sigma=r_m/2^{1/6}$。对于 Mie 势，σ的值与r_m的关系式稍有不同，依据式(5.10)，对于 10-6Mie 势，求得$\sigma=0.88r_m$，而相对的 Lennard-Jones 势则为$0.89r_m$。设定对势的约束，使它们的最小势能位置和σ值都一致，从而在主要关注势阱区域的图 5.6(a)中，可看到各种势之间不存在显著的差异。但是，这些势在较短程范围内有很大的不同，如图 5.6(b)所示。以势的“陡度”为序，从最陡到最缓依次为 Lennard-Jones 势、Born-Mayer 势、10-6Mie 势和 Morse 势。这部分势的形状影响势阱的曲率(并且进而影响如体积弹性模量等性质)以及高压性质，在高压下原子被紧密地挤压在一起。一般情况下，Lennard-Jones 势太陡，所以对于大多数应用，其他形式可能更适合。如何选择某种形式及其参数将在 5.9 节中讨论①。

① 读者比较一下对势的基本形式，可能是有用的，例如：用一系列的m值与$n=6$绘制 Mie 势曲线，比较排斥力部分，用一系列的n值与$m=12$重复上述比较过程；对 Lennard-Jones 势与式(5.12)中的 Born-Mayer 势进行比较，取一系列的α值(对于两个势，r_m取相同的值)；利用式(5.13)的 Morse 势进行重复。

5.3.4 中心力势和固体的性质

如果原子间作用势只为原子对之间距离的函数，则称为中心力势(center-force potential)。在本节中，所有的作用势都是这种形式的。然而，能够准确地用中心力势描述的材料是有限的。例如，由单一成分组成的完美晶体，其相互作用可由中心力势表述的，始终是简单的结构，像面心立方结构、体心立方结构等。因此，中心力势不能用于模拟具有更复杂结构的纯组分系统。

另外，实验证据表明，中心力势不能充分描述固体的弹性行为。例如，正像在附录 H.4 中所讨论的，对于具有对称晶格排列方式的系统，对材料中柯西关系式 $c_{12}=c_{44}$ 的任何偏差都标志着对中心力相互作用的偏差($c_{12}=\lambda$ 和 $c_{44}=\mu$ 是弹性常数，见附录H)。表示偏差的方法之一是考虑弹性系数的比值 c_{12}/c_{44}，对于只有中心力相互作用的系统，它应该等于 1。表 5.3 中列出了一些材料的 c_{12}/c_{44} 实验值。

表 5.3　一些材料的 c_{12}/c_{44} 实验值的比较

材料	c_{12}/c_{44}
LJ 势	1.00
氩	1.12
钼	1.54
铜	1.94
金	4.71
氯化钠	0.99
硅	0.77
氧化镁	0.53
钻石	0.16

注：LJ 势的计算数据摘自 Quesnel 等(1993)的文献，氩的数据摘自 Keeler 和 Batchelder(1970)的文献，其他数据摘自 Hirth 和 Lothe(1992)的文献中的附录 1。

从表 5.3 中可以看到，相互作用由 Lennard-Jones 势来描述的材料，如同预期的那样，满足柯西关系。简单的稀有气体固体氩气，也显示出与 $c_{12}/c_{44}=1$ 之间有非常小的偏差，表明中心力势的描述对其弹性性质的描述应是有效的。表 5.3 中的其他材料，柯西关系式仅对氯化钠是成立的，对金属($c_{12}/c_{44}>1$)和共价键合材料($c_{12}/c_{44}<1$)都有大的偏差。共价键材料的关系式 $c_{12}/c_{44}<1$ 可以通过键合的意义很容易解释(Vukcevic, 1972)。因此，大多数材料精确的模拟通常需要比在本节中所叙述更为复杂的势的形式。

5.4 离子材料

离子固体通常由闭合壳层的离子组成，有很少的电荷位于间隙区域(图 5.2)。对于离子材料中的两个离子 i 和 j，描述它们之间相互作用的最简单方法是从简单的对势 ϕ_{ij} 开始，可以是本章所介绍的任何对势形式。对两个离子之间的相互作用，增加静电或库仑相互作用 $k\dfrac{q_iq_j}{r_{ij}}$。其中，r_{ij} 是两个离子之间的距离；q_i 和 q_j 分别是离子 i 和 j 的电荷；参数 k 的值取决于所采用单位，参见附录 E.1 的讨论。

总内聚能为

$$U=\frac{1}{2}\sum_{i=1}^{N}\sum_{j=1}^{N}{}'\left[\phi_{ij}\left(r_{ij}\right)+k\frac{q_iq_j}{r_{ij}}\right] \tag{5.14}$$

式(5.14)中的库仑求和项包括长程相互作用，需要特殊的处理方式，这已经在 3.6 节中讨论过。

由于所有的离子材料至少由两种类型的原子组成，所以在式(5.14)中至少需要有三个不同的对势 ϕ_{ij}。例如，以氯化钠为例，需要表述的离子对相互作用有 Na^+和 Na^+、Cl^-和 Cl^-以及 Na^+和 Cl^-。对 ϕ_{ij} 常见的选择是式(5.11)所示的 Born-Mayer 势。

但是，式(5.14)遗漏了一点重要的物理性质。不同于由中性原子组成的固体，离子系统具有大的电场，可引起离子周围电子分布的显著变形(极化)，如图 5.7(a)所示。对于完美和高度对称的晶体结构，这些变形可能不是问题，因为电场基本上是径向的。然而，由于离子在晶格中振动，或者如果是在非对称的位置上(如在缺陷邻近)，电场梯度就能够形成，局部电子结构的变形可能会很大。由于这些变形随着结构而发生变化，固定的势无法很好地模拟原子在位置上的改变，对晶格

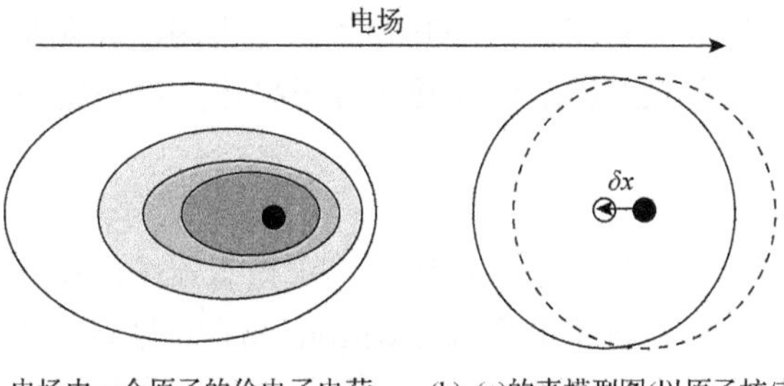

(a) 电场中一个原子的价电子电荷分布变形示意图(黑色小圆表示原子核及其内层电子)　(b) (a)的壳模型图(以原子核/芯电子为中心的球形电荷，由简谐势(弹簧)束缚)

图 5.7　电子分布的显著变形

振动(声子)也是如此。鉴于此，研究的目标是找到一种方法，既能解决这些电子结构的变化，又不牺牲(太多的)对势的简单性。其结果是称为壳模型(shell model)的一种常用方法(Dick and Overhauser, 1958)。

与 5.2.1 节所讨论的范德瓦耳斯相互作用描述相同，壳模型也是基于简单的极化简谐模型。图 5.7(a)夸大地示出了在电场中原子周围电子分布的变形。由于原子核及其芯电子(黑色小圆圈)具有正电荷并且电子不再是球形地分布其周围，将产生偶极矩，这个偶极矩为 $\mu = \alpha \boldsymbol{E}$ 。在图 5.7(b)所示的壳模型中，原子表示为一个质点核心(原子核及其芯电子)与电荷为$-N$的无质量壳连接到一起，离子上的总电荷(芯加上壳)为 q，所期望的总电荷就是 $q-N$ (如氯离子为–1)。壳的中心通过力常数为 k 的弹簧与芯连接，如图 5.7 所示。力常数与离子的极化率 α 的关系为 $\alpha = N^2/k$ (见有关图 5.3 的讨论)。

壳模型的总内聚能为式(5.14)加上一项表示使壳变形量为 δx 的能量，这个量假定是简谐能量 $k\delta x^2/2$ 。但是，要注意，由于芯电子和壳电子不再以同一位置为中心，壳的变形改变了附近原子之间的相互作用，这是很重要的。因此，库仑能量必须划分成不同的项，对应于芯-芯、芯-壳和壳-壳的相互作用，并且假设排斥对势只在壳之间作用(即最外层的电子)。对势中的参数通常由计算出的特性与实验数据之间的拟合确定。由于阳离子通常比尺寸较大且带负电荷的阴离子有大得多的紧密束缚，一般在建模时，它们不含有壳。最近，与精确的电子结构计算结果的比较表明，包含壳模型给出的结果比“刚性离子”(rigid ion)模型更准确(Tilocca, 2008)。更多的细节参见 Hill 等(2000)的文献。

5.5 金　　属

金属由芯(原子核及其芯电子)和围绕于其周围的电子组成，这些电子在整个固体中是离域的(delocalized)，如图 5.2(c)所示。简单的对相互作用模型给不出特别好的键合和金属性质的模拟。已经开发了一些力图建立在某些电子分布背景上的其他形式的势，有些已经被证明非常适合于描述金属系统的性质。

5.5.1 金属的对势

由图 5.2(c)所示的金属键合示意图，不难设想原子间相互作用的对势不会充分地描述离子(原子核)和背景电子气(electron gas)的热力学性质。期望会有以电子气为媒介的离子间相互作用的贡献，以及电子气本身的贡献。如果不出意外，可以期待电子气的能量是依赖于体积的，与附录 F.5.1 所讨论的盒子中的粒子具有相同的通用形式。

研究对势实际是描述金属的键合性质问题，首先从 Lennard-Jones 势入手。如同前面的讨论，选择σ和ϵ的值，使得计算获得的平衡态内聚能(在 0K 时)和晶格长度与实验数据相吻合。对于稀有气体固体(rare-gas solid)，体积弹性模量作为势能在最小值处的曲率的量度，其计算结果与实验结果的一致性较好。然而对于金属，计算得出的体积弹性模量结果与实验结果相比有较大的差距，这表明 Lennard-Jones 势在其最小值附近对内聚能形状的描述很差。在有限温度条件下，原子围绕它们的平衡位置振动，探测更多的势能面，这样对有限温度下的特性的描述也不很好。通过利用 Mie 势并使其短程相互作用项的指数小于$m=12$，金属性质的计算结果可以在一定程度上得到改善。例如，使用$m=10$，得到的热力学预测结果要更准确一些，但短程部分势能面的形状仍然是排斥过强，体积弹性模量和对压力的依赖性通常仍然过大。通常首选包含指数排斥壁(exponential repulsive wall)的较软势(softer potential)。与大多数形式相比，有一个模型的效果不错甚至更好，它就是式(5.13)所描述的 Morse 势。做出这样的选择似乎没有任何理由，只是由它获得的金属的弹性性质(如体积弹性模量)结果与实验结果一致性稍好些，不过，如同在 5.3.4 节所讨论的，不能预期任何中心力势可以准确地获得所有的弹性性质。将简单的对势应用到金属的缺陷性质也是值得怀疑的问题。即使对势可以很好地用于完美的固体，但是它们能够描述缺陷的可能性不大，缺陷的电子密度可能已经发生变化，与均匀固体的不同了。

因为对势通常无法给出好的金属键合真实性质的描述，一般不能用来进行金属性质的定量预测。

5.5.2　依赖于体积的势

描述金属势能的对势忽略了与离域电子相关的能量。这种“电子气”的能量在某种程度上依赖于平均电子密度。因此，在对势求和项中增加一个(尚未明确)电子密度的函数，似乎是一种合理的方法来改善对金属的描述。由于确定电子密度需要进行大量的电子结构计算，常常寻找近似的形式。由于用平衡结构和能量来拟合体积弹性模量存在困难，在对势的求和中添加一个依赖体积的项，似乎是一种合理的解决方案。考虑到电子密度显然是系统体积V的函数，其形式为

$$U=\frac{1}{2}\sum_{i=1}^{N}\sum_{j=1}^{N}{}'\phi\left(r_{ij}\right)+U_{\mathrm{eg}}\left(V\right) \tag{5.15}$$

式中，$U_{\mathrm{eg}}\left(V\right)$是依赖于体积的势，经常被用到。

对于$U_{\mathrm{eg}}\left(V\right)$可能有许多选择，一个简单的选择是使用

$$U_{\mathrm{eg}}\left(V\right)=U_{\mathrm{known}}\left(V\right)-\frac{1}{2}\sum_{i=1}^{N}\sum_{j=1}^{N}{}'\phi\left(r_{ij}\right) \tag{5.16}$$

式中，$U_{\text{known}}(V)$是已知的依赖于体积的内聚能，源于某些原始资料(如 5.5.3 节的普适结合曲线)。$U_{\text{eg}}(V)$是对一个完美系统的计算(此条件确保依赖于体积的内聚能计算是正确的)，期望这样的势能应用于其他材料的性质，如缺陷。

利用依赖于体积的势场，获得的依赖于体积的块体性质，与实测值有良好的一致性。但是，对于许多其他重要材料性质的描述，特别是缺陷的能量，如晶界、表面、位错等缺陷，与简单对势相比并没有任何优势。如果体积不发生变化，材料$U_{\text{eg}}(V)$也不会发挥作用。更重要的是，只取决于块体体积的项表示的是均匀电子气的能量。可是，在缺陷附近的固体，电子的密度已经从均匀固体的状态发生了显著的变化。为了正确描述缺陷的性质，就需要有一个模型能以某种方式体现出缺陷附近电子密度的变化。

5.5.3 普适结合曲线

许多金属的基本内聚特性可以合理地用经验关系式加以描述，这就是由 Rose 等(1984)提出的普适结合曲线(universal binding curve, UBC)。需要注意，它不是势，而是一个经验的数据拟合，可以近似金属固体的总能量。Foiles(1985)绘制了面心立方金属系统能量-体积的拟合曲线，形式为

$$U_{\text{UBC}} = -E_{\text{sub}}\left(1+a^*\right)e^{-a^*} \tag{5.17}$$

式中，E_{sub}是在零压力和温度下升华能量(即内聚能)的绝对值；a^*是衡量对平衡晶格常数 a 偏差的量，有

$$a^* = \left(\frac{a}{a_0}-1\right)\bigg/\left(\frac{E_{\text{sub}}}{9Bv}\right)^{1/2} \tag{5.18}$$

式中，B 是平衡态体积弹性模量，

$$B = V\left(\partial^2 U / \partial V^2\right)_{\text{NT}} \tag{5.19}$$

v 是每个原子的平衡体积；a 是面心立方晶格常数；a_0是平衡态(零压力和温度)晶格常数。虽然U_{UBC}不精确，但它的确很好地描绘了许多材料的结合曲线(Rose et al., 1984)，其中的部分原因是它通过直接纳入体积弹性模量，从而包含了相关势形状的信息。值得注意的是，由于压力可以通过标准的热力学公式$P=-\left(\partial U / \partial V\right)_{\text{NT}}$求得，式(5.17)也可以用于确定在 0K 时压力-体积的关系。普适结合曲线可作为已知的依赖于体积的项非常有效地用于式(5.16)。

图 5.8 为由式(5.17)和式(5.18)得到的普适结合曲线与由 Lennard-Jones 势计算的

面心立方固体的内聚能曲线的比较图。为了便于比较，将普适结合曲线中平衡态的体积、能量和体积弹性模量的值固定为 Lennard-Jones 势的值。即使使用平衡体积弹性模量，普适结合曲线比 Lennard-Jones 固体曲线的变化要缓慢得多。对于金属，体积模量要比用 Lennard-Jones 势计算得出的小得多，普适结合曲线的变化会很缓慢[①]。

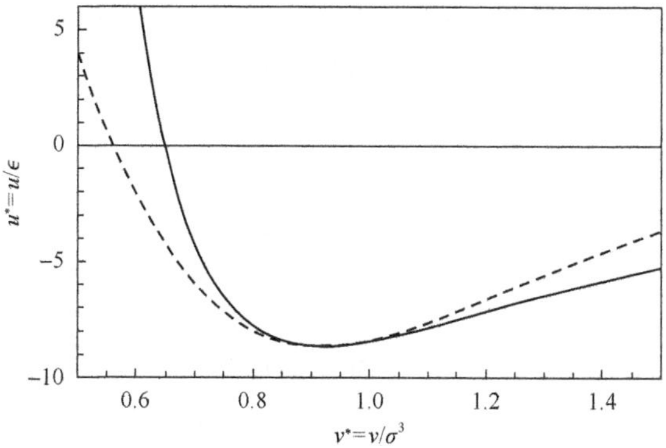

图 5.8　普适结合曲线（虚线）与图 5.5(a) 的 Lennard-Jones 固体（实线）的内聚能比较

（普适结合曲线通过固定与 Lennard-Jones 势相同的平衡值来确定，包括体积、能量和体积弹性模量）

5.5.4　嵌入式原子模型势

正如所看到的，对势不能充分描述金属中分布式电子的能量。添加体积依赖项，虽然使状态计算的公式更准确，但是不能反映任何在非对称部位局部键合的变化，如在晶界或位错附近。已经研究出许多模型，原则上可以更正确地处理金属的缺陷性质。其想法是在对势的基础上增加一个局部电子密度的能量泛函（见附录 C.6）。由于电子密度反映原子的位置，因而它在整个系统中变化，反映着局部的原子分布。期望用这些方法建立金属性质的模型会比仅仅依赖于平均电子密度的方法更好。虽然这种类型的势有许多种变体，但它们通常被称为嵌入式原子模型势（embeded-atom model potential）(Daw and Baskes, 1983, 1984)，简称 EAM 势。

嵌入式原子模型势受密度泛函理论启发，其一般形式为

$$U=\sum_i F_i\left[\sum_{j\neq i} f_{ij}\left(r_{ij}\right)\right]+\frac{1}{2}\sum_{i=1}^{N}\sum_{j=1}^{N}{}'\phi_{ij}\left(r_{ij}\right) \tag{5.20}$$

① 铜具有下列材料参数：$E_{\text{sub}}=4.566\times10^{-12}$ erg、$a_0=2.892$ Å、$B=9.99\times10^{11}$ erg/cm^3。确定 Lennard-Jones 势中的 ϵ 和 σ 值，尽最大可能使之与这些性质相匹配。绘制铜的普适结合曲线（式 (5.17)），使用以下参数：$E_{\text{sub}}=4.566\times10^{-12}$ erg、$a_0=2.892$Å 和 $B=9.99\times10^{11}$ erg/cm^3。比较铜的普适结合曲线与基于 Lennard-Jones 势的内聚能曲线。

式中，$f_{ij}\left(r_{ij}\right)$是原子间距离的函数，表示电子密度的近似值；$\phi_{ij}\left(r_{ij}\right)$是对势。这些函数的确切形式取决于所使用的模型。每个模型都源自于不同的假设和推导，并且具有不同的泛函形式(Foiles, 1996)。

F_i 是一个泛函数，是对所有依赖于原子局部位置的函数求和。正如将要看到的，F_i 是一个非线性的函数。因此，F_i 不能写成对势求和的形式，因而也就不能代表真正的多体相互作用。注意到，虽然各种嵌入式原子模型势的形式是基于金属键合的理论，但是大多数都使用了经验形式，通过将计算结果与感兴趣材料的实验结果相比较拟合，得到其参数。

为了使讨论更具体，下面介绍 EAM 势的一些细节(Daw et al., 1993)。其目的是说明该模型的基本物理假设，至于该模型的很多变体，在许多文献中都有介绍，这里不再赘述。

在 EAM 势中，对于嵌入在密度为 $\bar{\rho}_i$ 的均匀电子气中的原子 i 的能量，可以用式(5.20)的泛函 F_i 表示。$\bar{\rho}_i$ 是在原子 i 位置的局部电子密度的估计值，并近似地作为原子 i 的近邻原子贡献的电子密度 $\rho_j\left(r_{ij}\right)$ 之和，即

$$\bar{\rho}_i = \sum_{j\neq i}\rho_j\left(r_{ij}\right) \tag{5.21}$$

在此记号 $\sum_{j\neq i}$ 表示对原子 i 的所有近邻求和，但不包括原子 i 本身。因此，EAM 势的形式是

$$U_{\mathrm{EAM}} = \sum_i F_i\left(\bar{\rho}_i\right) + \frac{1}{2}\sum_{i=1}^{N}\sum_{j=1}^{N}{}'\phi_{ij}\left(r_{ij}\right) \tag{5.22}$$

在实践中，各种版本的 EAM 势通常对函数 F、ρ_j 和 ϕ 有不同的选择。一般地，这些函数取决于参数，而参数往往通过模型的预测值与实验或计算值(如内聚能、缺陷的能量等)的拟合来确定(Daw et al., 1993)。下面以对势 ϕ 为例进行说明。在 EAM 势最初的公式中，使用了基于固体中的离子之间静电相互作用的纯粹排斥力势。后来研究者采用了 Morse 势(Voter, 1994)。对于原子中的电子密度 ρ_j，最初的 EAM 势假设孤立(即气相)原子的电子密度如同电子结构计算那样确定，也有人假设为一组参数化类氢轨函(Voter, 1994)，其他的选择还包括同时使用这两种函数。选择嵌入函数 F 的一种方法是要求完美晶体的总内聚能曲线与式(5.17)的普适结合曲线相一致。EAM 势的其他变体则使用了参数化函数 F①。

举一个具体的例子，图 5.9 给出了如何构建一个典型的 EAM 势的流程图，是

① Baskes 为式(5.22)中 EAM 势引入了一个简单而且彻底的解析形式(Baskes, 1999)。对势为 Lennard-Jones 势，原子的电子密度的表示形式为 $\rho(r)=\exp\left[-\beta(r-1)\right]$，嵌入函数为 $A\bar{\rho}[\ln(\bar{\rho})-1]$。仅涵盖了最近邻。

关于镍的，它基于普适结合曲线来定义 F。第一步是选择对势的函数ϕ和原子中的电子密度函数ρ。例如，假设ϕ是一个 Morse 势，ρ表示为 4s 氢轨道的电子密度，$\rho(r)=r^6\mathrm{e}^{-\beta r}$①。在$\phi$中有三个参数（$\epsilon$、$\alpha$和$r_m$），在$\rho$中有一个参数（$\beta$）。基于已知镍的电子密度(来自原子的计算)、晶格参数和内聚能选择初始值。

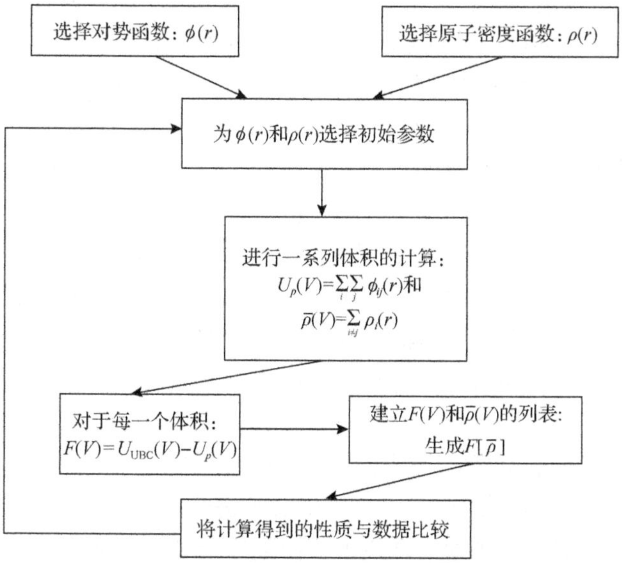

图 5.9　构建一个典型的 EAM 势的流程图

对势对能量的贡献为

$$U_p=\frac{1}{2}\sum_{i=1}^{N}\sum_{j=1}^{N}{}'\phi_{ij}\left(r_{ij}\right) \tag{5.23}$$

可以利用在第 3 章介绍的方法计算晶格参数在一个范围内的值，从而编制出$U_p(V)$的数值表，其中V是体积。在同样的计算过程中，每个位置的嵌入密度$\bar{\rho}$将用式(5.21)进行计算，从而建立$\bar{\rho}(V)$的数值列表。

由此，对于表中每个体积的条目，得到了U_p和$\bar{\rho}$。定义F为所需要的能量，来确保总内聚能作为体积的函数与 5.5.3 节的普适结合曲线相匹配，得到F的数值，定义为

$$F(V)=U_{\mathrm{UBC}}(V)-U_p(V) \tag{5.24}$$

然后，利用式(5.24)可以计算每个体积下的F。由此，建立对应于每个体积的F

① 这种形式的密度详见 Voter 的文章(1986)中的 NiAl 金属研究，它增加了一个附加项以确保$\rho(r)$在整个相互作用的距离范围单调递减。

和 $\bar{\rho}$ 的表格，从而建立起数值泛函 $F[\bar{\rho}]$。

在此势模型的基础上，就可以计算得出各种性质。既然已经将总势关联到普适结合曲线，其基本内聚性质作为体积的函数就被确定了。一般地，EAM 势用于计算缺陷性质，其中原子的位置是不对称的。因此，人们也可以计算缺陷的能量，与实验进行比较，如表面结构和能量、空位形成能量等。弹性常数是势能面形状的度量，所以还为各类模型提供重要的测试手段(见附录 H.2)。模型中的参数可以通过调整予以确定，直到由它们计算出的性质与实验值尽可能地接近，这就是图 5.9 中的迭代步骤。

对于合金系统 EAM 势的研发一定程度上更为复杂。一般是用纯固体的参数描述合金中相同原子之间的相互作用，也就是说，在镍铝合金中，由纯镍的参数描述镍-镍之间的相互作用，而由纯铝的参数描述铝-铝之间的相互作用。要获取交叉势的参数，需要一些额外的信息和近似方法(Voter, 1994)。

因为在这些情况下，势是球对称的，对于 d 带完全充满或完全空的金属，EAM 势的效果相当不错。如同前面所介绍的对泛函方法(pair functional method)，对于相互作用中具有角度分量(angular component)的材料键合，一般地做不出准确的描述，因为它们在电子密度方面未嵌入任何方向性。

EAM 势的一个主要局限是它们不能反映键合的动态变化，这样的变化可能由局部环境的变化引起。例如，合金中不同类原子之间或缺陷附近原子之间可能出现电荷转移，当在原子移动时会动态地变化。EAM 势对这样的效应不能直接进行处理。Finnis 和 Sinclair(1984)介绍了一种势，在许多方面都与本节介绍的 EAM 势相似。Finnis-Sinclair 势基于 5.6.2 节中叙述的键级势(bond-order potential)。

正如这里所描述的，EAM 势没有包括角度的项，因此不能充分模拟共价键合材料。在改进的嵌入式原子模型(简称 MEAM 势)(Baskes, 1987)中，采用了与 EAM 势相同的基本形式，但是电子密度 ρ_j 以依赖于角度的函数表示。然后，密度项中的参数与各种材料的参数一起进行拟合。MEAM 势已经用于多种类型的共价或部分共价材料的模拟(Kim et al., 2009)。这方面的内容将在 5.7 节中进一步阐述。

5.6 共价固体

在共价材料中，如硅和碳，键合强烈地定位于特定的方向，原子间作用势必须反映这种强烈的方向性，如图 5.2(d)所示。关于这些相互作用的描述已经提出了许多方法，在这里只讨论少数有代表性的例子。

将以硅作为主要的例子，这不仅是因为硅有极大的技术价值，而且也因为它有多种结构，每种结构都有其独特的键合类型。例如，对于只有三个硅原子的系统，最稳定的形式是原子之间夹角互为 180°的分子。对于 4 个硅原子，夹角为 120°，而对于 5 个硅原子，其最稳定的形式是夹角为 109°的四面体。低压下固体硅为钻石结构，由四面体键合组成，而其他结构在较高压力下存在。非晶硅的重要性日益显著，由连续的随机网状构成却不是所有的原子都是四重配位。虽然可以利用第 4 章中的方法直接处理电子结构，但可以研究的系统尺寸是比较有限的。

开发一个模型，要求能够捕获硅中各种键合类型，以及类似的材料如碳，是具有挑战性的工作。特别地，如果目标是描述结构变化时出现的键合动态变化。下面将要讨论的一些方法和模型具有足够的灵活性，以描述这样的相变，而其他模型只限于应用到特定的结构。

5.6.1 依赖于角度的势

涵盖依赖于角度的势，最明显的方式也许是直接将其纳入泛函的形式之中。作为一个例子，考虑众所周知的关于硅的势，即 Stillinger-Weber 势，其专门用于对四面体形式的固体进行建模(Stillinger and Webber, 1985)。研究者将固体的基本结构直接纳入势中：每个硅原子由其他 4 个硅原子围绕，形成一个四面体，其平衡态的键与键之间的角度设置为四面体标准的夹角 109.47°，如图 5.10 所示。

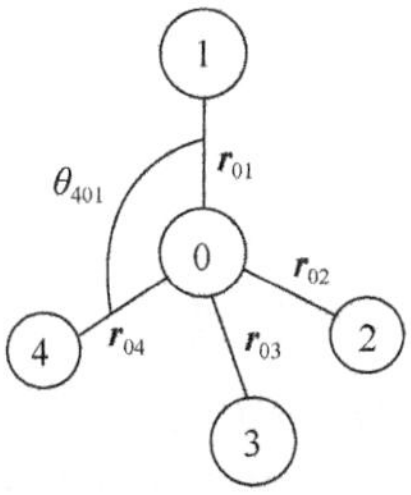

图 5.10　固体硅四面体键合的局部示意图

一个原子与它的四个最近邻之间的相互作用，是基于该原子与其近邻之间连接的四个矢量 $\boldsymbol{r}_{01}$、$\boldsymbol{r}_{02}$、$\boldsymbol{r}_{03}$ 和 $\boldsymbol{r}_{04}$ 进行描述的，如图 5.10 所示。研究者考虑了只依赖于近邻距离的原子间对势，还引入了依赖于键角(θ_{jik})的项，这些键角可以很容易地从 $\boldsymbol{r}_{ij}\cdot\boldsymbol{r}_{ik}=2r_{ij}r_{ik}\cos\theta_{jik}$ 求出。但是，确定角度需要考虑三个原子，即以该原子为中心与其两个近邻之间矢量的夹角，这是一个挑战。这种类型的相互作用称为三体势(three-body potential)。描述三体势的项比对势的项多出许多，在计算上是一个困难。所有的这些项都取为简单的函数，它们的参数通过实验数据拟合求出。例如，在图 5.10 中与原子 0、1、2 之间的夹度相关联的能量表示为 $h\left(\left(r_{01},r_{02},\theta_{102}\right)\right)=Af\left(r_{01},r_{02}\right)\left(\cos\theta_{102}+1/3\right)^2$，其中 A 是一个常数，$f(r_{01},r_{02})$ 是原子对之间距离的一个函数。夹角项是一个以 $\theta_{102}=109.47°(\cos 109.47=-1/3)$ 为中心的简单调和函数(simple harmonic function)。

虽然这些类型的势能对它们构建的材料性质和结构提供非常准确的描述，但它们通常只限于这些材料。Stillinger-Weber 势对完美的四面体固体有效，但是对于液体根本无效，对于任何其他结构的固体也是无效的，因此在模拟一些重要材料性质的能力上受到限制，如相变、缺陷等。其他一些更灵活的势已经研发出来，可以进行这样的计算。

5.6.2 键级势

键级势为动态和复杂的键合的描述提供了一种灵活且适应性强的方法，这种方法采用的是在原子周围加入局部配位的近似方式(Pettifor and Oleynik, 2004)。一个周期性系统中每个原子能量作为最近邻距离 r 的函数，其一般表达式为(Abell, 1985)

$$E_i = \frac{1}{2}\sum_{j=1}^{Z_i}\left[qV_R(r) + bV_A(r)\right] \tag{5.25}$$

式中，q 为依赖于局部电子密度的参数；V_R 和 V_A 分别为排斥和吸引相互作用；Z 为最近邻的数目。总势能是原子能量的总和，即

$$U = \sum_i E_i \tag{5.26}$$

式(5.25)中的参数 b 是键级(bond order)，它控制着化学键的强度。例如，在一个三键体系中，如果碳-碳键合具有的键级为 3，那么这个键比键级为 2 的键要强。为了表示固体中的键合，假设最近邻原子间的键合强度应随最近邻数目 Z 的增加而减少，似乎是合理的，因为只有这么多电子可以分配在键合上。Abell(1985)假定 $b = cZ^{-1/2}$，其中 c 是一个参数。有了 b 的这个选择，键级势的形式就成为

$$E_i = \frac{1}{2}\sum_{j=1}^{Z_i}\left(a\mathrm{e}^{-\alpha r} - \frac{c}{Z^{1/2}}\mathrm{e}^{-\gamma r}\right) \tag{5.27}$$

看上去，式(5.27)似乎与对势求和没有什么区别，不同之处在于列入了 $Z^{-1/2}$ 项。Z 是某个规定距离内近邻数目的量度，近邻越多，参数 b 就越小，原子之间键合的“量”就越少，因此吸引部分的势也就越小。如果该数目发生变化，如在缺陷的附近或在共价固体的一个特定结构中，那么相互作用就发生变化。因此，至少在一定程度上，键级的形式体现了局部的环境和局部的键合。这种模型的变体已用于固体、液体、凝聚相反应物种等的描述(Brenner, 1996)。

Tersoff 势

Tersoff 使用键级势的变体来近似许多不同状态硅的键合，从液体硅到非晶

硅，直至完美的金刚石结构(Tersoff, 1988)。为了实现这样的灵活性，该模型放弃了一定程度的精度。然而，能够用这样一个简单的势来模拟相当复杂的键合变化，着实是令人敬佩的。在 Tersoff 将其势应用于硅几年以后，Brenner (1990, 1996) 提出了 Tersoff 势的扩展版本，可应用于金刚石和其他形式碳的模拟。Tersoff 势成功的标志就是它们广泛地应用于共价材料的模拟，包括硅、锗、碳及其合金。

系统的总结合能表示为所有单个键合的总和，其中每个键的能量包括排斥对(repulsive pairwise)的贡献和吸引的贡献，后者由键级与对键能(pairwise bond energy)的乘积给出。通过局部配位(键的数目)和键角，键级吸纳了局部环境的因素，能够区分出直链、三方和四面体几何形状。总体而言，键合项的形式为

$$\phi_{ij}\left(r_{ij}\right)=\left[\phi_R\left(r_{ij}\right)-B_{ij}\phi_A\left(r_{ij}\right)\right] \tag{5.28}$$

式中，ϕ_R 和 ϕ_A 分别为排斥势和吸引势。函数 B_{ij} 表示连接 i 和 j 的键级(即键的强度)，并且是键配位(bond coordination)的递减函数，即

$$B_{ij}=B\left(\psi_{ij}\right) \tag{5.29}$$

式中，ψ_{ij} 是一个函数，反映在某个预定的距离内的相邻原子数目和这些原子之间的夹角，也就是说，它反映了原子的键联性质。

为了模拟金刚石生长的化学气相沉积(chemical vapor deposition, CVD)，Brenner(1990) 在 Tersoff 势中加入了一些项，以改进对烃键合的描述。这些势通常称为“反应性经验键级”(reactive empirical bond order, REBO)势。Brenner 势是成功的，它预测了在金刚石的(100)表面上特定的化学反应，这一反应是 CVD 生长中的第一步。动力学蒙特卡罗方法对 CVD 过程的研究很好地说明了该反应是如何与生长化学融为一体的(Battaile et al., 1999)。

为了体会这些势的复杂性，对 Tersoff(1988) 的 Tersoff 势加以讨论，其形式为

$$\phi_{ij}\left(r_{ij}\right)=f_c\left(r_{ij}\right)\left(A\mathrm{e}^{-\lambda_1 r_{ij}}-b_{ij}B\mathrm{e}^{-\lambda_2 r_{ij}}\right)$$

式中，A、B、λ_1 和 λ_2 是常数；$f_c(r)$ 是截止函数，限定势到最近邻范围；b_{ij} 是键级，它表示局部键合并且确定势对夹角的依赖性。如果 $r<R-D$，则截止函数取作 $f_c(r)=1$，如果 $r>R+D$，则截止函数取作 $f_c(r)=0$，从而在 R 处提供了一个急剧变化并且宽度为 $2D$ 的截止域。为了保证导数的连续性，引入了内插函数，使 $f_c(r)=1/2-(1/2)\sin[(\pi/2)(r-R)/D]$。键级为

$$b_{ij}=\left(1+\beta^n\zeta_{ij}^n\right)^{-1/(2n)}$$

式中

$$\zeta_{ij}=\sum_{k\neq i,j}f_c\left(r_{ik}\right)g\left(\theta_{jik}\right)\exp\left[\lambda_3^3\left(r_{ij}-r_{ik}\right)^3\right]$$

且

$$g(\theta)=1+\frac{c^2}{d^2}-\frac{c^2}{d^2+\left(h-\cos\theta\right)^2}$$

θ_{jik} 是 ij 和 jk 键之间的夹角，β、n、λ_3、c、d 和 h 是常数。Tersoff(1988)给出了硅的参数。

Brenner 势和 Tersoff 势已在共价材料的模拟中有非常广泛的应用。但是，它们也不是没有瑕疵和没有失败的。例如，π 键对角度依赖性的准确建模问题就是模拟碳氢化合物时一个明显的重要缺点(Alinaghian et al., 1993)。已经做了大量的工作以改进这些势，如加入具有不同的角度依赖性的项(Pettifor and Oleynik, 2004)。总体来说，Tersoff 势和 Brenner 势已经非常成功，表明基于对物理机制的良好理解，一个简单的模型能够提供足够精确的描述，来增强人们对复杂现象的理解。

5.7 混合成键系统

前面介绍的所有方法都面临着一个共同问题，即它们都不能准确地模拟成键变化的系统。虽然键级势确实反映了成键动态变化，但它们描述的成键仍然相对简单。当然，可以采用第 4 章中的方法，进行完整的量子力学求解，但是那些方法与使用解析式描述相互作用相比，在计算强度上要大许多，并且可研究的系统尺寸也十分有限。本节将介绍两种可用于这类系统模拟的方法：反应力势(reactive force potential)和紧束缚方法(tight-binding method)。

5.7.1 反应力势

两个独立研发的方法，即电荷优化多体(charge-optimized many body, COMB)(Yu et al., 2007; Shan et al., 2010)和反应力场(reactive force field, ReaxFF)法(van Duin, 2001)，采用键级势的变体，使原子能够响应它们的局部环境，独立自主地确定它们的电荷。对于模拟原子电荷随着条件变化而调整的很多现象，这些方法是非常有用的。例如，对化学反应中的成键和断键，以及在不同类型材料间界面上复杂的成键，COMB 和 ReaxFF 都能够进行研究。

为了更具体地讨论，研究一下这些势的基本形式。系统的总能量包括许多项，类似于在大多数势中都能见到的，如描述库仑相互作用和范德瓦耳斯相互作用的项。ReaxFF 法的不同之处在于它们处理成键的方式，以 COMB 势为例，它用形式类似于式(5.25)中的项描述成键，即

$$E^{\text{bond}}=\frac{1}{2}\sum_{i}\sum_{j=1}^{Z_i}\left[V_R\left(r_{ij},q_i,q_j\right)+b^{\text{effective}}V_A\left(r_{ij},q_i,q_j\right)\right] \tag{5.30}$$

式中，吸引和排斥的能量依赖于各个原子上的电荷 q；$b^{\text{effective}}$ 表示键的各个方面键级项的总和，包括扭转、夹角、共轭等。两种方法的关键特征是电荷平衡，它们采用不同的方法，但两者都寻求自洽的电荷。有一个自能量(self energy)项，取决于原子的电负性，表示原子的能量随着原子电荷的变化而变化。最终结果是开发了一套具有很大灵活性的势，它比具有固定电荷的作用势有更宽广的适用性。

和通常情况一样，获取灵活性的代价是计算量的增加。与普通的原子间作用势相比，无论 COMB 势，还是 ReaxFF 势，都需要增加相当多的计算量。即便如此，利用这些势要比在第 4 章中的全密度泛函理论要快得多。

5.7.2　紧束缚方法

紧束缚方法从波函数的展开入手，以各原子位置为中心的原子轨函作为展开项。因为使用原子轨函，紧束缚方法非常适合用于描述非金属系统的电子结构，特别是共价键材料。紧束缚模型使用一组量子力学的近似方法，能够非常快地逼近电子结构。经验的紧束缚方法一般使用数据来帮助设定常数值，而从头计算的方法是基于理论计算的。开发紧束缚方法大量的工作在于开发正确的基组和确定常数。尽管它们具有近似的性质，但是紧束缚方法在描述具有成键动态变化的系统方面是相当有用的，如液态硅。建议读者参考关于这方面内容的众多文章和书籍，如 Goringe 等(1997)、Sutton(1993)和 Sutton 等(1996)的文献。

5.8　作用势能够模拟的量

本章所描述的势是大多数原子模拟的基础。对于选择的任何势，根据第 3 章中的介绍，都可以计算 0K 时的晶格总和。例如，可以对不同的晶体结构计算内聚能，以确定其在 0K 时的热力学性质和相。如果在 0K 时画出不同结构的吉布斯自由能($G=U+PV$)图，那么曲线的交叉点就是相变点。或者，可以对两种结构绘制 $U(V)$ 与 V 的曲线，然后通过曲线的公切线找到相变位置，如图 5.11 所示①绘

① 在转变点 $G_1=G_2$，即 $U_1(V_1)+PV_1=U_2(V_2)+PV_2$，在这种情况下，$P=\left(U_1(V_1)-U_2(V_2)\right)/(V_2-V_1)$，并且体积变化是 $\Delta V=|V_2-V_1|$。

制 α 和 β 结构的能量-体积(U-V)曲线，公切线表示从 α 到 β 的相变，压力由切线的斜率给出，体积的变化为 $V_\beta - V_\alpha$。对于更复杂的结构，如一般的三斜晶格，可以改变晶胞的所有六个晶格参数和原子的位置，以确定最小能量结构。在 Catlow(2005)的文献中，对材料的最小能量方法进行了更深入、细致的叙述。

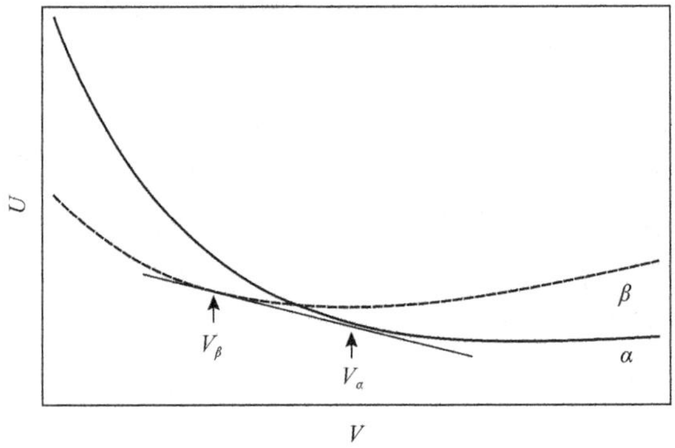

图 5.11　确定相变的示意图

除了块体材料的性能，这些势常用于在 0K 时计算缺陷性质，包括自由表面、晶界、位错和空位。计算表面能不需要对第 3 章的晶格求和方法做大的改动[①]。关于内部缺陷的最大难题是缺陷内原子位置的构建以及适当边界条件的建立。

下面以晶界的原子模拟，作为缺陷计算的一个例子。晶界是成分相同但是相对取向不同的两个晶体之间的边界，如附录 B 中描述的。晶界的结构和能量的重要性体现在它们对材料性质的影响，如沿晶界的扩散、杂质或合金组分在晶界上的偏析、晶界迁移的驱动力等。因此，通过原子模拟确定晶界能量是大量研究关注的焦点。

晶界建模的挑战是多方面的，首先是边界条件，目标是建立两块无限大平板材料之间的边界模型。图 5.12 示意地给出了建立边界模型的一种方法。在这个例子中，有两个具有不同取向的晶体，由原子面的不同宽度表示[②]。模拟单元由在计算中将被移动的原子组成，即在计算中的自由度，它被标记为区域 I。标记为区域 II 的两个块体是两个不同晶体取向的理想晶体。这些区域在模拟过程中是固定的，从而模仿无限大的系统。自由度的另一个维度是沿着 z 方向两个边界之间的距离。在实践中，必须对区域的尺寸进行检查，确保它们对结果没有不恰当的影响。总晶界能量为组合系统的能量减去两个理想系统的能量，Wolf(2005a, 2005b)和 Yip(2005)的文献以及许多其他文献都有相关方面详细的介绍。

① 为了确定离子材料表面上的长程能量，有一些问题必须加以处理。

② 这些晶体当然可以是不同的材料，同样的论点仍然成立。

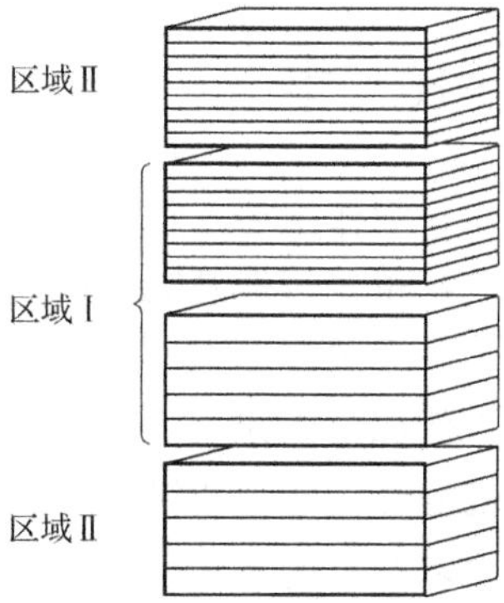

图 5.12　用于晶界建模的模拟单元示意图(Yip, 2005)
(模拟的区域标记为区域Ⅰ，边界区域标记为区域Ⅱ。晶界是一个平面界面，通过利用周期性边界条件来描述在 x 和 y 方向上界面的无限尺寸。原子面由细线表示)

晶界模拟的另一项难点就是确定图 5.12 中所示系统在 x 和 y 方向上的尺寸。晶界具有对称性，有些还是周期性结构。重要的是系统要足够大，包括适当数量的重复单元，以获得收敛的结果，这是非常重要的。因此，晶界模拟往往涉及的原子数量相当大。

5.9　势参数的确定

在这里叙述的所有近似的势都涉及参数，必须用某种方式加以设定。为了确定这些常数，通常采用的做法是：通过调整势函数公式中的常数值，使计算得到的性质与相应的实验数据或者更精确计算得到的数据尽可能匹配。这些常数被设定后的势函数可用于确定材料的其他性质和行为。用于确定势参数的这组性质有时称为训练集(training set)。在训练集中，一般会包括内聚能和结构、各种表面的能量、空位形成能、弹性常数和堆垛层错能等物理量。

一个典型的拟合过程是假定一些初始参数，然后计算出一组材料的性质，并将它们与训练集中的数据相比较。势函数是非线性和高度耦合的，所以常常必须采用鲁棒性方法对参数进行优化。对于具有许多参数的模型，固定某些参数，对其他参数进行优化，然后调整前面固定的参数组，依此类推，这是一个很有用的方法。要验证势的质量，不在于它计算出的性质是否与训练集中的性质相吻合，而在于对那些不在训练集中的性质的计算质量。

这些势都是模型，它们不是真实的材料，记住这一点是非常重要的。事实上，没有哪种基于近似势进行的计算真的是“真实”材料。它们就是模型，或许是非常好地代表了人们想描述的材料，或许不是。

5.10 本章小结

本章从某些方面概述了原子间作用势，从非常简单的对相互作用到更复杂的旨在模拟共价键材料的方法。这里仅仅涉及其表面，对每种类型的势给出简单的例子，也不过是众多案例中的一个选择而已。这些势实际上不会对所有的情形都有效，所以修正模型是常态。例如，系统可能同时包括多于一种类型的键合。创建良好的势，既需要对关注的固体类型中成键的理解，也需要在势函数的选择上有极大的耐心，或许还需要寻求修正的方法，以适应特定的情况。无论如何，这里介绍的各类方法，为模拟固体中原子之间的相互作用奠定了基础。

推荐阅读

关于这个重要的议题，许多书籍都进行了非常好的讨论：

Materials Research Society Bulletin 有一期是专门讨论势的问题，对这里讨论的几乎所有类型的势都有很好的文章。这些文章列出了许多参考文献如 Voter(1996)的文章。在 2012 年 5 月版的 *Materials Research Society Bulletin* 中有一组论文是关于反应势(reactive potential)的。

Israelachvili(1992)编写的 *Intermolecular and Surface Forces*，是关于原子和分子间的相互作用的专著。

5.11 附加内容

式(5.6)的 Lennard-Jones 势和 Mie 势式(5.9)有一个共同的形式，即它们都是原子间距离 r 的函数，形式仅为 $1/r^n$，其中 n 是整数。近百年前进行的非常有益的一组计算，采用了这样简单的解析式，针对基本立方结构的完美晶格材料，计算出材料的性质。

考虑在 0K 时固体内聚性质的计算，其原子之间的相互作用由 Lennard-Jones 势或 Mie 势 $\phi(r)$ 描述。更具体一点，假定晶体结构是一种基本的立方结构，如简单立方、体心立方、面心立方。每个晶胞的内聚能的形式为(依据式(3.7))

$$U_{\text{cell}} = \frac{1}{2}\sum_{\boldsymbol{R}}\sum_{i=1}^{n}\sum_{j=1}^{n}{}' \phi_{ij}\left(\left|\boldsymbol{R} + \boldsymbol{r}_j - \boldsymbol{r}_i\right|\right) \tag{5.31}$$

式中，单位晶胞里有 n 个原子，上撇号表示加和式中不包含 $i = j$ 项，因为这使其晶格矢量 $\boldsymbol{R} = 0$。如果以基本晶格改写式(5.31)，使每个单胞中只有一个原子，公式就会简化(见附录 B.2)。每个原子的内聚能为 $u = U/n$，因而就有

$$u = \frac{1}{2}\sum_{\boldsymbol{R}\neq 0}\phi(R) \tag{5.32}$$

式中，$R = |\boldsymbol{R}|$。

可以将式(5.32)进一步简化，将晶格矢量 $\boldsymbol{R}$ 改写成无量纲数 $\alpha(\boldsymbol{R})$ 与晶格中最近邻距离 r 的乘积，即

$$R = \alpha(\boldsymbol{R})r \tag{5.33}$$

例如，在一个面心立方结构中，到原子最近邻壳的距离是 r、$\sqrt{2}r$、$\sqrt{3}r$ …，也就是说，第 n 层壳近邻所处的距离为 $\sqrt{n}r$。因此，在一个面心立方结构中，可以把到第 n 层壳近邻的距离表示为

$$R = \alpha(\boldsymbol{R}_n)r = \sqrt{n}r \tag{5.34}$$

对于其他基本立方系统，类似形式的 α 也很容易推导出来。

对于 Lennard-Jones 势或 Mie 势，ϕ 中的相互作用项仅仅以 $1/R^n$ 的形式依赖于距离 R，依据式(5.34)，可以将其改写为

$$\frac{1}{R^n} = \frac{1}{\alpha(\boldsymbol{R})^n}\frac{1}{r^n} \tag{5.35}$$

这一项对内聚能 u 的贡献为

$$\frac{1}{2}\sum_{\boldsymbol{R}\neq 0}\frac{1}{R^n} = \frac{1}{2}\frac{1}{r^n}\sum_{\boldsymbol{R}\neq 0}\frac{1}{\alpha(\boldsymbol{R})^n} = \frac{1}{2}\frac{1}{r^n}A_n \tag{5.36}$$

在式(5.36)中，已经从求和式中把常数值 $1/r^n$ 提出，并引入一个新的求和式

$$A_n = \sum_{\boldsymbol{R}\neq 0}\frac{1}{\alpha(\boldsymbol{R})^n} \tag{5.37}$$

对于面心立方晶格、体心立方晶格和简单立方(SC)晶格，当 $n \geqslant 4$ 时，A_n 的求和式求和到∞是收敛的，并且 A_n 的值已经列成表格(Jones and Ingham, 1925)如表 5.4 所示。例如，用 Lennard-Jones 势来描述，材料中每个原子的内聚能可以表示为

$$u(r) = 2\epsilon\left[A_{12}\left(\frac{\sigma}{r}\right)^{12} - A_6\left(\frac{\sigma}{r}\right)^6\right] \tag{5.38}$$

式中，ϵ 和 σ 是式(5.6)中定义的标准 Lennard-Jones 势的参数，r 是最近邻距离，

A_6 和 A_{12} 为来自表 5.4 中的晶格总和。

表 5.4　立方晶体的晶格总和（A_n）(Jones and Ingham, 1925)

n	简单立方晶格	体心立方晶格	面心立方晶格
4	16.5323	22.6387	25.3383
5	10.3775	14.7585	16.9675
6	8.4019	12.2533	14.4539
7	7.4670	11.0542	13.3593
8	6.9458	10.3552	12.8019
9	6.6288	9.8945	12.4925
10	6.2461	9.5645	12.3112
11	6.2923	9.3133	12.2009
12	6.2021	9.1142	12.1318
13	6.1406	8.9518	12.0877
14	6.0982	8.8167	12.0590
15	6.0688	8.7030	12.0400
16	6.0483	8.6063	12.0274
17	6.0339	8.5236	12.0198
18	6.0239	8.4525	12.0130
19	6.0168	8.3914	12.0094
$n \geqslant 20$	f_1	f_2	f_3

注：$f_1=6+12\left(1/\sqrt{2}\right)^n+8\left(1/\sqrt{3}\right)^n$，$f_2=8+6\left(\sqrt{3/4}\right)^n+12\left(\sqrt{3/8}\right)^n$，$f_3=12+6\left(1/\sqrt{2}\right)^n+24\left(1/\sqrt{3}\right)^n$。

对式(5.38)进行改写，以每个原子的体积 v 来替换最近邻距离，有时是方便的。在表 5.4 中列出的三种晶体结构中的任何一种，v 都能够以最近邻距离表示为 $v=\beta r^3$，其中，简单立方晶格、体心立方晶格和面心立方晶格的 β 值分别为 1、$4/\left(3\sqrt{3}\right)$ 和 $1/\sqrt{2}$。由此，可以写出依赖于体积的内聚能表达式为

$$u(v)=2\epsilon\left(\frac{\sigma^{12}\beta^4}{v^4}A_{12}-\frac{\sigma^6\beta^2}{v^2}A_6\right) \tag{5.39}$$

在图 5.5(a)中，对面心立方晶格绘出了该函数的曲线。

因为 ϵ 和 σ 对一种材料而言是常数，而且 A_{12} 和 A_6 是仅依赖于晶体结构的常量，所以式(5.38)的解析导数可以用来求得 0K 时的平衡晶格常数 r_0，它是 $\left(\partial u/\partial r\right)=0$ 时的 r 值。依据式(5.38)，给定 r_0，平衡态内聚能就是 $u_0=u\left(r_0\right)$。也可以利用热力学中的体积弹性模量关系式 $B=V\left(\partial^2U/\partial V^2\right)$ 计算平衡态体积弹性模量 B_0(对 $u(v)$ 取关于 v 的二阶导数，然后将其插入平衡态体积的表达式中)。以下是针对面心立方晶格的数值给出的简单结果：

$$
\begin{aligned}
r_0 &= \left(\frac{2A_{12}}{A_6}\right)^{1/6} \sigma = 1.09\sigma \\
v_0 &= \left(\frac{2A_{12}}{A_6}\right)^{1/2} \beta\sigma^3 = 0.916\sigma^3 \\
u_0 &= -\frac{\epsilon}{2}\left(\frac{A_6^2}{A_{12}}\right) = -8.6\epsilon \\
B_0 &= -8\frac{u_0}{v_0} = 75\frac{\epsilon}{\sigma^3}
\end{aligned}
\tag{5.40}
$$

式中，$v_0 = \beta r_0^3$ 是平衡态体积。比较三种结构面心立方晶格、体心立方晶格和简单立方晶格的平衡态值，利用 Lennard-Jones 势进行描述，面心立方晶格结构总是具有最低能量的平衡态结构。

这种方法并不只限于 Lennard-Jones 势，对于任何只有形式为$1/r^n\left(n \geqslant 4\right)$项的势进行晶格求和，都可以利用表 5.4 进行计算。例如，系统的内聚性质由式(5.9)所描述的 Mie 势可以表示为(LeSar and Rickman, 1996)

$$
\begin{aligned}
r_0 &= \left(\frac{mA_m}{nA_n}\right)^{1/(m-n)} \sigma \\
u_0 &= -\frac{\epsilon}{2}\left(\frac{A_n^m}{A_m^n}\right)^{1/(m-n)} \\
B_0 &= -\frac{mnu_0}{9v_0} = \frac{mn\epsilon}{18v_0}\left(\frac{A_n^m}{A_m^n}\right)^{1/(m-n)}
\end{aligned}
\tag{5.41}
$$

式中，$v_0 = \beta r_0^3$，m 和 n 见式(5.9)中定义。注意，设 $m = 12$ 和 $n = 6$，就得到 Lennard-Jones 势。

这些简单的分析结果是非常方便的，对于由 Lennard-Jones 势所描述的任何材料，通过简单地在式(5.40)中代入该材料的势参数（ϵ 和 σ），就能够描述系统的平衡态结构。此外，将这种分析与固体振动特性的简单模型耦合，对于由 Mie 势描述的系统，可以高精度地解析计算其有限温度的性质（$T > 0$）(LeSar and Rickman, 1996)。

第 6 章　分子动力学

在材料研究中，分子动力学方法是所有建模和模拟中最常用的技术之一，它给出在原子尺度下有关材料结构和动力学的信息。分子动力学的基本理念很简单：计算作用于原子上的力，解牛顿方程以确定它们是如何移动的。分子动力学方法是材料性质研究中最早以计算机技术为基础的方法之一，其历史可以追溯到 20 世纪 50 年代关于液体性质研究的开拓性工作（Alder and Wainwright, 1957, 1959）。

本章简要介绍分子动力学模拟的基本方法、成就和局限性等，重点介绍关于材料问题应用。

6.1　原子系统分子动力学基本知识

分子动力学（molecular dynamics, MD）是将经典力学（见附录 D）的理念应用于原子和分子系统的方法：计算作用于所有原子上的总力，求解牛顿方程，确定原子如何运动以响应这些作用力。然后，依据原子的运动来计算出系统的平衡态和随时间变化的特性。

牛顿第二定律阐明，作用于粒子上的力等于其质量乘以它的加速度，即

$$\boldsymbol{F}_i = m_i \boldsymbol{a}_i = m_i \frac{\mathrm{d}^2 \boldsymbol{r}_i}{\mathrm{d}t^2} \tag{6.1}$$

根据经典力学，作用于一个粒子上的力等于该粒子所处位置势能梯度的负值。这个表述对于保守力场是成立的，也就是说，只依赖于粒子的位置而与它们的速度无关。在第 3 章和第 5 章中叙述了如何计算一个系统的势能 U，其势能为所有粒子位置的函数 $U\left(\boldsymbol{r}^N\right)$，$U\left(\boldsymbol{r}^N\right) = U\left(\boldsymbol{r}_1, \boldsymbol{r}_2, \cdots, \boldsymbol{r}_N\right)$，其中 $\boldsymbol{r}_i = \left(x_i, y_i, z_i\right)$。作用于原子 i 上的力为

$$\boldsymbol{F}_i = -\nabla_i U\left(\boldsymbol{r}_1, \boldsymbol{r}_2, \cdots, \boldsymbol{r}_N\right) = -\nabla_i U\left(\boldsymbol{r}^N\right) \tag{6.2}$$

式中，对原子 i 的坐标取梯度，即

$$\nabla_i U\left(\boldsymbol{r}^N\right) = \frac{\partial U\left(\boldsymbol{r}^N\right)}{\partial x_i}\hat{x} + \frac{\partial U\left(\boldsymbol{r}^N\right)}{\partial y_i}\hat{y} + \frac{\partial U\left(\boldsymbol{r}^N\right)}{\partial z_i}\hat{z} \tag{6.3}$$

所要描述的最简单系统是那些具有中心力势的相互作用原子的系统，即其原子之间相互作用势仅取决于它们之间的距离①。一个例子是式(5.6)的 Lennard-Jones 势。依据式(3.2)，中心力势的势能可以表示为

$$U\left(\boldsymbol{r}^N\right)=\frac{1}{2}\sum_{i=1}^{N}\sum_{j=1}^{N}{}'\phi_{ij}\left(r_{ij}\right) \tag{6.4}$$

式中，原子 i 和 j 之间的距离为 $r_{ij}=\left|\boldsymbol{r}_j-\boldsymbol{r}_i\right|$，它们之间的势为 $\phi_{ij}\left(r_{ij}\right)$。作用于第 i 个原子上的力为

$$\boldsymbol{F}_i=-\nabla_i U\left(\boldsymbol{r}^N\right)=\sum_{j\neq i}\left\{\frac{\mathrm{d}\phi_{ij}\left(r_{ij}\right)}{\mathrm{d}r_{ij}}\frac{\boldsymbol{r}_{ij}}{r_{ij}}\right\}=\sum_{j\neq i}\boldsymbol{f}_{ij}\left(r_{ij}\right) \tag{6.5}$$

式中

$$\boldsymbol{f}_{ij}\left(r_{ij}\right)=\frac{\mathrm{d}\phi_{ij}\left(r_{ij}\right)}{\mathrm{d}r_{ij}}\frac{\boldsymbol{r}_{ij}}{r_{ij}}=\frac{\mathrm{d}\phi_{ij}\left(r_{ij}\right)}{\mathrm{d}r_{ij}}\hat{r}_{ij} \tag{6.6}$$

为原子 j 作用于原子 i 上的力，$\hat{r}_{ij}$ 为单位矢量 $\boldsymbol{r}_{ij}/r_{ij}$，其定义②为 $\left(\boldsymbol{r}_j-\boldsymbol{r}_i\right)/r_{ij}$。因此，两个原子之间作用力的值与势对距离的导数成正比，并且作用力的方向沿着连接原子的矢量方向。

可以进一步研究来验证 $\boldsymbol{f}_{ij}$ 的符号。如果两个原子之间的距离 r_{ij} 是很小的，则势是排斥的，且 $\mathrm{d}\phi/\mathrm{d}r<0$。因此，原子 i 将受迫远离原子 j，将沿着与 $\hat{r}_{ij}$ 相反的方向移动。原子 j 作用于原子 i 上的力与原子 i 作用于原子 j 上的力方向相反，即 $\boldsymbol{f}_{ij}=-\boldsymbol{f}_{ji}$，这正是牛顿第三定律的预期。

原子 i 的运动方程为

$$\frac{\mathrm{d}^2\boldsymbol{r}_i}{\mathrm{d}t^2}=\frac{1}{m_i}\boldsymbol{F}_i=\frac{1}{m_i}\sum_{j\neq i}\boldsymbol{f}_{ij}\left(r_{ij}\right) \tag{6.7}$$

有效模拟的关键是能够准确和高效地解式(6.7)。

6.1.1　牛顿方程的数值积分

式(6.7)中要解的耦合微分方程有 3N 个，每个原子的每个坐标各有一个。解

① 关于中心力势和这些方程推导的讨论，详见附录 D.4。

② 采用的标记方法为 $\boldsymbol{r}_{ij}=\boldsymbol{r}_j-\boldsymbol{r}_i$，即矢量总是定义为从点 i 指向点 j。

这些方程的基本方法与附录 D.3 中找到谐振子的解没有什么不同。在指定时间 t=0 时的初始位置和速度之后，需要确定式(6.7)中运动方程的解，得到每个原子的 $\boldsymbol{r}(t)$。但是，式(6.7)的方程是高度耦合的，没有解析解存在。因此，必须寻找数值解。

像式(6.7)这样的方程，要在计算机上解方程的标准步骤是将时间 t 分解成若干个离散的间隔时间，然后在这些区间上解运动方程。时间间隔称为时间步长(time step)，在本书中用 δt 表示。人们通常会进一步逼近系统的性质，依据 t 时刻的性质，计算系统在 $t+\delta t$ 时的性质。解方程(6.7)，意味着利用在 t 时计算得到的力，求得在 $t+\delta t$ 时的位置和速度，这隐含着一个近似：作用于原子 i 上的力 $\boldsymbol{F}_i(t)$ 的近似值在时间间隔 t 到 $t+\delta t$ 上是一个恒定值。同样，在时间间隔 t 到 $t+\delta t$ 上，加速度 $\boldsymbol{a}_i = \mathrm{d}^2\boldsymbol{r}_i / \mathrm{d}t^2 = \boldsymbol{F}_i(t)/m$ 也是一个恒定值。

在时间间隔 t 到 $t+\delta t$ 上，假设 $\boldsymbol{a}$ 是常数，使得运动方程的求解非常简单，可以由对时间积分两次得到，首先得到

$$\boldsymbol{v}_i(t+\delta t) = \boldsymbol{v}_i(t) + \boldsymbol{a}_i(t)\delta t \tag{6.8}$$

然后得到

$$\boldsymbol{r}_i(t+\delta t) = \boldsymbol{r}_i(t) + \boldsymbol{v}_i(t)\delta t + \frac{1}{2}\boldsymbol{a}_i(t)\delta t^2 \tag{6.9}$$

这里，在时间间隔起始时的位置和速度分别是 $\boldsymbol{r}_i(t)$ 和 $\boldsymbol{v}_i(t)$。如果 $\boldsymbol{a}_i(t)$ 在区间 t 至 $t+\delta t$ 上是恒定的，那么由于 $\boldsymbol{a}=\mathrm{d}\boldsymbol{v}/\mathrm{d}t$，$\boldsymbol{v}(t+\delta t) = \boldsymbol{v}(t) + \int_t^{t+\delta t} \boldsymbol{a}(t')\mathrm{d}t' = \boldsymbol{v}(t) + \boldsymbol{a}(t)(t+\delta t - t)$，与 $\boldsymbol{r}$ 的计算类似。

使用式(6.9)，从将某时设定为 t=0 入手，并设置一组初始位置和速度。从初始位置，根据式(6.7)计算 $\boldsymbol{a}(0)$。假设 $\boldsymbol{a}$ 在区间 δt 上是一个常数，利用式(6.8)求出在 $t+\delta t$ 时的速度，并利用式(6.9)求出在 $t+\delta t$ 时的位置。对许多步长重复这个过程。虽然这种方法是非常直截了当的，但是很不幸，由这个简单过程求出的运动方程解非常不理想。对于式(6.8)和式(6.9)的解，其问题在于方程不是自洽的。

求解式(6.8)和式(6.9)，其结果是获得每个原子在各个时间步长上一系列的离散位置。当然，还可以通过求出各个位置上的斜率，估算出在各个时间步长上的速度，即原子 i 在时间 t 的速度约为 $\boldsymbol{v}_i(t) \approx (\boldsymbol{r}_i(t+\delta t) - \boldsymbol{r}_i(t-\delta t))/(2\delta t)$。同样，根据速度计算出加速度 $\boldsymbol{a}_i(t) \approx (\boldsymbol{v}_i(t+\delta t) - \boldsymbol{v}_i(t-\delta t))/(2\delta t)$。然而，在一般情况下，以这种方式计算出的加速度与直接通过牛顿方程(即 $\boldsymbol{a} = \boldsymbol{F}/m$)计算出的结果是不匹配的。它存在随时间积聚起来的数值误差。因此，这种方法不能获得自洽的加速度和力的解。

图 6.1(a)中给出了根据式(6.8)和式(6.9)计算结果得出的曲线。这是一维谐振子，其 $k=m=\omega=1$，$x(0)=0$，$v(0)=1$。根据附录 D.3 计算出的 $x(t)$准确结果以虚线画出，而实线是对 $\delta t=2\pi/50$ 的积分结果，也就是说，在每个振荡周期有 50 个积分点。这种方法的不足之处是明显的，所计算的轨迹在一个周期之后就出现显著偏差。可以通过显著减小时间步长来做得更好一些，以每个周期 1000 个点获得合理的结果，但这样的做法难以让人接受。

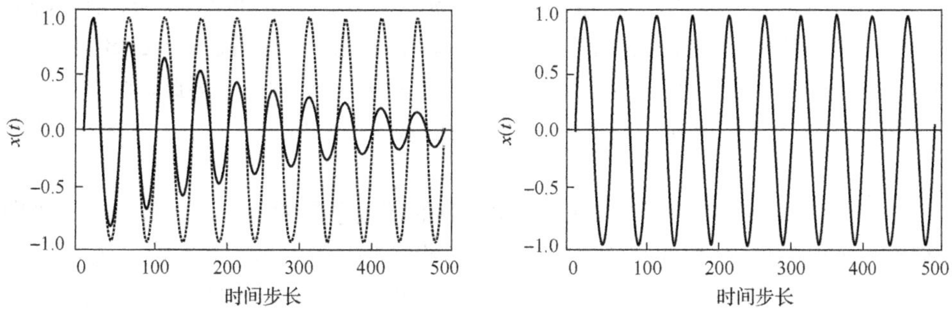

(a) 实线是基于式(6.8)和式(6.9)的简单解计算出的结果　(b) 实线是基于式(6.11)的Verlet算法计算出的结果

图 6.1　一维谐振子的积分方法比较

可以考虑通过对 $\boldsymbol{r}(t)$进一步求导数，即 $\boldsymbol{b}=\mathrm{d}\boldsymbol{a}/\mathrm{d}t$，来获得更好的解。在这种情况下，人们会获得一个关于 $\boldsymbol{a}$ 的运动方程，依此类推。不自洽的问题仍然存在。事实上，基于式(6.8)和式(6.9)的任何方法或者它们的变体，都不会获得随时间变化的运动方程的精确解。许多保持自洽性的方法已经被研究出来。Verlet 算法是一个能获得相当高品质的模拟结果并且特别简单的方法(Verlet, 1967, 1968)。这种算法简单而且可靠，虽然不是最好的方法，却非常适用于多种用途。在本章后面的示例中，所列举的分子动力学编程样本采用的就是 Verlet 算法。

Verlet 算法的起点是式(6.9)，它给出原子 i 从时刻 t 向前进一步，求出在 $t+\delta t$ 时刻的位置。利用同一公式，以$-\delta t$ 替代 δt，即可求出时间向后退一步时的位置，即

$$\boldsymbol{r}_i(t-\delta t)=\boldsymbol{r}_i(t)-\boldsymbol{v}_i(t)\delta t+\frac{1}{2}\boldsymbol{a}_i(t)\delta t^2 \tag{6.10}$$

式(6.9)和式(6.10)相加，并对公式进行整理，得到

$$\boldsymbol{r}_i(t+\delta t)=2\boldsymbol{r}_i(t)-\boldsymbol{r}_i(t-\delta t)+\boldsymbol{a}_i(t)\delta t^2 \tag{6.11}$$

这就是 Verlet 算法用于计算向前时刻的位置时所使用的公式。在每个时间步长上依据计算的作用力确定加速度。速度可以通过对导数的有限差分进行估算，即

$$\boldsymbol{v}_i(t)=\frac{\boldsymbol{r}_i(t+\delta t)-\boldsymbol{r}_i(t-\delta t)}{2\delta t} \tag{6.12}$$

尽管在位置的计算中不需要使用速度的值，但是需要用速度来计算如动能 $K=\frac{1}{2}\sum_i m_i v_i^2$ 等的数值，这是建立总能量守恒所需要的，将在下面进行讨论。

Verlet 算法有许多优点，包括易于编程和具有合理的精度。位置计算的误差与 δt^4 成正比，而速度计算的精度为 δt^2 的量级(Allen and Tildesley, 1987)。确定 δt 适当的尺度将后面进行讨论。

与所有的分子动力学计算相同，基于 Verlet 算法的计算也始于 t=0，通过确立初始位置和速度，确定初始的作用力(加速度)、势能、动能等。在 Verlet 算法中，时间步长 $t+\delta t$ 时的位置在式(6.11)中既依赖于 t 也依赖于 $t-\delta t$。因此，对于第一个时间步长，从 t=0 到 $t=\delta t$，需要 $t=-\delta t$ 时的位置，它是利用式(6.10)在 t=0 时计算得到的。

图 6.1(b)中给出了利用 Verlet 算法得到的谐振子解的曲线，在每个振动周期中有 50 个积分点(与图 6.1(a)所使用的积分点数相同)。Verlet 算法的计算结果与精确解吻合，表明得到的微分方程有相当准确的解。方程的解是否足够精确的确定方法将在 6.1.3 节中讨论。

有几种 Verlet 算法的变体，能得到更准确的速度，并且因此能得到更准确的能量。例如，在速度 Verlet 算法中，速度的计算是直接利用平均加速度进行的(Swope et al., 1982)。速度 Verlet 算法的形式为

$$\begin{cases}\boldsymbol{r}_i(t+\delta t)=\boldsymbol{r}_i(t)+\boldsymbol{v}_i(t)\delta t+\dfrac{1}{2m}\boldsymbol{F}_i(t)\delta t^2\\ \boldsymbol{v}_i(t+\delta t)=\boldsymbol{v}_i(t)+\dfrac{1}{2m}\big(\boldsymbol{F}_i(t)+\boldsymbol{F}_i(t+\delta t)\big)\delta t\end{cases}\tag{6.13}$$

需要注意的是，在 $t+\delta t$ 时，位置仅取决于在 t 时计算得出的值。在 $t+\delta t$ 时的位置上，可以计算出 $t+\delta t$ 时的作用力，进而可以计算出在 $t+\delta t$ 时的速度。同样，从一组已知的位置和速度计算开始，并依次地重复应用。

一套复杂但是准确的算法是预测-修正(predictor-corrector)方法，在这类算法中，求出类似于式(6.9)的解(预测值)，然后添加一项把它们代回具有更好自洽性的公式中(修正值)。这些方法中最著名的是 Gear 预测-修正算法。利用该方法及与其相关的方法，可以是相当准确的求出公式的解。然而，它们需要一些额外的计算步骤和大量的存储空间，而这曾经是试图模拟大型系统时的一个问题。这些方法的讨论已经超出了本书的范围，但是许多这方面的叙述都可以在本章后面推荐阅读的书籍中找到。

时间步长 δt 的最佳尺度要在精度和计算时间之间取得平衡。大的时间步长会导致计算中出现较大的数值误差，部分原因是使 $\boldsymbol{F}$ 在时间间隔上为恒定这个假设的合理性降低。采用较小的时间步长可以减小这些误差。然而，每个时间步长都

需要作用力的计算，这是计算中最消耗计算时间的部分。因此，就要在具有较少力计算的效率(大的 δt)方面和具有更高力计算的精度(小的 δt)之间取得平衡。其期望是有一个足够可靠的方法，以便可以使用尽可能大的时间步长 δt。然而，对所选择的时间步长是否足够的验证仍在于使用者。在接下来的两节中，会对时间步长选择的准则加以讨论。

6.1.2　守恒定律

正如附录 D 所讨论的，哈密顿函数的值为

$$\mathcal{H}\left(\boldsymbol{r}^N,\boldsymbol{p}^N\right)=K\left(\boldsymbol{p}^N\right)+U\left(\boldsymbol{r}^N\right) \tag{6.14}$$

等于E，为系统的内能。在系统中，如果其势能不依赖于速度(即无摩擦力)，则 E 是一个常量，不随时间变化而变化。对于标准的分子动力学模拟，由此期望 $E=K+U$ 是守恒的，即在计算的数值精度之内，对于时间 E 为常数。考察所做的模拟遵循守恒定律的程度，为计算质量提供了严格的测试方法，并对选择运动方程的积分方法和后续时间步长数值提供了指导。

可以证明(使用对称性参数)，对于采用周期性边界条件的系统，其总的线性动量(Allen and Tildesley, 1987)

$$\boldsymbol{p}=\sum_{i=1}^{N}\boldsymbol{p}_i \tag{6.15}$$

也守恒，即 $\mathrm{d}\boldsymbol{p}/\mathrm{d}t=0$。当在模拟中选择初始的速度时，最好是确保体系总动量$\boldsymbol{p}=0$，这样就消除了在模拟过程中任何原子的整体漂移(overall draft)。如果$\boldsymbol{p}\neq 0$，在模拟中原子的质量中心将沿着 $\boldsymbol{p}$ 的方向移动。

6.1.3　模拟可靠性的检查

用于运动方程的积分算法是否有足够的数值精度，在分子动力学模拟中是一个关键问题。由于在任何算法中都会有固有的数值误差，当进行运动方程积分时，轨迹将不可避免地变得不准确。除非系统中有平均性质的错误，这些偏差对于大多数用途并不是严重的问题。对于标准的分子动力学，验证 6.1.2 节讨论的守恒定律，特别是能量 E 的守恒，是一个很好的监视模拟的方式。

由于运动方程不是被精确地积分，E 实际上绝不会是一个常数。在最好的情况下，标准分子动力学模拟的 E 值将会呈现出围绕某个平均值的波动，并且不随时间的推移而飘移。E 值波动的幅度应在数量级上比势能和动能波动的幅度要小。经验表明，能量波动在其平均值的 10^{-4} 量级上，通常是具有足够精度的，即(max$E$–

$\min E)/\langle E\rangle \sim 10^{-4}$，其中 $\max E$ 和 $\min E$ 分别为模拟过程中 E 的最大值和最小值 (Allen and Tildesley, 1987)。虽然这个指标是不精确的，但对大多数模拟来说似乎是一个很好的指标。

在前面所做的假设是能量围绕一个平均值波动。如果在模拟中出现问题如程序差错、时间步长太大或者是选择了不好的运动方程积分算法等，E 值可能随着时间的推移而漂移。如果发生这种情况，那么模拟是无效的，必须进行检查和修改，直到 E 值没有漂移，而只是小的波动。

图6.2为依据图6.1中的两个解计算出来的总能量 $E(t)$。图6.2(a)是基于式(6.8)和式(6.9)的模拟结果，能量起始于精确的能量，其值为1/2，但是迅速降低到零(这是 E 值随时间漂移非常明显的例子)。能量不是守恒的，因此这种方法是不正确的。在图6.2(b)中，能量是利用Verlet算法计算的，在精确值周围波动，其能量计算值与精确值的最大相对偏差为 $\max\left(\left|E-E_{\text{exact}}\right|\right)/E_{\text{exact}}=0.004$。虽然图6.2(b)中的值可能稍微大于通常为了确保能够收敛而可能选择的值，但是该解随着时间变化是稳定的，围绕着精确解波动，其平均值没有表现出明显的漂移。一旦一种方法被选定，计算的精度就由时间步长 δt 控制。在分子动力学模拟中，其基本时间步长的选择必须足够小，使运动方程得以精确地积分。时间尺度由系统中最快的运动速度设定，一般为最短振动周期。在固体中，最短周期通常为皮秒(10^{-12}s)或更小。在一个振动周期中，要准确地对运动方程进行积分，需要多少个时间步长，部分取决于所使用的方法。对于上面所叙述的Verlet算法，在每个振动周期内通常需要的时间步长为50，以获得能量守恒的足够精度。因此，其基本时间步长的数量级为 $10^{-15}\sim10^{-14}$s。

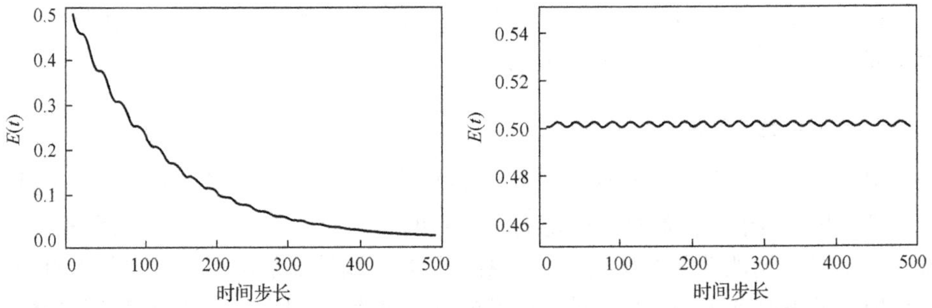

(a) 图6.1(a)中 $E(t)$ 与 t 的计算(基于式(6.8)和式(6.9)的结果)　　(b) 图6.1(b)中 $E(t)$ 与 t 的计算(基于Verlet算法)

图 6.2　依据图 6.1 中的两种积分方法得到的计算结果之间能量守恒的比较
(准确的能量 E_{exact} 等于 1/2)

小时间步长要求基本上限制了分子动力学的有用性。模拟一个纳秒的实际时间需要约一百万个时间步长，而模拟一个微秒则需要十亿个时间步长，依此类推。因此，标准的分子动力学模拟一般只限于短时事件。

6.1.4　与热力学的关联

在一个标准的分子动力学模拟中，具有固定数量的 N 个粒子，处于体积为 V 的容器中，这个系统是微正则系综，能量 E 是守恒的①。虽然动能和势能不是固定的，但是在平衡态时将围绕其平均值波动。还可以计算其他热力学量，如压力和温度。它们的平均值在分子动力学中是通过时间平均计算出来的，对应于该系统的等效热力学变量。

当然，用分子动力学计算出来的热力学量并不正好等于所研究材料的真实热力学量。正如第 5 章所指出的，任何模拟都不是真实材料的本身，而是计算该材料模型得到的性能，其最大误差通常来自原子间的作用势函数。除了作用势的误差，还有由模拟方法引起的较小误差，其中最大的可能是源自于模拟系统的尺寸。在量级为 $O(1/N)$ 的不同系综中，计算的平均值会有差异，故可以预计热力学计算有这个量级的不确定性。

与热力学最简单的关联是通过温度，温度在标准分子动力学模拟中不是一个固定的量值。没有系统瞬时温度的正式定义。然而，有一个热力学平均温度的定义，在式(G.19)中以平均动能的形式给出：

$$\langle T\rangle = \frac{2\langle K\rangle}{3Nk_{\mathrm{B}}} \tag{6.16}$$

在分子动力学模拟中，将产生动能 K 瞬时值，利用这个值计算得到 $\langle K\rangle$，并由此得到 $\langle T\rangle$。如果要定义一个“瞬时温度函数”为 $\Theta(t)=2K(t)/(3Nk_{\mathrm{B}})$，那么，在系统达到平衡之后，$\Theta$ 会围绕其平均值波动。标准分子动力学的一个限制是无法直接将温度设置到所希望的值。在 6.1.5 节将会看到，分子动力学模拟是从某些设定的初始位置和速度入手的。所选择的速度设定了初始动能，并且由式(6.16)设定了初始温度 $\Theta(0)$。但是，随着系统的演化，动能的平衡值可能与其初始值有非常大的不同。如果模拟的目标是对特定温度条件下的材料进行建模，那么不能设定这些温度就限制了应用。在本章的后面将讨论达到所期望的温度的模拟，或者在一个固定的温度下进行模拟的方法。

利用式(G.20)，可以把经典分子动力学中平均压力的计算表示为

$$\langle P\rangle = \frac{N}{V}k_{\mathrm{B}}\langle T\rangle - \frac{1}{3V}\left\langle \sum_{i=1}^{N}\boldsymbol{r}_i\cdot\nabla_i U\right\rangle \tag{6.17}$$

式中，$\langle T\rangle$ 由式(6.16)给出。根据这个公式，对于相互作用由中心力势描述的系统，

① 见附录 G.5.5。由于总动量是守恒的(6.1.2 节)，分子动力学模拟严格讲不是微正则系综条件。然而，所有的差异都是很小的，可以忽略不计(Allen and Tildesley, 1987)。

其压力的表达式由式(G.21)给出，为

$$\langle P\rangle = \frac{N}{V}k_{\mathrm{B}}\langle T\rangle - \frac{1}{3V}\left\langle \sum_{i=1}^{N}\sum_{j>i}^{N} r_{ij}\frac{\mathrm{d}\phi}{\mathrm{d}r_{ij}}\right\rangle \tag{6.18}$$

类似的方程也可以由其他类型的作用势推导出来。例如，对于式(5.20)中的对泛函势(如嵌入式原子模型)，压力为

$$\langle p\rangle = \rho k_{\mathrm{B}}T - \frac{1}{3V}\left\langle \sum_{i=1}^{N}\left[\frac{\partial F}{\partial \bar{\rho}_i}\sum_{j\neq i} r_{ij}\frac{\partial \bar{\rho}_i}{\partial r_{ij}} + \sum_{j>i} r_{ij}\frac{\partial \phi_{ij}}{\partial r_{ij}}\right]\right\rangle \tag{6.19}$$

比较式(6.18)与式(6.5)中力的表达式可以看到，它们都依赖于类似的项，并且压力的计算几乎不需要额外的计算工作量。经常可以看到在每个时间步长上计算出压力瞬时值的图，这些值围绕着其平均值波动。严格地说，这个量不是压力，同样，Θ 也不是实际温度。这些量的平均值与它们的热力学量相关。

这样，任何其他热力学量只要显式地依赖于原子位置和动量函数平均值，都可以通过分子动力学模拟来确定。在后面讨论实例计算时，将举一些例子说明。

6.1.5 初始条件

一旦选定了要研究的材料，确定了合适的原子间作用势，采用分子动力学方法进行模拟，就必须辨别待研究的问题，选择适当的边界条件和初始条件。

所研究的问题将决定密度(原子数目和体积)以及模拟单元的形状的设定。如果系统是液体，或者为立方晶体结构，则通常选择立方模拟单元。例如，对于面心立方体结构的材料，一个足够大的包含 n(整数)个面心立方体单胞(unit cell)的立方体将是适当的。如果期望的单胞参数为 a，则模拟单元的边长应为 na。

模拟单元的总体积将为 $V=n^3a^3$。由于每个面心立方体单胞中有四个原子，并且在模拟单元中有 n^3 个单胞，所以 $N=4n^3$，原子数密度为 $\rho=N/V=4/a^3$，这与预期是相同的。

在这里要重点强调，单胞只是作为初始条件用来放置原子的。之后，单胞就失去了它们的特性，依据对原子间作用力的响应需要，模拟单元(simulation cell)中的原子可以自由地移动。模拟单元通过周期性边界条件在空间中重复复制，就像一个大得多的“单胞”，其原子数量为 N，体积为 V。图 6.3 显示出了构造的模拟单元，它由一组 4×4×4 的单胞组成。

并没有限制要求模拟单元必须是立方体的，它完全可以使用任何标准的结晶晶胞，如正交的、三斜的等。形状的选择取决于所研究材料的晶体结构。例如，如果晶体结构是正交晶系，那么就必须使用正交晶胞来表示晶格。利用第 3 章中介绍的方法，距离和晶格的累加要反映所选择结构的对称性。

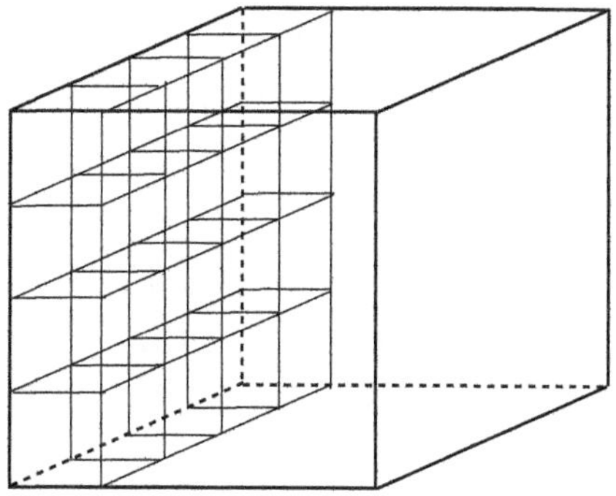

图 6.3　模拟单元示意图

系统需要足够大以包括待建模型的基本结构。如果关注的是热力学量，那么原子的数目必须足够大，以降低与尺寸相关的误差(见 6.1.4 节)。如果建立缺陷模型，那么必须考虑其他准则，如减少在边界处的弹性效应。至于系统尺寸的其他考虑因素，还包括要确保结构与周期性重复模拟单元是有通约的，如图 3.5 所示。

一旦完成原子数量和体积以及模拟单元形状的选择，必须给每个粒子赋予位置和速度的初始值。初始条件的选择是非常重要的。由于总能量是守恒的，无论系统起始能量是多少，在整个模拟中都将被固定。例如，如果有两个原子，初始时非常靠近，那么它们的相互作用能量将是非常大的，并且系统的总势能也会很大，总能量也将如此。由于总能量是守恒的，当原子移动分离后，会降低势能 U，但是动能 K 将增加，以保持 E 的恒定。由于 T 是与 $\langle K\rangle$ 成正比的，初始位置和速度选择得不恰当，可能会妨碍对所期望的热力学条件的模拟。

模拟时选择初始位置通常是很简单的，关键是要确保初始结构接近于所期望的结构，一般地，这就意味着系统将不会花费太长的时间，就能平衡于最终的结构。对于固体的热力学模拟，初始位置通常选取在正常的原子位置。对于液体的模拟，由于结构是未知的，原子应从低能量构型入手，最好是从原子按固体结构排列开始，让系统在模拟过程中自然地熔融。

然而，假设要关注的结构是一个缺陷，如晶界，如果在这种情况下又希望使用类似于图 5.12 所示的模拟单元，那么原子应放置在尽可能靠近这个缺陷的最小能量结构的位置。当然，有的时候这个结构却是未知的，这就必须运用试错过程。这个话题的简短讨论，请参见 6.9.1 节关于位错对的模拟。

初始速度的选择可以有多种方式，例如，可以通过麦克斯韦-玻尔兹曼分布选择一个所期望的初始温度 T_{init}，如 6.9.2 节叙述：

$$\rho\left(v_{ix}\right)=\frac{1}{\sigma\sqrt{2\pi}}\mathrm{e}^{-v_{ix}^{2}/\left(2\sigma^{2}\right)}\tag{6.20}$$

式中，$\sigma=\sqrt{k_{\mathrm{B}}T/m_i}$。一个比较简单的方法是，只在小范围内随机地选取速度分量，碰撞在几百个时间步长内将会平衡于麦克斯韦-玻尔兹曼分布。

6.1.6　分子动力学模拟的步骤

无论所研究的系统是什么，分子动力学计算的步骤都是标准的。计算开始时应有一个初始时间，在此时系统是不会达到平衡状态的，计算的平均值会有漂移。一旦系统达到平衡状态，就可以得到平均值。计算结果的质量可以用标准统计进行检验。标准步骤如下。

(1) 位置$\{\boldsymbol{r}\}$和动量$\{\boldsymbol{p}\}$初始化。

(2) 计算初始动能 K、势能 U、$E=K+U$、其他关注的量以及作用于每个原子上的作用力 $\boldsymbol{F}_i$。

(3) 在 n_{equil} 次的步长上：

①利用在时刻 t 时的数值和作用力，解运动方程，求出作用力$\{\boldsymbol{r}_i(t+\delta t)\}$和$\{\boldsymbol{p}_i(t+\delta t)\}$。

②计算动能 K、势能 U、$E=K+U$、其他关注的量以及 $\boldsymbol{F}_i$。

③检查漂移值，有漂移表明系统未达到平衡状态。

④当达到平衡状态时，重新启动。

(4) 在第 n 次步长上：

①利用在时刻 t 时的数值和作用力，解运动方程，求出力$\{\boldsymbol{r}_i(t+\delta t)\}$和$\{\boldsymbol{p}_i(t+\delta t)\}$。

②计算动能 K、势能 U、$E=K+U$、其他关注的量以及 $\boldsymbol{F}_i$。

③累积 K、U 等的值，求平均值。

(5) 分析数据，如平均值、相关性等。

6.2　计 算 例 子

为了使讨论更具体，本节以一个简单的分子动力学模拟系统性质为例加以说明，系统中原子的相互作用由 5.3.1 节的 Lennard-Jones 势描述。以 Lennard-Jones 势相互作用的原子系统模拟为文章主题发表的已经有成千上万篇，这使得“Lennard-Jones 体”似乎是被模拟最多的材料。

Lennard-Jones 势的基本形式是

$$\phi\left(r_{ij}\right)=4\epsilon\left[\left(\frac{\sigma}{r_{ij}}\right)^{12}-\left(\frac{\sigma}{r_{ij}}\right)^{6}\right] \tag{6.21}$$

通过引入简化单位制 $\phi^* = \phi / \epsilon$ 和 $r^* = r / \sigma$，式(6.21)可以表示成更紧凑的形式，成为

$$\phi^*\left(r_{ij}^*\right) = 4\left[\left(\frac{1}{r_{ij}^*}\right)^{12} - \left(\frac{1}{r_{ij}^*}\right)^{6}\right] \tag{6.22}$$

利用式(6.6)，作用力 $\boldsymbol{f}_{ij}$ 可表示为

$$\boldsymbol{f}_{ij}^*\left(r_{ij}^*\right) = -\frac{24}{r_{ij}^{2}}\left[2\left(\frac{1}{r_{ij}^*}\right)^{12} - \left(\frac{1}{r_{ij}^*}\right)^{6}\right]\boldsymbol{r}_{ij}^* \tag{6.23}$$

当采用式(6.22)的形式时，求出的能量以 ϵ 为单位，距离以 σ 为单位。为了便于分子动力学模拟的使用，需要一组新的简化单位，见表 6.1。推导出压力、密度、温度和时间在 Lennard-Jones 势下的简化单位是非常有用的。可利用动能定义时间，检查确认所有点星号的数量都是无量纲的。

表 6.1　Lennard-Jones 系统中使用的简化单位

参数	简化单位
势能	$U^* = U / \epsilon$
温度	$T^* = k_B T / \epsilon$
密度	$\rho^* = \rho\sigma^3$
压力	$P^* = P\sigma^3 / \epsilon$
时间	$t^* = t / t_0$，其中 $t_0 = \sigma\sqrt{m / \epsilon}$

注：ϵ 和 σ 是由式(6.21)定义的。所有的能量均以 ϵ 为单位，如 $E^*=E/\epsilon$，$K^*=K/\epsilon$。

6.2.1　作用势的截止

正如 3.3 节讨论的，在某个截止距离 r_c 上截止作用势，使得能够在合适的计算机运行时间内完成计算，是必不可少的。对于分子动力学的计算，引入截止会引起作用力的不连续，可能导致许多问题，包括能量守恒的破坏。

图 6.4 显示出了 Lennard-Jones 势和作用力曲线，其中截止距离 $r_c=2.5\sigma$，很短却是标准的值。在 r_c 处，势 ϕ 和作用力两者均为不连续的，已知作用力与 $-\mathrm{d}\phi / \mathrm{d}r$ 成正比。要消除势的不连续性，可以通过减去一个常数 $\phi(r_c)$，即在截止点处的势，建立一个新的势 $\phi'(r) = \phi(r) - \phi(r_c)$，这个新的势在 r_c 处变为零(在计算完成时需要对总能量进行校正，以消除漂移)。然而，减去势并不会消除作用力的不连续性，

虽然这个作用力很小，但是当粒子来回移动穿越截止半径时，它却可以作为能量的源/沉(source/sink)。这种不连续性的存在对能量守恒会产生不利的影响。解决这个问题的一种方法是对 Lennard-Jones 势平滑地插入函数，使得在 $r=r_c$ 处的势以及它的前几阶导数均为零，从而避免不连续。这种势在图 6.4 中示为 ϕ_{BG}^* (Broughton and Gilmer, 1983)。使用其他类型的势也会出现这些相同的问题，所有这些势均包括截止距离，任何不连续性都必须加以考虑。

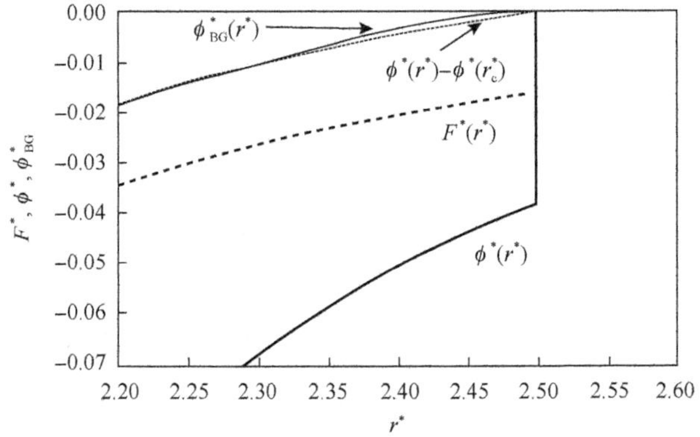

图 6.4　Lennard-Jones 势和作用力曲线(Broughton and Gilmer, 1983)

6.2.2　分子动力学模拟的分析

在许多方面模拟就像实验，必须对它生成的大量“数据”进行分析。可靠的答案依赖于使用高质量的统计分析方法。本书中只是给出这样分析的示意性介绍，更详细的介绍参见其他文献(Allen and Tildesley, 1987)。

1. 平衡状态

考虑一个模型，它由 864 个原子组成，原子的相互作用为 Lennard-Jones 势，采用简化单位。简化密度 $\rho^*=0.05$，使用的时间步长 $\delta^*=0.05$，初始的简化温度 $T^*=0.2$，截止距离设为 $r_c=5$。原子在初始时处于完美面心立方晶格的位置：864 个原子表示成 6×6×6 系统，面心立方单胞中，有 4 个原子加以周期性边界条件。一旦模拟开始，原子移离完美晶格的位置，正如下面展示的，其最终的热力学状态是液体。

初始的时间步长显示于图 6.5 中，图中给出了一些瞬时值，即每个原子的势能 U^*/N、每个原子的动能 K^*/N、每个原子的总能量 E^*/N，同时给出了温度函数和压力函数的变化，方便起见，分别把它们表示为 T^*和 P^*。请注意，正如前面讨论的，只有 T^*和 P^*的平均值才有热力学上的意义。

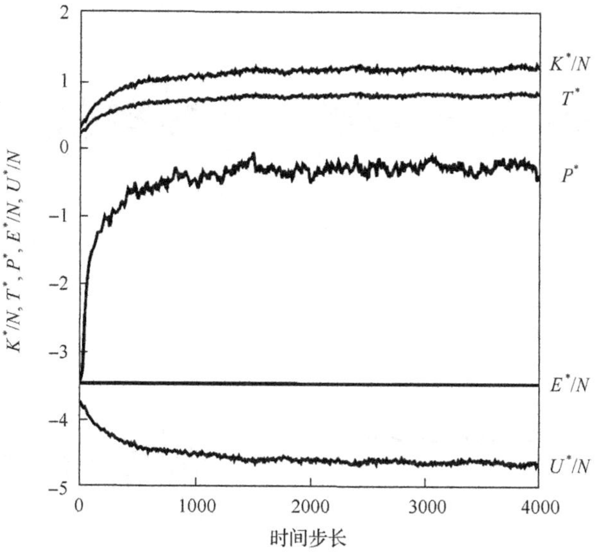

图 6.5　Lennard-Jones 系统的初始平衡状态

在前 1500 个时间步长的整个过程中，热力学变量出现了急剧的变化，在这之后就开始稳定地收敛到像是平衡的状态，也就是说，达到了这样一个状态：其变量的值趋近于平均值并在平均值附近波动。请注意，虽然在模拟中 K^*和 U^*的变化很大，但是总能量 E^*在所示的刻度上是恒定的。如果 E^*不是恒定的，那么它将是一个明显的信号，表明运动方程的积分存在问题，也许是因为使用的时间步长太大。

图 6.5 指出了标准分子动力学模拟的一个缺点。模拟起始于温度 T^*=0.2，而最终的温度为 $T^* \approx 0.74$。由于标准分子动力学具有恒定的能量而不是温度，所以不会提前知道模拟的最终温度将是什么值。类似地，由于标准分子动力学是在恒定体积的条件下进行的，所以也不知道最终压力是什么值。由于大多数实际实验是在恒定 T 和 P 的条件下进行的，在分子动力学模拟中的这种变化会很烦琐。在本章的后面，将讨论如何把分子动力学扩展到其他系综，使 T 和(或)P 为恒定值。

2. 平均

图 6.6 给出了 20000 个时间步长的 U^*/N、T^*、E^*/N 和 P^*的值，并对 E^*/N 和 U^*或 T^*(正比于 K^*)的尺度进行了比较。E^*/N 在整个 20000 个时间步长上的总变化是 $\Delta(E^*/N)_{\max-\min}$=0.0009(检验其最小值与最大值)，所以 $\Delta(E^*/N)_{\max-\min}/\langle E^*/N\rangle$ = 0.0003。与此相反，U^*/N 的变化(以及同时 K^*/N 的变化)在相同的时间范围内为 $\Delta(U^*/N)_{\max-\min}$=0.17。由于 E=K+U，图 6.6 显示出了能量是如何从动能传递到势能的，并以这样的方式保持两者的和恒定。

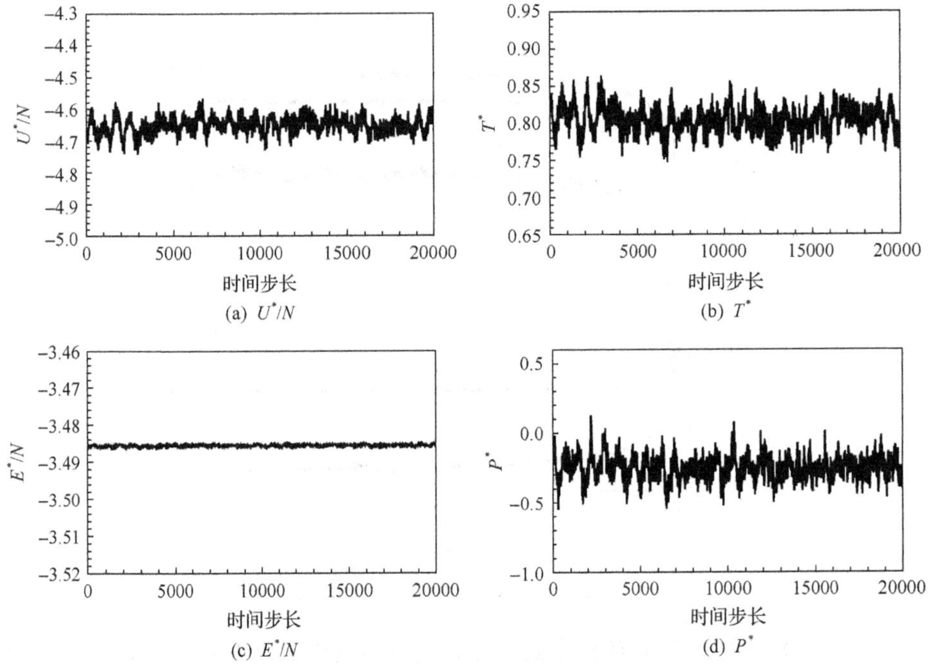

图 6.6　对图 6.5 中 Lennard-Jones 系统分子动力学模拟的瞬时值

图 6.6 中各个量的平均值可按式(6.24)计算：

$$\langle U\rangle = \frac{1}{\tau_{\max}}\sum_{\tau=1}^{\tau_{\max}} U(\tau) \tag{6.24}$$

式中，$\tau_{\max}$ 是时间步长的总数。由于每个时间步长的数值集合都可以作为数据进行处理，所以可以确定这些数据的标准统计量度。例如，U 的方差定义为

$$\sigma_U^2 = \frac{1}{\tau_{\max}}\sum_{\tau=1}^{\tau_{\max}}\left(U(\tau)-\langle U\rangle\right)^2 = \left\langle\left(U(\tau)-\langle U\rangle\right)^2\right\rangle = \langle U^2\rangle - \langle U\rangle^2 \tag{6.25}$$

对于图 6.6，$\langle E^*\rangle = -3.49$，$\sigma^2\left(E^*\right) = 2.88\times10^{-8}$，$\langle U^*\rangle = -4.65$，$\sigma_{U^*}^2 = 7.61\times10^{-4}$，$\langle T^*\rangle = 0.80$，$\sigma_{T^*}^2 = 3.4\times10^{-4}$，$\langle P^*\rangle = -0.253$，$\sigma_{P^*}^2 = 8.58\times10^{-3}$。注意，压力的值是负的，这表示该系统是处于均匀张力的状态，减小体积(由于 N 是固定的，密度增大)将会提高压力。

U 的方差给出的是其数值在其平均值附近波动大小的量度。它与热力学的容量相关，在很大程度上，如同在附录 G.6 中讨论正则系综中 E 的波动与热容量是相关的。根据附录 G.6 得知，$\langle U\rangle$ 的相对误差定义为 U 的标准偏差 σ_U 除以 U 的平均值 $\langle U\rangle$，即 $\sigma_U/\langle U\rangle \propto 1/\sqrt{N}$，其中 N 是系统中原子的数目。

但是，U 的方差并不会给出模拟中平均数值计算好坏程度的量度。在模拟中统计误差的定量量度是由 U 的均方差给出的，即 $\sigma^2_{\langle U\rangle}$。计算均方差的一种方法是将数据分成较小的组，然后对这些组中的各组数据求平均，列出平均值的表，并由此求出方差。记住数据的值不是独立的，如 U，这是很重要的。在一个时间步长上的位置和速度与前一个时间步长上的很接近，这些状态的性质并无明显的区别。因此，能量在一段时间跨度上是相关的。为了规避这些数据的相关性，所有时间步长的集合必须划分成若干子集合，且每个子集合要包括足够数量的时间步长，使得后面子集合的属性与前面的子集合属性不相关。

通常的说法是将整个数据集合称为一个“批量”(run)，而数据的子集合称为“组”(bin)。图 6.7 给出了分组方法的示意图。对每个组求出平均值，并计算组的平均值的方差，其要求是在各个组中都有足够的步长次数，使得后面组的数据与前面组的数据是不相关的。更多细节参见 Schiferl 和 Wallace(1985)的文献。

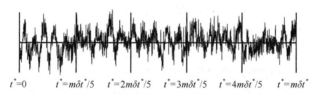

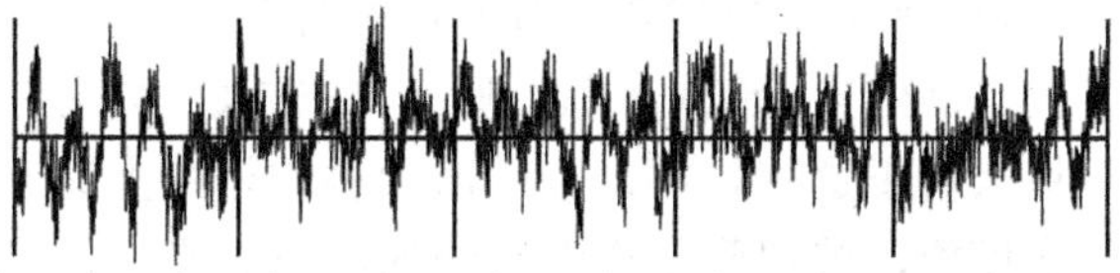

图 6.7　分组方法的示意图(总时间步长次数(m)被分成 n_b 段，并对每一段求平均)

如果数据被分成具有相同长度为 τ_b 的 n_b 个组，那么平均值可以通过(以 U 为例)式(6.26)计算得到：

$$\langle U\rangle=\frac{1}{n_b}\sum_{i=1}^{n_b}\langle U\rangle_i \tag{6.26}$$

式中，组平均值为

$$\langle U\rangle_i=\frac{1}{\tau_b}\sum_{\tau=\tau_0}^{\tau_0+\tau_b}U(\tau) \tag{6.27}$$

组平均值 $\langle U\rangle_i$ 的方差 $\sigma^2(\langle U\rangle)$ 是数据质量的统计度量。其他检验方法可用来检验组平均值的漂移(即检验系统是否已经达到平衡状态)以及检验精度的其他统计度量(Schiferl and Wallace, 1985; Allen and Tildesley, 1987)。对于保证获得高质量和可靠的结果，这种分析是十分重要的。

例如，将图 6.6 中的数据分成 20 个组(每组 1000 个时间步长)，并使用标准方差 $\sigma\langle U^*\rangle$ 作为误差的度量，对于势能有 $\langle U^*\rangle=-4.651\pm0.005$。类似地，对于压力，其结果为 $\langle P^*\rangle=-0.25\pm0.02$；对于温度，其结果为 $\langle T^*\rangle=0.804\pm0.003$；而对

于总能量，其结果为$\langle E^* \rangle = -3.486 \pm 3 \times 10^{-5}$。组的数量不同，计算结果得到的值会稍有不同。需要注意，为使得组的统计具有意义，要在确保时间步长不相关和具有足够多的组之间取得平衡，参见附录 I.3 中的讨论。

3. "Lennard-Jone 体"作为材料的模型

对于大多数材料原子间相互作用的描述，虽然 Lennard-Jones 势可能并不完美，但是基于 Lennard-Jones 势的模拟的确可以提供非常有用的信息，可以适用于宽范围的材料。结果如图 6.6 所示的模拟是采用简化单位进行的。在这些模拟中，作用势中没有参数，在热力学状态下所得到的结果为$\rho^* = 0.55$、$\langle T^* \rangle \approx 0.80$和$\langle P^* \rangle \approx -0.25$。要按比例将这些结果对应于特定的系统，需要按表 6.1 中相应的势参数进行替换。

例如，根据表 5.1，氖原子相互作用的参数是$\epsilon = 0.0031\text{eV}$和$\sigma$=2.74Å，而对于氙，其参数为$\epsilon = 0.02\text{eV}$和$\sigma$=3.98Å。由于$T^* = k_B T / \epsilon$，$T = T^* \epsilon / k_B$。所以对于氖，$T^*$=0.8 对应于 T=28.8K，而对于氙，则 T=165.7K。如果有非稀有气体原子系统的这些参数，那么对于这些材料，也可以预测到相图上这个点。用简化单位的优势是只做了一次模拟，就得到了许多系统的结果。当然，对于期望的材料，用 Lennard-Jones 势对原子间相互作用描述可能并不会很好，其预测值可能不是很精确。然而，在许多情况下，这类信息可为更精确的计算提供一个可接受的起始点。

4. 空间关联函数

除了 U、T 和 P 这些热力学参量以外，原子级模拟还可以提供材料结构的信息，如通过研究关联函数，这在附录 G.7 中讨论。例如，对分布函数$g(r)$给出了对于任意原子在距离 r 处存在其他原子的概率。$g(r)$是不依赖于角度的函数，因此它不提供任何有关原子所处位置的方向信息，而仅仅是原子的距离有多远。尽管如此，$g(r)$提供了能够识别结构非常有用的信息。关于如何计算$g(r)$的详细介绍参见 6.9.3 节。

图 6.8(a)中显示出了由图 6.6 中平衡结构计算$g(r)$的结果。图 6.8(a)中，$g(r)$的形式是典型液体的对分布函数，显示出一组宽峰并渐近地趋向于 $g(r)$=1。正如附录 G.7 中所讨论的，在 r 的某个范围内对$g(r)$进行积分可以得出在该范围内近邻的平均数。对第一个峰做积分，表示在液体中的"最近邻"，其结果是平均约有 13 个近邻。

图 6.8(a)提供了一些有关图 6.6 模拟系统的重要信息，它是一种液体。由此已经确定，由 Lennard-Jones 势所描述的系统，如果具有热力学条件为ρ^*=0.55、$\langle T^* \rangle \approx 0.80$和$\langle P^* \rangle \approx -0.25$，就是液体。这样的数据为计算由 Lennard-Jones 势所描述系统的相图提供了一个起始点。使用了简化单位，Lennard-Jones 势的相图可以应用到一系列的材料上，这些材料可能由 Lennard-Jones 势描述得很好，也可能不好。

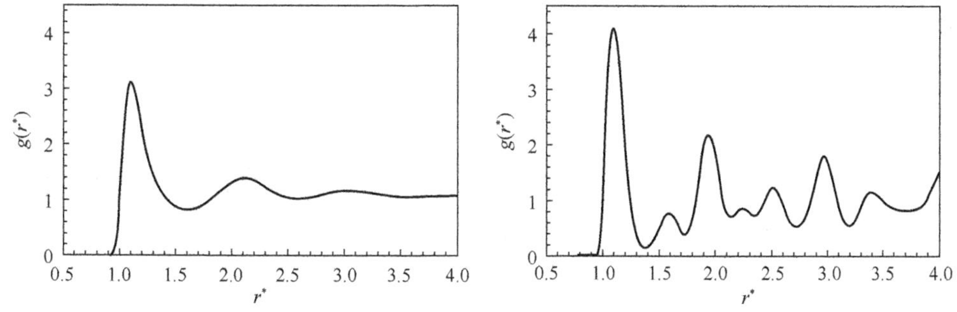

(a) 图6.6中的平衡结构$g(r)$，$\rho^*=0.55$　　(b) 类似于(a)的计算结果，但是其密度为$\rho^*=1.0$

图 6.8　径向分布函数

图 6.6 中的热力学状态对应于液体。固体的形成可通过降低温度或增加密度来实现，这等价于增加压力。采用后一种方式，减小体积，使密度增加到 $\rho^*=1.0$。为了实现平均温度在某种程度上接近图 6.6 中所取得的状态，以不同的初始温度做了一系列的模拟，设定的初始温度为 $T^*_{\text{init}}=1.4$。达到的一个平衡状态为 $\langle T^*\rangle \approx 0.74$ 和 $\langle P^*\rangle \approx 1.8$，这里不再介绍结果。这等同于一个实验，其 T 在合理范围内保持恒定并且压力从–0.25 升至 1.8(采用简化单位)。

希望已经创建了一个固体。虽然热力学不能单独地决定其所在的相(除非 Lennard-Jones 势的全部相图都是已知的)，但是如图 6.8(b)所示，对于固体，$g(r)$ 函数具有鲜明的峰表示围绕中心原子的近邻壳层，并且在峰值之间存在原子的概率很低。图 6.8(b)中，$g(r)$ 的形状是对应于较高温度的固体。在较低温度下，峰值将是更尖锐的，在近邻壳层之间的距离上基本上就没有存在原子的可能性，如图 G.5(b)所示。在零温度时(忽略零点运动)，$g(r)$ 将是在近邻壳距离上的一系列 δ 函数。如果计算每个峰值中平均的原子数目，以及峰值之间的平均距离，则会发现，在第一个峰值中有 12 个原子，在第二个峰值中有 6 个原子，在第三个峰值中有 18 个原子等。峰值的位置分别位于$(1、\sqrt{2}、\sqrt{3}\cdots)\,a_0$，而 $a_0\approx1.12$。基于近邻的位置和每个晶胞中原子的数量，该系统显然是面心立方结构，如同预期，系统的相互作用为 Lennard-Jones 势。

径向分布函数表明在计算中固体已形成，计算参数为 $\rho^*=1.0$、$\langle T^*\rangle \approx 0.74$ 和 $\langle P^*\rangle \approx 1.8$。判断系统是固体或液体的另一个度量指标是式(G.48)的平移序参数(translational order parameter) $\rho(\boldsymbol{k})$，其中 $\boldsymbol{k}$ 是固体结构的倒易晶格矢量。图 6.9 中给出了 $\rho(\boldsymbol{k})$ 值，可利用面心立方晶格的倒易晶格矢量计算 $\boldsymbol{k}=(2\pi/a_0)\,(-1,1,-1)$，其中 a_0 是单胞的长度，而不是模拟单元尺寸。根据定义，对于完美的面心立方固体，$\rho(\boldsymbol{k})$ 等于 1；而对于液体，其平均值应为 0，其中没有随着时间变化的取向有序(orientational order)。

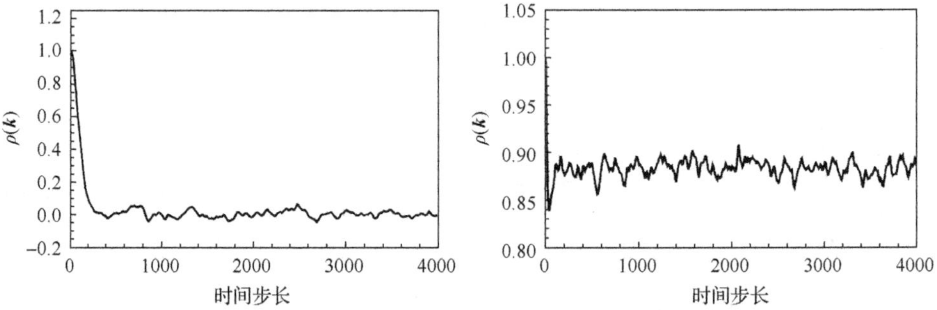

(a) 图6.5所示平衡过程的$\rho(\boldsymbol{k})$，$\rho^{*}=0.55$　　(b) 图6.8(b)中所示固体结构的$\rho(\boldsymbol{k})$，密度$\rho^{*}=1.0$

图 6.9　式(G.48)中固体结构的平移序参数

图 6.9(a)显示出了在图 6.5 中所示的平衡过渡期间 $\rho(\boldsymbol{k})$ 的计算结果。该系统开始设为一个面心立方固体(由初始条件的选择而设定)，并很快地在前 400～500 个时间步长内失去面心立方秩序。与图 6.5 比较可发现，在面心立方秩序似乎已经失去时，系统还远没有达到平衡状态。当 $\rho(\boldsymbol{k})$ 衰减至零时暗示着系统已经融化，但是它可能是另一个晶体结构已经形成，使得 $\rho(\boldsymbol{k})=0$。图 6.8(a)中的 $g(r)$ 表明该系统已成为液体。

在模拟初始的时间步阶段，结构演变的径向分布函数示于图 6.8(b)中，由图可见，模拟起始于完美的面心立方，在 $t=0$ 时，$\rho(\boldsymbol{k})=1$。当原子开始移动时，完美的对称性消失，$\rho(\boldsymbol{k})$ 迅速下降到 0.9 左右。该结构无疑是面心立方(或者为具有此倒易晶格矢量的某个其他结构)，其正常热振动导致平均有序的轻微损失。

5. 时间关联函数

关联函数能够提供的不仅是结构信息，还可以为洞察原子运动的动态特性提供手段。附录 G.7.1 讨论了时间关联函数，讲述了在某个时间上的量值如何与它另一个时间上的量值相互关联。这些函数为许多量值提供了度量的手段，包括有序量(order)随时间的损失。在附录 G.7.1 中展示了速度自关联函数(autocorrelation function) $c_{vv}(t)$ (速度与其自身的相关性)正比于 $\langle \boldsymbol{v}(t)\cdot \boldsymbol{v}(0)\rangle$，在此是对所有粒子求平均值。另外，扩散常数 D 可通过将 $c_{vv}(t)$ 对时间积分求得。

图 6.10 给出了图 6.5 所示液体模拟和图 6.8(b)所示固体结构的 $\langle \boldsymbol{v}(t)\cdot \boldsymbol{v}(0)\rangle$ 的计算结果。可以看到，$\langle \boldsymbol{v}(t)\cdot \boldsymbol{v}(0)\rangle$ 在前 300～400 个时间步长内迅速下降到零。这些结果表现出与图 G.4 所示 Lennard-Jones 液体 $c_{vv}(t)$ 模拟结果相似的行为。注意图 6.10(b)中跌落于零以下的部分，它对应于附录 G.7.1 中讨论的“背散射”(back scattering)。

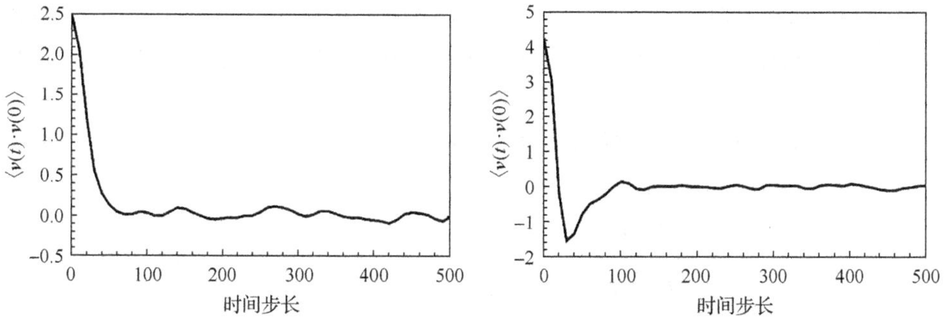

(a) 图6.6所示例子的$\langle \boldsymbol{v}(t)\cdot \boldsymbol{v}(0)\rangle$的模拟结果，$\rho^*=0.55$

(b) 图6.8(b)所示固体结构的$\langle \boldsymbol{v}(t)\cdot \boldsymbol{v}(0)\rangle$的计算结果，$\rho^*=1.0$

图 6.10　速度自关联函数

图 6.10 所示的数据统计结果并不是很好。$\langle \boldsymbol{v}(t)\cdot \boldsymbol{v}(0)\rangle$的计算是用一个轨迹对 864 个原子系统所有原子的$\boldsymbol{v}(0)\cdot \boldsymbol{v}(t)$进行求平均，也就是说，对于每一个原子在每一个时间步长上简单地计算$\boldsymbol{v}(0)\cdot \boldsymbol{v}(t)$并求平均。与图 G.4 比较可知，采用这种简单方法得到的数据统计结果不是很好。6.9.4 节将讨论如何更好地计算$\langle \boldsymbol{v}(t)\cdot \boldsymbol{v}(0)\rangle$。

6.3　速度重标度

在模拟实践中，微正则系综的弱点是不能设置一个特定的温度。如图 6.5 所示，当原子弛豫并远离其初始位置时，系统一般会偏离其初始温度。然而，经常要与实验进行比较，而后者是在特定温度下进行的。6.4.1 节中将讨论一种方法，就是把分子动力学模拟转换到正则系综中，其中 T 是固定的。这里要讨论的方法是模拟仍在微正则系综进行，但系统温度被控制到所期望的温度。

强制系统达到一个特定温度的最简单方法是重新标度速度(rescale velocity)。如果期望的温度是 T_s，而瞬时温度为 $T(t)=2K(t)/(3Nk_B)$，那么通过重新标度速度，系统的温度可强行控制为 T_s，即①

$$v_{i\alpha}^{\text{new}}=\sqrt{\frac{T_s}{T}}v_{i\alpha} \tag{6.28}$$

如果经过一段时间后平均温度再次漂移而远离 T_s，那么可以对速度进行再次标度。一般的方法是重标度速度，让系统达到新的平衡状态，如果需要，就再次重复。速度重标度的一个例子见图 6.11。所期望的温度为 T^*=0.2。系统在启动时与图 6.5 所示模拟具有相同的条件，其初始速度是由 T^*=0.2 时的玻尔兹曼分布推

① $T\propto K\propto\langle v^2\rangle$，所以 $T_1/T_2\propto K_1/K_2\propto\langle v^2\rangle_1/\langle v^2\rangle_2$，即 $\langle v^2\rangle_2\propto\langle v^2\rangle_1 T_2/T_1$。

导得到的。然而，温度迅速上升到 0.6 左右，经过 500 时间步长模拟后，该速度被重标度，使温度为 0.2。重标度之后仅再经历 500 时间步长，温度再次快速上升。在经历了大约 10 次速度重标度的循环后，该系统被强制达到了稳定温度 $T^* \approx 0.2$，而不是在无约束模拟中得到的最终温度 0.8。

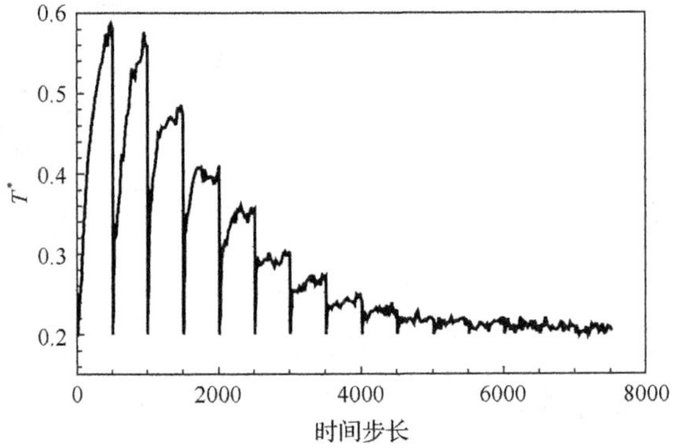

图 6.11　在速度重标度模拟中 T^*的变化

在系统达到了所期望的温度后，应停止速度的重标度。应该允许系统在进行最后一次速度重标度达到平衡之后，再求平均。要注意，平均值仍然在微正则系综里。因此，速度重标度不是进行恒定温度分子动力学模拟(即正则系综)的手段，它仅仅是一种强制最终温度达到期望值的方法。

6.4　其他系综分子动力学

迄今为止，所讨论的利用标准分子动力学方法研究的系统仍是微正则系综。因为能量是固定的，所以它的共轭变量温度就不固定。由于体积是固定的，所以它的共轭变量压力就不固定。现实情况一般处于恒定温度和恒定压力之下，故这些标准分子动力学条件下计算得到的数据在与实验数据进行比较时是非常不方便的。为了将分子动力学扩展到恒定温度和压力的系统中，人们已经做了大量工作和努力。速度重标度就是这样的方法，尽管模拟仍为微正则系综。已经研究出更有趣的方法，即将分子动力学方法转化成不同的系综。要将分子动力学扩展到其他系综里需要有技巧，其思路是很直观的，并且可以回溯到统计力学的基本思想。

假设想要某些量在分子动力学模拟中是固定的，如温度。可以想象，每当温度下降到低于所期望的值时，可以添加一些动能(因为可以把温度与 K 关联起来)，并且在每次温度超过所期望的值时，可以减去一些动能，这就是在速度重标度方法中所遵循的过程(以蛮力的方式)。现在假设可以自动地做这样的事情，即通过原子运动与热浴(heat bath)直接耦合，使得能量在模拟过程中流入和流出模拟系统。如果这种能量交换得当，那么分子动力学模拟可以由微正则系综转换到正则系综。

6.4.1 正则系综分子动力学

Nose恒温器(thermalstat) (Nose, 1984)将分子动力学的研究从微正则系综转换到正则系综，其更广义的一个版本称为 Nose-Hoover 恒温器(Hoover, 1985)。它的总体思路是引入一个新的变量(新的自由度)，表示(以某种方式)系统与某个能量池-热浴的关联，使得能量可以流入和流出，约束着系统保持为固定的温度 T。

Nose 方法人为地引入了一个作用力，将系统与外部的温度为 T_s 的热浴耦合。这个作用力源自于一个等量的人为的势能，这个势能被添加到整体的哈密顿函数中。为了得到完整的新哈密顿函数，还需要另一个人为项，即与耦合作用力相关的动能(可参阅 Frenkel 和 Smit(2002)的文献中的 6.1.2 节)。Nose 方法指出，只要正确地选择人为的势能和动能，就变成为正则系综的模拟(Nose, 1984)。

在 Nose 方法中，粒子的速度与位置对时间的导数关系为

$$\boldsymbol{v} = s\frac{\mathrm{d}\boldsymbol{r}}{\mathrm{d}t} \tag{6.29}$$

式中，变量 s 把系统和热浴耦合到一起。增大(减小) s 就增大(减小)了粒子的速度，从而改变动能和温度。Nose 为变量 s 引入虚拟的势能 U_s 和虚拟的动能 K_s：

$$U_s = \mathcal{L}k_{\mathrm{B}}T_s \ln s \tag{6.30}$$

$$K_s = \frac{p_s^2}{2Q} \tag{6.31}$$

式中，$\mathcal{L}=3N+1$ 是一个常数，选择它的目的是确保最终结果与正则系综一致(Frenkel and Smit, 2002)。与变量 s 相关联的动量是 $p_s = Q\mathrm{d}s/\mathrm{d}t$，其中 Q 是一个耦合参数(一个“质量”)。与热浴坐标(bath coordinate)相关联的哈密顿函数按普通的方式定义为

$$\mathcal{H}_s = K_s + U_s \tag{6.32}$$

原子系统加上热浴坐标的总哈密顿函数为

$$\mathcal{H}_T = \mathcal{H}_o + \mathcal{H}_s \tag{6.33}$$

式中，$\mathcal{H}_o$ 为式(6.14)中哈密顿函数的一般形式。

利用总哈密顿函数 $\mathcal{H}_T$，可以推导出关于原子位置的运动方程，其中包括对热

池耦合参数 s 的依赖性。还可以得到一个关于 s 的附加方程，对应于流入和流出能量池的能量速率。利用式(6.7)和式(6.33)，Nose 恒温器的运动耦合方程(Nose, 1984)为

$$\begin{aligned} \frac{\mathrm{d}^2 \boldsymbol{r}_i}{\mathrm{d}t^2} &= \frac{1}{ms^2}\boldsymbol{F}_i - \frac{2}{s}\frac{\mathrm{d}s}{\mathrm{d}t}\frac{\mathrm{d}\boldsymbol{r}_i}{\mathrm{d}t} \\ Q\frac{\mathrm{d}^2 s}{\mathrm{d}t^2} &= \sum_{i=1}^{N} m\left(\frac{\mathrm{d}\boldsymbol{r}_i}{\mathrm{d}t}\right)^2 s - \frac{\mathcal{L}}{s}k_{\mathrm{B}}T \end{aligned} \tag{6.34}$$

在分子动力学计算中，实施这些计算的简便方法是利用式(6.11)的 Verlet 算法，有关讨论参见 Frenkel 和 Smit(2002)的文献。

在式(6.31)中，参数 Q 规定与热浴耦合的强度，并且是模拟的一个输入量。过高的 Q 值会导致缓慢的能量流，过低的 Q 值会导致差的平衡状态。在实践中，Q 是经常变化的，直到系统达到期望的行为状态。

Nose 恒温器广泛地应用于现代的模拟中。运用这种方法完成的模拟可以得到位置和动量的正则系综分布，但是由于运动方程中系数 s(对于粒子位置)的关系，不一定得到正确的短期动态信息。

6.4.2　等压系综分子动力学

在标准微正则系综分子动力学模拟中，体积是设定的，而压力在模拟结束后仅作为一个平均量值被确定。如果模拟的目标是与实验进行比较，那么通常期望固定压力。一种办法是改变模拟单元的尺寸，直到获得所期望的压力，与前面讨论的通过标度速度以获得所期望的温度在方式上是大致相同的，只是这种方法很烦琐。模拟仍将在微正则系综中进行。模拟单元的形状被固定，是正常分子动力学模拟的另一个限制。对于通常运用分子动力学进行研究的相对较小的系统，固定单元的体积会抑制有对称性变化的相变(如大多数固体-固体相变)。一种称为 Parrinello-Rahman 方法的开发使得模拟能够在恒定的压力(或应力)和模拟单元可以随时间而变化的条件下进行(Parrinello and Rahman, 1981)。在恒定压力的情况下，例如，在模拟中焓($H=E+PV=K+U+PV$)是恒定的，而不是能量，这对应于等压系综(NPH)。

与 Nose 恒温器的思路相同，Parrinello-Rahman 方法引入了耦合模拟单元与外部势场的项，在这种情况下，势场代表作用于模拟单元本身的力。在这里不赘述这种方法的细节，只是提纲挈领地介绍该方法是如何工作的以及它可以应用于哪些问题之中。第 7 章将讨论这个方法的蒙特卡罗版，它比较容易实施。

首先考虑在恒定压力 P_{app} 下的分子动力学系统。如果系统施加了恒定的应力 σ_{app}，那么系统的势能为应变能，正如式(H.17)给出的，应力为 σ_{app}。它的基本思

路是压力在模拟单元上对每个单位面积施加作用力，其势能为 $P_{\mathrm{app}}V_{\mathrm{cell}}$，其中 V_{cell} 是模拟单元的体积。势能项被添加到哈密顿函数。与 Nose-Hoover 恒温器的情形相同，还必须添加动能项以及一个有效的“质量”，以确定体积变化的整体动态性。利用这个哈密顿函数可以推导出运动方程(Parrinello and Rahman, 1981)。

在最简单的情况下，是施加一个外部的固定压力保持系统恒定的形状。这种类型的模拟将适合于液体行为的建模和模拟。在系统达到平衡之前，系统的体积以及计算出的压力(式(6.18))一般会展现出很大的变化，达到平衡之后将围绕着它们的平均值波动。确保式(6.18)计算出的平均压力应等于所施加的压力，是一种重要的测试方法。

如果目标是固体-固体相变的模拟，那么让系统经历形状的改变是必要的。这可以通过把模拟单元描述成为三斜晶系的晶格来实现，使所有六个晶格参数(三个长度和三个角度)在模拟中都允许改变，并反映在系统的运动方程中。利用附录 B.2.4 介绍的非立方晶格体系，对模拟单元的几何结构和原子的位置进行描述。

例如，假设要模拟一个系统，能够经历从面心立方到体心立方的相变(如铁的 Bain 相变)。如果建立一个原子数量恒定的立方体系，那么使上述相变发生是不可能的。但是，如果允许模拟单元边的长度发生改变，那么这样的相变是可能的，如图 6.12 所示。通过改变模拟单元边的长度，面心立方结构可以变成面心四方体。如果其中的两个边的长度为其他边长度的 $\sqrt{2}$ 倍，那么这个系统就等效于一个体心立方结构，例如，$a=b=\sqrt{2}\,c$，如图6.12(c)所示。因此，模拟单元的形状变化使得某些固体-固体的相变模拟成为可能。

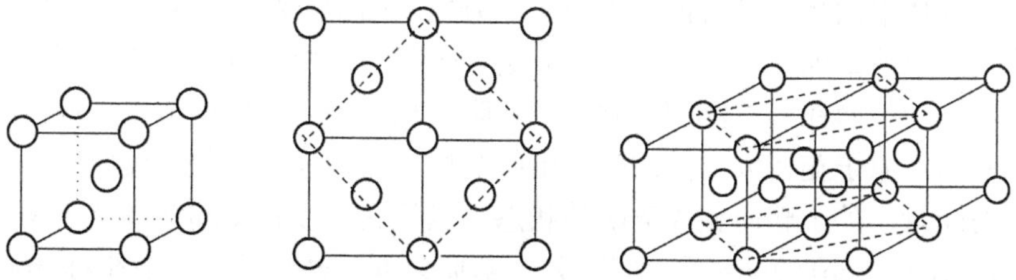

(a) 体心立方晶胞　(b) 四个体心立方晶胞的俯视图(示出一个新的面心四方体晶胞)　(c) 体心立方晶胞作为面心四方晶体的视图

图 6.12　Bain 相变：通过面心四方体晶胞参数的改变，实现体心立方体与面心立方体的相互转变

6.5　加速动力学

正如前面所指出的，分子动力学模拟的基本时间步长的量级必须在 10^{-15}～10^{-14}s，以实现运动方程的精确积分。常规分子动力学模拟的计算时间与时间步长

的数量呈线性关系，因为对于每个时间步长，无论是作用力的计算、能量的更新，还是粒子的移动等，所需的运算量是相同的。一个纳秒的计算将需要量级为 10^6 个时间步长，而要计算一个微秒将花费 1000 倍的时间。即使是用最快的计算机，所能计算的实际发生现象的时间尺度很少超越 1ns 的范围。因此，传统的分子动力学模拟的现象通常被限制在纳秒或更短的时间内。事实上，由于标准分子动力学模拟的长度尺度通常是纳米级的，所以适于分子动力学建模和模拟的过程，所具有的比率量级是纳米/纳秒或米/秒。例如，考虑一个物理气相沉积的分子动力学计算。1m/s 的沉积速率要比实验能达到的速率快很多个数量级。事实上，如果以 1m/s 的速度沉积，将会在约 2.5h 就沉积出一个珠穆朗玛峰，这是不现实的。

但是，在材料科学中有许多原子性质的问题需要长得多的时间。扩散就是个典型的例子，在固体中它是一个缓慢的激活跃迁过程，从一个阵点跳到另一个阵点。在固体中扩散常数变化范围很宽，但一般是足够小的，在纳秒量级上平均来看，粒子仅具有非常小的可察觉移动，即使与空位毗邻时也是如此。

一系列非常睿智的方法已经被提出，以拓展分子动力学模拟的时间尺度。对于某些问题，这些方法能够将分子动力学模拟的时间甚至延长到毫秒级(Voter et al., 2002)。在此不做非常详细的介绍，只在许多方法中选择其中之一，勾勒出其基本思路。

假设系统动力学的特征是“偶发事件”(infrequent event)，使得系统偶尔从一个势阱过渡到另一个势阱。附录 G 中图 G.6 示意性地给出了固体的势能面，其等高线表示固体中围绕其晶格位置的原子的势能。图中，粗线代表等能量线，在每个晶格位置上能量朝向中心减小；中间是一个势阱，位于其中的原子围绕着它的平均位置振动，而在其右侧和左侧是该势阱和相邻势阱之间的势垒。原子的运动以细线示出。原子花费大部分的时间围绕其原势阱运动。每隔一段时间，原子得到足够的能量，处于朝向相邻势阱的状态，以便它可以移动和穿越位于两个势阱之间脊顶(ridge top)的分割面(垂直线)。势阱之间的轨迹称为转变坐标(transition coordinate)，或者依照化学的速率理论称为反应坐标(reaction coordinate)。原子可以越过分割面转移到另一个势阱或者重新返回它的原势阱。

附录 G 中图 G.6 所示的运动类型是原子从一个阵点到另一个阵点扩散的典型例子。当粒子从一个势阱向另一个势阱移动时，它从势阱之间的最低能量处越过，也就是势能表面的鞍点。如果知道势能面的拓扑结构，尤其是鞍点位置，根据速率理论就可以估计动态特性。然而，在实际系统中出现的事件是复杂的，太过复杂的势能面使得这种方法不可行。

考虑如图 6.13 所示的一维模型系统，粒子沿着链(chain)扩散，其动态特性由实线所示的势能面支配。根据动力学知识，从一个阵点跃迁到其相邻阵点的速率

正比于 $\exp(-E_a/(k_BT))$，其中 E_a 是图 6.13 所示的势垒高度。如果 E_a 很大，则跃迁率就非常小，粒子仅仅在势阱的底部振动。由分子动力学计算可知，在模拟可行的时间尺度内(如纳秒)，这是一个振动运动，即使有跃迁，也是极少的。如果 E_a 较小，那么在温度足够高时，可能会发生一些移动。

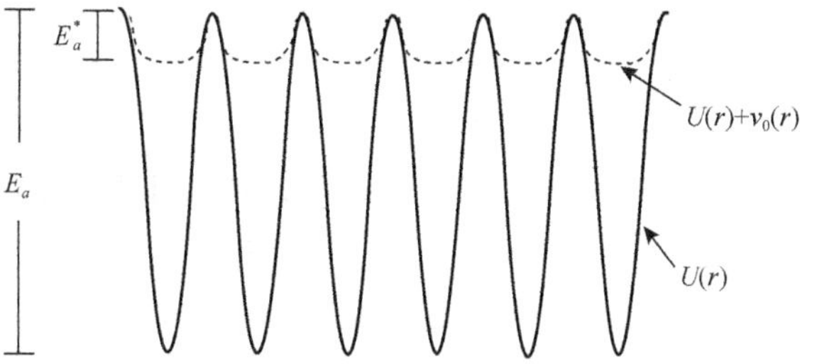

图 6.13　在一维系统中对实际势(实线)添加一个偏置势(虚线)示意图
(实际势的动态特性可以从偏置势的模拟中提取出来(Voter et al., 2002))

有许多方法已经提出以加速分子动力学模拟动态特性(Voter et al., 2002)，其中一种称为“超动力学(hyperdynamics)”的方法相当直观(Voter, 1997a, 1997b)。构建一个偏置势(bias potential)，其前提是不改变鞍点附近势能面的形状。该偏置势被叠加到实际势，就构建出净能量面，如图 6.13 中虚线所示。偏置势的设计，使得动态特性的变化主要通过势垒高度的变化表现出来。由于在图 6.13 中 $E_a^* \ll E_a$，偏置势能面与实际势能面迁移率的比率为 $\exp(-(E_a^*-E_a)/(k_BT))$，得到极大强化。系统在这个修改后的势能面上演变，以正确的相对概率进行状态之间的转换，但速率加快。时间不再是独立变量，取而代之的是随模拟演变的统计学估计，最终收敛于正确的结果。例如，利用嵌入式原子间势对金属系统进行模拟，在事先不知道系统会做什么转变的情况下，所模拟的时间可以延长到微秒范围。关于这种方法特别清晰的解释以及一些其他加速动力学方法，请参见 Phillips (2001)和 Voter 等(2002)的文献。

6.6　分子动力学的局限

在讨论分子动力学在材料学中的应用之前，有关这种方法的局限性值得提醒。在开始任何建模或模拟之前，做这种评估永远是十分重要的。否则，就不可能知道如何去认真地对待所获得的结果。

正如在第 1 章中指出的，模拟是关于模型系统对外部作用力和约束条件响应的研究。对于分子动力学的模拟，模型是关于系统中原子(和分子)之间相互作用的描述。原子间作用势是对真实相互作用的近似，并且取决于系统和作用势形式的复杂性，对特定材料的描述可能会特别准确，也可能会不那么准确。对于成键偏离球形对称的材料，如具有共价键的系统，描述的准确性一般比简单成键系统的都要差一些。如果成键是动态的，如成键随原子的位置变化，那么简单的描述就不太可能是适用的。基于第 4 章中电子结构方法的分子动力学方法的应用正变得越来越普遍，尽管它们仅限于小系统(Car and Parrinello, 1985)。

除了原子之间相互作用模型的固有误差，分子动力学方法本身也有局限性。能够合理地纳入分子动力学模拟中的原子数目受运算负荷的限制，在使用截止距离的条件下，作用力和能量计算的计算机运算负荷大致与原子数目 N 成正比。如果每个原子周围在截止距离内平均有 M 个邻居，那么计算的量级大致为 NM。其局限性由于模拟单元使用简单的几何形状而变得更糟。对于有 N 个原子的模拟单元，其边长为 L，体积为 $V=L^3$，密度为 N/L^3。因此，为了保持恒定的密度，L 和 $N^{1/3}$ 要等比例，即要使模拟单元的边长尺寸增加一倍，就要求有 $8N$ 个原子以保持密度的恒定，模拟将大致花费 8 倍长的计算时间。

在并行计算机的发展和应用之前，模拟数十万个原子一直是非常困难的。如今，数百万个原子的模拟是比较常见的(Rountree et al., 2002)，而且对于那些能够使用非常多的并行计算机系统，模拟数十亿个原子也是可行的。已经有万亿原子模拟的报道，原子的相互作用由 Lennard-Jones 势描述，截止距离为 $r_c=2.5\sigma$。模拟是在当时可用的最快速计算机上进行的，系统模拟的总时间为 10ps(10^{-11}s)(Germann and Kadau, 2008)。1μm^3 的铜包含着大约 10^{11} 个原子，所以尺寸约为 1μm 的模拟在目前是可行的。至于时间上的限制将在后面进行讨论。

分子动力学中使用的时间步长非常小，在 10^{-15}～10^{-14}s 量级。长时间的模拟将至多在几纳秒的水平上。这么短的时间尺度使得运用标准的分子动力学对许多物理过程进行研究面临非常大的挑战。但是，某些系统可以克服这些时间上的限制，如在加速动力学中的讨论。

尽管这么多的限制，包括势、尺寸和时间，但分子动力学有许多优势。随着新的计算机和新的加速动力学方法的出现，分子动力学与实验直接结合的能力已经大大提高，获得了实验无法产生的基本信息。事实上，现在有一些纳米级材料的实验和建模研究是直接联系在一起的。6.7 节将列举分子动力学应用的几个有代表性的例子。

6.7　分子动力学在材料研究中的应用

利用分子动力学模拟进行材料性质研究的论文数以万计。事实上，分子动力学已经应用到所有类型的材料，分子动力学基本上对所有的现象都至少在某种程度上适用。在这里，基于小范围的主题，仅列举几个例子。

1. 结构和热力学性质

分子动力学的最早应用是在 1957 年，基于硬球系统研究液体的结构和热力学性质(Alder and Wainwright, 1957)。自此以后，应用分子动力学来确定材料的结构和热力学性质已经日益普遍，既有晶体材料，也有非晶体块体材料，文献之多，若要将它们都列出来是不现实的。鉴于 6.6 节讨论的分子动力学在尺度上的限制，它在纳米级材料中的应用已经变得非常普遍。这些研究的部分结果的综述以及与实验结果的详细比较，可以在相关文献(Baletto and Ferrando, 2005)中找到。

2. 极端条件应用

模拟经常用来描述处于极端条件下的材料，如高压或高温，在这样的条件下进行实验可能是困难的或者是不可能的。分子动力学的模拟方法已经回答了许多极端条件下的相关问题。模拟能够提供有关材料状态方程①的信息和各种结晶相在不同的条件下的稳定性，并且可以利用这些信息绘制出相图。许多这方面的模拟被应用于地质领域，便于人们更好地理解地球内部的动力学性质。例如，计算在高压下二氧化硅的状态方程(Belonoshko, 1994)，利用第 4 章中的从头计算方法计算硅酸锰和硅酸钙的相稳定性(Tsuchiya T. and Tsuchiya J., 2011)，计算高压下碱金属卤化物的相图(Rodrigues and Fernandes, 2007)等。

3. 缺陷结构、性质和动态特性

模拟能够揭示缺陷(如空位、间隙、位错、晶界、表面)的结构、性质以及动态特性，而这些都不能很容易地利用实验解决。关键的问题可能包括原子的排列和纯金属与合金两种系统的缺陷能量学性质。缺陷动态分析是非常重要的，有些时候相当适合于利用分子动力学进行计算，无论是扩散的细节(这在固体中基本上总会涉及缺陷)、微观组织的演变(如晶粒生长)、缺陷之间的相互作用(如有晶界的位错)，还是许多其他现象。如上所述，纳米级系统非常适合分子动力学的应用，很多计算已经在这个尺度上进行，Meyers 等(2006)对其中的一些工作进行了综述。

利用分子动力学研究体缺陷的结构已经有数十年的历史(Bishop et al., 1982)。位错结构及相互作用也得到了很好的研究，如对符号相反的螺型位错之间短程动态相互作用的调查工作(见 6.9.1 节)(Swaminarayan et al., 1998)。其他应用包括 Upmanyu 等(1999)介绍的金属中晶界迁移的研究。Terentyev 等(2012)研究了来自裂纹的全部或部分位错的释放。常规的分子动力学被用来确定密排六方结构和体心立方结构锆的扩散系数，结果发现，在密排六方结构中扩散由间隙扩散主导，

① 状态方程是描述在给定热力学条件下(如 P、T)系统状态(如 V 或 U)的热力学方程。

而在体心立方结构中扩散由空位和间隙扩散两种方式共同主导(Mendelev and Bokstein, 2010)。加速动力学技术还被用来对尖晶石结构的缺陷动态特性进行研究，如 Uberuaga 等(2007)所述。有许多团队进行了纳米级晶体的晶粒生长研究，包括 Yamakov 等(2002)的工作。这些只是几个例子。

4. 沉积

适合于采用分子动力学研究的一种重要材料的加工方法就是沉积。利用标准的分子动力学方法已经对许多沉积过程进行了模拟。在多晶镍薄膜生长过程中，应力和微观组织演变的研究就是一个例子(Pao et al., 2009)。着眼于这种过程的模拟必须谨慎，因为在许多已发表的研究论文中，模拟的沉积速率远远超过任何在实验室中可能实现的速率。

6.8 本章小结

本章从牛顿方程入手，介绍了分子动力学基本思路和实施方法；讨论了对运动方程进行积分的方法，并列举了一些成功和失败方法的例子；以基于 Lennard-Jones 势的计算举例说明，并对分子动力学模拟的各阶段进行了讨论；对模拟结果的分析以及关联函数计算的实施方法进行了讨论；介绍了在正则和等压系综上运用分子动力学的方法，同时简要地讨论了关于加速分子动力学的时间尺度这一非常重要的新方法；最后对评估分子动力学的局限性做了讨论。

推荐阅读

在材料模拟中，有关分子动力学的书籍比任何其他方法的都更多。下面有几本非常不错：

Frenkel 和 Smit(2002)编写的 *Understanding Molecular Simulation*，是一本非常好的书，介绍了原子模拟的基础知识。

Allen 和 Tildesley(1987)编写的 *Computer Simulation of Liquids*，虽然专注于液体的模拟，但在有关如何进行模拟方面，是一本很好的入门指南。

Haile(1997)编写的 Molecular Dynamics Simulation:Elementary Methods，也非常有用。

6.9 附加内容

本节介绍应用于分子动力学模拟中的一些基本方法，包括如何设置位置和速度的初始条件；还介绍有关对分布(pair distribution)和速度自关联函数计算的方法。

6.9.1 选择初始位置

在分子动力学计算中，位置和边界的初始条件取决于人们希望计算什么样的量，最简单的就是块体材料的热力学或结构性质的计算。在这种情况下，对关注的问题采用考虑对称性的模拟单元和对其施加周期性的边界条件。对于液体，通常采用立方模拟单元。一般地，具有立方对称性的固体也选择立方模拟单元。对于具有更复杂晶体对称性的固体，模拟单元的选择应与所关注的固体具有相同的对称性。例如，三斜对称固体通常采用与其有相同对称性的模拟单元。由于通常人们感兴趣的系统都有一个以上的单胞，模拟单元就以多个基本单胞创建，如图 6.3 所示。在这个例子中，用 Lennard-Jones 势描述的原子系统用到 864 个原子，构建成 6×6×6 的 4 原子面心立方晶胞单胞阵列，如图 6.3 所示。

从材料的角度看，原子模拟的主要用途之一在于研究材料缺陷的能力，如表面、晶界、位错和空位。对于这些情况，必须仔细地选择位置和边界的初始条件，以便与所关注的问题相匹配。对于缺陷，这些边界条件可能是相当复杂的。

图 5.12 给出了可以用于晶界建模的模拟单元。正如关于该图的讨论，所采用的周期性边界条件平行于晶界。然而，在垂直于边界的方向上，系统被分成晶界附近的模拟区域和连接模拟区域至晶体的块体结构的交界区域。由于周期性单元必须反映晶界的对称性(否则缺少条件)，这些模拟通常需要大量平行于晶界的模拟单元。

原子模拟还被用来考察少量位错的相互作用(见附录 B.5)。例如，图 6.14 中的模拟单元曾经用于两个螺型位错湮灭的建模(Swaminarayan et al., 1998)。典型

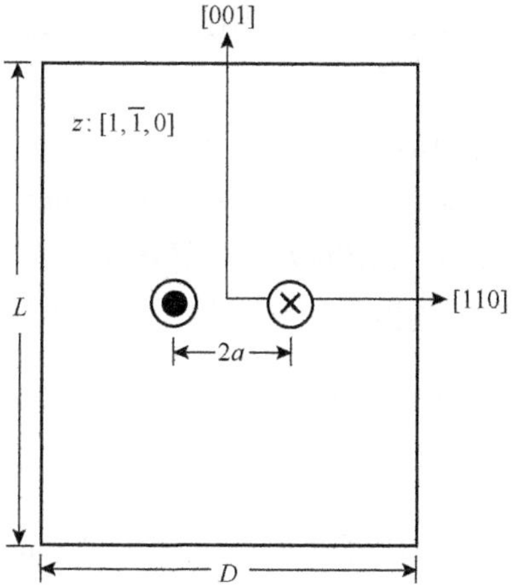

图 6.14 在面心立方晶体中两个螺型位错模拟的几何形状示意图

(两个螺型位错的伯氏矢量分别为 $\frac{\alpha}{2}$[110]和 $-\frac{\alpha}{2}$[110]，并且距离为 $2a$。周期性长度在 x 方向上为 D，在 y 方向为 L)

的模拟包括大约 50000 个原子，使用完全周期性边界条件。位错的存在导致位错周围出现长程位移场。对于孤立的位错，这些位移场不会在周期性边界相匹配(即中心单元位错原子的位移不会与那些在边界上复制的位错相匹配)。但是，对于符号相反的两个位错，单元边缘上的位移场在很大程度上抵消。位错的初始位移是从螺型位错已知位移场获得的，已知的位移场是从线性弹性推导得出的(Hirth and Lothe, 1992)。但是，在利用周期性边界条件进行位错的原子建模时，有源自于长程应力场的问题。为了避免出现这些问题，已经开发出来一种方法(Cai et al., 2003)。

6.9.2 选择初始速度

一般来说，对于分子动力学模拟的初始速度，要么是在一个很小的范围内随机选择，要么是依据式(G.22)给出的麦克斯韦-玻尔兹曼分布选择。如果采取后一种方法，那么每个原子的每个速度分量都从下面的分布中选定：

$$\rho(v_{ix})=\frac{1}{\sigma\sqrt{2\pi}}\mathrm{e}^{-v_{ix}^2/(2\sigma^2)} \tag{6.35}$$

式中，$\sigma=\sqrt{k_{\mathrm{B}}T_{\mathrm{int}}/m}$，$T_{\mathrm{int}}$是所期望的初始温度。

这种类型的概率分布称为正态(或高斯)分布，其一般形式为

$$\rho(x)=\frac{1}{\sigma\sqrt{2\pi}}\mathrm{e}^{-(x-\langle x\rangle)^2/(2\sigma^2)} \tag{6.36}$$

式中，平均值是$\langle x\rangle$，标准偏差为σ。在附录 I.2.1 中讨论了一种以正态分布方式生成随机数的方法。

速度的分布以式(6.35)的形式给出，$\sigma=\sqrt{k_{\mathrm{B}}T_{\mathrm{int}}/m}$，原子 i 的每个速度分量 α(x、y 或 z)均为$\langle v_{i\alpha}\rangle$=0。对于采用简化单位的 Lennard-Jones 势，有$\sigma=\sqrt{T^*}$。对于每个$v_{i\alpha}$，利用附录 I.2.1 介绍的方法计算出符合正态分布的随机数，得到一个$v_{i\alpha}$的初始猜测。因为原子的数量是有限的，通常不具备$\langle v_i\rangle$=0 的条件。但是，通过求出$V_\alpha=\sum_{i=1}^{N}v_{i\alpha}$，然后用$v_{i\alpha}=v_{i\alpha}-V_\alpha/N$替换速度，就可以确保系统的总速度为零。

图 6.15 示出了计算得到的速度分布，为 Lennard-Jones 系统，粒子数为 N=864，简化的温度为 T^*=1。在图 6.15 中，由于只有有限次数的试验，$v_{i\alpha}$与正态分布不太匹配。通过使用$v_{i\alpha}=\sqrt{T_{\mathrm{inp}}/T}$重新标度速度，可以强制系统的初始温度正好等于$T_{\mathrm{inp}}$，其中$T_{\mathrm{inp}}$是输入温度，$T$ 由式(6.16)确定。

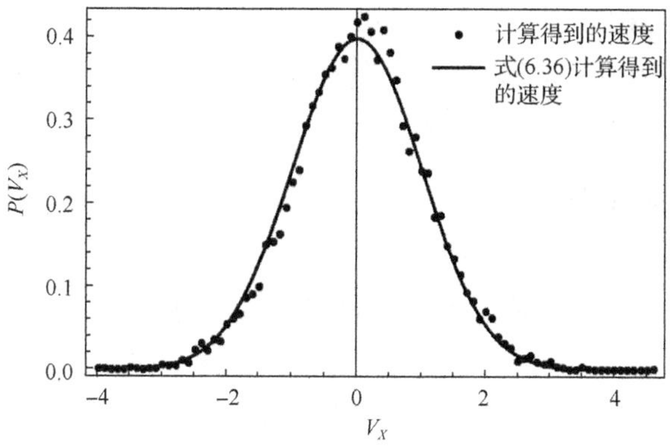

图 6.15　在简化温度 $T^*=1$ 的条件下，864 个粒子的初始速度分布

6.9.3　计算对分布函数

附录 G.7.2 中的对分布函数(pair distribution function PDF)定义为

$$g(r)=\frac{V}{4\pi r^2N^2}\left\langle\sum_i\sum_{j\neq i}\delta\left(r-r_{ij}\right)\right\rangle \tag{6.37}$$

式中，$\delta\left(r-r_{ij}\right)$是式(C.53)的 δ 函数。设定粒子 i 位于原点，这是在 r_{ij} 处出现粒子的条件概率密度。因此，$g(r)$提供了一种在液体或固体的局部空间有序的量度。请注意，由于 $g(r)$仅取决于距离，其中不包括任何关于角度分布的信息。

确定 $g(r)$的步骤如下：

(1)在 $g(r)$的计算中，r 值的期望范围为 0～r_{max}，其中 r_{max} 为计算 $g(r)$的最大距离。r_{max} 不应大于 $L/2$，其中 L 是基本单元的边长(由于周期性边界条件，任何超过 $L/2$ 的距离均通过对称性已经包括在内)。将 r 值的范围分成 n_b 个区间，每个区间的长度 $\Delta r=r_{max}/n_b$。n_b 的选择要在统计质量和精度之间取得平衡，如附录 I.3 的讨论。如果 n_b 大，那么 Δr 就小，在这个范围内仅会有几个点，统计结果会很差。如果 n_b 很小，那么 Δr 就大，$g(r)$计算的精度就会很差。一般地，n_b=50～100 就足够。

(2)对给定的结构$\{\boldsymbol{r}_1,\boldsymbol{r}_2,\cdots,\boldsymbol{r}_N\}$进行排查计算，以确定每对原子$(i,j)$之间的距离 r_{ij}。求出“距离通道”(distance channel)数 $k=\text{int}\left(r_{ij}/\Delta r\right)$，其中 int( )是一个函数，它截断数值的小数部分并保留它的符号(如 int(1.6)=1)。

(3)在一个 $g(k)$直方图表中，对应的值递增 1，即 $g(k)$=$g(k)$+1。在一次 $g(k)$的计算结束后，将得到原子对之间的距离在 $k\Delta r$ 和$(k+1)\Delta r$ 之间的个数。这个过程在每 m 次分子动力学步骤重复一次，其中 m 的设置通常以最小化计算成本为目标，并且认为该结构的改变不会非常迅速。

(4) 在模拟结束时，根据式 (6.37) 对直方图进行归一化处理。有关计算连续概率分布的更多信息请参见附录 I.3。

6.9.4　计算时间关联函数

计算时间关联函数有多种方法，其中包括高效的快速傅里叶变换方法。本节将讨论另一种方法，它并不需要任何特殊的编程，并且可以很容易地在分子动力学模拟中应用。下面以自关联函数的计算作为例子介绍该方法。

考虑某个时间相关的量 $A(t)$，自关联函数为

$$\langle A(\tau)A(0)\rangle = \langle A(\tau+t_0)A(t_0)\rangle \tag{6.38}$$

自关联函数的计算与时间起点无关，所有的量度与初始的开始时间都是相对的。

在系统中对所有的原子求取平均值。然而，在原子模拟中，原子的数目较少(要比阿伏伽德罗常数少得多)，因此对原子简单地平均难以得到足够好的统计结果(见图 6.10)。因此，需要做点不同的事情，可以像第 2 章无规行走模型中那样，按照类似的起始条件做一系列的分子动力学模拟，然后对所有的模拟求平均值。那样并不是太有效率。

从式 (6.38) 认识到每次分子动力学模拟可以生成许多起始点，这是一种更好的方法，由此求出 $(A(\tau+t_0)A(t_0))$ (Kofke, 2011)。这样的过程示于图 6.16，在顶部，对每一个时间对 $(t,t+\Delta t)$ 求平均，得到 $\langle A(t+\Delta t)A(t)\rangle$。在中间，累积所有的值，以计算 $\langle A(t+2\Delta t)A(t)\rangle$，在底部，计算 $\langle A(t+3\Delta t)A(t)\rangle$ 从而求出累积值 $A(\tau+\Delta t)A(t)$、$A(\tau+2\Delta t)A(t)$、$A(\tau+3\Delta t)A(t)$、…、$A(\tau+n\Delta t)A(t)$，作为 $\tau=n\Delta t$ 的函数，以求出 $A(\tau)A(0)$。

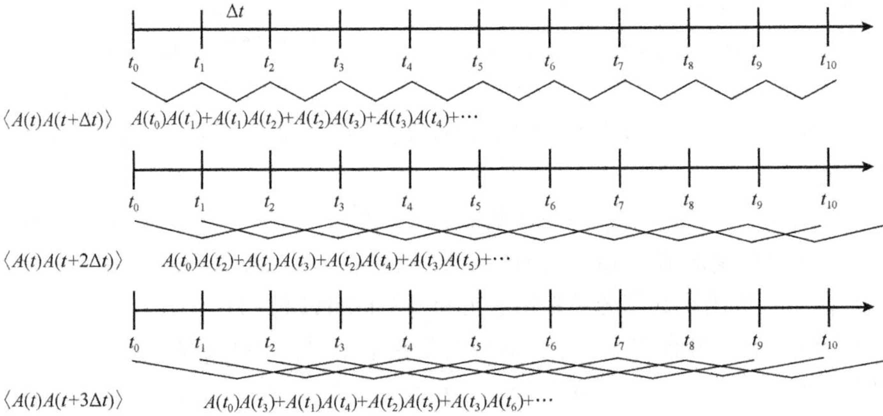

图 6.16　时间自关联函数的计算 (Kofke, 2011)

在实践中，首先设置时间间隔，即 $(0,t_{\max})$，来计算 $\langle A(t)A(0)\rangle$，假设在这个范围内有 n 个时间步长，即 $t_{\max}=n\Delta t$。方便起见，隐去 t，取而代之的是时间步长 $k(t=k\Delta t)$，并将时间步长为 k 时 A 的值表示为 A_k，然后计算 $\langle A_0 A_k\rangle$，$k=1,2,\cdots,n$。

这个过程比较简单，它在每个时间步长上存储的前 n 个 A_k 值的基础上进行。然后在每个时间步长 ℓ 上：

(1) 计算 A_ℓ；

(2) 计算 $\sum_{i=1}^{n} A_\ell A_{\ell-i}$；

(3) 在 A 值列表中加上 A_ℓ，去掉 $A_{\ell-n}$。

和其他方法一样，这个方法也要折中和平衡。在本例的情况下，要计算的 $\langle A(t)A(0)\rangle$ 范围对存储的需求及运算时间约为 n^2 量级，需要进行平衡。为了减小计算工作量，已提出粗粒方法，这在 Frenkel 和 Smit (2002) 的文献中有所介绍。

第7章　蒙特卡罗方法

本章要介绍一种功能非常强大的蒙特卡罗方法，它是本书第8～10章的基础。这种方法另辟蹊径，为分子动力学方法提供了一种替代方法，以获得有关材料的热力学信息。蒙特卡罗方法与分子动力学的不同之处在于，它以直接评估系综平均值为基础，不能获得直接的动态信息，这将在附录G中讨论。

蒙特卡罗方法是20世纪40年代在洛斯·阿拉莫斯国家实验室被研究开发的，其目的是解决多维积分和其他棘手的数值计算问题(Metropolis and Ulam, 1949)。这种方法基于统计抽样，以非常著名的赌城蒙特卡罗的名字来命名。之所以命名为蒙特卡罗方法，并不是说它与赌博有关，至少不完全有关，其部分原因是它在解决棘手问题上有着非凡的能力①。

7.1　引　　言

什么是蒙特卡罗方法？在最初的时候，这种方法被用于解决复杂的积分问题。作为一个简单的例子，用蒙特卡罗方法来计算图7.1(a)中的一维积分 $\int_1^4 \ln x\mathrm{d}x$ 。首先，定义被积分函数的积分区域，在这个区域中的随机点由随机数发生器选择(见附录I.2)。积分函数就等于落在曲线下方随机点的分数(fraction)乘以采样区域的面积。

图7.1(b)给出了 $\int \ln x\mathrm{d}x = -x + x\ln x$ 的蒙特卡罗方法积分的收敛情况。在区间(1,4)上的积分值约为2.5418。图7.1(b)清楚地表明，这个函数的蒙特卡罗积分的收敛性很差，需要大约10000次试验才能获得正确答案的合理估计。当然不可能以这种方式来计算这样的一维积分，因为有许多其他方法能做得更好。然而，蒙特卡罗方法往往是多维积分经常选用的方法(Caflisch, 1998)。

蒙特卡罗方法的另一个应用是本章的重点。附录G中将讨论两种通过模拟计算热力学量的方法：时间平均或系综平均。分子动力学方法是基于时间平均的。通过蒙特卡罗方法求系综平均值，能够确定热力学性质。

---

① 根据其发现者之一，已故的Nicholas Metropolis，命名为“蒙特卡罗”的部分原因是为了纪念另一个发现者Stanislaw Ulam的叔叔。Stanislaw的叔叔向亲戚借钱，是因为他“刚刚去了蒙特卡罗”。他是不得已而去，因为只有去摩洛哥首都蒙特卡罗才能解决他的问题，没有其他的解决办法。蒙特卡罗方法与此类似，它常常可以解决一些任何其他方法都不能解决的问题。

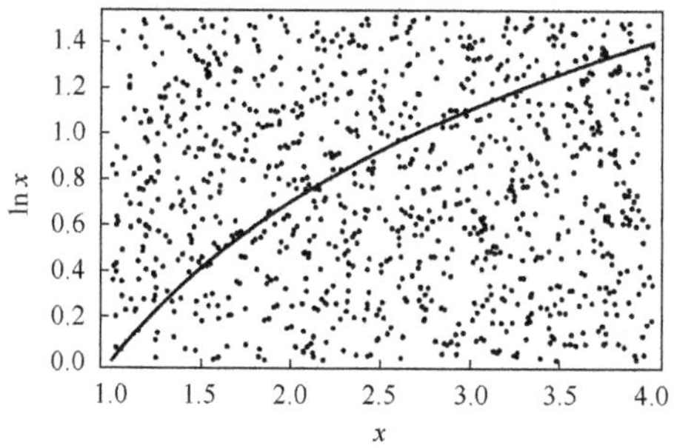

(a) 在区间(1, 4)绘制的lnx相对于x的曲线

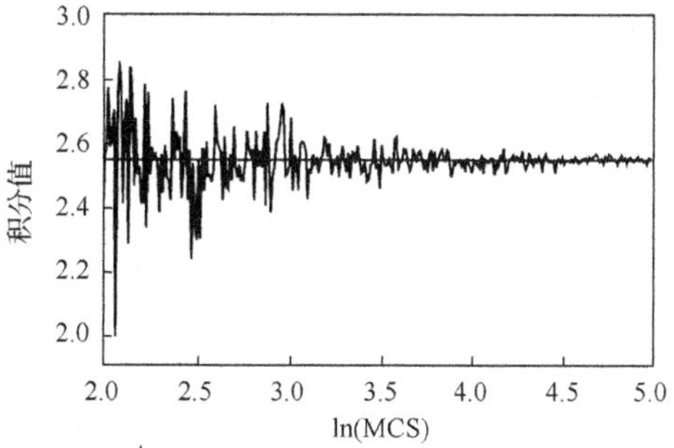

(b) 积分$\int_1^4 \ln x\mathrm{d}x$计算值为随机数次数即蒙特卡罗步的函数

图 7.1　一维蒙特卡罗积分的例子

7.2　系综平均值

蒙特卡罗模拟的目标之一就是计算系统的热力学性质。标准蒙特卡罗方法描述的系统具有恒定的温度 T、恒定的粒子数量 N 和恒定的体积 V，对应于正则系综(见附录 G.5)。正如附录 G 中所讨论的，正则系综系统的热力学平均值由类似于下面的表达式给出：

$$\langle B\rangle=\frac{\sum_{\alpha}\mathrm{e}^{-E_\alpha/(k_\mathrm{B}T)}B_\alpha}{\sum_{\alpha}\mathrm{e}^{-E_\alpha/(k_\mathrm{B}T)}}=\sum_{\alpha}B_\alpha\rho_\alpha \tag{7.1}$$

式中，B 是某个量(如势能)，下标 α 表示在系统中的可能构型(configuration)，处于某个特定构型的概率为(见附录 G)

$$\rho_\alpha=\frac{\mathrm{e}^{-E_\alpha/(k_\mathrm{B}T)}}{\sum_{\alpha}\mathrm{e}^{-E_\alpha/(k_\mathrm{B}T)}}=\frac{\mathrm{e}^{-E_\alpha/(k_\mathrm{B}T)}}{Q} \tag{7.2}$$

配分函数(partition function) Q 为

$$Q=\sum_{\alpha}\mathrm{e}^{-E_\alpha/(k_\mathrm{B}T)} \tag{7.3}$$

两种状态之间相对概率的表达形式非常简单。假设一个系统处于状态 α，其能量为 E_α，另一个状态 β，能量为 E_β，那么两种状态的相对概率为

$$\frac{\rho_\beta}{\rho_\alpha}=\frac{\mathrm{e}^{-E_\beta/(k_\mathrm{B}T)}}{Q}\frac{Q}{\mathrm{e}^{-E_\alpha/(k_\mathrm{B}T)}}=\mathrm{e}^{-\left(E_\beta-E_\alpha\right)/(k_\mathrm{B}T)} \tag{7.4}$$

需要注意，在这个表达式中 Q 被消掉了。两种状态的相对概率完全由它们的能量差 $\Delta E_{\alpha,\beta} = E_\beta - E_\alpha$ 确定，即

$$\begin{cases} \dfrac{\rho_\beta}{\rho_\alpha} \geqslant 1, & E_\beta - E_\alpha \leqslant 0 \\ \dfrac{\rho_\beta}{\rho_\alpha} < 1, & E_\beta - E_\alpha > 0 \end{cases} \tag{7.5}$$

当蒙特卡罗方法应用到原子或分子系统中时，式(7.1)离散状态的求和由一组积分替换。对于 N 个原子的系统，根据式(G.16)和式(G.17)，原子构型 $\left\{\boldsymbol{r}^N = \boldsymbol{r}_1, \boldsymbol{r}_2, \cdots, \boldsymbol{r}_N\right\}$ 的概率为

$$\rho(\boldsymbol{r}^N) = \frac{\mathrm{e}^{-U(\boldsymbol{r}^N)/(k_\mathrm{B}T)}}{Z_\mathrm{NVT}} \tag{7.6}$$

其中构型积分为

$$Z_\mathrm{NVT} = \int \mathrm{e}^{-U(\boldsymbol{r}^N)/(k_\mathrm{B}T)} \mathrm{d}\boldsymbol{r}^N \tag{7.7}$$

一个只依赖于位置的量，如势能 U，其平均值为

$$\langle U \rangle = \frac{1}{Z_\mathrm{NVT}} \int \mathrm{e}^{-U(\boldsymbol{r}^N)/(k_\mathrm{B}T)} U(\boldsymbol{r}^N) \mathrm{d}\boldsymbol{r}^N \tag{7.8}$$

积分是对每个原子的三个坐标进行的，$\mathrm{d}\boldsymbol{r}^N = \mathrm{d}x_1\mathrm{d}y_1\mathrm{d}z_1\mathrm{d}x_2\mathrm{d}y_2\mathrm{d}z_2\cdots\mathrm{d}x_N\mathrm{d}y_N\mathrm{d}z_N$，因此有 $3N$ 个坐标，限定了系统所有可能的构型。

原则上，要估计式(7.1)或式(7.8)，需要列出所有可能的构型。然而，对于任何一个系统，有许多(即使不是大多数的)构型是可能的，但出现的概率很小。例如，在一个原子系统中，如果两个原子彼此非常接近，那么两个原子之间的相互作用能量 ϕ 将是非常高的，是正值。因此，势能 U 和总能量 E 将很大，这种状态的概率将是微乎其微的，它正比于 $\exp(-E/(k_\mathrm{B}T))$。从本质上看，系统基本上绝不会出现那种构型。

正如附录 G.6 中所讨论的，呈现能量为 E 状态的概率在 E 的平均值附近出现峰值。图 G.3 给出了热力学系统能量的概率分布图，它表明这个分布的标准偏差与 $1/\sqrt{N}$ 成正比，其中 N 是原子的数目。在一个热力学系统中，N 大致为阿伏伽德罗常量，所以这个分布是非常窄的，以至于在这种情况下难以区分 E 的分布和 δ 函数。

因此，相对于所有可能的构型，ρ_α 是非常尖锐的尖峰，可能的构型很少。在计算式(7.1)的求和中，面临的问题是如何只考虑那些可能的情况，同时忽略那些不可能的情况。采取一个非常聪明的方式，即只对那些最有可能的构型进行采样，这就是本章中所讨论蒙特卡罗方法的一个关键。因为这些都是重要的构型，这类方法通常称为重要性采样(importance sampling)。计算式(7.1)的部分困难在于实际上不能求出 Q 值，因此就不能确定 ρ_α。7.3 节要介绍的方法可很好地回避这个问题。

7.3　Metropolis 算法

7.1 节讨论了如何用蒙特卡罗方法求积分值，尤其是多维积分。这是通过在限定的积分区域空间上随机取样，记录哪些点处于该空间，哪些点不处于该空间。可遵循类似的过程，求式(7.8)的值。这个计算面临的挑战是所需的积分重数为 N 的 3 倍(x、y 和 z 坐标各一次)，N 为系统中原子的数目。因此，对于任何数量显著大的 N，直接的积分在计算上将是不可能的。进而，求配分函数 Q 的值也是不可能的。

Metropolis 等(1953)引入一种方法，是通过在构型空间中采样，使出现状态 α 的概率为 ρ_α。这种方法通过关注状态的相对概率进行采样，称为 Metropolis 算法。它的结果是一组具有正确概率的状态，并由此能够确定各种量的平均值。有关蒙特卡罗方法和 Metropolis 算法的更多信息，请参阅 Landau 和 Binder(2000)的文献或列在本章结尾的其他书籍。

虽然无法知道一个状态的实际概率值(因为无法求出 Q 值)，但是利用式(7.5)，遍历具有正确概率分布的构型空间，可创建出构型列表，这就是 Metropolis 算法的基本思路。这个列表称为遍历构型空间的轨迹(trajectory through configuration space)。该方法是从系统的一个构型开始，然后让系统做试验性的移动，移动到一个新的构型，并进行测试，根据新构型相对于起始构型的概率，确定新构型应添加到还是不应添加到轨迹中。更具体地说，假设构型 i 具有的能量为 E_i。做一次试验移动到新的构型 $i+1$，然后计算新构型的能量 E_{i+1}。基于相对概率 ρ_{i+1}/ρ_i，决定是否把构型 $i+1$ 添加到轨迹中。根据式(7.4)，$\rho_{i+1}/\rho_i = \exp(-\Delta E_{i,i+1}/(k_B T))$，此处 $\Delta E_{i,i+1} = E_{i+1} - E_i$。

Metropolis 算法的基础是接受或拒绝一个移动，其准则是 $\Delta E_{i,i+1} \leqslant 0$，接受，因为概率 $e^{-\Delta E_{i,i+1}/(k_B T)} \geqslant 1$，或者 $\Delta E_{i,i+1} > 0$，按照 $e^{-\Delta E_{i,i+1}/(k_B T)}$ 的概率接受移动。重复这个过程多次，就可以生成一个具有能量为 E_n 及正确总体概率的构型 $\{n\}$ 列表。

Metropolis 算法的实施过程如下：

(1)假设系统起始于构型 i。做一个试验移动到构型 i+1，并计算 $\Delta E_{i,i+1}=E_{i+1}-E_i$。

(2)决定接受或是拒绝这个试验移动：

①如果 $\Delta E_{i,i+1}\leqslant 0$，则相对概率 $\rho_{i+1}/\rho_i\geqslant 1$，因而接受试验移动，并将其添加到轨迹中。

②如果 $\Delta E_{i,i+1}>0$，则该移动以 $\exp(-\Delta E_{i,i+1}/(k_BT))$ 的概率接受。要做出这一决定，首先生成一个(0,1)区间的随机数 $\mathscr{R}$。如图 7.2 所示，如果 $\mathscr{R}\leqslant\exp(-\Delta E/(k_BT))$ (如 $\mathscr{R}_1$)，那么移动就被接受；如果 $\mathscr{R}>\exp(-\Delta E/(k_BT))$ (如 $\mathscr{R}_2$)，那么移动就被拒绝。

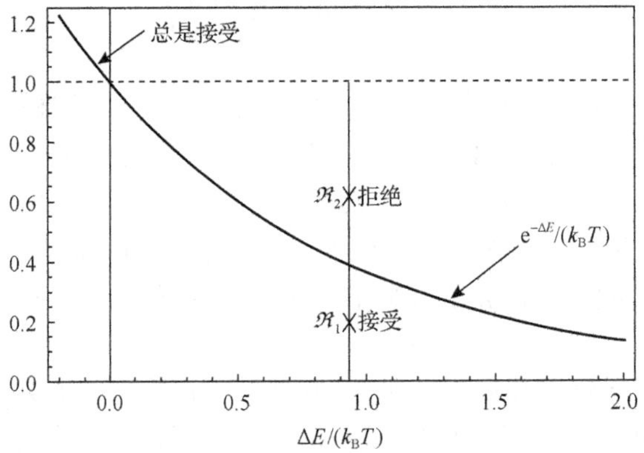

图 7.2　Metropolis 算法的接受/拒绝准则示意图($\mathscr{R}_1$ 和 $\mathscr{R}_2$ 为随机数)

(3)如果试验移动被接受，则该轨迹中的下一个构型为新的状态 i+1。

(4)然而，如果试验移动被拒绝，则所取的下一个构型要与构型 i 相同。每一次试验都在轨迹中生成一个构型，但是它可能与前一个构型是相同的。这是至关重要的，因为如果不是如此，将得到一个不恰当的分布，后面将对此进行更详细的说明。

(5)重复前面的步骤。

关于步骤(2)需多做些说明，在这一步骤中，随机数 $\mathscr{R}$ 与 $\exp(-\Delta E/(k_BT))$ 比较，以决定接受或者拒绝。由于 $\exp(-\Delta E/(k_BT))$ 和 $\mathscr{R}$ 的定义域都在 0 和 1 之间，所以随机数小于 $\exp(-\Delta E/(k_BT))$ 的概率就是 $\exp(-\Delta E/(k_BT))$。虽然单个试验似乎可能没有产生正确的概率，但是当考虑许多试验时，步骤(2)所讨论的方法就获得了正确的结果。

量值 B 的平均值为列表中所有构型值的平均值，即

$$\langle B\rangle=\frac{1}{m}\sum_{\alpha=1}^{m}B_\alpha \tag{7.9}$$

式中，m 是试验移动的总数。必须再次强调，当一个试验移动被拒绝时，在轨迹中的下一个构型要设置为该试验移动之前的系统构型。

为了使讨论更加具体，考虑如图 7.3 所示的简单的双态系统，其中有两个状态，并且有 $\Delta E=E_2-E_1$。假设 $\Delta E/(k_\mathrm{B}T)=1$ 和 $\exp(\Delta E/(k_\mathrm{B}T))=0.367$，起始状态为状态 1。在 Metropolis 算法中，需要一系列的随机数，取的随机数是 $\mathfrak{R}=\{0.431,0.767,0.566,0.212,0.715,0.992,\cdots\}$。对于第一个试验移动，$\mathfrak{R}=0.431$，大于 $\exp(-\Delta E/(k_\mathrm{B}T))$，依据图 7.2 的准则，这个移动被拒绝。重复状态 1，在构型列表中生成轨迹，目前列表为 $\{1,1\}$。第二次试验有 $\mathfrak{R}=0.767$，这又大于 $\exp(-\Delta E/(k_\mathrm{B}T))$ 的值。此移动被拒绝，状态 1 在构型列表中再次重复，现在是 $\{1,1,1\}$。第三次试验有 $\mathfrak{R}=0.566$，因此试验移动再次被拒绝，列表变为 $\{1,1,1,1\}$。第四次试验移动的 $\mathfrak{R}=0.212$，小于 $\exp(-\Delta E/(k_\mathrm{B}T))$，因此这个移动被接受，系统现在处于状态 2，构型列表成为 $\{1,1,1,1,2\}$。由于从状态 2 移动到状态 1，$\Delta E<0$，第五次移动被接受，所以列表成为 $\{1,1,1,1,2,1\}$。下一个随机数是 $\mathfrak{R}=0.715$，此移动被拒绝，列表成为 $\{1,1,1,1,2,1,1\}$。这个过程可以根据需要多次重复，以获得好的统计结果。

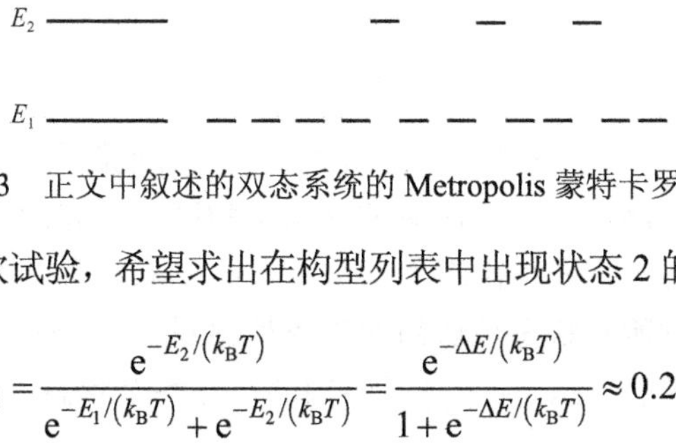

图 7.3　正文中叙述的双态系统的 Metropolis 蒙特卡罗轨迹

如果做了许多次试验，希望求出在构型列表中出现状态 2 的比例为（见式(7.2)）

$$\rho_2=\frac{\mathrm{e}^{-E_2/(k_\mathrm{B}T)}}{\mathrm{e}^{-E_1/(k_\mathrm{B}T)}+\mathrm{e}^{-E_2/(k_\mathrm{B}T)}}=\frac{\mathrm{e}^{-\Delta E/(k_\mathrm{B}T)}}{1+\mathrm{e}^{-\Delta E/(k_\mathrm{B}T)}}\approx 0.269 \tag{7.10}$$

这是很容易用试验计算进行验证的①。这个实例虽然简单，却清楚地说明了当一个移动被拒绝后，为什么其前一个状态在轨迹中被重复一次。否则，较低的能量状态将不会在采样中得到正确的权重。

7.3.1　Metropolis 算法的采样

考虑一个有许多可能构型的系统。在整个蒙特卡罗计算过程中，其目标是对可能的构型空间进行足够的采样，以获得好的平均值。Metropolis 算法能够做出决定，按照在正则系综中使每个构型生成正确的概率的方式，接受或是拒绝一个新构型的试验。但是，它对于如何选择这些构型未置一词。

要考虑的问题主要有两个：第一，对构型的采样必须避免以偏置系统的方式

① 鼓励尝试，因为这是检查读者对 Metropolis 算法理解程度的很好方法。

完成；第二，采样应当是有效率的，从一个构型移动到另一个非常不同的构型，不太可能是一个低能量的变化，从而被拒绝的可能性更大。

抽样方法对所有的构型都有同样的可能性是至关重要的。构型采样的任何偏置还将使 Metropolis 算法出现偏置，进而影响模拟的结果。例如，如果采样方法选择某组构型的机会比任何其他构型的都多，那么处于这些状态的最终概率将会比正则系综所预测的要高。蒙特卡罗方法的目标是以均匀相同的概率对每种状态进行采样，让 Metropolis 算法在正则系综中梳理出正确的概率。

作为具体的例子，考虑一个有 Q 个状态的系统，其能量为 $\left\{E_1, E_2, \cdots, E_Q\right\}$。现在假定所有各级都具有相同的能量 E，所以任何改变状态的尝试将在 Metropolis 算法中被接受。通过这种方式，可以检查采样方法对各个状态的可能性是否都是相同的。

在 Metropolis 算法中，当前状态 i 被改变到某个新的状态 j。一个选择 j 的简单方法是对 i 加上一个在 1 和 $Q-1$ 之间的随机整数 $\mathscr{R}_{1,Q-1}$，也就是说，$j=i+\mathscr{R}_{1,Q-1}$。为了确保 j 处于 1 和 Q 之间，取

$$j=j-Q\text{Floor}[(j-1)/Q] \tag{7.11}$$

其中函数 Floor[x]给出小于或等于 x 的最大整数①。能够通过 Metropolis 蒙特卡罗计算对这种方法进行测试，由于所有的能量都相同，所有的试验都被接受。然后就可以统计各个状态在列表中出现的次数，在图 7.4(a)中以直方图形式给出 Q=5 的计算结果。要注意所有状态被访问的次数都相同。做一个类似的 Metropolis 蒙特卡罗计算，其中的 $\left\{E_1, E_2, \cdots, E_Q\right\}$ 是不同的，在每个状态上计算出正确的概率，与正则系综的期望结果作比较(见式(7.2))，如图 7.4(c)所示。

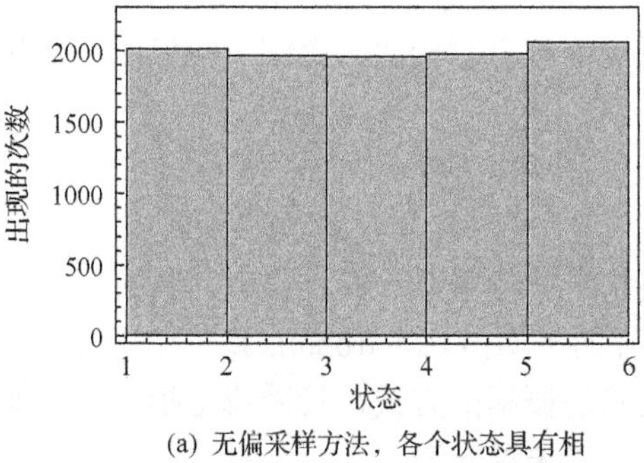

(a) 无偏采样方法，各个状态具有相同的能量，并均匀一致地采样

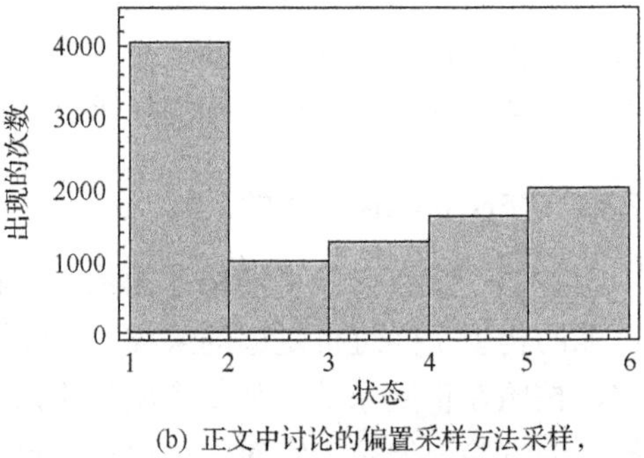

(b) 正文中讨论的偏置采样方法采样，表现出向状态1的明显偏差

① 这个方法处理 Q 的状态像钟表一样，每 Q 次周期性地重复。例如，如果 Q=10 和 i=3，则选择 $\mathscr{R}$ =6 导致 j=9，而 $\mathscr{R}$ =8 导致 j=11–10Floor[(11–1)/10]。

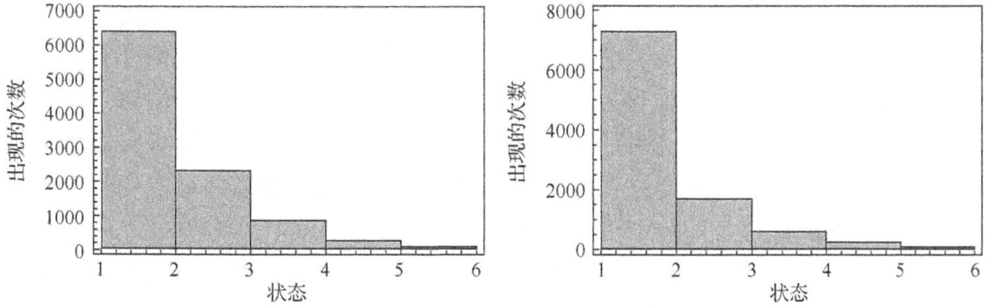

(c) 基于无偏均匀采样方法的Metropolis蒙特卡罗采样，状态为Q=5，能量为{1,2,3,4,5}(各个状态的概率与正则系综所预期的相一致)

(d) 基于偏置采样方法的Metropolis蒙特卡罗采样，状态为Q=5，能量为{1,2,3,4,5}(如果采样是正确的，它应与(c)的结果相一致)

图 7.4　蒙特卡罗计算中采样的检验(状态为 Q=5)

现在考虑一个稍微不同的采样方法，它起始于相同新状态的初始选择，$j=i+\mathcal{R}_{1,Q-1}$，但是不使用 $j=j-Q\text{Floor}[(j-1)/Q]$来保证 $1\leqslant j\leqslant Q$，如果最初选择的 j 大于 Q，简单地设置为 j=1。在各个状态都具有能量 E 的条件下，可以生成访问各个状态的列表，并统计出在各个状态上出现的次数。对于 Q=5，计算的直方图如图 7.4(b)所示，它清楚地表明，在所有状态被访问的次数都应相同的情况下，状态 1 被访问的次数远远多于任何其他状态。在 Q=5 及能量为{1,2,3,4,5}的条件下，进行 Metropolis 蒙特卡罗计算，可得出各个状态的概率，如图 7.4(d)所示。与图 7.4(c)中的正确值相比较可知，利用有偏置的采样会导致概率与正则系综不一致。因此，使用偏置方法进行计算，得到的所有性质都是不正确的。

当然，即使在图 7.4(a)中所使用的随机采样方法都是正确的，它也可能不是用于 Metropolis 算法的最有效方法。想象这样的情况：Q 个状态的能量具有相等的差距 Δe_0。例如，如果当前是状态 1，其能量定义为 $E_1=e_0$，则最终状态具有的能量为 $E_Q=Q\Delta e_0$。在 Metropolis 算法中，从当前状态到尝试状态在能量上发生的变化是关键的量，在本例中 $\Delta E=(Q-1)\Delta e_0$。如果 $\Delta E\gg k_{\rm B}T$，那么接受试验移动的概率将会非常小。状态上变化大因而能量变化也大的大多数试验会被拒绝，在某种意义上讲，尝试的努力被浪费。只允许两个“相邻”状态之间的跳跃，可能是一种更高效的方法，即试验可以限制在 $\Delta i=\pm 1$。只要采样方案仍然是无偏置的，这种方法就是可接受的，但会有更多的试验移动被接受，系统将更加有效率地进行采样。

有个关键点要记住，蒙特卡罗方法的正确性取决于对所有可能状态的采样均匀一致，并让 Metropolis 算法整理出哪些状态实际被访问过。在蒙特卡罗模拟运行之前，应该对所有的采样算法进行彻底的检验。

7.3.2　Metropolis 算法中能量的更新

Metropolis 蒙特卡罗方法要求对每次试验移动计算能量的变化 ΔE。直接的方法可以是在一个试验移动后计算系统的总能量 E_j，然后从总能量中减去前一次试验移动的能量 E_i，求出 $\Delta E=E_j-E_i$。对于大多数问题，这种方法的效率非常低。在通常的情况下，相互作用项是短程的，如具有截止距离的原子间作用势。在做出一个试验移动后，尽管总能量的计算包括所有的相互作用项，但是只有极少数的相互作用项被改变。因此，在做出一个试验移动后，只计算那些被改变的项，是更为有效率的。在进行蒙特卡罗计算时，很多努力都花费在制定有效率的方法来确定能量的变化 ΔE，然后，如果试验移动被接受，那么更新系统的能量。这种方法用于在本章中所讨论的采样计算和网上的采样练习。

7.4 伊辛模型

作为一个经典的物理学问题，伊辛模型为蒙特卡罗方法提供了很好的说明。伊辛模型很简单，它以唯象的方式描述磁性、相变等。在许多方面，伊辛模型最适合于蒙特卡罗方法在介观尺度中的应用，它是第 10 章关注的重点，在那里原子不是模拟的基本主体。伊辛模型为蒙特卡罗方法提供了很好的入门，这里将用它作为第一个例子。在第 10 章中，还将介绍伊辛模型的一个变体，即 Q-态波茨模型，它常用于介观尺度的模拟，从晶粒生长到真菌生长都在其应用范围内。

假定有一个具有 N 个阵点的晶格，每一晶格阵点由一个自旋占据，一个自旋具有两个可能的值，即 $s_i=1$ 或 $s_i=-1$。在伊辛模型中，系统的能量为

$$E=-\frac{J}{2}\sum_{i=1}^{N}\sum_{j\in Z}s_i s_j+B\sum_{i=1}^{N}s_i \tag{7.12}$$

式中，第一项表示自旋之间的相互作用，第二项表示自旋与外加势场 B 之间的相互作用。J 为确定自旋之间相互作用强度的常数。记号 $\sum_{j\in Z}$ 是一个简化符号，表示只有阵点 i 的 Z 个最近邻包括在第二个求和中。1/2 是对相互作用重复计数的修正，这在第 3 章中讨论过。例如，在正方形的格子上相互作用的最近邻数 $Z=4$。

所有自旋的取向程度可以通过磁化予以描述：

$$M=\frac{1}{N}\sum_{i=1}^{N}s_i \tag{7.13}$$

即构型自旋的平均值。

如果 J 是正的，并且所施加的势场 $B=0$，那么最低能量状态是自旋全部为+1 或全部为−1，即有一个简并基态，其能量为 $E_{\min}=-2NJ$。在基态时，磁化的绝对值等于 1。随着温度的升高，系统紊乱，并且在称为居里温度或临界温度 T_c 下失

去秩序并且磁化，$M \to 0$。

伊辛模型是很难求得解析解的[①]，所以通常利用计算机模拟对它进行研究，特别是利用 Metropolis 蒙特卡罗方法。

方便起见，把伊辛模型中的常量按比例替换去除，与处理表 6.1 中的 Lennard-Jones 势的方式相同。对于伊辛模型，简化单位由除以相互作用参数 J 求得，这样，简化能量为 $E^*=E/J$，简化势场为 $B^*=B/J$。类似地，简化温度为 $T^*=k_BT/J$。简化能量的表达式就变成

$$E^* = -\frac{1}{2}\sum_{i=1}^{N}\sum_{j\in Z} s_i s_j + B^* \sum_{i=1}^{N} s_i \tag{7.14}$$

并且正则的概率成为

$$e^{-E/(k_BT)} = e^{-E^*/T^*} \tag{7.15}$$

对于给定的 T^*，所有计算结果都是相同的。例如，用 T=1K 和 J=2 的计算正好等价于 T=100K 和 J=200 的计算。认识到相同简化参数条件下模拟的等价性，可以节省大量的运算。

伊辛模型的热力学特性是由平均能量 $\langle E\rangle$ 和平均磁化强度 $\langle M\rangle$ 来表征的。除了标准的热力学量，可以定义各种关联函数(见附录 G.7)。自旋-自旋关联函数可表达出许多有关自旋有序化的信息：

$$c_{ij}\left(r_{ij}\right) = \langle s_i s_j\rangle = \left\langle \frac{1}{N_{ij}} \sum_{lm}^{r_{ij}} s_l s_m \right\rangle \tag{7.16}$$

符号 $\sum_{lm}^{r_{ij}}$ 表示在格子中对所有自旋对求和，其中 l 和 m 的距离为 r_{ij}，N_{ij} 是格子上这些自旋对的总数。关于伊辛模型的 c_{ij}，将在本节的稍后进行讨论。c_{ij} 依赖于自旋之间的距离，其形式为

$$c_{ij}\left(r_{ij}\right) = e^{-r_{ij}/l_p} \tag{7.17}$$

式中，l_p 是自旋的相关长度。

7.4.1　伊辛模型的 Metropolis 蒙特卡罗模拟

建立一个有限温度的蒙特卡罗模拟伊辛模型，计算 $\langle E\rangle$、$\langle M\rangle$ 等量值，是非

① 一维的解是简单的，二维的解则是相当困难的，但是 Lars Onsager 在 20 世纪 40 年代求出了一个解。

常直截了当的。为了建立系统，必须选择一个格子(例如，二维的正方形或三角形格子，或者在三维的标准格子中的一种(简单立方、面心立方等))，它定义式(7.14)中的近邻，而系统的尺寸规定自旋数 N。通常要使用周期性边界。与所有的模拟相同，必须设置一组初始的自旋值。

一旦系统建立，只需要两个参数，即简化的势场 B^*和温度 T^*。用 Metropolis 算法生成一系列的构型：

(1) 在第 n 步随机选取一个格子的阵点 i。系统当前的能量是 E_{old}。

(2) 作一次自旋改变的尝试。如果 $s_i=1$，那么将其改变成-1，反之亦然。求出在新构型下的能量 E_{new}。

(3) 求出能量的变化 $E_{\text{new}}-E_{\text{old}}$。

(4) 根据 Metropolis 算法准则，接受或拒绝。

①如果接受，那么阵点 i 具有新的自旋，第 $n+1$ 步能量为 E_{new}。对于任何其他计算量(如磁化强度)的值要更新它们的值。

②如果拒绝，那么阵点 i 仍然为原来的自旋，第 $n+1$ 步能量为 E_{old}。对于任何其他计算量(如磁化强度)的值要设定为它们原来的值。

(5) 累积平均值等。

(6) 再次开始。

需要注意，与 6.2.2 节中分子动力学的情形一样，在计算平均值之前系统必须达到平衡。

已经提出了若干种构型采样的方法，并不是所有这些方法都特别好。有些人采用对变量顺序采样，也就是说，对于 N 阵点的系统，改变每个变量的尝试都按照给定的顺序进行(例如，阵点 1、阵点 2、阵点 3…)。在一般情况下，是不鼓励这种类型的采样的，因为这可能在阵点之间建立起相关性。最好的做法是随机选择一个格点做尝试移动，这就是将在下面的示例中选用的方法。

标准惯例是规定蒙特卡罗步，作为 N 个阵点的随机采样，其中 N 是系统中阵点的总数。总数为 M 个蒙特卡罗步的模拟，在平均意义上讲，每个阵点被采样 M 次。

现在举一个伊辛模型计算的例子，在二维正方形格子上，其相互作用的最近邻为 $Z=4$。能量可以表示为

$$\begin{aligned} E^* &= -\frac{1}{2}\sum_{i=1}^{N} s_i \sum_{j\in Z} s_j + B^* \sum_{i=1}^{N} s_i \\ &= -\sum_{i=1}^{N}\left(\frac{1}{2}S_i - B^*\right)s_i \end{aligned} \tag{7.18}$$

其中

$$S_i = \sum_{j \in Z} s_j \tag{7.19}$$

是阵点 i 最近邻自旋值的总和。能量对系统中其他阵点的依赖都包括在 S_i 之中。

伴随着在阵点 k 处一个自旋反转（$s_k \to -s_k$）的能量变化，可以表示为①

$$\Delta E_k^* = 2s_k\left(-B^* + S_k\right) \tag{7.20}$$

对于正方形格子，S_k 可以取五个值：+4，+2，0，–2 和–4②。由于 Δs_i 可以为+1 或–1，所以能量的变化只有 10 个可能的取值。利用记号 $\Delta E^* = [\Delta s_i, S_i]$，有

$$\begin{aligned}
&\Delta E^*[+1,+4] = 2\left(-B^* + 4\right), \quad && \Delta E^*[-1,+4] = -2\left(-B^* + 4\right)\\
&\Delta E^*[+1,+2] = 2\left(-B^* + 2\right), && \Delta E^*[-1,+2] = -2\left(-B^* + 2\right)\\
&\Delta E^*[+1,0] = -2B^*, && \Delta E^*[-1,0] = 2B^*\\
&\Delta E^*[+1,-2] = 2\left(-B^* - 2\right), && \Delta E^*[-1,-2] = -2\left(-B^* - 2\right)\\
&\Delta E^*[+1,-4] = 2\left(-B^* - 4\right), && \Delta E^*[-1,-4] = -2\left(-B^* - 4\right)
\end{aligned} \tag{7.21}$$

在每次出现自旋的反转，计算能量变化时，并不是进行系统总能量的计算，然后从新能量中减去原有构型的能量，而是在每次试验中，只需要计算最近邻自旋以求出 S_i，并且得到 s_i 的值，可以利用式(7.21)中的列表求得能量变化值。这就是在 7.3.2 节中讨论的能量更新的一个例子，比起每次自旋反转都要计算系统的总能量，这种方法计算速度非常快。

7.4.2　伊辛模型模拟的例子

图 7.5 中显示出了伊辛模型一个短小的蒙特卡罗计算结果。这是一个很小的系统，由 30×30 的正方形格子阵点组成，所处的简化温度为 T^*=3，没有施加外部势场(B^*=0)。模拟起始于所有自旋都处于基态且 s_i= –1。图 7.5(a)～(d)分别给出了初始构型、1000 个蒙特卡罗步后的最终构型、能量和磁化强度。一个蒙特卡罗步作为 N 个自旋的随机反转，其中 N 是阵点的总数。

---

① 写出总能量中所有的项，包括来自式(7.14)中的 s_k，忽略 B^*项。在对 i 的总和累加中，由 i=k 的项得出 $(-1/2)\,s_k(s_1+s_2+s_3+s_4)=(-1/2)\,s_kS_k$，此处四个近邻的 k 用下标 1、2、3 和 4 来表示。然而，对于 i=1 的项将包括一个 $(-1/2)\,s_1s_k$项，因为 k 也是 1 的一个近邻。对于 k 的其他近邻，得到类似的项，所以与点阵 k 相关的总能量为$-s_kS_k$。如果自旋被反转，即 $s_k \to -s_k$，那么新的能量是 s_kS_k，能量的变化是 $\Delta E = s_kS_k - (-s_kS_k) = 2s_kS_k$。

② 如果所有相邻的自旋都是+1，那么 S_k=4。如果 3 个为+1 和 1 个为–1，那么 S_k=2，依此类推。

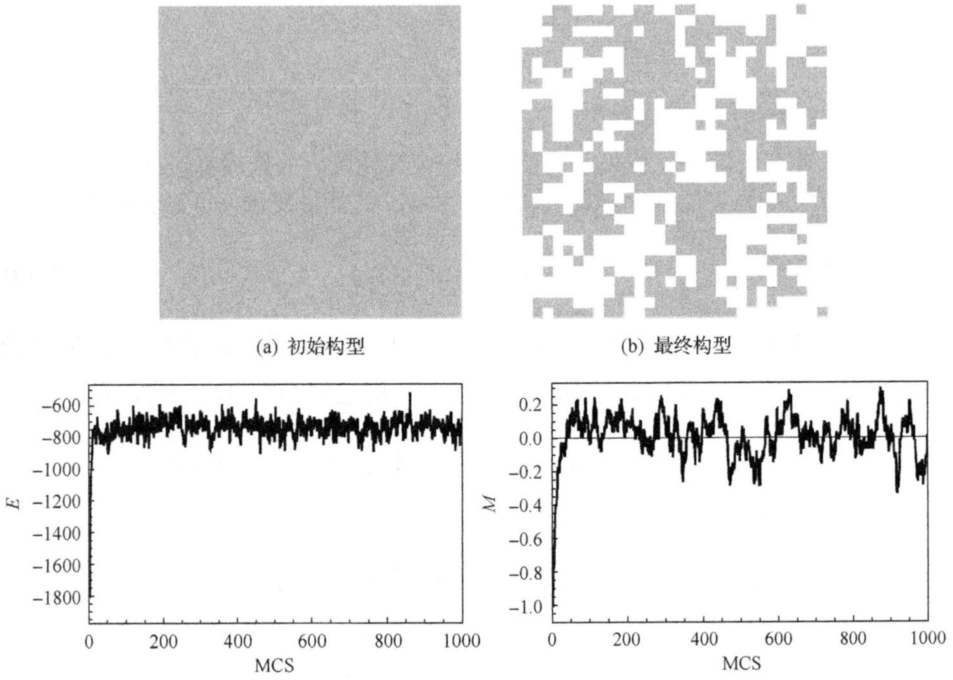

(a) 初始构型　　(b) 最终构型

(c) 能量　　(d) 磁化强度

图 7.5　伊辛模型的结果($B^*=0$，$T^*=3$，暗灰色方块 $s=-1$；白色方块 $s=1$)

观察磁化强度与蒙特卡罗步的曲线，可以看到系统迅速地紊乱(在 25 个蒙特卡罗步左右，M 从-1 变到大约 0)。能量也迅速地达到其均衡值并围绕这个值波动。最终的构型表明有些区域的自旋为+1，另一些区域的自旋为-1。如果用动画来显示出结果，会看到自旋值大的波动。

图 7.6 中给出的是同一个系统，但是 $T^*=2$(外部施加的势场仍为 $B^*=0$)。需要注意的是，磁化强度值稳定在-0.9 左右，而最终构型几乎完全由 $s_i=-1$ 的自旋组成，只有很少的几个自旋具有+1 的值。显然，在 $T^*=2$ 和 $T^*=3$ 之间有剧烈的变化。精确的计算表明，对于二维伊辛模型(在没有施加外部势场的情况下)存在一个临界点，位于 $T_c^*=2.269$(Onsager, 1944)。在网上的练习中，读者有机会更详细地探索这个转变。

各个量的平均值由对这些量的 N 个构型的值求和并除以 N 得出，如式(7.9)所示。对结果的分析遵循 6.2.2 节中分子动力学的相同步骤。对于伊辛模型，$\langle E\rangle$ 和 $\langle M\rangle$ 是最明显要计算的量。正如在分子动力学中的情形一样，请注意必须在系统达到平衡之后计算平均值。

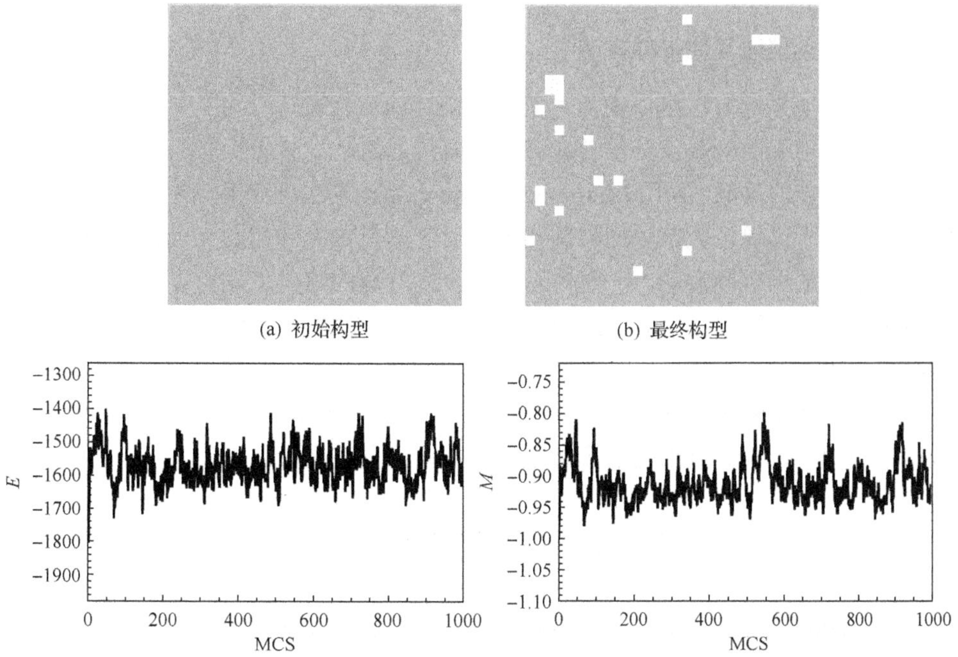

图 7.6　伊辛模型的结果(B^*=0，T^*=2，暗灰色方块 s= −1；白色方块 s=1)

图 7.7 示出的是根据式(7.16)计算出来的自旋-自旋关联函数 c_{ij}，其最近邻自旋为 T^*的函数。在 T^*=0 时，系统是完全有序的并且 c_{ij}=1。当 T^*升高时，c_{ij} 有一个缓慢的下降过程直到系统接近其临界点，在这个点 c_{ij} 迅速下降。但是，请注意，它不会下降为零，就像图 7.5 中的磁化强度。随着 T^*的升高，c_{ij} 缓慢地向零衰减，这表明尽管失去了磁化强度，但是自旋的局部有序仍然存在。

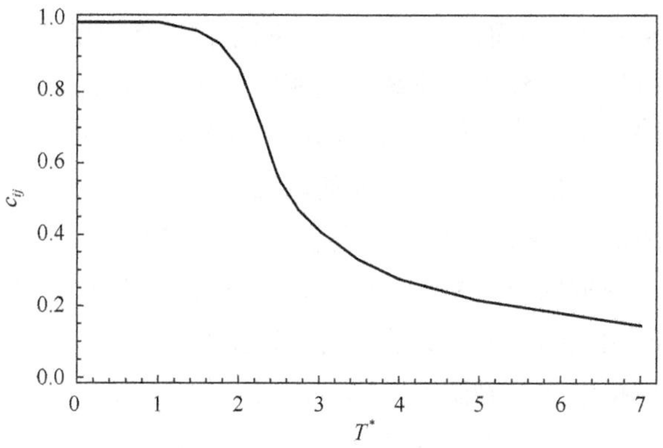

图 7.7　根据式(7.16)得到的自旋-自旋关联函数 c_{ij} 曲线(最近邻自旋作为 T^*的函数)

7.4.3 伊辛模型的其他采样方法

还有其他采样方法可以使用，例如，Kawasaki(1966)引入了一种方法，不是在试验过程中于同一阵点处反转自旋，取而代之的是尝试交换邻近自旋变量。

在临界点的区域，采用 Metropolis 和 Kawasaki 方法进行模拟往往会变得非常慢，这是由于出现了大范围的自旋相关。反转单个自旋或交换 2 个自旋并不能反映出构型上的大规模波动。一种方法就是提高计算的速度，这可以通过采用一个 *N*-fold 方法来进行，将在第 10 章中讨论该方法。“团簇”算法在抑制临界点附近的缓慢也可以是很有用的。做到这一点是通过在大区域上反转自旋，而不是反转单一的自旋(Swendsen and Wang, 1986; Wolff, 1989; Wang and Swendsen, 1990)。当应用于模拟接近临界点附近的模型系统时，团簇方法是非常高效的。

7.5 原子系统蒙特卡罗方法

Metropolis 蒙特卡罗方法并不限于对格子中的自旋进行模拟，它可以应用到能量能够由一组变量来表示的任何系统(在通常的情况下，以这些变量定义能量的函数称为系统的哈密顿函数)。蒙特卡罗方法已经经常用于原子和分子系统的研究方面，进行热力学、构型、相变、有序化等的计算，本节讨论如何运用蒙特卡罗方法研究原子系统。蒙特卡罗方法在分子系统中的应用将在第 8 章中作简要讨论。

利用蒙特卡罗方法研究原子系统的基本方式与伊辛模型是相同的：做一次试验移动，移动到一个新的构型；计算能量的变化；采用 Metropolis 算法决定是接受还是拒绝这种移动。当然，在原子液体或固体中，与伊辛模型的自旋不一样，原子不是固定在格点上，因而需要有构型空间采样的新方法。

将蒙特卡罗方法应用到原子系统，在相同的热力学条件下，应获得与分子动力学模拟相同的热力学性质，如 $\rho_{\mathrm{MD}}=\rho_{\mathrm{MC}}$、$\langle T\rangle_{\mathrm{MD}}=T_{\mathrm{MC}}$、$\langle P\rangle_{\mathrm{MD}}=\langle P\rangle_{\mathrm{MC}}$ 等①。在分子动力学中，生成的构型表是时间的函数。而在蒙特卡罗方法中，构型表是基于典型概率生成的。根据附录 G 遍历性的讨论，依据这些列表计算出来的性质应是基本相同的。数据的分析是相同的，可以计算出相同的结构关联函数。有一类差异是有关时间相关的性质，如速度自关联函数，仅限于分子动力学。

在蒙特卡罗模拟中注意到温度的物理意义是很重要的，它是严格意义上的热力学变量。因此，在相变出现时的温度是有意义的，并且应与分子动力学的计算

① 除了在附录 G.6.1 中所讨论的正则系综和微正则系综之间的一些差异。

结果相一致①。但是，在蒙特卡罗方法中，连续位置变量的变化是没有物理意义的，只有平均量值是明确定义的。

7.5.1　正则系综的原子模拟

所有的 Metropolis 蒙特卡罗方法应用均起始于确定的适当系综。对于标准的蒙特卡罗方法，是由恒定的 N、V 和 T 定义的正则系综(而将蒙特卡罗方法拓展到其他系综是比较简单的，这将在后面的章节中进行讨论)。由于原子的运动是连续的，处于某个构型的概率由式(7.6)给出。

采用 Metropolis 算法来生成一系列与正则系综相一致的原子构型，遵循与伊辛模型基本相同的步骤。

(1)随机地从所有的 N 个原子中选择一个原子(原子 i)。原子 i 当前的位置是 $\boldsymbol{r}_i(\text{old})$，系统能量是 $U(\text{old})$。

(2)通过随机位移，把原子 i 移动到一个新的位置 $\boldsymbol{r}_i(\text{new})$。

(3)求出由于原子 i 位移而引起的势能变化 $\Delta U=U(\text{new})-U(\text{old})$。

(4)根据图 7.2 中的 Metropolis 算法接受或拒绝这个移动：

①如果接受这个尝试，那么在蒙特卡罗构型表中的下一条目为 $\boldsymbol{r}_i=\boldsymbol{r}_i(\text{new})$，且能量为 $U(\text{new})$。

②如果拒绝这个尝试，那么在蒙特卡罗构型表中的下一条目为 $\boldsymbol{r}_i=\boldsymbol{r}_i(\text{old})$，其能量为 $U(\text{old})$，即重复拒绝之前的那个构型。

(5)利用蒙特卡罗构型表中的下一条目数值，在式(7.8)的基础上累积平均值。

蒙特卡罗方法在原子方面的应用，虽然基本结构与伊辛模型是一样的，但是在一些细节上还是有很大的不同。下面将对步骤(2)和(3)做一些细节上的讨论。

7.5.2　原子坐标的采样

在伊辛模型中，对变量的采样是简单的，只有两种可能性。在固体或流体中原子的试验移动较为复杂，有若干的问题必须考虑(见 7.3.1 节)：首先，试验移动方向必须是随机的和无偏置的；其次，移动尺度大小的选择，必须使系统的移动尽可能高效地遍历构型空间。

图 7.8 是选择一个原子随机移动的示意图。粒子可以在任何坐标方向上(阴影区域)移动，它能够移动的最大距离设定为 $\Delta_{\max}$。原子的一个新位置是在这个区域中随机选取的。这个思路很简单：随机地选出一个原子(原子 i)后，以 i 的位置为中心在边长为 $2\Delta_{\max}$ 的小立方体中随机地移动一个位置。做这个移动最简单的方式是：

---

① 关于陈述：蒙特卡罗方法计算得到的相变温度应与那些在分子动力学得到的结果相一致，有两个方面的告诫要指出。首先，来自蒙特卡罗方法的正则系综和分子动力学的微正则系综的结果，都有小的修正，正如附录 G.6.1 所讨论的。其次，相变是动态事件。蒙特卡罗和分子动力学方法对自由度演化的不同方式，会导致在相变发生处的热力学状态预测出现差异。

(1) 在 (–1,1) 的范围内找出三个随机数 $\mathfrak{R}_1$、$\mathfrak{R}_2$ 和 $\mathfrak{R}_3$。

(2) 令

$$\begin{aligned} x_i(\text{new}) &= x_i(\text{old}) + \mathfrak{R}_1 \varDelta_{\max} \\ y_i(\text{new}) &= y_i(\text{old}) + \mathfrak{R}_2 \varDelta_{\max} \\ z_i(\text{new}) &= z_i(\text{old}) + \mathfrak{R}_3 \varDelta_{\max} \end{aligned} \tag{7.22}$$

还有其他方法可用于原子的移动，但是在实践中这种方法是简单和行之有效的。

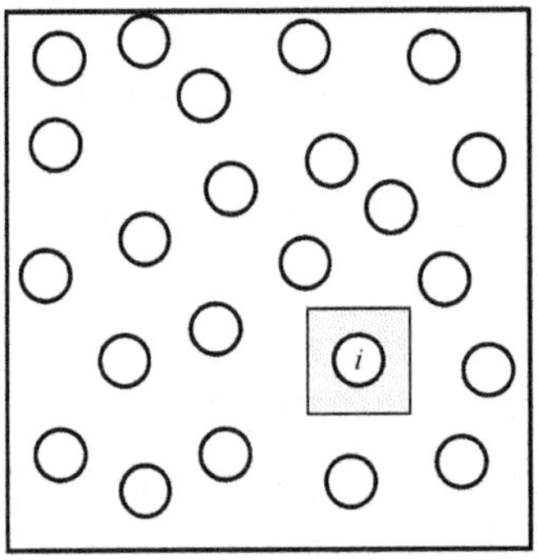

图 7.8　蒙特卡罗原子系统模拟中原子的随机移动

$\varDelta_{\max}$ 设定了蒙特卡罗方法的最大位移，是一个模拟的输入参数。$\varDelta_{\max}$ 的选择要以优化构型空间的采样为标准。以图 7.8 为例，如果阴影框变大，那么很多的试验移动都可能把原子送到非常接近其某个近邻的位置。这样，新构型的能量将会很高，使得能量的变化为大的正值。这样的移动不太可能在 Metropolis 的体系下被接受。因此，如果移动距离设置大些，构型的采样也快了，但是许多移动都将不被接受，会限制采样的有效性。如果阴影框做得非常小，那么能量的变化也会很小，大多数移动都可能会被接受。这种方法也存在问题，即在每个步骤中移动的距离将非常小，使得对可能的构型采样受到限制。

对于 $\varDelta_{\max}$，尽管在理论上没有特定值的限定，但是通常 $\varDelta_{\max}$ 的设定应使得约 50%的移动被接受。这个接受的比例似乎是一个较好的均衡，既接受了足够多的移动以进行构型空间的采样，又有足够大的移动距离使构型空间采样的区域足够大。

7.5.3　计算能量的变化

在 7.5.1 节步骤 (3) 中，需要以势能的变化来确定试验移动是否被接受。一种方法是在移动之后计算系统的总势能 $U(\text{new})$，并从该势能中减去移动前的势能 $U(\text{old})$，即 $\Delta U=U(\text{new})-U(\text{old})$，其中总能量 (对势的) 为

$$U\left(\boldsymbol{r}^N\right)=\sum_{i=1}^{N-1}\sum_{j=i+1}^{N}\phi_{ij}\left(r_{ij}\right) \tag{7.23}$$

如果原子间的相互作用是短程的，那么这种方法的效率很低。一种更好的方法是在求能量的变化中只考虑那些与原子 i 的坐标相关的项。在势能中不涉及原子 i 的项不会改变，因此不会对 ΔU 的值产生影响。对于对势，这种能量变化就成为

$$\Delta U=\sum_{j\neq i}\phi\left(\left|\boldsymbol{r}_j-\boldsymbol{r}_i(n)\right|\right)-\sum_{j\neq i}\phi\left(\left|\boldsymbol{r}_j-\boldsymbol{r}_i(o)\right|\right) \tag{7.24}$$

式中，(n)表示新位置，(o)表示原来的位置。相对而言，式(7.24)的计算较简单。当势能中有截断距离项时，就会出现某些微妙的问题，即在新位置和原来位置上，原子 i 列表中相互作用的原子可能不同。在计算机程序中，人们通常会编写一个计算能量变化的子程序。通过与式(7.23)的ΔU直接计算进行比较，测试这个例行程序总是非常有用的。

"Lennard-Jones" 体系计算范例

列举一个用式(5.6)描述的 Lennard-Jones 势进行原子相互作用模拟的例子。使用由表 6.1 所定义的简化单位。势能为 $U^*=U/\epsilon$，距离为 $r^*=r/\sigma$，温度为 $T^*=k_BT/\epsilon$，密度为 $\rho^*=\rho\sigma^3$。在相同的简化单位条件下，所有的模拟都是相同的，再次强调，这一点是极为重要的。如果有人一会儿谈论 Lennard-Jones "金" 的模拟，一会儿又谈论 Lennard-Jones "铜" 的模拟，那就值得怀疑了。Lennard-Jones 的 "金" 与 Lennard-Jones 的 "铜" 之间，唯一的差别就是作用势参数 ϵ 和 σ 的选择。对于采用简化单位的模拟，得到的结果为 "金" 还是 "铜"，只是选择合适的参数对结果进行简单调整而已。当然，使用不同的截断距离值，也将改变结果。

图 7.9 给出了 Lennard-Jones 系统蒙特卡罗模拟的结果，$T^*=1$，$\rho^*=0.5$，$N=108$。系统初始时为一个完美的面心立方固体。图 7.9(a)是在前 1000 个蒙特卡罗步中能量变化的情况，图 7.9(b)为一个与瞬时压力类似的曲线。图 7.9(c)和(d)分别给出了系统平衡后能量和压力的值。

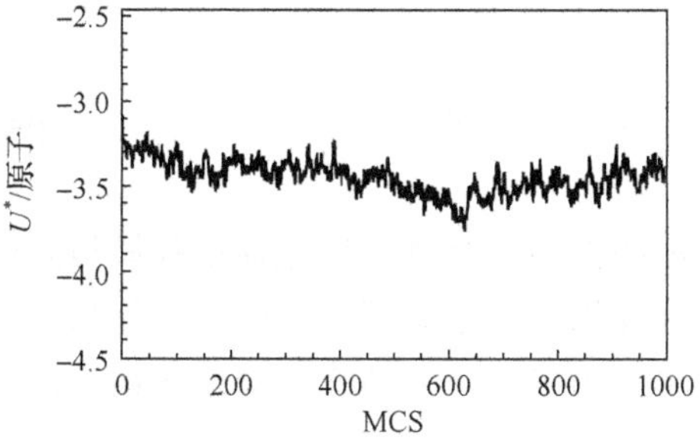

(a) 每个原子的势能
(前1000个蒙特卡罗步的U^*/原子)

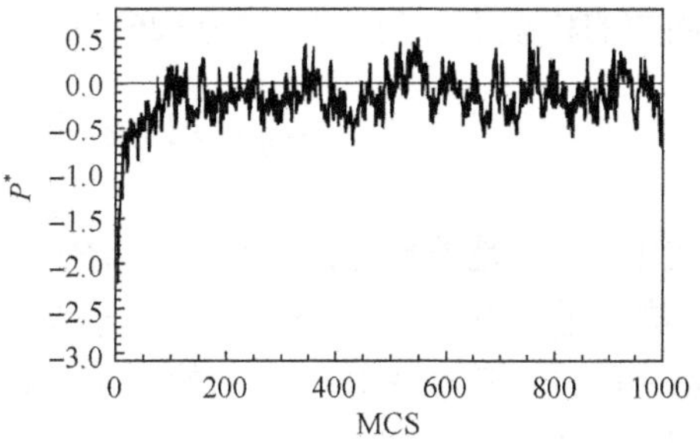

(b) 压力(前1000个蒙特卡罗步的P^*)

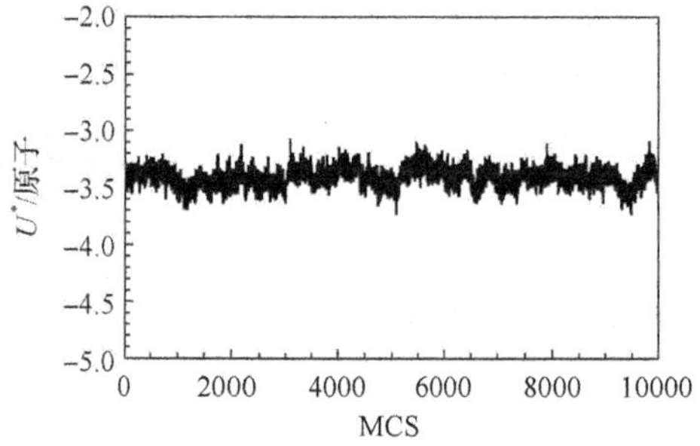

(c) 平衡后的U^*/原子

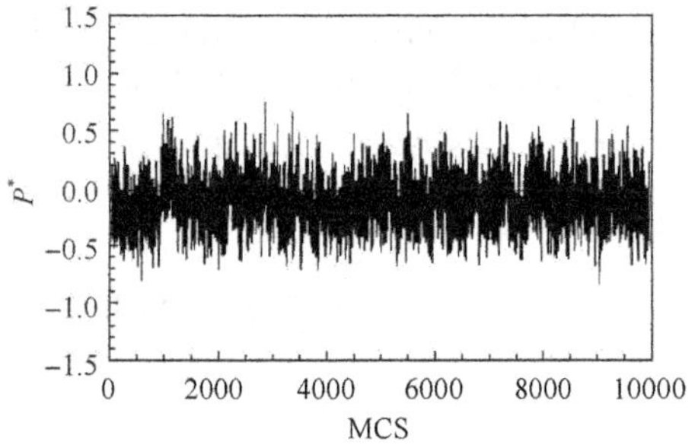

(d) 平衡后的P^*

图 7.9　蒙特卡罗模拟的结果

(108 个粒子的 Lennard-Jones 系统，T^*=1，ρ^*=0.5，系统模拟起始于纯面心立方晶格)

如上所述，在相同的热力学条件下，用蒙特卡罗方法计算出的平均值应与由分子动力学方法计算出的平均值相一致(利用附录 G.6.1 中讨论的对小系综的修正)。对蒙特卡罗计算结果进行分析的方法应与 6.2.2 节的分子动力学计算分析有相同的方法。可以计算出所有相同的量，如平均势能、平均压力等。还可以计算径向分布函数和任何其他只取决于原子位置的量。所有的这些计算都与分子动力学模拟的做法完全一样，只是用 Metropolis 的构型表替换构型的时间序列。

7.6　其他系综

将蒙特卡罗方法拓展到新的系综是比较容易的。改变能量可以反映新的热力学约束，采样将需要反映新的自由度。下面将讨论两个对研究材料问题比较重要的系综。

7.6.1　等压等温系综

等压等温系综(见附录 G.5.7)，是指约束条件为具有恒定数目粒子 N、恒定压力 P 和恒定温度 T 的热力学系统，常被称为 NPT 系综。在等压等温系综中，配分函数的构型部分为(根据式(G.26))

$$Z_{NPT}=\int \mathrm{d}V \mathrm{e}^{-P_{\mathrm{ext}}V/(k_{\mathrm{B}}T)}\int \mathrm{d}\boldsymbol{r}^N \mathrm{e}^{-U(\boldsymbol{r}^N)/(k_{\mathrm{B}}T)} \tag{7.25}$$

式中，P_{ext} 是外部施加的压力。NPT 系综模拟的一般步骤与恒定体积的模拟是一样的。在恒定温度 T 下，N 个原子被添加到体积为 V 的模拟单元中计算能量，用 Metropolis 算法来移动周围的原子。模拟单元可以是立方体或更复杂的结构，如附录 B.2.4 中所叙述的。

等压等温系综的变化是出现了依赖于一个新变量的配分函数形式，这个变量

就是体积 V。能量在两个方面依赖于体积，首先通过 $P_{\text{ext}}V$ 项，其次通过依赖于体积的势能 $U(\boldsymbol{r}^N)$。第一项是显而易见的，第二项值得多做些说明。

首先考虑具有周期性边界的立方体模拟单元系统的势能(见 3.2 节)：

$$U\left(\boldsymbol{r}^N\right)=\frac{1}{2}\sum_{\boldsymbol{R}}\sum_{i=1}^{N}\sum_{j=1}^{N}{}'\phi_{ij}\left(\boldsymbol{R}+\boldsymbol{r}_j-\boldsymbol{r}_i\right) \tag{7.26}$$

式中，$\boldsymbol{R}$ 是周期性重复的立方体模拟单元的晶格矢量，$\boldsymbol{r}_i$ 是原子 i 在单元内的位置。假设模拟单元的边长为 L，那么 $V=L^3$。正如在附录 B.2.2 中所讨论的，可以把模拟单元内的位置改写为

$$\boldsymbol{r}_i = L\boldsymbol{s}_i \tag{7.27}$$

式中，$\boldsymbol{s}_i$ 为原子在单元内的分数坐标。类似地，模拟单元的晶格矢量可以表示为

$$\boldsymbol{R}=L\left(n_1\hat{x}+n_2\hat{y}+n_3\hat{z}\right)=L\boldsymbol{S} \tag{7.28}$$

式中，n_1、n_2、n_3 为整数。式(7.26)可以改写为

$$U\left(\boldsymbol{s}^N,V\right)=\frac{1}{2}\sum_{\boldsymbol{s}}\sum_{i=1}^{N}\sum_{j=1}^{N}{}'\phi_{ij}\left[L\left(\boldsymbol{S}+\boldsymbol{s}_j-\boldsymbol{s}_i\right)\right] \tag{7.29}$$

随着体积的变化，原子在单元内的相对位置不变，但是原子之间的距离与 L 呈线性关系。因此，存在 U 对体积的显性依赖关系。

考虑式(7.25)对坐标的积分，按照式(7.29)改写 U，可以把对 $\boldsymbol{r}^N$ 的积分改写为对 $\boldsymbol{s}^N$ 的积分，即

$$\int \mathrm{d}\boldsymbol{r}^N \mathrm{e}^{-U(\boldsymbol{r}^N)/(k_{\mathrm{B}}T)} = V^N\int \mathrm{d}\boldsymbol{s}^N \mathrm{e}^{-U(\boldsymbol{s}^N)/(k_{\mathrm{B}}T)} \tag{7.30}$$

式中，对于每个 $\boldsymbol{r}$ 到 $\boldsymbol{s}$ 的变换，V 作为系数被提取出来。对于每个粒子，$\int \mathrm{d}x\mathrm{d}y\mathrm{d}z = \int L\mathrm{d}s_x L\mathrm{d}s_y L\mathrm{d}s_z = L^3\int \mathrm{d}s_x\mathrm{d}s_y\mathrm{d}s_z$。因此，在比例坐标中有

$$Z_{NPT}=\int \mathrm{d}V\int \mathrm{d}\boldsymbol{s}^N \mathrm{e}^{-(U(\boldsymbol{s}^N)+P_{\text{ext}}V-k_{\mathrm{B}}TN\ln V)/(k_{\mathrm{B}}T)} \tag{7.31}$$

在这里利用了关系式 $\exp(N\ln V)=V^N$，并注意到在 $N\ln V$ 项前面的负号被另一个负号所消掉，把所有能量项组合到一个指数项中①。

为了研究等压等温系综的系统，每个粒子的位置和体积 V 必须随设置的外部

---

① 关于这个结果的更加正式的推导，见 Frenkel 和 Smit(2002)著作中的 5.4.1 节。

压力 P_{ext} 参数而变化。在 Metropolis 算法中使用的概率函数为 $\exp(-(U(\boldsymbol{s}^N)+P_{ext}V-k_BTN\ln V)/(k_BT))$，因而对每一次移动，都必须考虑 $U(\boldsymbol{s}^N)+P_{ext}V-k_BTN\ln V$ 的变化。位置 $\boldsymbol{s}^N$ 以通常的方式采样，要记住它们是单元内的分数位置(fractional position)。试验移动采样在立方体格子中进行，其移动距离表示为 $L(\text{new})=L(\text{old})+\varDelta_L\mathfrak{R}$，其中 $\varDelta_L$ 是一个设定的参数，用来限制体积变化的大小，$\mathfrak{R}$ 是位于(−1,1)区间的一个随机数。具体的采样方法在理论上都没有明确的依据。

通常是在一个固定的体积内做原子坐标的试验移动，如图 7.8 所示，但是这里是在比例坐标系统($\boldsymbol{s}$)中进行的。一个典型的过程是对格子做试验移动，跟随着若干个蒙特卡罗步，其中 1 个蒙特卡罗步对应于 N 个随机原子的移动。格子尺寸的变动相对于坐标移动的频率是一个输入参数，应认识到如果格子尺寸发生变化，就需要对系统的总能量进行计算，而不是更新能量。$\varDelta_L$ 的设置应使得有大约 50% 的格子移动被接受。

立方体模拟单元适合于对液体的模拟，它不能支持剪切应力。但是，对于固体的模拟，最好是包括模拟单元形状及体积的涨落(或改变)。包括形状的最佳方法是借助在附录 B.2.4 中介绍的非立方单元的表示方法。用弹性能量替代外部压力，还可以进行恒定应力的模拟。请注意，对于本系综的模拟，蒙特卡罗方法相对于分子动力学方法的优点是它通常更易于实现，避免了 6.4.2 节 Parrinello-Rahman 方法的虚拟质量和能量项的问题。

附录 B.2.4 中介绍的矩阵 $\boldsymbol{h}$ 由模拟单元晶格矢量 $\boldsymbol{a}$、$\boldsymbol{b}$ 和 $\boldsymbol{c}$ 构成，即

$$\boldsymbol{h}=(\boldsymbol{a},\boldsymbol{b},\boldsymbol{c}) \tag{7.32}$$

原子的坐标可改写为

$$\boldsymbol{r}_i=\boldsymbol{h}\boldsymbol{s}_i \tag{7.33}$$

这类似于(及等同于立方系统)对立方系统($\boldsymbol{r}=L\boldsymbol{s}$)变量的比例缩放。从 $\boldsymbol{r}^N$ 到 $\boldsymbol{s}^N$ 的变量变换给配分函数增加了系数 V^N，与式(7.30)完全相同。在这种情况下，坐标变换为 $\mathrm{d}\boldsymbol{r}^N=(\det\boldsymbol{h})^N\mathrm{d}\boldsymbol{s}^N=V^N\mathrm{d}\boldsymbol{s}^N$，其中从 $\boldsymbol{r}$ 到 $\boldsymbol{s}$ 变换的雅可比因子为 $\boldsymbol{h}$ 行列式。根据式(B.17)，$V=\det\boldsymbol{h}$。

原子之间的距离为

$$r_{ij}=\boldsymbol{s}_{ij}^{\mathrm{T}}\boldsymbol{G}\boldsymbol{s}_{ij} \tag{7.34}$$

式中，上标 T 表示矢量的转置(见式(C.23))；$\boldsymbol{G}=\boldsymbol{h}^{\mathrm{T}}\boldsymbol{h}$ 为度规张量(metric tensor)，

$$\boldsymbol{G}=\begin{pmatrix} a^2 & ab\cos\gamma & ac\cos\beta \\ ab\cos\gamma & b^2 & bc\cos\alpha \\ ac\cos\beta & bc\cos\alpha & c^2 \end{pmatrix} \tag{7.35}$$

变量采样的方式与立方体采样的方式是相同的。有一些问题，如体积采样的最佳方式，在于对所有可能的形状和大小都必须均匀一致地采样。有人建议对 $\boldsymbol{h}$ 矩阵的各种元素进行采样；本书认为对度规张量 $\boldsymbol{G}$ 的元素进行采样会更加合适。目标就是选择在采样中偏置最小的方法①。

在模拟过程中，无论是立方单元还是可变盒子单元，平均值的计算均以通常的方式进行。特别重要的是要确保平均压力等于外部压力，即 $\langle P\rangle = P_{\text{ext}}$。如果这个等式不成立，那么在程序中的某个地方就存在错误，也许是在压力的计算上。任何结构参数都可以进行计算，包括体积、模拟单元参数等，这些类型的模拟已经被用于绘制相变图，这与 6.4.2 节的恒定应力分子动力学方法具有相同的方式。

7.6.2　巨正则系综

在材料科学中，许多时候人们可能不知道物质的平衡分布。允许有原子数目变化的系综是巨正则系综(grand canonical ensemble)。附录 G.5.7 中对这个系综进行了简要的介绍。

因为原子数目的共轭变量是化学势 μ，所以巨正则系综是关于 μVT 的自然函数。根据式(G.28)，巨正则配分函数为

$$Q_{\mu VT} = \sum_{N=0}^{\infty} \mathrm{e}^{(\mu N/(k_{\mathrm{B}}T))} Q_{NVT} \tag{7.36}$$

其中，对于单组分系统，完整的正则配分函数为(根据式(G.15))

$$Q_{NVT} = \frac{1}{N!\Lambda^{3N}} \int \mathrm{e}^{-U(\boldsymbol{r}^N)/(k_{\mathrm{B}}T)} \mathrm{d}\boldsymbol{r}^N = \frac{V^N}{N!\Lambda^{3N}} \int \mathrm{e}^{-U(\boldsymbol{s}^N)/(k_{\mathrm{B}}T)} \mathrm{d}\boldsymbol{s}^N \tag{7.37}$$

并且 $\Lambda = h/\sqrt{2\pi m k_{\mathrm{B}} T}$。需要注意，如同式(7.30)一样，这里已经把公式右边的坐标改写成模拟单元的分数。可以把式(7.36)表示为

$$\begin{aligned} Q_{\mu VT} &= \sum_{N=0}^{\infty} \mathrm{e}^{(\mu N/(k_{\mathrm{B}}T))} \int \frac{V^N}{N!\Lambda^{3N}} \mathrm{e}^{-U(\boldsymbol{r}^N)/(k_{\mathrm{B}}T)} \mathrm{d}\boldsymbol{r}^N \\ &= \sum_{N=0}^{\infty} \int \mathrm{d}\boldsymbol{r}^N \mathrm{e}^{-\{U(\boldsymbol{r}^N)-\mu N+k_{\mathrm{B}}T[\ln(N!)+3N\ln\Lambda-N\ln V]\}/(k_{\mathrm{B}}T)} \end{aligned} \tag{7.38}$$

在蒙特卡罗模拟中，有两种类型的试验，一种是移动粒子，另一种是插入或移除一个粒子：

---

① 假设有人直接对各种晶格参数 $(a, b, c, \alpha, \beta, \gamma)$ 进行采样。如果晶格的长度很大，那么非常小的角度变化会导致位于模拟单元远侧的原子绝对位置大的变化。而度规张量的采样避免了这样的情况。

(1) 对于粒子的移动，是基于 $\exp(-\Delta U(\boldsymbol{s}^N)/(k_BT))$ 的值接受或拒绝，其中 $\Delta U(\boldsymbol{s}^N)=U(\boldsymbol{s}'^N)-U(\boldsymbol{s}^N)$，而 $\boldsymbol{s}'^N$ 表示一个原子已经移动的一组坐标。

(2) 对于粒子的插入/移除，是基于指数 $\exp(-\Delta u/(k_BT))$ 的值接受或拒绝，其中 $u=U(\boldsymbol{r}^N)-\mu N+k_BT[\ln(N!)+3N\ln\Lambda-N\ln V]$。

Frenkel 和 Smit (2002) 提供了在巨正则系综里模拟的基本结构。

利用巨正则系综对凝聚态系统进行模拟是有问题的。要使粒子数量发生变化，就需要移动有粒子以将其插入系统。虽然已经提出一些巧妙的方法来做到这一点，但是一般来说，很难找到足够的空间来放置一个额外的粒子，特别是在粒子被随机地插入时。因此，接受比例是相当低的。解决这个问题的方法是限制粒子的插入方式，只通过与已经存在的粒子交换来实现。对于单组分系统，这显然不会得到值得关注的结果。对于有两种(或更多)类型粒子的系统，这种类型的模拟非常有用。

对于具有两个组分 (A 和 B) 的系统，其原子限制于 N 个格点上，即 $N=N_A+N_B$，式 (7.36) 成为

$$Q_{\Delta\mu VT}=\mathrm{e}^{N\mu B/(k_BT)}V^N\sum_{N_A=0}^{\infty}\mathrm{e}^{N_A\Delta\mu/(k_BT)}\frac{1}{N_A!\Lambda_A^{3N_A}}\frac{1}{N_B!\Lambda_B^{3N_B}}\times\int \mathrm{d}\boldsymbol{s}_A^{N_A}\mathrm{d}\boldsymbol{s}_B^{N_B}\mathrm{e}^{-U\left(\boldsymbol{s}_A^{N_A},\boldsymbol{s}_B^{N_B}\right)/(k_BT)} \tag{7.39}$$

式中，Λ 是式 (G.15) 中的德布罗意波长。需要注意，$Q_{\Delta\mu VT}$ 是化学势差 $\Delta\mu=\mu_A-\mu_B$ 的函数。Q 的完整项是 $\mathrm{e}^{(N_A\mu_A+N_B\mu_B)/(k_BT)}$。因为 $N=N_A+N_B$ 是常数，所以可以改写 $N_A\mu_A+N_B\mu_B=N_A\mu_A+(N-N_A)\mu_B=N\mu_B+N_a(\mu_A-\mu_B)$。$\mu_B$ 也是恒定的，所以热力学性质仅取决于差值 $\Delta\mu$。

Metropolis 算法有两种类型的步骤，就像在完全的巨正则系综的计算一样，只是在这种情况下，这些步骤是粒子的移动和粒子的互换，把一个原子插入格点，而先前的占位粒子被移除。粒子移动的接受/拒绝是以势能的变化为依据的，而粒子互换取决于势能的变化以及每个组分的数目。

由于已经引入对 N 的限制，这就不是真正的巨正则系综，而是它的一个受限制的版本(有时被称为“半巨正则系综”)。A 或 B 型原子的相对比例是由 $\Delta\mu$ 控制的。这个系综已经被用来研究块体性质和界面的偏析。Seidman (2002) 列举了这些类型模拟的例子。

7.7 蒙特卡罗模拟中的时间

一般情况下，在蒙特卡罗模拟中对时间没有显式的依赖性。通过采用正确的概率生成一组构型，并且对所有的这些构型求平均得到平均量。然而，在有的情

况下，可以利用蒙特卡罗模拟来推断时间，尽管它与“真实”时间之间的关系往往无法很好地界定。如果用蒙特卡罗方法建立模型的过程可以与离散事件相关联，并且可以对这些事件赋予迁移率或速率，那么通过一个依赖于系统的比例常数，蒙特卡罗试验就可以与时间的变化相关联，不过这可能不是很好确定。伊辛模型和在第 10 章中讨论的波茨模型都是离散事件系统的例子(如从一个自旋态反转到另一个态)，时间能够与蒙特卡罗采样相关联。具体叙述详见 10.2 节。由于原子或分子的运动不是由离散事件构成的，对于这些系统的模拟，时间不能与蒙特卡罗移动相关联。

7.8　蒙特卡罗方法的评价

有人可能会争辩，与分子动力学相比，蒙特卡罗模拟不仅没有优势而且还有缺点，它缺乏动态信息。对于已知作用势的原子系统，作用力很容易推导出来，是这一观点的主要论据。然而，如果人们关注的是结构和热力学性质，那么蒙特卡罗方法是一个合理的选择。蒙特卡罗模拟很容易推广到分子和聚合物系统，相关的细节将在第 8 章中予以叙述。

一般来说，相对于分子动力学方法，蒙特卡罗方法更容易推广到其他系综中。人们所需要的只是新系综的系统能量表达式，而在分子动力学系统中，哈密顿函数中必须添加人为的定义项，如能量和外部的动态约束，参见第 6.4 节。

对于很多类型的问题，蒙特卡罗方法是唯一的解决途径。自旋模型，如伊辛模型，是不适合于分子动力学模拟的。事实上，在由哈密顿函数描述的任何系统中，如果没有简单的方式可以定义作用力，那么就必须采用蒙特卡罗方法进行建模。由于只需要有能量，蒙特卡罗方法特别适合基于集体变量(collective variable)模型的建立，如在第 10 章中讨论的用于晶粒生长的自旋模型模拟。蒙特卡罗方法的基本原理也并没有限制于以能量为基础的建模。在第 9 章中介绍的动力学蒙特卡罗方法，以过程的速度替代能量，由激活过程描述系统动力学，从而实现长时间模拟。

7.9　蒙特卡罗方法在材料研究中的应用

在原子的尺度上，利用蒙特卡罗方法模拟材料的重要现象有非常多的例子，这里不能期望对广泛的应用做任何实质性的细节回顾，仅就很少的几个主题列举一些例子。

结构和热力学

6.4.2 节叙述了 Parrinello 和 Rahman (1981) 的方法，在恒压系综里做分子动力学的计算，指出了定义约束条件的复杂性。正如 7.6.1 节所指出的，在蒙特卡罗方法中采用可变盒子边界条件可能比在分子动力学中运用更容易一些。铁的 Bain 相变研究(见图 6.12)是第一个把 Parrinello-Rahman 边界条件应用到恒定应力蒙特卡罗方法的(Najafabadi and Yip, 1983)，它使用简单的势能，绘制出依赖温度的 BCC ↔ FCC 转变。考虑到原子量级蒙特卡罗计算在尺度上的限制，对纳米级材料的应用已经日益普遍。关于这方面结果的综述以及与实验结果的详细比较，可以在 Baletto 和 Ferrando (2005) 的文献中找到。

缺陷结构和性质

利用蒙特卡罗模拟研究缺陷可以获得有关它们的结构和能量学方面的重要信息。在许多情况下，完成 0K 下的模拟以获得能量最小的结构，然后用蒙特卡罗模拟来获得有限温度性质，Rittner 和 Seidman (1996) 对于一个面心立方金属倾斜晶界的研究就是依据这个步骤进行的。

偏析

根据半巨正则系综蒙特卡罗方法(见式(7.39))，利用嵌入式原子作用势对富 Cu 的 Cu-Ag 合金晶界预熔进行研究(Williams and Mishin, 2009)。他们发现了在边界为无序的相同温度下，边界内化学组成是如何接近液相的。相似的研究有，Seidman (2002) 利用分子动力学研究了晶界和表面偏析。

7.10　本 章 小 结

本章介绍了对于正则系综采用蒙特卡罗方法研究的基本思路和实施方法，重点介绍了采用 Metropolis 算法生成构型。讨论了蒙特卡罗计算所需步骤的详细细节，尤其是关注构型空间无偏置采样的重要性。通过实例计算伊辛模型的性质，说明应用的基本方法。以 Lennard-Jones 势描述的原子系统为例，将方法引申到具有连续原子间相互作用势的原子系统。对于其他系综也进行了介绍，如等压等温系综和巨正则系综。

推荐阅读

关于蒙特卡罗方法的一些一般性讨论，比较有价值的参考书籍包括：

Landau 和 Binder (2000) 编写的 *A Guide to Monte Carlo Simulations in Statistical*

Physics，这是 Binder 及其同事组织的关于蒙特卡罗方法系列丛书中的一本。

Frenkel 和 Smit (2002) 编写的 *Understanding Molecular Simulation: From Algorithms to Application*，是有关蒙特卡罗方法的非常好的参考书。

7.11　附加内容

根据附录 G.5.3，在正则系综里，状态 α 的平衡态概率为 $\rho_\alpha \propto \exp(-E_\alpha/(k_B T))$。下面介绍采用 Metropolis 算法在此系综之内构建系统。

考虑系统有一系列的状态，以下标来表示。首先要记住，平衡并不意味着是静态的，系统总是在变化，从一个状态转移到另一个状态。设 ω_{ij} 是系统从状态 i 到状态 j 时随着时间变化的概率，即 ω_{ij} 是速率。在一个状态下概率变化的时间速率为 ρ_i，就是

$$\frac{d\rho_i}{dt} = -\sum_j \omega_{ij}\,\rho_i + \sum_j \omega_{ji}\,\rho_j \tag{7.40}$$

式中，第一项是系统离开状态 i 的速率，第二项是系统进入状态 i 的速率，是对系统中所有的其他状态求和(请注意，ω_{ij} 项中下标顺序的变化)。如果系统处于平衡状态，那么处于状态 i 的概率是恒定的，即 $d\rho_i/dt=0$。因此有

$$\frac{\omega_{ij}}{\omega_{ji}} = \frac{\rho_j}{\rho_i} = \frac{e^{-E_j/(k_B T)}}{e^{-E_i/(k_B T)}} = e^{-(E_j-E_i)/(k_B T)} \tag{7.41}$$

由于在正则系综中的采样取决于 ρ_j/ρ_i，它需要 i 和 j 两种状态之间的比值 ω_{ij}/ω_{ji}，由 $\omega_{ij}/\omega_{ji}=\exp(-(E_j-E_i)/(k_B T))$ 给出。在 9.2 节关于动力学蒙特卡罗方法的讨论中，确立了从状态 i 到状态 j 的速率与从 i 到 j 的概率成正比的关系，即 $\omega_{ij}=C$ 概率(i,j)，其中的 C 是一个常数。

现在考虑 Metropolis 算法中，状态 i 和 j 之间往来的概率。根据图 7.2，对于这两种情况，$E_j-E_i\leqslant 0$ 和 $E_j-E_i>0$，可以写出概率为

$$\text{概率}(i,j) = \begin{cases} 1, & E_j - E_i \leqslant 0 \\ e^{-(E_j-E_i)/(k_B T)}, & E_j - E_i > 0 \end{cases} \tag{7.42}$$

现在考虑速率比，即

$$\frac{\omega_{ij}}{\omega_{ji}} = \frac{\text{概率}(i,j)}{\text{概率}(j,i)} \tag{7.43}$$

在此常数 C 被消掉。对于这两种情况，有

$$\begin{cases} \dfrac{\omega_{ij}}{\omega_{ji}} = \dfrac{1}{\mathrm{e}^{-(E_i-E_j)/(k_\mathrm{B}T)}} = \mathrm{e}^{-(E_j-E_i)/(k_\mathrm{B}T)}, & E_j - E_i \leqslant 0 \\ \dfrac{\omega_{ij}}{\omega_{ji}} = \dfrac{\mathrm{e}^{-(E_j-E_i)/(k_\mathrm{B}T)}}{1} = \mathrm{e}^{-(E_j-E_i)/(k_\mathrm{B}T)}, & E_j - E_i > 0 \end{cases} \tag{7.44}$$

因此，Metropolis 算法所遵循的程序与正则系综是一致的。可以在某个特定的系综里对系统进行采样。

第 8 章　分子和大分子系统

本章将前面介绍的方法从原子系统扩展到大分子系统中。基本思路是一致的，但是存在由于分子具有形状而出现的额外复杂性。分子系统的模拟是一个非常活跃的领域，特别是聚合物和生物材料，在本书中只涉及其最基础的知识。要了解更多信息，请参阅推荐阅读部分的书籍。

在回顾大分子基本性质之后，本章继续对一些分子间相互作用建模的常见方法进行讨论，然后着重介绍如何把分子动力学方法和蒙特卡罗方法应用于分子系统之中。但是，当进行大分子系统如聚合物或蛋白质系统的讨论时，在计算中考虑分子的全部复杂性会变得极具挑战性。因此，已经开发出物理上近似的各类模型。在本章的结尾，将对部分近似方法进行讨论。

8.1　引　　言

聚合物(大分子)是由单体单元(monomer unit)的长链组成的大分子。在一些生物分子中，单体的数目(N)可以是相当大的，例如，在某些情况下 DNA 的 N 约为 10^8。在其他系统中，N 可以是数百的量级。单体单元的个性决定着聚合物的整体性质，如 DNA 和 RNA 是由核苷酸组成的、蛋白质是由氨基酸组成的等。在商业聚合物中，单体单元既可以是简单的基团，如聚乙烯中的—CH_2—，也可以是更复杂的系统，如乙烯-醋酸乙烯酯(EVA)，它是乙烯和醋酸乙烯酯的共聚物。在整体聚合物(block polymer)中，所述单体是有序的，也就是说，在有的区域里单体要么是这种类型，要么是另一种类型。例如，整体聚合物是由两种类型单体组成的，聚合物的一端是由一种类型的单体构成的，而其相对端则是由另一种类型的单体构成的。如果整体聚合物的一端是疏水性的(更易于吸引自身或非极性溶剂而不是水)，并且另一端是亲水性的(更易于吸引像水一样的极性溶剂而不是非极性分子)，则聚合物会自然地形成许多在生物系统中遇到的重要结构，如胶束(micelle)。

聚合物分子是由重复结构单元组成的单个大分子，由共价化学键连接在一起，如图 8.1(a)所示的聚乙烯。聚合系统的组成可以为单链(图 8.2(a))和支链(图 8.2(b))，或者可以为股线(strand)间的交叉连接(交链图 8.2(c))。聚合物系统的力学性能极大地依赖于其聚合物结构的类型，单链的聚合分子一般比支链聚合物的刚性要差一些，而支链聚合物的刚性不如交链系统。

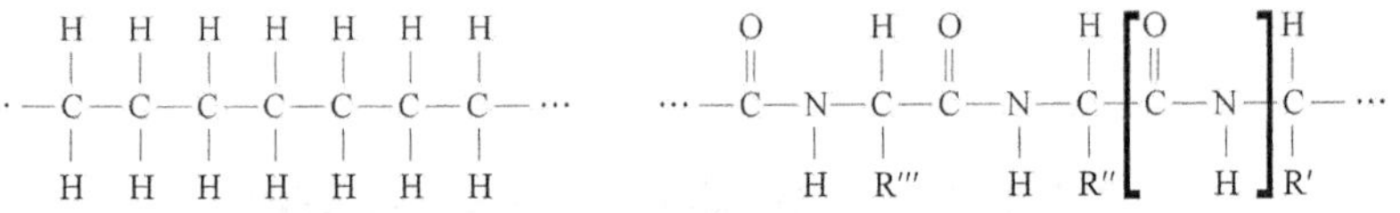

(a) 聚乙烯(一种聚合物分子)　　(b) 一个蛋白质的例子

图 8.1　大分子的例子

(R′、R″和 R‴分别表示侧链，其组成决定氨基酸的种类。
括号中的 CNOH 基是一个肽键，由它把氨基酸连接成键)

(a) 单链　　(b) 支链　　(c) 交链

图 8.2　聚合物的链结构示意图

聚合物系统拥有一系列的性质，是多种类型工程系统的基础。例如，塑料通常由有机聚合物系统构成，它们的性质由构成聚合物主链的重复单元及其侧链两者共同确定。通过细调组合物的成分，能够产生一系列具有不同寻常特性的材料，从而导致塑料在我们这个世界上无处不用。塑料的结构可以是非晶态的或者是部分晶态与部分非晶态的。在后者的情况下，它们有一个熔点并且至少有一次玻璃转化，在玻璃转化温度下，局部分子柔度(localized molecular flexibility)程度显著增加。

在过去的几十年中，材料科学与工程最令人兴奋的发展是材料学和生物学的融合。基于生物模板的新材料和利用生物学方法制造新材料展示出巨大的希望。大分子是所有生物系统的基础，它们可以表现为单个分子，也可表现为由静电力或范德瓦耳斯力结合在一起的分子的集合。它们表达着遗传信息，发挥着化学工厂的作用，为细胞结构提供着机械支撑。例如，细胞骨架的生物聚合物(如肌动蛋纤维和微管)在细胞中发挥着结构元件的作用(Howard, 2001)。有四种基本类型的生物分子聚合物：蛋白质、脂类、核酸和碳水化合物。也有很多非生物聚合分子，它们具有大的分子质量。

作为例子，下面讨论一下蛋白质的结构，如图 8.1(b)所示。蛋白质由多肽组成，多肽是氨基酸的单线型聚合物链，肽键把与氨基酸残基(amino acid residue)相邻的羧基和氨基连接在一起，如图 8.1(b)中方括号所示。根据侧链的不同，有很多初级氨基酸，在图中用 R′表示。大多数蛋白质折叠成独特的三维结构，称为三级结构，通过许多不同类型的相互作用达到稳定，包括氢键、两个硫原子之间的键合(硫化物键(sulfide bond))等。正是三级结构控制着蛋白质的基本功能。

聚合物溶液的性质

本书的讨论仅限于聚合物溶液的建模与应用。在这种情况下，关注点主要集中在单个分子的性质，其中包括它们的结构和位形(structure and conformation)。它们的弛豫过程的时间尺度可能会非常缓慢，是聚合物溶液的独特性质之一。例如，蛋白质折叠所涉及的物理时间尺度从微秒至秒，对于标准的动态模拟方法，如分子动力学方法(Kubelka et al., 2004)，这个时间尺度太长。下面将介绍的有关方法，可以模拟这些缓慢的变化过程。

对聚合物链的性质进行分类有许多种方法。例如，聚合物形状的一个量度是回旋半径(radius of gyration)，其定义为聚合物中单体与单体平均位置之间距离的均方根，即

$$R_g^2 = \frac{1}{N}\left\langle \sum_{k=1}^{N}\left(\boldsymbol{r}_k - \langle \boldsymbol{r} \rangle\right)^2 \right\rangle \tag{8.1}$$

其中，单体的平均位置是

$$\langle \boldsymbol{r} \rangle = \frac{1}{N}\sum_{k=1}^{N}\boldsymbol{r}_k \tag{8.2}$$

下面在有关无规行走模型的背景下讨论 R_g。图 8.3(a)给出了回转半径 R_g 的示意图。

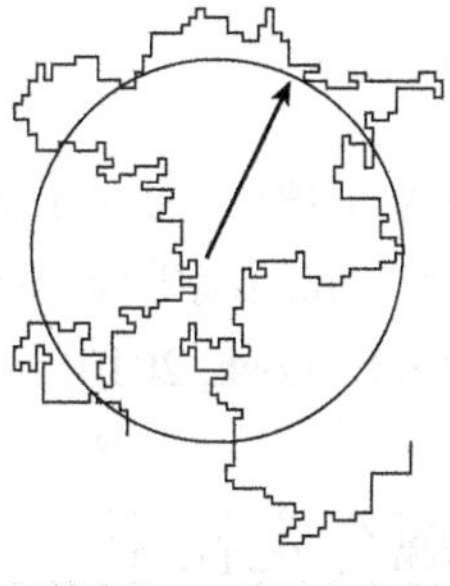

(a) 回转半径R_g，分子大小的量度(本图是由二维自回避无规行走生成的(在8.2节中叙述)，其平均位置和半径为R_g的圆叠加在轨迹上)

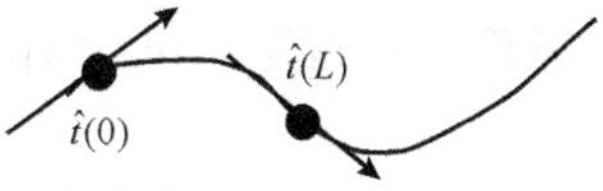

(b) 持续性长度是量度沿着聚合物链方向的损耗角正切的量，由箭头表示

图 8.3　聚合物性能的量度

另一个重要的量度是持续性长度(persistence length)，这是与聚合物力学性质有关的量。持续性长度的定义为从其切点沿切线的方向与聚合物链失去相关性的长度。如图 8.3(b)所示，沿着链的走向，设某一点的单位切线为 0，表示为 $\hat{t}(0)$。沿着链移动的距离为 L，该点上的单元切线是 $\hat{t}(L)$。作为沿着聚合物距离 L 的函

数，切线之间的角度可以由点积 $\hat{t}(0)\cdot\hat{t}(L)$ 的计算求得。持续性长度 l_{p} 是通过对许多聚合物的位形求平均来定义的，由式(8.3)给出：

$$\langle\hat{t}(0)\cdot\hat{t}(L)\rangle = \mathrm{e}^{-L/l_{\mathrm{p}}} \tag{8.3}$$

从力学的角度来看，半柔性的聚合物链可以通过一个称为蠕虫状链模型(worm-like chain model)来近似地建立模型(Howard, 2001; Boal, 2002)，也称为 Kratky-Porod 模型(Kratky and Porod, 1949)。蠕虫状链模型是基于连续的柔性杆，沿着聚合物链方向，邻近的链段趋向于指向大致相同的方向，对于硬的聚合物该模型有很好的效果。在这个简单的力学概念下，将聚合物链的持续性长度与其刚度参数 k_f 关联起来是可能的，即①

$$l_{\mathrm{p}} = \frac{k_f}{k_{\mathrm{B}}T} \tag{8.4}$$

它又与链弯曲运动的杨氏模量 E 相关联，其关系式为(见式(H.27))

$$k_f = IE \tag{8.5}$$

式中，I 是聚合物横截面的二次惯性矩。例如，对于一个圆形杆，$I = \pi R^2/4$，其中 R 是圆形杆的半径。弯曲杆的机械能为

$$E_{\mathrm{bend}} = \frac{k_f L}{2R^2} \tag{8.6}$$

对于聚苯乙烯，杨氏模量的典型值大约为 3GPa，而对于大多数金属则超过 100GPa。由大分子组装的微管(microtubule)是形成细胞骨架(cytoskeleton)的重要组成部分，其杨氏模量约为 2GPa(Sept and MacKintosh, 2010)。

8.2 聚合物的无规行走模型

考虑对聚合物链一个非常简单的表述方式，即一组相连的 n 个长度为 a 的直线链段按顺序地放置在一个格子中，连接在最近邻阵点。进一步假设，这些链段被随机地摆放在格子中，对链段是否彼此触碰没有任何限制。这个过程就是一个在晶格上的无规行走，利用在第 2 章中做出的分析，对这种方法生成的聚合物位形性质进行描述，通常称为无规链模型(random-chain model)。

端距的平均距离是聚合物的一个重要量值，量度这个值的方法之一是求出

① Boal(2002)的文献中对生物分子组装的力学性质进行了非常好的描述。

式(2.9)中所给出均方位移$\langle R_{ee}^2 \rangle$的平方根，

$$\langle R_{ee}^2 \rangle^{1/2} = \sqrt{n}a \text{ (无规链)} \tag{8.7}$$

由此看到，在无规链模型中，端距的平均距离是聚合物链段数平方根的线性函数，称为理想比例(ideal scaling)。注意，正如第 2 章所讨论的，这个比例关系对于二维或者三维都成立，并且与格子无关。

无规链模型是很简单的，但式(8.7)的结果却没有很好地表述真实聚合物链。这是因为真实的聚合物是由原子构成的，原子具有固有的体积，要排斥其他原子占据自身的空间。在无规链模型中，这个排斥的体积恰恰没有得到应有的考虑。

通过简单地禁止任何跨越链本身的行走，就能够改进无规链模型，这一方法称为自回避链，其更常见的称谓是自回避行走(self-avoiding walk, SAW)。自回避行走是一个简单的无规行走路径，从一个点行走到另一个点，绝不与其自身相交跨越，它因此至少在一定程度上纳入了排斥体积(excluded volume)的思路。在图 8.4 的例子中，示出了在正方形格子上三个自回避行走模拟的前 500 步。它在行走中完全没有跨越或者折返，与图 2.5(a)中标准无规行走形成鲜明的对比。

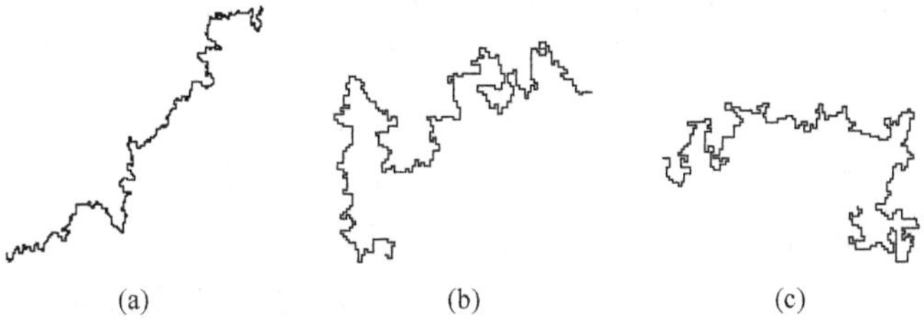

图 8.4　在正方形格子上三个自回避行走的前 500 步(请与图 2.5(a)中正常的无规行走相比较)

与无规链相比，自回避链具有非常不同的比例性质，这从一维链的例子可以很容易地看到，见图 8.5(a)。根据式(8.7)，希望在任意维度上$\langle R_{ee}^2 \rangle^{1/2} = \sqrt{na}$都成立，这似乎与一维图示的轨迹是相容的。轨迹本身存在着折回，所以轨迹中端距的平均距离要远远小于轨迹中跳跃的距离值。

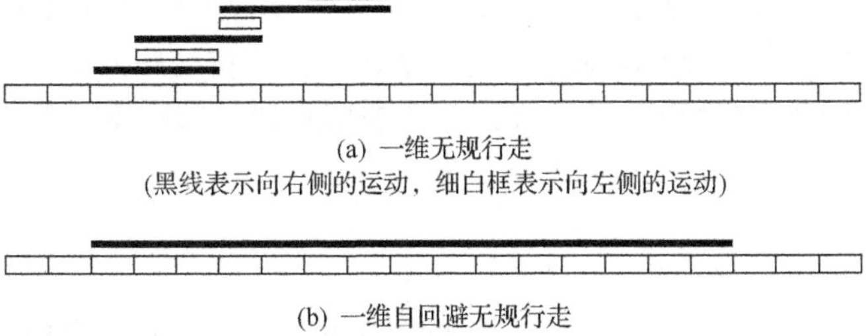

图 8.5　一维无规行走与自回避无规行走的比较

然而，在一维上自回避链的轨迹如图 8.5(b)所示。该轨迹绝不折返到它自身，所以端距的长度总是$\langle R_{ee}^2\rangle^{1/2}=na$。因此，对于一维空间的自回避链，其比例与 n 成正比。在一般情况下，自回避链的比例为$\langle R_{ee}^2\rangle^{1/2}=n^{\nu}a$，其中 ν 取决于维数。Flory(1953)指出，该比例的指数由式(8.8)近似地给出：

$$\nu \sim \nu_{\mathrm{FL}}=\frac{3}{2+d} \tag{8.8}$$

式中，d 是系统的维数(Boal, 2002)。对于一维、二维和三维分别有 ν_{FL} 为 1、3/4 和 3/5，这些结果与模拟结果基本上是完全一致的。对于四维或更高维度的聚合物(无论其概念是什么)，理想比例成立，ν=1/2。

在最简单的层面上，实施自回避行走很简单。人们可以选择无规跳跃，并对访问过的每个位置点进行记录。如果一个新的跳跃使系统前往已经访问过的位置点，那么这个跳跃是不允许的，必须尝试另一个不同的跳跃。对于短链，这种方法可能会很有效，但是即使是在这种情况下，也可能会出现没有跳跃可能性的窘境。例如，在图8.4 中跳跃序列标记为小实心圆，如果其起始点设在跳跃序列的末尾，那么就没有可能再做出跳跃，轨迹就将被终止。

对于大型的链，要在大量记录中查找经历过的位置点，花费的时间难以承受。正如所看到的无规链，需要许多次试验，以便在确定性质时得到好的统计结果，如端距的平均距离。因此，为了寻找有效的算法，人们已经做了许多工作。一种称为支点算法(pivot algorithm)的方法已经被证明是相当成功的，其细节在其他文献中有介绍(Lal, 1969; Madras and Sokal, 1988)，利用 Mathematica 来实施也是可行的(Gaylord and Nishidate, 1996)。

8.3 大分子的原子模拟

尽管无规行走模型显示出有趣的行为，但是它们没有体现出大分子的任何基本化学和物理性质。要超越这些简单的模型，可以采用许多关于原子系统已经讨论过的方法，如利用分子间作用势(第 5 章)作为分子动力学(第 6 章)或蒙特卡罗(第7章)模拟的基础。这里仅提纲挈领地介绍将这些方法推广到分子系统时所要面对的主要差异和困难。有关详细的信息请参阅在本章结尾推荐阅读中的文献。

8.3.1 分子之间的相互作用

分子间作用势与第 5 章介绍的原子间作用势都是基于相同物理基础的。然而，由于加入了分子的形状，尤其是对于较大的分子可能是非常复杂的，分子间作用势有额外的复杂性。分子还具有内部的自由度(如键伸缩和弯曲)，影响着它们的结构和性质。本节归纳总结处理这两种因素的方法，从最常见的方式入手，建立分子之间相互作用的模型。8.8 节将以 H_2O-H_2O 的相互作用为例，通过小分子之间相互作用的讨论，对这些思路进行说明。

1. 原子-原子作用势

分子间相互作用势必须准确地反映分子中原子的位置和它们的化学特性。最简单也是最常用的作用势形式是由分子内部的原子间对势求和构成的。这种类型的作用势被恰如其分地称为原子-原子作用势。图 8.6 为两个乙醇(C_2H_5OH)分子相互作用的例子。为了清晰，图中只画出了部分相互作用。相互作用的位置点可以移离原子的位置，在这种情况下，它通常称为位置-位置作用势。

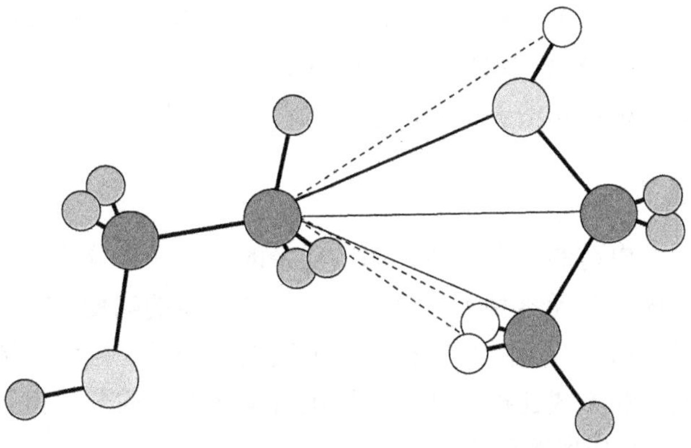

图 8.6　两个乙醇(C_2H_5OH)分子之间的原子-原子相互作用

(深灰色为碳原子，浅灰色为氧原子，无色为氢原子；C 和 O 之间的相互作用由粗实线表示，C 和 C 之间的相互作用由细实线表示，而 C 和 H 之间的相互作用由虚线表示。清楚起见，只画出了部分相互作用)

两个分子 a 和 b，分别由 N_a 和 N_b 个原子构成，分子之间的原子-原子作用势表示为

$$V_{ab}=\sum_{i=1}^{N_a}\sum_{j=1}^{N_b}\phi_{ij}\left(\boldsymbol{r}_{bj}-\boldsymbol{r}_{ai}\right)+V_{ab}^{\mathrm{elect}} \tag{8.9}$$

式中，ϕ_{ij} 是一个适合于 i 和 j 类型原子的势函数；$\boldsymbol{r}_{ai}$ 是分子 a 中第 i 个原子的位置；$\boldsymbol{r}_{bj}$ 是分子 b 中第 j 个原子的位置；V_{ab}^{elect} 是分子间的静电能量。忽略作用势的任何截止距离，原子-原子作用势共有 N_aN_b 项，所以对于非常大的分子(如聚合物和蛋白质)，这种势的形式在计算上面临着挑战。

凝聚相分子系统中的成键最类似于图 5.2(a)中的稀有气体分子，即电子被紧密地束缚到分子上，分子之间极少有或者完全没有电子的分布。分子之间占主导地位的长程相互作用是静电相互作用 V_{ab}^{elect} 和范德瓦耳斯相互作用。而 ϕ_{ij} 的典型形式是 Lennard-Jones（式(5.6)）函数或 exp-6（式(5.11)）函数，它们在长程上主导着范德瓦耳斯相互作用，这是预料之中的事情。

对于很多类型的原子对，已经用 ϕ_{ij} 制成表格，它们通常反映原子的局部成键。例如，图 8.6 中的碳原子和氧原子之间的作用势会与碳和氢或碳和碳之间的不同。事实上，两个碳原子之间的作用势也可能还反映着两个原子局部环境的差异①。

研发一组自洽的作用势参数是非常具有挑战性的。势函数都很简单，但分子内的成键却相当复杂。作用势的参数一直在变化，直到利用作用势计算得到的性质与实验数据或量子力学计算结果相匹配。对于不同的应用已经研发了不同的作用势参数组，如用于聚合物、蛋白质、核酸等。蛋白质和聚合物作用势参数的两个例子是 CHARMM22 (MacKerell et al., 1998) 和 Amber (Ponder and Case, 2003) 软件包。例如，CHARMM22 软件包使用 Lennard-Jones 势作为式(8.9)中的 ϕ，并与静电能量的点电荷模型相结合，详细细节将在后面讨论。

2. 静电能量项

在分子系统中电荷的分布可能是相当复杂的，即使当分子具有闭合壳层的电子分布，在分子内化学元素种类的分布就可导致电荷的畸变(charge distortion)，从而产生局部静电极矩(见附录 E.3)。对于较大的分子，这些连续的电荷分布通常以离散电荷的求和方式建模，其静电极矩与那些真实的分子相匹配。分子 a 和 b 之间的总静电相互作用的形式为

$$V_{ab}^{\text{electro}} = \sum_{i=1}^{M_a}\sum_{j=1}^{M_b}\frac{q_{ai}q_{bj}}{\left|\boldsymbol{r}_{bj}-\boldsymbol{r}_{ai}\right|} \tag{8.10}$$

式中，分子 $a(b)$ 的电荷数为 $M_{a(b)}$；q_{ai} 是分子 a 上的第 i 个电荷的电荷量；q_{bj} 是分子 b 上第 j 个电荷的电荷量。注意，电荷的数量和位置并不需要与上面所讨论的原子-原子作用势的位点相匹配(尽管通常它们是相同的)。

对于像水这样的小分子，式(8.10)以及附录 E.3 中多极矩展开式的表述都可以使用。即使是对于这些小分子，它们之间相互作用的最佳表述方式通常是使用像式(8.10)那样的分布式电荷。在实践中，电荷不必加在原子上，但是电荷分布要最好地匹配于静电极矩。例如，在 8.8 节讨论的 H_2O 模型就包含电荷位于或不位于原子位置上两种情况。

① 相邻原子的化学特性可改变原子的电子分布，从而改变与其他原子的相互作用。

8.3.2　分子内能量项

描述同一分子内原子间相互作用能量的函数还必须并入整体能量的表达式中[①]。这些分子内部能量可分为四种基本类型，由图 8.7 所示的角度和距离来表述：键伸缩(bond stretching)、价角弯曲(valence angle bending)、二面角弯曲(dihedral angle bending)和反演角弯曲(inversion angle bending)。对于较大的柔性分子，也可能还有来自同一分子的原子直接相互作用对分子内部能量的贡献，其表示形式类似于式(8.9)关于分子之间的相互作用。这些项将被纳入原子-原子作用势的求和之中。

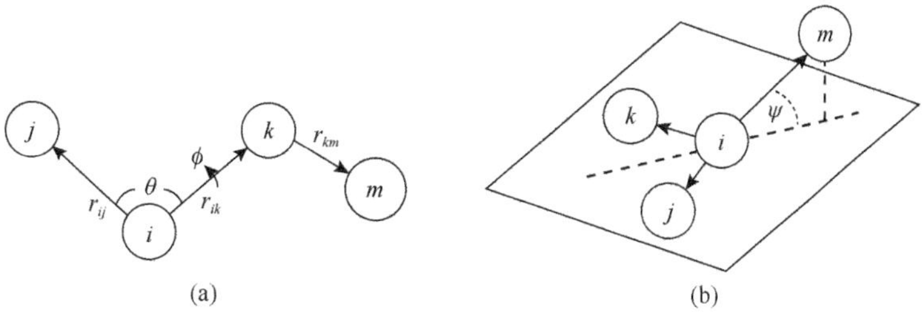

图 8.7　分子作用势中的角度和距离

键伸缩能量是键长偏离其平衡长度的函数。作用势的基本形式或许最好可以由式(5.13)的 Morse 势来表述，它基于双原子分子的解离势。然而，一般来说，都是采用由修正平衡值附近作用势的泰勒级数推导出来的近似值来表述。通常的做法是止步于谐振项，它正是泰勒级数的第一个非消失项。在这个简谐近似的方法中，如同附录 D.3 中描述的一样，键被认为是谐振弹簧。包含泰勒展开的更高阶项(如三次、四次等)的表达式也可使用。

考虑图 8.7(a)中原子 i 和 j 之间的键，该键的瞬时长度为 $r_{ij}=\left|\boldsymbol{r}_{ij}\right|$，而其平衡长度表示为 r_{ij}^0[②]。一个键的能量可以表示为

$$U\left(r_{ij}\right)=\frac{k_{ij}}{2}\left(r_{ij}-r_{ij}^0\right)^2+\frac{g_{ij}}{3}\left(r_{ij}-r_{ij}^0\right)^3+\frac{h_{ij}}{4}\left(r_{ij}-r_{ij}^0\right)^4+\cdots \tag{8.11}$$

式中，k_{ij}、g_{ij} 和 h_{ij} 是键的力常数。在谐振近似中，键能量由式(8.11)中的第一项来近似。对能量的总贡献是对所有的成键对求和。对于共价键的力常数趋向于大的值，因此振动的频率是相当高的，如比分子间晶格振动的基本频率要高得多。

在图 8.7(a)中，键角 θ_{ijk} 是两个键 ij 和 ik 之间的夹角：

---

① 在模型中，有时会采用保持其中分子为刚性的形式，在本节中省略了这种情况的表达式。

② 注意以通常的方式定义 $\boldsymbol{r}_{ij}=\boldsymbol{r}_j-\boldsymbol{r}_i$。

$$\theta = \arccos\left[\frac{\boldsymbol{r}_{ij} \cdot \boldsymbol{r}_{ik}}{r_{ij} r_{ik}}\right] \tag{8.12}$$

典型地，键角的能量以谐振项近似，其形式为

$$U\left(\theta_{ijk}\right) = \frac{k_{ijk}}{2}\left(\theta_{ijk} - \theta_{ijk}^{0}\right)^{2} \tag{8.13}$$

式中，θ_{ijk}^{0} 为平衡角，k_{ijk} 为力常量。键弯曲的力常数趋向于小于键伸缩的力常数。

在图 8.7(a) 中，二面角 ϕ 是分别包含原子 jik 和 ikm 两平面法线之间的夹角。由于知道由三个原子确定的平面的法线与键矢量的点积成比例，所以可以写出二面角的表达式为

$$\phi = \arccos\left(\hat{n}_{ijk} \cdot \hat{n}_{ikm}\right) \tag{8.14}$$

其中单位法线的定义为

$$\hat{n}_{ijk} = \frac{\boldsymbol{r}_{ij} \times \boldsymbol{r}_{ik}}{\left|\boldsymbol{r}_{ij} \times \boldsymbol{r}_{ik}\right|} \tag{8.15a}$$

$$\hat{n}_{ikm} = \frac{\boldsymbol{r}_{ki} \times \boldsymbol{r}_{km}}{\left|\boldsymbol{r}_{ki} \times \boldsymbol{r}_{km}\right|} \tag{8.15b}$$

与 ϕ 变化(扭转)相关联的能量可以用多种形式表示，例如，要模拟潜在的大尺度扭转，采用平面作用势的形式

$$U\left(\phi_{jikm}\right) = A\cos\left(\phi_{jikm} + \delta\right) \tag{8.16}$$

是合适的，其中 A 和 δ 是常数。对于变化尺度较小的谐振运动，有

$$U\left(\phi_{jikm}\right) = \frac{1}{2} k_{jikm}\left(\phi_{jikm} - \phi_{jikm}^{0}\right)^{2} \tag{8.17}$$

将是一个可接受的选择。

反演角度 ψ 如图 8.7(b) 所示，它描述的能量与围绕中心原子的三个原子排列相关联。一个重要的例子是三个氢原子围绕一个氮原子的排列方式。通过反演氮原子(想象一把雨伞)，能够形成一个有相等能量的新结构。ψ 是键矢量 $\boldsymbol{r}_{im}$ 和包含其他三个原子的平面之间的夹角。这一运动能量的典型形式包括谐振作用势以及平面作用势，其形式为

$$U\left(\psi_{ijkm}\right)=A\cos\left(\psi_{ijkm}+\delta\right) \tag{8.18}$$

注意，对每个可能反演的原子都将有一个关于反演势的项。

8.3.3　探索能量面

对于 N 个分子的系统，其总势能为对式(8.9)的所有原子-原子作用势求和

$$U=\frac{1}{2}\sum_{a=1}^{N}\sum_{b=1}^{N}V_{ab}+\sum_{a=1}^{N}V_{\text{intra}}(a) \tag{8.19}$$

其中对 a 和 b 的求和就是对所有分子的原子求和，$V_{\text{intra}}(a)$ 是分子 a 内部的能量，如 8.3.2 节讨论的。对作用于某个特定原子上的力，可以通过求关于该原子坐标的势能梯度得到，如 6.1 节讨论的。作用势和力通常在截止距离处截止，如 6.2.1 节中的描述。

5.8 节讨论了确定零温度下材料性质的方法，即通过相对于系统结构参数求能量的最小值。对于分子系统，通常也做相同形式的模拟。对于由小分子组成的固体，如水，确定其晶体结构和能量学性质的模拟基本与 5.8 节中所叙述的进行原子系统模拟方式相同，至于与分子取向相关的自由度所引发的额外复杂性，则需要在能量最小化中作为一个变量考虑。在后面的章节中关于蒙特卡罗方法应用到分子系统的讨论，将给出一个简单的取向变化的例子。

另一个重要的应用是大分子构型变化的能量映射(mapping)，蛋白质折叠和结合就是一个重要的例子。为了理解这些现象，引入一个能量景貌(energy landscape)的概念，它是分子所有可能的位形和与它们相对应的吉布斯自由能的映射(Wales, 2003)。想象蛋白质折叠的一种方式是把它看作一个扩散的过程，在这个过程中借助在漏斗形的自由能图向下移动，分子达到它们最终的位形(Onuchic et al., 2004)。漏斗的形状引导着分子到达它们的最终状态，其动态过程由隐含的能量表面细节确定。这些表面不是光滑的，扩散在一系列的峰和谷上发生。这样的表面被认为是粗糙的。因此，要了解蛋白质折叠，不仅需要知道初始和最终状态的能量，而且还需要知道连接这两个状态的能量表面的粗糙程度(roughness of the energy surface)(Onuchic et al., 2004)。

在确定像蛋白质折叠现象这样的能量景貌方面，计算机模拟能够发挥出重要的作用。事实上，目前对大多数能量表面粗糙度的了解，都完全来自小模型蛋白质的模拟。有关能量最小化及其将动力学方法应用到这类问题上的细节，Scheraga 等(2007)进行了介绍。可以这样说，这些方法的基础是基于本节所述的能量表述方法。

8.3.4 分子动力学

将分子动力学应用到大分子材料中，应遵循第 6 章中所介绍的方法。按通常的方式，作用于原子上力的计算，是计算式(8.19)中能量对原子位置的负梯度。一旦计算得到了力，运动方程就可以基于第 6 章中介绍的相同算法来求解。

大分子的模拟可以用在第 6 章中介绍的任何系综来实施，包括等压等温系综。模拟的步骤与 6.1.6 节中所讨论的相同，第一步是选择分子的初始构型。对于简单的原子系统，在创建初始构型上没有什么特殊的困难，但是对于大分子，要选择一个初始构型是相当复杂的。典型地，初始构型可来自实验，如利用 X 射线衍射研究，或者利用 8.3.3 节中概述的最小化方法。对模拟结果要进行分析，以获得分子动力学的其他模拟结果，包括确定热力学量的平均值、结构的测量、空间和时间关联函数等。

在大分子系统的研究中，出现了一系列的问题，其重点及最终的落脚点，就在于大分子系统建模要涉及的原子数量非常大以及模拟的基本时间步长。大分子模拟系统的尺度通常是相当大的，一般典型的模拟可以在分子中包含几万到几十万个原子，以及足够数目的溶剂分子(通常是水)，均包含在模拟单元中。8.4 节将讨论一种方法，它通过引入分子的粗粒表示方法，使大分子模拟的长度尺度得到拓展，其中原子团被看作一个力的中心来处理。

正如所有的分子动力学模拟一样，要设置时间步长的尺度以获得运动方程的精确积分。无论使用何种算法，时间步长都必须比系统中运动速度最快的周期要小得多，这个运动对于分子系统就是分子内的振动。分子内的振动比分子的质心运动速度更快，一般地其周期大约在 10^{-14}s 或更小的范围内。这些很短的时间步长限制了分子动力学在研究大尺度分子运动上的能力，无论是质量中心的转移或大部分分子相对于其他分子的运动，如蛋白质位形的弯曲。8.4 节将讨论一种可以抑制快速分子内部运动的方法，可以看到，粗粒模型的时间尺度与分子动力学(化学上可真实描述分子行为)的相比会更长，出现这样结果的部分原因是粗粒化方法使快速的分子内振动受到抑制。

约束动力学

通过抑制快速的振动，能够使分子动力学(反映现实的化学模型)模拟的时间尺度增加。首先认识到快速的内部振动通常由分子的整体平移和旋转运动解耦。因此，保持键和键角固定应该不会对系统的整体性能产生大的影响。通过采用一种算法，在系统中引入约束，使这些运动保持固定，下面通过一个简单的例子加以说明。

假设有一个双原子的分子系统，为了方便，将这些原子限定于 x 轴上，如

图 8.8(a)所示。相对于分子的平移运动，分子的振动是非常快的，因而即使键长被固定起来，也可以准确地建立系统整体性能模型。

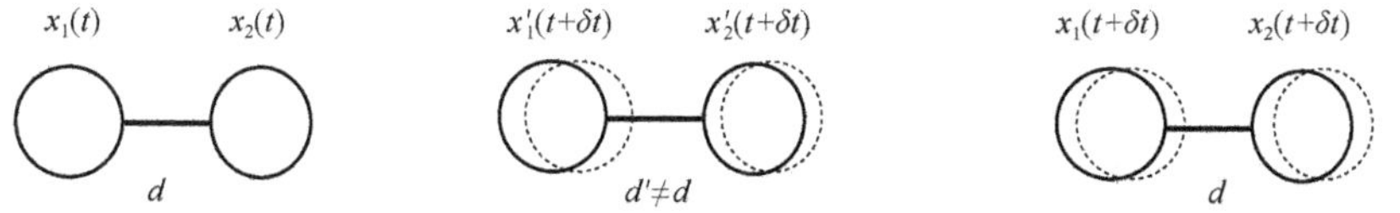

(a) 在时刻t原子的位置（原子间的距离等于键长d）

(b) 应用没有约束的Verlet算法（实线圆表示时刻$t+\delta t$的位置，原子之间的距离d'不等于键长）

(c) 施加约束(实线圆表示时刻$t+\delta t$的位置，现在原子之间的距离d'等于键长)

图 8.8　约束算法的应用

假设在时刻 t 原子所处的位置是 $x_1(t)$ 和 $x_2(t)$，如图 8.8(a)所示，它们之间的距离，也就是已知的键长 d。作用于两个原子上的力 F_1 和 F_2 将取决于近邻的分子，因而没有理由认为它们是相同的。可以利用式(6.11)所示 Verlet 算法，确定原子在时刻 $t+\delta t$ 的位置：

$$\begin{aligned} x_1'(t+\delta t) &= 2x_1(t) - x_1(t-\delta t) + \frac{F_1}{m_1}\delta t^2 \\ x_2'(t+\delta t) &= 2x_2(t) - x_2(t-\delta t) + \frac{F_2}{m_2}\delta t^2 \end{aligned} \tag{8.20}$$

式中，m 是质量；上撇号表示无约束时的位置。这些位置分别示于图 8.8(b)中。问题在于

$$d' = x_2'(t+\delta t) - x_1'(t+\delta t) \tag{8.21}$$

并不一定等于键长 d。通过施加一个约束力，可以迫使键长固定为 d(Ryckaert et al., 1977; Frenkel and Smit, 2002)。

定义能量为

$$\sigma = d^2 - (x_2 - x_1)^2 \tag{8.22}$$

在瞬时键长 x_2-x_1 的值等于平衡值 d 时，它为 0。可以通过对能量取梯度的负值来求出力，即

$$\boldsymbol{G} = -\frac{\lambda}{2}\nabla\sigma \tag{8.23}$$

式中，λ 是将在下面要确定的参数。对于本例的一维问题，约束力为

$$G_1 = -\frac{\lambda}{2}\frac{\mathrm{d}\sigma}{\mathrm{d}x_1} = -\lambda\left(x_2 - x_1\right) = -\lambda d$$
$$G_2 = -\frac{\lambda}{2}\frac{\mathrm{d}\sigma}{\mathrm{d}x_2} = \lambda d \tag{8.24}$$

将约束力代入式(8.20)中的运动方程，有

$$x_1\left(t+\delta t\right) = x_1'\left(t+\delta t\right) - \frac{\lambda}{m} d\delta t^2$$
$$x_2\left(t+\delta t\right) = x_2'\left(t+\delta t\right) + \frac{\lambda}{m} d\delta t^2 \tag{8.25}$$

现在施加约束

$$\left(x_2\left(t+\delta t\right) - x_1\left(t+\delta t\right)\right)^2 = d^2 \tag{8.26}$$

由此得到方程

$$\left(d' + \frac{2d\delta t^2}{m}\lambda\right)^2 = d^2 \tag{8.27}$$

即

$$\frac{4d^2\delta t^4}{m}\lambda^2 + \frac{4dd'\delta t^2}{m}\lambda + \left(d'\right)^2 - d^2 = 0 \tag{8.28}$$

求解式(8.28)中的二次方程，求出约束分子的长度所需要的λ值。并将此值代入式(8.25)中，得到受约束的键长，如图8.8(c)所示。这个方法可以对每一个分子在每个时间步长上运用，以保持固定的键长。

想象一下，把这个方法应用到多原子分子。每个原子键合与两个其他原子成键，所以将会有两个约束方程，以保持两个键长固定。键角也可以被固定下来。例如，正烷烃的键角可以依据一个距离准则来加以固定，如图 8.9 所示，引入一个约束方程，将每个原子与第二最近邻原子沿链耦合起来，固定距离为 $d_1=2d\sin(\theta/2)$，其中对于烷烃链，$\theta=109°28'$。因此，每一个原子将有两个额外的约束。从而，与前面的简单例子相比，求解约束方程中的系数又成为一个更具挑战性的计算过程，它涉及在每个时间步长上求解矩阵方程。在 SHAKE 算法中(Ryckaert et al., 1977)采用了方程的近似形式，随后，

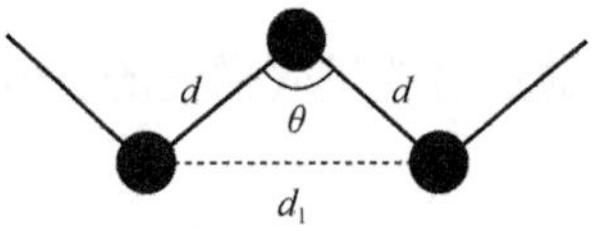

图 8.9　固定距离的键角约束
(Ryckaert et al., 1977)

通过一个迭代过程确定适当的系数。关于应用约束动力学于系综平均值的更多的细节及效果的论述，请参见 Frenkel 和 Smit(2002)的文献。

8.3.5 蒙特卡罗方法

第 7 章中介绍的蒙特卡罗方法是分子和聚合物系统研究的一种重要技术，它可与 8.3.1 节所描述的所有原子作用势方法一起来运用，也可与 8.4 节中所述的粗粒化作用势一起运用，也可与 8.5 节中的晶格模型一起运用。其基本方法与在第 7 章叙述的一样：尝试各个自由度上的无规移动，利用 7.3 节的 Metropolis 算法接受或拒绝每次尝试。

对于具有刚性键长和角度的小分子，用于原子系统的蒙特卡罗模拟方法可直接推广，采样的试验移动包括分子的质心以及它们的取向。对于像 N_2 这样的小线型分子，通过以每个分子中原子质心位置 $\boldsymbol{r}_i$ 及其沿着分子成键方向的单位矢量 $\hat{n}_i = n_{xi}\hat{x} + n_{yi}\hat{y} + n_{zi}\hat{z}$ 来表示原子的位置，进行取向的采样。例如，对于键长为 r_b= $2\varDelta$ 的双原子分子，分子 i 上两个原子的位置将为 $\boldsymbol{r}_i + \Delta\hat{n}_i$。每个分子位置和方向的采样可以分成两个部分，即质心的采样，这与图 7.8 中对原子位置采样的方式相同；取向的采样可以通过对三个分量 $\hat{n}_i$ 的每一个加上一个小的随机值，然后对矢量重新归一化。方向变化最大值的设定与质心的设定方式相同，要确保试验的接受率为 50%左右。

相对于线型分子简单的取向变化，对于小的刚性非线型分子，应用蒙特卡罗方法会更加复杂。已经研究出一些替代方法(Allen and Tildesley, 1987)。一种常见的方法如附录 C.1.4 中叙述的，通过欧拉角旋转表述取向变化，其中的键矢量能够围绕着固定的轴旋转，如式(C.25)所表述的那样。正如 Leach(2001)所讨论的，在确保均匀采样上该方法有一些巧妙之处。另一种方法是使用四元数(quaternion)，它是与欧拉角相关的四维矢量。当式(C.26)由四元数来表示旋转矩阵时，它们具有不再依赖于三角函数的优点。Leach(2001)叙述了相关的细节。尽管有一些微妙之处，将蒙特卡罗方法应用于非刚性的小分子系统并不困难，相关的讨论超出了本书的范围。有关的详细细节请读者参见 Allen 和 Tildesley(1987)著作中的 4.7.2 节。

当蒙特卡罗方法应用于大的柔性分子模拟时，挑战是相当大的，这里可以用一个简单的例子加以说明。假设正在研究一种长链分子，并试图进行试验移动，这个移动将键角从 ϕ 改变到 $\phi + \delta\phi$。如果分子是长的，那么即使是在分子的一端很小的键角变化，也会导致在分子的另一端出现原子位置很大的变化。如果分子处于凝聚相，那么这样一个大的移动可能导致其与系统内其他分子的重叠，这反过来会引起很大的能量变化，随之而来的将是 Metropolis 算法很低的接受率。为了克服这些困难，已经提出了各种方法，在推荐阅读中列出的 Leach(2001)的著作对此进行了叙述。尽管这些细节超出了本书涵盖的范围，但是它们使蒙特卡罗方法能够应用于聚合物位形和结构等关键问题的模拟。

8.4 粗粒方法

表 1.1 列出了材料力学性质的时间和长度尺度。类似地，对于大分子系统也可以画出一幅图，同样是从亚纳米级的电子到毫米级甚至更大的尺度范围，而时间的范围则是从飞秒级到秒级的范围(Nielsen et al., 2004)。仅举一个例子说明，对于肌肉中蛋白质的机械折叠和展开，从全原子建模模拟一直到看到有机体活体(in vivo)，时间尺度跨越约 6 个数量级。在本书的第三部分中，将着眼于一系列的方法，突破原子级模拟的局限性，在更大的尺度上模拟材料的现象。这些方法的基本思路是：并非所有原子尺度上的细节都是重要的。本章在大分子系统的处理中，采用类似的方式，通过采用分子间相互作用的简化模型，然后在 8.5 节中将分子限制在格子上。本节所采用的方法称为粗粒(coarse-grainning)方法，它代表了一种简化分子相互作用复杂性的方法(Müller-Plathe, 2002; Cranford and Buehler, 2011)。

粗粒模型的目标是：在一个期望的精确度下，充分地降低模型的复杂性，使其在计算机模拟上是可行的，进而获得系统的性质。至于要采用何种方法将取决于所关注的性质、愿意(或能够)承担的计算量以及最终预测的期望精度。有关粗粒模型的创建有很多种方法，这里只简单地讨论其中的几个，更多详情可参考其他文献(Glotzer and Paul, 2002; Müller-Plathe, 2002; Kremer, 2003; Nielsen et al., 2004; Buehler, 2010)。

分子粗粒方法内涵的基本思路见图 8.10(a)。在图 8.6 所示的原子-原子作用势示意图中，每个原子与其他所有原子相互作用。在联合原子模型(united-atom model)中，将甲基上的氢与碳原子合并在一起，如—CH_3—单元，由一个中心力来表示，如图 8.10(b)所示。这种模型能减少相互作用的粒子数目，对于甲基来说粒子数由 4 变为 1，由此计算的负担也成比例地减小。虽然这种近似方法会引入额外的误差，但是由于相互作用数量减少，在计算速度上得到提高，将能够对更大的系统进行研究。精度和计算时间之间的平衡由模拟者决定。

正如图 8.10(b)示意性示出的小链分子一样，也可以构建较大的“联合原子”组。如果把这种情况表示出来，用一个球形“原子”替代原子组未必会很好地表述相互作用。因此，可以采用椭圆形的“原子”(Gay and Berne, 1981)。椭圆体之间的相互作用由图 8.10(b)所示的参数来表述，如 Gay-Berne 模型，对 Lennard-Jones 势进行修正以反映椭球体形状的影响，表述椭球体之间的相互作用。模型已经应用于液态晶体性质的模拟，利用长度(l_i)和宽度(d_i)作为参数，研究椭圆的纵横比如何改变其行为(de Miguel et al., 1991)。Gay and Berne (1981)对此做了详细介绍。

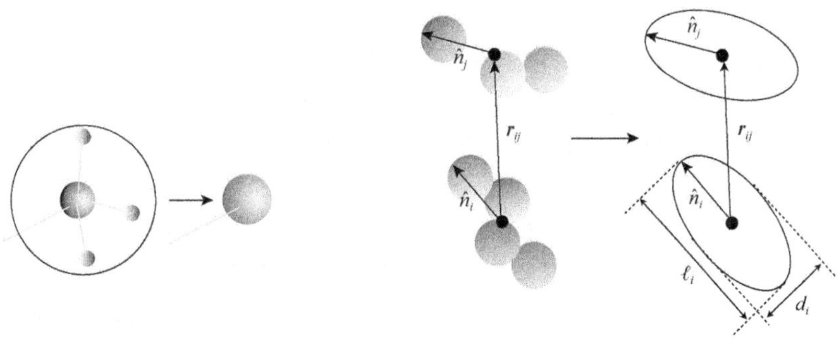

(a) 甲基($—CH_3$)作为相互作用的一个点　　(b) 在一个小链上原子作为一个原子联合体的作用势

图 8.10　粗粒势示意图

图 8.11 示出了一个更高级别大分子的简化模型。在这个例子中，大分子的次级单元(subunit)是由联合原子来表述的，这些类型的模型通常称为“珠子串”或“珍珠链”。在珍珠链模型中，珍珠之间的距离可以是有所不同的，但只是在一个十分有限的范围内。在珠子-弹簧模型中，珠子由非简谐弹簧连接在一起。珠子可以是球形的或椭圆的，分别示于图 8.10(a)和(b)中。基于粗粒模型和全原子模拟之间的比较，似乎一个粗粒键可以稳妥地包含 4～5 个碳-碳键(Glotzer and Paul, 2002)。

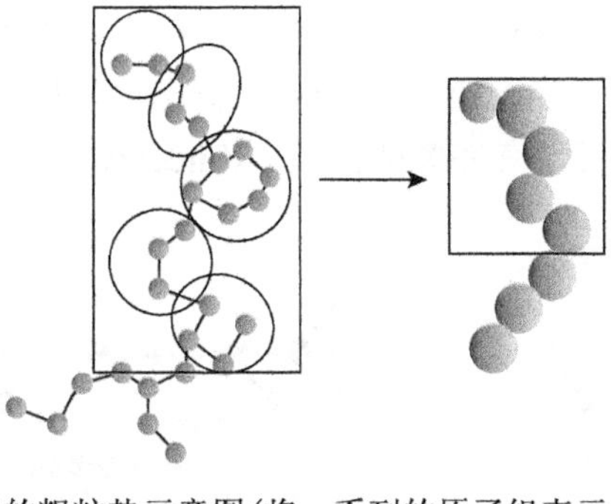

图 8.11　大分子的粗粒势示意图(将一系列的原子组表示为相连的珠子，这些珠子由弹簧来连接，以链的行为模仿分子)

在珠子-弹簧模型中，次级单元通过力连接在一起，使大分子(macro-molecule)得以模仿实际分子的构型。根据粗粒模型中 C—C 键的数目，这些力通常为键振动(式(8.11))和键弯曲(式(8.12))，而不是键扭转(式(8.16))。

关于粗粒方法所需要的步骤，Cranford 和 Buehler(2011)做了很好的讨论。确定的基本组成要素如下：

(1)基本粗粒势。

(2)一组全原子模拟(fully atomistic simulation)，可以用来确定粗粒作用势的参数。

(3)适合于利用全原子模拟结果确定粗粒参数的方法。

(4)一组不同的全原子模拟或实验，用以验证粗粒模型。

在进行参数拟合时，粗粒模型和全原子模型模拟之间必须相匹配的最基本属性是能量，在这里，粗粒模型和原子计算之间的能量对等是强制性的。在进行比较时，有若干种方式可以定义能量，其选择影响粗粒势的最终参数。例如，人们可以直接进行粗粒和全原子计算之间的能量比较。作为一种替代方式，可以比较粗粒和全原子模型计算的力学性质，通过力学性质的一致来达成能量的等价，如链条的延伸、弹性特性等(Cranford and Buehler, 2011)。另一种方式则不是完全关注单个分子的性质，而是在拟合过程中，关注要求粗粒势与全原子模拟计算的系统结构相匹配。实现这种结构的匹配，就要求两种方法计算出的对关联函数是等价的。利用反向蒙特卡罗方法①，Ashbaugh 等(2005)成功地运用后一种方式在参数优化上取得了巨大的成功。

8.5　聚合物和生物分子格点模型

聚合系统的格点模型(lattice model)为扩展聚合物系统模拟的长度和尺度提供了另一种方式，如在 8.2 节中提出的无规行走模型。这些方法的基本思想示于图 8.12 中，其中聚合物的某些部分由一个珠子表示，放置在格点上，沿着聚合物链由化学键与相邻的珠子连接到一起。这些珠子在统计力学上近似于全聚合物系统的热力学性质。格点模型有许多种变体，Vanderzande(1998)对其中的很多种模型进行了叙述。

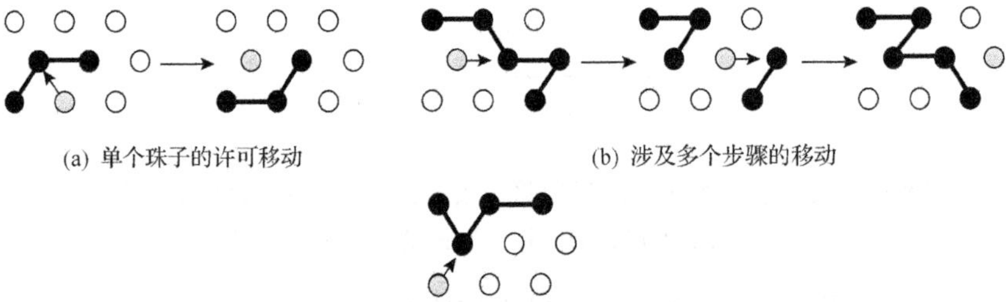

(a) 单个珠子的许可移动

(b) 涉及多个步骤的移动

(c) 此移动是不允许的(因为除非超越其最近邻建立连接，否则它不可能出现)

图 8.12　聚合物的格点模型(Haire, 2001)

(灰色圆为空位)

① 参见 Soper(1996)的文献。选择粗粒参数的初始猜测值，创建粗粒作用势 $\phi_{CG}(r)$。利用这些作用势进行模拟，并在这个过程中计算径向分布函数 $g_{calc}(r)$。作用势根据 $\phi_{CG}^{new}(r)=\phi_{CG}^{old}(r)+fk_BT\ln[g_{calc}(r)/g_{targer}(r)]$ 进行更新，其中，f 是一个常数。利用这个作用势再次进行模拟运行，计算 $g(r)$；对作用势再次更新，依此类推，直到收敛。

为了展示格点模型的一些亮点，研究图 8.12 中所示的二维模型，下面基于 Haire 等(2001)的工作进行叙述。聚合物被分解成尺寸小于持续性长度的区域。这些区域用珠子来表示，并放置在格点上，通过键连接。各个珠子反映着它所表示的聚合物区域的局部化学性质。在一般情况下，成键只限于最近邻。格点可以为任何尺寸，只要其空间是填充的。在图 8.12 中，采用了二维的三角格点。

珠子可以移动到格点中的不同位置，其约束是聚合物总长度恒定。总长度不是取决于分子位形的端距距离，而是所有键长的总和。这个约束改变可能的移动，如同图 8.12 中的描述。例如，在图 8.12(b)中，每个“移动”涉及多个步骤，以保持恒定的长度。在图 8.12(c)中，移动是不允许的，因为违反了约束，即键连接必须在最近邻之间。溶液的影响可以通过用溶剂分子替换一部分空位进行建模。

系统的能量基于珠子之间的相互作用，例如，珠子-珠子相互作用能够表示：

(1)聚合物-聚合物的相互作用，包括同一聚合物不同部分之间的相互作用。

(2)聚合物-溶剂之间的相互作用。

(3)溶剂-溶剂之间的相互作用。

(4)聚合物-空位之间的相互作用，模拟聚合物的表面张力。

还可以包括同一聚合物不同区段之间的相互作用，以模拟聚合物的正常位形，反映实际的成键。例如，这些作用势角度的依赖性可能偏好于相邻键之间的 180°，或者任何角度，来合理模拟聚合物和格点对称性。其他相互作用可包括外部场、珠子表面相互作用(模拟聚合物与某类表面的亲和力)等。

一旦求出能量，就可以采用蒙特卡罗方法的标准 Metropolis 算法，进行如图 8.12 所示的移动试验。这一方法可以应用于迥然不同的问题，如基本聚合物结构、计算端距、计算“焊接”两种聚合物过程中聚合物和溶剂的相互扩散(Haire et al., 2001)。在参数选择恰当的情况下，已经对块体聚合物的性质进行了研究，其中包括微胶粒生长、片晶结构的影响等(Ding et al., 2001)。这类计算在许多其他方面的应用也已经开展。

8.6　分子和大分子材料的模拟

叙述分子和大分子材料模拟的文章非常多。基于本书中所讨论的方法，部分举例如下。

(1)聚合物的位形。蒙特卡罗模拟方法在大分子系统位形模拟中发挥着关键的作用，包括蛋白质折叠等重要过程(Onuchic et al., 1997)。关于复杂结构优化的一般方法，下面推荐阅读里列出的由 Wales(2003)撰写的 *Energy Landscapes* 一书中，做了非常好的综述。

(2)溶剂效应。聚合物与溶剂之间的相互作用影响着它们的性质，如由此出现油和水的分离、表面活性剂等。模拟溶剂效应面临着许多挑战，其主要问题在于显式地包含溶剂分子的计算要求。通常情况下，采用混合方法，把分子级模拟与溶剂化的连续性处理结合在一起(Kollman et al., 2000)。另一种方法是通过修改分子间的相互作用，以隐含的方式考虑溶剂分子的影响(Chen and Brooks, 2006)。

(3)结构与热力学。蒙特卡罗方法一个强有力的方面就是它可以模拟任何系统，只要这个系统能够以一组变量来定义其能量，而不必考虑这些变量是否可以用来定义一个动力学方程。这种灵活性使蒙特卡罗计算能够应用到分子动力学不适用的系统之中。一个简单并且很小分子系统的例子就是 O_2，它具有 1/2 填充的电子轨道和相伴随的磁矩。因此，分子之间的相互作用包括一个在 8.8 节所叙述的对势和一个磁相互作用，后者可以用一个简单的模型来表述，称为海森堡(Heisenberg)模型，在这个模型中一对分子之间的磁能为 $-J\boldsymbol{s}\cdot\boldsymbol{s}$，其中 J 定义能量的比例，$\boldsymbol{s}$ 为描述磁矩的矢量。按照 8.3.5 节中所描述的方式以及进行自旋变量的单独采样，蒙特卡罗计算可以用于分子位置的采样。这种方法被用来研究固体 O_2 的低温磁驱动相变(LeSar and Etters, 1988)。

8.7 本章小结

本章介绍了建立分子系统模型的基础知识，从延伸第 2 章的无规行走模型的讨论入手，引入格点模型的讨论，介绍了如何表述分子系统之间的相互作用，并就如何将分子动力学和蒙特卡罗方法应用到分子系统加以评述，还讨论了如何将计算扩展到像蛋白质这样非常大的分子上，它需要采用称为粗粒方法对分子表述形式进行简化。

推荐阅读

关于聚合物基础物理原理的一般性讨论，可阅读由 Doi(1995)编写的经典性入门著作 *Introduction to Polymer Physics*。由 Doi 和 Edwards(1986)编写的 *The Theory of Polymer Dynamics* 中对此则进行了更深入的讨论。

Leach(2001)编写的 *Molecular Modelling: Principles and Applications*，是分子模拟和分子系统建模非常好的入门性读物，其中涵盖了比本书多很多的细节。

对于大分子系统，一个非常有用的概念就是在 8.3.3 节中所讨论的能量景貌。关于这个主题，有一本很好的书，就是 Wales(2003)编写的 *Energy Landscapes*，该书描述了本书中讨论的许多种方法，可以用来绘制复杂的能量表面。

Frenkel 和Smit(2002)编写的著作 *Understanding Molecular Simulation: From Algorithms to Applications*，也提供了大量有用的材料。

8.8 附加内容

或许水 H_2O 是聚合物溶液建模中最重要的小分子。水似乎很简单，只有三个原子，并且自然地形成一个平面。这似乎看起来比线性分子如 N_2 不应该复杂得太多，然而水是一种有些奇特的材料。与对轻分子系统的期望相比，它具有高得多的沸点，N_2 的沸点为−195.8℃，而不是 100℃。在 4℃时，无论是加热还是冷却，水都会膨胀(这是相当重要的，否则冰就会下沉)。

相当奇特的本性，为模拟水的性质带来了复杂性。水的复杂性源自于水分子的结构。理解其结构的简单方法是假设水中的氧原子为杂化的 sp^3 轨道，其四个轨道大致为四面体。其中的两个轨道与 H 原子成键，其他轨道具有孤立的电子对。这样，其结果是水具有大的偶极矩；分子的氧原子端偏负，而两个氢原子偏正。水分子相互吸引，稍微偏正的氢吸引其他水分子偏负的氧。这种分子间的引力称为“氢键”。水分子之间这种强烈的相互作用使得其行为与大多数材料都极为不同。

已经有许多描述水分子之间相互作用的模型被提出来，其中的大多数在这里都不可能讨论到，在其他的文献中已经有全面的综述(Wallqvist and Mountain, 2007)。Guillot(2002)对这些作用势方面所取得的成就进行了评述。最成功的作用势反映了分子的基本结构，它们既包括偶极子(和高阶矩)的静电相互作用及排斥，也包括范德瓦耳斯项。文献中大量描述水分子之间相互作用的势，这里只讨论其中的三个密切相关的作用势。由于简单并且效果良好，这些形式很受欢迎。文献中还对分子间相互作用势的一些问题进行了说明。

图 8.13 给出了水分子的简单模型，这是分子间作用势三个例子的基础，描述了模型分子之间的相互作用(Nada and van der Eerden, 2003)。在这个模型中有六个位置点；O 和 H 原子(以黑色球体表示)以及三个位置点(M 和 L，以灰色球体表示)，这三个点含有额外的电荷，将用于电子电荷分布的模拟。M 点位于 HOH 平面沿着 ∠HOH 的平分线上。L 点的位置使得该分子近似为一个四面体。以位置点上电荷的幅值、到这些电荷的“键”长度以及它们之间的角度作为变参数，用于优化作用势。

表 8.1 给出了三种作用势的参数，它们都是基于图 8.13 所示的结构。经典的 TIP4P 势是一个四位点模型，由 O 和 H 原子以及在位点 M 处的额外电荷构成。在 H 和 M 位点上有电荷，并且在不同分子的氧原子之间存在着 Lennard-Jones 势。TIP5P 势，顾名思义，具有 5 个位点，它不包括 M 位点，但在氧原子周围四面体(近似)的角上加入了两个 L 位点。同样，在不同分子的氧原子之间存在着 Lennard-Jones 势。Nada 势(Nada and van der Eerden, 2003)将模型进一步扩展，在 TIP5P 的基础上加入了 M 位点，并且涵盖了不同分子之间 H 原子附加的 Lennard-

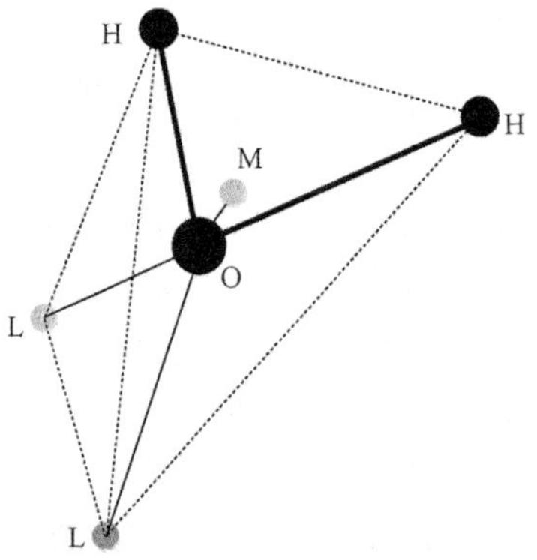

图 8.13　用于水-水作用势的坐标(Nada and van der Eerden, 2003)

表 8.1　三种表述水作用势的结构参数①

参数	TIP4P②	TIP5P③	Nada①
r_{OH}/Å	0.9572	0.9572	0.980
r_{OM}/Å	0.15		0.230
r_{OL}/Å		0.70	0.8892
∠HOH /°	104.52	104.52	108.0
∠LOL /°		109.47	111.0
ϵ_{OO} /K	78.0202	80.5147	85.9766
ϵ_{HH} /K			13.8817
ϵ_{OO} /Å	3.154	3.12	3.115
ϵ_{HH} /Å			0.673
q_H/e	0.52	0.241	0.477
q_M/e	−1.04		−0.866
q_L/e		−0.241	−0.044

①见 Nada 和 van der Eerden(2003)的文献。

②见 Jorgensen 等(1983)的文献。

③见 Mahoney 和 Jorgensen(2000)的文献。

Jones 势。请注意，所有这些作用势中氧原子都不带电荷。可以很容易地想象对这些模型作进一步的改进，在氧原子上增加电荷，从 Lennard-Jones 势(已经知道排斥力太大)转换到更好的位置-位置作用势，增加 H 和 O 原子之间的位置-位置作用势等。

那么，是什么因素在选择何种作用势上起着支配作用呢？这取决于使用作用势的目标，也就是说，要用来计算什么。表 8.1 中的 Nada 势是专门研发用于模拟接近于熔点的冰和水。改变这些势参数，直到能够准确地计算出真实的熔点并获得水和冰的正确密度。结果表明，六位点模型预测出在熔点温度质子无序六角形冰(proton-disordered hexagonal ice)是稳定的结构，与真实的冰相一致，而 TIP4P 和 TIP5P 势则做不出这样的预测。

这里的关键点在于，他们应用早期的模型(TIP4P 和 TIP5P)研究特定的问题，却发现那些模型无法在特定条件下再现实验得到的数据。之后，他们改进模型，直到模型足够精确，可满足需要。在这里作者遵循了在 1.4 节中所讨论的关于建立模型的一般程序。

当然，正是因为六位点模型运用在接近于熔点温度，它很可能在其他条件下效果并不会良好，同样，TIP4P 和 TIP5P 以及所有的其他有关水的作用势都存在着适用性的局限。请记住所有的这些都只是模型，这点极为重要；它们不是真正的水。事实上，基于近似作用势的计算，实际上计算的不是“真实”的材料。它们永远是模型，它们可能是真实材料很好的表述，或者可能不是。

对于更复杂的分子，其作用势会是什么样的？基本思路是一样的；作用势通常表述为分子位点上的中心力之间相互作用的总和。对于刚性分子，即分子中原子相互之间相对固定，没有理由将相互作用的中心限制在原子上。实际上，为了更好地表述相互作用，相互作用的位点位置可能比分子中原子的数量更多一些。在任何情况下，相互作用的位置点可能不位于原子的位点上，此种形式的作用势通常称为位置-位置作用势(site-site potential)。首先，选择相互作用位点的数目和初始位置；然后，选择位置-位置作用势的形式。在通常情况下，会采用前面所讨论的原子-原子这类简单的形式。对于建立静电相互作用模型，是对所有电荷求总和，或者是一个多级展开式。

重要的是要记住，任何已经开发出来的分子之间的作用势都可用于模拟，其中有些作用势的质量非常高，有的质量不高，这并不奇怪。对于所关注的系统，关键是要找到一个适合于计算目的的作用势形式。

第三部分 介 观 方 法

第9章 动力学蒙特卡罗方法

第 7 章介绍了蒙特卡罗方法，其重点是在哈密顿(能量)函数的各个自由度采样的基础上计算平衡状态下的性质。本章主要介绍蒙特卡罗方法应用的重点领域速率。对于某些类型的问题，可以找到蒙特卡罗“时间”和实际时间之间的关联，开启一类新模拟方法的大门，对依赖于时间的过程进行模拟，它在时间尺度上会远远超出标准分子动力学的可能尺度。

动力学蒙特卡罗方法的基本输入量是一组可能的事件，如扩散问题中的从一个位点跳转到另一个位点、一个化学反应等。与每个事件相关联的量是速率，它与发生这个事件的概率关联。因此，理解速率是非常重要的，附录 G.8 中对动力学速率理论进行了简要的回顾。

已有不少研究工作者独立开发出动力学蒙特卡罗方法(kinetic Monte Carlo method)。*N*-fold 方法作为加速伊辛模型模拟的方法可能是它的第一个例子(Bortz et al., 1975)，将在第 10 章中进行讨论。Voter(1986)提出了类似的方法，用于研究表面团簇扩散的动态特性。本章后面将以他的计算作为两个例子之一进行讨论，以说明动力学蒙特卡罗方法的复杂性和局限性。

9.1 动力学蒙特卡罗方法计算步骤

研究一个系统，其性质由热激活过程来支配，如扩散。这种系统的演化是离散和随机的，即在事件与事件之间的某个平均时间内，系统随机地从一种组态移动到另一种组态。事件发生的速率正是事件之间这个平均时间的倒数。在这样的系统中，如果可能事件的发生速率是已知的，那么就可以采用动力学蒙特卡罗方法。

动力学蒙特卡罗方法的基本思路是将事件发生的概率与其平均速率(每秒出现的次数)关联起来。如果有一个以上的事件，那么在任何时刻某个事件的概率与所有其他事件概率的比值都正比于它的速率与其他事件速率的比值。基于事件的平均概率(速率)，对它们进行随机采样，就会得到随着时间推移的一连串的事件。这样，可以得到具有某些约束的系统随着时间变化的性质。

动力学蒙特卡罗方法的计算总体步骤较简单，但往往很烦琐。第一步是确定能够发生的所有可能的离散事件。例如，考虑由多于一种类型原子组成的合金，其中的每种原子都可以通过空位在系统中扩散(见第 2 章)，在晶格中从一个阵点跃迁到另一个阵点。阵点之间的势垒对于每种类型的原子将会是不同的，因此各种类型的原子在阵点中跃迁的速率将是不相同的。甚至可能比这还复杂一些，因为某种类型原子跃迁的速率很可能还依赖于在其附近的原子类型，当一个大的原子被一些小原子包围时，其跃迁的能量势垒可能会比它位于其他大的原子周围时要低一些。在动力学蒙特卡罗方法中，第一步就是创建一个表，包括所有可能发生的不同类型的跃迁以及每种类型跃迁的速率。

作为一个例子，考虑图 9.1 中的二维正方形格子，其中有两种类型的原子围绕着一个空位。每个编号的原子可以跃迁进入空位(因为它们是最近邻)，但是跃迁的速率是不相同的，首先是因为原子的类型不相同，其次是环境不同。例如，当原子 1 跃迁到空位时，它所“感受”到的势能面取决于跃迁期间它附近原子的性质。它的近邻与原子 2 的近邻是不同的，尽管原子 1 和 2 的类型相同，但在跃迁时的势能面对于每个原子都是不同的，因而它们的跃迁速率会有所不同。

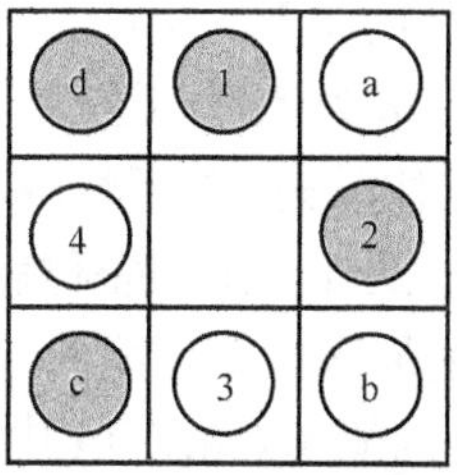

图 9.1　二维正方形格子上一个空位周围的局部环境
(由白色或灰色圆表示两种原子的分布，带数字的原子表示空位的最近邻，它们可以跃迁至空位格点，而以字母标记的原子构成可能跃迁的局部环境)

用动力学蒙特卡罗方法的语言来表述，就是认为原子 1 和原子 2 的跃迁是不同类型的事件，因为它们对应于不同的局部环境，所以有着不同的速率。在动力学蒙特卡罗方法中，进行计算之前，需要建立所有可能的事件以及它们速率的列表，在这个例子中可能事件还要包括所有可能的局部环境。在这种情况下，由于只存在较少的可能构型，列出所有可能的局部环境并没有特别的困难。然而，在其他情况下，要应用动力学蒙特卡罗方法的最大障碍就是建立事件的列表。

现在考虑在某个特定时刻具有特定原子构型的合金。在系统中空位到处分布着，各个空位由合金种类的局部构型包围。扩散发生在位于空位旁边的一个原子与空位交换位置。现在的问题是如何决定系统中所有原子中的哪个原子可以跃迁，并确实跃迁了。在动力学蒙特卡罗方法中，这一决策是基于所有可能事件的相对速率进行的。例如，假设合金为图 9.1 中所示的正方形格子，在整个系统中总计分布有 N 个空位，所有的空位都不会出现在相互毗邻的位置。由于每个空位都有四个最近邻，所以有4N种可能发生跃迁的可能性，每个空位的每一个最近邻都有一种跃迁的可能，并会以特定的速率发生，取决于围绕空位的原子分布形式。这些速率是在计算前确定的。在动力学蒙特卡罗方法中，某个特定跃迁发生的概率是其速率与在当前构型中原子可能发生的所有可能跃迁的总速率之比。

事件的选择

设系统有 N 种类型的物质，可经历一组 M 个可能的转换，每个转换都与一个速率 r 相关联。种类 l 经历 k 转变的概率正比于 r_k。例如，在图 9.1 中邻近空位有两个灰色原子，每个原子都有自己的转变类型和与其相关联的速率。

系统的总活性(total activity)定义为该系统在任何一个时刻可能经历的所有可能事件速率的总和，即

$$A(t)=\sum_{k=1}^{M}r_k(t) \tag{9.1}$$

式中，M 是系统中可能发生事件的总数。例如，在图 9.1 中，有四个可能的事件及其四个速率，所有的速率求和成为活性，这与系统中每个可能发生在所有其他空位上的跃迁都是一样的。要记住时刻 t 的活性取决于在时刻 t 的构型，这是非常重要的。如果图 9.1 中的原子 1 跃迁，那么空位就已经移动，并且将由一组新的有着各自速率的原子围绕在它的周围。新构型的活性会有所不同。

在时刻 t 某个特定事件发生的概率(如图 9.1 中原子 1 的跃迁)是其速率除以速率的总和

$$P(l)=\frac{r_l}{A(t)} \tag{9.2}$$

这是归一化的概率，因为对所有可能事件 r_l 的求和恰恰就是式(9.1)中的活性 $A(t)$。

为了更清楚地说明问题，假设有三种不同种类的物质，其中每一种都有两个可能的转换。简单起见，假设每种物质的所有速率都是相同的。设 1 和 2 的转变速率分别为 r_1 和 r_2，那么总活性就为 $A=3r_1+3r_2$，即对于转变 1 有三种可能，转变 2 也有三种可能。六种可能的每一个转变都添加到列表之中，由它们的概率加权。在被简化的本例中，列表中将有三个条目(entry)的概率为 r_1/A，三个为 r_2/A。从该列表中随机地做出选择，以确定在那个时间步时哪一个事件发生。

有许多方法来选择一个事件。一种非常简单的方法是把每个事件顺序地排列在一条线上，长度等于它的概率。那么，这条线的总长度是所有概率的总和，正如前面所讨论的，它就是 1。对于前面所讨论例子中的六个事件，这一过程示于图 9.2 中。选择 0 和 1 之间的一个随机数，它在线上的落点标识着将在该时间步

上发生的事件。例如，如果选择的随机数在 0.25 和 0.333 之间，那么种类为 1 的反应 2 事件将要发生。

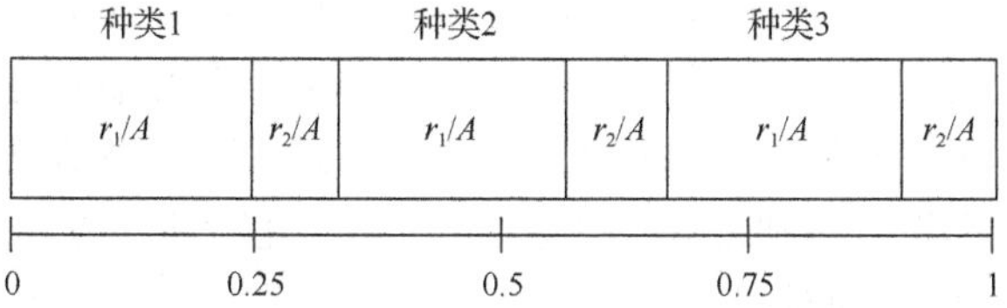

图 9.2　在一个动力学蒙特卡罗方法计算中选择事件

为了更一般化，假设在任何蒙特卡罗步骤中有 M 个事件可能发生。事件 l 的概率是 $P(l)=r_l/A$，其中 $A=\sum_{k=1}^{M} r_k$ 。这些事件以某种方式排序 $\{1,2,\cdots,M\}$ 。要选择一个事件，选择一个 (0,1) 的随机数 $\mathfrak{R}$ ，满足条件

$$\frac{\sum_{k=1}^{m-1} r_k}{A} < \mathfrak{R} < \frac{\sum_{k=1}^{m} r_k}{A} \tag{9.3}$$

事件 m 就被识别出来。

因此，用动力学蒙特卡罗方法计算将以下面的方式进行：

(1) 在时刻 t，确定在系统中可能发生的事件都有哪些，然后将各个事件的速率相加起来，利用式 (9.1) 求出 $A(t)$。

(2) 按照式 (9.2) 的方式，将各个事件发生的速率除以 $A(t)$，求出各个可能事件的概率。

(3) 以事件的概率为权重建立事件的列表，如图 9.2 所示。

(4) 在 (0,1) 上抽取一个随机数 $\mathfrak{R}$ ，并按照图 9.2 的方式选择要发生的事件。

(5) 让选择的事件发生，根据需要改变系统的构型。

(6) 向前推进时间 $\Delta t : t \to t + \Delta t$ 。

(7) 重复以上步骤。

但是，这里有一个问题尚未解决，即时间上的变化 Δt 是什么，与事件相关联吗？9.2 节将给出这个问题的答案。

9.2　动力学蒙特卡罗方法中的时间

概率与速率之间的关联是动力学蒙特卡罗方法的基础。这个关联使得动力学蒙特卡罗方法计算的步骤和时间之间出现了一一对应的关系。下面的讨论是基于 Bortz 等 (1975) 最初的论文。

事件出现的概率与它的速率成正比，是动力学蒙特卡罗方法的基本思路。理解它的最好途径是通过对一个简单系统的研究，它只有一个事件，如一个原子在表面上扩散。假设原子平均每 10s 跃迁一次，它的速率为 r=0.1/s。因此，这个原子将在 10s 的时间间隔内跃迁的平均概率是 1。这并不意味着在每 10s 内都会有一次原子的跃迁，但是在平均意义上讲是这样的。因为跃迁是随机的，对于任何特定的时间间隔 δt 都没有特别之处。因此，一个原子在时间间隔 δt 跃迁的平均概率就是 $r\delta t$。例如，在 1s 的时间间隔内，一个原子跃迁的概率就是 1/10。如果 $r\delta t>1$，那么概率大于 1，这等价于概率是 1。它只是说，在平均意义上，在那个时间段里跃迁将会发生。

这个简单的例子说明一个事件的速率如何与事件的概率相关联。正在谈论的是平均性质，而不是某个个别的跃迁，这是论证的关键。这些都是随机过程，除平均意义外，都是不可预知的。

现在假设有两个原子在表面上跃迁，其速率为 r_1 和 r_2。假设跃迁是独立的，那么在 δt 内原子 1 将要跃迁的概率为 $r_1\delta t$，而原子 2 将要跃迁的概率为 $r_2\delta t$。根据式(C.45)，在时间 δt 内，原子 1 或者原子 2 跃迁的概率是各个可能跃迁概率的简单相加，即

$$P(1 \text{ or } 2) = r_1\delta t + r_2\delta t = (r_1 + r_2)\delta t \tag{9.4}$$

如果有三个独立的可能跃迁的原子，在 δt 的时间内出现一次跃迁的概率为 $(r_1+r_2+r_3)\delta t$，依此类推。再次强调，这种论证基于概率，它只在平均意义上成立，而不是针对单个随机事件。

现在考虑 9.1 节中所描述的事件系统。所有可能事件在时刻 t 的速率总和为式(9.1)中的 $A(t)$。因此，在时刻 t 的微分时间 $\mathrm{d}t$ 内出现某个事件的概率 f 为

$$f = A(t)\mathrm{d}t \tag{9.5}$$

回顾一下，在 9.1 节的末尾所概述的动力学蒙特卡罗方法计算步骤，其中的步骤(6)把时间向前推进了 Δt，这是与某些发生的事件相关联的有限时间，可以用速率和概率之间的关联，以活性 A 建立 Δt 的方程。

首先通过引入在微分时间 $\mathrm{d}t$ 内事件不发生的概率，可以将其表示为

$$g(\mathrm{d}t) = 1 - f = 1 - A\mathrm{d}t \tag{9.6}$$

如果 f 是时间 $\mathrm{d}t$ 里一个事件的概率，则 $1-f$ 是在那个时间里没有这个事件的概率。

现在考虑在时间 $\Delta t+\mathrm{d}t$ 内没有事件发生的概率，其中 $\mathrm{d}t$ 是时间的微分。可以用泰勒级数估算 g，展开参数为微小变量 $\mathrm{d}t$。在线性项上截止，有

$$g(\Delta t + \mathrm{d}t) = g(\Delta t) + \frac{\mathrm{d}g(\Delta t)}{\mathrm{d}t}\mathrm{d}t \tag{9.7}$$

根据式(C.46)，由于 g 是一个概率量，有

$$g(a+b) = g(a)g(b) \tag{9.8}$$

所以 $g(\Delta t+\mathrm{d}t)$ 也可以表示成

$$g(\Delta t + \mathrm{d}t) = g(\Delta t)g(\mathrm{d}t) \tag{9.9}$$

等同于式(9.7)和式(9.9)，有

$$g(\Delta t)g(\mathrm{d}t) = g(\Delta t) + \frac{\mathrm{d}g(\Delta t)}{\mathrm{d}t}\mathrm{d}t \tag{9.10}$$

或者通过重新整理并在两端除以 $g(\Delta t)$，得到

$$\frac{1}{g(\Delta t)}\frac{\mathrm{d}g(\Delta t)}{\mathrm{d}t} = \frac{1}{\mathrm{d}t}\left(g(\mathrm{d}t) - 1\right) \tag{9.11}$$

根据式(9.6)，$g(\mathrm{d}t)-1=-A\mathrm{d}t$，所以得到

$$\frac{1}{g(\Delta t)}\frac{\mathrm{d}g(\Delta t)}{\mathrm{d}t} = -A \tag{9.12}$$

将 $(1/g)\,\mathrm{d}g/\mathrm{d}t=\mathrm{d}\ln(g)/\mathrm{d}t$ 代入式(9.12)，得到简单的微分方程

$$\frac{\mathrm{d}\ln(g(\Delta t))}{\mathrm{d}t} = -A \tag{9.13}$$

其解为

$$\Delta t = -\frac{1}{A}\ln(g(\Delta t)) \tag{9.14}$$

至此，得到了与动力学蒙特卡罗方法计算步骤相关的时间 Δt 的表达式，建立起与当时的活性和在时间 Δt 内没有事件发生的概率之间的关联。由于并不知道 $g(\Delta t)$，这个结果看起来似乎还不是很大进步。

$g(\Delta t)$ 表示在时间 Δt 内没有事件发生的概率。但是，正如所讨论的，事先并不知道一个事件会在什么时候实际发生。这些都是随机过程。而要关注的只是系统的平均动力学性质。因此，并不需要了解 $g(\Delta t)$ 的任何具体细节。只要知道这

是一个随机变量，并且由于它是一个概率，其值被限制在 0 和 1 之间，就足够了。因为希望得到平均动力学性质，可以用另一个能够反映相同平均性质的随机变量来替换 $g(\Delta t)$。在这种情况下，可以利用随机数 $\mathscr{R}$ 替换 $g(\Delta t)$，它在 0 和 1 之间均匀分布①。因此时间与当前活性 A 的动力学蒙特卡罗步相关联，形式为

$$\Delta t = -\frac{1}{A(t)} \ln \mathscr{R} \tag{9.15}$$

在计算中，$A(t)$ 已经计算出来，以确定每个状态的概率。一旦如图 9.2 所示选择了事件，就选择了随机数 $\mathscr{R}$，时间按式(9.15)递进。

9.3 动力学蒙特卡罗方法计算

要实施动力学蒙特卡罗方法的计算，首先必须确定在系统中可能发生的事件。一旦确定出事件，无论从任何可用的来源，都必须求得这些事件中每个事件发生的速率。

动力学蒙特卡罗方法高度依赖于所研究的系统有关于可能事件及其速率的一个良好列表。以一个化学反应系统为例，如果一个关键事件被遗漏，或者所给速率是不正确的，那么动力学蒙特卡罗方法计算的结果不大可能是一个好的模型以模拟系统的动态演化。然而，对于动力学性质是由热激活事件决定的系统，动力学蒙特卡罗方法常常是解决问题的唯一途径。

9.3.1 案例一：表面上的扩散

Voter(1986)研究了原子在其他材料的自由表面上扩散的动态特性，其关注点在于原子团簇的形成和动态特性，而不是单个原子，尤其是考察了铑原子团簇在 Rh(100)表面上的运动，并利用这些结果确定不同尺寸团簇的扩散常数。Voter 的计算是基于原子与表面的相互作用以及原子相互之间的短程作用势。原子位于势阱之中，这个势阱取决于围绕它的原子的局部构型。一个原子转移到另一个阵点的势垒取决于原子的局部构型。

图 9.3 给出了 Voter 在计算中所使用的局部环境。原子位于一个正方形晶格的表面，并有可能跃迁到它的最近邻阵点上：左、右、上或下。图 9.3 给出了一个原子跃迁到右侧的局部环境。注意，根据对称性，所有其他方向跃迁(左、下、上)都是等效的，并且可以用图 9.3 所示的等效局部环境进行建模。在图 9.3 中编号的

① 附录 I.2 中更详细地讨论了这个过程。图 I.2 中给出了$-\ln \mathscr{R}$ 的概率分布，其中 $\mathscr{R}$ 是 0～1 的随机数。这个分布的平均值为 1。

点可能被占据或不被占据。图 9.3 中，一个原子跃迁到右边的速率取决于各个编号的阵点是否被占据。

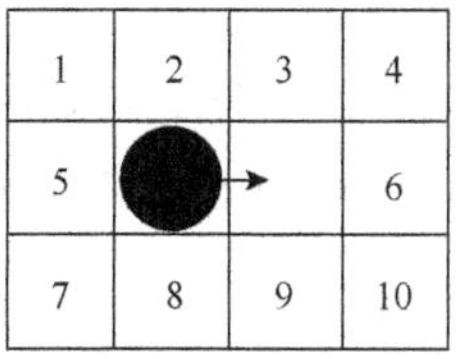

图 9.3　在正方形晶格上一个吸附原子向右跃迁的 10-原子局部环境(Voter, 1986)

图中有 10 个阵点，它们可能被占据，也可能不被占据，其周围的原子有 2^{10}=1024 种可能的构型，其中有许多构型由于对称而等效。对于 1024 个构型中的每一个，分别计算一个原子跃迁到其相邻的阵点的速率常数。采用过渡态理论进行模拟，并做修正：主原子(primary atom)跳跃之后，作为响应，第二个吸附原子可能跳跃的概率予以综合考虑。总逃逸率(net escape rate)为 k_{esc}，是一个原子在给定构型下的速率常数总和。k_{esc} 的所有 1024 个值都列入表中，该表还包括过渡到各种最终状态的概率，也就是任何可能的第二次移动。在模拟的每个步骤中，每个原子的局部环境都要被确定出来，并根据列表的值，给该原子向其相邻阵点的跳跃赋予一个速率，如图 9.3 所示。

计算按照下面的步骤进行：

(1) 利用跳跃速率的表格查找出各个原子的 $4N$ 个可能跳跃的 k_{esc} 值(每一个原子都可在四个可能的方向上跳跃)。对于位于相邻结合阵点的吸附原子阻断的跳跃，其 $k_{\text{esc}}=0$。

(2) 基于 k_{esc}，在 $4N$ 个可能的跳跃中选择一个跳跃。随机地选择一个最终状态，并以跳跃到这个状态的概率值作为权重，如图 9.2 所示。对所选择的吸附原子和任何其他在转变中移动的原子，修正位置。

(3) 计算时间增量

$$\Delta t_{\text{hop}} = -\left[\sum_{i=1}^{4N} k_{\text{esc}}(i)\right]^{-1} \ln \mathfrak{R} \tag{9.16}$$

(4) 重复各个步骤。

除了激活事件以外，忽略所有的其他事件，动力学蒙特卡罗方法的计算回避了原子位于势阱中等待跃迁的时间，而只包含那些跃迁本身。因此，动力学蒙特卡罗方法可以对系统做很长时间的描述。例如，Voter 的计算所对应的真实时间超过了 1.5μs，远远长于时间步长非常短的标准分子动力学方法模拟的时间。

动力学蒙特卡罗方法有很多局限，Voter 不得不利用物理的直觉来做出可能的跃迁列表。对于包含多于数个原子跃迁的复杂情况，相对于可能发生的事件，基本上列表是相当有限的。事实上，Voter 后来在更加复杂的模拟中发现团簇扩散包含许多原子的协同移动(connected move)的方式(Sørensen and Voter, 2000)。与动力学蒙特卡罗方法相比，6.5 节中讨论的加速动力学方法的优势在于它对原子的行为没有做任何假设。

9.3.2　案例二：化学气相沉积

动力学蒙特卡罗方法的一个突出优点是它并不受限于原子的移动。实际上，只要知道事件及其速率，它就可以用来对任何系统建模。第 10 章会将其应用到自旋模型中，本节展示如何将它应用到复杂的表面化学反应上，从而导致材料沉积和生长。这类问题在长度和时间尺度上都超出了正常原子模拟，动力学蒙特卡罗方法往往是最佳的建模方法。

本节的案例为基于动力学蒙特卡罗方法模拟金刚石薄膜通过化学气相沉积(CVD)的生长过程。金刚石薄膜的化学气相沉积生长，借助于表面上化学吸附物质的演化和结合，可能发生的一组化学反应取决于表面的当前状态。这些反应的每一个都以不同的速率发生，这些速率依赖于温度、气体中的蒸气压等。Battaile 和 Srolovitz 等(1997, 2002)开发了一种化学模型，结合已知的化学反应和它们的反应速率，用动力学蒙特卡罗方法模拟生长过程。在这一过程中，他们没有试图模拟所有动态反应的细节，而只是模拟它们的速率和结果。

Battaile 和 Srolovitz 使用了一组复杂的气相和表面反应，共 18 种反应(正向和逆向)。与在各种表面上进行的生长实验相比较，其结果表现出惊人的一致性：建立的模型是三维的，展现出沿表面上两个方向的生长模式。在此不赘述计算的细节，主要讨论 Battaile 和 Srolovitz(2002)提出的一个简化模型，以便对方法做出说明。完整的模型是更加丰富的，然而动力学蒙特卡罗方法的基本思路可以从简单的模型加以理解。

模型的基本结构如下：

(1) 建立模型的拓扑结构，在本案例计算中，它为沿着 x 轴的一维表面，生长沿着 y 轴方向。简单起见，被占据的格点表示为实心方块，未占据的格点(在生长方向上)表示为空心方块。因此，基本的模拟单元是二维正方格子，如图 9.4 所示。

(2) 识别表面上或上方参与化学反应的可能物种类型。

(3) 确定每种化学反应的反应速率。对于许多反应，特别是在气相中，这些速率是可得到的。对金刚石的化学气相沉积研究中，其表面上的反应(和重排列)也包括在内，其速率是利用原子模拟计算得到的。

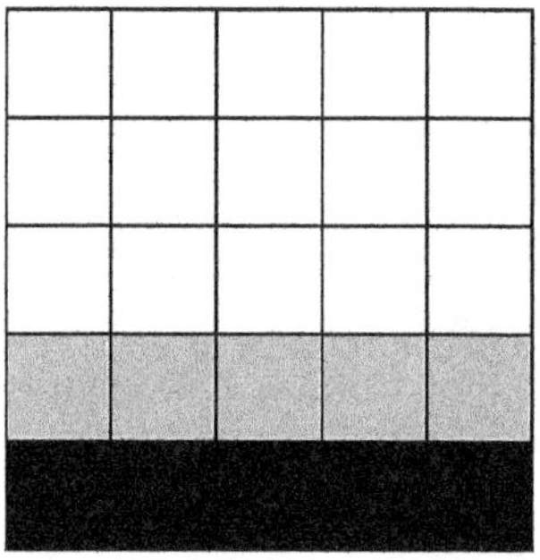

图 9.4　正方格子上的初始表面
（黑方块为衬底原子(A)，暗灰色方块为吸附原子(B)）

在这个简单的例子中，位于表面的上面或下面的原子，由(s)表示，气相原子由(g)表示。衬底原子用 A 来表示，而与蒸汽接触的吸附原子表示为 B。如果衬底原子没有被吸附原子所覆盖，那么在表面上就有一个悬键(dangling bond)，由*来表示。在表面上有四种物质类型：A(s)、B(s)、AB_2(s)和*(s)。气相组成包括反应物 B(g)原子和 AB_2(g)自由基(radical)，以及两种惰性物质 B_2(g)分子和 AB_3(g)前驱体(precursor)，这两种惰性物质在系统中不参与化学反应，但提供总体压力。

在这个简单的模型中，可能的化学反应是

$$*(s)+B(g)\underset{k_r^1}{\overset{k_f^1}{\rightleftharpoons}}B(s) \tag{9.17a}$$

$$*(s)+AB_2(g)\underset{k_r^2}{\overset{k_f^2}{\rightleftharpoons}}AB_2(s) \tag{9.17b}$$

$$AB_2(s)\xrightarrow{k_f^3}A(s)+B(s)+B(g) \tag{9.17c}$$

在式(9.17a)和式(9.17b)中，表面自由基可以与气相 B 原子或气相的 AB_2 分子分别进行反应，以可逆的方式在表面上添加气相物质。然而，在式(9.17c)中，由式(9.17b)添加到表面的 AB_2(s)分子不可逆地分解，通过 B(s)的覆盖形成一个额外的 A(s)层，并向气相释放另一个 B 原子。在这一个反应中至少出现了两个步骤：化学分解以及原子 A 和 B 的扩散。只要整体的速率是已知的，如果没有涉及其他物质，就不必对反应的所有步骤求解，这是动力学蒙特卡罗方法的一大优势。请注意，只要 AB_2 被添加至表面，它要么离解(式(9.17c))，要么自身留在表面(式(9.17b)的逆过程)。为了说明方法，Battaile 和 Srolovitz 为每个反应提出了虚拟的速率(任意单位)，如表 9.1 所示。注意，在这个简化的模型中，在某一个时间点上，每个反应只在一个表面格点上进行。因此，每一列基本上都是独立于其他列的。在精确的模型中，有一些反应涉及一个以上的格点，用于模拟表面化学反应和扩散的作用。

表 9.1　简单表面化学模型的虚拟反应速率

反应	公式	正向速率	逆向速率
1	(9.17a)	100	200
2	(9.17b)	100	400
3	(9.17c)	400	

图 9.5 展示出 5-格点模型的前 8 个时间步，模型的化学反应和速率见表 9.1。在每一步，有如下特点：

(1) 表面上的阵点只包含 B(s) 的格点，因此对于任一阵点唯一可能的反应是式(9.17a)中反应 1 的逆向反应(表示为–1)。所有反应的可能性都是相同的。对于这个步骤，总活性为 $A=\sum_{i=1}^{5} r_i = 5\times 200 = 1000$，速率来自表 9.1。选取一个介于 0 和 1 之间的随机数，按照图 9.2 中所描述的选择过程，阵点 2 被选中，在这里 B(s) 被替换为*(s)。时间由 $\Delta t = -\ln \mathcal{R} / 1000$ 予以更新。

(2) 现在只有格点 2 可以进行反应 1(通过添加 B(g))，或者反应 2(通过添加 AB_2(g))，其余四个 B 格点只能进行反应–1。总活性为 A=4×200+100+100=1000。建立所有反应的列表，使每个条目的长度为 r_i/A。生成一个随机数，并且格点 4 的反应被选中，由*(s)更换 B(s)。时间增量为 $\Delta t = -\ln \mathcal{R} / 1000$。

(3) 3 个 B 格点只能进行反应–1，但是格点 2 和 4 能够进行反应 1 或反应 2。总活性为 A=3×200+2×(100+100)=1000。格点 1 被随机地选取，进行反应–1，由*(s)取代 B(s)。时间增量为 $\Delta t = -\ln \mathcal{R} / 1000$。

(4) 两个 B 格点只能进行反应–1，格点 1、2 和 4 可以进行反应 1 或反应 2。总活性为 A=2×200+3×(100+100)=1000。在所有可能的反应列表中，格点 4 的反应 2 被随机地选中，向表面添加 AB_2(s)。时间增量为 $\Delta t = -\ln \mathcal{R} / 1000$。

(5) 两个 B(s)格点能够进行反应–1，两个*(s)格点可进行反应 1 或 2，一个 AB_2(s)格点能够进行反应–2 或者反应 3。总活性为 A=2×200+2×(100+100)+1×(400+400)=1600。在 8 个可能反应的列表中，格点 1 的反应 2 被随机地选择，向表面添加 AB_2。时间增量为 $\Delta t = -\ln \mathcal{R} / 1600$。

(6) 有两个 B(s)格点可以进行反应–1，一个*(s)格点可以进行反应 1 或 2，两个 AB_2(s)格点可以进行逆向反应 2 或反应 3。总活性为 A=2×200+1×(100+100)+2×(400+400)=2200。在 8 个可能反应的列表中，格点 1 的反应 2 被随机地选择，向表面添加 A(s)+B(s)，并向气相中释放一个 B(g)。时间增量为 $\Delta t = -\ln \mathcal{R} / 2200$。

(7) 有三个 B(s)格点可以进行反应–1，一个*(s)格点可以进行反应 1 或 2，一

个 AB_2(s)格点可以进行反应–2 或反应 3。总活性为 $A=3\times200+1\times(100+100)+1\times(400+400)=1600$。在 8 个可能反应的列表中，格点 4 的反应–2 被随机地选择，向表面添加*(s)，并向气相释放一个 AB_2(g)。时间增量为 $\Delta t=-\ln\mathfrak{R}/1600$。

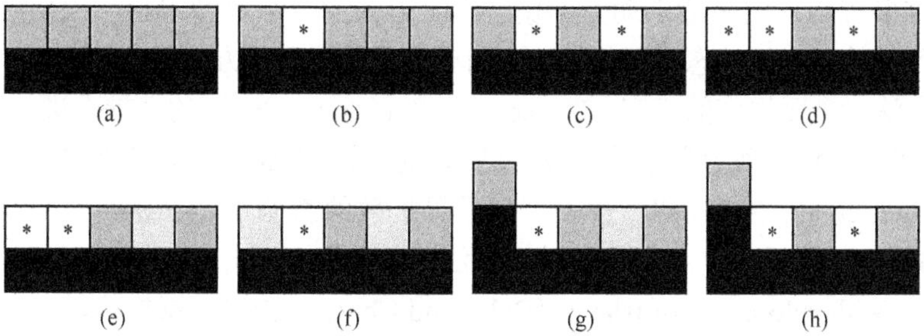

图 9.5　5-格点模型模拟生长过程的步骤

(黑色代表 A(s)，深灰代表 B(s)，*代表*(s)，浅灰代表 AB_2(s))

上面的讨论清楚地示出动力学蒙特卡罗方法应该如何进行模拟。在每一个步骤中，要识别出可能发生的事件，并识别出其反应速率。计算活性，选择一个事件，递增时间。考察一下在各个不同步骤中活性 $A(t)$ 是如何变化的：$A(t)$={1000, 1000,1000,1000,1600,2200,1600}。因此，这一系列事件随着时间改变，某些事件(图 9.5(f))比其他事件具有较小的先验概率(*a*-priori probability)(图 9.5(a))。

更细致地研究一下模型的细节。对于正向反应，使用式(G.52)所示的阿伦尼乌斯表达式，对于大多数反应，应参考有关文献中的数据。对于逆向反应，采用式(G.53)，结合已知的热力学数据。利用详细的原子模拟结果制定出表面重构的反应，并确定它们的反应速率。建立一个完整的三维模型，其表面为二维的，生长在第三维上，制定出不同表面结构作为过程条件(压力和温度)的函数。

正如前面所讨论的，选择动力学蒙特卡罗方法不一定对所有系统的建模都是好的，必须存在离散事件并且已知其速率。动力学蒙特卡罗方法极度依赖假设的机制。例如，在化学气相沉积方法的研究中，如果有一个重要的反应路径没有包含进来，那么结果将是不准确的(或完全是错误的)。由于可能的路径是不知道的，或者即使是知道的，也相当复杂，还必须具有良好的速率值，所以动力学蒙特卡罗方法的应用往往很难。但是，对于许多问题，为了与实验研究中较长时间尺度相匹配，动力学蒙特卡罗方法仍是一个很好的选择。

9.4　应　　用

本章中列举了动力学蒙特卡罗方法应用的两个案例：一个用于扩散的模拟，另一个用于化学气相沉积的原子过程。这两个案例都是动力学蒙特卡罗方法在材料研究中的典型应用，扩散和化学性质都是材料研究共同的主题。本节中只列出一些其他方面的应用，以表明这一方法应用的广泛性。

(1)辐照损伤。材料辐照损伤的研究是动力学蒙特卡罗方法的一个研究领域，已经有许多应用。它是适于动力学蒙特卡罗方法的一个典型问题，损伤级联和随后的弛豫与长时间的动态过程相关。应用动力学蒙特卡罗方法及其他方法，如分子动力学方法对辐照损伤的研究，在 Becquart 和 Domain(2011)的文献中进行了讨论。

(2)扩散。利用动力学蒙特卡罗方法研究扩散及其结果是很常见的，包括应变时效(Gater et al., 2011)和考察偏析对晶界扩散的影响(Kansuwan and Rickman, 2007)的研究。关于由扩散主导的处理方法，也有许多研究，包括外延生长过程中孤岛的发展(development of island)(Bales and Chazan, 1994)、试样旋转对热障涂层沉积的影响(Cho et al., 2005)。

(3)位错。Lin 和 Chrzan(1999)将动力学蒙特卡罗方法中引入位错动力学。Wang 等(2003)利用动力学蒙特卡罗方法就溶质对位错运动的影响进行了研究。

从这些研究可以清楚地看到，动力学蒙特卡罗方法对于描述有竞争速率的系统是非常有用的。实际上，有时对于以原子为基础的系统，在比分子动力学方法时间尺度长的情况下，该方法是唯一的模拟途径。动力学蒙特卡罗方法所面临的挑战是人们需要对研究的系统有非常完整的描述。如果有重要的过程被忽视，或者如果速率是不正确的，那么动力学蒙特卡罗方法就会给出误导性的或者是错误的结果。然而，尽管如此，动力学蒙特卡罗方法仍然是计算材料科学工具箱中的一个重要工具。

9.5 本章小结

本章介绍了利用动力学蒙特卡罗方法确定长时间材料行为动力学的基本思路，其关键思路是事件的速率与事件的概率相关联；对通过列举两个案例，展示出动力学蒙特卡罗方法的不同侧面，并对其进行了详细讨论；指出应用该方法进行计算之前，必须识别在系统中占主导地位的事件及其速率，并对该方法的局限性进行了讨论。

第 10 章　介观尺度蒙特卡罗方法

第 7 章介绍了蒙特卡罗方法的基本思路，并通过两类问题进行展示：伊辛模型和原子系统模拟。第 8 章对蒙特卡罗方法在分子系统中的应用进行了讨论，包括聚合物和生物分子。对于伊辛模型，由于它是 Metropolis 蒙特卡罗方法的一个完美范例，所以把它纳入第 7 章中，只是作为部分内容着重于原子和分子尺度的模拟。然而，无论如何，伊辛模型应当归属于本章，其重点是利用蒙特卡罗方法对介观尺度下材料的行为进行模拟。已经开发出许多类型的蒙特卡罗方法应用，用于模拟材料的性质和响应。本章只对其中之一进行详细的讨论，即应用于晶粒生长的 Q 态波茨模型(*Q*-state Potts model)。波茨模型在材料研究上不仅具有广泛的适用性和影响，还反映了基于蒙特卡罗方法进行所有介观尺度模拟所面临的大部分问题。

10.1　晶粒生长模拟

本节设计一个晶粒生长模型，关注晶界迁移，以降低系统的整体能量。附录 B.6 简要地叙述了晶粒和晶粒生长。本节将详细介绍如何进行晶粒生长模拟。

晶粒生长的驱动力是使系统的自由能最小化。每个晶界都具有正能量，所以需要有这样的模型：如果晶界被消除或减小，能量将随之降低。实际上已经介绍过一个具有这样性质的模型，这就是第 7 章中的伊辛模型。想象在正方形格子上自旋系统的伊辛模型有两个区域，一个是所有的自旋值为+1，而另一个则是所有的自旋值为–1，如图 10.1 所示。在这两个区域之间平行于 x 轴有一个边界。根据式(7.12)，伊辛模型的能量(外加磁场为零)为

$$E=-\frac{J}{2}\sum_{i=1}^{N}\sum_{j\in Z}s_i s_j \tag{10.1}$$

在上半个平面和下半个平面之内，自旋与其近邻之间的相互作用能量为$-4J$，如图 10.1 所示。然而，边界上自旋的相互作用能为$(-1-1-1+1)J=-2J$。因此，在边界上的每个原子，有 $2J$ 的总正能量。在低温条件下，将演变消除边界，以降低系统的能量。由于这样的特性，伊辛模型可能成为晶粒生长模型的候选模型。

+1	+1	+1	+1	+1	+1	+1	+1
+1	+1	+1	+1	+1	+1	+1	+1
+1	+1	+1	+1	+1	+1	+1	+1
+1	+1	+1	+1	+1	+1	+1	+1
–1	–1	–1	–1	–1	–1	–1	–1
–1	–1	–1	–1	–1	–1	–1	–1
–1	–1	–1	–1	–1	–1	–1	–1
–1	–1	–1	–1	–1	–1	–1	–1

图 10.1　具有区域边界的伊辛模型

（边界由粗模糊线表示；两个自旋的相互作用区域用粗线表示，一个在–1 的主体区域内，另一个在自旋的边界上）

伊辛模型已经被用于模拟一个重要的材料问题——磁系统的磁畴生长(growth of domain)。如果把图 10.1 所示的两个区域看作具有不同取向的磁畴，那么它们之间边界的运动可以用本章所讨论的蒙特卡罗方法进行观察。

但是，伊辛模型不能用来对具有晶粒取向分布的材料进行晶粒生长模拟。观察图 10.2 所示的二维显微结构。三角形的格子重叠在显微组织上，每个位点都由一个数字予以标记，表示位点位于某个特定的晶粒内。每个格子阵点都表示一个材料的区域。晶界由晶粒之间的深色线表示。

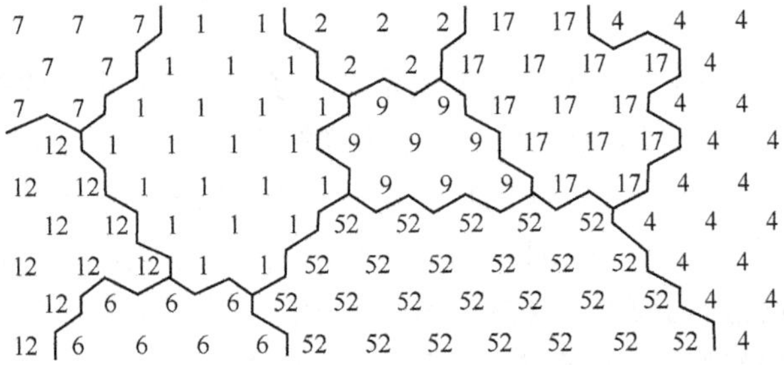

图 10.2　晶粒生长的二维蒙特卡罗-波茨模型的离散化过程的例子(Hassold and Holm, 1993)

从图 10.2 可以看出，用伊辛模型作为微观组织演变的模型，存在的问题是清楚的，即伊辛模型只有两个可能的“取向”，因而对现实晶粒生长的模拟，它所具有的自由度太少。在 20 世纪 80 年代中期，对于包含了更多自由度的伊辛模型变体是否可用于模拟晶粒生长这个问题，一系列具有开创性的论文做了回答，晶粒生长的波茨模型就是在那个时期发展起来的(Anderson et al., 1984; Srolovitz et al., 1984a, 1984b)。波茨模型在人们理解晶粒生长方面仍然发挥着重要作用①。

Q 态波茨模型是伊辛模型的变体，在这个模型中，每个位点不必只允许有两个自旋值，而是允许有 Q 个可能的值。这些值通常取为$\{1,2,\cdots,Q\}$，通常被认为

① 在本章中的大部分讨论都是基于 Holm 的工作和论文。

类似模拟伊辛模型的自旋。在晶粒生长波茨模型中，自旋值确定着位点位于哪个晶粒中，如图 10.2 所示。

因为晶粒通过消除晶界面积的演变来降低系统的能量，任何模型都必须包含一个晶界存在的能量罚值(energy penalty)，随着时间的推移，这将导致系统在降低能量的演变过程中消除晶界。波茨模型采用了非常简单的能量形式：

$$E=\frac{1}{2}\sum_{i=1}^{N}\sum_{j\in Z_i}E_{s_i,s_j}\left[1-\delta_{s_i,s_j}\right]+\sum_{i=1}^{N}F_i\left(s_i\right) \tag{10.2}$$

式中，位点 i 的自旋值是 s_i，对 j 的求和只包括位点 i 规定的近邻 Z_i，若 s_i=s_j，则 $\delta_{s_i,s_j}=1$，否则 $\delta_{s_i,s_j}=0$（δ_{s_i,s_j} 是在附录 C.5.1 中讨论的 Kronecker delta 函数）。因此，具有相同自旋值的位点之间的相互作用为 0(在晶粒之内)，而具有不同自旋值的位点之间相互作用为 $E_{s_i,s_j}>0$，这表示正的晶界能量。

晶界能量 E_{s_i,s_j} 取决于晶界两侧的自旋值。如果自旋值与特定的取向相关联，那么反映能量和晶界取向之间已知关系的晶界能量就可以被包括在内。$F_i(s_i)$ 是与位点 i 相关联的能量，为模型增加了灵活性，使其能够应用到像再结晶和其他形式的异常晶粒生长现象。波茨模型的最简单版本是所有晶界具有的能量相同且 F=0 的系统，即

$$H=\frac{E_0}{2}\sum_{i=1}^{N}\sum_{j\in Z_i}\left[1-\delta_{s_i,s_j}\right] \tag{10.3}$$

根据式(10.3)，波茨模型的基态(在 T=0 时最低能量)是所有位点具有相同的自旋值，即总能量为零。因此，系统是 Q 重简并(Q-fold degenerate)的。随着 T 的增大，系统会进入越来越无序的状态，直到达到临界点，超过临界点，热波动足够大，系统会紊乱，遵循与伊辛模型相同的基本物理现象。

10.2　蒙特卡罗-波茨模型

在波茨模型中自旋的演变可以用 Metropolis 蒙特卡罗方法来模拟，类似于在第 7 章中伊辛模型所做的模拟。一个试验包括随机地抽取一个位点，然后改变该位点的自旋为其他可能的 Q–1 个自旋。计算能量的变化，采用标准的 Metropolis 过程来确定该试验移动是否被接受。如果接受，则将这个新的状态添加到构型列表中。如果拒绝，则系统保持原来状态，并重复列入构型列表中。

虽然波茨模型可以用于在有限的温度下(T>0)对晶粒生长进行研究，但是常常被用于 T=0 的情况。系统的基本动力学性质是不变的，通过消除晶界，系统趋

向于降低能量。需要提醒的是，在 Metropolis 算法中，如果一个试验的能量变化 $\Delta E \leqslant 0$ 或者如果 $\exp(-\Delta E/(k_B T)) < \mathfrak{R}$，那么系统就改变到一个新的状态，其中 $\mathfrak{R}$ 是区间(0,1)上的一个随机数。如果 T=0，则试验将仅当 $\Delta E < 0$ 时被接受。

在由离散事件组成的系统中，可以将时间与蒙特卡罗试验关联起来。在此定义蒙特卡罗时间步长 Δt_{MC}=1MCS/N，其中 N 为系统中位点的总数。一个蒙特卡罗步(MCS)包括 N 次试验，并且经过足够长的 X 次 MCS 试验后，平均各个位点都已经试验了 X 次。定义每个 MCS 的净实际时间(net real time)为 τ。没有规定 τ 与实际时间(real time)的关联。

假设在式(10.3)中能量各向同性和图 10.3 中瞬时自旋分布的基础上，进行 T=0 的波茨模型模拟。作为蒙特卡罗过程的一部分，随机地选择一个位点作为构型变化的试验，在本例中，选择标记为 9 的位点。该位点仅与其六个最近邻相互作用，由围绕着位点 9 所画出的圆圈标记。与位点 9 相关联的能量为 $3E_0$，自旋的构型如图 10.3 所示。对于每一个不同的近邻自旋，都有 $1E_0$ 的能量。在蒙特卡罗的试验移动中，可以为位点 9 选择任何其他 Q–1 个可能的自旋值。在所有可能的自旋值中，只有一个能使得移动具有 $\Delta E \leqslant 0$，这就是“9”到“1”的变化。任何其他选择都将引入一个与其所有近邻不同的自旋，因而其能量为 $6E_0$。因此，选择自旋的大多数可能试验都将被拒绝。然而，假设“9”被翻转(flipped)为“1”，新的能量也将是 $3E_0$。基于 Metropolis 算法，试验将被接受，更新选择位点的自旋，并且再次重复此过程。

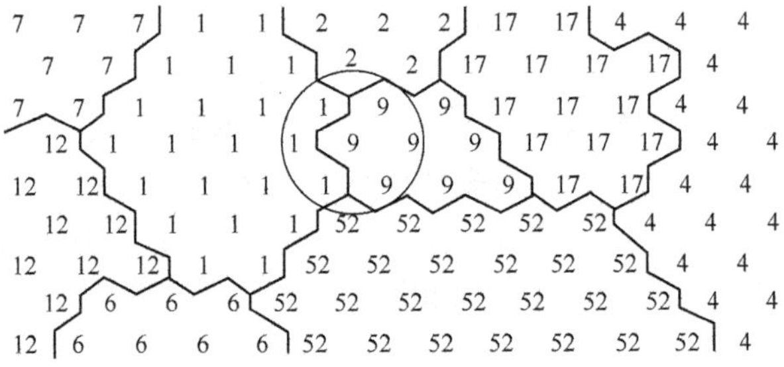

图 10.3　T=0 时波茨模型的能量变化(基于图 10.2 微观结构中标记为 9 的阵点翻转)

本质上，波茨模型是一个基于格子的方法。因此，格子拓扑结构的不当选择会极大地影响模拟结果，导致不正确的甚至是荒谬的结果。例如，在正方形格子上的波茨模型，最近邻相互作用产生方形晶粒，是著名的失败的例子，这极不符合实际的物理情形。从图 10.4 就可以看出为什么会是这样的。在图中的格子位点上，以白色表示一种自旋值，并以灰色表示不同的自旋值。与最近邻正方形格子的相互作用，在晶界上灰色阵点的能量是 $1E_0$。如果把它翻转成白色位点，如图所示，该位点的能量为 $3E_0$，能量变化为 $\Delta E=2E_0$，这表示在 T=0 的情况下，这个移动不可能发生，即使是在更高的温度下这个移动也不大可能发生。因此，正方形格子中，与最近邻为直边晶界是稳定的，抑制着它的进一步生长。与正方形格子行为形成鲜明对比的是三角形格子晶界位点的情形，如图 10.3 所示，它的晶界位点可以改变，说明了为什么三角形格子对于晶粒生长是一个物理学上更合理的模型。

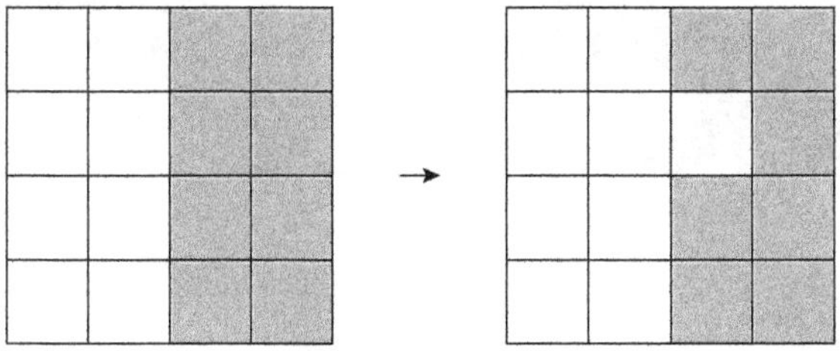

图 10.4　正方形格子上晶界运动期间能量的变化

在两个维度上，格子拓扑结构对生长的总体影响可以通过比较相关格子的各向异性能量来理解，在这里各向异性定义为在 Wulff 图上(表面能量对表面取向的图)(Holm et al., 1991; Holm, 1992)最大晶界能量和最小晶界能量的比值。表 10.1 总结了 4 种类型格子的各向异性：最近邻和次最近邻正方形格子，分别表示为 sq(1)和 sq(1,2)；最近邻和次最近邻的三角形格子，分别由 tr(1)和 tr(1,2)表示。具有最近邻相互作用的正方形格子各向异性最大，它将导致各向异性生长，如图 10.4 所表征的，其他格子表现出更多的各向同性表面能量分布。在三维空间中也已发现类似的格子影响(Holm, 1992)，具有最近邻和次最近邻相互作用(sc(1)和 sc(1,2))的简单立方格子表现出抑制生长，包括第三近邻 sc(1,2,3)将导致正常生长。fcc(1)、fcc(1,2)和 hcp(1)都表现出抑制生长。有限温度下的模拟还可以用于晶界的粗糙化，降低对格子的依赖。Holm 等(2001)给出了更完整的细节。

表 10.1　各向异性的二维格子(Holm, 1992)

格子	Wulff 形状	Z	各向异性
sq(1)	正方形	4	1.414
tr(1)	六边形	6	1.154
sq(1,2)	八角形	8	1.116
tr(1,2)	十二边形	18	1.057

注：Z 是近邻数目，包括在相互作用能量项中，见式(10.3)。

图 10.5 示出了波茨模型在 T=0 时三角形格子上晶粒生长的模拟结果。所示的三个微观结构对应于不同时刻，由图可看出微观结构随着时间的推移在粗化。晶界的面积(在二维上为线段长度)会随着晶粒尺寸的增大而减小。图 10.6 给出了在二维和三维两种情形下晶粒面积随着时间变化的计算结果(Holm, 1992)。可以看到，晶粒面积大致随着时间呈线性增大，与附录 B.6.2 中讨论的实验结果一致。

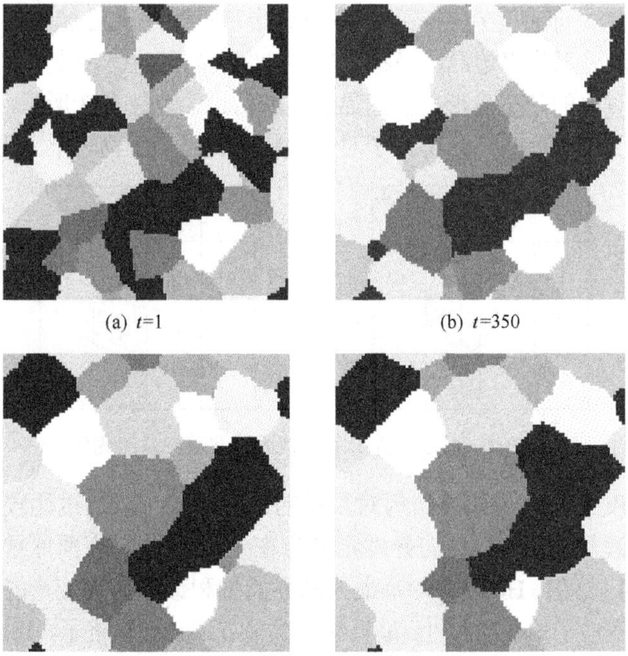

(a) t=1　　(b) t=350

(c) t=700　　(d) t=1000

图 10.5　蒙特卡罗-波茨模型研究正常“晶粒生长”的三个微观结构

(制作图形的数据由 A.D.Rollet 提供，可视化图形由 ParaView 软件包(ParaView, 2011)制作)

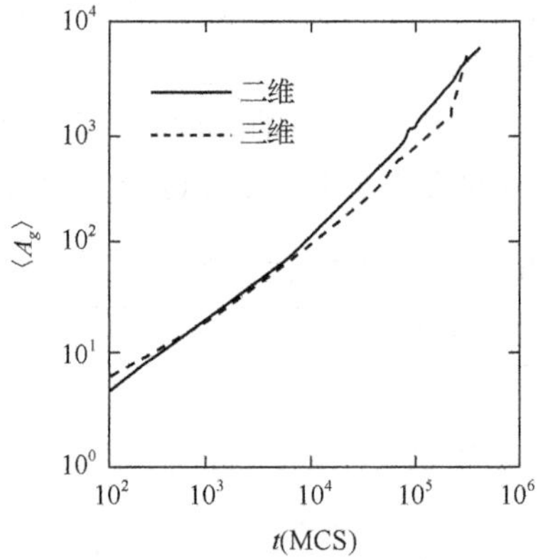

图 10.6　利用波茨模型研究二维和三维正常晶粒生长的“晶粒”面积(Holm, 1992)

虽然波茨模型非常灵活并且易于实施，但是它仍然存在一些计算上的问题，限制其作为模型的有效性。考虑在 0K 时采用标准 Metropolis 算法的波茨模型。只有那些减小能量(或者使能量不变)的移动将被接受，也就是说，就是那些位于晶界上的位点，它们能够改变自旋为一个新的值(它们是“活性”的)。原因很容易理解。观察图 10.3 中位于晶粒中心的一个位点，该位点出现的任何自旋变化的

能量都是 $6E_0$，都不会被许可。思考这样翻转的物理意义，它对应于在晶粒中间形成一个新取向的晶核，这被认为是不可能的。

图 10.6 示出，平均晶粒尺寸 $\langle A_g\rangle \sim t$，可以看到随着时间的延长，蒙特卡罗-波茨模型会变得越来越低效。由于在低温下只有沿着晶界位点可以改变自旋值，在二维情形下，这些活性的位点和那些不能改变自旋值的位点的比率与晶界的平均长度 $\langle S_g\rangle$ 除以平均晶粒面积 $\langle A_g\rangle$ 成正比。晶界长度近似值可以通过把晶粒看成圆形计算求出，在这一条件下，二维晶粒等效半径为 $R_g = \left(\langle A_g\rangle / \pi\right)^{1/2}$，其圆周长为 $\langle S_g\rangle = 2\pi R_g$。因此，晶界长度和平均晶粒面积的近似比率为 $\langle S_g\rangle / \langle A_g\rangle \sim 1/R_g$。由于 $\langle A_g\rangle \sim R_g^2 \sim t$，在二维情形下，可以得出活性位点与非活性位点之比为 $\langle S_g\rangle / \langle A_g\rangle \sim 1/t^{1/2}$①。

将面积比率变为体积比率的结果是，标准蒙特卡罗采样随着时间的推移变得非常低效，可能翻转的位点的比例随着 $1/t^{1/2}$ 减小。这个问题实际上比前面描述的更糟糕。在进行标准蒙特卡罗模拟时，翻转的自旋有 $Q-1$ 个可能的新自旋值。如果这个自旋是位于晶界上且只有一种其他类型的自旋与其相邻，那么只有 $1/(Q-1)$ 的概率翻转，翻转的自旋值实际上会降低能量(即成为已经在晶界上存在的其他类型)。因此，一个成功翻转的净概率为 $1/(t^{1/2}(Q-1))$。这样随机选择位点和自旋翻转是极为低效的，事实上，在长时间内几乎是无用之举。

但是，并非失去所有希望。最早期的动力学蒙特卡罗方法，如第 9 章中介绍的，并不是开发用于反应速率或扩散的研究，而是要克服采样效率低的困难，这与波茨模型在长时间采样中所遇到的问题是相同的(Bortz et al., 1975)。一种称为 *N*-fold 的方法，是为伊辛模型开发的，对其进行修正，可以用于波茨模型。

10.3　*N*-fold 方法

N-fold方法(Hassold and Holm, 1993)是动力学蒙特卡罗方法的一个具体例子，是为某些系统采用标准 Metropolis 蒙特卡罗算法进行长时间模拟效率低的问题提供的一种解决方法。

在 *N*-fold 方法中，每次试验都被接受，并且平均地说，它仍然会求得构型、性能和动力学性质等这些在常规 Metropolis 蒙特卡罗算法能得到的结果。

下面利用式(10.2)中的各向同性 Q 态波茨模型进行讨论。首先，定义位点 i 的活性为

① 在三维中，类似的分析得出 $\langle S_g\rangle / \langle A_g\rangle \sim 1/t^{1/3}$ 的关系。

$$a_i = \sum_{s_i^* \neq s_i} P\left(\Delta E\left[s_i \to s_i^*\right]\right) \tag{10.4}$$

式中，$P\left(\Delta E\left[s_i \to s_i^*\right]\right)$是位点 i 自旋值由 s_i 改变为 s_i^* 的 Metropolis 概率。a_i 是对不同于 s_i 的所有 $Q-1$ 个可能值求和。

考虑一个系统，在 T=0K 时，它处于生长阶段，有不同的晶粒和晶界。如果在试验中系统的能量保持不变或者降低，则试验成功的概率为 1；如果试验中能量增大，则试验成功的概率为 0。首先考虑一个自旋，它不在晶界上，完全由相同类型的自旋包围。改变这个自旋为任何其他的自旋值都将增加能量。在 0K 时，该自旋的活性为 a_i=0，即不存在自旋翻转成功的可能。现在考虑在图 10.3 中突出显示的位点。只有一种可能的翻转不增加能量，即 $s_i = 9 \to s_i = 1$。因此，该位点的活性是 a_i=1。如果有两个可能的翻转(如或许是位于交汇处)，则活性将为 a_i=2 等。

总活性是由系统中所有可能自旋翻转的概率求出的，并由式(10.5)给出：

$$A = \sum_{i=1}^{N} a_i \tag{10.5}$$

在 $T=0$ 时，A 就是所有可能翻转的总数。需要注意的是，随着系统的演变，A 也将发生演变。由于可能的自旋翻转数量随表面积而变化(在二维情况下为 $\sim 1/t^{1/2}$)，总活性也将随着时间的推移而降低，在二维时为 $A \sim 1/t^{1/2}$。

N-fold 方法模拟的处理方式与在第 9 章中叙述的动力学蒙特卡罗计算是相同的。在计算开始时，计算所有位点的活性 a_i。对于 T=0，模拟的各个步骤如下：

(1) 选择一个位点，其概率为 a_i。

(2) 翻转 s_i，在能量上可能的值中取其中一个值(以相同的概率)。

(3) 重新计算活性。

(4) 向前推进时间(如后面所述)。

(5) 重复各个步骤。

与任何的动力学蒙特卡罗方法一样，必须在每一步都要把时间向前推进。对于波茨模型，也需要将这个时间与标准蒙特卡罗时间 τ 关联到一起，可以按照以下方式进行。这一讨论基于 Bortz 等(1975)、Hassold 和 Holm(1993)的文献。

因为 A 是可能翻转的总数(在 $T=0$ 时)，在模拟格子上每个位点潜在的成功翻转的平均概率为 $\langle a \rangle = A/N$，其中 N 是格子上位点的数目。在蒙特卡罗-波茨模型中，每个蒙特卡罗步的试验次数是 N/MCS。波茨模型没有具体的时间尺度。然而，可以把某个时间 τ 与蒙特卡罗步关联起来，在这种情况下，每次翻转次数为 N/τ，如同在第 7 章中讨论的伊辛模型。在一个蒙特卡罗步中成功翻转的概率为 $N/\tau \times \langle a \rangle$。但是，实际上那些翻转中只有 $1/(Q-1)$ 是成功的，所以每个蒙特卡罗

步成功翻转的平均次数是

$$\frac{N\langle a\rangle}{(Q-1)\tau}=\frac{A}{(Q-1)\tau} \tag{10.6}$$

式(10.6)给出了成功翻转的速率。

与成功翻转相关的平均时间是速率的倒数，即

$$\langle\Delta t\rangle=\frac{(Q-1)\tau}{A} \tag{10.7}$$

可以利用它们是随机过程这个事实，对每一个时间步长求出与$\langle\Delta t\rangle$相一致的Δt的表达式。按照 9.2 节中关于动力学蒙特卡罗步时间相同的思路，这里要求表达式是随机的，且其平均值为$(Q-1)\tau/A$。考虑(0,1)上的一个随机数$\mathfrak{R}$，通过对许多这样的随机数求平均值，如同在附录 I.2 中的讨论，求得$\langle-\ln\mathfrak{R}\rangle=1$，可写出表达式

$$\Delta t_{\mathrm{NFW}}=-\frac{(Q-1)\tau}{A}\ln\mathfrak{R} \tag{10.8}$$

对 *N*-fold 方法的每一步都得到一个时间，且符合式(10.7)的正确平均时间。

传统的蒙特卡罗方法和 *N*-fold 方法在时间上的定义，尽管方式不同，但其实是等价的。它们之间的关系可以通过检查每种方法的相关步骤很容易地理解。观察图 10.3 中的微观结构，大多数的位点不具有活性，也就是说，在 T=0 时将不会有成功的翻转。一个典型的蒙特卡罗运行将进行许多什么也没有发生的试验。在那些试验中每次时间的增加为$\Delta t_{\mathrm{MCS}}=\tau/N$，所以系统会在相当长的时间里处于时间在推进但该系统却没有变化的状态。然而，在 *N*-fold 方法下，每次试验都会产生一个成功的移动。一次移动的时间步长为$\Delta t_{\mathrm{NFW}}=\left((Q-1)\tau/A\right)\ln\mathfrak{R}$，它随着微观结构的演变(和 A 的减小)而增加。因此，*N*-fold 方法的每一个时间步长对应于等价的蒙特卡罗没有发生任何变化的许多个时间步长。

N-fold 方法给出的答案与常规蒙特卡罗方法是相同的，但如图 10.7 所示，对于长的蒙特卡罗时间，它的计算时间只是后者的若干分之一。对于从随机初始条件开始的模拟，在短时间内没有晶粒开始生长。传统的蒙特卡罗方法在这种情况下更加有效。在通常的情况下，模拟以常规的方法开始，然后在一百个蒙特卡罗步左右转换到 *N*-fold 方法。

N-fold 方法也同样适用于有限温度($T>0$)或各向异性相互作用(式(10.2))的情形，并且用适当的概率来定义活性。在 $T>0$ 的情况下，对于式(10.4)中的概率，如果$\Delta E\leqslant 0$，仍然是 1，但是如果$\Delta E>0$，则为 $\exp(-\Delta E/(k_{\mathrm{B}}T))$。当然，正如 Hassold 和 Holm(1993)所讨论的，*N*-fold 方法的基本优点仍然存在。

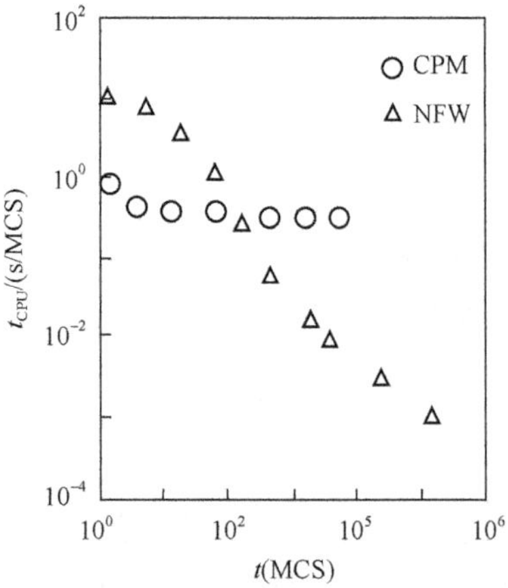

图 10.7　比较 *N*-fold 方法(NFW)和常规蒙特卡罗(CPM)方法计算时间(按每个蒙特卡罗步所用的 CPU 秒数测量)和蒙特卡罗步(MCS)的关系(Hassold and Holm, 1993)

10.4　波茨模型应用案例

已经证明波茨模型在描述一些重要的材料现象上是很成功的，包括 Zener 钉扎和再结晶。基本模拟方法与对正常晶粒生长的模拟是相同的。

10.4.1　Zener 钉扎

Zener 钉扎是指在材料中可以抑制或防止晶界运动的小颗粒作用。粒子在晶界上施加压力，抵消晶界运动的驱动力。Zener 钉扎是改变材料行为的重要手段。例如，在某个材料中添加粒子以固定晶粒的尺寸，是改变材料性质的常用方法。由于材料的强度大致与 $1/D$ 成正比，其中 D 为晶粒的直径，晶粒的最大尺寸决定着材料的最小强度，这在考虑材料的高温应用方面是特别重要的。如果能阻止或消除晶粒生长，所期望的材料性能就更有可能在较高的温度下得到保持。粒子如何钉住晶界移动的基本物理概念在其他文献中有很好的叙述(Porter and Easterling, 1992)。

波茨模型非常适合于模拟 Zener 钉扎，已经有大量的文章发表并报道了相关研究结果。选定第二相粒子浓度，以相同浓度从波茨模型点阵中选择随机位点。自旋簇(cluster of spin)被集中在这些位点，自旋值设置为一个与系统中任何其他值都不同的值(如 s_i=0)，然后在模拟的过程中固定这些值。这些位点代表钉扎粒子。钉扎簇的尺寸根据所研究问题的需要加以设置。由于粒子的自旋值不能改变，移动的晶界在钉扎粒子处停止。在图 10.8(c)中可以看到一个例子，它的所有晶界都被钉扎在第二相粒子处。

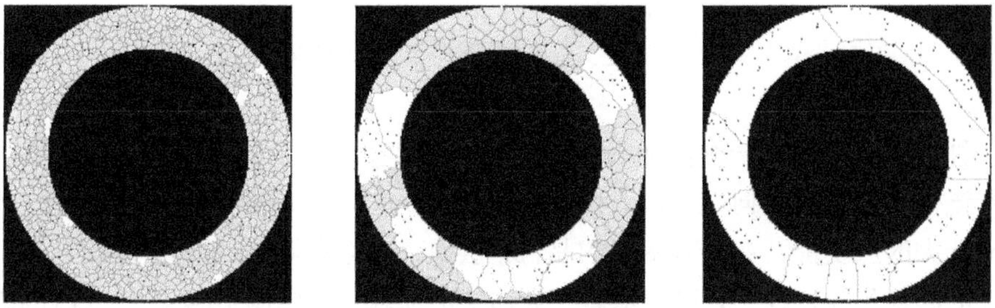

(a) 1000MCS　(b) 10000MCS　(c) 100000MCS

图 10.8　0K 时的二维环形线再结晶的波茨模型

(使用了具有第一近邻和第二近邻的正方形格子。模拟开始时设置自由表面上少量的再结晶(低能量)位点。系统含有 0.5%惰性粒子，用黑色方块表示；再结晶(低应变能量)晶粒为白色；未再结晶晶粒为灰色)
Sandia 国家实验室 E. A. Holm 许可

Miodownik 等(2000)指出，在 0K 时 Zener 钉扎模拟不是完全正确的，原因是人为设定晶界的晶面取向(faceting)导致了模拟的详细预测结果和实验结果之间的差异，同时，他们证明了采用具有足够的热能模拟，消除晶面取向设定，会获得与实验一致的结果。Harun 等(2006)对各种用于 Zener 钉扎的模拟方法进行了有效的比较。

10.4.2　再结晶

再结晶是未变形的晶粒生长进入变形晶粒的过程，驱动力是与变形相关联的应变能的减少。如果假设具有高密度位错的变形材料被替换为具有很少位错的材料，未变形和变形晶粒之间在晶界上的额外驱动力是应变能的差异 ΔE_{rxn}，其单位体积能量可以近似地表示为(Martin et al., 1997)

$$\Delta E_{rxn} = \mu b^2 \delta\rho \tag{10.9}$$

式中，$\delta\rho$ 是两个晶粒之间的位错密度差；μ 是剪切模量；b 为伯格斯矢量(Burgers vector)的幅值(见附录B.5)。如果这一驱动力足够大，那么具有较低应变能量的晶粒将生长进入具有更高应变能量的晶粒中，清除位错和降低能量。再结晶常常是一种不希望出现的过程。例如，假定目标是通过形变过程生成细晶粒因而强度大的材料。当晶粒在变形中比其他晶粒具有更低储能(stored energy)时就会发生再结晶，之所以发生这样的现象是因为晶粒(或者更可能是一组晶粒)取向的方式使得所施加的应力不会导致显著变形。如果存在这样的晶粒，那么就能够发生再结晶，造成很小变形的大晶粒，使加工的初始目标落空。

基于式(10.2)可以建立再结晶的简单模型(见第 11 章)，其各向同性晶界能量可以表示为

$$H=\frac{E_0}{2}\sum_{i=1}^{N}\sum_{j\in Z_i}\left[1-\delta_{s_i,s_j}\right]+\sum_{i=1}^{N}E_i\left(s_i\right) \tag{10.10}$$

在这种情况下，加入一个附加项 $E_i(s_i)$ 表示储存在位点中的应变能量，它取决于处于该位点的晶粒取向(自旋)。例如，一个变形晶粒，自旋将具有一个大的 E_i 值，对应于大的应变能，而没有变形的晶粒则会具有小(或零)的 E_i 值。因此，有一个附加的晶粒生长驱动力，以消除具有大储能的晶粒。考虑图 10.4 在 T=0 时的二维正方形格子。假设每类晶粒都有来自于变形过程的应变储能，即 E_g 和 E_w，下标 g 和 w 分别代表灰色和白色晶粒。如果某个灰色晶界位点翻转为白色位点，能量的变化为 $\Delta E=2E_0+E_w-E_g$。如果白色正方形代表小应变能量而灰色的正方形位点代表大的应变能量，那么只要 $E_g-E_w\geqslant 2E_0$，所示的移动就成为有利的，晶粒生长就能够发生，可作为再结晶模型。与上面给出的分析作比较，没有储能的不可能出现晶粒生长。

在 0K 时一个环形线再结晶的波茨模型模拟结果如图 10.8①所示。图中介绍了模拟的细节。该研究的目标是模拟用于白炽灯中环形导线的再结晶。在模拟时间少时(图 10.8(a))，再结晶核已经开始生长，吞噬附近的晶粒。在图 10.8(b)中，这些晶粒持续生长，到了图 10.8(c)的阶段，所有的晶粒都已经再结晶。需要注意的是，晶界是由第二相粒子钉扎的。

图 10.9 给出了一个金属丝再结晶的三维模拟结果。这个系统是简单立方格子，具有第一、第二和第三近邻的相互作用。它在轴向方向上是周期性的，而在径向方向上具有自由表面。通过随机地在表面上选择晶粒并给它们赋予零储能，生成一组初始的再结晶晶粒，而所有其他晶粒都被赋予大储能。然后，进行 0K 时波茨模型的模拟。注意再结晶晶粒(浅灰色)是如何在最终取代未再结晶晶粒(深灰色)的。使用波茨模型已经完成了许多其他再结晶研究(Miodownik, 2002)。

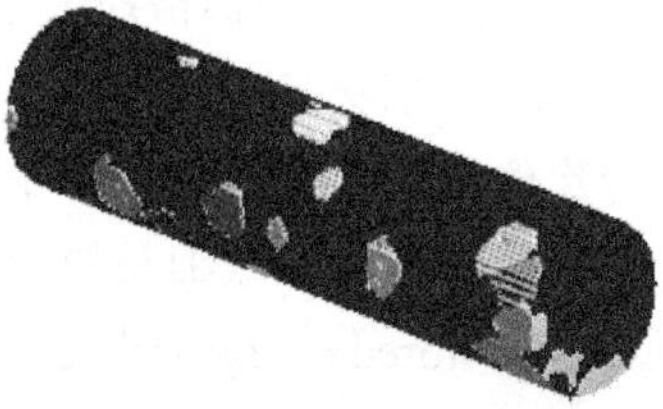

(a) 10000MCS

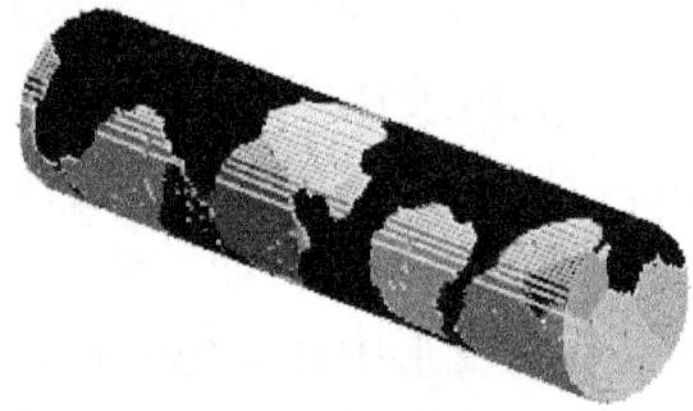

(b) 30000MCS

① 图 10.8～图 10.11 都经过 Sandia 国家实验室许可。这是由 Lockheed Martin 公司所拥有的全资子公司 Sandia 公司运营的一个多种项目的实验室，执行美国能源部国家核安全管理局 DE-AC04-94AL85000 合同。这项工作是由美国能源部基础能源科学办公室提供资助的。

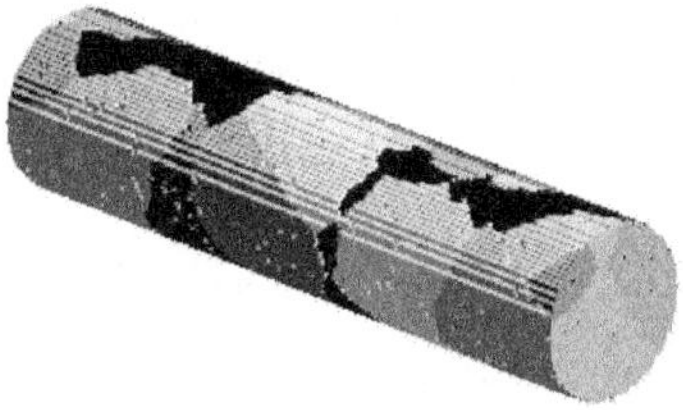

(c) 50000MCS

图 10.9　再结晶的三维波茨模型

Sandia 国家实验室 E. A. Holm 许可

10.4.3　晶界移动的各向异性对晶粒生长的影响

作为波茨模型实用性的另一个例子，Holm 等(2003)在早期工作的基础上(Rollett et al., 1989)考查了晶界移动的变化如何促进异常晶粒生长，其中一些晶粒的生长速度远远超过其他晶粒，最终主导了微观结构。该工作为晶粒假定一组取向，以及晶粒之间取向差角(misorientation angle)的范围。晶界能量是各向同性的，但是晶界迁移率是随晶界取向差角强烈变化的函数。在蒙特卡罗试验中，只考虑晶界移动的自旋翻转，没有晶粒成核。在实践中，这意味着在一次试验中随机地选择一个位点，在这个位点上自旋唯一可能的变化是成为其近邻位点之一的自旋值(观察图 10.3)。翻转一个自旋的蒙特卡罗概率取为

$$P\left(\Delta E_{i,j}\right)=\begin{cases}p_{i,j}, & \Delta E\leqslant 0\\ p_0\mathrm{e}^{-\Delta E/(k_\mathrm{B}T)}, & \Delta E>0\end{cases}\tag{10.11}$$

式中，p_0 是两个选定晶粒之间晶界的相对移动性(relative mobility)的量度。图 10.10 给出了基于这个模型所做的不同次数模拟的结果。在取向分布上离群的晶粒由于趋向于与大多数其他晶粒具有大的取向差晶界，它们也就具有高移动性边界。正是这些晶粒生长异常。在三维上的类似研究见图 10.11。

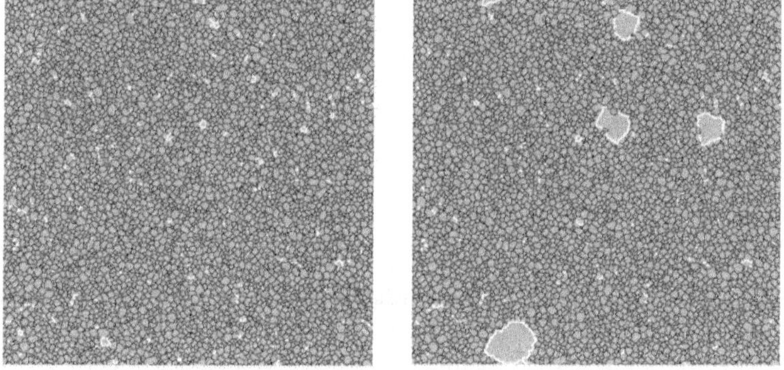

(a) 0MCS　　(b) 500MCS

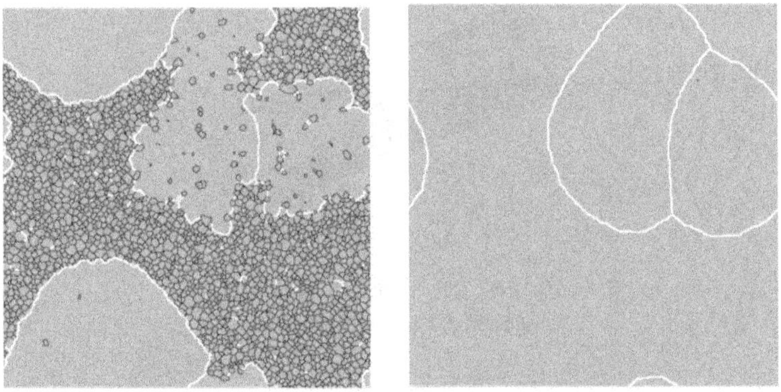

(c) 1000MCS　　(d) 2000MCS

图 10.10　异常晶粒生长的二维波茨模型(Holm et al., 2003)

(晶界是根据它们的移动性着色的，异常晶粒用白色的边界(大移动性)明显标示，而大多数其他晶粒有黑色的边界(小移动性))Sandia 国家实验室 E. A. Holm 许可

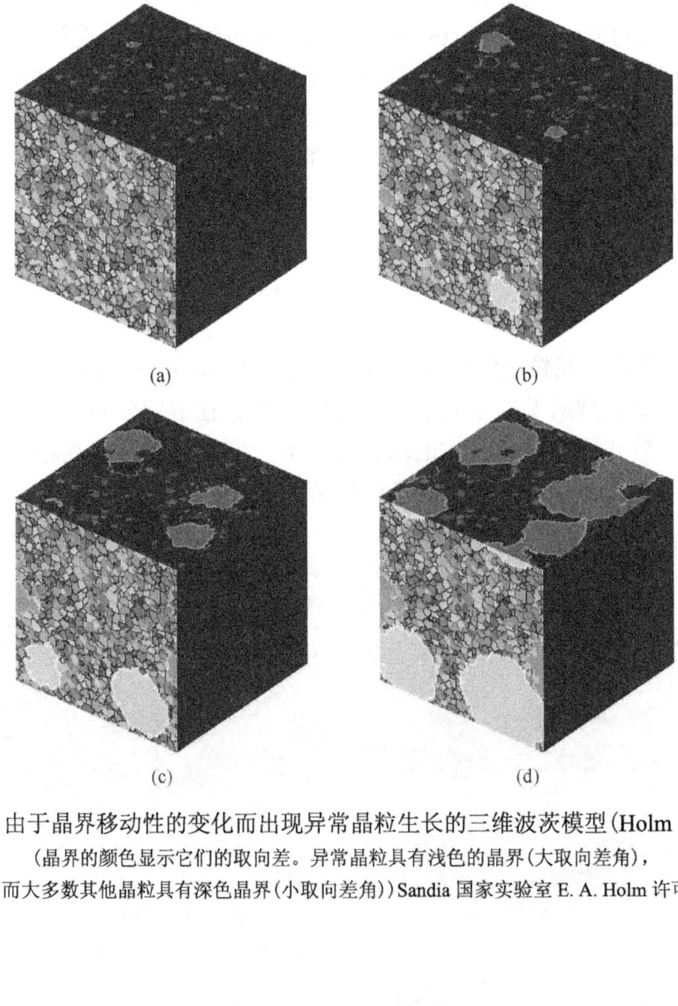

(a)　(b)　(c)　(d)

图 10.11　由于晶界移动性的变化而出现异常晶粒生长的三维波茨模型(Holm et al., 2003)

(晶界的颜色显示它们的取向差。异常晶粒具有浅色的晶界(大取向差角)，而大多数其他晶粒具有深色晶界(小取向差角))Sandia 国家实验室 E. A. Holm 许可

10.5　波茨模型在材料科学和工程中的应用

波茨模型在材料研究的其他应用如下：

(1) 双相材料。在本章的讨论中，波茨模型被限制于单相系统。然而，它也被推广到两相系统的研究(Bellucci et al., 2010)。

(2) 烧结。陶瓷烧结的模拟采用标准的波茨模型，每个位点的自旋代表晶粒或细孔的状态(Tikare et al., 2010)。

(3) 磁热效应。一种波茨模型的变体被用来模拟一组 Heusler 合金[①]的磁热效应，并与实验结果相比较。相互作用能量被映射到 Potts-like 哈密顿函数，自旋值对应于区分两种晶体结构的结构参数(Buchelnikov and Sokolovskiy, 2011)。

(4) 铁电材料。利用三维波茨模型对铁电体的有序-无序性质进行了研究，其中自旋映射到原子的位移。在 $Cd_2Nb_2O_7$ 的应用中，采用了焦绿石晶格(pyrochlore lattice)的 12 阵点模型。能量包括电场与位移(自旋)耦合的项(Malcherek, 2011)。

(5) 生物材料。波茨模型更有趣的应用之一是生物材料研究，Jones 和 Chapman (2012) 对此进行了综述。一个经过修改的波茨模型称为元胞波茨模型(cellular Potts model)，用来描述相邻细胞之间的接触能量，保持细胞面积恒定(因为细胞不会像“晶粒”那样在组织演化过程中消失)(Graner and Glazier, 1992; Glazier and Graner, 1993)。这种方法已应用于各种现象，包括生物细胞重新排列(Glazier and Graner, 1993)和肿瘤生长(Shirinifard et al., 2009)。

10.6　本 章 小 结

本章讨论了如何运用简单的能量驱动模型精确地模拟许多材料的现象，特别是微观组织的演变。例如，在一个系统的模型中，用局部变量表示其局部取向，并用这些变量描述能量，对于这样的系统几乎总是可以采用蒙特卡罗方法模拟系统的响应。晶粒生长的波茨模型恰恰就是这样一种方法，它表现出简单模型描述非常复杂物理现象的灵活性。或许人们确实失去了预测某个特定材料精确响应的能力，但是获得的是考察材料现象学行为(phenomenological behavior)的能力。

推荐阅读

读者可能会发现一些有用的书籍，例如：

Landau 和 Binder (2000) 编写的 *A Guid to Monte Carlo Simulations in Statistical Physics*，是 Binder 及其同事组织的蒙特卡罗方法系列丛书中的一本。

---

① Heusler 合金是一种基于 Heusle 相的金属，它为面心立方晶体结构金属间化合物，由一组特定元素构成。Heusle 合金是铁磁性的，虽然其构成元素不是铁磁性的。

第 11 章　元胞自动机

自动机(automaton)的定义是“一个相对地自运行的机构，特殊的如机器人”或者“机器或控制机构，其设计用于自动地按照预先设定的程序运行或响应编码指令”(Merriam, 2011)。一个典型的元胞自动机(cellular automaton, CA)就像一个算法机器人(algorithmic robot)。元胞自动机方法通过运用一组确定性规则来描述离散变量系统的演变，其确定性规则依赖于这些变量值以及那些附近晶胞的值。尽管简单易懂，元胞自动机方法仍然可以显著地展现出模拟材料在行为上的复杂性。

元胞自动机已经用于一系列材料效应的模拟，主要应用于再结晶、腐蚀和表面现象，其他应用还包括水泥的水化、摩擦和磨损，这些应用大部分都会在下面讨论到。许多应用中还将经典的元胞自动机进行扩展，包括概率规则、更复杂的格子几何形状和更长尺度的规则。通过使用概率规则，元胞自动机方法和蒙特卡罗方法之间的区别变得有些模糊，这将在下面讨论。

本章首先介绍元胞自动机的基本思路，接着以这一方法的一些经典应用为例进行说明，然后通过这种方法在材料方面的几个应用，彰显其在复杂行为模拟上的能力。可以在其他文献中找到更加详细的有关这种方法的应用范围介绍，包括材料研究和其他领域的应用(Chopard and Droz, 1998; Raabe, 2002, 2004a)。

11.1　元胞自动机基本知识

元胞自动机的概念可以追溯到 von Neumann 和 Ulam 在 20 世纪 40 年代的工作。von Neumann 当时正在寻求证明，像生命(生存、繁衍、进化)这样的复杂现象可以简化成许多动态特性一致、非常简单的、能够相互作用和维持它们等价性的基本实体(primitive entity) (Chopard and Droz, 1998)。他采用完全离散的方法，认为空间、时间和动力学变量全都是离散的。这些努力的结果就是元胞自动机理论，其空间由被赋予有限个状态的元胞(cell)构成。这些状态遵循离散的时间步并按照某些规则演变，这些规则取决于前一个时间步的元胞状态(还可能包括其近邻)。这些元胞同时移动到新的状态。

下面从元胞自动机的原始经典定义开始讨论。新的应用已经拓宽了原有的定义，但基本思想是相同的。经典元胞自动机的一般特征如下：

(1) 离散的空间。由空间元胞或位点的离散格子构成。

(2) 均质。每个元胞都是完全相同的，并且位于规则阵列中。

(3) 离散状态。每个元胞都处于具有有限数目离散值的状态。

(4) 离散的时间。在一系列离散时间步中，每个元胞的值都在被更新。

(5) 同步更新。所有元胞的值都同时更新。

(6) 确定性规则。每个单元值的更新都依据固定的、确定性的规则进行。

(7) 空间局部规则。每个位点上的规则只取决于该位点周围局部近邻的值。

(8) 时间局部规则。新值的规则只取决于固定数目的前几个步骤(通常为一个)的值。

元胞自动机的这些基本特征可以用一个简单的一维例子加以理解，如图 11.1 所示。每个位点是等同的，并且按顺序从左至右做标记。作为一个例子，假设每个位点只能有两个可能的值 0 或 1。在图 11.1 中，位点 i 的值 a_i 在时刻 $t+\delta t$ 只取决于在时刻 t 的 a_{i-1}、a_i 和 a_{i+1}，也就是说，只有位点 i 最近邻的值影响其演变。注意，图中所有的位点同时从时间 t 移动到 $t+\delta t$。

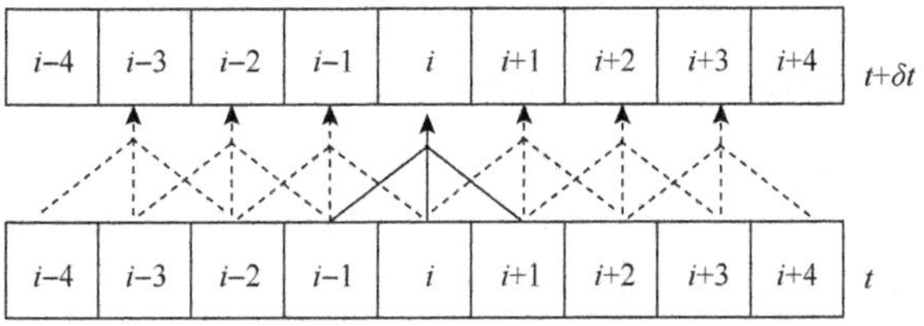

图 11.1　一维元胞自动机的规则

(图中示意地示出在时刻 $t+\delta t$ 时一个位点的值只取决于它在时刻 t (r=1) 的值和它的最近邻位点的值)

由于位点的值只能为 0 或 1，并且规则只包含阵点的最近邻，所以有 8 种前一时间步的可能的构型能够确定位点的新值。例如，如果位点 i 的值为 0，那么位点 i 及其近邻的一种可能构型是 101，在这里从左至右对这些值进行排序，即 $a_{i-1}a_ia_{i+1}$。所有可能的值为

111　110　101　100　011　010　001　000

以这种方式排列是有原因的。如果把每三个数组看作二进制数，那么按照十进制数，它们是以 7 6 5 4 3 2 1 0 的顺序排列的[①]。这是元胞自动机所采用的可能构型排序的一种标准方式。

要实现元胞自动机需要一个规则，来展示上述方式中每一个构型如何使位点 i 产生下一个时间步的新值。考虑简单的规则

① 例如，二进制数 111 等于十进制数 $(1\times2^2)+(1\times2)+1=7$。

$$a_i(t+\delta t)=(a_{i-1}(t)+a_{i+1}(t))\text{mod}(2) \tag{11.1}$$

其中，$(b)\text{mod}(2)$为当 b 除以 2 时的余数。这个规则很简单：如果 a_{i-1} 和 a_{i+1} 两者都为 0，或两者都为 1，那么余数是 0，否则是 1。例如，如果在时刻 t 位点 i 及其近邻的值为 101，那么位点 i 在时刻 $t+\delta t$ 的值将为$(1+1)\text{mod}(2)=0$。

利用式(11.1)，并按照上述标准方式对位形排序，从时刻 t 到 $t+\delta t$ 的可能变化为

111	110	101	100	011	010	001	000	t
0	1	0	1	1	0	1	0	$t+\delta t$

由此可以根据结果确定出式(11.1)中的规则，它们是 01011010。这个数的序列烦琐，很难记住。然而，如果把序列看作二进制数，然后将其转换为一个十进制数，那么它就会成为规则 90(Rule 90)①。常常以这种方式对所有的最近邻的一维规则进行编号。

因为任意的 8 位二进制数都可以确定一个规则，在一维的情况下最近邻相互作用的可能规则共有 $2^8=256$ 种。然而，一般认为 000 必须总是产生一个 0，并且依据对称性，对称对如 001/100 和 110/011 得到相同的值。通过这些假设，可能的一维最近邻规则共有 32 个。

下面具体研究规则 90(01011010)。如果从开始让一个位点取值为 1，其余值为 0，见图 11.2(a)，其中点表示值 1，空白表示值 0。注意由这个很简单规则演化而成的非常特别的图案：一组嵌套三角形并且尺寸变化和渐渐成长。更改规则会改变自动机的行为。例如，规则 62(00111110)，初始状态相同，即一个位点取值为 1，其余均为零，其结果见图 11.2(b)。

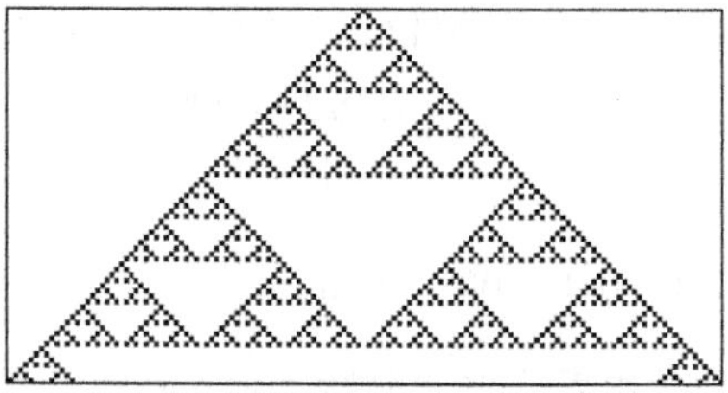

(a) 规则90的结果

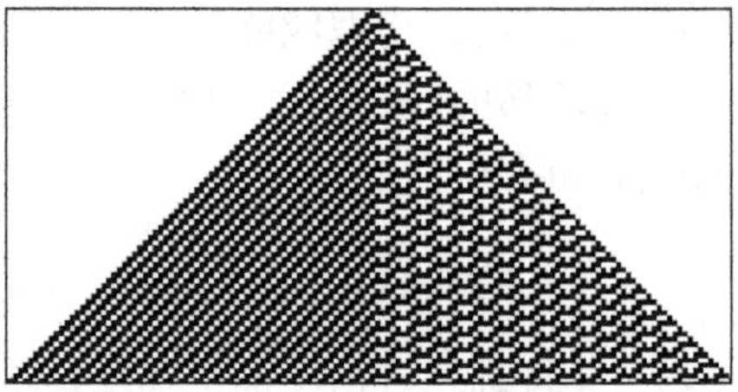

(b) 规则62的结果

图 11.2　一维规则的行为特性，时间朝着图的底部延伸

(两幅图都是从单个位点的初始值为 1 而其余位点的值为 0 开始的。点表示值 1，空白表示值 0)

图 11.3 给出了规则 90 的类似计算，这是从 0 和 1 的随机序列开始的，而不是起始于单一的值 1 与一行 0。图案要复杂得多，可看到三角形图案在随机的初

① $01011010=(0\times2^7)+(1\times2^6)+(0\times2^5)+(1\times2^4)+(1\times2^3)+(0\times2^2)+(1\times2)+0$，或 $0+64+0+16+8+0+2+0=90$。

始条件下浮现出来。如果以不同的初始状态开始，那么系统会发展成不同却类似的图案。

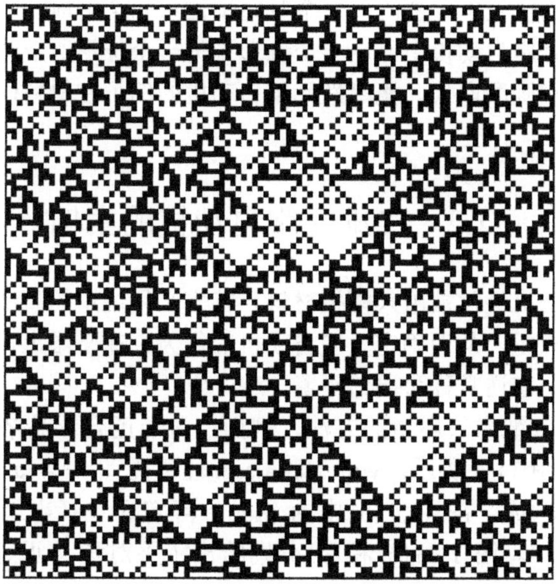

图 11.3　具有随机初始条件，遵循规则 90 的结果
（点表示值 1，空白表示值 0，时间朝向图的底部延伸）

一维元胞自动机并不限于每个位点仅具有两种状态，如 a_i=0 或 1，也并不限于规则仅包括相邻位点。对于位点 i，演化规则所依赖的近邻可达至 r 个位点的距离，即

$$a_i(t+\delta t)=F\left[a_{i-r}(t),a_{i-r+1}(t),\cdots,a_i(t),\cdots,a_{i+r-1}(t),a_{i+r}(t)\right] \tag{11.2}$$

式中，F 是定义规则的某个函数。参数 r 定义规则的范围，即位点 i 两侧各有多少个位点对位点 i 的值有影响。如果 $r>1$，则可能的规则数量会是巨大的，显示出元胞自动机的丰富性。这一丰富性在二维和三维上表现得更加突出，提供着几乎无穷无尽的规则选项、初始条件，以及相应的多样行为等。

人们对元胞自动机的兴趣源自于依据非常简单的规则推演出复杂的行为，如图 11.2 和图 11.3 所示。事实上，在 20 世纪 80 年代，有许多人多年致力于研究这种复杂性，也有一些人声称元胞自动机提供了在几乎所有方面科学探索的一种全新方式(Wolfram, 2002)。在材料研究中，经常会面临非常复杂的行为，对于其物理的机理，人们或者不知道，或者不能直接进行模拟，采用元胞自动机，能够用非常简单的规则和计算来模拟这样的复杂行为，可以得到与已知材料现象非常相似的行为。然而，正如在下面将要讨论的，找出“看起来像”所关注现象的一个元胞自动机比较容易。验证模型是否正确地捕获到物理和化学的根本过程并不总是那么显而易见的。

传统元胞自动机是确定性的，一个时间步位形完全由前一个时间步的环境确定。在概率性的元胞自动机中，从一个位形到另一个位形所依赖的确定性规则被状态变化的概率规则所取代。概率性元胞自动机的例子在材料研究的应用中是比较常见的。

11.2　二维元胞自动机的案例

二维元胞自动机经常被用来模拟材料。首先必须决定的事情之一就是构成基础规则的局部位点组，从而确定元胞自动机的行为。在一维上，它被称为规则的范围；在二维上，它通常称为局部环境。

有许多定义二维局部环境的方法，例如，对于正方形晶格的模拟，有两种常用的选择，如图 11.4 所示。von Neumann 环境见图 11.4(a)，由一个位点和四个最近邻位点构成。图 11.4(b)中的 Moore 环境还包括次最近邻位点，它是更对称和更常用的。图 11.4(c)和(d)分别给出了不对称 7-近邻和对称 25-近邻环境。

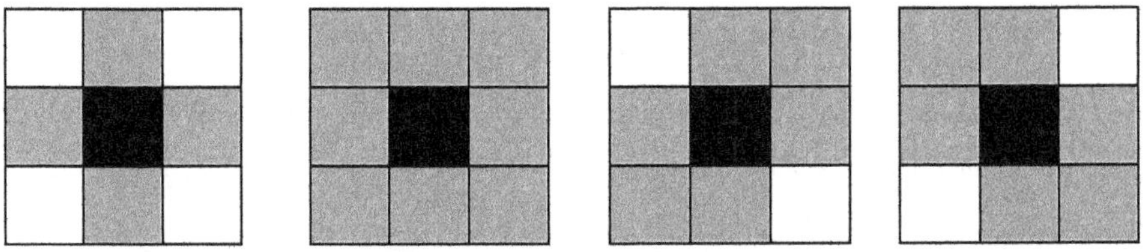

(a) 5-近邻环境，也称为von Neumann环境　(b) 9-近邻或Moore环境　(c) 不对称7-近邻环境的两个版本

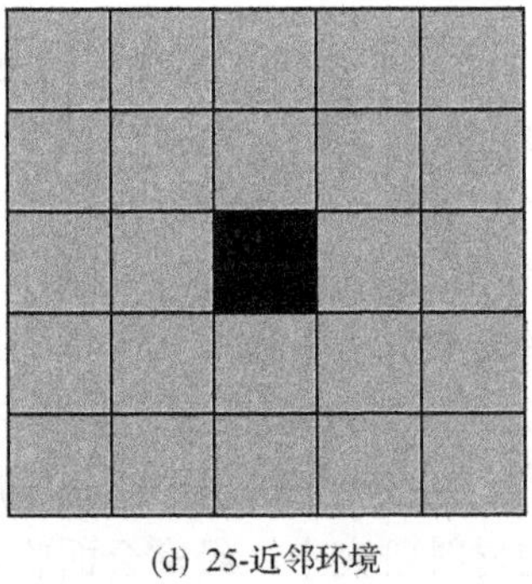

(d) 25-近邻环境

图 11.4　二维元胞自动机中常用的一些局部环境

(中心位点的状态(黑色)取决于在图中用灰色表示的近邻的相关规则。注意，中心单元包括在近邻中，因为新的状态将取决于它的值)

在继续讨论一些材料的例子之前，必须介绍最著名的元胞自动机，即 Conway 的“生命游戏”(Gardner, 1985)。生命游戏揭示了用非常简单的规则推演出相当复杂的行为，或许在这方面它比任何其他例子做的贡献都多。

11.2.1　生命游戏

生命游戏基于二维正方形格子，其中每个格子位点都具有一个位点值(称为“活性”，a_i)，如果位点为“活”(alive)，则这个值为 1；如果位点为“死”(dead)，则这个值是 0。

$$A_i = \sum_{j=1}^{8} a_j \tag{11.3}$$

是对图 11.4(b)所示 Moore 环境中的 8 个近邻元胞求和。计算每个位点在时刻 t 的值，然后用来确定在时刻 $t+\delta t$ 时的 a_i 值。由于每个位点的值为 0 或 1，所以 A_i 就是有多少个与 i 相邻的元胞为“活”的计数。生命游戏的规则是

$$\begin{cases} a_i(t+\delta t)=0, & A_i(t)>3 \\ a_i(t+\delta t)=1, & A_i(t)=3 \\ a_i(t+\delta t)=a_i(t), & A_i(t)=2 \\ a_i(t+\delta t)=0, & A_i(t)<2 \end{cases} \tag{11.4}$$

其基本思想是，如果位点 i 周围的近邻太拥挤(大的 A 值)，那么 i 就死掉。如果位点 i 周围活的位点太少(小的 A 值)，那么 i 也死掉。仅当位点附近有最佳的生物体数量时，该位点才会生机勃勃。

虽然这个规则是非常简单的，却能说明随着时间振荡的特征模式(即在一组特定的位形里循环)。这种行为的例子见图 11.5，图中四个相继的时间步展示出在不相连的方框形和十字形状的结构之间的振荡。还有的模式随着时间“移动”。例如，简单的模式称为滑翔器(slider)，它贯穿于整个系统做直线移动，如图 11.6 中所示的一系列时间步。事实上，有许多相互作用和行为是非常复杂的，使得系统的行为从本质上讲无法基于初始条件来预测。

生命游戏在建立元胞自动机是非常有影响力的，它表明，简单的规则也能够导致复杂的和不可预知的行为。

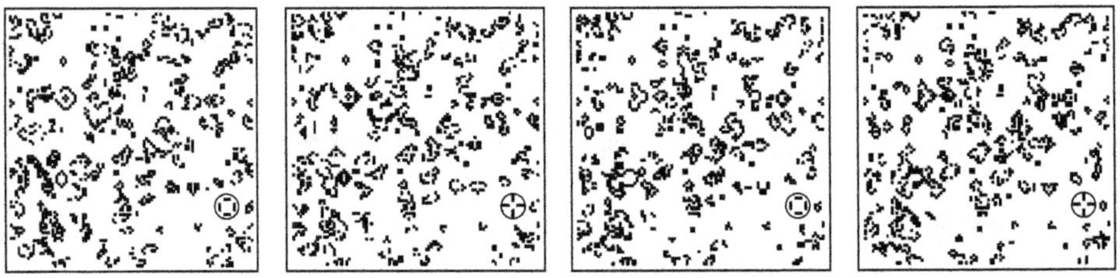

(a) t=35　(b) t=36　(c) t=37　(d) t=38

图 11.5　100×100 生命游戏的四个连续快照

(注意脉动的“星”，位于图右侧从底部向上约 1/4 处附近，并由圆圈标明，在(a)中它看起来像一个未连接的方框⁚⁚，在(b)中为十字形状的结构-¦-，在(c)中为一个未连接的方框，在(d)中为十字形状的结构。这种结构在更多的时间步中是稳定的，但最终被邻近结构“消费”掉)

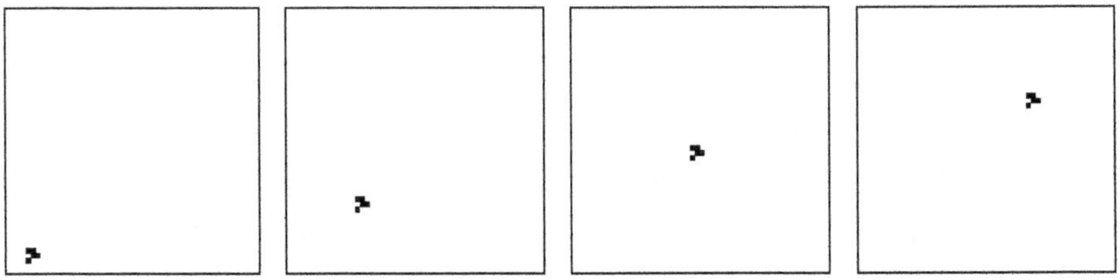

(a) t=0　(b) t=40　(c) t=80　(d) t=120

图 11.6　“滑翔器”的模式(四个图片都是滑翔器的位置)

11.2.2　凝固

在一个二维元胞自动机的早期调查中，Packard 和 Wolfram(1985)讨论了一系列的规则，并描绘了它们的行为特征。其中的一种规则生成了类似于常见于雪花中的树枝状结构，令人惊讶的是，在元胞自动机中，并未包含任何关于凝固的物理学机理的明晰描述。

在 Packard 的模型中，采用二维的三角形格子，其中位点活性的定义是：固体为 a_i=1，液体为 a_i=0。活性的动态演变规则为

$$a_i(t)=f\left(A_i(t-1)\right) \tag{11.5}$$

其中，f 为某个函数，并且

$$A_i(t)=\sum_{j=1}^{6}a_j(t) \tag{11.6}$$

式(11.6)是对三角形格子中 6 个最近邻的求和。Packard 辨识出四种依赖于 $f[A]$的生长类型。

(1) 无生长：$f[A]=0$。

(2) 片状生长：如果 $A>0$，则 $f[A]=1$，否则=0。

(3) 枝晶生长：如果 $A=1$，则 $f[A]=1$，否则=0。

(4) 无定形生长：如果 $A=2$，则 $f[A]=1$，否则=0。

图 11.7 展示了三角形格子上元胞自动机基于规则(3)的阶段 1～5。需要注意，在阶段 1 和阶段 3 中，生长中的晶体本身“闭合”，它生长成片状。

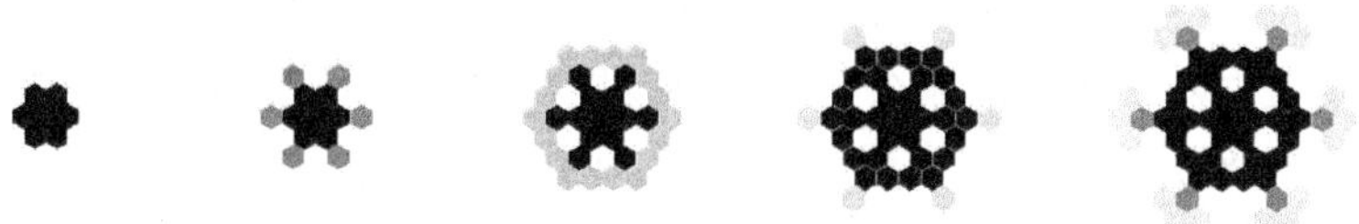

(a)　(b)　(c)　(d)　(e)

图 11.7　关于凝固规则(3)的快照

(在凝固元胞自动机规则(3)的作用下，在三角形格子上，从单格点初始条件下的生长。上一组加入生长中的固体的格点以灰色表示。图形绘制是基于 Gaylord 和 Nishidate(1996)叙述的 Mathematica®软件计算做出的)

系统每 2^n 个时间步重复一个周期，n 是一个整数，其中生长的种子(growing seed)形成一个片状。它展示了生长过程的自相似性，如生长的种子在树枝状和片状形式之间振荡。树枝从片的角部生长，侧枝生长，而最终侧枝生长形成新的片状。这种行为让人想起枝晶生长，从而引起人们对元胞自动机的进一步探索，研究它在凝固和微观组织的演化中发挥的作用。

11.3　格子气方法

流体的流动在工程上的许多方面都引起人们极大的关注，从铸造工艺的开发，到控制通过多孔介质的流动。连续的、宏观的、流体动力学的液体流动是由纳维-斯托克斯方程描述的。许多计算机软件可以用于纳维-斯托克斯方程的数值求解，流体流动可以被计算得非常精确。然而，在有些情况下，复杂几何形状可能使问题的纳维-斯托克斯方程数值求解非常困难。在这些情况和下面将要讨论的其他情况下，格子气元胞自动机(lattice-gas cellular automata)方法为流体流动建模提供了实用和有用的选项。

Frisch 等(1986)证明了可以从微观动力学推导出纳维-斯托克斯方程，其做法是将同种粒子被限制在规则格子上移动，具有离散时间步，并且只有几个允许的速度，对它们的碰撞和传播设置一组人工规则。这种方法被称为格子气方法(lattice-gas method)，是一个简单的元胞自动机。到底是什么使得 Frisch 等发现的方法具有如此重要的意义？他们的系统中的自由度数量很少，但是与粒子在格子上移动相比，空间尺度要大得多，并且在时间上要远远长于其模拟的时间步长，其简单规则渐近地模拟了不可压缩的纳维-斯托克斯方程。

格子气方法的规则如下：

(1)粒子在三角形格子上。

(2)每个粒子都以单位速度移动，移动方向由相邻位点的方向给定。

(3)在任何时候，具有相同速度的一个粒子只能占据一个位点。

(4)格子气体的每个时间步包括两个步骤。

①每个粒子按照由其速度给定的方向跳跃到一个相邻位点。

②如果发生粒子碰撞，那么它们的速度按照图 11.8 所示的特定规则改变。

观察图 11.8 所示规则表中顶部的情况。两个粒子进入时直接碰撞。相撞后，它们以 50%的概率沿着一条对角线离开，以 50%的概率沿着另一条对角线离开。其他碰撞规则的解释方式也相同。Rothman 和 Zaleski(1994)给出了这些规则的数学表达式，并证明，在这些碰撞中质量和动量都得到保持，这些简单的规则和几何形状渐进地生成了纳维-斯托克斯方程。

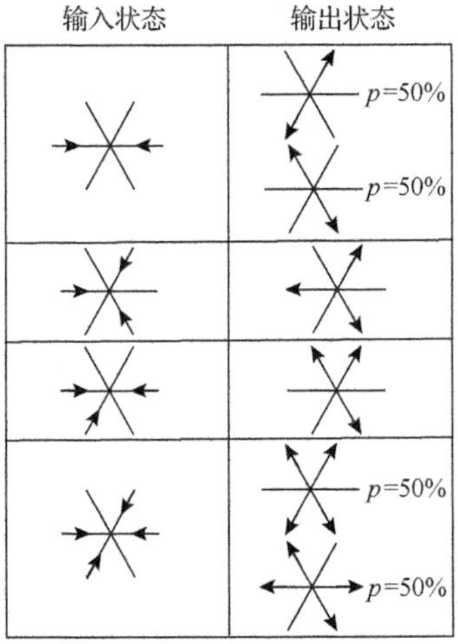

图 11.8　格子气方法模型中的碰撞规则

(粒子到达某一个点的状态示于左侧，离开该点的状态与速度示于右侧。在两种情况下，有两种可能的输出状态，它们的概率是相同的)

尽管格子气模型是成功的，仍然存在一些不足，这在该模型的一个变体中可得到解决，这就是格子玻尔兹曼(lattice-Boltzman)方法。在格子玻尔兹曼方法中，在格子上移动的单个粒子被替换为单个粒子的分布函数 $f(\langle n\rangle)$，其中〈〉表示局部系综平均，n_i 为位点 i 的占据数(occupation number)。n_i 实际上并不是一个单一的数字，而是由 6 个数字组成的数字组，表示在 6 种可能的方向上是否存在具有速度不为零的粒子。

格子气方法和格子玻尔兹曼方法都非常强大，它们为模拟非常复杂几何形状中的流动提供了新的机会，能以简单的规则生成与纳维-斯托克斯方程相同的结果，这是相当卓越的成就。它们被广泛地用于多孔介质中流动的模拟，传统流体动力学方法是不能用来进行这类计算的(边界条件过于复杂)。三维的模型也已经开发出来应用到非常复杂的流动。这两种方法在材料加工上的应用已经有一些，但并不广泛(Raabe, 2004a,2004b; Körner et al., 2011)。

11.4　元胞自动机在材料研究中的案例

本节重点介绍元胞自动机在材料研究中众多应用的两个案例。选择这些例子的部分原因是它们代表元胞自动机的主流，而且还因为它们是以生命游戏的基本概念和几何形状为基础，将其延伸到微观组织演化的研究。随着物理现象复杂性的增加，准确描述这种复杂性的规则组也在渐渐变大，这是元胞自动机面临的一个挑战。例如，基于元胞自动机最成功的模型之一就是 Gandin 等提出的元胞自动机，即元胞自动机-有限元(CAFE)模型(Rappaz and Gandin, 1993; Gandin and Rappaz, 1994)。这个模型将元胞自动机和有限元方法结合起来，描述了凝固和枝晶结构的生长，是一个相对简单的模型，但对它进行讨论对于本书过于复杂。因此，若想了解更多在材料研究中使用元胞自动机的更全面综述，可查阅其他文献，如 Raabe(2002, 2004a)的文献。

11.4.1　再结晶的简单模型

Hesselbarth 和 Göbel(1991)提出了一个非常简单的把元胞自动机应用于再结晶模拟的方法(见 10.4.2 节)。在此，对再结晶模拟的模型简要介绍，因为它指明了由元胞自动机实现物理现象模拟的基本途径。

着重于三种现象的捕捉：

(1)晶粒的晶核形成。

(2)晶粒的生长。

(3)由于晶粒紧密接触而出现的生长趋缓。

与所有的元胞自动机一样，Hesselbarth 和 Göbel 使用的基本模型包括下面问题及其选择：

(1)元胞的几何形状，如二维的正方形格子。

(2)元胞能够具有的状态数量和种类，如每个位点有两种状态，即再结晶或没有再结晶。

(3)元胞近邻的定义，考虑图 11.4 中每一个二维近邻情况。

(4)决定在下一时间步上每个元胞状态的规则，制定新晶粒晶核形成、晶粒生长和晶粒接触的规则。

在模拟开始时，将所有位点都设置为零(没有再结晶)，然后通过在格子上随机地选择位点赋予非零值，把 N_{embryo} 晶粒的“晶胚”放置到系统中。虽然没有明确介绍，一种可能的策略是为每个晶胚加注标签，以辨识某个特定晶胚长成的晶粒。

将活性 A 定义为图 11.4 的中心位点再结晶近邻的总和，应用一个简单的规则来描述生长：如果在 t 时刻 $A>1$，那么中心位点将在时刻 $t+1$ 被认为再结晶，以晶粒身份扩充它的近邻。当一个以上的晶粒可能会生长到一个近邻区域，接近接触时将需要某种模型来辨识接触晶粒，做出选择。控制晶粒的生长速率可以有若干可能的修正规则。人们可以决定仅在每 n 个时间步中包含一个晶粒生长步，其中 n 是一个输入参数。或者说，生长发生的概率不是 $P=1$，而是某个较低的概率①。

Hesselbarth 和 Göbel 明确地假定了恒定的晶核形成速率 $\dot{N}_{embryo}$，并通过在没有再结晶的格子位点中随机地选择一组位置，使得在每个时间步上都有新的晶胚生成。为了反映随着再结晶的进展而出现可用位点的减少，假设以下形式：

$$\frac{\Delta N_{embryo}}{\Delta t} = \dot{N}_{embryo}\left(1-x\right) \tag{11.7}$$

式中，x 是占再结晶位点总数的比例；$\dot{N}_{embryo}$ 是为模拟不同的行为而设定的参数。

为了模拟生长中晶粒相互接近(接触)而出现的生长趋缓，施用另外一个规则。图 11.4(d)所示的 25-近邻环境中再结晶位点的数目是 A_{25}。如果 $A_{25}>11$，则生长概率 P 减小，并采用概率模型。

改变环境、生长步的频率 n、晶核成形速率 $\dot{N}_{embryo}$ 和接触条件下生长的概率 P，在此基础上生成微观结构。为了检查生长的动态，将模拟结果与 Johnson-Mehl-Avrami-Kolmogro(JMAK)的生长方程进行了比较，显示出很好的一致性。

JMAK 生长定律与生长比例 f 和时间相关联，

$$f = 1 - e^{-kt^n} \tag{11.8}$$

式中，k 是常数；n 取决于生长的类型。Porter 和 Easterling(1992)对 JMAK 方程进行了很好的讨论。

图 11.9 给出了基于这个模型的两种计算结果。实施这个模拟的程序非常类似于在生命游戏中所使用的程序。在这些模拟中，首先设定一些位点位置 N_i 选作为晶胚，并按顺序将它们编号；然后采用生长规则在每个时间步上尝试建立另一组

① 如同在本书中所讨论的很多模拟，人们可以通过在(0,1)上选择一个随机数来选择一个概率为 P 的事件，并且如果 $\Re < P$，引发这个事件。

数目为 N_d 的晶胚。随机地选择 N_d 个位点，如果一个位点没有再结晶，晶胚就在那里生成，同时也得到一个顺序号。因此，所有的晶粒都有它们自己的唯一辨识号。在这些例子中，没有涉及关于晶粒接触的最终规则。

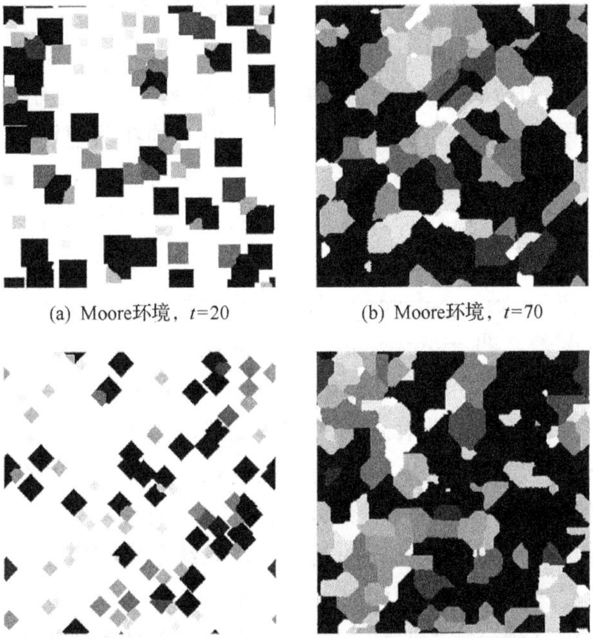

(a) Moore环境，t=20　(b) Moore环境，t=70

(c) von Neumann环境，t=20　(d) von Neumann环境，t=70

图 11.9　基于 Hesselbarth 和 Göbel (1991) 元胞自动机再结晶模型的模拟结果

从图 11.9 中可以看出生长特性对生长环境规则的依赖性。图 11.9(a) 和 (b) 采用 Moore 环境，而图 11.9(c) 和 (d) 采用 von Neumann 环境。在每一种情况下，均使用 400×400 的正方格子，N_i=20，N_d=5。图 11.9 中，位于左侧的图对应于 t=20，右侧的对应于 t=70。请注意，在 t=20 时不断生长的晶胚在尺寸上的变化，反映出在新位点晶核的形成。一般地，虽然最终的微结构是非常相似的，但是基于 von Neumann 环境模拟的生长会更慢一点。

11.4.2　失稳分解的元胞自动机模型

二元合金系统可经历一个非平衡相分离，在临界温度以下对合金进行淬火 (quenching)，从热力学不稳定的单一相中生长出两个稳定的相，这种现象称为失稳分解 (spinodal decomposition)。

大多数失稳分解的模拟采用的是将在第 12 章中要介绍的相场方法，这里介绍基于元胞自动机的另一种方法。该模型的详细情况请参见 Oono 和 Puri (1987) 的论文。注意，虽然他们称其模型为“元胞动力学系统 (cell dynamical system)”，但是模型实际上是一种元胞自动机。

Oono 和 Puri 在模型中努力要表达三个主要的功能，假设系统有两种物质 A 和 B，认为：

(1)存在着局部的偏析倾向，也就是说，要提高这两种物质之间的局部浓度差。

(2)纯块体相是稳定的。

(3)物质守恒，即两种物质的总浓度是固定的。浓度可在局部改变，但是总体不变。因此，如果一种物质在某个地方增加，就必须在其他地方减少。由于材料通过扩散来移动，减少必须在局部发生。

第一步是定义系统在各位点的状态。引入一个在空间和时间上变化的参数，定义系统的局部状态，即系统是物质 a、物质 b，或者为这二者的某种混合物。这个参数称为序参数(order parameter)。对于这个问题，序参数 η 是二元混合物的两个组元之间的浓度差，即 $\eta=\Delta c=c_a-c_b$。计算的重点不会放在二元材料体系的实际行为，而是着眼于一般的现象学(general phenomenology)。因此，准确的浓度究竟是多少并不重要，关键是要有正确的基本趋势。为了简化模型，对序参数进行归一化，使得它的取值在-1 和 1 之间，也就是说，若序参数在一个位点的值是 $\eta=-1$，则系统在这个局部是由一种组元构成的，若在一个位点 $\eta=1$，则系统在这个局部由另一种组元构成。对于 η 的其他值，系统是由混合组分构成的。元胞自动机的目标是计算序参数对空间和时间的依赖性。

自由能的减少是相分解的驱动力。最低能量状态具有纯 A 区域和纯 B 区域，之间由界面分开。在相场模拟中，那些自由能都显式地包含在模型里，来确定系统的行为。对于元胞自动机，需要一组规则来驱动相同的行为。

这个模型是具有如图 11.4(b)所示的 Moore 环境的二维元胞自动机，如同在生命游戏中一样。下面将区分 Moore 近邻的位点分别称为最近邻位点(上、下、左、右)和沿对角线位点(右上、左上、左下、右下)。

支配某个位点 η 行为的规则，如位点 i，表示为

$$\eta_i(t+1)=f(\eta_i(t)) \tag{11.9}$$

式中，f 是函数，且

$$f(\eta)=A\tanh(\eta) \tag{11.10}$$

并且 $A>0$。

探讨 f 对 η 的影响。如图 11.10 所示，对于双曲正切函数 $\tanh x$，当 x 在负值上不断增加时 $\tanh x$ 趋近于-1，当 x 在正值上不断增加时 $\tanh x$ 趋近于 1。所以，若 $\eta<0$，则 $f(\eta)$ 趋向于$-A$。若 $\eta>0$，$f(\eta)$ 趋向于$+A$。因此，式(11.9)中的规则

趋向于驱动系统偏析到一相或另一相，也就是说，它通过创建单一组分模拟降低系统自由能的影响（f模仿纯材料的两个区域之间界面的结构）。注意，这条规则不包含任何近邻位点的影响，它仅表示热力学的驱动力。

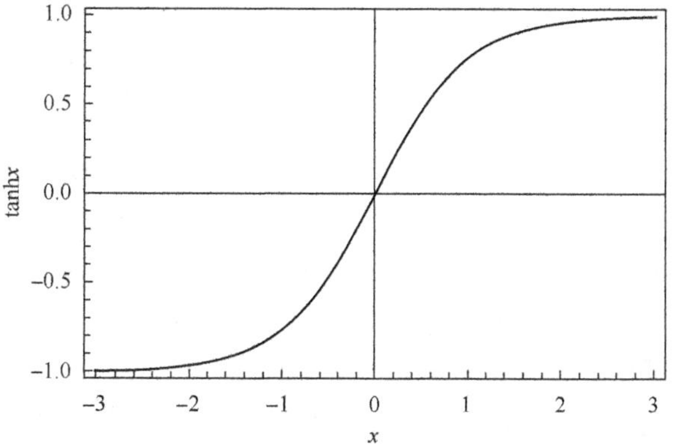

图 11.10　双曲正切函数 tanh$x$ 的曲线

局部环境是非常重要的，它对序参数 η 的演变有强烈的影响。考虑 Moore 环境的情形，改变位点 i 的 η 的唯一方式是让其近邻位点的物质扩散进入或离开位点 i。根据附录 B.7 讨论的扩散理论，有关系式（见式(B.46)）

$$\frac{\partial c_a}{\partial t} = -D_a \nabla^2 c_a \tag{11.11}$$

式中，D_a是物质 a 的扩散系数。这个公式表明浓度的时间变化率与浓度的局部拉普拉斯(Laplacian)算子（见式(C.17)）成正比。为了在此列出关系式，需要在方形格子上计算拉普拉斯算子。这是关于二维数值导数的一个例子，在附录 I.4.2 中将进行讨论。利用 Oono 和 Puri 的近似式，扩散项为

$$\frac{\partial c_a}{\partial t} = -D_a \left(\langle\langle \eta \rangle\rangle_i - \eta_i \right) \tag{11.12}$$

式中

$$\langle\langle \eta \rangle\rangle_i = \frac{1}{6} \sum_{j \in \mathrm{r,u,l,d}} \eta_j + \frac{1}{12} \sum_{j \in \mathrm{ru,lu,ld,rd}} \eta_j \tag{11.13}$$

求和式的第一项是对 Moore 环境的最近邻位点求总和，即右、上、左和下，而第二项是对沿对角线的次最近邻位点求和。因此，总规则由式(11.14)给出：

$$\eta_i(t+1) = \mathcal{F}[\eta_i] = A \tanh(\eta_i(t)) + D\left(\langle\langle \eta \rangle\rangle_i - \eta_i \right) \tag{11.14}$$

这里引入标记符号 $\mathcal{F}$ ，表示既为热力学又为扩散的规则。

但是利用式(11.14)将不会很正确，因为浓度不是守恒的。也就是说，在一个位点的浓度变化没有相邻位点的相反变化予以反映。Oono 和 Puri 修正了式(11.14)来近似这些变化：

$$\eta_i(t+1)=\mathcal{F}\left[\eta_i(t)\right]-\left\langle\left\langle\mathcal{F}\left[\eta_i(t)\right]-\eta_i(t)\right\rangle\right\rangle \tag{11.15}$$

式中，标记符号⟨⟨ ⟩⟩由式(11.13)定义。这个规则所要做的就是计算每一个位点的变化，然后从邻近位点的浓度中减去平均变化值，使浓度趋向守恒。

实施这个模型的程序非常类似于在生命游戏中所使用的程序，所不同的是序参数可以是非整数。这个系统可以开始于许多种初始条件，并使行为随之发生变化。在每一个步骤中，守恒的序参数演化计算需要在格子上分两步进行：首先应用式(11.14)计算每个位点的变化，然后依据式(11.15)从其相邻位点中减去二维的平均变化值。

图 11.11 展示的是各种不同起始条件下模拟的例子。所有模拟中，D=0.7，A=1.3。图 11.11(a)中，所有位点的初始值都在−0.1 和 0.1 之间，形成了两种组分大致相等的混合物。因此，在后期微观结构是两种组元间的均匀分布，显示出物质确实是守恒的。与此相反，图 11.11(b)所示系统结果是其阵点初始值在−0.4 和

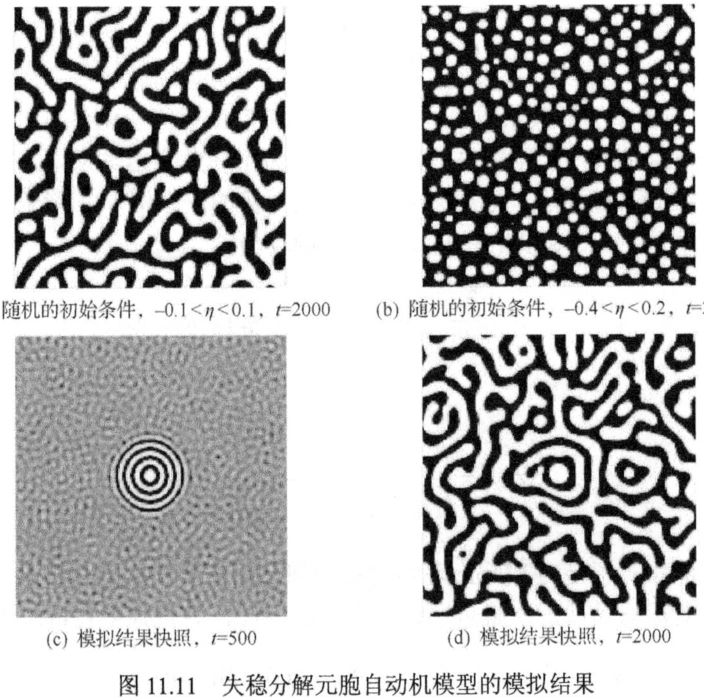

(a) 随机的初始条件，$-0.1<\eta<0.1$，t=2000　　(b) 随机的初始条件，$-0.4<\eta<0.2$，t=2000

(c) 模拟结果快照，t=500　　(d) 模拟结果快照，t=2000

图 11.11　失稳分解元胞自动机模型的模拟结果

–0.2 之间，系统启动时其中一个组分比另一个组分要多。后期的微观结构显示出占少数的材料被夹杂在多数主体材料之中。图 11.11 (c) 和 (d) 显示出了两个时刻模拟的结果，其初始种子被放置在中间的区域，而其他位点的初始值在–0.001 和 0.001 之间。在早期的占主导的生长显现出两相的圆形条带，但是随机的初始条件最终还是导致了一个很少对称性的生长模式。

这个模型展示出元胞自动机的强大功能，即简单的规则能够产生复杂的行为。此外，通过建立规则来模仿实际材料的物理过程，可以现实地描述不断演变的材料的性质。

11.4.3　元胞自动机的其他应用

在材料科学中，元胞自动机有许多其他的应用。这里列举几个例子，但不叙述细节，仅展示其应用领域的宽广。虽然这些例子中有很多专注于这种或那种微观组织的演变，然而利用元胞自动机建模已经用于范围很广泛的其他现象。

(1) 晶粒生长。晶粒生长已经是元胞自动机模拟的重点，许多新的和有趣的变体已被提出，这里只提及少数。利用一组简单的规则和 von Neumann 环境模拟曲率驱动的晶粒生长是元胞自动机在材料研究中的早期例子之一 (Liu et al., 1996)。之后，各种各样的替代方法被提出，如 expector 元胞自动机 (其中格子上的元胞代表在空间上的位置，自动机是占据的那些元胞的实体) (Basanta et al., 2003)、frontal 元胞自动机，除其他方面的差异外，在每个时间步上仅考虑位于晶界上的元胞 (Svyetlichnyy, 2010)。有一种基于能量的元胞自动机被用于模拟合金的晶粒生长 (Almohaisen and Abbod, 2010)。

(2) 再结晶。如在 11.4.1 节中所叙述的，再结晶模拟仍然是元胞自动机建模的共同目标。例如，Kroc (2002) 构建了一个模型，它以近似的方式，在再结晶的动态过程中模拟位错密度的演化。在每一步上，位错密度的变化是根据简单速率方程计算的，再结晶由位错密度的变化驱动，因而也就是相邻晶粒之间的应变能量驱动的。其他应用还包括 11.4.1 节中叙述的 Hesselbarth 和 Göbel 模型的拓展 (Goetz and Seetharaman, 1998)，用来建造动态再结晶模型和钢的再结晶三维模型 (Bos et al., 2010)。

(3) 凝固。除了上面提到的 CAFE 模型外 (Rappaz and Gandin, 1993; Gandin and Rappaz, 1994)，元胞自动机方法已经在凝固研究上应用于许多其他的方面。其中最有趣的一个应用是将第 10 章的波茨模型与 11.3 节的格子气方法 (Duff and Peters, 2009) 结合起来，如同格子气模型那样，有溶质和溶剂粒子，又像波茨模型那样，相互作用取决于最近邻的相对取向，这样能够将复杂的晶核形成路径包含进来。

(4) 表面演化。许多元胞自动机已经应用在表面演化中。例如，元胞自动机方法模拟惰性气体单层沉积的演化过程，忽略了表面扩散，扩散的因素包括表面通量、脱附过程、吸附过程。利用单层原子和表面原子之间的相互作用能量，它是基于原子的随机过程方法(Zacate et al., 1999)。另一种完全不同的方法是研究沉积与蚀刻，它的控制规则不是基于物理模型控制，而是一组严格取决于局部环境粒子数的概率。在这个二维概率元胞自动机中，调整转换概率，以便与实验相匹配(Gurney et al., 1999)。

(5)腐蚀。Lishchuk 等(2011)与 Taleb 和 Stafiej(2011)分别建立了腐蚀的元胞自动机模型，其中，Taleb 和 Stafiej 着重于腐蚀前沿的传播，以抽象方式处理化学问题，而 Lishchuk 等在如何处理特定的化学反应上研究得更详细，强调晶粒间腐蚀在材料中的传播。这些模型有类似的意图，但细节有很大的不同，呈现出元胞自动机模型固有的极大灵活性。

以上这些仅是元胞自动机在材料方面众多应用的一部分。这些方法中有很多是非常简单的，也有一些则是非常复杂的。但是，所有方法都是基于 11.1 节中描述的基本思路。

11.5　元胞自动机与蒙特卡罗方法的关系

从某种意义上说，第 7 章中的蒙特卡罗方法看起来像是一个概率性的元胞自动机，通过在某一“时刻”寻找在先前时刻到当前时刻构型的能量变化来确定系统，对于像伊辛模型这样的系统，这一点就是一个规则。要清楚地理解它，考察在 0K 时二维格子的伊辛模型。只有那些降低能量的移动被接受。例如，由四个 0 环绕的一个 1 的构型将翻转到 0。这就是规则，在有限温度下它将变成概率规则，其概率由玻尔兹曼因子(Boltzmann factor)给出。

所不同的是如何选择状态。在常规的 Metropolis 蒙特卡罗方法中，对状态进行均匀采样，每次就一个变化。后来的论证认为，当选择自旋翻转与该翻转概率成比例时，*N*-fold 方法在平均意义上得到了与 Metropolis 蒙特卡罗方法相同的结果。另外，在常规的元胞自动机中，所有状态都在同一时间更新。不能保证系统在特定的系综内演变，动态行为也不必一定与实际时间相关。因此，元胞自动机与蒙特卡罗方法是不一样的。对于每一个元胞自动机，必须核查它与现实世界的关联。

11.6　本 章 小 结

元胞自动机是一种以格子为基础的方法，在格子上的每个位点值的演变都是由规则支配的。如果规则的选择很精细，那么元胞自动机就可以用来模拟真实世界的行为。元胞自动机之所以引人注目有很多原因，其中最重要的原因是，它使得非常复杂的行为通过非常简单的规则就可获得。

元胞自动机在材料行为上的应用已经包含若干方面，其中最引人关注的是微观组织的演变。通过对规则的精细调整许多鲁棒的和有用的方法涌现出来。然而，必须注意，以确保不仅结果看起来合理，而且它还必须具有意义，因为元胞自动机可能会制造出仅仅是漂亮图片的结果。

推荐阅读

有些关于元胞自动机的图书非常有参考价值：

Chopard 和 Droz (1998) 编写的 *Cellular Automata Modeling of Physical Systems*。

Wolfram (1986) 编写的 *Theory and Applications of Cellular Automata*，尤其是概述和 1.1 节中的内容。

Wolfram (2002) 编写的 *A New Kind of Science*，有一些关于元胞自动机功能的精彩讨论。

第 12 章　相 场 方 法

相场方法是以热力学为基础的方法，常常用于模拟材料的相变和微观组织的演变。它是一种介观尺度的方法，其变量可以是抽象的非守恒量，来量度系统是否处于任何一个给定相(如固体、液体等)；其变量也可以为守恒量，如浓度。界面由从一个相到另一个相平滑变化的量来描述，界面是弥漫的而不是锐化的(diffuse, not sharp)。

由于相场方法的灵活性和实用性，它越来越多地应用在材料科学与工程之中。这里讨论其基本方法。与此同时，研究人员在相场方法的基础框架下还在不断地拓展新功能，创造新方法。

本章首先介绍基本的数学形式，接着列举一些一维和二维相场方法的简单例子，然后讨论相场方法实施所需要的一些新计算方法，最后讨论相场方法在材料科学研究中的一些应用。

12.1　守恒和非守恒的序参数

在相场方法建模中，系统的状态由位置和时间的函数来描述。这个函数可能是系统的某个特定的性质，如浓度；或者是表示系统处于哪一个相的参数，如固相或液相。这个函数通常称为序参数。

例如，假设可以通过考虑一个参数$\phi(\boldsymbol{r},t)$建立凝固的模型，该参数是系统在位置$(\boldsymbol{r})$和时间(t)的函数，其值确定了材料的热力学相。$\phi=1$可以表示固相，$\phi=-1$可以表示液相[①]。如同所有的热力学系统，在每个位置上的相，即$\phi(\boldsymbol{r},t)$，由系统的自由能确定。除了能量以外，其值没有其他局部或全局约束。例如，假设系统中有一定体积的固相，为使这部分固体转变成为液体，除了考虑能量外，不需要任何材料传入和传出；在该体积中发生了什么与其相邻的体积无关。在这种情况下，不存在必须维持的守恒定律，序参数是非守恒的。

在其他情况下，序参数可以是守恒的量。例如，假设在点$\boldsymbol{r}$的序参数代表某物种的局部浓度$C(\boldsymbol{r},t)$。当$\boldsymbol{r}$处的浓度增加时，原子必须从材料的其他区域转移到该位置。因此，在一个点上的浓度增长就需要其他位置浓度的下降。在$\boldsymbol{r}$处的序参数不能够无限地增长，因为总浓度是守恒的。控制这类系统行为的方程必须反映守恒的量，序参数也必须是守恒的。

① 如果只是作为系统状态的指示符(indicator)，那么用任何其他值来表示是固体或是液体都是可行的。

12.2 控 制 方 程

一般相场方法的控制方程有两个，其中一个是以非守恒的序参数描述系统动力学性质的方程，另一个是守恒序参数的系统方程。

12.2.1 非守恒序参数的 Allen-Cahn 方程

相场方法是基于系统的热力学描述，其第一步是建立一个总自由能的表达式。对于具有非守恒序参数的系统，两相系统的自由能包括三种类型的项：包含一相的系统体积的能量、包含另一相的系统体积的能量，以及对应于相之间界面的能量。给定自由能，可以得到描述系统向降低自由能演变的表达式。在相场方法中，从一个相变化到另一个相是通过序参数的变化进行监测的。对于非守恒的序参数，描述序参数演变的方程称为 Allen-Cahn 方程。

假设有一个系统，它具有两个相，对每个相用不同的ϕ值表示(如+1 用于固相、–1 用于液相)。现在，忽略两相之间的任何界面，可以写出系统的总自由能，为各相的体积乘以该相的自由能密度(即单位体积的自由能)的总和。自由能密度标记为f，是仅依赖于在每点上系统状态的局部变量，代表着在当前热力学条件下某一相的自由能，例如，在某个 T 和 P 条件下，由于系统的状态是由序参数ϕ确定的，而ϕ又是位置 $\boldsymbol{r}$ 和时间 t 的函数，因此就可以用$f[\phi(\boldsymbol{r},t)]$来确定系统中任意点的局部自由能。

总自由能$\mathfrak{F}$为对自由能密度$f[\phi(\boldsymbol{r},t)]$在系统的体积 Ω 上求积分，即

$$\mathfrak{F}=\int_{\Omega} f[\phi(\boldsymbol{r},t)]\mathrm{d}\boldsymbol{r} \tag{12.1}$$

需要注意的是，$\mathfrak{F}$为ϕ的函数，而ϕ又是位置和时间的函数。因此，$\mathfrak{F}$是ϕ的一个泛函数，这将影响下面的推导。

式(12.1)不包括相之间的界面，界面具有正的能量，并导致如晶粒生长的现象。在相场方法中界面由序参数值的变化来表示。例如，ϕ=+1 表示固相，而ϕ= –1 表示液相，因而固相和液相之间的界面由ϕ从+1 到–1 的变化来表示。界面的宽度及其能量将取决于ϕ如何迅速地随着距离而变化。因此，自由能密度不仅取决于某点的ϕ值，而且取决于ϕ在该点处的变化。合理地假设这种在能量上的变化取决于ϕ的梯度$\nabla\phi(\boldsymbol{r},t)$。总自由能密度为$f^{\text{total}}[\phi(\boldsymbol{r},t),\nabla\phi(\boldsymbol{r},t)]$，总自由能为

$$\mathfrak{F}=\int_{\Omega} f^{\text{total}}[\phi(\boldsymbol{r},t),\nabla\phi(\boldsymbol{r},t)]\mathrm{d}\boldsymbol{r} \tag{12.2}$$

12.9.1 节将叙述关于$\mathfrak{F}$方程以及序参数ϕ对时间变化率的推导。推导中关键的假设是：

(1)界面是弥漫的。

(2)式(12.2)能够对$\nabla\phi$做泰勒级数展开，并且可以在第二阶$(\nabla\phi)^2$处截断。

(3)ϕ将随着时间变化，减少自由能。

(4)类似于经典力学，ϕ的动力学特性是由热力学的“力”支配的，这个热力学的“力”定义为自由能$\mathfrak{F}$相对于ϕ的导数的负值。

这些假设(加上一些微积分和代数)的结果就是 Allen-Cahn 方程。在一维空间上，自由能为

$$\mathfrak{F}=\int_{\Omega}\left[f\left[\phi(x)\right]+\frac{\alpha}{2}\left(\frac{\partial\phi}{\partial x}\right)^2\right]\mathrm{d}x \tag{12.3}$$

ϕ对时间的导数为

$$\frac{\partial\phi(x,t)}{\partial t}=-L_{\phi}\frac{\delta\mathfrak{F}}{\delta\phi(x,t)}=-L_{\phi}\left(\frac{\partial f(\phi)}{\partial\phi}-\alpha\frac{\partial^2\phi(x)}{\partial x^2}\right) \tag{12.4}$$

式(12.3)中的自由能$\mathfrak{F}$包括两项，第一项是各相的热力学自由能密度，第二项是两相之间界面的能量，α为界面的总能量的设定常数。界面能量与在界面区ϕ通过界面变化的斜率的平方$(\partial\phi/\partial x)^2$成正比。这样，更锐化的界面(sharper interface)具有更高的界面能量。

式(12.4)阐明，ϕ对时间的导数为一个简单常数L_{ϕ}与自由能泛函数相对于ϕ的导数负值的乘积，它由两项构成，第一项是自由能密度函数$f(\phi)$相对于ϕ的简单导数，第二项源自于界面能的变化，它与$\partial^2\phi/\partial x^2$成正比，其中拉普拉斯算子的$x$分量来自于式(12.38)(见附录 C.6)。

在三维空间上，方程由式(12.5)和式(12.6)给出

$$\mathfrak{F}=\int_{\Omega}\left(f[\phi]+\frac{\alpha}{2}|\nabla\phi|^2\right)\mathrm{d}\boldsymbol{r} \tag{12.5}$$

且

$$\frac{\partial\phi(\boldsymbol{r},t)}{\partial t}=-L_{\phi}\left(\frac{\partial f(\phi)}{\partial\phi}-\alpha\nabla^2\phi(\boldsymbol{r},t)\right) \tag{12.6}$$

方程(12.6)表明，序参数ϕ_i变化的动力学行为是由系统趋向最小自由能的方式驱动的。如果$\mathfrak{F}$随着ϕ_i的增加而减小，则ϕ_i随着时间增加；如果$\mathfrak{F}$随着ϕ_i的增大而增大，那么$\mathrm{d}\phi_i/\mathrm{d}t$是负的且$\phi_i$随着时间减小。当右侧为零时，$\mathfrak{F}$达到其最小值，并且$\phi_i$是固定的。后面将举例介绍用式(12.6)研究组织演变、凝固等。

12.2.2 守恒序参数的 Cahn-Hilliard 方程

12.2.1 节介绍了非守恒序参数随着时间的变化，本节重点关注守恒定律发挥作用的情形。

讨论一种具有 A 和 B 两种类型原子的二元合金。对于这一问题，可以很方便地取某一组元的浓度为序参量，如组元 A。定义序参数 C，使得 $C(\boldsymbol{r},t)=C_A(\boldsymbol{r},t)=1-C_B(\boldsymbol{r},t)$。$C$ 是守恒的，因为总的浓度是固定的，在任何区域内如果某组元浓度增加，那么在该区域内的其他组元的浓度就减小。序参数的守恒将导致动力学方程在某种程度上比非守恒情况下的更为复杂。这个方程称为 Cahn-Hilliard 方程(Cahn and Hilliard, 1958,1959)。

12.9.2 节将详细地叙述 Cahn-Hilliard 方程的推导过程。相对于 12.2.1 节中的 Allen-Cahn 方程，Cahn-Hilliard 方程的推导要复杂得多，但难度不大。在一维空间中，有

$$\frac{\partial C}{\partial t}=\frac{\partial}{\partial x}\left(M\frac{\partial \mu}{\partial x}\right)=\frac{\partial}{\partial x}\left(M\frac{\partial}{\partial x}\left[\frac{\partial f}{\partial C}-\alpha\frac{\partial^2 C(x)}{\partial x^2}\right]\right) \tag{12.7}$$

式中，M 是依赖于浓度的迁移率(mobility)，可以是各向异性的(即在晶格上依赖于扩散的方向)，在这种情况下，它是一个二阶张量(second-rank tensor)。

如果 M 是与浓度无关的(因此 x 也如此)，即

$$\frac{\partial C}{\partial t}=M\left(\frac{\partial^2}{\partial x^2}\frac{\partial f}{\partial C}-\alpha\frac{\partial^4 C(x)}{\partial x^4}\right) \tag{12.8}$$

那么式(12.7)是 Cahn-Hilliard 方程的一维形式(Cahn and Hilliard, 1958,1959)。

在三维空间中，Cahn-Hilliard 方程为

$$\frac{\partial C}{\partial t}=\nabla\cdot(M\nabla\mu)=\nabla\cdot\left(M\nabla\left(\frac{\partial f}{\partial C}-\alpha\nabla^2 C\right)\right) \tag{12.9}$$

12.2.3 守恒与非守恒序参数共存的系统

对于由一组守恒的$\{c_i\}$和非守恒的$\{\phi_i\}$序参数描述的系统，其自由能可以表示为

$$\begin{aligned}&\mathcal{F}\left[c_1,c_2,\cdots,c_p;\phi_1,\phi_2,\cdots,\phi_k\right]\\&=\int\left[f\left(c_1,c_2,\cdots,c_p;\phi_1,\phi_2,\cdots,\phi_k\right)+\sum_{i=1}^{p}\alpha_i\left(\nabla c_i\right)^2+\sum_{i=1}^{3}\sum_{j=1}^{3}\sum_{l=1}^{k}\beta_{ij}\nabla_i\phi_l\nabla_j\phi_l\right]\mathrm{d}\boldsymbol{r}\end{aligned} \tag{12.10}$$

式中，f 是自由能密度，为$\{c_i\}$和$\{\phi_i\}$的函数；α_i 和β_{ij} 是系数。积分是对整个体积进行的。因此，$\mathfrak{F}$ 是变量$\{c_i\}$和$\{\phi_i\}$的泛函数。序参数的动力学方程将与式(12.9)中的$\{c_i\}$和式(12.6)中的$\{\phi_i\}$所表达的形式相同。

12.3　一维相场计算

相场模型由 Allen-Cahn 和 Cahn-Hilliard 方程描述系统的演变。第一步是建立由序参数描述的局部自由能，序参数表示材料的相(即各类固相、液相)或材料的某些其他性质，如浓度。

相场方程推导的一个主要假设是序参数在整个系统中连续和平滑地变化。因此，界面模型与要模拟的物理界面比较，变化更平缓且宽度得多。图 12.1(a)为一维扩散界面的示意图，其中绘制出$\phi(x)$通过界面的变化。式(12.3)中自由能的被积函数是$f[\phi(x)]+(\alpha/2)(\partial\phi/\partial x)^2$。这个函数的示意图见图 12.1(b)，它表明自由能密度的峰值在界面区域。该图突出了控制相场模型的两个物理学基本特征，即扩散界面(diffuse interface)和过量界面自由能(excess interfacial free energy)。

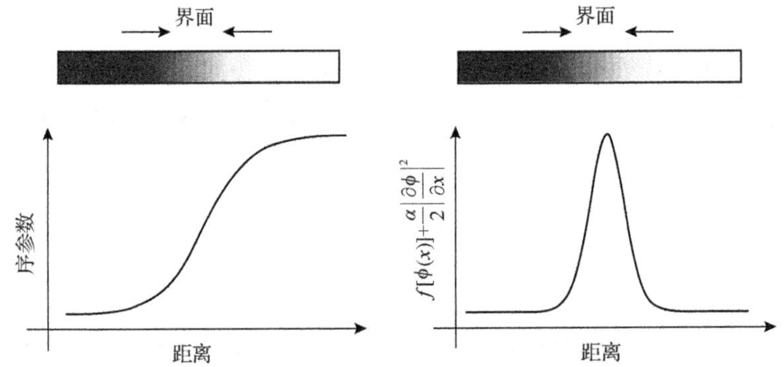

(a) 一维扩散界面的示意图　(b) 式(12.3)能量表达式中被积函数示意图

图 12.1　界面的序参数和自由能密度变化示意图

为了使讨论更加具体，考虑图 12.2 中的一维系统，把体积分割成网格。每个网格点与一定体积的材料 $v=a^3$ 相关联。序参数在单个网格体积上都具有相同的值。这个过程将连续系统的问题转换成一个离散系统的问题。本例中，对边缘部位假设固定的边界条件①，即左侧位置的值固定为+1，而右侧位置的值固定为−1。假定+1 表示固相，−1 表示液相，本例中该系统的左侧为固相，右侧为液相，界面在两者之间。

① 边界条件取决于所关注的问题，它们可以像本例一样是固定的，也可以为周期性的，或者为问题所需要的任何形式。

	ϕ_1	ϕ_2	ϕ_3	ϕ_4	ϕ_5	ϕ_6	ϕ_7	ϕ_8	ϕ_9	ϕ_{10}	ϕ_{11}	ϕ_{12}	ϕ_{13}	ϕ_{14}	ϕ_{15}
t=0	1	1	1	1	1	0.9	0.5	0	−0.5	−0.9	−1	−1	−1	−1	−1

图 12.2　在 t=0 时序参数值的一维模型

假设固相和液相处于平衡，这样各相的自由能是相同的。在这种情况下，自由能作为相的函数可以看作具有以下的形式：

$$f\left[\phi(x,t)\right]=4\varDelta\left(-\frac{1}{2}\phi^2+\frac{1}{4}\phi^4\right) \tag{12.11}$$

其曲线见图 12.3。这不是对应于真实材料的热力学函数，这个函数被选择来模拟两相能量相等的系统的唯象行为。对于界面处的ϕ在界面上的值(即在−1 和 1 之间)，f 的值不与任何物理机理相关，它只是以近似的方式反映这种系统的可能行为。

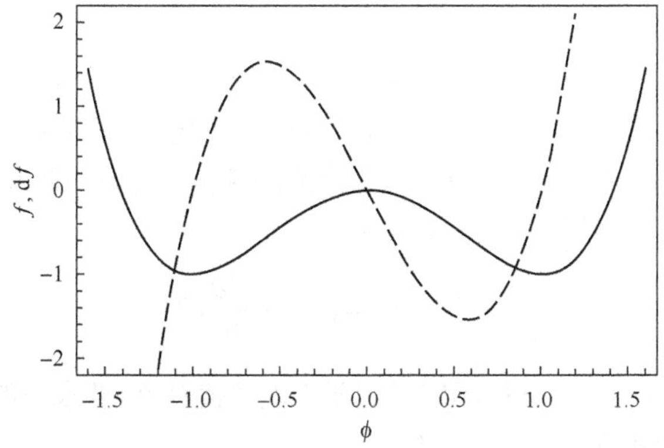

图 12.3　式(12.11)的自由能密度泛函f(实线)和式(12.12)的 df/dϕ(虚线) ($\varDelta$=1)

将 $f[\phi(x)]$的表达式代入式(12.3)中的总能量表达式。为了如式(12.4)那样计算$\phi(x)$的时间变化率，需要

$$\frac{\partial f\left[\phi(x,t)\right]}{\partial\phi}=4\varDelta\left(-\phi+\phi^3\right) \tag{12.12}$$

其曲线见图 12.3。

要计算式(12.3)中的能量和式(12.4)中的时间导数，需要网格上位置 i 的 dϕ/dx 和 $\mathrm{d}^2\phi/\mathrm{d}x^2$ 的值。利用数值方法估计这些项，使用在附录 I.4 中介绍的有限差分方程。在网格上，一阶和二阶导数的一维简单表达式分别为(分别从式(I.10)和式(I.12)求出)

$$\frac{\mathrm{d}\phi_i}{\mathrm{d}x}=\frac{\phi_{i+1}-\phi_{i-1}}{2a}$$
$$\frac{\mathrm{d}^2\phi_i}{\mathrm{d}x^2}=\frac{\phi_{i+1}+\phi_{i-1}-2\phi_i}{a^2} \tag{12.13}$$

式中，a 是网格间距。

假设之一是函数的值在每个网格体积上都是恒定的，这就使得式(12.3)中总自由能 $\mathfrak{F}$ 计算所需要的积分得到简化，就是在每个网格点上的被积函数值乘以网格的体积 v。与导数的表达式相结合，能量和时间导数分别成为

$$\mathfrak{F}=\sum_{i=1}^{N_{\text{grid}}}v\left[4\varDelta\left(-\frac{1}{2}\phi_i^2+\frac{1}{4}\phi_i^4\right)+\frac{\alpha}{2}\left(\frac{\phi_{i+1}-\phi_{i-1}}{2a}\right)^2\right] \tag{12.14}$$

和

$$\frac{\partial\phi_i}{\partial t}=-L\left[4\varDelta\left(-\phi_i+\phi_i^3\right)-\alpha\left(\frac{\phi_{i+1}+\phi_{i-1}-2\phi_i}{a^2}\right)\right] \tag{12.15}$$

因此，知道每个网格体积的ϕ_i值，就可以计算出总能量和 $\mathrm{d}\phi_i/\mathrm{d}t$。

在标准的分子动力学中，必须精确地对运动方程积分以确保总的能量守恒。与此相反，在相场方法中驱动力是总自由能的减少。运动方程积分的最简单方法就是假定一阶泰勒级数展开式的形式为

$$\phi_i(t+\delta t)=\phi_i(t)+\frac{\partial\phi}{\partial t}\delta t \tag{12.16}$$

这种形式称为欧拉方程。δt 的幅度设置要实现数值精度(要求小的 δt 值)和方程快速计算(要求大的 δt 值)之间的平衡。

对于这个简单的模型，只有决定着局部的自由能密度(即热力学)参数 $\varDelta$ 和反映界面能量的参数α，也必须限定动力学参数 L 以设置时间尺度。为了便于后面的讨论，设定 L=1。

考虑图 12.2 所示的在 t=0 时构型的能量。正如在前面提到的，假设ϕ在每个网格体积中都是常数。设定 a=1(因而 v=1)，根据式(12.14)，每个网格点的能量等于

$$f[\phi_i]+\frac{\alpha}{2}\left(\frac{\mathrm{d}\phi_i}{\mathrm{d}x}\right)^2=4\varDelta\left(-\frac{1}{2}\phi_i^2+\frac{1}{4}\phi_i^4\right)+\frac{\alpha}{2}\left(\frac{\phi_{i+1}-\phi_{i-1}}{2a}\right)^2 \tag{12.17}$$

在图 12.4 中，以不同的 $\varDelta$ 和α值绘制出这个能量曲线。注意，当$\alpha/\varDelta$ 增大时，界面能量的幅值会大得多。因此，预期用大的$\alpha/\varDelta$ 比值模拟系统与那些用小的$\alpha/\varDelta$ 比值模拟系统相比，边界网格数量应当要少。

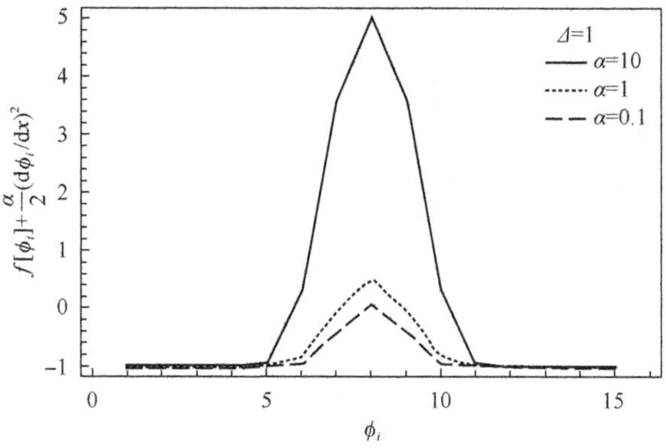

图 12.4 对应于图 12.2 中 t=0 时 $f[\phi_i]+\dfrac{\alpha}{2}\left(\dfrac{\mathrm{d}\phi_i}{\mathrm{d}x}\right)^2$ 的值

现在考虑具有周期性边界条件的一维系统，其能量表达式就是前面所描述的。这种模型的相场计算将按如下方式进行：

(1) 在 t=0 时，为每个网格点选择一个序参数 $\phi(x)$。

(2) 对于每个网格点，依据 ϕ，计算在时刻 t 的 $\mathfrak{F}$ 和 $\mathrm{d}\phi/\mathrm{d}t$ 的值。

(3) 利用式 (12.16) 计算在时刻 $t+\delta t$ 时 ϕ 的新值。

(4) 转到步骤 (2) 并重复，直到自由能收敛到最小值。

初始构型包括网格和序参数初始值的选择。在本例子中，网格的尺寸为 a=1，初始构型的 ϕ_i 值是在−0.1 和 0.1 范围内随机选择的。式 (12.16) 中的动态参数设定为 L=1。按照计算步骤 (1)～(4) 进行，改变式 (12.16) 中的时间步长 δt，直到求出稳定的解。图 12.5 示出了一系列长时间构型的曲线，它们具有不同的 α/Δ 比值，即界面罚系数 (coefficient of the interface penalty) 与局部自由能值之间的比值。对于所示的三个模拟曲线，Δ 是固定的 (为 1)，α 是变化的。在所有情况下，计算都一直运行到求出稳定的构型，即一直到 $\mathrm{d}\phi_i/\mathrm{d}t\approx 0$。需要注意的是，平衡的构型应该没有界面。图 12.5 所示的各种情况，在长时间里能量随时间的变化基本上为零，但是它们并不处于平衡状态。

由于无论是 ϕ=1 或是−1，系统都具有相同的局部自由能，如果完全没有界面罚值 (α=0)，序参数将会随机地取值+1 或−1，这将取决于它们的初始状态。具有正的界面能驱使系统尽量减少界面。图 12.5 (a) 给出了在 α/Δ=0.1 情况下的 ϕ 值，即系统是由局部自由能支配的。需要注意的是，区域之间的界面是锐化的 (12.4 节将证明界面的宽度应与 $\sqrt{\alpha/\Delta}$ 成比例并且其能量为 $\sqrt{\alpha\Delta}$)。图 12.5 (b) 是一个中间的例子，其 $\alpha/\Delta=1$。看到系统仍然有许多界面，稍宽些，并且有些状态居于序参数的中间。从图 12.5 (c) 中可以看到，对于 $\alpha/\Delta=10$，界面的数量减少，界面宽度更大，这与在图 12.4 中所看到的能量情形一致。

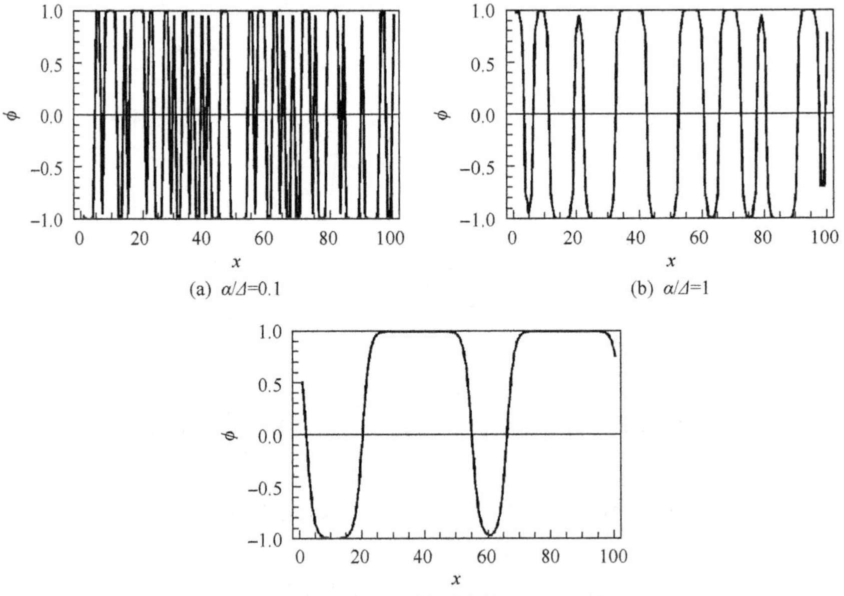

(a) $\alpha/\varDelta$=0.1　　(b) $\alpha/\varDelta$=1

(c) $\alpha/\varDelta$=10

图 12.5　一维相场计算结果(时间固定，起始构型不同)

12.4　界面的自由能

选择一个系统，由式(12.11)中的自由能函数描述，其界面位于 yz 平面 x=0 处。单位面积的自由能由式(12.18)给出：

$$\frac{\mathcal{F}}{A}=\int \mathrm{d}x\left(4\varDelta\left(-\frac{1}{2}\phi(x)^2+\frac{1}{4}\phi(x)^4\right)+\frac{\alpha}{2}\left(\frac{\partial\phi(x)}{\partial x}\right)^2\right) \tag{12.18}$$

并且最小自由能为式(12.19)的解：

$$\frac{\delta(\mathcal{F}/A)}{\delta\phi(x)}=0=4\varDelta\left(-\phi(x)+\phi(x)^3\right)-\alpha\left(\frac{\partial^2\phi(x)}{\partial x^2}\right) \tag{12.19}$$

假定曲线由函数 $\phi(x)=\tanh(\gamma x)$ 给出，如图 11.10 所示，它具有规范的一般形状。将这一形式的 ϕ 代入式(12.19)中，经简化，得到①

$$\gamma=\sqrt{\frac{2\varDelta}{\alpha}} \tag{12.20}$$

① 在式(12.18)的能量表达式中被积函数以 γ 值绘制的曲线示于图 12.1(b)中。

如果定义界面为$\phi(x)$达到其渐近值 96%的点之间的距离，那么界面的宽度(厚度)大约为 $\delta=4/\gamma$ 。因此，界面的宽度可以表示为

$$\delta \sim \sqrt{\frac{\alpha}{\Delta}} \tag{12.21}$$

利用式(12.20)所示γ值(即最小能量)，对式(12.18)所示单位面积自由能的表达式在$-\infty$到∞区间上对 x 积分，得到(最小能量)界面上单位面积自由能为

$$\frac{\mathscr{F}}{A} = \frac{4\sqrt{2}}{3}\sqrt{\alpha\Delta} \tag{12.22}$$

可以看到，在式(12.21)和式(12.22)中，均质相的能量(由 Δ 控制)和界面能量(通过α控制)之间的相互作用。界面的宽度 δ 随着α的增加和 Δ 的减小而增加。另外，与界面相关联的能量随着α和 Δ 的增加而增加。因此，存在宽度和能量之间的竞争，这可以从图 12.5 所示的模拟结果中看到。

12.5 局部自由能函数

在相场方法中的大量材料科学问题变成了自由能密度函数 f 的定义问题。在这里，讨论一些非常简单形式的自由能，首先是具有少量序参数的，然后是两个具有多个序参数的例子。

12.5.1 一个序参数的系统

在式(12.11)中，引入一个简单形式的自由能密度函数$f[\phi]$，它描述具有相同能量的两个相的材料。这种函数形式的选择要在$\phi=\pm1$ 处具有极小值，而这个极小值为$-\Delta$。例如，这个函数可能适合于作为描述失稳分解一般特征的模型(见 11.4.2 节)。如果系统起始时的一组ϕ值不是±1，则它会自发、有序地形成$\phi=1$ 或$\phi=-1$ 的相区域，界面在它们之间。在低温下，式(12.10)中由梯度表示的正界面能将驱使系统到一相或另一相。注意，式(12.11)中每一项的前因子的选择都是为了使导数的形式简单，如式(12.12)所示。这些函数的形式见图 12.3。

可以想象，如果不是具有能量相等的两相，那么一相可能在某些温度下比另一相更稳定，而在其他温度下比较不稳定。表示这种行为的一个简单形式为

$$f(\phi,T) = 4\Delta\left(-\frac{1}{2}\phi^2 + \frac{1}{4}\phi^4\right) + \frac{15\gamma}{8}\left(\phi - \frac{2}{3}\phi^3 + \frac{1}{5}\phi^5\right)(T - T_m) \tag{12.23}$$

式中，γ 是正常数；T_m 是一个“熔化”温度(Boettinger et al., 2002)。图 12.6 给出了三个 T 值下的势能。函数式(12.23)不是一个实际的热力学模型；选择这个形式

的目的是模仿真实系统的行为，而不是与它们相匹配。对于每一相的准确自由能表达式也是能够找到的，例如，根据 Calphad 方法进行计算(Lukas et al., 2007)，然后插值，这将在 12.5.2 节进行讨论。

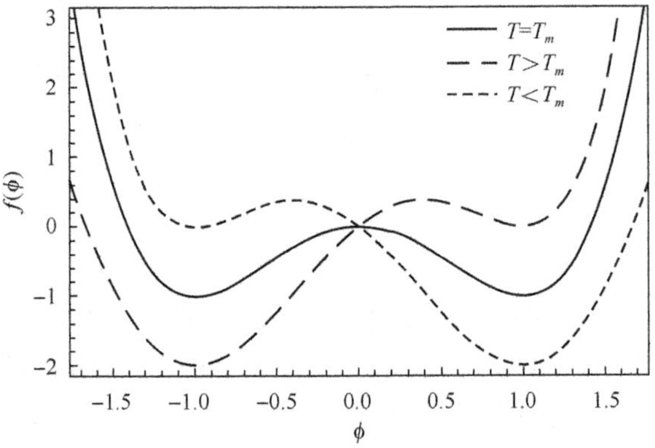

图 12.6　式(12.23)的双态自由能函数曲线(稳定状态是在ϕ=1 和ϕ= −1 处，ϕ=1 为固相，ϕ= −1 为液相)

12.5.2　多个序参数的系统

本节讨论两类问题，在这些问题中要有一个以上的序参数。这两类问题都是目前许多应用方法的范例。第一个是具有一个以上的组分和多于一个相的问题。例如，这种类型的模型可以用于模拟合金的凝固。第二个例子只有一个组分，但是有许多的“相”，它将在晶粒生长模型中代表晶粒的不同取向。

1. 两相双组分系统自由能函数

假设目标是模拟二元合金的凝固，因此需要一个能够捕捉到凝固以及两合金组分平衡的相场模型。要构建这种双组分和两相的系统模型，需要两个序参数，一个非守恒的序参数ϕ来表示系统在特定的位置和时间的相，另一个守恒的序参数C来表示两组分的局部浓度。自由能泛函数必须依赖这两个序参数，如式(12.10)的表达式。

正规溶液理论为构造双组分自由能的函数提供了途径，首先从每个纯组分系统的自由能入手①。可以利用一个简单的表达式，如式(12.23)所示的表达式，调整每一相的参数。但是，这个函数不会对合金系统的真实热力学性质提供充分表达。这可以使用更复杂的热力学函数来改善(Lukas et al., 2007)。

假设对每个纯组分(A 和 B)都有固相和液相自由能实验曲线(S 和 L)，如

① 本节是基于 Boettinger 等(2002)所讨论的模型进行叙述的。

$f_A^S(T)$、$f_A^L(T)$、$f_B^S(T)$和$f_B^L(T)$。A组分的总自由能将有以下的形式：

$$f_A(T)=\big(1-p(\phi)\big)f_A^S(T)+p(\phi)f_A^L(T) \tag{12.24}$$

在这里，采用序参数ϕ的函数 $p(\phi)$以便使系统平滑地从纯液相($p(\phi)=1$)过渡到纯固相($p(\phi)=0$)。

有了$f_A(T)$和$f_B(T)$的表达式，可以利用正规溶液理论来构建AB溶液的自由能关系①，其表达式为

$$\begin{aligned}f(\phi,C,T)=&(1-C)f_A(\phi,T)+Cf_B(\phi,T)+RT\big[(1-C)\ln(1-C)+C\ln(C)\big]\\&+C(1-C)\big[\Omega_S\big(1-p(\phi)\big)+\Omega_L p(\phi)\big]\end{aligned} \tag{12.25}$$

式中，C是B的浓度；$\Omega_{S(L)}$为固体(液体)的正常溶液参数。

2. 多相系统自由能函数

为了建立晶粒生长的相场模型，Tikare 等(1998)采用了只有一个组分但有许多“相”的自由能函数，以每个相表示具有不同取向的晶粒。所选择的自由能函数具有任意数量的序参数，其能量表达式具有不同的极小值，每个极小值只有一个序参数为非零。以这种方式，一个晶粒(或任何不同的相)会组成连续的位置点，每一个晶粒具有一个非零序参数。

晶粒(或相)之间的界面处的序参数在各个晶粒的值之间逐渐变化，如图 12.7 所示，这是有四个序参数的简单例子。在图中左侧，系统对应于晶粒 1，其$\phi_1=1$且所有其他序参数为 0；在右侧，系统在晶粒 4 的位置，$\phi_4=1$，所有其他序参数为 0；在这两者之间，从左到右ϕ_1逐渐减小到 0，ϕ_4逐渐增大到 1。

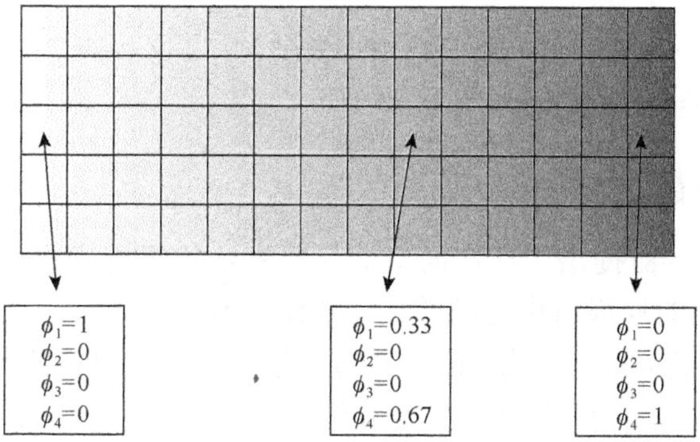

图 12.7 在二维空间上序参数在晶粒之间的变化

① 正规溶液理论将理想混合熵和平均场模型结合，来表示随机分布合金组分的相互作用能，请参见 Gaskell (2008)的文献。

Tikare 等采用了下面的函数，它有一组数量为 P 的序参数$\{\phi\}$：

$$f\left[\{\phi\}\right]=\frac{\gamma}{2}\sum_{i=1}^{P}\phi_i^2+\frac{\beta}{4}\left(\sum_{i=1}^{P}\phi_i^2\right)^2+\left(\lambda-\frac{\beta}{2}\right)\sum_{i=1}^{P}\sum_{j\neq i=1}^{P}\phi_i^2\phi_j^2 \qquad (12.26)$$

式中，γ、β和 λ 是常数。这个函数在$\phi_i=\pm1$ 且$\phi_{j\neq i}=0$ 处有极小值，所以它共有 $2P$ 个极小值，都有着相同的能量。图 12.8 中所示的是一个 P=2 的简单例子。利用这个自由能函数所描述的系统动态特性将在后面讨论。

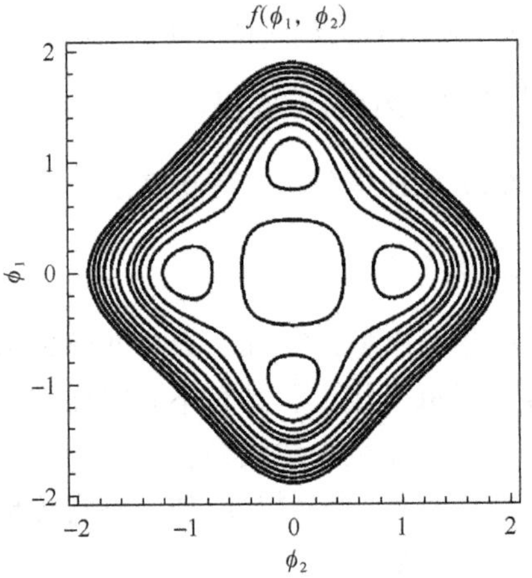

图 12.8　根据式(12.26)绘制的自由能函数的等位线图
(α=β=γ =1，P=2；有四个极小值，对应的值为±1，0 和 0，±1)

12.6　两 个 案 例

本节介绍两个相场方法应用于材料现象的例子，这些例子会介绍的详细一些，而其他例子将会在 12.7 节列出。

12.6.1　晶粒生长的二维模型

Tikare 等(1998)提出了非常简单的晶粒生长的相场模型，在模型中采用了由式(12.26)给出的局部自由能函数，其晶界如图 12.8 所示。这个模型是在二维的正方形网格上建立的，式(12.6)中拉普拉斯算子的计算按照附录 I.4 的叙述和式(I.17)进行。由于这些序参数不是守恒的，其动态性质是由式(12.6)所示的 Allen-Cahn 方程决定的。

序参数演变的驱动力是消除界面的能量，这就像在第 10 章中讨论的波茨模型，事实上，Tikare 及其同事研究的目的就是比较晶粒生长相场计算与波茨模型的结果。他们发现，在晶粒生长对时间的依赖性上，相场方法与波茨模型是相同的。

基于这一模型计算的结果示于图 12.9 中，其中 P=25。系统初始条件为：所有的 25 个ϕ值在各个网格点上随机地在−0.1 和 0.1 之间取值，然后利用非守恒的动力学公式(12.6)进行计算，其中 L=1。在每个时间步上，计算式(12.26)中相对于每一个ϕ_i 的导数值以及拉普拉斯算子值。所有网格点都同时演化。随着时间的推进，ϕ值合并成区域，区域中只有一个非零的序参数，然后随着时间粗化。

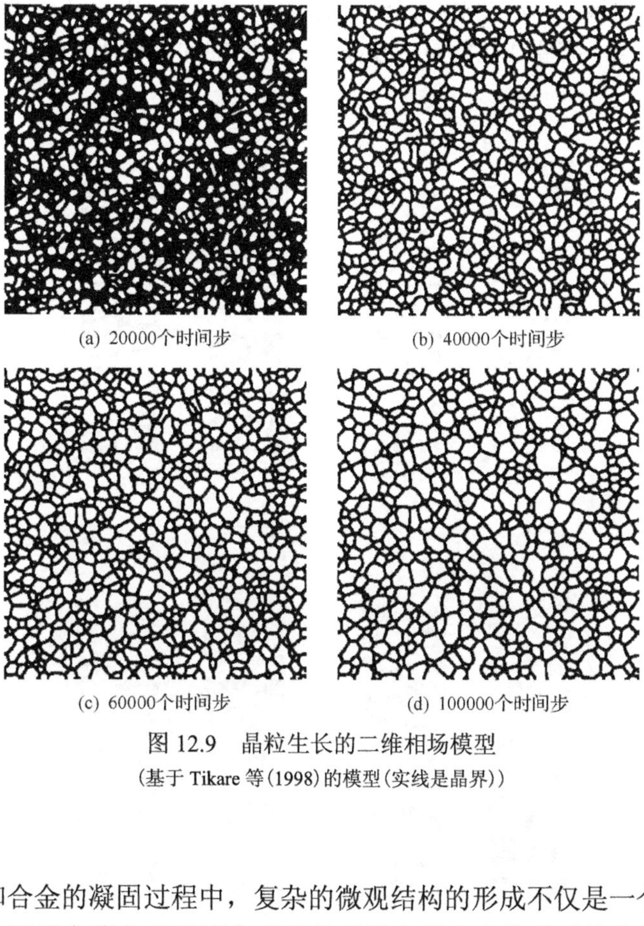

(a) 20000个时间步　(b) 40000个时间步

(c) 60000个时间步　(d) 100000个时间步

图 12.9　晶粒生长的二维相场模型

(基于 Tikare 等(1998)的模型(实线是晶界))

12.6.2　凝固

在金属和合金的凝固过程中，复杂的微观结构的形成不仅是一个具有挑战性的科学问题，而且在确定基于液态成形的质量上具有十分重要的意义，如铸造、焊接等。凝固模拟是相场方法的巨大成功之一，尤其是在枝晶和共晶生长这类过程的描述上取得了非凡的成功。

凝固建模的最简单的基本思路在前面已经说明。假设有一个二元合金，其热力学性质可以利用如式(12.24)和式(12.25)那样的方程进行描述。有两个序参数，一个是表示系统是固体还是液体的ϕ，其动力学性质由式(12.6)进行描述；另一个是表示浓度的 C，其动力学性质由式(12.7)所示 Cahn-Hilliard 方程给定。这种方法已经在二维和三维空间上应用，同样也应用于包括和不包括液体流动的情况。人们已经研究了枝晶生长和一系列其他现象。Boettinger 等(2002)对这些应用做了很好的综述。本书没有讨论相场计算与流体流动之间的关联。

图 12.10 给出了枝晶生长二维相场计算结果(基于式(12.24)和式(12.25))(Boettinger et al., 2002)。图 12.10(a)中温度为 1574K，这个温度瞬间地升高到 1589K。虽然这种变化可能并不会真实地捕捉到在物理系统中出现的波动，但是它却能够清楚地揭示出温度对枝晶结构的影响。图 12.10(b)～(d)分别示出在随后升温的计算结果。需要注意的是，枝晶臂随着时间的推移逐步熔化。

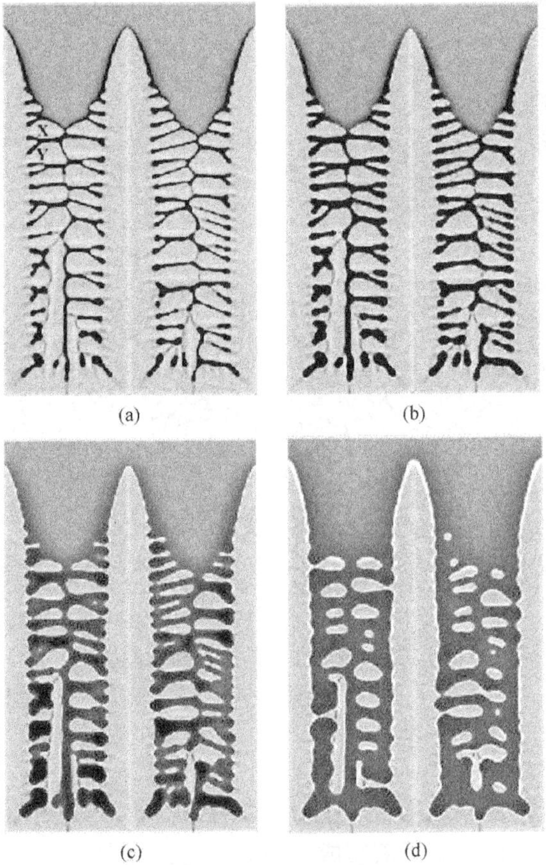

图 12.10 枝晶生长的二维相场模拟(Boettinger et al., 2002)

((a)中的生长温度为 1574K，示于(b)～(d)的为随后温度提高至 1589K。浅灰色的为固体，深灰色的为液体)

12.7 相场方法在材料研究中的其他应用

相场方法在材料研究中的一些其他应用介绍如下：

(1)相场晶体模型。相场方法模拟更加引人入胜的进步之一就是引入了相场晶体模型(Elder and Grant, 2004)。在这种方法中，原子结构得到保持，允许锐化晶界的模拟，这与标准相场模型的很宽界面形成鲜明的对比。这种方法已经有许多应用，如位错的动态性质(Chan et al., 2010)、柯肯特尔效应(Kirkendall effect)(Elder et al., 2011)、在位错和晶界处的熔化(Berry et al., 2008)等。

(2)弹性驱动的相变。已经看到相场模型可以应用于热力学驱动的相变。它也可以应用于驱动力是弹性相互作用的系统。Chen(2002)、Chen 和 Hu(2004)都对这类相场方法的应用进行了非常好的介绍。由于相变涉及结构的某种变化，所以存在着与这些转变相关的应变。要利用相场方法，需要具备两个条件：一是描述系统状态的序参数，从一个结构平滑地过渡到另一个结构；二是这些序参数的自由能函数。序参数反映了相变的对称性。自由能为式(H.17)所描述的应变能。这些方法已经应用到许多系统，包括马氏体相变(Kundin et al., 2011)。

(3)塑性变形。相场方法已经应用于二维(Koslowski et al., 2002,2004a,2004b)和三维(Wang et al., 2005)的塑性变形建模。Wang 和 Li(2010)就这种方法进行了综述，并将其与相场晶体模型进行了比较。在这方面已经有许多的应用，包括纳米晶体镍的变形和镍基超耐热合金析出物的位错剪切(Zhou et al., 2011a)。

12.8　本 章 小 结

本章介绍了相场方法的基本思路与实施细节，对相场计算步骤进行了详细讨论，重点强调了自由能泛函以及相能量与界面能量之间的平衡，并讨论了相场方法在一维、二维和三维上的数值实施，同时介绍了几个简单的计算例子。

12.9　附 加 内 容

本节分别给出具有非守恒序参数和守恒序参数的系统 Allen-Cahn 和 Cahn-Hilliard 方程的推导。

12.9.1　Allen-Cahn 方程的推导

推导从式(12.2)开始，它表明总自由能为依赖于局部自由能密度$f[\phi(\boldsymbol{r},t)]$和界面项，前者是序参数$\phi(\boldsymbol{r},t)$的函数，后者依赖于$\phi(\boldsymbol{r},t)$的梯度。

简单起见，考虑一维系统。这样，总自由能密度为$f^{\text{total}}[\phi(x,t), \partial\phi/\partial x]$。相场方法假定所有界面都是宽且弥漫的，而不是锐化的。在这种情况下，推测导数$\partial\phi/\partial x$的值很小，这意味着可以把自由能表达式简化为$\partial\phi/\partial x$项的展开式。为了使标记更简单一点，引入一个量$g=\partial\phi/\partial x$，它被认为是非常小的。以通常的方式在$g=0$附近展开$f^{\text{total}}$，得到

$$f^{\text{total}}\left[\phi(x,t),g\right]=f\left[\phi(x,t),0\right]+\left(\frac{\partial f}{\partial g}\right)_{g=0}g+\frac{1}{2}\left(\frac{\partial^2 f}{\partial g^2}\right)_{g=0}g^2+\cdots \tag{12.27}$$

$f^{\text{total}}[\phi(x,t), g=0]$为平衡状态，没有界面，因此$f^{\text{total}}[\phi(x,t), g=0]=f[\phi(x,t)]$。第二项依赖于$f^{\text{total}}$对$g$的导数，在$g=0$处进行计算。由于界面能量为正的，所以$f^{\text{total}}[\phi(x,t), g=0]$必须为极小能量，在这种情况下，在$g=0$处关于$g$的导数必须为零。由于实际上并不知道如何估算$(\partial^2 f^{\text{total}}/\partial g^2)_{g=0}$，所以假设它是某个常数，称为$\alpha$。由于界面能量是正的，所以$\alpha>0$。

忽略高阶项，并记住$g=\partial\phi/\partial x$，式(12.27)就变为

$$f^{\text{total}}\left[\phi(x,t),g\right]=f\left[\phi(x,t)\right]+\frac{\alpha}{2}\left(\frac{\partial\phi}{\partial x}\right)^2 \tag{12.28}$$

并且总自由能为

$$\mathfrak{F}=\int_{\Omega}\left[f\left[\phi(x)\right]+\frac{\alpha}{2}\left(\frac{\partial\phi}{\partial x}\right)^2\right]\mathrm{d}x \tag{12.29}$$

这就是一维相场模型自由能的基本表达式。注意，它依赖于$f[\phi]$和$\partial\phi/\partial x$，即热力学自由能和ϕ随距离变化的斜率。

随着时间的推移，序参数$\phi(x,t)$将演变使系统的总自由能$\mathfrak{F}$最小化，在$\mathfrak{F}$相对于$\phi(x,t)$的导数为零时达到最低能量状态。由于$\mathfrak{F}$是$\phi(x,t)$的泛函数，而不是一个函数，所以它的导数与普通微积分的导数不同。泛函数导数由下面的符号表示，即$\dfrac{\delta\mathfrak{F}\left[\phi(\boldsymbol{r},t)\right]}{\delta\phi(\boldsymbol{r},t)}$，其最小化的条件是

$$\frac{\delta\mathfrak{F}\left[\phi(x)\right]}{\delta\phi(x)}=0=\frac{\delta}{\delta\phi(x)}\int_{\Omega}\left[f\left[\phi(x)\right]+\frac{\alpha}{2}\left(\frac{\partial\phi}{\partial x}\right)^2\right]\mathrm{d}x \tag{12.30}$$

求各项的值之后，求$\mathfrak{F}$的泛函数导数。关于求泛函数导数值的叙述参见附录C.6。从那些结果中可以看出

$$\frac{\delta}{\delta\phi(x)}\int_{\Omega}f\left[\phi(x)\right]\mathrm{d}x=\frac{\partial f\left[\phi\right]}{\partial\phi} \tag{12.31}$$

$$\frac{\delta}{\delta\phi(x)}\int_{\Omega}\frac{\alpha}{2}\left(\frac{\partial\phi}{\partial x}\right)^2=-\alpha\frac{\partial^2\phi(x)}{\partial x^2} \tag{12.32}$$

式中，$\partial f/\partial\phi$是常规导数，因为f是序参数的简单函数。需要注意的是，界面能量项(ϕ相对于x一次导数的平方)变成ϕ关于x的二阶导数。因此，得到$\mathfrak{F}$的泛函数导数

$$\frac{\delta\mathfrak{F}}{\delta\phi}=\frac{\partial f[\phi]}{\partial\phi}-\alpha\frac{\partial^2\phi(x)}{\partial x^2} \tag{12.33}$$

在经典力学中，时间相关的原子位置会变化以响应作用在该原子上的力。当原子处于静止状态时，总作用力为零。通过 U 的负梯度，这个作用力与系统的势能 U 相关，在一维空间中为 $\boldsymbol{F}=-\partial U/\partial x$。因此，对于处于静止状态的原子，$U$ 必须至少是一个局部极小值。

依此类推，可以考虑把自由能相对于ϕ的负导数作为一种有效的“力”作用于ϕ上，使自由能减少。对于这种力，可以解ϕ的“运动方程”，以计算它是如何随时间演变的。ϕ的时间依赖性和原子的时间依赖性之间的主要区别是ϕ与惯性无关，因此也就没有加速度项。ϕ对作用于其上“力”的响应类似于物体对摩擦力的响应，这将是在 13.1 节中详细讨论的主题。在这种系统中，物体的力和速度之间具有线性关系。假设ϕ有类似的特征，它的“速度”是$\partial\phi(x,t)/\partial t$。把所有的综合起来，得到称为 Allen-Cahn 方程的表达式，在一维空间上可以表示为

$$\frac{\partial\phi(x,t)}{\partial t}=-L_\phi\frac{\delta\mathfrak{F}}{\delta\phi(x,t)}=-L_\phi\left(\frac{\partial f[\phi]}{\partial\phi}-\alpha\frac{\partial^2\phi(x)}{\partial x^2}\right) \tag{12.34}$$

L_ϕ 作为耦合系数，用于设置时间标尺(Allen and Cahn, 1979)，它是一个必须单独确定的参数。Allen-Cahn 方程是通常称为 Ginzburg-Landau 理论的一个例子，在这个概念下，动力特性被表示成自由能相对于一个序参数的泛函导数(Ginzburg and Landau, 1950)。

在三维空间上

$$\mathfrak{F}=\int_\Omega\left(f[\phi]+\frac{\alpha}{2}|\nabla\phi|^2\right)\mathrm{d}\boldsymbol{r} \tag{12.35}$$

式中

$$|\nabla\phi|^2=\nabla\phi\cdot\nabla\phi=\left(\frac{\partial\phi}{\partial x}\right)^2+\left(\frac{\partial\phi}{\partial y}\right)^2+\left(\frac{\partial\phi}{\partial z}\right)^2 \tag{12.36}$$

Allen-Cahn 方程为

$$\frac{\partial\phi(\boldsymbol{r},t)}{\partial t}=-L_\phi\left(\frac{\partial f(\phi)}{\partial\phi}-\alpha\nabla^2\phi(\boldsymbol{r},t)\right) \tag{12.37}$$

式中

$$\nabla^2\phi = \frac{\partial^2\phi}{\partial x^2} + \frac{\partial^2\phi}{\partial y^2} + \frac{\partial^2\phi}{\partial z^2} \tag{12.38}$$

请再次注意，能量依赖于ϕ相对于坐标一阶导数的平方，但是达到平衡的驱动力与ϕ相对于坐标的二阶导数成正比。

对于具有一个以上序参数的系统，序参数之间会有动态特性的耦合，在这种情况下，N个序参数的更一般表达式为

$$\frac{\partial\phi_i(\boldsymbol{r},t)}{\partial t} = -\sum_{j=1}^{N} L_{ij}\frac{\delta\mathfrak{F}}{\delta\phi_j(\boldsymbol{r},t)} \tag{12.39}$$

支配着系统的演化。

12.9.2　Cahn-Hilliard 方程的推导

本节推导有守恒序参数的相场方法的基本表达式，有关守恒序参数的讨论见12.2.2 节。首先从 12.2.1 节结果的基础上开始，并添加考虑守恒要求的相关项。在一维空间上，有

$$\mathfrak{F} = \int_{\Omega}\left[f\left[C(x)\right] + \frac{\alpha}{2}\left(\frac{\partial C(x)}{\partial x}\right)^2\right]\mathrm{d}x \tag{12.40}$$

根据热力学的基本概念，自由能相对于某个给定类型原子数目的导数就是该原子的化学势μ。因此，可以将化学势定义为$\mathfrak{F}$相对于序参数$C(x)$的泛函导数，即

$$\mu = \frac{\delta\mathfrak{F}}{\delta C(x)} = \frac{\partial f}{\partial C} - \alpha\frac{\partial^2 C(x)}{\partial x^2} \tag{12.41}$$

遵从 12.2.1 节所介绍的泛函数求导数相同的过程。

现在，需要建立局部C守恒的动力学方程。要考虑原子如何必须从一个区域扩散到另一个区域以改变C，来达到这个目的。由于C是一个浓度值，假定它随时间的变化率服从菲克第二定律，在一维空间上，其形式为

$$\frac{\partial C}{\partial t} = -\frac{\partial J}{\partial x} \tag{12.42}$$

式中，J是通量。从对μ作为化学势的解释，预计通量会由下面形式的表达式(在一维上)给出：

$$J = -M\frac{\partial \mu}{\partial x} \tag{12.43}$$

式中，M 是浓度相关的迁移率，可以是各向异性的(即在晶格中依赖于扩散的方向)，在这种情况下，它将是一个二阶张量。将式(12.41)代入式(12.43)，再将式(12.43)代入式(12.42)，得到

$$\begin{aligned}\frac{\partial C}{\partial t} &= \frac{\partial}{\partial x}\left(M\frac{\partial \mu}{\partial x}\right)\\ &= \frac{\partial}{\partial x}\left[M\frac{\partial}{\partial x}\left[\frac{\partial f}{\partial C} - \alpha\frac{\partial^2 C(x)}{\partial x^2}\right]\right]\end{aligned} \tag{12.44}$$

如果 M 与浓度无关(因此与 x 无关)，有

$$\frac{\partial C}{\partial t} = M\left(\frac{\partial^2}{\partial x^2}\frac{\partial f}{\partial C} - \alpha\frac{\partial^4 C(x)}{\partial x^4}\right) \tag{12.45}$$

式(12.44)是一维形式的 Cahn-Hilliard 方程(Cahn and Hilliard, 1958,1959)。在三维空间中，方程的形式是

$$\begin{aligned}\frac{\partial C}{\partial t} &= \nabla\cdot(M\nabla\mu)\\ &= \nabla\cdot\left(M\nabla\left(\frac{\partial f}{\partial C} - \alpha\nabla^2 C\right)\right)\end{aligned} \tag{12.46}$$

如果 M 与位置无关，那么式(12.46)可以简化为

$$\frac{\partial C}{\partial t} = M\left(\nabla^2\left(\frac{\partial f}{\partial C}\right) - \alpha\nabla^2\nabla^2 C\right) \tag{12.47}$$

式中

$$\begin{aligned}\nabla^2\nabla^2 C &= \left(\frac{\partial^2}{\partial x^2} + \frac{\partial^2}{\partial y^2} + \frac{\partial^2}{\partial z^2}\right)\left(\frac{\partial^2}{\partial x^2} + \frac{\partial^2}{\partial y^2} + \frac{\partial^2}{\partial z^2}\right)C\\ &= \left(\frac{\partial^4}{\partial x^4} + \frac{\partial^4}{\partial y^4} + \frac{\partial^4}{\partial z^4} + 2\frac{\partial^4}{\partial x^2\partial y^2} + 2\frac{\partial^4}{\partial x^2\partial z^2} + 2\frac{\partial^4}{\partial y^2\partial z^2}\right)C\end{aligned} \tag{12.48}$$

第 13 章　介观尺度动力学

分子动力学提供了一种通过计算作用于每个原子上的力和求解运动方程来模拟原子和分子动态运动的方法。本章将把同样的方法应用到实体的运动而不是原子的运动。这些实体一般为原子聚集团，如位错或其他更多的缺陷。首先辨识所关注的实体，以确定它们的性质，然后计算作用于这些实体的力。按照类似于分子动力学方法的步骤，求解运动方程，确定实体的动力学性质。

这些类型的模拟主要关注点在于介观尺度，也就是介于原子和连续体之间的尺度范围，其目标常常是确定微观结构。这些广泛的缺陷结构一般处于微米的尺度范围内，超出了通常在原子尺度上可以研究的范围。不仅在长度尺度上限制了原子模拟对组织演变的适用性，其微观结构演变在时间尺度上也比典型的分子动力学模拟的纳秒级要长得多。所研究的缺陷可以是晶粒，所关注的问题可能是那些晶粒的生长和它们的最终形态。人们也可以关注确定位错微观组织的发展及其与变形特性的关系。此时，位错可能就是所关注的实体。

本章将提纲挈领地勾勒出介观尺度动力学的一些重要问题，给出一些简明扼要的例子。

13.1　阻尼动力学

在分子动力学中，求解如下牛顿方程：

$$m\frac{\mathrm{d}^2\boldsymbol{r}_i}{\mathrm{d}t^2}=\boldsymbol{F}_i \tag{13.1}$$

式中，作用于粒子 i 上的力 $\boldsymbol{F}_i$ 源自于粒子之间的相互作用、外力等。在模拟介观尺度的动力学性质时，将求解类似的方程式，而其主要的区别只有一个。式(13.1)通常由反映耗散力(dissipative force)[①]的方程来代替。例如，假设所关注的实体是位错。虽然可以把位错当作“粒子”，但它们是由原子的集体群(collective group)组成的，在移动中与晶格相互作用产生声子等。在没有任何新的力作用时，移动中的位错能量会慢慢地散失到晶格之中(因此而演化出耗散这个术语)，并将最终停止。

① 耗散力是行为很像摩擦力等，能量从系统中以热量形式散失。

从在式(13.1)中添加一个耗散力 $\boldsymbol{F}^{\text{diss}}$ 开始，其形式取决于所研究系统的类型。在对系统的一般讨论中，可以利用黏性曳力(viscous drag)的形式：

$$\boldsymbol{F}_i^{\text{diss}}(\boldsymbol{r}) = -\gamma \boldsymbol{v}_i \tag{13.2}$$

式中，$\boldsymbol{v}_i$ 是粒子 i 的速度；γ 是“摩擦系数”，γ 的物理来源和幅度取决于建模系统的物理现象。包含黏性阻力项后，运动方程的表达式为

$$m\frac{\mathrm{d}\boldsymbol{v}_i}{\mathrm{d}t} = \boldsymbol{F}_i - \gamma \boldsymbol{v}_i \tag{13.3}$$

耗散力的存在显著地改变了动态特性。作为一个简单的例子，考虑在一维空间上受常力的系统，式(13.3)中的运动方程可以求出解：

$$v(t) = \frac{F}{\gamma}\left(1 - \mathrm{e}^{-\gamma t/m}\right) \tag{13.4}$$

设 $t^* = (\gamma/m)t$，然后，有 $\mathrm{d}v/\mathrm{d}t = (\gamma/m)\mathrm{d}v/\mathrm{d}t^*$，由此可得 $\mathrm{d}v/\mathrm{d}t^* + v = F/\gamma$。现在利用 $\mathrm{d}(\mathrm{e}^{t^*}v)/\mathrm{d}t = \mathrm{e}^{t^*}(\mathrm{d}v/\mathrm{d}t^* + v) = \mathrm{e}^{t^*}F/\gamma$。对公式两端从 0 到 t^* 进行积分和整理，即求得式(13.4)。这个解的简化速度 $(v^* = \gamma v(t)/F)$ 对简化时间 $(t^* = \gamma t/m)$ 的曲线绘制在图 13.1 中，同时画出无阻尼限制时的速度(虚线)。注意，阻尼速度渐近地趋向恒定的稳态值，称为终极速度(terminal velocity)，其值为 $v = F/\gamma$。达到终极速度 95%的时间为 $t_{\text{term}} \approx 3m/\gamma$。

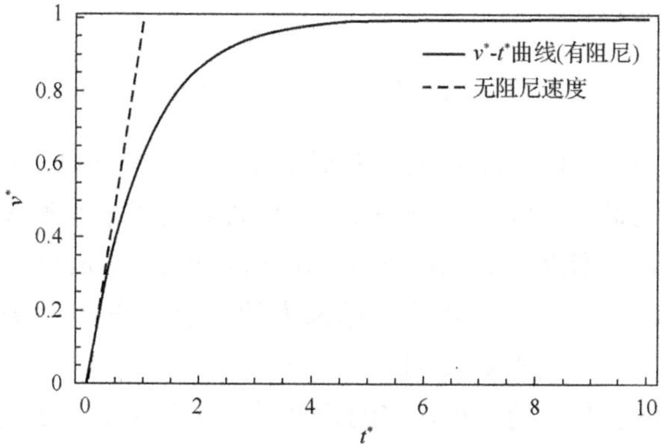

图 13.1　简化速度对简化时间的曲线

人们相当熟悉这种类型的行为。一块大理石在恒定重力作用下穿越真空，加速下降直到抵达地面。将同一块大理石投进黏性流体，在初始的加速度后，达到恒定的速度。如果阻尼系数非常大，那么达到稳态速度的时间可能很短。如果达

到稳定状态的时间相对于重要的时间尺度很小，那么常用的近似方法是完全忽略加速度对终极速度的影响，并假设

$$v_{\text{overdamped}} = \frac{F}{\gamma} = MF \tag{13.5}$$

式中，$M=1/\gamma$ 是动性，M 可以是恒定的或可以依赖于方向，如同在晶格之中。式(13.5)中力与速度的线性关系通常称为过阻尼极限(over damped limit)，当阻尼很高时，这是一个很好的近似。

13.2 朗之万动力学

正如 Tomas Brown 最早(于 1827 年)详细描述的，一些灰尘悬浮在空气中或者微小的粒子在液体中的运动，似乎是随机的。这种类型的运动通常被称为布朗运动。Langevin(1908)曾证明，这种随机运动可以通过下面的运动方程加以描述：

$$m\frac{\mathrm{d}^2\boldsymbol{r}}{\mathrm{d}t^2} = -\gamma\frac{\mathrm{d}\boldsymbol{r}}{\mathrm{d}t} + \mathfrak{F}_{\text{rand}}(t) \tag{13.6}$$

式中，$\boldsymbol{r}$ 是粒子的位置；γ 是阻力(摩擦)系数；$\boldsymbol{m}$ 是粒子的质量。$\mathfrak{F}_{\text{rand}}(t)$ 是一个随机的力，描述与周围液体中的分子碰撞的冲力(impulsive force)。它通常称为噪声(noise)，可以表示为

$$\mathfrak{F}_{\text{rand}}(t) = \sqrt{2\gamma k_B T}\,\mathfrak{R}(t) \tag{13.7}$$

式中，$\mathfrak{R}(t)$ 是一个随机变量，即假定与时间不相关，任何时刻的随机力都不受其他时刻随机力的影响。式(13.7)中随机力的形式源自于非平衡态统计力学中的一个重要成果，即涨落耗散定理(fluctuation-dissipation theorem) (Zwanzig, 2001)。请注意，这个力的量值取决于温度和摩擦力的量值。$\mathfrak{R}(t)$ 通常是从归一化高斯分布中选取的随机数(见附录 I.2.1)。

式(13.6)是一个有趣的方程，它的含义是：一个布朗粒子的运动仅受周围液体分子随机碰撞的影响。通过连续的、宏观的方式处理液体的影响，它忽略了任何特定的相互作用，即忽略了液体的原子，并且把它们当作一个整体来考虑。这是一个方法应用极好的例子，通过定义代表较小尺度物理性质的平均量(噪声)，在长度和时间尺度上搭建由小尺度(在本例中为原子和分子)到大尺度(宏观系统)的桥梁。

基于式(13.6)所表达的观点，也可以通过摩擦项解释能量耗散，通过随机力项说明冲力能量。因此，朗之万方程(Langevin equation)为

$$m\frac{\mathrm{d}^2\boldsymbol{r}}{\mathrm{d}t^2}=\boldsymbol{F}-\gamma\frac{\mathrm{d}\boldsymbol{r}}{\mathrm{d}t}+\mathfrak{F}_{\text{rand}}(t) \tag{13.8}$$

式中，$\boldsymbol{F}$ 是经典分子动力学的牛顿公式($\boldsymbol{F}=-\nabla U$)中常用的原子间相互作用力。$\mathfrak{F}_{\text{rand}}(t)$ 与式(13.6)中所使用的随机力相同。

式(13.8)所示朗之万方程是一个随机微分方程，是系统动态性质的近似表示，可以利用它来忽略一定数目的自由度。例如，溶剂分子对溶质动力学的影响可以用作用于溶质分子上的摩擦阻力项和与溶剂分子热运动相关联的随机冲力项来建模模拟，从而忽略分子相互作用的实际细节。这使得在介观尺度模拟中隐式地包含了温度对耗散系统的影响。

13.3　介观尺度下的模拟“实体”

在介观尺度下进行动态模拟首先要定义模拟的“实体”。这些实体是变量，用以规定所关注的物理现象。一般地，这些实体是集体变量(collective variable)，它把许多较小尺度实体的行为当作一个实体。例如，在位错的介观尺度模拟中，实体是位错，而不是那些构成位错的底层原子。当位错移动时，它们代表的是原子集体运动和位移，但模拟并不体现各个原子量级的事件。因此，任何直接取决于原子量级事件的模拟，都必须通过表征那些行为的模型来充分体现。

介观尺度动态模拟与基于原子的模拟相比，其优势在于它们延伸了长度和时间尺度。模拟的质量取决于所用模型捕获期望的物理现象的程度。利用这种技术能够成功模拟的问题类型是那些可清晰分离成集体变量的问题。

有一些所有的介观尺度模拟都面临的问题，在变量已经确定之后，就必须以某种方式来表示它们。例如，在三维的位错模拟中，位错线的描述方式必须是易于在数值模拟中进行处理的。动态模拟的时间尺度的设定取决于集体变量的有效质量。不幸的是，这类变量的质量经常是难以定义的。

任何成功的模拟都取决于模型体现实际系统的程度，记住这一点是非常重要的。所有模型都是真实的近似，从而具有与之相关联的固有误差。模型是否有效由建模者通过比较计算结果与实验数据予以验证。

在接下来的几节中，将简明扼要地介绍介观尺度下动态模拟的几个例子，着重于缺陷集体性质(collective property)的模拟。

13.4　晶粒生长的动态模型

在前面章节中叙述了两种介观尺度晶粒生长的建模方法，它们是第 10 章中的波茨模型和第 12 章中的相场方法。这两种方法都是基于能量的方法，其驱动力是降低系统的界面能。本章介绍两种把能量转换成力的方法，明确地模拟晶粒生长的动态过程。

要研究出一个动态方法来建立晶粒生长模型，第一步是确定真正想要模拟的是什么。假定在系统中晶粒内部是完美的晶体，并且所关注的所有物理现象均发生在两个具有不同取向的晶粒相遇处。一种方法是在模型中将晶界作为“实体”来看待。清楚起见，将描述一个二维模拟，正常的晶界面变成一条曲线。

在选择模拟实体为晶界之后，需要找到某种方式来表示它们。在此，将考虑两种方法，利用它们来说明随着抽象化程度的提高，在计算中会如何得到更大的简化，当然也会在一定程度上降低准确性。在每一种情况下，将首先定义一组限定晶界位置的变量，然后建立作用于这些变量上的力的表达式。注意：与波茨模型和相场方法不同，在系统的定义中，晶界是自然演化的，不必须显式地纳入模拟之中。

13.4.1　晶粒生长的晶界模型

Frost 和 Thompson (1988) 基于以下假设提出了一个简单的二维模型。

(1) 晶界由一组简单的节点离散化，如图 13.2 (a) 所示。

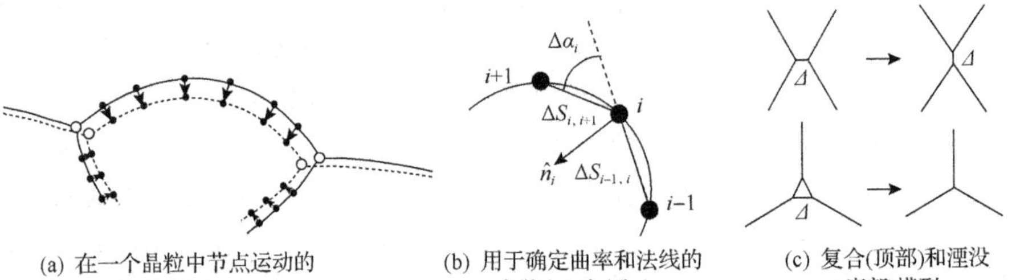

(a) 在一个晶粒中节点运动的晶界离散模型　(b) 用于确定曲率和法线的离散点几何图示　(c) 复合(顶部)和湮没(底部)模型

图 13.2　晶粒生长的晶界模型

(2) 只允许有三线交点。需要注意的是，在二维空间中，三个晶界的交点是一个点(在三维空间中为曲线，如图 B.16 所示)。

(3) 每一段晶界都依据 $\Delta x=Mk\Delta t$ (曲率驱动的生长) 移动，迁移率 M 和时间步长 Δt 为输入参数，每一片段点处的曲率 k 由基于节点位置的简单几何公式计算①。

(4)限定三线交点的位置使晶界之间均保持 120°的角度，这对应于所有三个晶界能量都是相同的情况。

(5)有一组复合和湮没的规则，如图 13.2(c)所示，当它们相距小于 Δ 时，接合点迁移到一起复合并且移向一个新的方向(上部)；当晶粒小于 Δ 时，它们就会被湮没(底部)。

数值误差来自于每个晶界上数目有限的点、曲率的定义、有限时间步长和三线交点迁移的算法。尽管有这些误差，结果还是相当不错的，该方法的计算速度也很快。例如，遵守 von Neumann 的规则，$dA/dt=-M\pi(6-n)/3$，计算误差小于 3%，并且正如所预期的，晶粒的平均面积长时间会按照 $A\sim t$ 增加。这种方法再现了正常晶粒生长的动力学行为，并且与实验得到的晶粒尺寸和形状分布相匹配。然而，这种方法依赖于动力学和接合角度的输入模型。同时，它也难以在三维空间上实施，并且不包含任何有限温度的影响。

13.4.2　晶粒生长的顶点模型

晶粒生长建模的另一种方法阐明了对模拟基本“实体”的不同选择。Kawasaki 等(1989)提出的这种方法是由两个现象的观察所启发的：①对于正常的晶粒生长，只存在 120°角的三线相交(假定各向同性晶界能量)；②如果检查微观结构，会发现，至少在长时间演化后，与三线交点相连接的晶界大致为直线，如图 13.3 所示。如果把它们的确取作直线，那么就可以想象建立连接点，即顶点的运动方程，并用直线将它们连接起来，则实体就是这些顶点本身。这一选择对晶粒生长的建模将是一个极大的简化，因为与晶界位置点相比顶点要少得多。

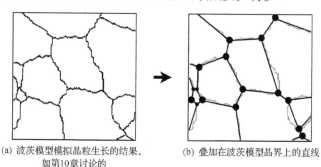

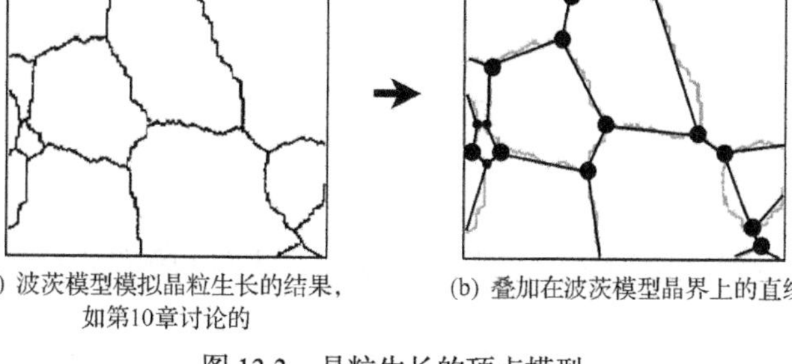

(a) 波茨模型模拟晶粒生长的结果，如第10章讨论的　　(b) 叠加在波茨模型晶界上的直线

图 13.3　晶粒生长的顶点模型

① 曲率由公式 $k=d\alpha/ds$ 给出，即角度 α(相对于某个基准状态)相对于其弧长 s 的导数。对于如图 13.2(b)所示的离散段，在点 i 处用 $\Delta\alpha_i/\Delta s_i$ 来近似这个导数，其中 $\Delta s_i=(\Delta s_{i-1,i}+\Delta s_{i,i+1})/2$，$\Delta\alpha=\arccos((\Delta x_{i-1,i}+\Delta x_{i,i+1}+\Delta y_{i-1,i}\Delta y_{i,i+1})/(\Delta s_{i-1,i}\Delta s_{i,i+1}))$，$\Delta s_{i,i+1}=(\Delta x_{i,i+1}^2+\Delta y_{i,i+1}^2)^{1/2}$，法向矢量是 $\hat{n}=\left(m/\sqrt{m^2+1},-1/\sqrt{m^2+1}\right)$，其中 m 是连接点 $i-1$ 和 $i+1$ 直线的斜率，$m=(y_{i+1}-y_{i-1})/(x_{i+1}-x_{i-1})$。

主要做法是推导出顶点的阻尼运动方程，模拟顶点的移动，接着利用直线连接顶点以创建微观结构。然后，以通常的方式表征晶粒生长的特征(测量面积等，与时间相关联)。

即使是各向同性的生长，顶点运动方程的推导也是烦琐的，所以这里跳过细节，只概述一般方法。这种方法的关键点在于粗粒化的形式，其大多数细节都用平均值处理得到，从而产生了简单形式的方程组。

Kawasaki 提出的主要假设是：

(1)晶界的总能量为 $H=\sigma A$，其中 A 是系统中晶界的总面积，σ 为单位面积上晶界的自由能。在二维空间中，A 就是晶界的总长度。

(2)晶界上每个点以 $v(\alpha)=Mk_i$ 的速度移动，其中 M 为迁移率，k_i 为点 i 处的曲率。

(3)边界移动是耗散性的，Kawasaki 等(1989)推导出了平均耗散 R 的表达式，其稳态速度由 $v_i=Mk_i$ 给出。

(4)为了求出能量，Kawasaki 等假设晶界是直线的，即 $H=\sigma\sum_{ij} r_{ij}$，其中 r_{ij} 是顶点 i 和顶点 j 之间的距离，求和是对所有顶点进行的，每个顶点与三个晶界相连接。

(5)沿着晶界的速度被假定为加权平均的顶点速度。

在这些假设之下，Kawasaki 等推导出若干模型，其中最简单的模型(模型Ⅱ)结果是一个运动方程式

$$D_i \boldsymbol{v}_i = -\sigma \sum_{j}^{(i)} \frac{\boldsymbol{r}_{ij}}{r_{ij}} \tag{13.9}$$

式中

$$D_i = \frac{\sigma}{6M} \sum_{j}^{(i)} r_{ij} \tag{13.10}$$

标记符号 $\sum_{j}^{(i)}$ 表示对连接到 i 的三个晶界求和。式(13.9)和式(13.10)中的运动方程确实是非常简单的。顶点动力学仅由连接各个顶点的矢量和某些材料参数来描述。

这种方法的效果非常好，即使是做了包括式(13.9)和式(13.10)的简化。与完整的 Kawasaki 等的模型相比，模型Ⅱ(在此叙述的)和波茨模型对于归一化的晶粒分布都很好地相互匹配(以及与实验)。若干版本的三维空间顶点模型已经开发出

来，展现它们的运算速度以及合理的精度，参见 Mora 等(2008)、Lépinoux 等(2010)、Syha 和 Weygand(2010)的文献。

这种方法的真正优势在于它把一个非常复杂的晶粒生长问题转换成一个求解变量数相对较少并且相对简单的运动方程。因为在长时间下会有更少的晶粒，模拟所需的计算量随着时间增加而降低。这种方法的最大优点是它是动态的，可以与其他方法(如有限元方法)相连接，以检查数量非常大的晶界，以及检查晶界移动与外部应力、扩散等性能的耦合。有许多关于晶粒生长的假设是这种方法的缺点，它显然不如波茨模型那样灵活，并且正如前面所述，完全不具有有限温度的影响，在防止顶点偏离 120°角度上没有任何限制手段。

13.5　离散位错的动力学模拟

晶体的塑性变形涉及位错的生成和运动(见附录 B.5)。位错构成组织，其典型的尺度为几微米至几十微米，远远超出了原子模拟可以描述的范围。虽然假定一个关于塑性的唯象模型常常是非常有用的，但在本节中，直接将位错处理成模拟中的实体，建立位错模型。这种方法通常称为位错动力学(dislocation dynamics)，已经成为研究塑性的一种流行方法。本节首先描述在二维的简化模拟，然后简要地讨论将它扩展到三维空间上。有关更多的细节参见 Bulatov 和 Cai(2006)的文献。

13.5.1　二维模拟

位错的计算机模拟始于多年以前 Foreman 和 Makin(1966,1967)的开创性模拟工作。他们采用了非常简单的直线张力模型(line-tension model)，计算了随机障碍物对单个位错在其滑移面上运动的影响。虽然简单，但是他们的模型为障碍物对位错运动的作用提供了合理的解释，同时显示出模拟在揭示位错行为上的巨大力量。

位错模拟的另一个显著进步是使用了二维的平行位错模式(parallel dislocation mode)(Lépinoux and Kubin, 1987; Gulluoglu et al., 1989)。考虑一组 N 个平行的刃型位错，都具有 $\pm\hat{x}$ 方向上的伯格斯矢量，位错线方向在 $\hat{z}$ 方向上，如图 13.4(a)所示。如果位错不改变线方向，那么它们的位置完全由它们在 xy 平面上的坐标确定，示于图 13.4(b)中，使用 ⊥ 代表位错 $\boldsymbol{b}=+b\hat{x}$ 和 ⊤ 代表位错 $\boldsymbol{b}=-b\hat{x}$ 。整个系统的模拟是二维的，但代表着三维的位错，只与在图 13.4(b)中所示平面的坐标相关。

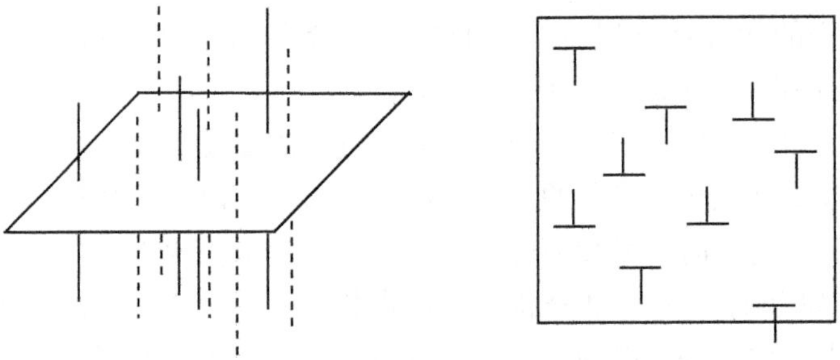

(a) 一组无限的、平行的刃型位错　　(b) 对应于(a)中的位错

图 13.4　基于二维刃型位错组的模型

（(a)中所示位错以虚线表示具有伯格斯矢量为 $\boldsymbol{b}=-b\hat{x}$，实线表示 $\boldsymbol{b}=+b\hat{x}$；(b)中，$\boldsymbol{b}=-b\hat{x}$ 标记为⊤，$\boldsymbol{b}=+b\hat{x}$ 标记为⊥）

图 13.4(b)中位错的动力学特性由耗散方程支配，如式(13.3)，有若干耗散的来源，其中包括位错在晶格上运动产生的声子。作用于位错上的力 $\boldsymbol{F}$ 由式(B.29)所示 Peach-Koehler 方程给出。对于图 13.4(b)中的平行位错，伯格斯矢量为 $\hat{b}=\pm\hat{x}$，并且所有位错的线方向为 $\hat{\xi}=\hat{z}$。如果假设只有滑移是重要的，那么位错运动就被限制在 $\pm\hat{x}$ 方向上，因而只需要力的 x 分量。沿着 x 方向作用于位错 i 上的 Peach-Koehler 力为

$$F_i=b_i\sigma_{xy} \tag{13.11}$$

式中，$b_i=\pm b$，b 是伯格斯矢量值；σ_{xy} 是应力的剪切分量。

一个位错上的净应力来自于外部施加的应力 $\sigma_{xy}^{\mathrm{app}}$ 加上由系统中其他位错(以及任何其他缺陷)引起的应力。如果如图 13.4(b)一样只有刃型位错，则在位错 i 上的净应力(net stress)为

$$\sigma_i=\sigma_{xy}^{\mathrm{app}}+\sum_{j\neq i}\sigma_{xy}(ij) \tag{13.12}$$

式中，$\sigma_{xy}(ij)$ 是位错 j 对位错 i 应力计算值的 xy 分量，对系统中所有的位错求总和。

刃型位错的应力分量 σ_{xy} 由式(B.33)给出，其伯格斯矢量沿 x 方向，线方向沿 z 方向。根据式(13.11)，作用于位错 i 上的净力(net force)为

$$F_i=b_i\sigma_{xy}^{\mathrm{app}}+\sum_{j\neq i}\frac{\mu b_i b_j}{2\pi(1-\nu)}\frac{x_{ij}\left(x_{ij}^2-y_{ij}^2\right)}{\left(x_{ij}^2+y_{ij}^2\right)^2} \tag{13.13}$$

式中，$b_{i(j)}=\pm b$。

正如 Gulluoglu 等(1989)的叙述，在模拟单元中，若干位错分布在随机滑移平面上，具有周期性边界条件。式(13.13)表明，力随着位错间距离的倒数减小，即它是非常长程的。因此，类似于 3.6 节中讨论的离子材料，相互作用不能用截止距来截止，必须使用处理长程相互作用的办法。

对于周期性单元中平行位错长程性质的相互作用，处理的方法之一就是要识别出位错与其在 y 方向上的周期性图像所形成的一个小角度晶界，该晶界具有周期性重复距离，而这个距离就是模拟单元的尺寸(Gulluoglu et al., 1989)。假设单元的尺寸为 D，则模拟单元中位于 $\boldsymbol{r}$ 的位错垂直地映像于 $\boldsymbol{r}+nD\hat{y}$，其中，n 是整数，$-\infty<n<\infty$。垂直线沿着 $\hat{x}$ 是周期性的，并位于 $\boldsymbol{r}+mD\hat{x}$，其中$-\infty<m<\infty$。在 Hirth 和 Lothe(1992)的文献中，给出了刃型位错的周期线应力场的表达式，它随着相距线的距离按指数衰减。因此，源自于位错及其所有映像的总应力就是沿 $\hat{x}$ 位错线产生应力的总和，其收敛很迅速。注意，这种方法仅适用于具有平行位错和周期性边界条件的系统。

对于周期性位错，以 D 为位错之间距离沿着 y 轴分布，其伯格斯矢量为 $\boldsymbol{b}=\pm b\hat{x}$ 且线方向是沿着 $\hat{z}$，那么其应力场为

$$\sigma_{12}(xy)=\frac{\mu b_j}{2D_y(1-\nu)}\sum_{n=-m}^{m}\frac{t_n(\cosh t_n\cos u-1)}{(\cosh t_n-\cos u)^2} \tag{13.14}$$

式中

$$u=2\pi y_{ij}/D$$
$$t_n=2\pi\left(x_{ij}-nD\right)/D \tag{13.15}$$

在这种情况下，D 是模拟单元的尺寸。参数 m 是在求和中所使用的线的数量。在大的$|x|$下，来自于位错线的应力在垂直于线的方向，按 $e^{-2\pi x/D}$ 衰减。因此，当 $m=3$ 时，相对贡献仅约为 10^{-8}，所以在式(13.14)中的求和式里只需要几项。

处理长程相互作用的另一种方法就是利用在 3.8.2 节叙述的快速多极方法。在 Wang 和 LeSar(1995)的文献中，这种方法的开发是用于二维平行位错的，并且可以引申到三维空间中任意的位错组。

给定作用于位错上的力，通过求解运动方程得到它们的位置演变。假设讨论过阻尼动力学，如式(13.5)，可以忽略惯性项，使得速度与力成正比。由此，运动方程变为

$$\boldsymbol{r}_i(t+\Delta t)=\boldsymbol{r}_i(t)+\boldsymbol{v}_i\Delta t=\boldsymbol{r}_i(t)+M\boldsymbol{F}_i\Delta t \tag{13.16}$$

这个简单的运动方程在计算上存在问题。当位错相互十分接近时，它们之间的应力会变得非常大。假定一个固定的时间步长 Δt，可能会导致在位置上出现一

个不合理的大变化，即 $\boldsymbol{r}_i(t+\Delta t)-\boldsymbol{r}_i(t)$。在整个模拟中采用非常小的时间步长将会消除这个问题，但效率将是非常低的。一种更有效率的方法是使用动态时间步长，例如，在这种方法中，位错在一个时间步长上可以移动的最大距离 $\Delta r_{\max}$ 设定为输入参数。在每个时间步长上，当计算出作用于每个位错上的力 $\boldsymbol{F}_i$ 之后，这些力的最大值就被求出，即 $F_{\max}=\max\{|\boldsymbol{F}_i|\}$。然后，时间步长的值就被设置为 $\Delta t=\Delta r_{\max}/F_{\max}$。

典型的模拟步骤如下：

(1) 位错被放置在单元中的随机位置。

(2) 计算出力，并求解运动方程，使得位置随时间而演变。

(3) 在同一滑移面上，如果符号相反的位错之间距离在很小的范围之内，那么它们将会湮没，如图 B.13 (a) 所示。如果它们相互很接近，但是在不同的滑移面上，将形成位错偶极 (dislocation dipoles)。位错偶极是指有两个位错，位于不同的滑移平面并且符号相反，相互靠近在一起，在大的相互作用应力下形成稳定的结构。

(4) 可以施加外部应力，也可以包含代表其他缺陷的各种障碍物等。

(5) 如果没有外部的应力，模拟一般将一直运行，直到位错运动停止，即作用在每个位错上的力小于 Peierls 应力 (输入参数)。Peierls 应力是使位错沿其滑移平面运动所需要的最小力。

(6) 用标准的分析工具来分析结构，如分布函数、聚类分析 (cluster analysis) 等，参见 Wang 等 (1998) 的叙述。

图 13.5 给出了在一个持续增加的应力条件下系统的计算结果。如同在附录 B.5.1 中的讨论，位错密度 ρ 随着应力的增大而增大，常常遵循泰勒关系 $\rho\propto\tau^2$，其中 τ 是应力。图 13.5 中使用了简单的成核模型，使得新的位错得以创建，以保证位错密度遵循泰勒关系式。注意特殊位错微观组织的形成，包括不断增大的密度带，并因此而增加了滑移。许多非常有用的计算是使用这个简单的二维模型进行的。例如，van der Giessen 和 Needleman (2002) 对断裂的二维位错动力学模拟作了很好的综述。二维位错模型，如在本书中所叙述的，已经得到许多其他应用。其中的几个应用包括：在 ModeIII 断裂中塑性区的演化 (Zacharapolous et al., 2003, 1997)、黏塑性变形 (Miguel et al., 2001)、晶粒尺寸对强化的影响 (Biner and Morris, 2002) 以及离散位错的建模、连续体塑性的耦合 (Wallin et al., 2008)。

虽然很有用途，但是这种类型的二维位错模拟不是很真实的，因为位错通常是弯曲和不平行的。在三维空间中它们会形成相当复杂的结构，具有缠结 (entanglement) 和各种结点，所有这些都是在二维模拟中不可能实现的。13.5.2 节将通过引入三维模拟的基本要素，介绍如何突破这些局限性。

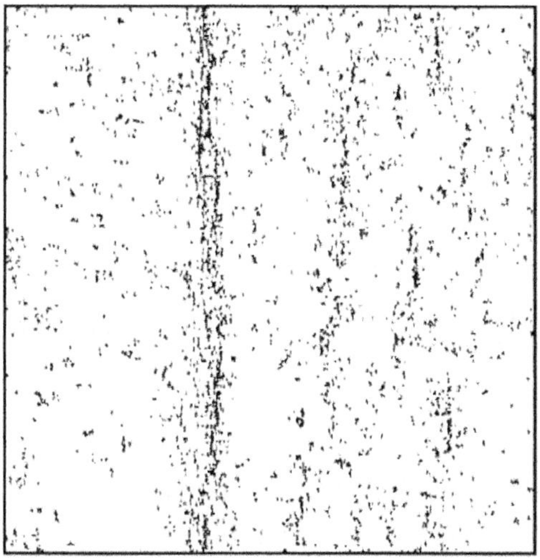

图 13.5　平行刃型位错模拟的位错微观结构

(伯格斯矢量沿着 $\pm\hat{x}$ 方向。系统载荷为不断增加的应力，利用简单的成核模型确保其密度服从泰勒关系)

13.5.2　三维模拟

三维空间上的位错模拟面临着许多必须克服的挑战，其中包括：

(1) 立体位错环的表达方法；

(2) 作用力的高效率计算；

(3) 处理短程相互作用的模型或规则；

(4) 边界条件的界定等。

本书仅做一个简单的介绍。读者可参阅在推荐阅读中列出的由 Bulutov 和 Cai (2006) 编写的非常有用的位错动力学模拟专著，了解更完整的细节。下面将依次讨论 (1)～(4) 项。

1. 位错在三维空间中的表达方式

三维离散位错模拟的首要需求是找到弯曲位错在空间中的表达方式，通常是在位错线上选择一系列的节点来表示(见附录 B.5.2)。要表达位错，必须将这些节点连接起来。一种方法是将它们作为一系列直线位错段(straight dislocation segment)连接在一起，这些位错段含有刃型和螺型特征，如图 13.6(a)所示(Zbib et al., 1998)，但常见的是在一些方法中位错段被限定为纯刃型或纯螺旋型(Devincre and Kubin., 1997)。这种方法的优点之一来自于直线段的应力张量是解析已知的(Hirth and Lothe, 1992)。因此，某个节点上承受的总应力就是系统中各个位错段贡献的总和。根据应力、位错的伯格斯矢量和位错段的线方向，利用式(B.29)中 Peach-Koehler

力计算作用力值。

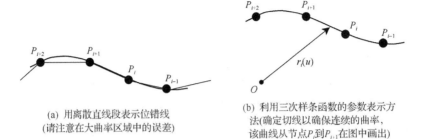

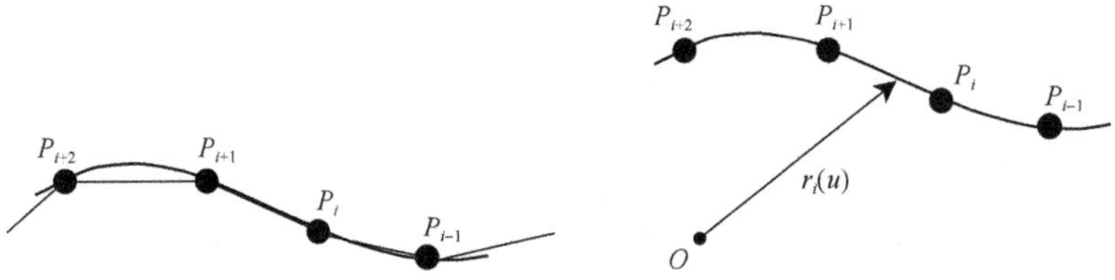

(a) 用离散直线段表示位错线
(请注意在大曲率区域中的误差)

(b) 利用三次样条函数的参数表示方法(确定切线以确保连续的曲率，该曲线从节点P_i到P_{i+1}在图中画出)

图 13.6　弯曲位错的表示方法

另一种表达位错的方法是由 Ghoniem 及其合作者开发出来的，它利用三次样条函数(cubic spline)表示位错线(Ghoniem and Sun, 1999; Wang et al., 2006)。在这个公式中对位错应力的计算要求对位错线做线积分，如式(B.32)所示。这个积分采用高斯-勒让德求积(Gauss-Legendre quadrature)进行数值计算(Press et al., 1992)。在本书中列举的例子就是基于 Ghoniem 的方法。

由于相互作用是长程的，它们的计算应该使用如 3.8 节叙述的方法进行。在该部分叙述的快速多极方法特别适用于离散位错的模拟，并且已经开发出应用于二维空间上的模拟(Wang and LeSar, 1995)。三维空间上的多极展开式以及在并行计算机上进行模拟时计算这些应力方法的描述可阅读 Wang 等(2004, 2006)的文章。

2. 模型和规则

虽然上述方程描述了相互作用和作用于位错上的力，但是它们却没有纳入关于固有的原子本性的任何过程信息，如攀移(图 B.10(a))、交叉滑移(图 B.10(b))，或者如图 B.13(a)所描述的结合点形成和湮没等现象。因此，要涵盖这些现象，模型就需要能够反映原子过程固有的本质。

攀移是相对容易考虑的因素，通过修改基本的运动方程，对于式(B.37)的过阻尼限制，这就是

$$\boldsymbol{v}=\frac{1}{\gamma}\boldsymbol{F}=M\boldsymbol{F} \tag{13.17}$$

式中，M 是迁移率。正如公式所表述的，迁移率是与方向无关的，并且在没有攀移的计算中，它被限制在滑移面上运动。要考虑攀移，使用各向异性的迁移率，同时沿攀移方向的迁移率具有温度依赖性，这反映了攀移是一个扩散过程，因此也是激活过程。

位错运动中更重要的现象之一是交叉滑移，位错从它的滑移面移动到另一个滑移面，改变它在晶格中移动的方向，如图 B.10(b)所示。交叉滑移是激活过程，并因此与温度有关，这个过程取决于沿着交叉滑移方向上的分应力。如果平面具有交叉滑移发生的正确的相对取向，那么交叉滑移事件建模的一种方法是采用简单的阿伦尼乌斯型表达式反映温度和施加应力的影响。关于交叉滑移已经研究出很多的模型，具有多种泛函形式(Püschl, 2002)。由 Kubin 及其同事共同开发的位错动力学模型或许是最常用的模型(Kubin et al., 1992)，在该模型中交叉滑移的概率与一个指数函数成比例，该指数是沿着新晶面的分应力的函数。

当位错在滑移面上运动遇到在附近滑移面的位错时，就会出现交点(junction)，由于大的相互作用应力形成稳定结构(Hull and Bacon, 2001)。在位错模拟中，通常是基于位错间的距离规则进行建模的。湮没为取向相反的两个位错相互作用，形成完美的晶格(图 B.13(a))，通常也是依据规则建模的。更多细节参见 Bulatov 和 Cai(2006)的文献。

3. 边界条件

为块体样本找到正确的边界条件对于模拟来说是很困难的。最容易实现的是周期性的边界，尽管位错跨越边界会由于周期性而出现若干问题。其中的一个问题如图 13.7(a)所示，来自于图 B.14 的 Frank-Read 源，位于中心模拟单元，标记为实线。在相邻单元中它的复制副本由虚线示出。当位错退出中心单元时，其复制的位错从相邻的单元中退出。位错及其复制副本在单元的边缘处相遇，它们的线方向相反。因为它们互为复制副本，所以具有相同的伯格斯矢量。因此，位错在单元的边缘处湮没，在单元的角上留下一系列的圆形位错，这是由边界条件引出的完全非物理结构。

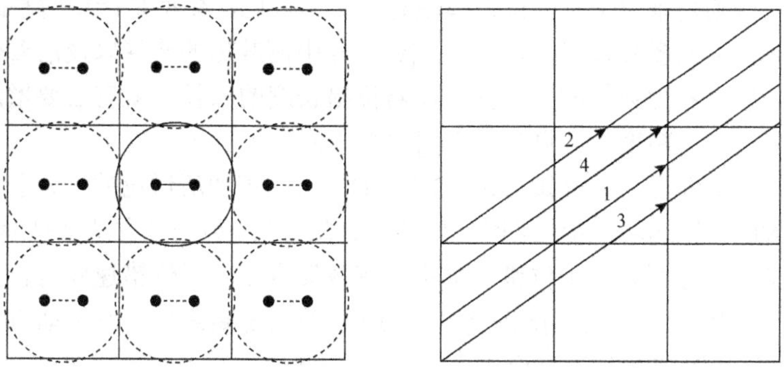

(a) 在中心模拟单元中的Frank-Read源(标记为实线，其周期性复制副本用虚线表示)

(b) 垂直于位错移动的滑移面(当一个位错沿滑移平面1跨越边界退出时，它的镜像沿滑移平面2返回，而其镜像沿滑移平面3返回，依此类推)

图 13.7　周期性边界条件对位错模拟的影响

使用周期性边界的另一个问题如图 13.7(b)所示，其中，看到的滑移面显示为线条。位错在这些平面上运动。想象一个情况，一个位错沿滑移面 1 运动，没有任何障碍阻止其运动。在实际的系统中，它会继续沿着该滑移平面运动，直到遇到另一个位错、某个边界或某些其他缺陷。使用周期性边界，情况就完全不同。当位错沿滑移面 1 跨越边界退出单元时，它的镜像将沿滑移面 2 返回这个单元，实际的位错运动并不是这样的。当在滑移面 2 上的位错跨越边界时，它的镜像沿滑移面 3 进入单元，这同样是非物理的。该效应将会继续。思考这个模拟会是什么结果。在实际的晶体中，当位错离开与模拟单元相关的体积之后，如果没有其他位错进入该体积，那么中心单元将不存在位错。但是，在周期性边界条件下，单元中将总是会有位错。如果位错扩展，它在单元中留下一个位错段，那么当位错跨越边界进入中心单元时，它与剩余位错段之间的相互作用会影响其运动，导致位错密度大于真实晶体的位错。这种方法在物理合理性上受到质疑是理所当然的。关于周期性边界条件对位错动力学模拟的影响以及为减少某些问题的简单步骤的详细讨论，可以查阅 Madec 等(2004)的文献。

对于小样品，其周期性边界由自由表面替换，镜像力必须予以考虑(Hirth and Lothe, 1992)。有许多方法可以涵盖这些力，包括由 Lothe 及其合作者引入的简单解析近似方法(Lothe et al., 1982)。一个更复杂的方法是使用边界元法(boundary element method, BEM)，它是沿着表面引入一个额外的场，以确保具有无应力的表面(El-Awady et al., 2008)。例如，边界元法成功地应用于对纳米和微观尺度柱的塑性计算(Zhou et al., 2011a, 2010a, 2010b)。

13.5.3 局限和评估

在离散位错动力学模拟中有许多固有的近似。其中某些问题是数值计算性质的，而有一些则是来自于建立位错模型时的基本近似，模型是计算的基础。

数值误差由很多方式引入。例如，图 13.6 中离散化的选择以及沿着位错的节点的密度，影响着力计算的准确性。随着位错长度的增长，就有必要增加更多的节点，这要在数值精度和计算时间之间取得平衡。

通常，运动方程的求解如同式(13.16)的求解。正如所讨论的，为了避免出现不合理的大的位错运动，常常采用一种动态时间步长。另一种方法就是解式(13.3)中的全动态运动方程。对于位错，位错的有效质量依赖于位错速度将使它复杂化(Hirth et al., 1998)。对于高应变率($>10^3$)下的系统涵盖全动态运动方程的重要性，参阅 Wang 等(2007)的讨论。

如上所指出的，把原子的性质包含在模型中，并不是所有的都开发得很好。除了上面提到的那些问题，位错模拟的一个主要缺点是部分位错(partial dislocation)很少被纳入位错模拟之中，然而正如附录 B.5.11 中描述的，这在许多晶系中都很容易产生。已经有考虑部分位错的方法被提出(Martínez et al., 2008)，但是这些方法的复杂性限制了它们的应用。

位错动力学模拟除了有与数值计算相关联的固有误差以及许多潜藏在模型中的不确定性之外，这些方法还有一些其他的局限性。例如，时间和长度尺度，虽然比那些原子模拟要大得多，但是对于许多关心的问题而言仍然很小。时间尺度的限制涉及上面所讨论的需要很小的时间步长。

长度尺度的问题很容易理解。众所周知，位错密度随着应力增大而增大。对于面心立方材料，位错密度往往遵循流动应力(flow stress)的泰勒定律(Taylor, 1934)，按照 $\rho \propto \tau^2$ 的比例随着应力增大。位错密度的增大对计算能力有许多方面的影响。首先，位错密度的增大意味着位错长度的增长，从而导致为了实现位错的精确表示而增加位错段数，位错段数的增加又引起计算时间的增加。例如，如果位错密度与位错总长度 L 成正比，那么对于相互作用项的直接求和，计算时间大致与 L^2 成正比。因此，直接求和的计算时间与 τ^4 成正比，随着应力的增大，计算的代价是令人望而却步的①。高的位错密度也会导致位错相互之间非常接近，产生大的应力，随之时间步长要减小。因此，高效率的网格重新划分和时间步长优化极为重要。即使采用大规模并行计算，高密度位错建模上的困难限制了这些方法在非常大系统上应用的能力(Wang et al., 2006)。

尽管有局限性，但是对于帮助人们更深入地理解和预测塑性，离散位错模拟的重要性一直在不断增强。在这方面已经发表了很多文章，关于这个领域的几个总结性文章相当不错，其中包括 Devincre 等(2006)有关塑性和模拟之间的关联的介绍，Devincre 和 Kubin(2010)对塑性转变的描述。此外，Sauzay 和 Kubin(2011)为理解在面心立方金属变形中位错微观组织的基本比例法则(scaling law)展开研究，展示了实验与模拟相结合的巨大力量。

位错模拟还为考察位错微观结构局部有序的变化提供了独特的机会。然而，在理解塑性方面，它们的作用依赖于位错系综行为理论的发展。与原子论的情形不同，到目前为止还没有被广泛接受的位错统计力学，难以把模拟与宏观行为相关联。

13.5.4　应用

基于三维位错动力学模拟，人们已经进行了数量众多的尝试，对很广泛的现象进行了检验。一些代表性的例子如下：

(1)高应变率下的塑性。采用基于图 13.6(b)的离散三维位错动力学模拟，在大范围高应变率下，即 $10^4 \sim 10^6 \mathrm{s}^{-1}$，研究铜单晶的塑性各向异性(Wang et al.,

① 一种 $O(N)$ 方法的使用，如快速多极方法，将其减小到 τ^2。

2009)。模拟包括 Kubin 等(1992)的交叉滑移模型以及全动态的运动方程模型，两者都证明对位错相互作用方式和高应变率下位错运动过程具有很大的影响(Wang et al., 2007,2008)。

(2)滑移带的形成。三维模拟被用来研究位错滑移带组织的演化，也表明滑移对加载方向的高度依赖(Wang et al., 2008)。如图 13.8 中所示的位错组织，其形成条件是应变速率为 $10^5 s^{-1}$，加载方向为[111]。

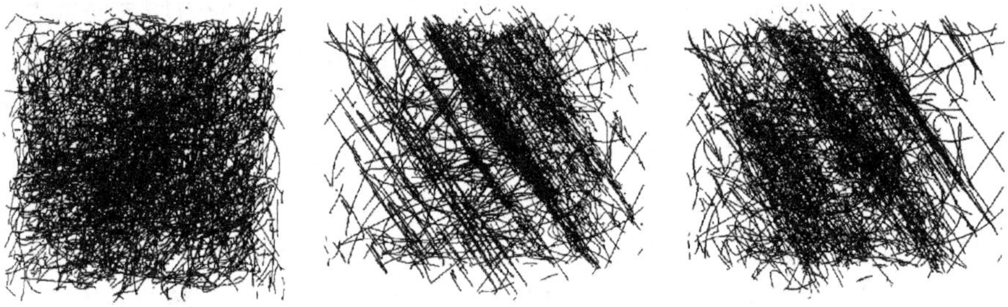

(a)　　　　(b)　　　　(c)

图 13.8　滑移带形成的三维模拟(Wang et al., 2009)

(图中所示为同一微观结构的三幅视图(相对地互相转动)。注意图(b)中的滑移平面，在两个晶面之间具有交叉滑移平面，由位错联系在一起)

(3)应变硬化。Kubin 及其同事利用三维位错模拟绘制出在面心立方晶体中第Ⅱ阶段应变硬化的概貌，展现了模拟能够得出本构关系的参数，进而得到与实验吻合良好的应力-应变曲线(Devincre et al., 2008;Kubin et al., 2009)。第Ⅱ阶段的应变硬化对应于单晶面心立方材料应力-应变曲线的第二线性部分(Kocks and Mecking, 2003)。

(4)小尺度塑性。关于三维位错动力学模拟已经有许多研究，以阐明小试样本的塑性机制，包括微柱(Zhou, 2010a, 2010b, 2011b)和薄膜(Zhou, 2012a,2012b)。

(5)疲劳。Fivel 及其同事已经将三维位错模拟应用到早期阶段的疲劳研究中，在疲劳的应用上包括钢(Déprés et al., 2004,2006)、面心立方材料(Déprés et al., 2008)和沉淀硬化材料(Shin et al., 2007)。疲劳是材料在经受循环载荷时出现的累积性结构损坏。

13.6　本章小结

本章归纳了在介观尺度下关于求解粗粒变量运动方程方法的一些例子，讨论了阻尼动力学并引入了朗之万方程；介绍了两种用于模拟晶粒生长的方法，其中一种是把晶界作为模拟的实体，另一种是把晶界顶点作为实体；最后介绍了位错动力学模拟，位错是模拟实体，对二维和三维位错模拟都进行了讨论。

推荐阅读

关于这方面话题的讨论，有很多的书籍和文章可以参考：

Zwanzig (2001) 编写的 *Nonequilibrium Statistical Mechanics*，是一本非常出色的书籍，其中叙述了朗之万方程的基础知识。Coffey 等 (1996) 编写的 *The Langvein Equation: With Applications in Physics, Chemistry, and Electrical Engineering*，对这种方法应用进行了详细介绍。

关于晶粒生长模拟的评论和论文非常多，更多关于组织演化基本知识信息的有 Phillips (2001) 编写的著作 *Crystals, Defects, and Miscrostructures: Modeling Across Scules*，这是一本优秀的教科书。

有关位错模拟相关细节的图书是 Bulutov 和 Cai (2006) 编写的 *Computer Simulations of Dislocations*。

第四部分 结 束 语

第 14 章 材料选择和设计

通常工程设计以采用有限的和固定的一组材料为基础。因为材料发展比较缓慢，材料工程师的作用一般是选择材料，即在产品的设计过程中从有限的列表中选择一种材料，去适应特定的需求。从传统意义上说，材料优化就是最大限度地在产品性能目标和材料成本最小化之间取得平衡。最近几年，人们对材料关注的重点增加了材料的生命周期(life cycle)，旨在研究材料的回收和再利用。

选择适于某一应用的最佳材料，首先要理解设计需要的性能以及展示和应用候选材料性质的方式。如果设计中对材料选择基于单一准则，如密度，那么材料的选择通常是非常简单的。如果必须满足多个准则的要求，那么就需要一种方法对一组材料的多个性质进行相互比较。做这项工作的常用方法是采用“阿什比图”(Ashby plot)，它是一种散点图，用于展示多种材料或材料族的一个或多个性质(Ashby and Johnson, 2009; Ashby, 2011)。例如，假设需要既坚硬又轻的材料，刚度由杨氏模量量度，而知道材料的密度可使人们挑选出特定体积下最轻的材料。因此，可以沿着一个轴线绘制出材料的杨氏模量，而沿着另一个轴线绘制出材料的密度，每种材料在图上由一个点来表示。材料可以依据其类型归类成组，即金属、陶瓷。给定设计的需要，一组备选材料通常可以很容易地从这样的图中识别出来。

然而，材料科学与工程的终极目标是发现和开发新材料。从历史的角度看，材料的开发在本质上一直是爱迪生式的，即通过无数的尝试，获得渐进的收获。就其本性而言，这个过程是缓慢和低效率的，给新材料的快速开发和应用造成了限制。因此，减少时间和降低成本是材料开发的主要目标。

14.1 集成计算材料工程

将本书所讨论的建模和模拟与实验集成起来，为加快材料的开发提供了途径，这就是集成计算材料工程(integrated computational materials engineering, ICME)，其目标是加快新材料开发、验证，并将新材料植入现有的和新的技术之中。Committee(2008)介绍了研究应用 ICME 过程的一些细节，并列举了几个案例说明，即使是部分实施 ICME 策略，公司也能获得较大的经济利益(Allison et al.,

2006; Backman et al., 2006)。通过这些例子，该报告的结论是，ICME 的广泛运用将使我们的能力得到势不可挡的飞跃，不仅能够改善材料的设计和开发，而且包括在产品的设计过程中直接进行材料的设计，这就是将在下面讨论的并发设计(concurrent design)。

通过研究一个案例或许是理解 ICME 基本理念的最好方式，这个案例摘录于 Allison 等(2006)的论文中，即研发铝传动系统部件的铸造工艺项目。具体地，开发用于铸造发动机缸体的新工艺，其目标是降低制造缺陷和优化产品性能。在开发满足整体性能要求的产品的框架下，首先考虑影响材料结构和性能的支配尺度(dominant length scale)，如图 14.1 所示。项目是由若干个小组分头实施的，将铸造模拟和实验结合起来，对图 14.1 中的各个尺度进行研究，完善结构以产生期望的性能。这之所以是一个 ICME 过程，就在于在各个尺度上将实验和建模结合起来，利用两种方法各自的优势，加速工艺的研发。

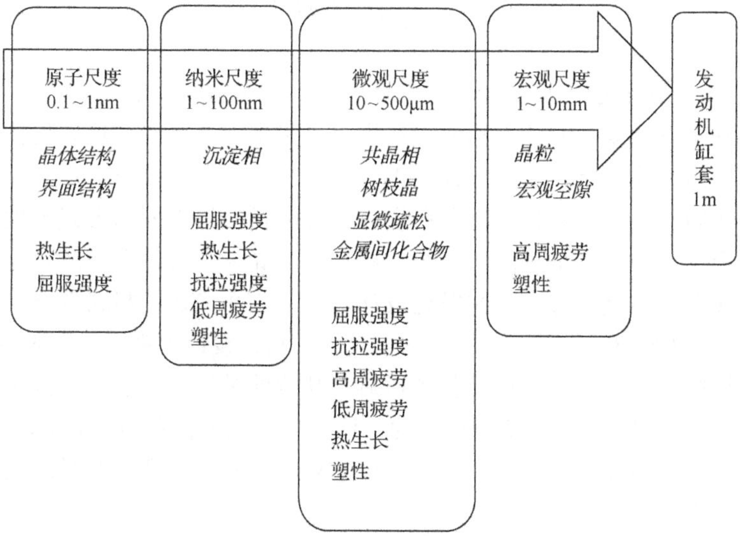

图 14.1　ICME 过程中的尺度(Allison 等，2006)

(在每个尺度上，占主导地位的结构用斜体字表示。图中列出了在各个尺度上材料的性质)

图 14.1 中的每个尺度都要求有不同的建模方法，例如，电子结构计算用来确定热力学性质，如沉淀相之间的体积和能量差(在原子尺度上)。在纳米尺度上，将热力学计算出来的数据与热力学相平衡计算相关联，后者与微观结构演化模型(相场)相结合，计算沉淀生长。为了预测微观结构，将固态扩散模型与枝晶形成的近似解析模型结合。作者表示正在研究使用相场计算，以取代唯象学的分析模型。在每一个尺度上，不同级别的建模既用来作为实验的辅助手段，提供额外的信息，又用来综合数据来建立经验模型，耦合到其他模拟之中。

Allison 等(2006)描述的项目是成功的，研发的最终制造工艺过程的成本，包括建模的成本，显著地少于传统意义上的设计、建造和测试方法的成本。从投资回报的估计上看，ICME 方法与传统方法之比为 1:3，即传统做法是 ICME 方法价格的 3 倍(Committee, 2008)。类似的投资回报率也同样可以在采用 ICME 方法的许多公司中(Committee, 2008)看到。

但是，在 ICME 得到更普遍应用之前，仍然存在着许多挑战。例如，在几乎所有的状况下，如果没有最起码的某些实验的验证，模型在其预测材料行为的能力上就会受到限制。最大的挑战之一就是在建模模拟和实验过程中，如何最好地提炼出所产生的范围宽广、迥异但又有联系的信息，也是 ICME 与生俱来的基本理念。本章将介绍整合这些信息的基础方法材料信息学，以及一些更为详细地评述 ICME 和材料设计中固有的挑战。

14.2　并发材料设计

工程(engineering)被形容为“约束下的设计”(Wulf, 1998)，重点放在“设计”一词。工程师设计复杂的技术物体，从集成电路到大型桥梁。这些物体的开发路径至少具有两个共同点：一是设计过程，二是材料的使用要求。那么在设计过程中一直存在的不足是什么呢？就是在设计过程中材料只以静态方式被列入，使得设计是基于固定并常常是有限的一组材料。一个尚未挖掘的潜力就是这样一种设计方法，其中所用材料与产品并发地设计，超越前面描述的材料选择的方法。把每个部件都作为整体产品设计的一部分，使得材料在设计上都得到性能的优化，这就是它的目标。这样，纯粹设计包含材料，其特性是量身定制，以满足特定的设计目标，其部件的性能依据需要而变化。这称为并发工程(concurrent engineering)(Olson, 1997; McDowell and Olson, 2008)，它可以在新工艺和新产品的设计中提供极大的自由度。

图 14.2 为并发设计的示意图。右上方为用当前的方法进行产品设计，其中信息从组装的系统层次向下移动，以规定对各个部件设计的限制，并从该部件向上传递信息，以确定组装的系统性能。如图 14.2 所示，目前的设计方法通常停止在虚斜线之上，部件的材料在一组已知的可能材料中选择，即材料选择。在并发设计中，材料本身就将被包含在设计的过程之中。挑战在于目前的设计流程中使用的信息交换形式通常不适用于材料设计。材料建模在此也包括从实验得出的模型，可能包括尺度的关联，即从一个尺度到下一个尺度建立起详细和精确的关联。然而，在通常的情况下没有办法去告知材料模型有关总体设计的要求，逆模型(inverse model)在这方面可起一定作用，利用逆模型人们能够基于来自较大尺度的信息去描述更小尺度的性质。无法在不同尺度之间来回交换信息是并发设计的

一个重大挑战。

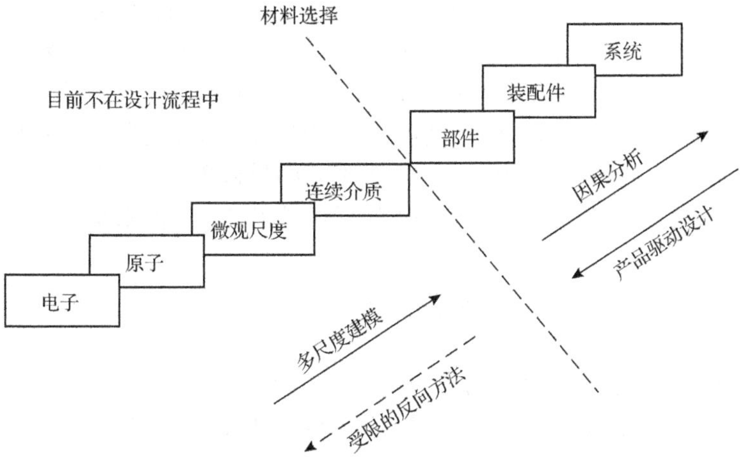

图 14.2　并发设计中的尺度(目前的设计过程示于右上方，与左下方的材料设计耦合(McDowell and Olson, 2008))

建立一个并发设计过程有许多挑战，除了开发逆模型外，要独立于产品设计过程，还需要提高用计算的方法独立进行材料设计的能力。计算材料设计面临着众多理论和计算的挑战，因为材料所固有的响应是发生在跨度极大的时间和空间尺度范围内的。

现在来研究表 1.1 的各种尺度。在每个尺度下，物理性质是由一组不同的基本微观变量支配的，这些变量通常描述了更小尺度下的若干组微观变量的集合行为。要建立各个尺度上的模型往往需要独特的方法，利用的许多方法在本书中都有叙述，并且通常是由不同的研究小组完成的。虽然在表 1.1(和其他材料性能等效图)所示的每个尺度上的建模都已经取得很大进展，改进这些模型依然是主要的目标。

一种方式是在同一尺度上求出平均性质(通过实验或者建模)，并使用这些平均值开发在较大尺度上的行为模型。这种方式有很多局限性。这种平均的模型往往在适用范围和适用性上是有限的，对它们的模拟往往很费时间，它们描述的物理现象的质量一般会受到限制，一般不符合平均的描述，并且不能反映那些本性上随机的异常或小概率事件。然而，尝试从一个尺度模拟链接到另一个尺度模拟，这种“消息传递”的方法是人们最常用的方法。一种替代的方法是将一种模拟方法嵌入另一种模拟方法中，即对材料的不同区域或时间的建模采用不同的方法。对于材料科学，最常见的例子是把原子模拟结合到有限元计算之中，已经有不少研究小组完成了这类工作。但是，迄今为止已经完成的工作依然是非常有限的。此外，计算策略的设计通常是静态的，模拟之间的接口是固定的。因此，它们不具有信息处理的灵活性，难以处理多尺度材料性能描述的内在信息，也没有描述出材料的不同部件在使用中可能具有的不同物理状态的范围。

多尺度材料的设计具有几个方面的独特性。跨尺度的工作方式，在设计空间上引入更多的自由度，在一个尺度上的微小变化可能在其他尺度上对设计的相关预期目标产生显著的影响。以这种方式，多尺度的材料和工艺方法就有可能在一个尺度上一点一点地建立起来，而后在更大的尺度体验或者使用，实际上这就像竖立一块画布，让设计者在上面工作，创造新的材料和工艺。令人遗憾的是，完成这种形式的创意工程设计，无论是方法学还是工具在目前都是不存在的。

14.3 方 法

材料设计起始于图 14.2 中每个方框内计算模型的运用。即使是同一现象的模型，每个尺度上也需要不同的方法。然而，介观尺度性能建模的一个共同特点是：常常有许多方法都可用，而每个方法在长度和时间尺度、精度等方面的能力各有不同。要根据许多方面要求去选择方法，实际上没有哪一种方法可以明确地说就是“最好的”。使用什么样的模型将取决于多种因素，包括计算资源、在其他尺度上与它们可能相关联的方法①、所研究的问题等。

本节的目的不是对使用什么方法开出处方，而是以一个简单的例子表明，如何就一个问题提出其有效的解决方法，阐明所处理问题的物理现象以及这些方法的优势和局限。下面选取晶粒生长来说明多尺度建模(multiscale modeling)所面临的挑战。

晶粒生长

在本书中，关于晶粒生长的建模已经讨论了六种不同的方式：原子模拟、蒙特卡罗-波茨模型、相场方法、元胞自动机、边界动力学和顶点动力学。各自都具有优点和局限性，能够回答不同的问题，然而都应该得到同样的关于晶粒生长的基本性质(如附录 B.6 中所讨论的)。

(1) 能量最小化(第 3 章)、分子动力学(第 6 章)和蒙特卡罗(第 7 章)等原子水平模拟提供了晶界性质和晶界运动最基础性的描述。在这些方法中，没有关于晶界结构或晶界如何产生运动的假设。唯一的输入是作用势(第 5 章)②，模拟方法自动地考虑结构、温度的影响等③。原子水平模拟的局限在于长度和时间尺度太小，无法研究多晶界或长时间动力学性质。

① 模型的选择可能要视下一个尺度(在图 14.2 的尺度链条中向上的尺度)模拟所需要的信息决定。

② 如果使用第 4 章中电子结构的方法计算晶界结构，那么晶界运动的计算会受到系统尺寸的限制，因此基本上有关晶界所有的在原子水平上的研究都使用基于作用势的方法。

③ 需要注意的是，模拟单元的结构和边界条件必须与晶界的对称性一致。

(2)第 10 章所介绍的蒙特卡罗-波茨模型是非常灵活的，对晶粒生长的动力学没有做任何假定，只是通过减小能量来推动模拟。这很容易扩展到三维空间和有限的温度上，并且由于其在建立模型时对格子做出了选择，在限定的范围内其边界可以是任意的构型。它是一种非常灵活的方法，不仅已经用于研究正常的晶粒生长现象，而且还应用于再结晶现象。当作为动力学蒙特卡罗方法(第 9 章)实施时，需要波茨模型和类似自旋模型 *N*-fold 方式实施，波茨模型相对而言在计算速度是快的，但它在有限温度的情况下计算速度慢。虽然波茨模型给出了与实验相匹配的整体动态性能，但它的弱点是依赖于建模时所用的格子，没有绝对的长度尺度。

(3)在第 11 章介绍了元胞自动机方法，讨论了一些例子，包括晶粒生长的基本物理行为。与所有经典元胞自动机一样，动态行为源于局域规则，因此这些方法在计算上是快速的，而且也非常灵活。传统元胞自动机的模型是确定性的，这是它的弱点，因而不能在有限的温度下建立模型系统。通过允许使用概率规则模仿蒙特卡罗方法的玻尔兹曼因子，这个限制可以得到放宽。正如波茨模型一样，格子效应是非常重要的。重要的是要认识到元胞自动机可能基本上不涉及所研究问题的物理现象。这种方法没有绝对的长度尺度。

(4)第 12 章讲述的相场方法是一种基于热力学的方法，已经被广泛应用到二维和三维微观组织演化的研究中。相场方法非常强大，能够纳入各种热力学的驱动因素，研究微观组织演化的许多现象。因为它是一个热力学模型，所以相场能够容易地与材料的实际能量关系关联起来，这就使得它在 ICME 框架内成为一种常用的方法(Allison et al., 2006)。相场方法的局限性，正如第 12 章中所描述的那样，界面是扩散性质的，这就限制了它描述界面结构细节的能力。这种方法也缺乏明确定义的长度尺度。

(5)边界动力学方法(第 13 章)追踪边界网格点的动态。动态源于基于曲率驱动生长的局部速度关系。边界具有合理的形状，并且没有格子效应。这种方法速度快，灵活性也适宜。它的弱点是曲率驱动动力学的假设，它被限制到零度的温度，并且相对于波茨模型而言，缺乏灵活性。这种方法也缺乏明确定义的长度尺度。

(6)第 13 章所述的顶点动力学方法是非常快的，因为它仅关注在晶粒组织中相对较少的顶点运动。它假定动态行为是由曲率驱动的，具有直的晶粒边界，限定在零度温度(如前所述)。虽然这种方法不如波茨模型那样易于灵活地与新物理现象相结合，但它可以直接与其他动力学方法连接到一起，如有限元法。它已经应用到二维和三维空间中。这种方法也有缺乏明确定义的长度尺度等弱点。

考察一下那些可以用于微观组织演化模拟方法的应用范围。从原子论到波茨模型、元胞自动机、相场、边界动力学，最后到顶点动力学，一直在逐步地降低问题的维数。显然，从小尺度到大尺度，是以舍弃细节为代价的，从而获得了运算速度的加快，这意味着可以处理更复杂的问题。晶粒生长建模作为材料建模的范例说明，当从较小尺度迈向较大尺度时，通过某些平均方式运用来自于较小尺度的信息，放弃了细节，从而在系统的尺寸和时间上获益。

14.4　材料信息学

材料信息学(materials informatics)是一种以计算为基础的方法，开始在材料的设计和开发中发挥重要作用。材料信息学正如它的名字所宣示的那样，就是要将信息学的理念应用于材料科学与工程之中。信息学是研究信息结构和行为的，将信息科学、计算机处理和系统思想相结合，用新的方式使用和研究这些信息。在材料的研究中，信息以多种形式呈现，使用这些信息的可能方式同样是多种的。因此毋庸置疑，材料信息学潜在的应用将是极其多样的。

应用于材料及其性能的信息学基本思想并不是新的。在材料的开发中，即使是试错过程(trial and error process)，也是由累积的知识所指导的，这些知识往往是以规则的形式出现的。这些规则一般基于数据和观察相结合的经验关系。事实上，这些是材料信息学的早期形式。一个简单的例子就是 Hume-Rothery 规则，它描述一种元素可在金属中溶解形成固溶体的条件(Massalski, 1996)。这些规则采取简单的形式，基于相关溶质和溶剂原子的相对离子半径，将实验观察(溶解的程度)与材料的简单特性(离子半径)相关联。它们都是经验性的，基于数据的拟合，但是产生了可以指导材料开发的重要信息。然而，这样的规则在描述数据复杂性方面具有固有的局限性，极少有实例表明它们可以描述清楚超过数个以上变量之间的相关性。

现代信息学利用计算数据处理和分析的最新进展，大大拓展了材料科学家处理数据的能力，从数据的范围到数据的复杂性，同时使从这些数据中提取信息的质量和可用性大大提高。

14.4.1　数据挖掘

材料信息学的基本任务是从数据中最大限度地掘取信息，这是它从数据挖掘(data mining)领域中引入的基本思路。虽然它的细节超出了本书的范围，但是归纳一下数据挖掘的基本任务还是非常有用的，包括(详细介绍见 Hand 等(2001)的文献)：

(1)探索性数据分析，如显现出数据的内涵。

(2)描述性建模，如概率分布、聚类分析等。

(3)预测性模型，如分类和回归。

(4)发现模式和规则，如行为发现、异常值识别。

(5)按内容检索，如与期望的模式匹配。

执行所有这些任务要采用一整套方法，决定采用什么样的方法以及如何才能最好地使用，往往是信息学的“艺术”。

数据挖掘最具挑战性的课题之一是从数据的内容中检索出信息。例如，从图像的复杂结构中确定描绘的关键点。这种形式的一个经典问题是指纹数据库(fingerprint database)的开发，这是尚未完全解决的一个复杂问题(Cherry and Imwinkelried, 2006)。在材料的研究中，相类似但更为复杂的问题是：从微观组织中提取信息，为开发更有用的组织和性能之间关系提供支持。有关描述微观组织的一些挑战可以在 Kammer 和 Voorhees(2008)、Lewis 和 Geltmacher(2006)、Lewis 等(2008)的文献中找到，在 14.4.2 节也将做较详细的讨论。

14.4.2　应用

信息学应用于材料的研究至少在概念上是简单的(Ferris et al., 2007)，下面以一个例子说明信息学的一些应用。这些应用采用了在第 4 章中所叙述的电子结构方法，建立能量和结构的数据库。依据这些数据库，利用标准的数据挖掘方法能够提取到相关性和预测结果(Suh and Rajan, 2005; Ceder et al., 2006)。这种方法在确定特定用途的新合金系方面具有极大的辅助作用，而采用传统方法，由于涉及大量多组分的设计，这个过程一直是费时和昂贵的。

信息学使材料开发者能够将多种形式的数据(如实验和模拟的数据)和一定范围内的不确定性结合起来。潜在的合金系之间的共同特征可能是孤立的，数据趋势(通常可能被忽视)可以被辨识出来。然后，这些结果可以用来识别有前途的各类材料。例如，Ceder 及其同事开发的自由能(由计算确定的)和结构数据库，广泛涵盖了二元和三元金属间化合物系统，可用于确定最低能量结构，并帮助建立它们的相图(Fischer et al., 2006)。当用户需要的信息在数据库中不存在时，可在数据库中采用统计学的方法确定相近的结构，然后对所选择的结构通过最低限度的从头计算(ab initio calculation)进行细化。这些研究方式为利用模拟发现趋势和指导材料的选择提供了新的途径。

但是，正如表 1.1 所示的，由于材料存在复杂的结构，材料行为一般很复杂，通常是由各种不同长度和尺度范围的物理响应具体体现的。经典的结构与性能关系依赖于缺陷在介观尺度上的分布。在三维上表征这些结构依然是具有挑战性的，例如，关于晶粒(微观组织)分布的一系列文章(Thornton and Poulsen, 2008)都对此做了叙述。研究表征这些结构的方法，将其结合进信息学框架中，也是一项具有挑战性的艰巨任务。采用连续切片与光学显微镜和电子背散射衍射相结合，产生具有立体像素(voxel)的三维微观组织(Lewis et al., 2006; Lewis and Geltmacher, 2006)是一种非常有前途的方法，它把这些像素作为有限元的网格。Lewis 等(2008)研究表明，采用这种方法并结合材料信息学，可以提取工业用钢的力学响应与微观组织之间的相关性。通过这种方式，将材料信息学与实验结合起来，可以极大地提高数据的信息量和影响力(Rajan, 2008)。

材料最根本性的一个挑战是跨长度和时间尺度的关联，在这方面信息学提供了有助于取得进步的途径。在大多数材料建模中，所使用的方法仅适用于相对有限的一组长度和时间尺度。例如，基于原子间作用势的原子模拟，常规地可以应用于直线尺寸量级为百纳米的系统(Rountree et al., 2002)。对于许多多晶体样本，这样的尺度太小，无法建模。时间尺度仅限于纳秒的范围内(某些问题有加速方法可用除外(Voter et al., 2002))。当然，还有其他方法，如相场模型可以用来模拟组织演变的动态过程(Chen, 2002)。人们所面临的挑战是如何跨尺度地整合信息。对这样的问题，信息学提供了前景光明的方法，这在其他文献中有详细的介绍(Liu et al., 2006)。

正如前面所述，集成计算材料工程和并发工程采用了实验数据和计算模拟组合的方式以加速特定工程应用材料的开发。正是在这样的领域里，材料信息学可以发挥其最重要的作用。在材料的开发过程中，数据有许多种形式，既有关于材料如何产生和处理的基本信息，也有个体材料和工程产品的性能分析。在这种情况下，使用术语“数据”是指所有有关材料的信息，无论是来自实验、建模或模拟。这些数据原本常常是混杂的，确定性程度也是不同的。数据分析往往高度依赖于计算机计算模型。将所有这些方法相互整合，需要一个既强健又灵活的方法，最大限度地提取可能的信息。材料信息学符合这一要求。

14.5 本章小结

本章讨论了本书所介绍的许多模型的一个重要用途，即发现和开发材料。基于现在被称为集成计算材料工程领域的理念，人们的目标是利用所有可用的信息，进行材料的开发，无论这些信息来自于实验还是模拟计算，而这两者之间的衔接往往需要的方法学就是材料信息学。并发工程是最终的目标，是对材料与所期望的组织并行地进行设计。所有这些进步的关键在于有一套强大的建模工具。而提高材料界对这些方法及其作用的认识，正是本书写作的愿望之一。

推荐阅读

本章中提出的许多问题都在美国国家科学院报告 *Integrated Computational Materials Engineering* 中进行了详细的讨论(Committee, 2008)。

有许多关于数据挖掘的书籍，一本很有用的书是 Hand 等(2001)编写的 *Principles of Data Mining*。

第五部分　附　　录

附录 A　能量单位、基本常量和换算关系

A.1　基 本 常 量

一些有用的基本常量如表 A.1 所示。

表 A.1　一些有用的基本常量

常量	厘米-克-秒单位制	米-千克-秒单位制	名称
k_B	1.3806×10^{-16}erg/K	1.3806×10^{-23}J/K	玻尔兹曼常量
$\hbar$	1.05457×10^{-27}erg · s	1.05459×10^{-34}J · s	普朗克常量
e	4.80320×10^{-10}esu	1.60219×10^{-19}C	电子电荷
m_e	9.10938×10^{-28}g	9.10938×10^{-31}kg	电子质量
m_p	1.67262×10^{-24}g	1.67262×10^{-27}kg	质子质量
a_0	5.299172×10^{-9}cm	5.29177×10^{-11}m	玻尔半径
c	2.99792×10^{10}cm/s	2.99792×10^{8}m/s	光速
N_A	6.02214×10^{23}mol^{-1}	6.02214×10^{23}mol^{-1}	阿伏伽德罗常量

A.2　单位和能量换算

在米-千克-秒(MKS)单位制中，测量位置用米(m)，测量质量用千克(kg)，测量时间用秒(s)。因此，加速度的单位是 m/s^2，力的单位是 $kg\cdot m/s^2$。在 MKS 单位制中，力的单位为牛顿(N)，$1N = 1kg\cdot m/s^2$。在厘米-克-秒(CGS)单位制中，测量长度用厘米(cm)，测量质量用克(g)，力的单位是 1 达因(dyne)$=1cm\cdot g/s^2$。MKS 和 CGS 单位制之间力的换算关系为 $1N=(1000g)(100cm)/s^2=10^5dyne$。在 MKS 单位制中，能量的单位是焦耳(J)，$1J=1N\cdot m=1kg\cdot m^2/s^2$，而在 CGS 单位制中，1 尔格(erg)$=1dyne\cdot cm=1g\cdot cm^2/s^2$。因此，$1J=(1000g)(100cm/s)^2=10^7erg$。

压力(或应力)定义为单位面积上的力(或单位体积的能量)。在 MKS 单位制中，压力(或应力)的单位是帕斯卡(Pa)，$1Pa=1N/m^2$。在 CGS 单位制中，压力(或

应力)的单位是 1ba =1dyne/cm^2=0.1Pa。更常用的压力单位是巴(bar)=10^{5}Pa 或 10^{6}ba。1bar 大约等于 1 个标准大气压(atm)，即 1bar =0.98692atm。

静电的单位需要多加注意。在 MKS 单位制中，电荷的单位是库仑(C)。然而，在 CGS 单位制中，电荷的单位是静电库仑(statC)，也称为电荷的静电单位(esu)，1esu=3.33564×10^{-10}C。请参见附录 E.1 中有关静电单位的更详细描述。

表 A.2 中给出了标准 MKS 单位制和在材料研究中常用的其他两种单位制的能量换算关系，即电子伏特(eV)和热能(K)，它们的定义如下。

(1) 1eV 是一个无约束的电子在真空中通过 1V 静电势差加速时所获得的能量值。其中，伏特(MKS 单位制)定义为 1V=1J/C；电荷测量单位为库仑(C)。电子的电荷量是 $e = 1.6022\times10^{-19}$C。所以，1eV= 1.6022×10^{-19}J = 1.6022×10^{-12}erg。

(2) 一个系统的热能由 k_BT 给出，k_B 是表 A.1 中给出的玻尔兹曼常量，T 是热力学温度(K)。1K 能量对应于 1K 下的热能量，其数值为 1K×k_B，即 1K×1.3806504×10^{-23}J/K≈1.3807×10^{-23}J=1.3807×10^{-16}erg。

表 A.2　能量关系

单位	J	eV	K	kcal/mol
1J	1	6.2415×10^{18}	7.2430×10^{22}	1.4393×10^{20}
1eV	1.6022×10^{-19}	1	1.1605×10^{4}	23.0609
1K	1.3807×10^{-23}	8.6173×10^{-5}	1	1.9872×10^{-3}
1kcal/mol	6.9477×10^{-21}	0.04336	503.228	1

这里还引入了化学单位千卡/摩尔(kcal/mol)。这些单位将每个原子标准能量转换为等价的摩尔原子，其基本换算关系为 1cal=4.184J。用 4.184 除以千卡/摩尔就可以得到千焦/摩尔的换算。

附录 B　材料学入门

本书的重点是材料结构和性质的建模。对问题和方法的选择和描述反映了材料科学与工程领域研究者的共同兴趣。然而，可以看到，该领域以外的人们对于这些问题的兴趣也在日益增强。本章的目的是从本书所涉及内容的角度对材料科学作一简要的介绍。当然，这不是对材料科学的全面介绍。

B.1　简　　介

使用的固体材料大多数都是晶体，也就是说，晶体的原子系统具有规则的、周期性的结构。然而，实际中使用的材料很少有完美的晶体，它们大多数有缺陷，其晶格里有瑕疵，对整体性能产生显著的影响。这些缺陷可以是点缺陷(如空位)、线缺陷(通常是位错)或者面缺陷，如晶体的表面或两个晶体之间的界面。这些缺陷的分布称为材料的微观结构。理解微观结构的演变以及在决定材料整体性质方面的作用是材料建模和模拟的一个主要的推动力。

下面首先介绍简单晶体的基础晶体学，以及如何用计算公式来表达晶体学；然后讨论材料的缺陷和缺陷对材料性质的作用结果，同时着重介绍动态过程对材料的影响，如扩散。

讨论集中在金属材料上，部分原因是它们在技术上的重要性，但是这样做更主要是因为它们常常具有简单的晶体结构。要强调的是，这里所讨论的现象在所有类型的材料中都是普遍存在的。例如，相变在所有类型的材料中都会发生，因而微观组织的演变对材料系统是重要的，即使不是全部，对大多数的系统都是如此。同样，位错对了解塑性是必要的，不仅对金属，而且对陶瓷、半导体和分子系统。这里着重介绍晶体系统，但这些方法也同样适用于液体、非晶固体和准晶[①]。

B.2　结　晶　学

周期性晶体是一种固体，它的组成原子、离子或分子，在空间各方向上有序、

① Dan Shechtman 在 20 世纪 80 年代发现准晶，并于 2011 年获得诺贝尔化学奖。准晶是有序结构，但不具有周期性。

周期性地排列，完全填充空间(即没有空隙)[①]。由于受到空间必须被填充的限制，周期性结构的对称性被限制在很少的几种类型，这被称为布拉维点阵(Bravais lattice)。一共有 14 种布拉维点阵，由 7 个基本晶系演变产生。所有周期性的晶体结构都可由这些基本点阵演化而来。

考察如图 B.1(a)所示的二维点阵。基本的晶体结构可以以各种方式来定义。如图所示，系统由重复的单元(实线)构成，它们由两个矢量 $\boldsymbol{a}_1$ 和 $\boldsymbol{a}_2$ 确定，可以是正交的，也可以不是正交的。基本单元称为单胞(unit cell)。

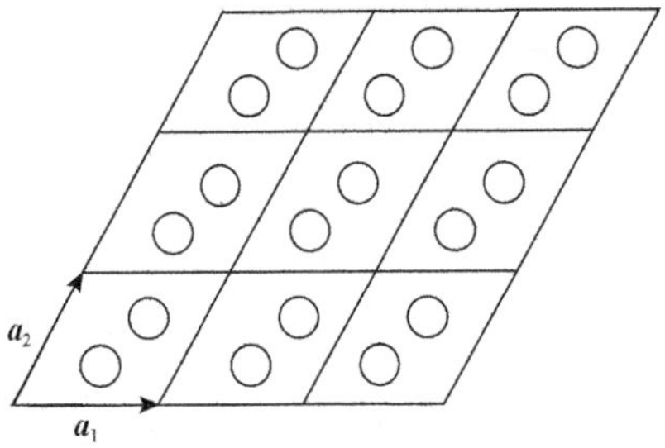

(a) 每个晶胞有两个原子

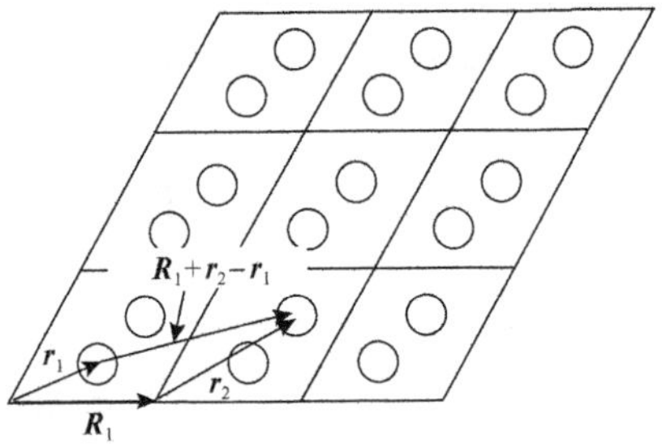

(b) 确定原子位置和原子间距离的矢量

图 B.1　二维晶格

晶胞中有两个原子，称为晶胞的基(basis of the cell)。在本书中，基原子的位置用 $\boldsymbol{r}$ 表示。图 B.1(b)中，晶胞内位置矢量用 $\boldsymbol{r}_i$ 表示。晶胞原点的选择，可以取其中一个基原子的位置，也可选择其他多种方法中的任何一种，只要基本单元可被重复地填充空间，没有重叠。

通过一个直接的点阵矢量，任意一个重复晶胞都可与另一个晶胞相连，在本书中，这个矢量自始至终以 $\boldsymbol{R}$ 表示，它的一般形式为(在三维空间中)

$$\boldsymbol{R} = n_1\boldsymbol{a}_1 + n_2\boldsymbol{a}_2 + n_3\boldsymbol{a}_3 \tag{B.1}$$

式中，n_1、n_2 和 n_3 是从$-\infty$到∞的整数。图 B.1(b)中，$\boldsymbol{R}_1$ 就是这样一个点阵矢量。

一个晶胞中第 j 个基原子由点阵矢量 $\boldsymbol{R}_1$ 确定的位置(相对于原点)为 $\boldsymbol{R}_1+\boldsymbol{r}_j$，由此可知，连接中心晶胞($\boldsymbol{R}$=0)中的第 i 个基原子与位于 $\boldsymbol{R}_1$ 晶胞的第 j 个原子的矢量为 $\boldsymbol{R}_1+\boldsymbol{r}_j-\boldsymbol{r}_i$

B.2.1　基本晶体结构

单胞在三维空间中可通过在图 B.2 中示出的点阵参数来定义。基本晶系是由这些点阵参数之间的关系来定义的。表 B.1 对这些关系作了归纳总结。任何特定

① 准晶被发现之后，国际晶体学联合会对晶体重新定义为“具有基本的离散衍射图的固体”。

的晶体结构都是基于表 B.1 给出的 7 种晶系，并且有基原子，如图 B.1 所示的二维空间的基原子情形。在很多入门性的书籍中都可以找到非常好的关于简单晶体结构的叙述。

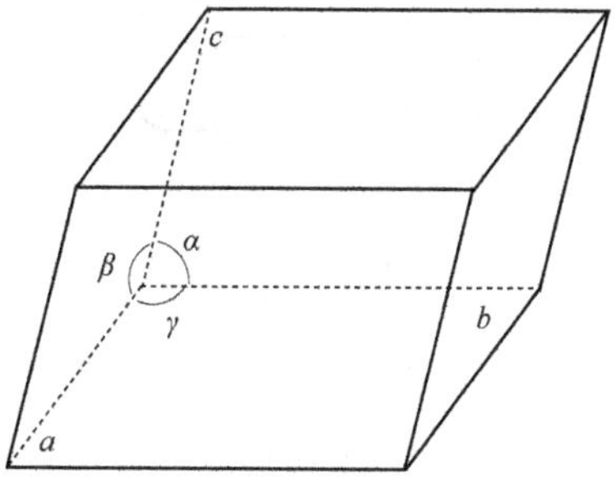

图 B.2 典型的晶胞(点阵的长度为 a、b 和 c，点阵的角度为 α、β 和 γ)

表 B.1 基本晶系

晶系	点阵长度	点阵角度
三斜	$a \neq b \neq c$	$\alpha \neq \beta \neq \gamma$
单斜	$a \neq b \neq c$	$\alpha \neq \beta = \gamma = 90°$
正交	$a \neq b \neq c$	$\alpha = \beta = \gamma = 90°$
四方	$a = b \neq c$	$\alpha = \beta = \gamma = 90°$
菱方	$a = b \neq c$	$\alpha = \beta = \gamma \neq 90°$
六方	$a = b \neq c$	$\alpha = \beta = 90°, \gamma = 120°$(或 60°)
立方	$a = b = c$	$\alpha = \beta = \gamma = 90°$

最简单的晶体结构是简单立方结构，它在立方体的每个角上有一个原子。这个系统的基是 1，在原点的原子“属于”中心晶胞，而所有其他原子与其他晶胞相连。

图 B.3 展示了三种基本立方晶体结构。由本节稍后的讨论可知，许多其他结构均可以由此演变而来。众多元素结晶形成这些基本结构。图 B.3(a)给出的是体心立方。每个晶胞中有两个原子，其中一个在原点(0,0,0)，另一种在立方晶胞的中心位置$\left(\frac{1}{2},\frac{1}{2},\frac{1}{2}\right)a$，其中 a 为点阵参数。许多重要的元素具有体心立方结构，包括铁(Fe)、铬(Cr)、钼(Mo)、铯(Cs)和钨(W)。

图 B.3(b)给出了面心立方点阵。每个晶胞中有四个原子，位于(0,0,0)、$\left(\frac{1}{2},\frac{1}{2},0\right)a$、$\left(\frac{1}{2},0,\frac{1}{2}\right)a$ 和 $\left(0,\frac{1}{2},\frac{1}{2}\right)a$。面心立方点阵是稳定的结构，具有这种结构的有银(Ag)、金(Au)、铜(Cu)、镍(Ni)、氩(Ar)等。

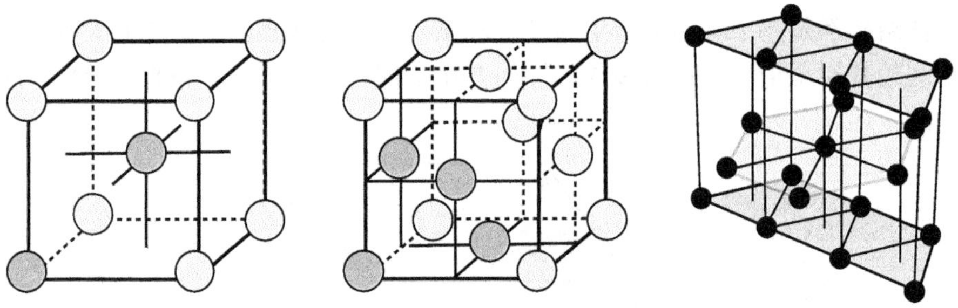

(a) 体心立方(基原子以深灰色表示)　(b) 面心立方(基原子以深灰色表示)　(c) 六方密排结构

图 B.3　基本立方晶体结构(Ashcroft and Mermin, 1976)

图 B.3(c)给出了六方密排结构。这是与面心立方结构密切相关的结构，但是叙述起来更复杂一点。图 B.4(a)给出了简单的六方点阵。如图 B.4(b)所示，它由三角网的平面构成。图 B.3(c)给出的六方点阵由两个彼此渗透的简单六方点阵组成，通过矢量 $\boldsymbol{a}_1/3+\boldsymbol{a}_2/3+\boldsymbol{a}_3/2$ 相互占位，点阵矢量示于图 B.4(a)中。

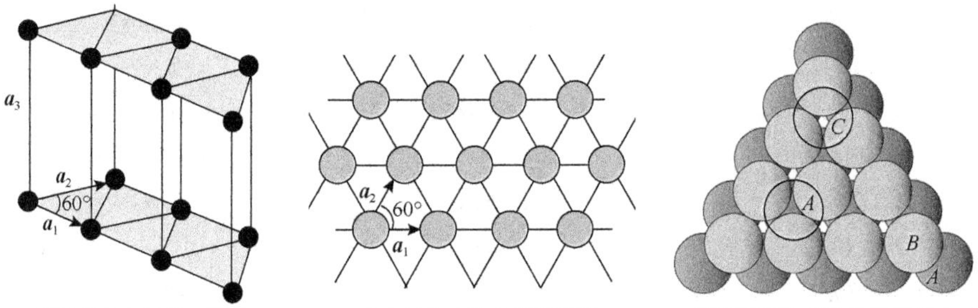

(a) 简单的六方结构，同时示出点阵参数　(b) 六方结构中的六角形平面　(c) 紧密排列的球的堆叠序列(*A*、*B* 分别为两个三角形的层)

图 B.4　六方密排结构(Ashcroft and Mermin, 1976)

六方密排结构由三角形网堆叠而成。理解这种结构的一种简单方法是思考密排堆叠的球体，如图 B.4(c)所示，其中所有的球相互毗连。图中显示出两个三角形的层，分别标记为 *A* 和 *B*，还显示出下一层排列方式的两个选项。如果下一层中的球直接坐落于 *A* 层的原子之上，那么它将是另一个 *A* 层。如果下一层的球占位于 *A* 层的空位之中，那么它将与 *A* 和 *B* 都不同，可用 *C* 来表示。六方密排结构具有...*ABABABAB*...堆叠序列。对于一个完美的六方密排结构，*c* 轴(在图 B.4(a)中以 $\boldsymbol{a}_3$ 表示)与 *a* 轴($\boldsymbol{a}_1=\boldsymbol{a}_2$)的长度比值为 $c/a=\sqrt{8/3}$，这可从球体简单的排列中理解。具有六方密排结构的元素包括铍(Be)、镉(Cd)、钛(Ti)、锆(Zr)等。

面心立方结构具有...*ABCABCABCABC*...堆叠序列，要了解面心立方结构是如何具有这种堆叠序列的，就需要更深入地学习结晶学。首先，从引入一些命名法开始，用以描述晶体平面的方向。图 B.5(a)示出了一个平面与立方晶体的主轴相交。这个平面的标准表示法是：使用相对于点阵参数的该平面在各数轴上截距的倒数，如图 B.5(a)所示，平面与三个数轴之间截距的倒数分别是 $a/(3a)$、$a/(4a)$ 和 $a/(3a)$。这些比值通常表示为最小的三个整数，即 4、3 和 4。一个晶面的标准符号表示法是用圆括号，即 (hkl)，其中，h、k、l 是米勒指数(Miller index)。因而在图 B.5(a)中的晶面表示为(434)。

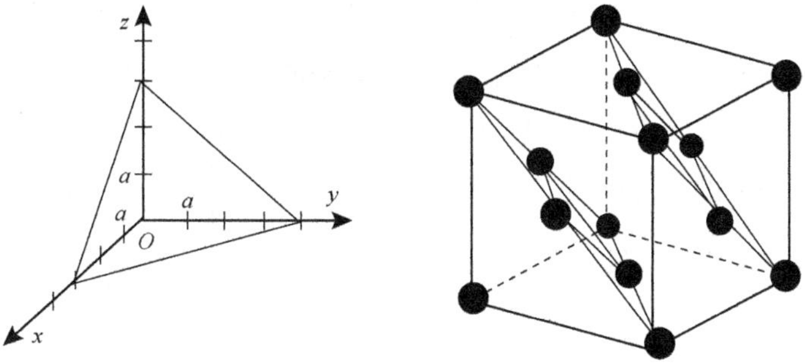

(a) 晶面命名法的定义(标记是以晶格参数a为单位进行测量的，平面分别在x、y、z轴的$3a$、$4a$、$3a$处相交)

(b) 面心立方结构中的(111)晶面

图 B.5　面心立方结构(Ashcroft and Mermin, 1976)

假设一个晶面平行于某个轴，如 x 轴，并且与 y 轴和 z 轴均相交于 1。习惯上就称该平面在∞处与 x 轴相交。取其倒数为 0，这个晶面就用(011)来表示。晶面族与对称性相关，如晶面(111)、$(1\bar{1}1)$、$(11\bar{1})$和$(\bar{1}11)$在面心立方结构中都是等同的(符号 $\bar{k}$ 表示该晶面与轴相交于负值侧)。晶面族用花括号表示，即$\{hkl\}$。点阵的方向由方括号表示，并且以单位晶胞参数的形式给出。例如，一个立方点阵[111]的方向是指向体对角线的。对称相关的晶向族方向由尖括号来表示，如⟨111⟩。需要注意的是，$[hkl]$方向与由(hkl)所表示的平面相垂直。

图 B.5(b)给出了面心立方结构中(111)晶面的序列。虽然在图中它可能不是显而易见的，但{111}平面族是紧密排列的(在晶体中所有近邻原子都具有最小间隔)。(111)平面的堆垛分析表明，面心立方结构具有 ABC 堆垛序列。

前面叙述了基于立方点阵的结构，例如，面心立方结构表示为每个晶胞有四个原子的立方体。然而，面心立方结构也可以描述为每个晶胞有一个原子的原胞(primitive unit cell)。在这种情况下，三个点阵参数不是沿着 x、y 和 z 方向，而是指向最近邻的位于立方体面上的原子。在笛卡儿坐标系中，初基点阵矢量(primitive lattice vector)可以表达为

$$\boldsymbol{a}_1=\frac{a}{2}(\hat{y}+\hat{z}),\quad \boldsymbol{a}_2=\frac{a}{2}(\hat{x}+\hat{z}),\quad \boldsymbol{a}_3=\frac{a}{2}(\hat{x}+\hat{y}) \tag{B.2}$$

如上所述，六方密排结构可由两个相互穿插的简单六方点阵来表示。基于不同的基本晶体点阵，其他结构也能以相同的方式创建。氯化钠(NaCl)由相互穿插的简单立方点阵构成，两者偏差矢量为 $\frac{a}{2}(\hat{x}+\hat{y}+\hat{z})$，其中一个点阵由 Na^+组成，而另一个由 Cl^-组成。氯化铯(CsCl)可以描述为由相互穿插的两个体心立方点阵构成，两者偏差矢量为 $\frac{a}{2}(\hat{x}+\hat{y}+\hat{z})$，其中一个点阵由 Cs^+组成，而另一个由 Cl^-组成。

图 B.6 给出了一个重要的例子，这就是金刚石(C)的结构。金刚石和许多重要的材料都具有这种结构，其中包括硅(Si)、锗(Ge)和 α-锡(Sn)。金刚石点阵可以用两个相互穿插的面心立方点阵来表示，其偏移为 $\frac{a}{4}(\hat{x}+\hat{y}+\hat{z})$。图 B.6 中所示线段为每个原子的四个最近邻，它们位于四面体的角上，键角为 109.5°。

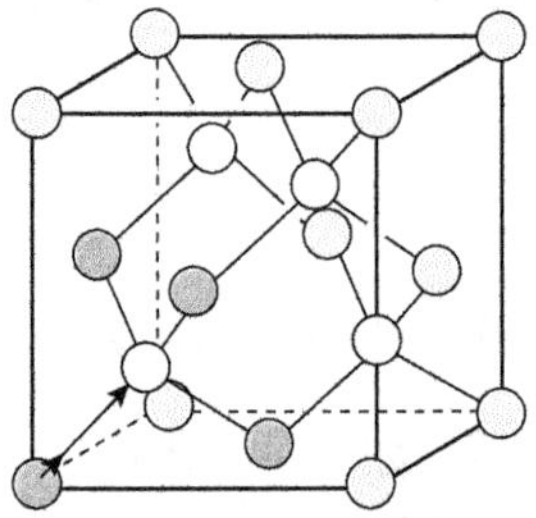

图 B.6　金刚石的晶胞

（箭头表示偏移矢量；深灰色圆圈表示一个面心立方晶格点阵的基；白色圆圈表示另一个面心立方晶格点阵的基；线段表示最近邻）

在结束晶体学简短的讨论之前，必须指出，虽然许多材料所具有的晶体结构可能比这里所描述的简单结构要复杂得多，但是所有晶体的基本结构是相同的。六个点阵参数 a、b、c、α、β 和 γ 以及晶胞内所有基原子的位置必须确定。关于这些结构以及它们的对称性和晶体学性质，在许多其他著作中都有很好的讨论。

B.2.2　直接点阵

前面给出了连接中心晶胞内和位于晶格矢量为 $\boldsymbol{R}$ 的晶胞内原子的矢量表达式。例如，在具有周期性的边界条件的计算中，通常需要计算这样的原子对之间的距离。这里归纳一下在本书中自始至终使用的一些结果。

常常为了方便，将基原子的位置表示为晶胞的矢量的分量，例如：

$$\boldsymbol{r}_i = s_{i1}\boldsymbol{a}_1 + s_{i2}\boldsymbol{a}_2 + s_{i3}\boldsymbol{a}_3 \tag{B.3}$$

由此可以将晶胞里的一个原子(i)的位置表述为

$$\boldsymbol{s}_i=(s_{i1},s_{i2},s_{i3}) \tag{B.4}$$

利用这个表示方法，连接不同晶胞两个原子(如在图 B.1(b)所示)的矢量是

$$\boldsymbol{R}+\boldsymbol{r}_j-\boldsymbol{r}_i=(n_1+s_{j1}-s_{i1})\boldsymbol{a}_1+(n_2+s_{j2}-s_{i2})\boldsymbol{a}_2+(n_3+s_{j3}-s_{i3})\boldsymbol{a}_3 \tag{B.5}$$

式中，$\boldsymbol{R}$ 由式(B.1)给出。式(B.5)的一般形式是

$$\boldsymbol{X}=x_1\boldsymbol{a}_1+x_2\boldsymbol{a}_2+x_3\boldsymbol{a}_3 \tag{B.6}$$

式中

$$(x_1,x_2,x_3)=(n_1+s_{j1}-s_{i1},n_2+s_{j2}-s_{i2},n_3+s_{j3}-s_{i3}) \tag{B.7}$$

两个原子之间的距离为 $\boldsymbol{X}$ 的长度，即

$$X=\sqrt{\boldsymbol{X}\cdot\boldsymbol{X}}=|\boldsymbol{X}| \tag{B.8}$$

如果使用标准的点阵长度和角度表示方法，则有 $a_1=a$，$a_2=b$，$a_3=c$，$\angle(a_1,a_2)=\gamma$，$\angle(a_1,a_3)=\beta$，$\angle(a_2,a_3)=\alpha$，那么两个原子之间的距离是

$$X^2=x_1^2a^2+x_2^2b^2+x_3^2c^2+2x_1x_2ab\cos\gamma+2x_1x_3ac\cos\beta+2x_2x_3bc\cos\alpha \tag{B.9}$$

对于立方系统，有

$$X^2=a^2\left(x_1^2+x_2^2+x_3^2\right) \tag{B.10}$$

B.2.3　倒易点阵

有的时候需要考虑倒易点阵(reciprocal lattice)，它是直接点阵(direct lattice)的一个变换。倒易点阵矢量 $\boldsymbol{K}$ 由下面的关系式定义(对于 n 为整数，有 $e^{i2\pi n}=1$)：

$$e^{i\boldsymbol{K}\cdot\boldsymbol{R}}=1 \tag{B.11}$$

式中，$\boldsymbol{R}$ 是直接点阵矢量。它明确地表示出 $\boldsymbol{K}$ 必须具有下面的形式：

$$\boldsymbol{K}=k_1\boldsymbol{b}_1+k_2\boldsymbol{b}_2+k_3\boldsymbol{b}_3,\quad k_1,k_2,k_3\text{ 为整数} \tag{B.12}$$

式中的倒易点阵是由下列矢量定义的：

$$\begin{aligned}\boldsymbol{b}_1&=2\pi\frac{\boldsymbol{a}_2\times\boldsymbol{a}_3}{\boldsymbol{a}_1\cdot(\boldsymbol{a}_2\times\boldsymbol{a}_3)}\\ \boldsymbol{b}_2&=2\pi\frac{\boldsymbol{a}_3\times\boldsymbol{a}_1}{\boldsymbol{a}_1\cdot(\boldsymbol{a}_2\times\boldsymbol{a}_3)}\\ \boldsymbol{b}_3&=2\pi\frac{\boldsymbol{a}_1\times\boldsymbol{a}_2}{\boldsymbol{a}_1\cdot(\boldsymbol{a}_2\times\boldsymbol{a}_3)}\end{aligned} \tag{B.13}$$

式中，$\boldsymbol{a}_1\cdot(\boldsymbol{a}_2\times\boldsymbol{a}_3)=V$，表示直接点阵晶胞的体积；×表示矢量积，由式(C.12)定义。倒易点阵中距离的描述与直接点阵中的描述方式是等同的。

B.2.4　非立方点阵的一般描述

这里来讨论和描述立方或非立方点阵类型，它与直接点阵的讨论是等同的，但有些时候，会更方便些。

首先采用式(B.3)中模拟晶胞的分量的形式，列出原子位置。然后创建一个矩阵 $\boldsymbol{h}$，在直角坐标系中它的列由模拟晶胞的点阵矢量构成，即

$$\boldsymbol{h}=(\boldsymbol{a},\boldsymbol{b},\boldsymbol{c}) \tag{B.14}$$

对于立方点阵，$\boldsymbol{h}$ 由下式给出：

$$\boldsymbol{h}=\begin{pmatrix} a & 0 & 0 \\ 0 & a & 0 \\ 0 & 0 & a \end{pmatrix} \tag{B.15}$$

而对于简单六边形点阵图 B.4(a)，有

$$\boldsymbol{h}=\begin{pmatrix} a & a\cos 60^\circ & 0 \\ 0 & a\sin 60^\circ & 0 \\ 0 & 0 & c \end{pmatrix} \tag{B.16}$$

晶胞的体积由下面公式给出：

$$V=\det\boldsymbol{h}=\boldsymbol{a}\cdot(\boldsymbol{b}\times\boldsymbol{c}) \tag{B.17}$$

式中，$\det\boldsymbol{h}$ 为 $\boldsymbol{h}$ 的行列式。

如果原子 i 的分量坐标由矢量 $\boldsymbol{s}_i$ 给出，如式(B.4)所示，则以 $\boldsymbol{h}$ 形式给出的绝对坐标为

$$\boldsymbol{r}_i=\boldsymbol{h}\boldsymbol{s}_i \tag{B.18}$$

这就是式(B.3)的一个紧凑的表示形式。

使用这种形式表示点阵求和的计算一目了然。位置的一般表达式是

$$\boldsymbol{r}+\boldsymbol{R}=\boldsymbol{h}(\boldsymbol{s}+\boldsymbol{S}) \tag{B.19}$$

与式(B.1)一样，比例的点阵矢量(scaled lattice vector)形式为 $\boldsymbol{S}=(n_1,n_2,n_3)$。

模拟晶胞中原子之间的距离，很容易与分量坐标相关联。如果 $\boldsymbol{r}_{ij}=\boldsymbol{r}_j-\boldsymbol{r}_i$，那么

$$\begin{aligned} r_{ij}&=\left|\boldsymbol{r}_{ij}\right|=\left\{\boldsymbol{h}(\boldsymbol{s}_j-\boldsymbol{s}_i)\right\}^{\mathrm{T}}\left(\boldsymbol{h}(\boldsymbol{s}_j-\boldsymbol{s}_i)\right)\\ &=(\boldsymbol{s}_j-\boldsymbol{s}_i)^{\mathrm{T}}\boldsymbol{h}^{\mathrm{T}}\boldsymbol{h}(\boldsymbol{s}_j-\boldsymbol{s}_i)\\ &=\boldsymbol{s}_{ij}^{\mathrm{T}}\boldsymbol{G}\boldsymbol{s}_{ij} \end{aligned} \tag{B.20}$$

式中，上标 T 表示矢量或矩阵的转置，由式(C.23)定义，度规张量定义为

$$\boldsymbol{G}=\boldsymbol{h}^{\mathrm{T}}\boldsymbol{h} \tag{B.21}$$

式(B.21)源自于将点积表示为 $\boldsymbol{a}\cdot\boldsymbol{b}=\boldsymbol{a}^{\mathrm{T}}\boldsymbol{b}$。度规张量 $\boldsymbol{G}$ 由标准晶格参数 a、b、c、α、β、γ 求出

$$\boldsymbol{G}=\begin{pmatrix} a^2 & ab\cos\gamma & ac\cos\beta \\ ab\cos\gamma & b^2 & bc\cos\alpha \\ ac\cos\beta & bc\cos\alpha & c^2 \end{pmatrix} \tag{B.22}$$

因此，第 3 章中所叙述的非立方模拟晶胞相互作用的计算就不再有什么特殊的挑战性。原子的位置和点阵矢量全部都能在比例的坐标系内得到监测。利用式(B.20)给出的度规张量，距离 s_{ij} 首先在比例的点阵中进行计算，再转换到实际的点阵中。实际的距离会用于确定相互作用的能量和力。

B.3　缺　　陷

B.2 节描述的晶体结构是材料的基本性质。很少有几种技术材料是基于单晶的，也根本没有“完美的”、没有瑕疵的晶体。通常情况下，正是这些缺陷的分布在支配材料的行为。事实上，许多加工方法的设计就是用来生成某些缺陷结构，以优化特定的宏观性质。

材料主要有三种类型的缺陷。点缺陷是如空位这样的情形。在空位处，晶格位点是空的；或者是间隙原子，即原子所处位置不是正常晶格的位点。最重要的线缺陷是位错，其运动导致塑性，使材料永久变形。最后一种是面缺陷，包括任何界面，它可能是一个自由表面，或者是相同或者是不同类型晶体材料之间的界面。这些缺陷的一些例子将在以下各节中进行叙述。

B.4　点　缺　陷

空位的形成是从晶格位点去除一个原子，这需要能量，该能量称为空位形成能。在金属中，典型的空位形成能的量级大约是 1eV/atom。在有序合金系统中，其中一种原子比另一种要小，较小的原子有时可能强制它自身进入晶格之间的孔隙之中，从而形成间隙缺陷，与此相关联的能量依赖于系统中原子的种类和晶体结构。因为没有哪种材料是 100%纯的，杂质也可以处于间隙的位置。杂质的置换是通过用一种不同类型的原子替换另一种类型的原子，如在硅的晶格中嵌入锗原子(Ge)。所有这些过程都有能量与它们相关联。

材料中总是存在空位，空位分数由式(B.23)近似地给出(Porter and Easterling, 1992)：

$$X_{\mathrm{v}}^{e}=\mathrm{e}^{\Delta S_{\mathrm{v}}/R}\mathrm{e}^{-\Delta H_{\mathrm{v}}/(RT)} \tag{B.23}$$

式中，ΔS_{v} 和 ΔH_{v} 分别为与空位附近原子振动特性变化相关联的熵和空位形成能。对于金属，熔点附近的典型空位浓度为 10^{-4}～10^{-3}。正如 2.3 节和附录 B.7 所讨论的，空位在固体扩散中发挥着重要的作用。

B.5 位　　错

位错是曲线形的缺陷，它在材料的塑性上起主导作用，其过程使材料产生永久变形。下面介绍基于位错的塑性方面的基础知识，其目的是提供足够的信息，以方便读者理解本书中关于位错模拟的讨论。要了解更多的信息，请参阅推荐读物 *Elementary Dislocation Theory*(Weertman J and Weertman J R, 1992)或 *Introduction to Dislocations*(Hull and Bacon, 2011)。若想更深入了解，可阅读权威著作 *Theory of Dislocations*(Hirth and Lothe, 1992)。

B.5.1 塑性变形

晶体金属的塑性变形是大量称为位错的曲线形缺陷集体运动的结果。位错作为拓扑对象首先由 Volterra 在 1905 年做出描述，比其应用于晶体变形要早很长时间。Tayor(1934)、Orowan(1934)和 Polanyi(1934)分别独立地提出位错应用于理解材料的强度会远低于预期的原因①。

与理论强度相比，位错的移动性造成在相对低应力水平下的塑性流动。对于一个典型的金属，其位错密度 ρ 为 10^{10}～$10^{15}\mathrm{m}^{-2}$，也就是说，在每立方米材料中位错的长度为 10^{10}～10^{15}m，在通常情况下，位错密度在施加应力(或应变)时迅速增大②。位错可形成有组织的结构，如位错墙、位错胞和堆集。晶体学的拓扑约束(topological constrain)的差异，大大增加了描述位错演化和动力学的复杂性。

位错在几乎所有类型材料系统中都具有重要性。在陶瓷中可发现位错，位错会导致高温下某些材料出现可塑性。在确定硅薄膜性质时，位错不仅影响其力学特性，而且影响膜的扩散特性。在分子晶体中也能发现位错，包括烈性炸药所使用的材料，位错可以在控制点火热点(hot spots for ignition)上发挥关键作用。

---

① 如果没有位错的存在，强度将由把整个原子的平面移动一步到相邻平面所需的力来确定。

② 面心立方结构材料通常服从泰勒定律，所施加的应力与位错的密度相关，即 $\rho=\alpha\tau^{2}$，其中 α 是常数。

B.5.2　位错的结构

位错最简单的表现形式是其“纯”状态，纯刃型位错和纯螺型位错如图 B.7 所示。

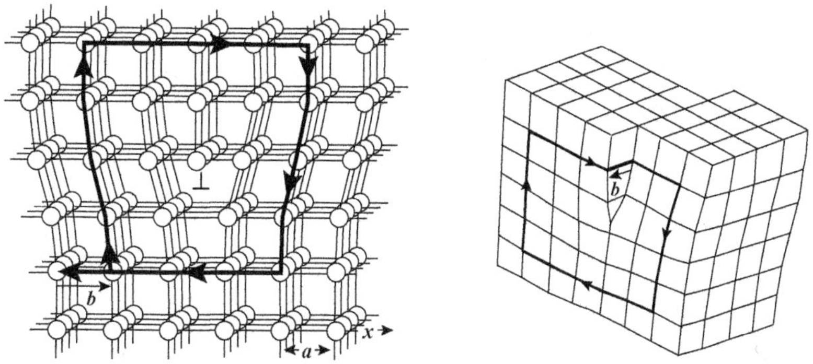

(a) 纯刃型位错　(b) 纯螺型位错

图 B.7　位错类型(Hull and Bacon, 2001)

首先看刃型错位，如图 B.7(a)所示，它可以被认为是插入晶格中额外的半个原子平面。这个额外的原子平面引起了晶格的畸变，从而导致弹性应力和应变场的出现。位错可以用两个参数来表征，即伯格斯矢量 $\boldsymbol{b}$ 和位错线方向(line direction) $\hat{\xi}$。图 B.7(a)中显示出了伯格斯环和伯格斯矢量 $\boldsymbol{b}$，伯格斯矢量垂直于线的方向，滑移面沿伯格斯矢量方向。伯格斯矢量是位错引起的晶格畸变的量度，可以通过建立伯格斯回路(Burgers circuit)得出，如图 B.7(a)中所示的黑色线，即从图的底半部开始，纵向画出连接一定数目晶格位置的一条线，如 m 个晶格点，继续向右画出另外 m 个晶格点位置，再向下画出 m 个晶格点位置，再向左画出 m 个点，伯格斯回路的起始位置和最终位置之间的差就是伯格斯矢量。因此，伯格斯矢量就是与位错相关的晶格位移的量度。位错线的方向 $\hat{\xi}$ 沿着额外半个平面的方向，在图 B.7(a)中它是指向页面的。因此，对于刃型位错，$\hat{b}\perp\hat{\xi}$。注意，处于位错线中心的原子组织，在这个区域里原子的位移很大，只能通过详细的原子模拟来描述。这个区域称为位错核心(dislocation core)，它具有与之相关联的过剩能量(excess energy)，称为核心能量(core energy)，度量单位是单位长度位错上的能量。

图 B.7(b)为纯螺型位错。在这种情况下绘制出的伯格斯回路表明，螺型位错的伯格斯矢量平行于位错线方向，即 $\hat{b}//\hat{\xi}$。

然而，在一般情况下，位错具有混合的特征。图 B.8 给出了一个位错环，其周围位错特征是变化的。图 B.8(a)中的环是由 $ABCD$ 平面上原子的移位构成的。

图 B.8(b)为在平面 E 上原子的位置。注意，变形是在 x 方向，也就是说，变形的伯格斯矢量是平行于 x 轴的。两个刃型位错的线是指向页面的，因此垂直于变形方向。图 B.8(c)给出了沿着平面 F 的螺型位错。其伯格斯矢量必须与图 B.8(b)所示刃型位错的矢量相同，因为原子位置的变化是相同的。因此，整个位错环的伯格斯矢量是相同的。在一般的位错环中，某一个点的刃型分量由式 $\boldsymbol{b}_{\mathrm{e}}=\hat{\xi}\times\left(\boldsymbol{b}\times\hat{\xi}\right)$ 给出，式中 $\hat{\xi}$ 是这一点上线的方向(环的切线)，而螺型分量由式 $\boldsymbol{b}_{\mathrm{s}}=\left(\boldsymbol{b}\cdot\hat{\xi}\right)\hat{\xi}$ 给出(Hirth and Lothe, 1992)。

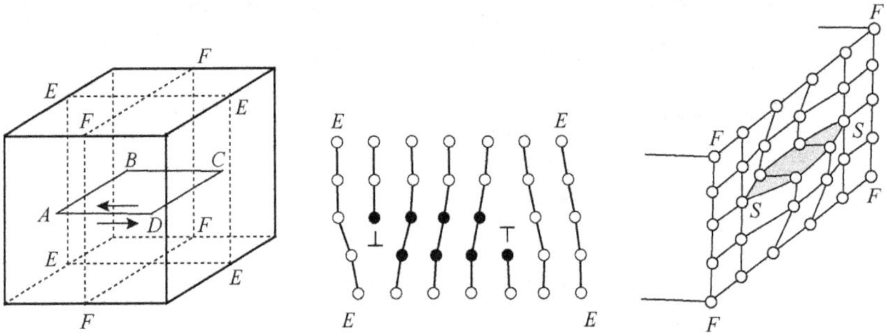

(a) 小块材料的变形，变形方向如箭头所示　(b) 由E所示的二维平面原子的位置　(c) 由F所示的二维平面原子的位置

图 B.8　混合位错的位错环(Weertman J and Weertman J R, 1992)

(注意这两个刃型位错，其中右侧位错朝下，而左侧位错朝上。移位原子的边界标记为 DC 和 AB，在(a)中这些位错与平面 E 相交。(b)中黑色实心圆表示已经移动的原子。(c)中阴影区域所示为原子的运动引出的额外平面，在(a)中由 AD 和 BC 限定边界)

B.5.3　位错运动

位错的重要性在于通过晶格能相对容易地移动，而它们的运动“运载”着变形。图 B.9 显示出刃型和螺型位错是如何运动的。如图 B.9(a)所示，刃型位错的运动只需要原子的一个平面相对于晶格移动，位错的移动导致变形，当位错移出系统时，它在右侧的表面上出现台阶。要注意，使位错从一个晶格点移动到另一个晶格点存在着最小应力要求。这个应力称为 Peierls-Nabarro 应力，在量值范围内，对于面心立方系统，应力值为$\leqslant 10^{-6}\mu$ 到$10^{-5}\mu$；在共价系统中，如硅，达到$10^{-2}\mu$；其中 μ 是剪切模量，体心立方和六方材料处于这些量值中间(Hull and Bacon, 2001)。若刃型位错运动就被限制在一个平面上，则该平面称为滑移面(slip plane)或滑行面(slide plane)，在图 B.9(a)中用虚线表示，记住晶格延伸至指向页面的平面。移出滑移面的物理机制将在 B.5.4 节中叙述。

图 B.9(b)给出的是螺型位错的运动。注意，在螺型位错运动时，小块材料的表面上存在着位错台阶的扩展。该扩展是由位错运动引起的变形量度。

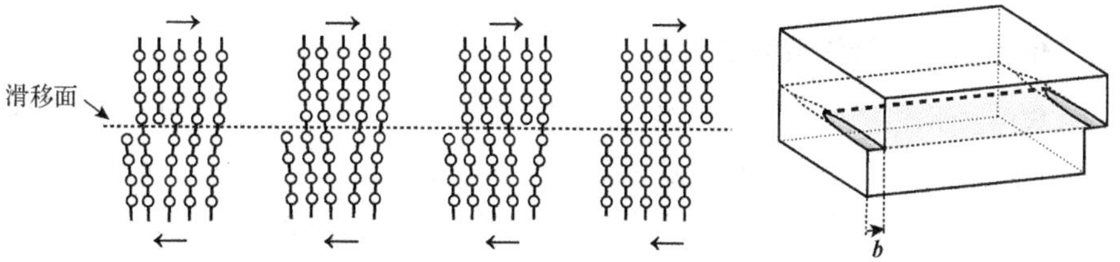

(a) 沿其滑移方向移动的刃型位错　　(b) 螺型位错的运动

图 B.9　位错运动 (Hull and Bacon, 2001)

((a) 中，位错移动一个晶格间距需要相对较小的原子运动。(b) 中，粗虚线为位错，淡阴影区域为位错平面，深阴影区域为材料的变形。当位错移动到图后部的表面时，位错平面将增大，变形区域也将增大)

B.5.4　刃型位错运动移出滑移面

位错运动移出它们的滑移面有两种主要机制：攀移 (climb) 和交叉滑移 (cross slip)。刃型位错在垂直于它的滑移面方向上的运动称为攀移，如图 B.10 (a) 所示。攀移是一个扩散过程，需要材料移入或移出位错核心。因此，攀移为热激活的，在低温下通常是可忽略的。

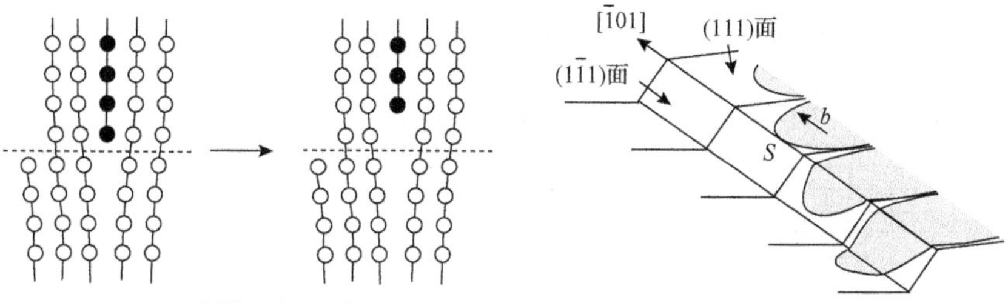

(a) 刃型位错中的位错攀移　　(b) 位错交叉滑移

图 B.10　位错运动移出滑移面的两种机制

((a) 中原子的平面 (延伸进入页面) 以黑色表示。刃型位错滑移出它的滑移面需要原子的扩散，这些原子可以是扩散进入位错或从位错扩散出去 (本例就是这种情况)。(b) 中，位错交叉滑移到一个新的、相关的滑移面，接着通过交叉滑移返回初始的平面 (双交叉滑移))

螺型位错趋向于沿着特定的晶面移动。例如，面心立方材料的螺型位错在 {111} 平面移动。螺型位错可以从 {111} 族的一个平面转换到另一个平面，只要新的平面有着等同的伯格斯矢量 $\boldsymbol{b}$ 的方向。这一行为如图 B.10 (b) 所示。在图中，伯格斯矢量为 $\boldsymbol{b}=\frac{1}{2}[\bar{1}01]$ 的位错沿着 (111) 平面移动。主要的螺型分量转换至 $(1\bar{1}1)$，其余扩展的位错环跟随着，包括所有的刃型位错分量。这是交叉滑移的一个例子，它使得刃型位错得以滑移出它们的滑移平面。在图 B.10 (b) 中，位错切换回其原始的 (111) 面，这是双交叉滑移现象的一个例子。

B.5.5　位错运动与塑性应变的关系

图 B.9 显示出位错运动导致晶格形变。总塑性应变与位错运动相关(弹性和塑性应变在附录 H 中讨论)。Hull 和 Bacon 在 *Introduction to Dislocation* 中给出了一个关于塑性应变和位错运动之间关系的表达式。本节的讨论都基于这本书。

考察图 B.11(a)中简单的平行刃型位错系统。如果施加应力到该系统，位错会运动，并发生滑移，如图 B.11(b)所示。正如前面所讨论的，符号相反的位错将在相反的方向上滑移。宏观位移 D 可以用位错运动来表达：

$$D = \frac{b}{d}\sum_{i=1}^{N} x_i \tag{B.24}$$

式中，N 为系统中的位错运动；x_i 为运动的位错在位置上的变化；b 为伯格斯矢量的值。

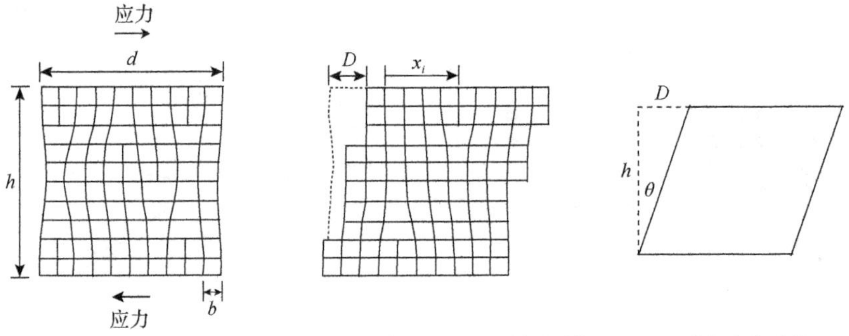

(a) 形变前的刃型位错系统　(b) 在应力下位错运动后的位错系统　(c) 剪切应变示意

图 B.11　位错运动与塑性应变的关系(Hull and Bacon, 2001)
(图中的晶格平面延伸进入页面)

剪切应变在图 B.11(a)中示出，其表达式为

$$\epsilon_P = \theta = \arctan\left(\frac{D}{h}\right) \approx \frac{D}{h} \tag{B.25}$$

式中，等号右侧项为小角度近似值。因此，宏观的剪切塑性应变为

$$\epsilon^{\mathrm{p}} = \frac{D}{h} = \frac{b}{dh}\sum_{i=1}^{N} x_i \tag{B.26}$$

如果 $\langle x \rangle$ 为位错运动的平均距离，那么 $\sum_{i=1}^{N} x_i = N\langle x \rangle$，并且有

$$\epsilon^{\mathrm{p}} = \frac{b}{dh}\sum_{i=1}^{N} x_i = b\frac{N}{dh}\langle x\rangle = b\rho\langle x\rangle \tag{B.27}$$

式中，ρ 为位错的密度。图中所示是二维的，但是要记住位错是三维的，这很重要。系统的尺度在二维中是 h 乘以 d。假设将系统扩展到第三维，其长度为 L，那么其体积是 $V=hdL$。位错的总长度为 NL（它们是直的），所以密度为 $\rho = NL/(hdL) = N/(hd)$。注意，式(B.27)中的位错密度只是指那些移动的位错，也就是说，如果位错被缺陷或其他位错所限制而不能移动，那么就不能加入形变中。

类似的表达式适用于螺型和混合位错。因此，如果可以计算出总的位错移动量，可以从位错模拟中求出宏观应变。通过施加的应力，就可以由式(H.16)计算出应变的弹性部分 ϵ^{e}。因此，如附录 H.5 所讨论的，总的应变由式(B.28)给出：

$$\epsilon = \epsilon^{\mathrm{e}} + \epsilon^{\mathrm{p}} \tag{B.28}$$

B.5.6　应力和力

施加在每单位长度位错上的力由 Peach-Koehler 关系式(Hirth and Lothe, 1992; Peach and Koehler,1950)确定：

$$\frac{\boldsymbol{F}}{L} = (\boldsymbol{b}\cdot\sigma_T)\times\hat{\xi} \tag{B.29}$$

式中，$\boldsymbol{b}$ 为伯格斯矢量；$\hat{\xi}$ 为位错线的方向；σ_T 是位错位置处计算出的总应力张量。一般地，总应力是各个来源贡献的总和，即

$$\sigma_T = \sigma_{\text{applied}} + \sigma_{\perp} + \sigma_{\text{other}} \tag{B.30}$$

式中，σ_{applied} 为所施加的(外部)应力；$\sigma_{\perp}$ 为来自系统中其他位错的应力(包括自应力)；σ_{other} 为来自其他缺陷(晶界、空位等)的应力。

在处理应力场的问题时，通常假定材料是线性和各向同性弹性体。也有可用的描述完全各向异性的弹性表达式(Hirth and Lothe, 1992)，但是相当复杂，需要更多的计算时间。这里只给出各向同性情况下的表达式。

位错上某点 a 的总应力源自于系统中所有其他位错 b 和位错 a 的自应力，即

$$\sigma_{\perp}^{(a)} = \sum_{b}\sigma_{\perp}^{(b)} + \sigma_{\text{self}}^{(a)} \tag{B.31}$$

自应力的讨论在附录 B.5.7 中。

图 B.12 示意性地显示出由另一个位错作用于位错上某点应力的计算。位错环 B 作用在位错环 A 上某点的应力可以通过沿位错环 B 的线积分进行计算，这个积分函数由位错的距离以及位错环 B 上的伯格斯矢量和微分线方向 $\mathrm{d}\ell_B$ 构成。一旦 $\boldsymbol{r}_A$ 处的应力确定，在这一点上的力就可用 Peach-Koehler 力的公式(B.29)和伯格斯矢量 $\boldsymbol{b}_A$ 求出，在此要指出的是，线方向 $\boldsymbol{\xi}$ 是位错线在 $\boldsymbol{r}_a$ 处的切线方向。Hirth 和 Lothe(1992)以及 de Wit(1960)对此作了更详细的说明。

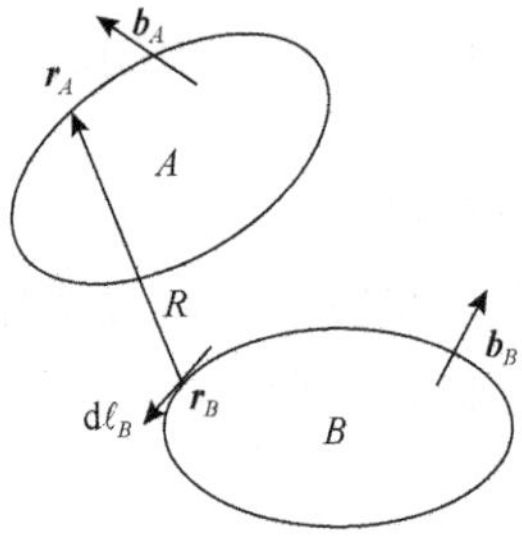

图 B.12　由位错环 B 在位错环 A 某点上引起的应力计算示意图

(在位错环 B 上，沿着其微分线 $\mathrm{d}\ell_B$ 方向，对式(B.32)求线积分。$\boldsymbol{R}$ 是位错环 B 上一个积分点 $\boldsymbol{r}_B$ 到位错环 A 上某个点 $\boldsymbol{r}_A$ 的矢量，$R=|\boldsymbol{r}_A-\boldsymbol{r}_B|$。$\boldsymbol{b}_A$ 和 $\boldsymbol{b}_B$ 分别是 A 和 B 的伯格斯矢量)

de Wit 的论文尽管有点偏重数学，但是非常有用，它给出了由位错环引起的应力张量分量公式(de Wit, 1960)

$$\sigma_{ij}^B=\frac{\mu b_n^B}{8\pi}\oint\left[R_{,mpp}\left(\epsilon_{jmn}\mathrm{d}\ell_i+\epsilon_{imn}\mathrm{d}\ell_i\right)+\frac{2}{1-\nu}\epsilon_{kmn}\left(R_{,ijm}-\delta_{ij}R_{,ppm}\right)\mathrm{d}\ell_k\right] \tag{B.32}$$

式中，矢量的 x 分量用下标 1、y 分量用下标 2 和 z 分量用下标 3 表示。在任何表达式中，下标都是重复的符号，它意味着一个求和。如 $x_ix_i=\sum_{i=1}^{3}x_i^2=x_1^2+x_2^2+x_3^2=x^2+y^2+z^2$。$\delta_{ij}$ 是 Kronecker δ 函数(i=j 时，$\delta_{ij}=1$，否则为 0)，ϵ_{ijk} 是式(C.52)定义的 Levi-Civita 张量。R 是计算应力的点和沿位错曲线积分的点之间的距离。符号 $R_{,i}$ 表示 R 对 x_i 的导数。例如，$R_{,mkn}$ 表示导数 $\partial^3R/\partial x_m^B\partial x_k^B\partial x_n^B$，其中 $R=|\boldsymbol{r}_A-\boldsymbol{r}_B|$。为了计算位错 A 上某点的应力，必须对 B 的整条线做积分。

对于直线位错，式(B.32)的积分无论是无限长还是有限线段，它们的解析解都已经求出，Hirth 和 Lothe(1992)以及 Rose 在他们的著作中进行了总结。这里不重复介绍，只是强调其可用性，因为正是它们形成了许多模拟方法的基础。仅以一个例子加以说明，一个无限长的位错，其伯格斯矢量是沿着 $\hat{x}$ 的方向，并且其线方向沿 $\hat{z}$ 轴，它所引起应力的 xy 分量是(Hirth and Lothe, 1992)

$$\sigma_{xy} = \frac{\mu b}{2\pi(1-\nu)} \frac{x\left(x^2 - y^2\right)}{\left(x^2 + y^2\right)^2} \tag{B.33}$$

式中，b 为伯格斯矢量值；μ 为剪切模量；ν 为泊松比。注意，该应力是长程的，当 r 很大时，它近似按 $1/r$ 变化，因此力也是如此(见 3.6 节讨论)。精确的计算这些力需要采用类似于在附录 C.8 中讨论的数值方法。

在式(B.32)中有一些近似。首先，如上所述，式(B.32)是由假设各向同性的线性弹性条件推导出来的。当两个位错相互之间足够靠近，使位错核心出现重叠时，式(B.32)就不再有效。

B.5.7　自能和自力

位错的一个重要特征是具有自能，也就是说，在其能量中有源自于该位错本身的能量项。其中之一是由位错核心的结构所产生的能量。如上所述，芯的总能量与位错的长度和伯格斯矢量值的平方 b^2 成正比。由此可见，位错长度的任何变化都伴随着能量的变化，因此产生新位错和增加位错长度都需要力的作用。思考这个问题的一个简单办法就是把它作为一个线张力。位错线张力的近似形式为 T，它等于位错芯自能 E_{dis}，两者都是度量单位长度的位错能量，即(Hull and Bacon, 2001)

$$T = E_{\text{dis}} = \alpha\mu b^2 \tag{B.34}$$

式中，α=0.5～1.0。根据此表达式，形成一个曲率半径等于 R 的弯曲位错，需要的应力 τ_0 为

$$\tau_0 = \frac{\alpha\mu b}{R} \tag{B.35}$$

位错的另一个自能(因而还有力)来自于位错自身的一部分与另一部分的弹性应力场的相互作用。自应力(self stress)的表达形式与式(B.32)的形式相同，自力(self force)由 Peach-Koehler 力的公式(B.29)进行计算。

B.5.8　非线性位错的相互作用和反应

当位错彼此接近时，位错的芯出现重叠，线性弹性不再成立。在这样小的距离条件下，有关位错的原子性质的细节起主导作用。分子动力学模拟表明，如果距离超过 10 个左右的伯格斯矢量，则线性弹性保持，至少对面心立方材料的螺型位错相互作用是如此(Swaminarayan et al., 1998)。就大多数离散位错的模拟而言，这个距离是非常小的，以至于短程相互作用的细节可以忽略不计。通常位错模拟

的尺度是在微米级上，而位错芯的尺度在埃(Å)级上。

位错之间的短程相互作用可以对位错行为产生重要影响，包括新位错产生和现有位错消失。一个典型的例子示于图 B.13(a)，其中符号相反的两个刃型位错沿同一滑移面滑移，直到它们结合在一起，消除了缺陷，留下完美的晶格。这个过程称为湮没，它使位错密度减小。图 B.13(b)中，两个位错合并到一起，形成一个新的位错，约束条件是“反应”之后的总伯格斯矢量必须等于反应之前伯格斯矢量之和，即 $\boldsymbol{b}_3=\boldsymbol{b}_1+\boldsymbol{b}_2$。在第 13 章中所叙述的离散位错模拟中，这种相互作用通常是采用规则和模型来处理的。

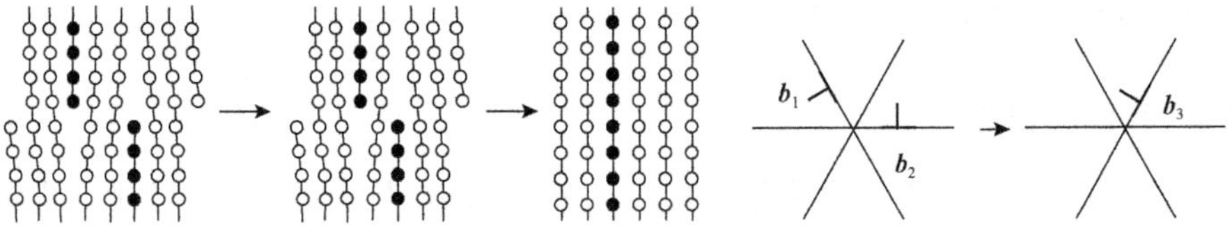

(a) 位错湮没　　(b) 位错的反应

图 B.13　位错之间的短程相互作用

相关的其他两种类型的位错短程相互作用是相交和连接。相交出现于两个不平行的位错相互滑移进入和穿越对方时，在位错中引起割阶(jog)，从而影响后续的滑移。连接产生于位错的长程相互作用中，形成稳定的结构。连接可能容易地运动(滑动)或在运动中被阻止(不滑动)。无论在何种情况下，相交和连接都是位错运动的重要障碍，都会引起堆积和位错林的发展，形成高密度的位错。具体细节的叙述可阅读 Hull 和 Bacon(2001)的著作。

B.5.9　位错源

正如前面所述，位错密度由单位体积的位错密度长度度量，它在塑性负荷下增大。位错密度增大源于位错在滑移过程中的延伸。最熟知的位错源是 Frank-Read 源，见图 B.14(Read, 1953)。位错段在两端被钉扎，可能是因为与另一个位错在溶质粒子处等相交。作用于合适方向上的应力引起位错在其滑移面弯曲，远离钉扎点。图 B.14 所示的位错弯曲的形状可通过简单的线张力模型来理解。位错将继续弯曲，直到它最终弯回到钉扎点之间原位错线的周围。随着它继续弯曲，这个位错两端的线最终彼此闭合。由于伯格斯矢量是相同的，线方向是相反的，所以位错会湮没，如图 B.13(a)所示，形成一个位错环并且在应力作用下继续生长。残余的位错运动回到钉扎点之间的原始线，该过程又重新开始。因此，一个单一的 Frank-Read 源可以生成很多位错。其他位错源，包括在其他缺陷位置形核，如表面或晶界。

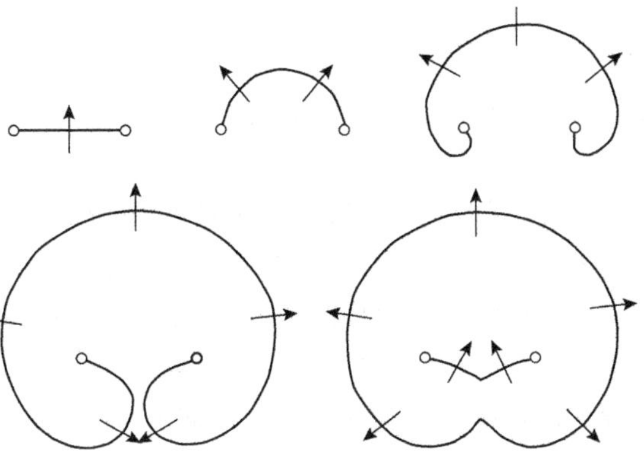

图 B.14　Frank-Read 源示意图(Read, 1953)
(箭头指示的是位错运动的方向)

B.5.10　动力学

由于与晶格和其他缺陷等的相互作用，位错的运动受到抑制。可以通过假设有一个额外的摩擦力 $\gamma \boldsymbol{v}$ 来近似这种效果，作用于位错上的净力为

$$\boldsymbol{F}_{\mathrm{net}} = \boldsymbol{F} - \gamma \boldsymbol{v} \tag{B.36}$$

式中，γ 为一个阻尼项；$\boldsymbol{v}$ 为位错速度。

位错阻力有许多来源。其中，声子阻力系数随着温度变化而变化，$\gamma_{\mathrm{phonon}} = C\mu b(T/\Theta)/C_t$，式中 C 是一个常数，C_t 是声速，Θ 是德拜温度，b 是一个函数，其值在 $T=\Theta$ 时(忽略电子散射)的变化范围是 0～1，在低温下与 T^{-3} 成正比(Hirth and Lothe, 1992)。攀移(图 B.10(a))可以描述成扩散运动，假设攀移的阻力系数为 $\gamma_{\mathrm{climb}} = b_{\mathrm{e}}^2 k_{\mathrm{B}} T/(D_{\mathrm{s}} V_{\mathrm{a}})$，其中 b_{e} 为伯格斯矢量的刃型分量，D_{s} 是自扩散系数，V_{a} 是空位的体积。注意，这仅在高温下是有效的。

在极限情况下阻力项很大，在解运动方程时可以忽略惯性(即加速度)的影响，并利用稳态速度(式(B.36)中 $\boldsymbol{F}_{\mathrm{net}}=0$)，建立线性的力-速度运动方程

$$\boldsymbol{v} = \frac{1}{\gamma}\boldsymbol{F} = M\boldsymbol{F} \tag{B.37}$$

式中，M 为迁移率。此关系经常称为过阻尼极限，参见 13.1 节中的讨论。注意，对于某些晶体结构，M 可以是各向异性的(沿不同方向有不同的迁移率)，并且可能需要张量形式。过阻尼动力学的假设在许多情况下效果良好，但是在某些情况下，如高应变率，必须采用完整的运动方程(Wang et al., 2007)。

B.5.11　位错晶体学

位错的行为高度依赖材料的晶体学性质。例如，体心立方晶系可用的滑移系与面心立方晶系的不同，也不同于密排六方晶系。这些差异非常重要，它使得不同的晶体结构形变性质差别很大。有兴趣的读者可以查阅更详细的信息，尤其是 Hull 和 Bacon(2001)的著作，书中的讨论清晰而且简洁。

例如，在面心立方系统中，沿着{111}平面最小的原子间距离如图 B.5(b)所示。根据前面给出的式(B.34)，位错的自能与伯格斯矢量值的平方成正比，即 $E_{\mathrm{dis}} \propto b^2$。因此，在一个面心立方固体中占支配地位的伯格斯矢量为点阵点之间的最小矢量，它是一个连接最近邻的矢量。所以，在一个面心立方固体中占支配地位的矢量的类型为 $\frac{1}{2}\langle 110\rangle$，在{111}平面上滑移。图 B.15 给出了 $(1\bar{1}1)$ 滑移平面，图中，伯格斯矢量 $\boldsymbol{b}=\frac{1}{2}[110]$，滑移面 $(\bar{1}11)$ 的法线方向为 $[\bar{1}11]$，指向页面的方向为 $[1\bar{1}2]$。

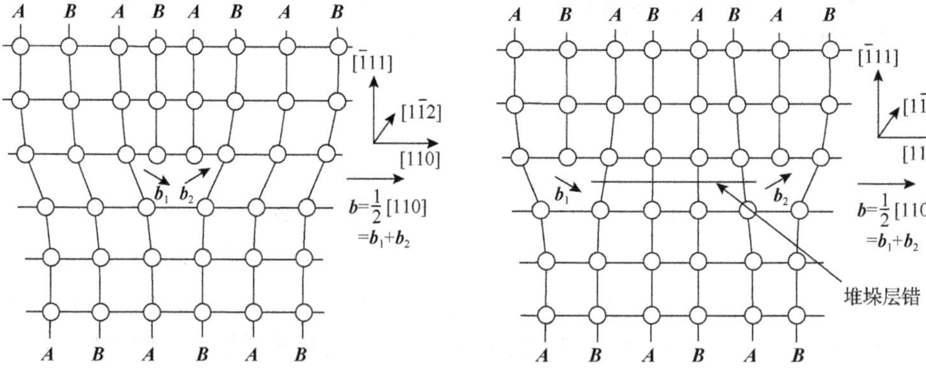

(a) 局部分量 $\boldsymbol{b}_1=\frac{1}{6}[\bar{2}11]$ 和 $\boldsymbol{b}_2=\frac{1}{6}[\bar{1}2\bar{1}]$，$\boldsymbol{b}=\boldsymbol{b}_1+\boldsymbol{b}_2$　(b) 堆垛层延伸到滑移平面，使局部位错分离

图 B.15　面心立方晶格的局部位错

由于是原子点阵结构，能量上有利于将 $\boldsymbol{b}=\frac{1}{2}[110]$ 分成两个位错，称为局部位错(partial dislocation)，如图 B.15(a)所示。位错的形式为

$$\boldsymbol{b} \longrightarrow \boldsymbol{b}_1+\boldsymbol{b}_2 \tag{B.38}$$

或

$$\frac{1}{2}[110] \longrightarrow \frac{1}{6}\langle 211\rangle+\frac{1}{6}\langle 12\bar{1}\rangle$$

这里使用符号 ⟨·⟩ 来表示晶向族。局部位错不必聚在一起，它们可以分开，形成一个堆垛层错面，如图 B.15(b)所示。相互之间的距离取决于伯格斯矢量和堆垛层错能。面心立方系统中局部位错的形成影响了它们的形变特性，特别地，如促进交叉滑移、与晶界的相互作用、孪晶界的形核等。

B.6　多 晶 材 料

面缺陷(planar defect)包括在不同材料体之间的任何界面。这些区域可以是同相的，但具有不同的结晶取向；也可以是不同相的，越过界面有成分变化或热力学相的变化。材料的表面也是界面，在这种情况下是材料与大气的界面，它对块体材料的腐蚀可能发挥关键的作用，此外在纳米尺度下，材料表面可能支配材料的行为。

为了简化，讨论集中于一种类型的边界，即组成多晶材料的晶体间的边界。这些晶体称为晶粒(grain)，它们之间的界面称为晶界(grain boundary)。晶粒具有不同的尺寸和取向。这些取向的分布称为织构(texture)。取向可以是随机的，相应地称为随机织构(random texture)；或是定向的，这在很大程度上是由材料的加工引起的。几乎所有的金属和大多数的陶瓷是多晶体。

材料中晶界的分布被称为它的微观结构(microstructure)。材料的微观结构可以对其许多性质有着深刻的影响。通常情况下，晶界具有较大的局部体积，因此原子之间有更多的空间，从而强化了扩散。这种界面扩散能力的增强在许多现象中起着重要的作用，如烧结。烧结是将粉末成型为一个材料的过程，它基于扩散，因此高度依赖温度。它可以用于任何粉末，通常用于陶瓷和金属的成型加工。晶粒的分布还对材料的宏观性质有着重大的影响作用。所以说，理解微观结构的发展、演化和结果是材料建模和模拟的主要推动力，这点应该是毫不惊奇的。

在详细描述晶界和晶粒生长的同时，要强调，有许多类型的界面在材料中是十分重要的，如掺杂，它们是嵌在材料中的固体颗粒，阻碍位错的运动和钉扎晶界，能够影响材料的性质。在多相系统中，相界面起着相似的作用。有关这些界面的演化和影响在其他文献中有详细的介绍。例如，关于金属的，在许多书籍中都有描述，包括 Porter 和 Easterling(1992)的著作。

B.6.1　晶界

两个晶粒之间的边界是片状的，它们是二维的，但不必是平面，如图 B.16 所示。晶粒棱(grain edge)出现在三个或更多个晶粒沿曲线相遇的情况，如图 B.16 所示。晶粒顶点(grain vertice)是四个或更多个晶粒聚集在一起时出现的点。

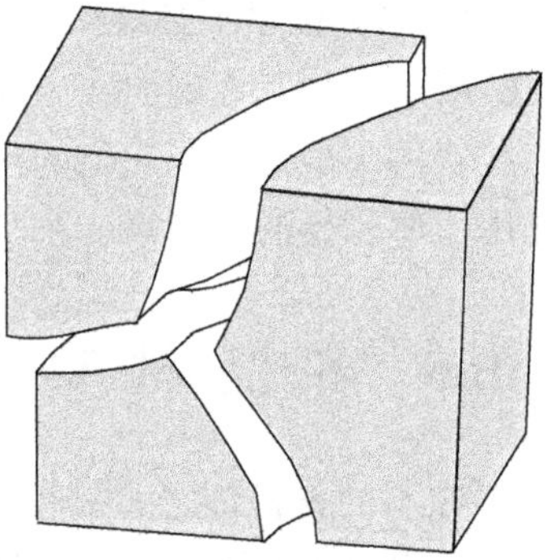

图 B.16　三个晶粒之间晶界的三维视图
(每个晶粒都具有不同的取向，三个晶粒之间的晶粒棱是空间中的一条曲线)

晶界具有五个宏观自由度，描述两个晶粒的相对取向：边界对于两个晶粒的取向和使两个晶粒达到重合所需的三维旋转。为了简化问题，通常以晶粒之间的取向差角来表示晶界特征。图 B.17(a)给出了一种类型的晶界，即倾斜晶界(tilt bounding)，其中一个晶粒相对于另一个晶粒倾斜一个角度。图 B.17(b)中给出的是扭转晶界(twist boundary)，其中，晶粒 *B* 连接于晶粒 *A* 的背面，相对于晶粒 *A* 的垂直轴，晶粒 *B* 的垂直轴已被旋转一个角度。小角度晶界是指其取向差角小于等于 11°，可以由一组位错来建模。大角度晶界一般都比较复杂，由结构单元组成，而结构单元取决于晶粒取向和界面所在的面。

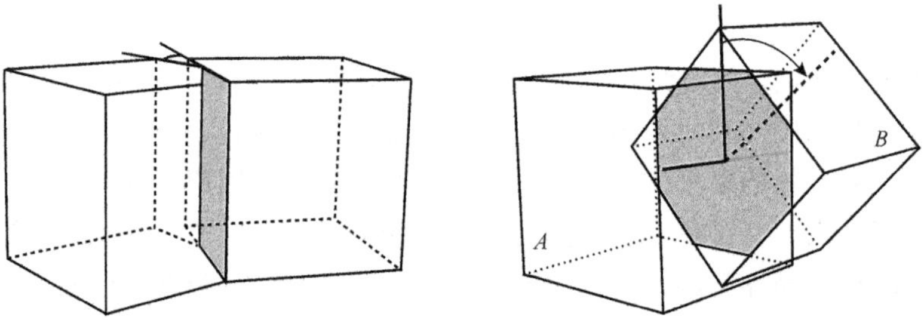

(a) 倾斜晶界　　(b) 扭转晶界

图 B.17　晶界示意图

与在完美和均衡晶体中的状态不同，晶界上的原子键被改变，因此每单位面积的晶界都对系统的能量贡献了有限的、正的自由能。小角度晶界的能量可由 Reed-Shockley 方程来描述：

$$\gamma_s = \gamma_0\theta\left(A - \ln\theta\right) \tag{B.39}$$

式中，取向差角为 $\theta = b/h$，b 为组成晶界的位错伯格斯矢量值，h 为晶界上位错之间的间隔距离；$\gamma_0 = \mu b / [4\pi(1-\nu)]$，$\mu$ 为剪切模量，ν 为泊松比(见附录 H)；A=

$1+\ln[b/(2\pi r)]$，r_0 是位错核心的尺寸。

大角度晶界的能量更为复杂，尚没有单一公式来描述。在失配取向条件下，晶界能量是随着取向差角周期性变化的，这是由于一个晶粒相对于另一个晶粒转动，最终会返回到两个晶粒原来的位置上。需要注意的是，还有低晶界能量的“特殊晶界”。这些晶界中有有序结构生成。

在三维空间中，当三个晶粒相交于一条线上时，形成三线交点，如图 B.18 所示。在二维空间上，该线是一个点，晶界之间的夹角与界面能的关系由下面公式描述：

$$\frac{\gamma_1}{\sin x_1}=\frac{\gamma_2}{\sin x_2}=\frac{\gamma_3}{\sin x_3} \tag{B.40}$$

式中，γ_s 是界面自由能，s=1,2,3。如果所有界面能量相等，则平衡角度等于 120°，即 $x_1=x_2=x_3=120°$。在实际系统中，晶界的能量不一定像所讨论的那样相等，因为三线交于一点不会总是形成 120°的夹角。然而，许多模拟假定了各向同性的晶界，因此它们应该表现出 120°的角度。

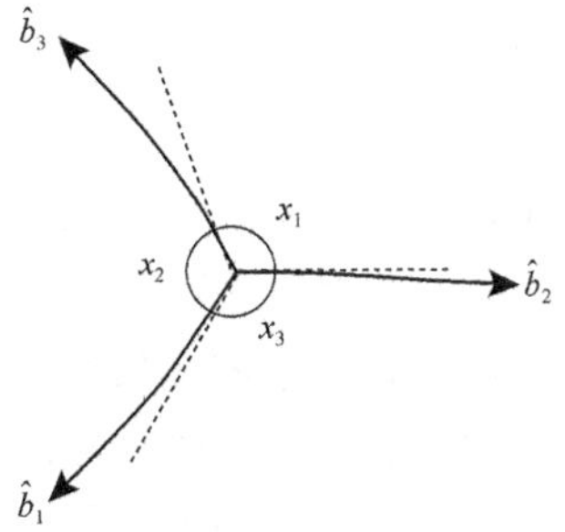

图 B.18　二维空间上三线交点处的角度

由于存在正的晶界能量，多晶材料是亚稳态的，最低能量的材料是没有晶界的晶体。当材料加热时，晶粒演变以降低总晶界面积，从而减小与晶界相关联的能量。因此，晶粒的平均尺寸随着时间的推移而增大。这个过程称为晶粒生长(grain growth)。

B.6.2　晶粒生长

在实验中已经观察到由晶界向其曲率中心迁移时出现的晶粒生长，如图 B.19(a)所示。还观察到，在一般情况下，边数少的晶粒会收缩，边数多的晶粒会长大。经常观察到晶粒结构是自相似的，虽然随着时间的推移，晶粒的平均尺寸增大，但晶粒的形状及其分布保持不变。任何成功的晶粒生长模型都必须重现这些特性。

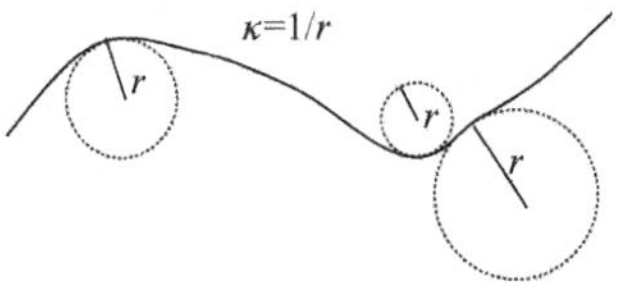

(a) 某点处的曲率等于曲线在该点处拟合最好的圆(在三维空间中为球)的半径的倒数

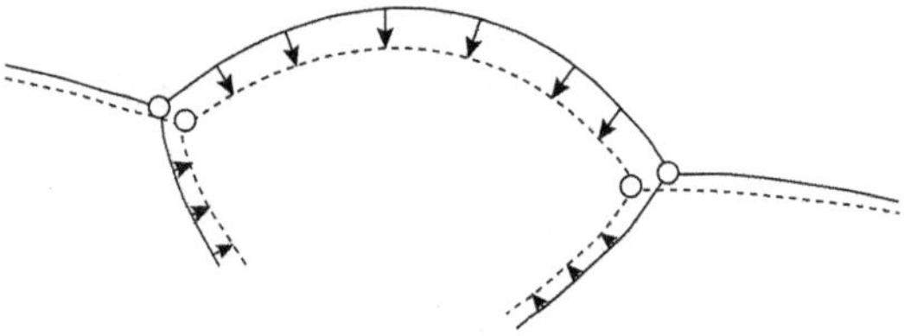

(b) 朝向曲率中心的运动

图 B.19 二维空间中曲率驱动的晶界的运动

Burke 和 Turnbull(1952)用晶粒形貌的简单近似和简单的速率理论来研究跨越晶界的原子运动。证明一个球形的晶界移动速度为

$$v = M\kappa \tag{B.41}$$

式中，M 为原子迁移率；κ 为晶界的平均曲率。假定有恒定的激活能 ΔE_A 使原子运动穿过晶界，这使得迁移率有以下表达形式：

$$M = \left(\frac{\gamma}{k_{\mathrm{B}}T}\right)\upsilon\lambda \mathrm{e}^{-\Delta E_A/(k_{\mathrm{B}}T)} \tag{B.42}$$

它具有扩散系数的量纲。式中，γ 是晶界的界面能，λ 是跃迁距离，υ 是跃迁频率，k_{B} 是玻尔兹曼常量。假定球形晶粒的半径为 R，那么其曲率为 $1/R$，可证明晶粒平均尺寸(在二维空间为面积 A)在长时间之后应接近 $\langle A\rangle \sim t$。尽管这个关系式是经过许多近似之后得出的，但它看来与实验一致。

von Neumann(1952)推导出在二维空间中生长速率的一个简单表达式，即

$$\frac{\mathrm{d}A}{\mathrm{d}t} = -M\frac{\pi}{3}(6-n) \tag{B.43}$$

式中，A 为晶粒的面积；M 为迁移率；n 为晶粒的边数。该表达式是基于一些简单的几何假设，包括晶界是(或多或少)直的，并且晶粒生长是各向同性的(即所有的晶界都具有相同的能量)，晶粒仅在三线交点处接触(在二维空间中三个晶粒接触于一个点上)且平衡角为 120°，这表明当 $n<6$ 时晶粒收缩，$n>6$ 时晶粒生长，而 $n=6$ 时晶粒是稳定的。这个结果与许多实验观察结果相一致。MacPherson 和 Srolovitz(2007)已经将这种分析方法拓展到三维空间晶粒，其结果更复杂，但基本思想是相同的。

对于一些重要的现象，如异常晶粒生长、再结晶、有关三维的影响等，就不在本书中细致讨论了。但是，运用本书中所介绍的方法，许多这样的现象已经被

成功地模拟。

B.7 扩　　散

扩散基本上对所有的材料系统都是一个极为重要的过程①，它是材料中传输原子的主要机制，存在于许多重要的现象中，如相变、腐蚀等，并且对许多技术材料和产品包括半导体器件的薄膜有重要的影响。

2.3 节讨论了在点阵中空位扩散和原子扩散的关系。对于填隙式的扩散②可以进行类似的分析，对于某些系统，这类扩散在块体材料扩散中占主导地位。扩散取决于一系列的变量，包括初始浓度、表面浓度、扩散率、时间和温度。

B.7.1 扩散的连续区描述

在连续区层面上，支配某物种(*i*)扩散的基本方程是菲克第一定律和第二定律，在菲克第一定律中，扩散的通量由粒子 *i* 的浓度来表述，即

$$\boldsymbol{J}_i = -D_i \nabla c_i \tag{B.44}$$

在菲克第二定律中，其浓度对时间的变化速率由通量来表述，即

$$\frac{\partial c_i}{\partial t} = -\nabla \cdot \boldsymbol{J}_i \tag{B.45}$$

D_i 是物种 *i* 的扩散系数，是该物种及其在其中扩散的材料的基本性质。如果 D_i 是与位置无关的(如体扩散的情形)，那么第二定律成为

$$\frac{\partial c_i}{\partial t} = -D_i \nabla^2 c_i \tag{B.46}$$

式(B.46)是一个微分方程，由定义该问题的边界条件约束，解方程可得到浓度为位置 $\boldsymbol{r}$ 和时间 t 的函数，即 $c(\boldsymbol{r},t)$。例如，如果假设扩散材料初始时位于原点，并且其浓度为 c_0=1，则在时刻 t 时浓度为(Shewmon, 1989)

$$c(\boldsymbol{r},t) = \frac{1}{8(\pi D t)^{3/2}} \mathrm{e}^{-r^2/(4Dt)} \tag{B.47}$$

① 请参阅一本详细描述扩散的书籍。这类书籍有许多，如 Porter 和 Easterling(1992)的著作 *Phase Thansformations in Metal and Alloys* 以及 Shewmon(1989)的著作 *Diffusion in Solids*。

② 当扩散的原子足够小时，其能在晶格中的原子之间移动，并且不需要空位缺陷即可进行，就发生了填隙式扩散。

这里是用球极坐标(spherical polar coordinate)形式给出 $c(\boldsymbol{r},t)$ 的；$c(\boldsymbol{r},t)$ 给出了时刻 t 时整个空间中的浓度。由于材料的组成是守恒的，所以对空间所有点上的浓度求和得到的总浓度必须与该系统初始时的浓度相同，在本例子中为 1。$c(\boldsymbol{r},t)$ 是连续函数，因此需要对 $c(\boldsymbol{r},t)$ 在整个空间求积分。假定该扩散是各向同性的(在所有方向上是相同的)，则在球极坐标系下的积分为

$$\int_0^\infty c(\boldsymbol{r},t)4\pi r^2 \mathrm{d}r = 1 \tag{B.48}$$

利用 $c(\boldsymbol{r},t)$ 还可以把扩散物种的均方位移与扩散系数关联起来。具有 N 个粒子的系统的均方位移可定义为

$$\left\langle r^2(t)\right\rangle = \left\langle \left|\boldsymbol{r}_i(t) - \boldsymbol{r}_i(0)\right|^2 \right\rangle \tag{B.49}$$

式(B.49)是对所有粒子求平均。因为设定所有的粒子从原点开始扩散，$\boldsymbol{r}(0)=(0,0,0)$。$c(\boldsymbol{r},t)$ 是所有扩散物种在给定时刻 t 时在空间的分布。r^2 的平均值就是对该分布的积分，如同在附录 C.4 中的讨论。均方位移为

$$\langle r^2\rangle = \int_0^\infty r^2 c(\boldsymbol{r},t)4\pi r^2 \mathrm{d}r = 6Dt \tag{B.50}$$

即

$$D = \frac{1}{6t}\langle r^2\rangle \tag{B.51}$$

式(B.51)在长时间下有效(t 较大时)。

在式(B.51)的右侧，包含有距离 r 平方的平均值(表示为 $\langle\cdot\rangle$)，r 是粒子 i 在 t 时刻的位置与它在初始时刻的位置(设定 t=0)间的距离。平均值是对在系统中的所有扩散粒子求出的。因为预期 D 是一个常量，所以可以从方程(B.51)推断，$\langle r^2\rangle \propto t$ (所以时间可以消掉)。

式(B.51)中的关系式将重要的材料性质，即扩散系数，与原则上可以进行计算的量关联起来。例如，如果能够计算原子在固体中的运动，利用第 6 章中讨论的方法，就能够确定均方位移，直接计算出 D，也可用其他方法来计算 D。正如在附录 G 中看到的，扩散系数还与一个称为速率自关联函数的积分相关，有时这个计算更容易一些。第 6 章中也对 D 的计算方法进行了讨论。

扩散是关于原子从一个位点到另一个位点之间跃迁的激活过程，因而服从阿伦尼乌斯定律，也就是说，它遵循关系式 $D \sim \mathrm{e}^{\Delta E/(k_\mathrm{B}T)}$，其中 ΔE 是原子从一个位点跃迁到另一个位点的能垒，k_B 是玻尔兹曼常量，T 是温度。更多的细节见附录 G.8。

B.7.2　沿着缺陷的扩散

如上所述，位错和晶界等缺陷的结构通常具有比点阵更大的局部体积。沿着这些界面，扩散通常都会增强。扩散也会沿着缺陷发生，如沿着晶界、位错或在自由表面上。注意到，缺陷对块体材料扩散性的总体影响是高度依赖它们的浓度的。一般地，扩散系数遵循下面的关系：$D_{\text{lattice}} < D_{\text{dislocation}} < D_{\text{grain boundary}} < D_{\text{surface}}$ (Porter and Easterling, 1992)。在建模领域，沿界面扩散的计算一直是人们关注的焦点，因为模拟可以很容易地区分点阵和缺陷扩散，而这在实验中并不总是那么清晰的。

推荐阅读

本章中忽略的细节在许多书中有详细的叙述。

Phillips (2001) 在 *Crystals, Defects, and Microstructures: Modeling Across Scales* 一书中总结了许多这方面概念。

对于位错，Hull 和 Bacon (2001) 的著作 *Introduction to Dislocations* 是一本优秀的入门读物。更简单的教材，是 Weertman J 和 Weertman J R (1992) 的著作 *Elementary Dislocation Theory*，书中有优质的图片，使位错结构非常易于理解。更全面的介绍当属 Hirth 和 Rose (1992) 的经典著作 *Theory of Dislocations*，这是最好的参考书籍。

Shewmon (1989) 编写的 *Diffusion in Solids* 也是一本关于扩散基础的优秀书籍。另一本关于扩散的优秀书籍是 Glicksman (1999) 的著作 *Diffusion in Solids: Field Theory, Solid-State Principles, and Applications*。

附录 C　数学背景知识

本附录主要复习一些数学知识。如果读者对这些内容完全陌生，请查阅本附录末尾列出的参考书籍。要说明的是，这里所讨论的绝对不是全部知识，只讨论本书正文涉及的内容。

C.1　矢量和张量

下面介绍本书中所使用的矢量和张量的标记法及其有用的结论。

C.1.1　基本运算

在笛卡儿坐标系中，描述空间中某个点的矢量 $\boldsymbol{r}$ 可以表示为

$$\boldsymbol{r} = x\hat{x} + y\hat{y} + z\hat{z} \tag{C.1}$$

式中，矢量由粗体字母表示，单位矢量(幅值大小等于 1)用ˆ表示，如 $\hat{x}$。如图 C.1 所示，矢量具有长度和方向。

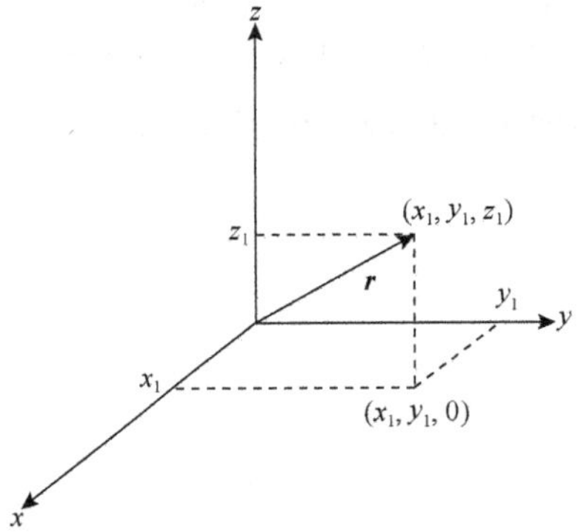

图 C.1　三维笛卡儿坐标系中的矢量

如果在空间中的两个点分别由 $\boldsymbol{r}_1 = x_1\hat{x} + y_1\hat{y} + z_1\hat{z}$ 和 $\boldsymbol{r}_2 = x_2\hat{x} + y_2\hat{y} + z_2\hat{z}$ 表示，那么连接点 1 至点 2(即由 1 指向 2)的矢量是

$$\boldsymbol{r}_{12} = \boldsymbol{r}_2 - \boldsymbol{r}_1 = (x_2 - x_1)\hat{x} + (y_2 - y_1)\hat{y} + (z_2 - z_1)\hat{z} \tag{C.2}$$

矢量 $\boldsymbol{r}_{12}$ 的长度就是两点之间的距离，经常表示为 r_{12}。长度的表达式为

$$r_{12}=|\boldsymbol{r}_2-\boldsymbol{r}_1|=\left((x_2-x_1)^2+(y_2-y_1)^2+(z_2-z_1)^2\right)^{1/2} \tag{C.3}$$

单位矢量 $\hat{r}_{12}$ 是具有单位长度并以点 1 向点 2 连线为方向的矢量，$\hat{r}_{12}=\boldsymbol{r}_{12}/r_{12}$，即矢量除以其长度。

在三维空间中，一般矢量可表达为

$$\boldsymbol{a}=a_x\hat{x}+a_y\hat{y}+a_z\hat{z} \tag{C.4}$$

式中，矢量的分量(如 a_x)表示的是矢量在 x 轴方向上的投影值。例如，重力，其方向和幅值是变化的，取决于在何处对它进行测量。

假设有两个矢量 $\boldsymbol{a}$ 和 $\boldsymbol{b}$，两个矢量的点积(dot product)定义为

$$\boldsymbol{a}\cdot\boldsymbol{b}=a_xb_x+a_yb_y+a_zb_z \tag{C.5}$$

点积是一个标量(数量)，其值是

$$\boldsymbol{a}\cdot\boldsymbol{b}=ab\cos\theta \tag{C.6}$$

式中，a 为 $\boldsymbol{a}$ 的幅值；b 为 $\boldsymbol{b}$ 的幅值；θ 为 $\boldsymbol{a}$ 和 $\boldsymbol{b}$ 之间的角度。一个矢量的幅值大小是它自身的点积，例如

$$a=|\boldsymbol{a}|=\sqrt{\boldsymbol{a}\cdot\boldsymbol{a}}=\sqrt{a_x^2+a_y^2+a_z^2} \tag{C.7}$$

相互垂直(θ=90°)矢量之间的点积是零。

为了标记方便，本书有时使用一种更方便的方式来表示笛卡儿坐标系中 x、y 和 z，令 $\hat{x}_1=\hat{x}$、$\hat{x}_2=\hat{y}$ 和 $\hat{x}_3=\hat{z}$。这样矢量就可以表示为 $\boldsymbol{a}=a_1\hat{x}_1+a_2\hat{x}_2+a_3\hat{x}_3$，$\boldsymbol{a}$ 和 $\boldsymbol{b}$ 之间的点积由式(C.8)给出：

$$\boldsymbol{a}\cdot\boldsymbol{b}=a_1b_1+a_2b_2+a_3b_3 \tag{C.8}$$

它与式(C.5)是等价的。使用标记

$$\sum_{i=1}^{m}a_i=a_1+a_2+a_3+\cdots+a_{m-1}+a_m \tag{C.9}$$

有

$$\boldsymbol{a}\cdot\boldsymbol{b}=\sum_{i=1}^{3}a_ib_i \tag{C.10}$$

为使表达式书写紧凑，特别是在出现重复指标约定(repeated index convention)时，这种表示法是非常有用的，它表示在一个表达式中当指标相同时，就必须对所有

指标求和。例如，点积的表达就变成简单的$\boldsymbol{a}\cdot\boldsymbol{b}=a_i b_i$。在本书中，(通常)不会采用重复指标约定。

两个矢量的矢量积(cross product)(由×表示)生成第三个矢量，与前两个矢量相互垂直。$\boldsymbol{a}$和$\boldsymbol{b}$的矢量积为

$$\boldsymbol{a}\times\boldsymbol{b}=\boldsymbol{c} \tag{C.11}$$

计算矢量积的一个简单的方法是通过行列式计算。对于一个3×3矩阵，其行列式的值是向下对角线的行的乘积减去向上对角线的行的乘积的总和。因此，有

$$\boldsymbol{c}=\begin{vmatrix}\hat{x} & \hat{y} & \hat{z}\\ a_x & a_y & a_z\\ b_x & b_y & b_z\end{vmatrix}=\left(a_y b_z-a_z b_y\right)\hat{x}+\left(a_z b_x-a_x b_z\right)\hat{y}+\left(a_x b_y-a_y b_x\right)\hat{z} \tag{C.12}$$

它可以用指标的形式表达

$$\boldsymbol{a}\times\boldsymbol{b}=\left(a_2 b_3-a_3 b_2\right)\hat{x}_1+\left(a_3 b_1-a_1 b_3\right)\hat{x}_2+\left(a_1 b_2-a_2 b_1\right)\hat{x}_3 \tag{C.13}$$

矢量积的值是

$$c=|\boldsymbol{c}|=ab\sin\theta \tag{C.14}$$

式中，θ为$\boldsymbol{a}$和$\boldsymbol{b}$之间的角度。需要注意的是，相互平行的矢量(θ=0°)之间的矢量积是零。

C.1.2 矢量微分算子

一个标量场的梯度是一个矢量场，它指向具有最大斜率的方向，而其值的大小正是这个斜率。在标量场空间中的每个点只有一个数值。在矢量场中的每个点既有大小又有方向。它由算子∇来表示，并由式(C.15)来定义：

$$\nabla A\left(x,y,z\right)=\frac{\partial A}{\partial x}\hat{x}+\frac{\partial A}{\partial y}\hat{y}+\frac{\partial A}{\partial z}\hat{z} \tag{C.15}$$

还可以表示为

$$\nabla A\left(x_1,x_2,x_3\right)=\frac{\partial A}{\partial x_1}\hat{x}_1+\frac{\partial A}{\partial x_2}\hat{x}_2+\frac{\partial A}{\partial x_3}\hat{x}_3=\sum_{i=1}^{3}\frac{\partial A}{\partial x_i}\hat{x}_i \tag{C.16}$$

会经常遇到梯度，因为它决定了一个函数在空间中的变化状态，也就是说决定了函数的形状，梯度大表示斜率大，梯度小表示斜率小。

表示一个函数形状的另一个方法是二阶导数(即斜率的变化率)，它是由拉普拉斯算子来表示的，即

$$\nabla^2 = \frac{\partial^2}{\partial x^2} + \frac{\partial^2}{\partial y^2} + \frac{\partial^2}{\partial z^2} \tag{C.17}$$

或者表示为

$$\nabla^2 = \frac{\partial^2}{\partial x_1^2} + \frac{\partial^2}{\partial x_2^2} + \frac{\partial^2}{\partial x_3^2} \tag{C.18}$$

此处的拉普拉斯算子 ∇^2 是在标量场里的运算。

导数在其他坐标系统下形式有所不同。例如，在球极坐标系下

$$\begin{cases} x = x_1 = r\sin\theta\cos\phi \\ y = x_2 = r\sin\theta\sin\phi \\ z = x_3 = r\cos\theta \end{cases} \tag{C.19}$$

其拉普拉斯算子 ∇^2 是

$$\nabla^2 = \frac{1}{r^2}\frac{\partial}{\partial r}\left(r^2\frac{\partial}{\partial r}\right) + \frac{1}{r^2\sin\theta}\frac{\partial}{\partial\theta}\left(\sin\theta\frac{\partial}{\partial\theta}\right) + \frac{1}{r^2\sin^2\theta}\frac{\partial^2}{\partial\phi^2} \tag{C.20}$$

C.1.3　矩阵和张量

二阶张量常常出现在弹性理论中，对于本书，这些张量取 3×3 矩阵的形式(标量是零阶张量，矢量是一阶张量)。张量具有很多关系和性质。Malvern(1969)的相关著作对张量的性质有非常到位的总结。例如，应力张量可表示为

$$\boldsymbol{\sigma} = \begin{pmatrix} \sigma_{11} & \sigma_{12} & \sigma_{13} \\ \sigma_{21} & \sigma_{22} & \sigma_{23} \\ \sigma_{31} & \sigma_{32} & \sigma_{33} \end{pmatrix} \tag{C.21}$$

如果一个矩阵 $\boldsymbol{h}$ 定义为

$$\boldsymbol{h} = \begin{pmatrix} h_{11} & h_{12} & h_{13} \\ h_{21} & h_{22} & h_{23} \\ h_{31} & h_{32} & h_{33} \end{pmatrix} \tag{C.22}$$

那么 $\boldsymbol{h}$ 的转置矩阵为

$$\left(h_{ij}\right)^{\mathrm{T}} = \left(h_{ji}\right) \tag{C.23}$$

在这里，对 $\boldsymbol{h}$ 沿对角线对所有分量进行反转。

正方形矩阵的行列式有许多方面的应用，如线性方程的求解。对于式(C.22)中 3×3 的矩阵，其行列式是

$$\det(\boldsymbol{h}) = \begin{vmatrix} h_{11} & h_{12} & h_{13} \\ h_{21} & h_{22} & h_{23} \\ h_{31} & h_{32} & h_{33} \end{vmatrix}$$
$$= h_{11}h_{22}h_{33} - h_{13}h_{22}h_{31} - h_{12}h_{21}h_{33} - h_{11}h_{23}h_{32} + h_{13}h_{21}h_{32} + h_{12}h_{23}h_{31} \quad \text{(C.24)}$$

C.1.4　欧拉角

有时需要将一个系统中笛卡儿坐标变换到另一个旋转的系统中。在本书中，这种情况最常出现在分子之间相互作用的讨论中。使用欧拉角进行该变换是最常见的方式。

设角度的定义如图 C.2 所示(注意，定义这些角度的方法不止一种)，在新的旋转系统的矢量 $\boldsymbol{x}=(x, y, z)$ 与原矢量 $\boldsymbol{X}=(X, Y, Z)$ 之间的关系为

$$\boldsymbol{x} = \boldsymbol{R}\boldsymbol{X} \quad \text{(C.25)}$$

式中，旋转矩阵 $\boldsymbol{R}$ 是(Wilson et al., 1955)

$$\boldsymbol{R} = \begin{pmatrix} \cos\theta\cos\phi\cos\chi - \sin\phi\sin\chi & \cos\theta\sin\phi\cos\chi + \cos\phi\sin\chi & -\sin\theta\cos\chi \\ -\cos\theta\cos\phi\sin\chi - \sin\phi\cos\chi & -\cos\theta\sin\phi\sin\chi + \cos\phi\cos\chi & \sin\theta\sin\chi \\ \sin\theta\cos\phi & \sin\theta\sin\phi & \cos\theta \end{pmatrix} \quad \text{(C.26)}$$

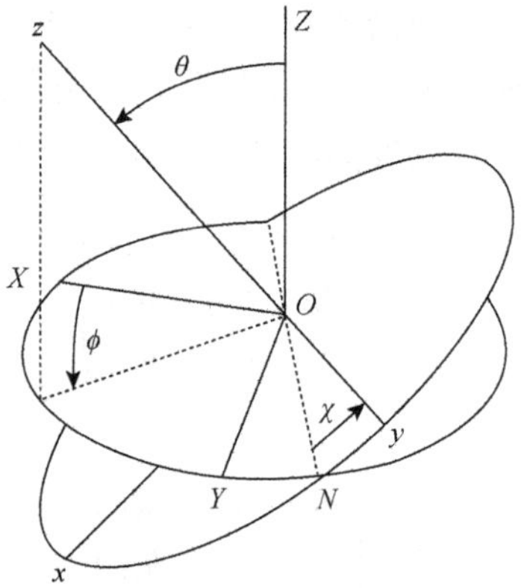

图 C.2　欧拉角定义(Wilson et al., 1955)

C.2　泰 勒 级 数

泰勒级数提供了在点 x_0+a 处估算函数值的方法，只要知道在 x_0 点处该函数的值和必要的一些导数值。假设有一函数 $f(x)$，那么可以对 f 以 a 的幂指数形式展开做泰勒级数

$$f\left(x_0+a\right)=f\left(x_0\right)+\left(\frac{\mathrm{d}f}{\mathrm{d}x}\right)_{x_0}a+\frac{1}{2}\left(\frac{\mathrm{d}^2 f}{\mathrm{d}x^2}\right)_{x_0}a^2+\cdots \tag{C.27}$$

符号 $(\mathrm{d}f/\mathrm{d}x)_{x_0}$ 表示在 $x=x_0$ 处 f 关于 x 的导数值。式(C.27)中第 n 阶项的表达形式为 $(\mathrm{d}^n f/\mathrm{d}x^n)_{x_0}a^n/n!$。

以图 C.3 为例说明泰勒级数。已知在 x_0 处函数 f 及其各级导数(如 $(\mathrm{d}f/\mathrm{d}x)_{x_0}$，$(\mathrm{d}^2 f/\mathrm{d}x^2)_{x_0},\cdots$)的值，想要知道函数在 x_0+a 点的值。第一个猜测是 $f(x_0+a)\approx f(x_0)$，很显然在这里低估了其真实值。求得的 x_0 点的切线斜率，这当然是其一阶导数的值。当在 x 轴上移动一个距离 a 时，f 沿着切线的变化就是 $\Delta=(\mathrm{d}f/\mathrm{d}x)_{x_0}a$，这又高估了函数的实际值。二阶导数是负值(这里 f 的曲线向下弯曲)，因而加上下一项，其值为 $(1/2)(\mathrm{d}^2 f/\mathrm{d}x^2)_{x_0}a^2$，使结果更接近真实值。为获得在期望精度下收敛的实际值，可能要涉及其他高阶导数项。

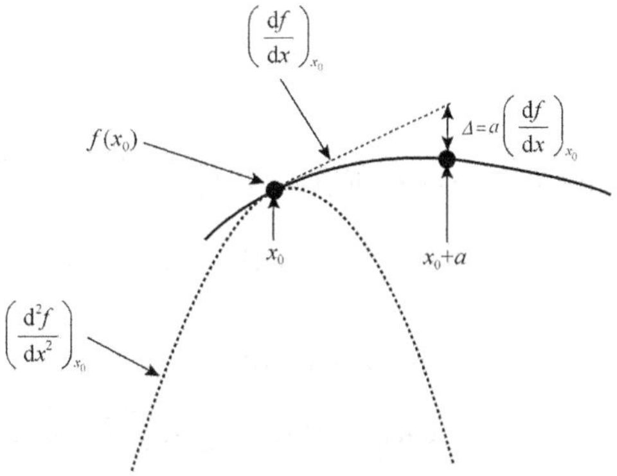

图 C.3　泰勒级数的展开式

考虑一个简单的例子。假定要估计平方根的值，即 $f(x)=\sqrt{x}$，已知它在点 $x_0=x-a$ 的值。对于二级展开有

$$f\left(x_0+a\right)\approx f\left(x_0\right)+\frac{1}{2\sqrt{x_0}}a-\frac{1}{8x_0^{3/2}}a^2+\cdots \tag{C.28}$$

这里对 $\sqrt{x}$ 求关于 x 的导数，并在 $x=x_0$ 处求它们的值。如果希望求得某数 x 的平方根，那么先找到已知平方根值的 x_0 (如 9、16、25、36…)。例如，假设想估算 $\sqrt{90}$。只使用展开式的第一级微分项，取 $x_0=81$ 和 $a=9$，可计算出 $\sqrt{90}\approx 9+\frac{9}{18}=9.5$。实际值应为 $\sqrt{90}=9.486$。误差将随着 a 的增大而增大。例如，一级展开式的误差对 $\sqrt{95}$ 为 0.3%，对 $\sqrt{100}$ 为 0.6%，而对 $\sqrt{110}$ 为 1.2%。对泰勒级数估算到更高阶的项，了解级数对真实值的收敛情况，是十分有启发性的。

对于有三个变量的函数，有(Arfken and Weber, 2001)(使用笛卡儿坐标系下的标记形式)

$$f(\boldsymbol{r}_0+\boldsymbol{a})=f(\boldsymbol{r}_0)+\sum_{\alpha=1}^{3}\left(\frac{\partial f}{\partial x_\alpha}\right)_{\boldsymbol{r}_0}a_\alpha+\frac{1}{2}\sum_{\alpha=1}^{3}\sum_{\beta=1}^{3}\left(\frac{\partial^2 f}{\partial x_\alpha \partial x_\beta}\right)_{\boldsymbol{r}_0}a_\alpha a_\beta+\cdots \tag{C.29}$$

式中，导数值为 $\boldsymbol{r}_0=(x_{01},x_{02},x_{03})$ 点的计算值。

C.3 复　数

复数具有实部和虚部，可以用下面的形式表示：

$$z=a+\mathrm{i}b \tag{C.30}$$

式中，a 为 z 的实部，b 为 z 的虚部，a 和 b 是实数；$\mathrm{i}=\sqrt{-1}$；z 的共轭复数表示为 z^*，并且将 i 换成–i 时与 z 相等，即

$$z^*=a-\mathrm{i}b \tag{C.31}$$

复数值定义为

$$|z|=\left(z^*z\right)^{1/2}=\left[(a-\mathrm{i}b)(a+\mathrm{i}b)\right]^{1/2}=\left(a^2+b^2\right)^{1/2} \tag{C.32}$$

图 C.4 显示出在一个简单的坐标系中如何表示复数，其实部沿 x 和虚部沿 y 作图，复数表示为

$$z=x+\mathrm{i}y \tag{C.33}$$

采用极坐标 $x=r\cos\theta, y=r\sin\theta$，其中 r 是 $z(\sqrt{x^2+y^2})$ 的值，式(C.33)就可以改写为

$$z=r(\cos\theta+\mathrm{i}\sin\theta) \tag{C.34}$$

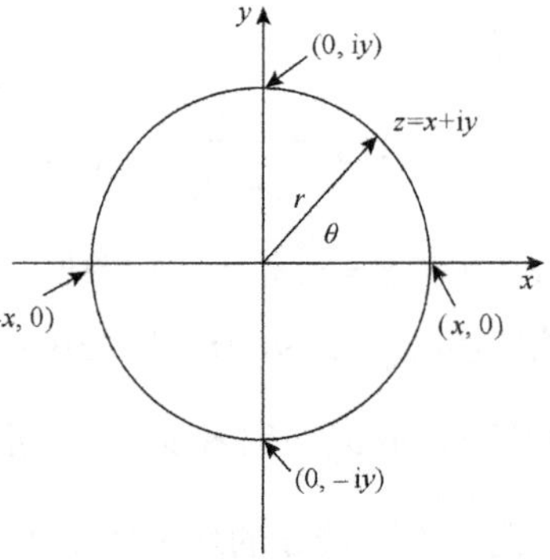

图 C.4　笛卡儿坐标系下的复数

(x 轴是实部，y 轴是虚部。本书中，在叙述复数时一般以 $z=x+\mathrm{i}y$ 或 $z=r\mathrm{e}^{\mathrm{i}\theta}$ 来表示)

运用欧拉公式可以对式(C.34)加以简化，由

$$e^{ix} = \cos x + i\sin x \tag{C.35}$$

改写为

$$z = re^{i\theta} \tag{C.36}$$

需要注意的是，当看到 $e^{i\alpha}$ 的表达形式时，α 是角度，单位为弧度(1 弧度=(180/π)°)。例如，考察式(C.35)，当 n 为整数时可以得到[①]

$$e^{i2\pi n} = 1 \tag{C.37}$$

类似地，当 n 为整数时，$\exp(i(2n+1)\pi) = -1$[②]。

本书中多次出现 $e^{i\boldsymbol{k}\cdot\boldsymbol{r}}$ 的表达形式，其中 $\boldsymbol{r}$ 和 $\boldsymbol{k}$ 分别是空间矢量和波矢量。正如所知，$\boldsymbol{k}\cdot\boldsymbol{r}$ 是无量纲的(它是一个指数函数)，$\boldsymbol{k}$ 的单位必须是弧度/单位长度。

由式(C.35)可以很容易推导出正弦函数和余弦函数的指数表达形式，即

$$\cos x = \frac{1}{2}(e^{ix} + e^{-ix}) \tag{C.38}$$

类似地

$$\sin x = \frac{1}{2i}(e^{ix} - e^{-ix}) \tag{C.39}$$

C.4　概　率　论

概率是某个事件为真或会发生的可能性。这里仅仅介绍在本书相关讨论中十分重要的一些概念。详细了解这方面知识可参阅图书 *Introduction to Probability* (Ginstead and Snell，1997)。

假设一个系统由一些离散数目的状态组成，例如，可以谈论投掷一枚硬币，它由两个状态组成，即正面和反面；或者谈论掷骰子，它由六个状态组成等[③]。假设投掷骰子很多次，则会发现，得到的每一种状态的概率大约都为 1/6。如果投掷 60000 次，得到 1 点大约为 10000 次等则得到 1 点的概率为 1/6。投掷六个点中的任意一个点的概率为1/6，即每一次掷骰子都给出其中的一个状态。

① 当该角度为 2π 弧度(360°)的整数倍时，计算其余弦和正弦函数值。

② 对于整数 n，$2n+1$ 个为奇数，因而$(2n+1)\pi$ 对应于 180°的倍数。

③ 硬币在它的每个面都有不同的符号。可指定一面为“正面”，另一面为“反面”，其代表两个可能的状态。骰子是一种有多个静止状态的小小的可滚动物体。典型骰子是一个立方体，六个面分别指定 1～6 的数字。

现在假设考虑的某个系统具有 n 个状态，对这个系统做 N 次选择试验，观察在每次试验中系统是什么状态。如果在 N 次试验中，用表格记录那些状态，那么在最终的表格上，通过计算可以得出 n 个状态出现的次数。假设发现状态 i 出现 m_i 次。如果 N 足够大，足以做出好的统计①，那么状态 i 的概率是

$$P(i)=\frac{m_i}{N} \tag{C.40}$$

对所有状态的 $P(i)$ 求和，得到

$$\sum_{i=1}^{n}P(i)=\sum_{i=1}^{n}\frac{m_i}{N}=\frac{1}{N}\sum_{i=1}^{n}m_i=1 \tag{C.41}$$

也就是说，在 N 次试验中每次至少得到所有状态中的一个。

假设有某数 A，它在 n 个状态下各具有不同的值，对应于第 i 个状态为 A_i。经过 N 次试验后，系统为状态 i 共有 m_i 次。A 的平均值为

$$\langle A\rangle=\frac{1}{N}\sum_{i=1}^{n}m_iA_i=\sum_{i=1}^{n}P(i)A_i \tag{C.42}$$

式(C.42)是一个非常重要的结果，在本书中多次涉及。系统在某个状态下的概率与 A 在那个状态下的值相乘后，再对所有状态的乘积求和就是函数 A 的平均值。

现在假设在区域 (a, b) 上有一组连续的状态，求和式变成一个积分，并且归一化的条件是

$$\int_a^b P(x)\mathrm{d}x=1 \tag{C.43}$$

式中，粒子在点 x 的概率为 $P(x)$。数值 $A(x)$ 的平均值是

$$\langle A\rangle=\int_a^b P(x)A(x)\mathrm{d}x \tag{C.44}$$

现在假设，考虑可能发生一些事件的实验。在实验的一个单一结果中，事件 a 或者事件 b 可能出现的概率称为事件 a 和 b 的并集(union of event)，用 $P(a\cup b)$ 来表示，它具有性质

$$P(a\cup b)=P(a)+P(b) \tag{C.45}$$

类似地，a 和 b 都发生的概率为事件的交集(intersection of event) $P(a\cap b)$，它具有性质

$$P(a\cap b)=P(a)P(b) \tag{C.46}$$

---

① 掷硬币 5 次不大可能得到正面或反面概率的良好值，而掷 10000 次就会得到。

C.5 常见函数

经常会用到高斯函数或正态分布函数，其定义为(一维空间)

$$f(x)=\sqrt{\frac{\alpha}{\pi}}\mathrm{e}^{-\alpha(x-x_0)^2} \tag{C.47}$$

其中常量的选择要使 $\int_{-\infty}^{\infty} f(x)\mathrm{d}x=1$ 。函数的中心在点 $x=x_0$ 处。定义 $\langle x^n\rangle=\int_{-\infty}^{\infty} x^n f(x)\mathrm{d}x$，求得 $\langle x^2\rangle-\langle x\rangle^2=1/(2\alpha)$ 。由此，可以将参数 α 与高斯分布的标准偏差关联起来，如图 C.5(a)所示。在三维空间中，正态高斯分布函数是

$$f(x,y,z)=\left(\frac{\alpha}{\pi}\right)^{3/2}\mathrm{e}^{-\alpha(x^2+y^2+z^2)} \tag{C.48}$$

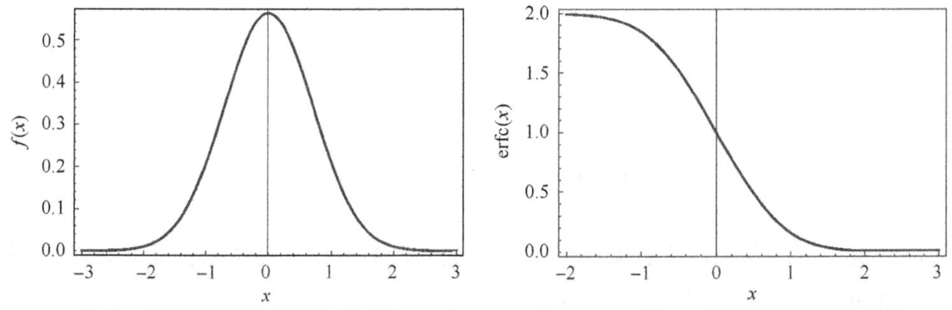

(a) 式(C.47)所示的高斯分布曲线，中心在x_0=0，α=1　　(b) 式(C.50)所示的余误差函数曲线

图 C.5　高斯分布与余误差函数曲线

对用 Ewald 方法计算库仑能进行评价时，会用到余误差函数(complementary error function)。误差函数定义为

$$\mathrm{erf}(x)=\frac{2}{\sqrt{\pi}}\int_0^x \mathrm{e}^{-t^2}\mathrm{d}t \tag{C.49}$$

余误差函数定义为

$$\mathrm{erfc}(x)=1-\mathrm{erf}(x)=\frac{2}{\sqrt{\pi}}\int_x^{\infty} \mathrm{e}^{-t^2}\mathrm{d}t \tag{C.50}$$

如图 C.5(b)所示。值得注意的是，误差函数可以视作高斯分布的一个不完整的积分，是很容易推广到多维空间的。

Kronecker δ 函数定义为

$$\delta_{ij} = \begin{cases} 1, & i = j \\ 0, & i \neq j \end{cases} \tag{C.51}$$

式中，i 和 j 是整数。

另一个有用的函数是 Levi-Civita 张量函数 ϵ_{ijk}，其形式是

$$\begin{aligned} \epsilon_{123} &= \epsilon_{231} = \epsilon_{312} = 1 \\ \epsilon_{132} &= \epsilon_{213} = \epsilon_{321} = -1 \\ \epsilon_{ijk} &= 0, \text{对于所有其他} ijk \end{aligned} \tag{C.52}$$

Levi-Civita 张量函数可用于表达矢量积，虽然不直观，但是非常方便，其表达形式为 $(\boldsymbol{a} \times \boldsymbol{b})_i = \epsilon_{ijk} a_j b_k$。

Dirac δ 函数是一个非常有用的连续函数。在一维空间中，Dirac δ 函数可以通过它的性质来定义：

$$\begin{gathered} \delta(x-a) = 0, \quad x \neq a \\ \int_{-\infty}^{\infty} \delta(x-a)\mathrm{d}x = 1 \\ \int_{-\infty}^{\infty} f(x)\delta(x-a)\mathrm{d}x = f(a) \end{gathered} \tag{C.53}$$

从这些定义可以看出，$\delta(x)$ 必须是一个无限高、无限窄、尖峰中心位于 $x = 0$ 且具有单位面积的函数。δ 函数在所有数值中只取一个点。

定义 δ 函数的问题是没有实际存在的解析函数，因此可以用各种函数形式来逼近 δ 函数，例如：

$$\delta_n(x-a) = \frac{n}{\sqrt{\pi}} \mathrm{e}^{-n^2(x-a)^2} \tag{C.54}$$

随着 n 的增大，δ 函数就被逼近得越来越好。图 C.6 显示出 n=1、5、20 情况下的 $\delta_n(x)$。随着 n 的增大，$\delta_n(x)$ 曲线变得越来越尖锐和细窄，但保持曲线下的面积始终为单位面积。然而，在数学意义上极限 $\lim_{n\to\infty} \delta_n(x)$ 是不存在的。

表示 δ 函数的另一种形式是基于 $\exp(\mathrm{i}\boldsymbol{k} \cdot \boldsymbol{r})$。在一维空间中，可定义（方便起见，设 $a = 0$）

$$\delta(x) = \frac{1}{2\pi} \int_{-\infty}^{\infty} \mathrm{e}^{\mathrm{i}kx} \mathrm{d}k \tag{C.55}$$

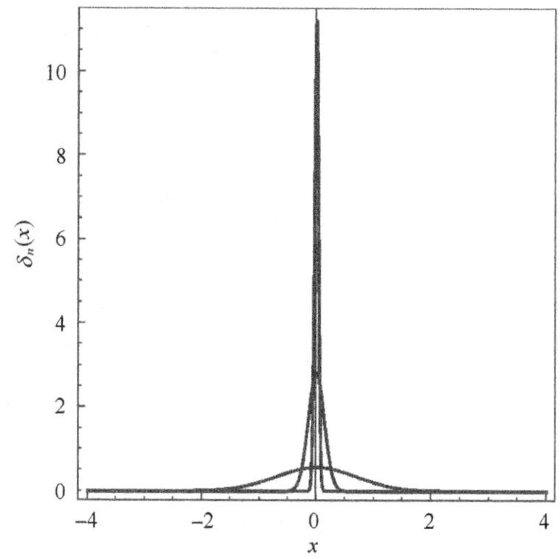

图 C.6 图形表示式(C.54)的 δ 函数
(其中心为 $a=0$，当 n 由 1 增加至 5，再增加至 20，高斯峰变得越来越尖，同时保持单位面积不变)

式(C.55)值得做点说明。$\delta(x)$ 的主要特征是：除了在 $x=0$ 处之外，在其他各处的值都是零。对其积分(Arfken and Weber, 2001)(式(C.39))

$$\delta_n(x)=\frac{1}{2\pi}\int_{-n}^{n}\mathrm{e}^{ikx}\mathrm{d}k=\frac{\sin(nx)}{\pi x} \tag{C.56}$$

由于当 $x\to 0$ 时，$\sin(nx)/x$ 的极限值为 n，而当 $n\to\infty$ 时，则该函数在 $x=0$ (即 $x=a$)处趋向无限大峰值。

若在三维空间存在 $\delta(\boldsymbol{r})$，则有

$$\int_{-\infty}^{\infty} f(\boldsymbol{r})\delta(\boldsymbol{t}-\boldsymbol{r})\mathrm{d}\boldsymbol{r}=f(\boldsymbol{t}) \tag{C.57}$$

式中，$\mathrm{d}\boldsymbol{r}=\mathrm{d}x\mathrm{d}y\mathrm{d}z$ 。

C.6 泛 函 数

假设 $\phi(x)$ 是 x 的函数，并且

$$F\left[\phi(x)\right]=\int f\left(\phi(x)\right)\mathrm{d}x \tag{C.58}$$

则 $F\left[\phi(x)\right]$ 是 $\phi(x)$ 的泛函数。在材料建模时泛函数出现很多次，例如，电子结构计算中最常见的形式就是基于密度泛函理论，其中的电子能量是电子密度的泛函数。

泛函数的微积分不同于普通的微积分，例如，泛函数 $F[\phi(x)]$ 的微分定义为表达式 $\delta F[\phi(x)] = F[\phi(x)+\delta\phi(x)] - F[\phi(x)]$ 中 δF 的线性项，并由式(C.59)给出：

$$\delta F[\phi(x)] = \int \frac{\delta F[\phi(x)]}{\delta\phi(x)} \delta\phi(x) \mathrm{d}x \tag{C.59}$$

式中，$\delta F[\phi(x)] / \delta\phi(x)$ 是 F 对 ϕ 在 x 处的泛函数导数(Volterra, 2005)。

式(C.59)中关系式的另一种表达形式是基于微分的正式定义。假设 $\delta\phi(x)$ 显式地表达为 $\delta\phi(x) = \epsilon g(x)$，其中 $g(x)$ 是任意函数，ϵ 是一个趋近于零的很小的常数。这样，有

$$\begin{aligned}\lim_{\epsilon\to 0}\left[\frac{F[\phi(x)+\epsilon g(x)] - F[\phi(x)]}{\epsilon}\right] &= \left[\frac{\mathrm{d}}{\mathrm{d}\epsilon} F[\phi(x)+\epsilon g(x)]\right]_{\epsilon\to 0} \\ &= \int \left(\frac{\delta F[\phi(x)]}{\delta\phi(x)}\right)_{\epsilon=0} g(x) \mathrm{d}x\end{aligned} \tag{C.60}$$

与式(C.59)相比较可以看出，两个表达式是等同的。由于 $g(x)$ 是任意函数，往往为了方便，取它为 Dirac δ 函数，即式(C.53)的 $\delta(x)$，$g(x) = \delta\phi(x)/\epsilon$。

考虑一个简单的例子。假设有一个下面形式的积分泛函数：

$$F[\phi(\boldsymbol{r})] = C\int \phi(\boldsymbol{r})^n \,\mathrm{d}\boldsymbol{r} \tag{C.61}$$

那么

$$\begin{aligned}F[\phi(\boldsymbol{r})+\delta\phi(\boldsymbol{r})] &= C\int (\phi(\boldsymbol{r})+\delta\phi)^n \,\mathrm{d}\boldsymbol{r} \\ &= C\int \left(\phi(\boldsymbol{r})^n + n\phi(\boldsymbol{r})^{n-1}\delta\phi(\boldsymbol{r}) + \cdots\right)\mathrm{d}\boldsymbol{r} \\ &= F[\phi(\boldsymbol{r})] + nC\int \phi(\boldsymbol{r})^{n-1}\delta\phi(\boldsymbol{r})\mathrm{d}\boldsymbol{r} + \cdots\end{aligned} \tag{C.62}$$

在这里用泰勒级数把 $(\phi(\boldsymbol{r})+\delta\phi(\boldsymbol{r}))^n$ 展开。与式(C.59)相比，可以看到泛函数微分为 $\delta\phi(\boldsymbol{r})$ 的线性项，所以

$$\frac{\delta F[\phi(\boldsymbol{r})]}{\delta\phi(\boldsymbol{r})} = nC\phi(\boldsymbol{r})^{n-1} \tag{C.63}$$

对于此类的局部泛函形式，这是一个普遍的结果

$$F\left[\phi(x)\right]=\int g\left(\phi(x)\right)\mathrm{d}x \tag{C.64}$$

有

$$\frac{\delta F\left[\phi(x)\right]}{\delta\phi(x)}=\frac{\partial g\left(\phi(x)\right)}{\partial\phi(x)} \tag{C.65}$$

现在考虑在相场讨论中将会遇到的另一种情形

$$F\left[C(\boldsymbol{r})\right]=\frac{1}{2}\int\nabla C(\boldsymbol{r})\cdot\nabla C(\boldsymbol{r})\mathrm{d}\boldsymbol{r} \tag{C.66}$$

该泛函数的导数是

$$\frac{\delta F\left[C(\boldsymbol{r})\right]}{\delta C(\boldsymbol{r})}=-\nabla^2 C(\boldsymbol{r}) \tag{C.67}$$

式(C.67)所示关系式的推导是有点棘手的。先从式(C.60)的正式定义开始，为了清楚，在结果中只表示出 x 的函数，可直接推广到三维空间。由式(C.60)有

$$\begin{aligned}\frac{\delta}{\delta C(x)}\frac{1}{2}\int\left(\frac{\partial C(x')}{\partial x}\right)^2\mathrm{d}x' &= \lim_{\epsilon\to 0}\frac{1}{2\epsilon}\int\left\{\left(\frac{\partial\left(C(x')+\epsilon g(x')\right)}{\partial x}\right)^2-\left(\frac{\partial C(x')}{\partial x}\right)^2\right\}\mathrm{d}x' \\ &= \lim_{\epsilon\to 0}\frac{1}{\epsilon}\int\frac{\partial C(x')}{\partial x}\frac{\partial\epsilon g(x')}{\partial x}\mathrm{d}x' \\ &= \frac{\partial C(x')}{\partial x}\bigg|_{-\infty}^{\infty}g(x')-\int g(x')\frac{\partial^2 C(x')}{\partial x^2}\mathrm{d}x' \\ &= -\frac{\partial^2 C(x)}{\partial x^2}\end{aligned} \tag{C.68}$$

在第三步中，进行局部积分，其中假设函数 C 在无穷远处为零；在第四步中，用 $g(x')=\delta(x'-x)$ 做代换，因为 $g(x)$ 是一个任意函数，所以可以自由地替换。

Parr 和 Yang(1989)对泛函数的性质进行了非常完整的总结。

推荐阅读

复习数学科目的一本好书是 *Schaum's Outlines*，书中提供了很好的解题指导。该书有许多卷，其中包括高级微积分、向量和张量分析、复变函数等。

有兴趣阅读更深内容的读者，可阅读由 Arfken 和 Weber(2001)撰写的著作 *Mathematical Methods for Physicists*。

附录 D　经典力学概述

经典力学是研究宏观物体在力的作用下动态响应的学科。经典力学的基本原理为大家所熟悉，它主要研究物体的运动和稳定性。这里对本书涉及的原理进行简要概述。

势能是源自一个物体(或物体系统)的位置或构型的能量。例如，一个物体由于在重力场或电场、磁场等的位置而具有做功的能力。一个拉伸的弹簧或其他弹性变形物体，具有弹性势能。本书中，势能一般都用符号 U 来表示。

运动中的物体还具有动能。有很多形式的动能，如振动、旋转和平移(由于从一个位置到另一个位置的运动而产生的能量)。本书中，动能用符号 K 来表示。

D.1　牛 顿 方 程

假设要确定一个物体的运动。人们很熟悉经典力学的牛顿方程，力等于质量与加速度的乘积(牛顿第二定律)，即[①]

$$\boldsymbol{F} = m\boldsymbol{a} \tag{D.1}$$

式中，$\boldsymbol{F}$ 为施加在物体上的力；m 为物体的质量；$\boldsymbol{a}$ 为物体的加速度。加速度是速度 $\boldsymbol{v}$ 的时间变化率，而 $\boldsymbol{v}$ 又是物体在位置 $\boldsymbol{r}$ 的时间变化率，即

$$\boldsymbol{a} = \frac{\mathrm{d}\boldsymbol{v}}{\mathrm{d}t} = \frac{\mathrm{d}^2\boldsymbol{r}}{\mathrm{d}t^2} \tag{D.2}$$

或者用一个圆点表示时间导数的记号方法，$\boldsymbol{a} = \ddot{\boldsymbol{r}}$[②]。也可以用动量 $\boldsymbol{p} = m\boldsymbol{v}$ 来表示牛顿方程

$$\boldsymbol{F} = \frac{\mathrm{d}\boldsymbol{p}}{\mathrm{d}t} = \dot{\boldsymbol{p}} = m\boldsymbol{a} \tag{D.3}$$

如果已知 $\boldsymbol{F}$ 是位置的函数，并知道其初始位置和速度，那么要得到作为时间函数的位置和速度，就可以求解式(D.1)这个二阶偏微分方程，从而完全解析系统。力可以引起自由物体的速度、方向、形态等的改变，它是一个矢量，具有方向性。

---

① 关于力和能量的各种单位制的讨论，请参见附录 A.2。

② $\frac{\mathrm{d}x}{\mathrm{d}t} = \dot{x}$，$\frac{\mathrm{d}^2 x}{\mathrm{d}t^2} = \ddot{x}$ 等。

如果 $\boldsymbol{F}_{12}$ 表示原子 2 施加于原子 1 上的力，那么 $\boldsymbol{F}_{12}=-\boldsymbol{F}_{21}$，后者为原子 1 施加于原子 2 上的力。

功(能量)被定义为力乘以其所施加的距离。假设有一个物体所受的力为 F，只与位置相关，那么势能 U 的定义就是：它等于从某个参考点 x_0(具有势能 $U(x_0)$)克服作用于物体上的力将其移动到某个最终点 x 所需要做的功。$U(x_0)$ 是一个任意的初始能量，可以设置为零。要使物体移动，为克服力 F 而施加的力，必须与 F 大小相等，但是方向相反。如果 F 是一个连续函数，那么在一维空间中，有

$$U(x)=-\int_{x_0}^{x}F(x)\mathrm{d}x \tag{D.4}$$

记住 $U(x_0)=0$。根据积分的定义，可以将 $F(x)$ 等同于 U 对 x 的负导数，即

$$F=-\frac{\mathrm{d}U(x)}{\mathrm{d}x} \tag{D.5}$$

在三维空间中，等效方程是

$$\boldsymbol{F}=-\nabla U(\boldsymbol{r}) \tag{D.6}$$

式中，∇ 是梯度，在方程(C.15)中介绍过。式(D.6)中的关系具有良好的示意性，即物体在力的作用下，以“悬崖”般的陡度移动来减少能量。对此，图 D.1 进行了概略示意。图中，在一维势能面上，力的公式是 $F_x=-\mathrm{d}U(x)/\mathrm{d}x$，标出了四个点斜率：在 1 和 4 点位置上，斜率为正，力驱动系统向左侧。在 2 和 3 点位置上，斜率为负，系统被力驱动向右侧。

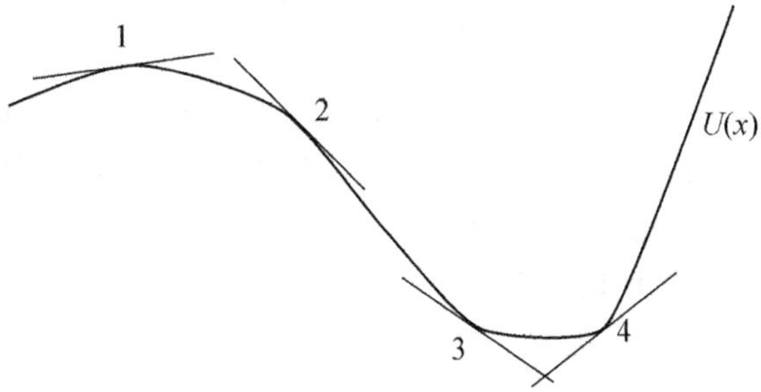

图 D.1　一个一维的势能面 $U(x)$

没有绝对的能量尺度，只有相对的能量，这一点是很重要的。假设有一个基于某种尺度的势能系统，即 U，如果对能量加上一个常数 $U'=U+C$，那么源于该势能的力没有变化，这是因为常数的导数是零。

动能 K 的定义为

$$K\left(v_x,v_y,v_z\right)=\frac{1}{2}mv^2=\frac{1}{2}m\left(v_x^2+v_y^2+v_z^2\right)=\frac{p_x^2+p_y^2+p_z^2}{2m}=\frac{p^2}{2m} \tag{D.7}$$

这里给出了在笛卡儿坐标系中的表达形式，并同时使用速度和动量来表达。

事实证明，牛顿公式体系并不总是便于实际地解决问题。对于解决经典力学的问题，还有其他更强有力的方法，包括运用拉格朗日或哈密顿公式体系。只是本书只讨论所需要的方法。

D.2　哈密顿函数

对于需要用非笛卡儿坐标的问题，牛顿方程可能是非常难解的。定义能量的另一种方法为利用哈密顿函数 $\mathcal{H}$ 。在系统中，如果哈密顿函数中的势能仅取决于坐标，而动能仅取决于动量，那么这样的系统称为牛顿系统。在这种条件下，哈密顿函数的形式非常简单，就是动能与势能的和。一个有 N 个粒子的系统，可以表示为

$$\mathcal{H}\left(\boldsymbol{P}^N,\boldsymbol{r}^N\right)=K\left(\boldsymbol{P}^N\right)+U\left(\boldsymbol{r}^N\right) \tag{D.8}$$

式中， $\boldsymbol{r}^N=\boldsymbol{r}_1,\boldsymbol{r}_2,\cdots,\boldsymbol{r}_N$ ，即 N 个粒子的位置集合。相似地， $\boldsymbol{P}^N$ 表示 N 个动量的集合。因此，哈密顿函数只是动量和位置的函数。哈密顿函数的值是系统的总内能，通常用 E 来表示(即热力学的 E)。

对于保守的(牛顿的)系统，哈密顿函数具有一个重要的特性，它的值 E 是一个常量，即能量是守恒的，有

$$\frac{\mathrm{d}E}{\mathrm{d}t}=\frac{\mathrm{d}\mathcal{H}}{\mathrm{d}t}=0 \tag{D.9}$$

总能量守恒是一个非常重要的性质，它指出，只要势能不依赖速度，一个孤立系统的能量保持不变。在有势能依赖速度的系统中，如有摩擦力的系统，能量是不守恒的，也就是说，能量随时间变化。

式(D.9)是很容易证明的。在一维空间中，有

$$\begin{aligned}
\mathcal{H}&=\frac{1}{2}mv^2+U(x)\\
\frac{\mathrm{d}\mathcal{H}}{\mathrm{d}t}&=mv\frac{\mathrm{d}v}{\mathrm{d}t}+\frac{\mathrm{d}U}{\mathrm{d}t}\\
&=mva+\frac{\mathrm{d}U}{\mathrm{d}x}\frac{\mathrm{d}x}{\mathrm{d}t}=mva-Fv\\
&=mva-mva=0
\end{aligned} \tag{D.10}$$

这里使用了链法则(chain rule)和与势能梯度之间的关系。这个结论也很容易推广

到三维空间中[1]。

D.3　示例：谐振子

考虑在一维空间中将粒子连接到无质量的弹簧上(这个问题可以容易地推广到二维或三维空间中)，这类问题通常被称为谐振子问题。力服从胡克定律，其表达式为 $F=-k(x-x_0)=ma$，其中 x_0 是弹簧的平衡距离，k 是力常量，m 是粒子的质量。设 $z=x-x_0$，运动方程变为

$$m\frac{\mathrm{d}^2 z}{\mathrm{d}t^2}=-kz \tag{D.11}$$

这个微分方程的一般解是[2]

$$z(t)=A\cos(\omega t)+B\sin(\omega t) \tag{D.12}$$

式中，振子的角频率 $\omega=\sqrt{k/m}$。速度是

$$v(t)=\frac{\mathrm{d}z(t)}{\mathrm{d}t}=-\omega A\sin(\omega t)+\omega B\cos(\omega t) \tag{D.13}$$

参数 A 和 B 由初始条件确定，即由其初始的(在时刻 $t=0$ 时)的位置和速度来确定。

有时不易于区分角频率 ω 和频率 ν。在式(D.12)中 ω 对应的是每秒弧度的数量。每周有 2π 弧度，所以

$$\omega=\frac{2\pi}{T} \tag{D.14}$$

式中，T 是振荡的周期(每转所用的时间，秒)。然而，频率仅仅是

$$\nu=\frac{1}{T} \tag{D.15}$$

所以

$$\nu=\frac{\omega}{2\pi} \tag{D.16}$$

ω 和 ν 常常都被称为频率，而利用符号来区分它们。

---

① 说明在三维系统中，动能只依赖速度，势能只依赖位置，有 $\mathrm{d}\mathcal{H}/\mathrm{d}t=0$。提示：$\mathrm{d}U/\mathrm{d}t=\nabla U\cdot\boldsymbol{v}$。

② 给定式(C.38)和式(C.39)，式(D.12)还可以表示为 $z(t)=C\exp(\mathrm{i}\omega t)+D\exp(-\mathrm{i}\omega t)$，其中 C 和 D 为常数。

势能为

$$U = \frac{1}{2}k\left(x - x_0\right)^2 = \frac{1}{2}kz^2 \tag{D.17}$$

而动能为

$$K = \frac{1}{2}mv^2 = \frac{1}{2}m\left(\frac{\mathrm{d}z}{\mathrm{d}t}\right)^2 \tag{D.18}$$

式中，v 是速度 $(\mathrm{d}z/\mathrm{d}t)$。总能量是哈密顿函数 $\mathcal{H} = U + K$ 的值。很容易看到，通过将式(D.12)的解代入哈密顿函数，系统的能量在时间上是恒定的(保守的)[①]。

D.4 中心力势

在许多系统中，两个粒子间的相互作用势只是它们之间距离的函数，这些作用势称为中心力势(center-force potential)。

对于粒子 i 和 j，其相互作用的能量是

$$U\left(\boldsymbol{r}_i, \boldsymbol{r}_j\right) = \phi\left(r_{ij}\right) \tag{D.19}$$

式中，ϕ 是一个函数，r_{ij} 是矢量 $\boldsymbol{r}_{ij}$ 的幅值(式(C.7))，$\boldsymbol{r}_{ij}$ 是从粒子 i 到粒子 j 的矢量

$$\boldsymbol{r}_{ij} = \boldsymbol{r}_j - \boldsymbol{r}_i = \left(x_j - x_i\right)\hat{x} + \left(y_j - y_i\right)\hat{y} + \left(z_j - z_i\right)\hat{z} \tag{D.20}$$

要计算粒子 j 作用于粒子 i 上的力，必须确定

$$\boldsymbol{F}_i\left(\boldsymbol{r}_{ij}\right) = -\nabla_i \phi\left(r_{ij}\right) = -\left(\frac{\partial}{\partial x_i}\hat{x} + \frac{\partial}{\partial y_i}\hat{y} + \frac{\partial}{\partial z_i}\hat{z}\right)\phi\left(r_{ij}\right) \tag{D.21}$$

类似地，要确定原子 i 作用于原子 j 上的力，要计算关于原子 j 坐标上的梯度。

利用链法则，得到

$$\frac{\partial \phi\left(r_{ij}\right)}{\partial x_i} = \frac{\partial \phi\left(r_{ij}\right)}{\partial r_{ij}}\frac{\partial r_{ij}}{\partial x_i} = -\frac{\partial \phi\left(r_{ij}\right)}{\partial r_{ij}}\frac{x_j - x_i}{r_{ij}} \tag{D.22}$$

添加上 y 和 z 项，得到

① 验证谐振子解的一个有用的练习是：(a)验证式(D.12)是一个解；(b)验证 $z(t) = A\exp(\mathrm{i}\omega t) + B\exp(-\mathrm{i}\omega t)$ 是一个解；评估谐振子的能量，并证明它对时间 t 是一个常数；在 $t = 0$ 、$z = x - x_0 = 1$ 的初始条件下求 A 和 B，再在 $t = 0$、速度等于 0.1 的情况下求出 A 和 B。在各种情况下的总能量各是多少？

$$\boldsymbol{F}_i\left(\boldsymbol{r}_{ij}\right)=\frac{\partial\phi\left(r_{ij}\right)}{\partial r_{ij}}\left(\frac{x_j-x_i}{r_{ij}}\hat{x}+\frac{y_j-y_i}{r_{ij}}\hat{y}+\frac{z_j-z_i}{r_{ij}}\hat{z}\right)=\frac{\partial\phi\left(r_{ij}\right)}{\partial r_{ij}}\frac{\boldsymbol{r}_{ij}}{r_{ij}} \tag{D.23}$$

在原子 j 的坐标上求导数，得到

$$\boldsymbol{F}_j\left(\boldsymbol{r}_{ij}\right)=-\frac{\partial\phi\left(r_{ij}\right)}{\partial r_{ij}}\frac{\boldsymbol{r}_{ij}}{r_{ij}} \tag{D.24}$$

即原子 i 作用在原子 j 上的力与原子 j 作用在原子 i 上的力在幅值上大小相等，但是方向相反。需要注意的是，$\boldsymbol{r}_{ij}/r_{ij}=\hat{r}_{ij}$ 就是从原子 i 至原子 j 的单位矢量。

中心力势的常见表达形式为

$$\phi\left(r_{ij}\right)=\frac{C}{r^n} \tag{D.25}$$

式中，C 是依赖原子种类的常量①。利用 $\partial\phi/\partial r_{ij}=-nCr_{ij}^{-(n+1)}$，作用力就有一个非常简单的表达形式

$$\boldsymbol{F}_i=-n\frac{C}{r^{(n+1)}}\hat{r}_{ij},\quad \boldsymbol{F}_j=n\frac{C}{r^{(n+1)}}\hat{r}_{ij} \tag{D.26}$$

推荐阅读

有很多关于经典力学的优秀书籍。例如，这本全面的著作，Goldstein 等(2001)撰写的 *Classical Mechanics* (3rd ed)。

① 式(5.6)中的 Lennard-Jones 势是一个典型的例子。

附录E　静　电　学

E.1　力

两个带电荷分别为 q_1 和 q_2 的(在没有任何外部电场情况下)粒子之间的力的一般表达形式为

$$\boldsymbol{F}(r)=k\frac{q_1q_2}{r^2}\hat{r} \tag{E.1}$$

式中，r 为两电荷之间的距离；$\hat{r}$ 为沿着粒子间连线的单位矢量；k 为一个与单位相关的常数。力作用于 $\hat{r}$ 的方向上，当 q_1 和 q_2 具有相反的符号时，具有吸引力；当具有相同的符号时，具有排斥力。

在CGS单位制里，式(E.1)中 $k=1$，两个带电粒子之间力的大小可简单地表示为

$$\boldsymbol{F}(r)=\frac{q_1q_2}{r^2}\hat{r} \tag{E.2}$$

电荷的单位是静电学电荷的单位，即esu(也称为静库仑(statcoulomb))，距离的单位是cm。关于esu的定义为：如果两个物体各携带+1esu的电荷，相距1cm，那么它们彼此之间的排斥力为1dyne。因此，$1\,\text{esu}=(1\,\text{dyne}\cdot\text{cm}^2)^{1/2}=\text{g}^{1/2}\cdot\text{cm}^{3/2}/\text{s}$。然而，在MKS(SI)单位制里，有

$$k=\frac{1}{4\pi\epsilon_0} \tag{E.3}$$

式中，ϵ_0 是介电常数，其值为 $8.854\times10^{-10}\,\text{C}^2/(\text{N}\cdot\text{m}^2)$。电荷的单位是库仑(C)。这种形式源自一长串的定义，在这里就不赘述了。式(E.2)形式简单，这是CGS单位制往往被物理或电气工程所采用的原因。

E.2　静电势和能量

一个电荷 q 的静电势为

$$\Phi(\boldsymbol{r})=k\frac{q}{r} \tag{E.4}$$

式中，r 为电荷之间的距离。那么，两个电荷(q_i 和 q_j)之间的能量就是 q_i 乘以来自 q_j 的电势(反之亦然)，即

$$U(r)=k\frac{q_iq_j}{r} \tag{E.5}$$

根据电磁学，在点 $\boldsymbol{r}$ 处，来自 n 个电荷的静电势为所有这些电荷的静电势累加，即

$$\Phi(\boldsymbol{r})=k\sum_{i=1}^{n}\frac{q_i}{|\boldsymbol{r}-\boldsymbol{r}_i|} \tag{E.6}$$

式中，各个电荷与点 $\boldsymbol{r}$ 之间的距离是

$$|\boldsymbol{r}-\boldsymbol{r}_i|=\left((\boldsymbol{r}-\boldsymbol{r}_i)\cdot(\boldsymbol{r}-\boldsymbol{r}_i)\right)^{1/2} \tag{E.7}$$

n 个电荷之间的静电能量是它们之间相互作用的总和：

$$U=k\frac{1}{2}\sum_{i=1}^{n}\sum_{j=1}^{n}{}'\frac{q_iq_j}{r_{ij}} \tag{E.8}$$

式中，r_{ij} 是电荷之间的距离，而上撇号′则表示求和时不包括 $i=j$ 的项。

连续分布电荷($\rho(\boldsymbol{r})$)的电势，可通过将式(E.6)的求和换为积分求得

$$\Phi(\boldsymbol{r})=k\int\frac{\rho(\boldsymbol{r}')}{|\boldsymbol{r}-\boldsymbol{r}'|}\mathrm{d}\boldsymbol{r}' \tag{E.9}$$

需要注意的是，计算电势的位置是 $\boldsymbol{r}$，而积分在电荷分布的所有点 $\boldsymbol{r}'$ 上。

电荷分布 $\rho(\boldsymbol{r})$ 的静电能量可通过将式(E.8)的求和换成积分求得

$$J[\rho]=k\frac{1}{2}\iint\frac{\rho(\boldsymbol{r}_1)\rho(\boldsymbol{r}_2)}{|\boldsymbol{r}_2-\boldsymbol{r}_1|}\mathrm{d}\boldsymbol{r}_1\mathrm{d}\boldsymbol{r}_2 \tag{E.10}$$

在该公式里，对空间中两点的电荷分布值与两点间距离的商进行积分。该公式通常称为库仑积分(Coulomb integral) J。

E.3 电荷分布：多极展开式

假设在体积 $V=L^3$ 定义的区域内分布有 n 个点电荷，其中 L 是该区域的线尺寸，如图 E.1 所示。电荷相对于分布中的某原点位置为 $\boldsymbol{r}_i$。那么，这些电荷在区

域外部某点 $\boldsymbol{R}$(从相同原点测量)所产生的净静电势为

$$\Phi(\boldsymbol{R}) = k\sum_{i=1}^{n}\frac{q_i}{|\boldsymbol{R}-\boldsymbol{r}_i|} \tag{E.11}$$

如果在 $\boldsymbol{R}$ 点引入一个电荷 q'，那么能量为

$$U = q'\Phi(\boldsymbol{R}) \tag{E.12}$$

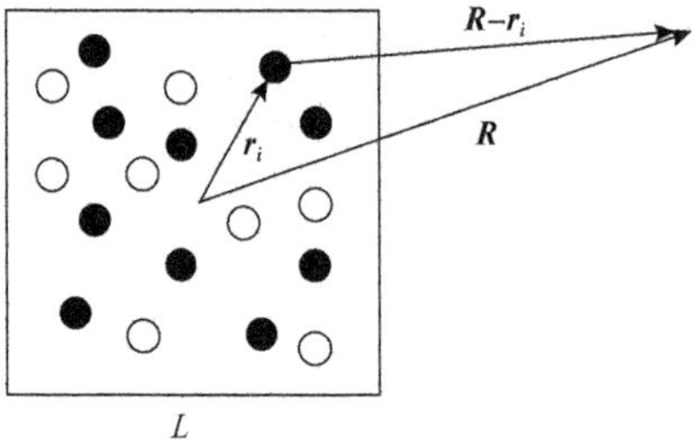

图 E.1　点电荷分布

假设 $\boldsymbol{R}$ 的值比分布尺寸 L 大，如 $R > 2L$。对所有点电荷单独求和时，由于 n 很大，计算量则很大，常令人望而却步，而有可能取而代之的是将势函数 $\boldsymbol{\Phi}$ 用电荷分布矩项加以展开。更具体地说，可以重新整理 $\boldsymbol{\Phi}$ 的表达式，并对 R/L 项做泰勒级数展开(见附录 C.2)，其计算量要小。这个方法很简单，但没有足够的启发性，在这里不进行介绍。只要势函数可表达成相对于其原点分布的多极矩级数，就足够了。前三个多极矩(multipole moment)是

$$Q = \sum_{i=1}^{N} q_i \tag{E.13a}$$

$$\boldsymbol{\mu} = \sum_{i=1}^{N} q_i \boldsymbol{r}_i \tag{E.13b}$$

$$\Theta_{\alpha\beta} = \sum_{i=1}^{N} q_i\left(3\boldsymbol{r}_{i\alpha}\boldsymbol{r}_{i\beta} - r_i^2\delta_{ij}\right) \tag{E.13c}$$

$$\cdots$$

式中，Q 为在 V 中的总电荷；$\boldsymbol{\mu}$ 为偶极矩(矢量)；$\Theta_{\alpha\beta}$ 为(无痕迹)四极矩张量等。符号 $\boldsymbol{r}_{i\alpha}$ 表示矢量 $\boldsymbol{r}_i$ 的 α 分量，即附录 C.1.1 中讨论的符号。

这样，式(E.11)中的势可以表示为

$$\frac{1}{k}\Phi(\boldsymbol{R})=\frac{Q}{R}+\frac{\boldsymbol{\mu}\cdot\boldsymbol{R}}{R^3}+\frac{1}{6R^5}\sum_{\alpha=x,y,z}\sum_{\beta=x,y,z}Q_{\alpha\beta}\left(3R_\alpha R_\beta-\delta_{\alpha\beta}R^2\right)+\cdots \tag{E.14}$$

其中，R_α 为 $\boldsymbol{R}$ 的 α(x、y 或 z)分量，$\delta_{\alpha\beta}$ 为附录 C.5 中定义的 Kronecker δ 函数。

计算电势所需要的矩的数量取决于比值 R/L，即随着 R/L 的增大，式(E.14)获得准确 Φ 值所需要的项数就越少。多极展开式的优点在于，一旦给定电荷分布的矩被确定，那么所有以后的计算都可以用更有效的求和公式(E.14)代替复杂的求和公式(E.11)。

分离距离明显的两个电荷的静电相互作用可以表达成多极矩，即多极矩的相互作用求和，这在其他文献中有详细的讨论，如 Leach(2001)的文献。例如，假设正在考虑具有偶极矩 $\boldsymbol{\mu}$ (的两个中性分子(如两个水分子)之间的相互作用，静电能量的多极矩展开式的主项是著名的偶极矩-偶极矩能量表达式：

$$u_{dd}=\frac{1}{r_{ij}^3}\left(\boldsymbol{\mu}_i\cdot\boldsymbol{\mu}_j-3\left(\boldsymbol{\mu}_i\cdot\hat{r}_{ij}\right)\left(\boldsymbol{\mu}_j\cdot\hat{r}_{ij}\right)\right) \tag{E.15}$$

式中，r_{ij} 和 $\hat{r}_{ij}$ 分别为连接两个分子中心的距离及其单位矢量。由于偶极矩反映了分子中的电荷分布，式(E.15)将取决于分子间的相对取向。Buckingham(1975, 1959)以及 Buckingham 和 Utting(1970)介绍了相互作用的其他矩之间的一般表达式。

附录 F　量子力学入门

本附录介绍量子力学的一些基本思路和方法，这部分简短的内容只是要向读者介绍这一重要科目。在推荐阅读中列出了一些基础的书籍，为那些愿意在这个迷人的领域中进一步求索的人提供参考。

F.1　历　　史

为了揭示经典力学的预测与观察(实验的)结果之间的差异，量子力学诞生了。1900 年左右，人们越来越多地认识到，有些现象依据经典物理学是无法理解的。其中一个问题是黑体辐射，即由一个被加热的物体发出的辉光与该物体自身温度相对应。普朗克想出了在空腔中解释黑体辐射的想法，但是必须描述这个具有振子系统的能量，而该能量是量子化的(即某数量的整数倍)。1905 年，爱因斯坦把这个想法向前推进了一步，提出电磁辐射(即光)本身就是量子化的，并以此来解释光电效应。现在称这些量子为光量子。

经典理论的主要不足之一是它无法解释氢的光谱为什么有不同的光谱线。量子力学关于氢原子及所有物质描述的最重要的结果之一是量子系统具有离散的能级状态(不连续，在经典力学里是连续的)。在这些离散能级之间的电子跃迁使人们观测到氢原子和其他原子及分子光谱。人们还发现，量子粒子的表现形式也不像经典粒子那样，它们的行为像波，这对如何来表述它们产生了意义深远的影响(将在 F.2 节讨论)。

虽然已经知道量子力学在小尺度上是重要的，但是还必须确定系统的尺度如何小，量子效应才是很重要的。一种检测方法是通过海森堡不确定性原理，它表明无法知道一个粒子的精确位置和动量。因为它们的值有着固有的不确定性，粒子位置的不确定性和动量的不确定性之间的乘积由关系式 $\Delta x \Delta p_x > \hbar$ 来表达，其中 $\hbar$ 是普朗克常量。不确定性原理的作用是极大的，对于量子系统，不能同时知道一个粒子的确切位置和动量，因为对位置知道得越精确，对动量知道得就越差，反之亦然。

由于 $\hbar(=1.054\times10^{-27}\,\mathrm{erg\cdot s})$ 是非常小的，对于在日常生活中所熟悉的宏观系统，任何不确定性都是可以忽略不计的，并且系统服从经典力学理论。但是，对于电子来说，它具有非常小的质量($m_e=0.911\times10^{-27}\,\mathrm{g}$)，其不确定性可以相当大。以氢原子的电子为例，在基态(即具有最低能量的状态)时，其轨道的平均半径为

1bohr（≈0.53Å）。在相同的状态下动量均方根约为 $\sqrt{\langle \rho^2 \rangle} = 2\times10^{-19}\,\mathrm{g\cdot cm/s}$。假设想知道位置，精确度在半径的 1%以内（0.005Å），动量的不确定性将约为 $2\times10^{-17}\,\mathrm{g\cdot cm/s}$，比其平均值大 100 倍。显然，电子具有量子性质。

F.2 波 函 数

在某些小尺度上，认识到物体既可以表现为波又可以表现为粒子，这在概念上是一个巨大的飞跃。因此，一直被描述为波的光，表现得像一个粒子，而明显为粒子的电子，又表现得像波，因而可以由波函数来描述，通常表示为 $\psi(\boldsymbol{r}) = \psi(x,y,z)$。重要的是要记住不能检测波函数，只能检测可观察量（observable quantity），下面将对此进行讨论。

依据不确定性原理，不能知道粒子的确切位置，但是可以计算出粒子会出现在空间某个确定位置的概率（见附录 C.4）。如果在空间中某点 $\boldsymbol{r}$ 的波函数为 $\psi(\boldsymbol{r})$，则该粒子出现在点 $\boldsymbol{r}$ 的概率是

$$p(\boldsymbol{r}) = \psi^*(\boldsymbol{r})\psi(\boldsymbol{r}) \tag{F.1}$$

式中，*表示复共轭。对于所有量子力学在材料电子结构中的应用，式（F.1）是基础。

在很多时候，涉及的波函数都是被归一化的，也就是说，该概率满足在系统的整个体积上积分为 1 的关系。对于一个量子系统，它的形式（归一化波函数）为

$$\int p(\boldsymbol{r})\mathrm{d}\boldsymbol{r} = \int \psi^*(\boldsymbol{r})\psi(\boldsymbol{r})\mathrm{d}\boldsymbol{r} = 1 \tag{F.2}$$

式中，$\mathrm{d}\boldsymbol{r} = \mathrm{d}x\mathrm{d}y\mathrm{d}z$，并且积分是在系统的整个体积上进行的。因为 $\psi^*\psi$ 是一个概率，因而式（F.2）只是说明 ψ 所描述的粒子在系统中的某处。有时 ψ 可能是未进行归一化的，在这种情况下，粒子在 $\boldsymbol{r}$ 位置处的概率的表达式就变为

$$p(\boldsymbol{r}) = \frac{\psi^*(\boldsymbol{r})\psi(\boldsymbol{r})}{\int \psi^*(\boldsymbol{r})\psi(\boldsymbol{r})\mathrm{d}\boldsymbol{r}} \tag{F.3}$$

这个表达式在式（F.2）中做积分当然为 1。

F.3 薛定谔方程

既然粒子表现得像波，自然地，描述粒子的基本方程类似于经典理论中描述波的方程。这个方程最早由薛定谔提出，量子力学模拟经典力学中的哈密顿函数，

$H = K + U$，其中 K 为动能，U 为势能。如经典力学一样，量子哈密顿的值就是总能量 E，即动能与势能的总和。

在量子理论中，采用作用于粒子的波函数上的线性算符(linear operator)替换所熟悉的定义粒子状态的位置和动量。算符是作用于另一个函数(这里为波函数)的函数。根据定义，算符作用于其右侧的函数。对于一组函数 f 和 g，如果 $\mathcal{L}(f+g)=\mathcal{L}f+\mathcal{L}g$，那么算符 $\mathcal{L}$ 是线性的。基于对波的位置和动量的模拟，可以定义量子动能算符，它是动量的函数，其形式为

$$\mathcal{K}\Psi(\boldsymbol{r})=\frac{p^2}{2m}\Psi(\boldsymbol{r})=-\frac{\hbar^2}{2m}\nabla^2\Psi(\boldsymbol{r}) \tag{F.4}$$

其中，动量算符为 $\mathrm{i}\hbar\nabla$，梯度(∇)和拉普拉斯算子(∇^2)在附录 C.1.2 中讨论过。势能算符作为位置的函数，可简单地乘以波函数，即 $\mathcal{U}(\boldsymbol{r})\Psi(\boldsymbol{r})$

总量子哈密顿函数的形式是 $\mathcal{H}=\mathcal{K}+\mathcal{U}$，其值为 E，形式是

$$\mathcal{H}\psi(\boldsymbol{r})=\left(-\frac{\hbar^2}{2m}\nabla^2+\mathcal{U}(\boldsymbol{r})\right)\psi(\boldsymbol{r})=E\psi(\boldsymbol{r}) \tag{F.5}$$

这就是大家熟悉的与时间无关的薛定谔方程(Schrödinger equation)。在给定势能的情况下，解这个方程得出能量和波函数 ψ，就确定了量子状态。

F.4 可 观 察 量

波函数不能用实验方法观察。然而，量子理论提供了一种方法来计算可观察到的量，即对概率 $\psi^*\psi$ 求平均值。例如，假设有一个算符 $\mathcal{A}(r)$，根据附录 C.4，其平均值可以利用式(C.44)计算，即一个状态的值乘以它处于该状态的概率，对该乘积求积分。当然，作为量子力学，它变得更加复杂，因为 $\mathcal{A}$ 在这里是一个算符，而不是一个简单的函数。

求平均值的表达形式为(归一化波函数情况下)

$$\langle\mathcal{A}\rangle=\int\psi^*(\boldsymbol{r})\mathcal{A}(\boldsymbol{r})\psi(\boldsymbol{r})\mathrm{d}\boldsymbol{r} \tag{F.6}$$

式(F.6)中乘法运算的顺序是极其重要的。因为 $\mathcal{A}$ 是算符，它作用于其右侧的函数上，在本式中是作用于波函数。因此，式(F.6)中的被积函数是波函数的复共轭与作用于波函数的 $\mathcal{A}$ 算符的乘积。

假设想知道一个粒子的平均位置，会通过计算 $\int\psi^*(\boldsymbol{r})\boldsymbol{r}\psi(\boldsymbol{r})\mathrm{d}\boldsymbol{r}$ 来计算 $\langle\boldsymbol{r}\rangle$。在

这种情况下，顺序无关紧要。但是，如果想要求出平均动量，那么就需要计算 $\int \psi^*(\boldsymbol{r}) \mathrm{i}\hbar\nabla\psi(\boldsymbol{r})\mathrm{d}\boldsymbol{r}$。其计算的步骤应是先求 ψ 的梯度，再乘 ψ^*，最后积分。

为了标记方便，式(F.6)中的积分往往写成

$$\langle \mathcal{A} \rangle = \langle \psi | \mathcal{A} | \psi \rangle = \int \psi^*(\boldsymbol{r}) \mathcal{A}(\boldsymbol{r}) \psi(\boldsymbol{r}) \mathrm{d}\boldsymbol{r} \tag{F.7}$$

这个标记称为狄拉克标记，以纪念它的发明者保罗·狄拉克，它在很多方面都是非常强有力的工具，在这里不作讨论。

对于非归一化的波函数，有

$$\langle \mathcal{A} \rangle = \frac{\int \psi^*(\boldsymbol{r}) \mathcal{A}(\boldsymbol{r}) \psi(\boldsymbol{r}) \mathrm{d}\boldsymbol{r}}{\int \psi^*(\boldsymbol{r}) \psi(\boldsymbol{r}) \mathrm{d}\boldsymbol{r}} = \frac{\langle \psi | \mathcal{A} | \psi \rangle}{\langle \psi | \psi \rangle} \tag{F.8}$$

F.5 一些已解决的问题

F.5.1 盒子中的粒子

最简单但却揭示了量子力学许多特征的一个问题，是一维盒子中的量子粒子，其作用势定义为

$$\begin{cases} U(x) = \infty, & x = 0 \\ U(x) = 0, & 0 < x < L \\ U(x) = \infty, & x = L \end{cases} \tag{F.9}$$

由于在盒壁上的势能是无限大的，波函数在 $x=0$ 和 $x=L$ 处必须成为零(否则薛定谔方程会在这些点上有无限能量)。因为薛定谔方程中的作用势项为 $U\psi$，如果 $U=\infty$，则 ψ 必须为零，否则就会出现无穷大的能量。

当势能项为零时，薛定谔方程成为

$$E\psi(x) = -\frac{\hbar^2}{2m}\frac{\mathrm{d}^2\psi(x)}{\mathrm{d}x^2} \tag{F.10}$$

式(F.10)基于实函数的一个解是

$$\psi(x) = A\cos(kx) + B\sin(kx) \tag{F.11}$$

也可以使用

$$\psi(x)=A\mathrm{e}^{\mathrm{i}kx}+B\mathrm{e}^{-\mathrm{i}kx} \tag{F.12}$$

形式的解。这些解称为平面波，用于第 4 章和附录 F.6.3 中。式中，A、B 和 k 是由波函数的边界条件确定的，即在盒子的两侧 $x=0$ 和 $x=L$ 时波函数必须为零。

当 $x=0$ 时，$\cos(kx)=1$，这违反了边界条件。因此，$A=0$，式(F.11)仅第二项起作用(因为 $\sin 0=0$))。若在 $x=L$ 时，$\cos(kx)=0$，必须有 $k=\pi n/L$。因此，该归一化的波函数是

$$\psi_n(x)=\sqrt{\frac{2}{L}}\sin\left(\frac{n\pi x}{L}\right),\quad n\geqslant 1 \tag{F.13}$$

式中，n 是一个整数，为量子数，即解是离散的(量子化的)。因为 $\cos x$ 在 $x=0$ 不为零，所以 $\cos x$ 项的系数必须等于零。n 为整数的限制，确保了波函数在 $x=L$ 处为零。

在式(F.13)中，已经将波函数归一化，因此有

$$\int_0^L\left|\psi(x)\right|^2\mathrm{d}x=1 \tag{F.14}$$

将式(F.13)代入式(F.10)，可以得到能量的表达式

$$E_n=\frac{\hbar^2\pi^2n^2}{2mL^2}=\frac{h^2n^2}{8mL^2},\quad n\geqslant 1 \tag{F.15}$$

式中，能量表达式用 $\hbar=h/(2\pi)$ 和 h 两种方式表示，它们是普朗克常量的两个版本。需要注意的是，$E_n\propto k^2$，其中 k 是电子的波矢量。

利用式(F.7)可以计算出许多平均性质。例如，限定在 ψ_n 限定能级上的平均位置是

$$\langle x\rangle_n=\int_0^L\psi_n^2(x)\,x\mathrm{d}x=\frac{L}{2} \tag{F.16}$$

即粒子的平均位置在盒子的中间，与量子数 n 是无关的。

在三维空间中，能量的形式为

$$E_{n_1,n_2,n_3}=\frac{h^2}{8mL^2}\left(n_1^2+n_2^2+n_3^2\right),\quad n_1\geqslant 1,n_2\geqslant 1,n_3\geqslant 1 \tag{F.17}$$

最低能态为 $n_1=n_2=n_3=1$。居于最低能态之后的能态有三种，即 $(n_1,n_2,n_3)=$

(2,1,1),(1,2,1)和(1,1,2)。这些能态被称为是简并的(degenerate)，即它们都具有相同的能量。

图 F.1 显示出一个粒子在二维盒子中的可能状态。每个点代表着 n_1 或 n_2 的选择。因为 n_1 和 n_2 必须为正整数，所以图中只有右上方象限中的状态是可能的。由于能量正比于 $n_1^2+n_2^2$，基态的等能面(equal-energy surface)由以原点为中心的圆来界定。

假设现在向盒子里添加 N 个电子。在每个状态中，基态由两个电子态组成(一个上旋，一个下旋)，从最低能态开始，填充每个状态，直到所有电子全部就位[①]。该系统一个状态的最大能量将正比于 $n_{\max}^2$。在这个模型系统中电子不相互作用，也不与环境相互作用。所以，它没有势能，可以把 E_{n_1,n_2,n_3} 与系统的动能关联起来。因此，可以把它看作一个理想的电子气系统。由于在整个盒子中密度是一致的，该系统常常称为均匀的、无相互作用的电子气。

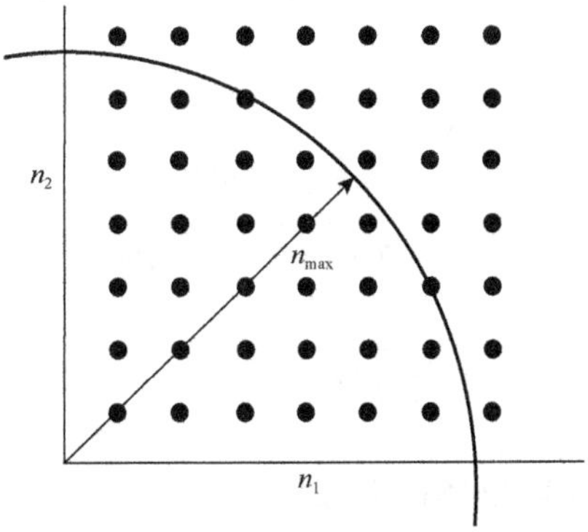

图 F.1　在二维盒子中粒子的能态分布

(基态的等能面是半径为 $n_{\max}$ 的曲线)

总动能将是全部填充状态能量的总和，即 $n_1^2+n_2^2+n_3^2<n_{\max}^2$ 的所有状态，这可以由式(F.18)表示：

$$K=2\frac{\hbar^2\pi^2}{2mL^2}\sum_{n_1=1}^{n_1^2+n_2^2+n_3^2<n_{\max}^2}\sum_{n_2=1}\sum_{n_3=1}\left(n_1^2+n_2^2+n_3^2\right) \tag{F.18}$$

式中，首项系数 2 表示每个状态有两个电子。如果 N 是非常大的，那么状态之间的距离间隙相对于 $n_{\max}$ 是很小的，可以将求和转换成积分，其中状态密度恰好为 1。式(F.18)就成为

① 依据附录 F.6.1 中要讨论的泡利不相容原理，每个状态可以有一个+1/2 自旋电子和一个−1/2 自旋电子。

$$K=\frac{\hbar^2\pi^2}{mL^2}\int\int\int^{r^2<n_{\max}^2} r^2 \mathrm{d}n_1\mathrm{d}n_2\mathrm{d}n_3$$
$$=\frac{\hbar^2\pi^2}{mL^2}\times\frac{1}{8}\int_0^{n_{\max}} r^2\times 4\pi r^2\mathrm{d}r \tag{F.19}$$

式中，$r=\sqrt{n_1^2+n_2^2+n_3^2}$。系数 1/8 是对整个球体积分产生的，因为只有 1/8 的状态为允许状态(所有 n 必须为正)。计算式(F.19)可得到

$$K=\frac{\hbar^2\pi^2}{mL^2}\times\frac{1}{8}\times 4\pi\frac{r^5}{5}\bigg|_0^{n_{\max}}=\frac{\hbar^2\pi^3}{10mL^2}n_{\max}^5 \tag{F.20}$$

填充态的数量正好为电子数量的一半，即 $N/2$，采用与求能量和相同的方式，可以通过对所有状态求和得出。以相同的步骤，将求和转换成积分，有

$$N=2\sum_{n_1=1}\sum_{n_2=1}\sum_{n_3=1}^{n_1^2+n_2^2+n_3^2<n_{\max}^2}$$
$$=2\times\frac{1}{8}\int_0^{n_{\max}}4\pi r^2\mathrm{d}r$$
$$=\frac{\pi}{3}n_{\max}^3 \tag{F.21}$$

电子气的密度是电子数量除以体积 $V=L^3$，即

$$\rho=\frac{\pi}{3V}n_{\max}^3 \tag{F.22}$$

这样 $n_{\max}$ 与 ρ 的关系可以写成

$$n_{\max}=\left(\frac{3V\rho}{\pi}\right)^{1/3}=L\left(\frac{3\rho}{\pi}\right)^{1/3} \tag{F.23}$$

同时单位体积内的动能(使用式(F.20))可以表示为

$$\mathcal{K}=\frac{K}{V}=\frac{1}{V}\frac{\hbar^2\pi^3}{10mL^2}\left(\frac{3V\rho}{\pi}\right)^{5/3}=\frac{\hbar^2}{m}\frac{3}{10}\left(3\pi^2\right)^{2/3}\rho^{5/3} \tag{F.24}$$

式(F.24)计算电子气的动能密度(单位体积的能量)，该电子气是均匀的、无相互作用的，电子密度为 ρ，公式是第 4 章中 Thomas-Fermi 模型的重要组成部分。

F.5.2 谐振子

谐振子(harmonic oscillator)是指具有势能为 $U(x)=kx^2/2$ 的弹簧，其中 k 是力常量①。为了求出量子力学的解，需要解

$$E\psi(x)=\left(-\frac{\hbar^2}{2m}\frac{\mathrm{d}^2}{\mathrm{d}x^2}+\frac{1}{2}kx^2\right)\psi(x) \tag{F.25}$$

这个微分方程的解可以写成称为 Hermite 多项式的特殊函数形式。这里再次强调能量是量子化的，并且其表达式为 $(n\geqslant 0)$

$$E_n=\left(n+\frac{1}{2}\right)\hbar\omega \tag{F.26}$$

式中，$\omega=\sqrt{k/m}$，为频率的标准定义。

量子解的一个非常有趣的结果是量子情形的基态能量与经典物理学的期望是不同的。经典谐振子的最低能量为 0，即弹簧处于其平衡长度点上。而式(F.26)的最低能量出现在 $n=0$ 时，其能量是 $E_0=\hbar\omega/2$，这是一个纯粹的量子力学现象。这个能量称为零点能(zero point energy)，显示出低温固体的比热特征，出现偏离经典理论的结果，其原因是晶格振动(声子)具有零点能。

F.5.3 氢原子

类氢原子(hydrogen-like atom)由一个原子核(具有正电荷)和一个具有负电荷的电子组成，对它精妙地求解是理解原子、分子和固体的电子结构以及元素周期表结构的基础。在大多数(如果不是全部)量子力学著作中，对这个问题都有极为详尽的阐述，所以这里不讨论求解方法的细节，也不提供具体的解。

具有电荷为$-e$ 的电子与带有电荷为 Ze 的原子核之间的势能是②

$$U(r)=-\frac{Ze^2}{r} \tag{F.27}$$

式中，r 为电子和原子核之间的距离。

根据 U 的表达式，利用球极坐标来解薛定谔方程是最简单的方式，然后通过变量分离，提取出可以单独求解的三个独立的微分方程，得到带有三个相关量子

---

① 谐振子的经典解在附录 D.3 中叙述。

② 在本公式中使用 CGS 单位制。对于 MKS 单位制，需要在这个结果上乘以 $1/(4\pi\epsilon_0)$，其中 ϵ_0 是介电常数。附录 E 中已讨论了这些公式。

数的量子化解：

总量子数，$n=1,2,3,\cdots$；

方位角量子数，$l=0,1,2,\cdots,n-1$；

磁量子数，$m=-l,-l+1,\cdots,0,\cdots,l-1,l$。

氢原子的能量(在这个近似上)只取决于总量子数 n，即

$$E_n=-\frac{\mu Z^2e^4}{2\hbar^2n^2} \tag{F.28}$$

基态氢($Z=1$)的能量是

$$E_0=-\mu e^4/(2\hbar^2) \tag{F.29}$$

其值为13.6057eV(2.17990×10^{-18} J)。这个能量的单位称为 Rydberg(Ry)。另一个经常使用的能量的单位是 hartree，1hartree=2Ry=27.211385eV。

研究发现，在氢原子中，电子与原子核的平均距离与 a_0 成正比，而且有

$$a_0=\frac{\hbar^2}{\mu e^2} \tag{F.30}$$

在简单的玻尔氢原子模型中，一个氢原子的 a_0 对应于氢原子中最小轨道的半径。因此，它也就恰如其分地被称为玻尔半径，其值为 $a_0=0.529\text{Å}$。

单电子的一个波函数称为一个轨函(orbital)，这个术语源自初始的玻尔模型，认为电子处于围绕着原子核的轨道上。在完整的量子理论中，根本没有轨道，只有波函数 ψ，根据这个函数可以确定电子位于特定位置上的概率。$l=0$ 的状态称为 s 轨道，并总是球对称的，也就是说，ψ 只是 r 的函数。$l=1$ 的状态称为 p 轨道，它的特点是具有方向性。对于 $l=1$ 的状态，m 可以取的值为±1 和 0，因此，p 轨道有三个。类似地，$l=2$ 的状态称为 d 轨道，可以有 m=0, ±1, ±2，因此 d 轨道有 10 个，等等。大多数的量子力学基础教程都给出了这些轨道的示意图。

F.6 具有一个以上电子的原子

将计算从 1 个电子的氢原子扩展到多电子系统，即使是 2 个电子的氦原子，也是很有挑战性的，这是因为根本没有精确的解。由于电子相互排斥，所以它们的运动必须相关，以便使它们能够彼此分开。由氢原子推导出的 1 个电子函数不能描述这样的相关运动。当考虑相关运动时能量减少，这样减少的能量称为关联能(correlation energy)。正如在第 4 章所讨论的那样，确定关联能是描述多电子系

统能量所必不可少的。当然，虽然 1 个电子的氢的轨函对于氦来说并不严格准确，却也大致正确，可以(方便地)利用它们来描述其电子结构的基本特性。事实上，仍然可以很直接地谈论氦或者其他更复杂的原子的 1s、2s、2p…的轨函，虽然其波函数的准确形式尚不清楚。

因为解对多电子原子是近似正确的，所以氢原子的量子解可以构成人们理解元素性质的基础。对于多电子系统，具有相同 n 值但不同 l 值的轨函之间的简并性被消除，可得出在元素周期表中看到的结构。在元素周期表中有许多微妙之处，包括在整个周期表中不同轨道上的相对能量，在这里不做讨论。

F.6.1　电子自旋与泡利不相容原理

到目前为止，一直在忽略电子一个非常重要的特征——电子自旋(electron spin)。每个电子有一个固有的角动量，即自旋，用量子数 m_s 来表示，$m_s = +1/2$ 或 $-1/2$。因此，有四个量子数要关注，它们是 n、l、m 和 m_s。一个重要的结果是泡利不相容原理，它阐明没有电子能够处于相同的量子态。所以，在氢原子中，对于任何给定的 n、l 和 m 状态，可以有两个电子，一个自旋为+1/2，而另一个自旋为−1/2。

电子的自旋引起磁矩，它可与轨道角矩的磁矩耦合。由于轨道动量取决于轨道(即 s、p、d、…)，这个自旋-轨道的耦合消除了轨函之间的简并性，导致在氢电子光谱中观察到的谱线分裂。注意，该能量通常是相当小的。

可以在波函数中显式地表示自旋，例如，

$$\Psi(\boldsymbol{r},\mathfrak{H})=\psi(\boldsymbol{r})\mathfrak{H} \tag{F.31}$$

式中，$\mathfrak{H}$ 是自旋波函数，即 $\mathfrak{H}=\alpha$ (自旋向上)或 β (自旋向下)。

F.6.2　不可分辨性和反对称波函数

不能区别一个电子与另一个电子，它们是不可分辨的粒子(indistinguishable particle)。因此，在建立波函数时有双重的难题，既要满足泡利不相容原理的要求，又要维持电子的不可分辨性(indistinguishability)。一种方法是，对于任何电子对的空间和自旋坐标的交换，使电子系统的波函数是反对称的。反对称(antisymmetric)是指当两个电子相互交换时，$\psi \to -\psi$，满足泡利不相容原理，即状态不相同，它同时还保持着不可分辨性，因为 $|\psi^2|$ 是不变的。

考虑类氢原子中的两个电子 1 和 2，它们的状态分别给定为 n_1、l_1、m_1、m_{s1} 和 n_2、l_2、m_2、m_{s2}。假设可以利用 1 个电子的氢原子的解(也就是说，n、l 和 m 仍然是好的量子数)。如果有一个以上的电子(如对于氦)，这些解并不完全正确，电子与电子之间的相互作用会改变波函数。那么，反对称波函数的形式为

$$\psi = \psi_{n_1,l_1,m_1,m_{s1}}(1)\psi_{n_2,l_2,m_2,m_{s2}}(2) - \psi_{n_1,l_1,m_1,m_{s1}}(2)\psi_{n_2,l_2,m_2,m_{s2}}(1) \tag{F.32}$$

若电子 1 和 2 交换，则$\psi \to -\psi$。需要注意的是，如果所有的量子数是相同的，则$\psi = 0$，这是不允许的。假设系统中有N个电子，它们各自的波函数用ψ_i来表示，i可以表示类氢原子的四个量子数。Slater 指出，可以用行列式来表示一个反对称波函数

$$\psi(1,2,\cdots,N) = \frac{1}{\sqrt{N}}\begin{vmatrix} \psi_a(1) & \psi_a(2) & \cdots & \psi_a(N) \\ \psi_b(1) & \psi_b(2) & & \psi_b(N) \\ \vdots & \vdots & & \vdots \\ \psi_N(1) & \psi_N(2) & \cdots & \psi_N(N) \end{vmatrix} \tag{F.33}$$

F.6.3 交换能

要求波函数反对称，衍生一个重要结果：符号相同的自旋对与符号相反的自旋对之间的行为是不同的。这种行为上的差异引出了一个能量概念，称为交换能(exchange energy)，它纯粹是量子力学特有的性质。

考虑附录 F.5.1 自由电子气中的两个具有相反符号的自旋电子。由平面波[①] $e^{\boldsymbol{k}\cdot\boldsymbol{r}}$和$e^{\boldsymbol{k}'\cdot\boldsymbol{r}}$构成的反对称波函数为

$$\begin{aligned}\Psi_{\uparrow\downarrow} &= \frac{1}{\sqrt{2V}}\begin{vmatrix} e^{i\boldsymbol{k}\cdot\boldsymbol{r}_1}\alpha(1) & e^{i\boldsymbol{k}\cdot\boldsymbol{r}_2}\alpha(2) \\ e^{i\boldsymbol{k}'\cdot\boldsymbol{r}_1}\beta(1) & e^{i\boldsymbol{k}'\cdot\boldsymbol{r}_2}\beta(2) \end{vmatrix} \\ &= \frac{1}{\sqrt{2V}}\left[e^{i(\boldsymbol{k}\cdot\boldsymbol{r}_1+\boldsymbol{k}'\cdot\boldsymbol{r}_2)}\alpha(1)\beta(2) - e^{i(\boldsymbol{k}'\cdot\boldsymbol{r}_1+\boldsymbol{k}\cdot\boldsymbol{r}_2)}\alpha(2)\beta(1)\right]\end{aligned} \tag{F.34}$$

式中，自旋变量α和β分别表示自旋向上和自旋向下。观察一下$\Psi_{\uparrow\downarrow}$的结构，在第一项中，电子 1 为自旋向上，电子 2 为自旋向下，而在第二项中，电子 1 为自旋向下，电子 2 为自旋向上。如前所述，这两项都需要，以确保波函数是反对称的。

具有特定自旋的电子位于某一点的概率是

$$\begin{aligned}\left|\Psi_{\uparrow\downarrow}\right|^2 = \frac{1}{2V^2}\Big\{&\alpha^2(1)\beta^2(2) + \alpha^2(2)\beta^2(1) \\ &+ 2\mathbb{R}\left[e^{i\boldsymbol{k}\cdot(\boldsymbol{r}_1-\boldsymbol{r}_2)}e^{i\boldsymbol{k}'\cdot(\boldsymbol{r}_2-\boldsymbol{r}_1)}\alpha(1)\alpha(2)\beta(1)\beta(2)\right]\Big\}\end{aligned} \tag{F.35}$$

---

① 正如附录 F.5.1 中指出的，自由电子的波函数可以表示成一个平面波，也可以用正弦和余弦项来表示，此处采用平面波更方便。

式中，$\mathbb{R}$ 表示的是它后面表达式的实部。对自旋变量积分（用 $\int \mathrm{d}\mathfrak{H}$ 来表示），将求出空间的概率分布，表达式为①

$$P_{\uparrow\downarrow} = \int \left|\Psi_{\uparrow\downarrow}\right|^2 \mathrm{d}\mathfrak{H}_1 \mathrm{d}\mathfrak{H}_2 = \frac{1}{2V^2}(1+1+0) = \frac{1}{V^2} \tag{F.36}$$

它是与位置无关的常数，这正是人们对均匀一致电子气所期望的。

现在假设自旋具有相同的符号，在这种情况下有

$$\begin{aligned}\Psi_{\uparrow\uparrow} &= \frac{1}{\sqrt{2}V}\begin{vmatrix} \mathrm{e}^{\mathrm{i}\boldsymbol{k}\cdot\boldsymbol{r}_1}\alpha(1) & \mathrm{e}^{\mathrm{i}\boldsymbol{k}\cdot\boldsymbol{r}_2}\alpha(2) \\ \mathrm{e}^{\mathrm{i}\boldsymbol{k}'\cdot\boldsymbol{r}_1}\alpha(1) & \mathrm{e}^{\mathrm{i}\boldsymbol{k}'\cdot\boldsymbol{r}_2}\alpha(2)\end{vmatrix} \\ &= \frac{1}{\sqrt{2}V}\left[\mathrm{e}^{\mathrm{i}(\boldsymbol{k}\cdot\boldsymbol{r}_1+\boldsymbol{k}'\cdot\boldsymbol{r}_2)} - \mathrm{e}^{\mathrm{i}(\boldsymbol{k}'\cdot\boldsymbol{r}_1+\boldsymbol{k}\cdot\boldsymbol{r}_2)}\right]\alpha(1)\alpha(2)\end{aligned} \tag{F.37}$$

将波函数求平方，并对自旋积分，再次求出空间的概率，这种情况的概率分布是

$$\int \left|\Psi_{\uparrow\uparrow}\right|^2 \mathrm{d}\mathfrak{H}_1 \mathrm{d}\mathfrak{H}_2 = \frac{1}{V^2}\left\{1-\mathbb{R}\left[\mathrm{e}^{\mathrm{i}(\boldsymbol{k}'-\boldsymbol{k})\cdot(\boldsymbol{r}_1-\boldsymbol{r}_2)}\right]\right\} \tag{F.38}$$

它表明，非相互作用电子气的概率分布不是均匀的，即它依赖于位置 $\boldsymbol{r}_1$ 和 $\boldsymbol{r}_2$。满足反对称波函数的要求，引出了同向自旋电子运动之间的相关性。注意，在式(F.38)中，当 $\boldsymbol{r}_1=\boldsymbol{r}_2$ 时，概率为零，所以同向自旋电子不会出现在同一点上。

现在考虑有大量电子的系统，电子数量为 N。就像在附录 F.5.1 中求电子气的动能平均值那样，对所有占据的轨道求平均，求出同向自旋电子概率分布。在这种情况下，概率 $P_{\uparrow\uparrow}$ 为

$$\begin{aligned}P_{\uparrow\uparrow}(r_{12}) &= \frac{\sum_{\boldsymbol{k}}^{k_m}\sum_{\boldsymbol{k}'}^{k_m}\int\left|\Psi_{\uparrow\uparrow}\right|^2 \mathrm{d}\sigma_1\mathrm{d}\sigma_2}{\sum_{\boldsymbol{k}}^{k_m}\sum_{\boldsymbol{k}'}^{k_m}1} \\ &= \frac{1}{V^2}\frac{\sum_{\boldsymbol{k}}^{k_m}\sum_{\boldsymbol{k}'}^{k_m}\left\{1-\mathbb{R}\left[\mathrm{e}^{\mathrm{i}(\boldsymbol{k}'-\boldsymbol{k})\cdot(\boldsymbol{r}_1-\boldsymbol{r}_2)}\right]\right\}}{\sum_{\boldsymbol{k}}^{k_m}\sum_{\boldsymbol{k}'}^{k_m}1} \\ &= \frac{1}{V^2}\frac{\int^{|\boldsymbol{k}|<k_m}\mathrm{d}\boldsymbol{k}\int^{|\boldsymbol{k}'|<k_m}\mathrm{d}\boldsymbol{k}'\left\{1-\mathbb{R}\left[\mathrm{e}^{\mathrm{i}(\boldsymbol{k}'-\boldsymbol{k})\cdot(\boldsymbol{r}_1-\boldsymbol{r}_2)}\right]\right\}}{\int^{|\boldsymbol{k}|<k_m}\mathrm{d}\boldsymbol{k}\int^{|\boldsymbol{k}'|<k_m}\mathrm{d}\boldsymbol{k}'}\end{aligned}$$

---

① 虽然这里写出了对自旋变量的积分，但是由于它们是离散的，积分实际上表示的是一个总和。为了计算概率，当 $\int\alpha(1)\beta(1)\mathrm{d}\mathfrak{H}=0$ 时，需要有关系式 $\int\alpha^2(1)\mathrm{d}\mathfrak{H}=1=\int\beta^2(1)\mathrm{d}\mathfrak{H}$ 成立。

$$= \frac{1}{V^2}\left\{1 - 9\left(\frac{\sin(k_m r_{12}) - k_m r_{12}\cos(k_m r_{12})}{(k_m r_{12})^3}\right)^2\right\}$$

$$= \frac{1}{V^2}\mathcal{F}(k_m r_{12}) \tag{F.39}$$

式中，k_m 表示占据的最高轨道，将求和转换为积分（正如在附录 F.5.1 所做的那样），并求积分。$r_{12}=|\boldsymbol{r}_1-\boldsymbol{r}_2|$是电子间的距离。图 F.2 中绘制出 $\mathcal{F}(k_m r_{12})$ 的曲线。$\mathcal{F}$ 中的第一项相当于式(F.36)中具有反向自旋电子的结果。因此，第二项对应于同向自旋电子之间的额外排斥力，在 $k_m r_{12}=0$ 附近的概率生成一个“孔”，是由电子的反对称性质产生的，称为费米空穴(Fermi hole)。

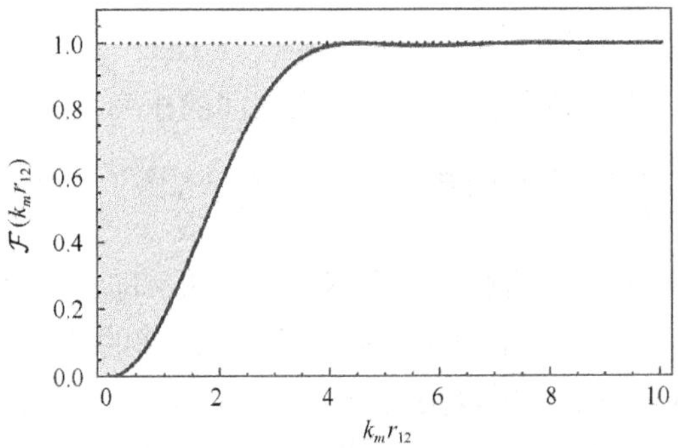

图 F.2　非相互作用电子气中同向自旋电子概率分布图
（阴影区是与均匀一致概率的偏差，在 $k_m r_{12}=0$ 显示出一个“孔”，表示同符号电子相互规避）

电子气的总静电(库仑)能量基于上述概率的电子之间的平均静电排斥力，即

$$J_{\text{quant}} = \int \left(P_{\uparrow\downarrow}(r_{12}) + 2P_{\uparrow\uparrow}(r_{12})\right)\frac{e^2}{r_{12}}\mathrm{d}\boldsymbol{r}_1\mathrm{d}\boldsymbol{r}_2 \tag{F.40}$$

式中，e 是电子电荷，$P_{\uparrow\uparrow}$ 之前的系数 2 是考虑电子对要么都上旋，要么都下旋。

电子气的经典库仑能量(式(E.10))基于电子的均匀一致分布，没有考虑图 F.2 中的费米空穴。由费米空穴的存在呈现出来的能量的变化称为交换能。从 J_{quant} 中减去经典理论的结果，得到(这需要许多运算，其他著作中有详细的叙述(Parr and Yang, 1989))

$$E_{\text{ex}} = -\frac{9N^2e^2}{V}\int_0^\infty \frac{1}{r}\left(\frac{\sin(k_m r_{12}) - k_m r_{12}\cos(k_m r_{12})}{(k_m r_{12})^3}\right)^2 4\pi r^2 \mathrm{d}r$$

$$= -\frac{9\pi N^2 e^2}{V k_m^2} \tag{F.41}$$

这里进行了部分积分，并将已知的积分结果表示出来$\left(\mathrm{si}(x) = -\int_x^{\infty} \sin t / t \mathrm{d}t\right.$ 和 $\left.\mathrm{ci}(x) = -\int_x^{\infty} \cos t / t \mathrm{d}t\right)$。交换能密度是 E_{ex} 除以体积 V，电子密度可以表示为 $\rho = N / V$，即

$$\varepsilon_{\mathrm{ex}} = \frac{E_{\mathrm{ex}}}{V} = -\frac{9\pi e^2}{k_m^2}\rho^2 \tag{F.42}$$

k_m 的值与图 F.1 中所示的 $n_{\max}$ 相关，即

$$k_m = \frac{2\pi n_{\max}}{L} \tag{F.43}$$

这又与式(F.23)中的 ρ 相关，使得

$$k_m = 2\pi\left(\frac{3}{\pi}\right)^{2/3}\rho^{1/3} \tag{F.44}$$

将式(F.44)代入式(F.42)，得出总交换能密度

$$\varepsilon_{\mathrm{ex}} = -\frac{3e^2}{4}\left(\frac{3}{\pi}\right)^{1/3}\rho^{4/3} \tag{F.45}$$

F.7 本征值和本征矢量

只有很少的量子力学问题可以得到精确的解。通常使用变分法，将波函数参数化，然后通过改变参数值，直到计算求得最小的能量值。例如，假设有一个与一组参数相关的试验波函数(trial wave function) ψ_i。其平均能量可以通过式(F.8)所示的方法确定为

$$E_t = \frac{\langle \psi_t | \mathcal{H} | \psi_t \rangle}{\langle \psi_t | \psi_t \rangle} \tag{F.46}$$

式中，E 是与哈密顿函数 $\mathcal{H}$ 相关联的能量。E 的下标 t 表示这是特定的试验波函数 ψ_t 的能量。

变分理论指出，基于近似波函数计算出的能量为其真实的能量 E 的上限，即

$$E \leqslant E_t \tag{F.47}$$

如果试验波函数得出的结果是薛定谔方程正确的解，那么就得到了真实的能量。

在波函数中任何参数都可以改变，以找出能量的最小值，这样就得到了正确函数和基于此试验波函数的能量的最佳估计。方便起见，在以后的讨论中省略下标 t。

通常的做法是，以函数的线性组合来近似波函数，一般这个组合是已知类似问题的解。例如，对于 m 个函数的组合

$$\psi = \sum_{i=1}^{m} c_i \phi_i \tag{F.48}$$

式中，函数组 $\{\phi_i\}$ 称为基组(basis set)。在这里目标是确定基组函数的系数 $\{c_i\}$，使得能量最小化。当然，其准确性取决于所选择的用来近似系统的基组函数的质量，并假设基组函数越接近于正确的波函数，能量就越低。作为例子，研究一个多电子原子的解。典型的基组是由描述类氢轨道的函数组成的。

由式(F.46)有

$$E\sum_{i=1}^{m}\sum_{j=1}^{m} c_i c_j S_{ij} = \sum_{i=1}^{m}\sum_{j=1}^{m} c_i c_j H_{ij} \tag{F.49}$$

式中，哈密顿积分为

$$H_{ij} = \int \phi_i^*(\boldsymbol{r}) \mathcal{H}(\boldsymbol{r}) \phi_j(\boldsymbol{r}) \mathrm{d}\boldsymbol{r} = \langle \phi_i | \mathcal{H} | \phi_j \rangle \tag{F.50}$$

重叠积分为

$$S_{ij} = \int \phi_i^*(\boldsymbol{r}) \phi_j(\boldsymbol{r}) \mathrm{d}\boldsymbol{r} = \langle \phi_i | \phi_j \rangle \tag{F.51}$$

相对于参数求能量的最小值，引出方程组

$$\sum_{i=1}^{m}\sum_{j=1}^{m} c_i \left(H_{ij} - ES_{ij}\right) = 0, \quad j = 1, 2, \cdots, m \tag{F.52}$$

这恰恰是 m 个联立齐次线性方程组，其解可以用标准的方法求得。如果把 H_{ij} 和 S_{ij} 分别视作矩阵 $\boldsymbol{H}$ 和 $\boldsymbol{S}$ 的元素，那么这个方程组变成为 $\boldsymbol{H}-E\boldsymbol{S}=0$。矩阵的本征值(eigenvalue)是本征态 E_i 的能量，本征矢量(eigenvector)是这些状态的系数 $\{c_i\}$。值得说明的是，如果假设的基组函数是正交和归一化的，常常是最简单的，即这样就有 $i=j$ 时，$S_{ij}=1$，否则 $S_{ij}=0$。对于解决复杂量子力学问题的大多数方法，矩阵方法是基础。正如上面所指出的，获得高品质结果的关键是选择好的基组函数。

F.8 多电子系统

本书研究重点是材料，有许多原子核和电子是材料的自然属性。对于这样

的系统，哈密顿函数由若干个部分组成。首先，讨论具有 M 个原子核和 N 个电子的系统。对于每个电子都会有一个动能项，它们对哈密顿函数的总贡献是 $\sum_{i=1}^{N}-\frac{\hbar^2}{2m_i}\nabla_i^2$。同时，将有每个电子和每个原子核之间的相互作用项，将这些项表示为 $\sum_{i=1}^{N}v(\boldsymbol{r}_i)$。其中，$M$ 个原子核作用于电子 i 上的势能为

$$v(\boldsymbol{r}_i)=-\sum_{\alpha=1}^{M}\frac{Z_\alpha e^2}{r_{i\alpha}} \tag{F.53}$$

最后，还有一项是借助标准静电作用的电子之间相互作用，关于这个作用可以用多种形式表示(见式(3.5))，如 $\sum_i\sum_{j>i}\frac{e^2}{r_{ij}}$。将上述各项合到一起，总哈密顿函数为

$$\mathcal{H}=\sum_{i=1}^{N}\left(-\frac{\hbar^2}{2m_i}\nabla_i^2+v(\boldsymbol{r}_i)\right)+\sum_i\sum_{j>i}\frac{e^2}{r_{ij}} \tag{F.54}$$

这种形式哈密顿函数的假定前提，就是相对于原子核，电子的运动速度非常快，使得原子核可以被看作是固定的，它忽略了电子和原子核之间的运动关联。这种假设称为玻恩-奥本海默近似(Born-Oppenheimer approximation)。依据这一假设，如果原子核的位置是固定的，那么由式(F.55)给出的它们与电子之间的相互作用行为，就如同外部的固定电势。

通常人们用原子单位制(附录 F.5.3)改写式(F.54)，其中，能量单位是 hartree，距离单位是 bohr，质量单位是电子质量(m_e)，电荷的单位是电子电荷量 e。在这种条件下，哈密顿函数变成为

$$\mathcal{H}=\sum_{i=1}^{N}\left(-\frac{1}{2}\nabla_i^2+v(\boldsymbol{r}_i)\right)+\sum_i\sum_{j>i}\frac{1}{r_{ij}} \tag{F.55}$$

和

$$v(\boldsymbol{r}_i)=-\sum_{\alpha=1}^{M}\frac{Z_\alpha}{r_{i\alpha}} \tag{F.56}$$

F.9　周期性系统量子力学

现在把主要的关注点放在晶体中电子的行为上。由于晶体晶格(即原子核)的

结构是周期性的，这样在哈密顿函数中的外部电势 $v(\boldsymbol{r})$（式(F.53)）也是周期性的，因此电子结构是周期性的。

求出周期性解的基础是布洛赫定理(Bloch's theorem)。对于势能为 $v(\boldsymbol{r})$ 的薛定谔方程，首先确认 $\psi_{\boldsymbol{k}}(\boldsymbol{r})$ 为它的解，其中 $\boldsymbol{k}$ 是一个矢量，表示该状态的三个量子数。

布洛赫定理指出，对于周期性电势 $v(\boldsymbol{r})$ 的所有的解 $\psi_{\boldsymbol{k}}(\boldsymbol{r})$，必须满足以连续的方式遍布在整个空间。表示这个条件的一种方法是

$$\psi_{\boldsymbol{k}}(\boldsymbol{r}) = u_{\boldsymbol{k}}(\boldsymbol{r})\mathrm{e}^{\mathrm{i}\boldsymbol{k}\cdot\boldsymbol{r}} \tag{F.57}$$

式中，$u_{\boldsymbol{k}}(\boldsymbol{r})$ 是晶格的周期性函数，也就是说，在直接晶格中对于每一个 $\boldsymbol{R}$，都有

$$u_{\boldsymbol{k}}(\boldsymbol{r}+\boldsymbol{R}) = u_{\boldsymbol{k}}(\boldsymbol{r}) \tag{F.58}$$

式(F.57)和式(F.58)意味着

$$\psi_{\boldsymbol{k}}(\boldsymbol{r}+\boldsymbol{R}) = \mathrm{e}^{\mathrm{i}\boldsymbol{k}\cdot\boldsymbol{R}}\psi_{\boldsymbol{k}}(\boldsymbol{r}) \tag{F.59}$$

式(F.59)是布洛赫定理的数学表达式，它是第 4 章中讨论的晶体电子结构方法的基础。布洛赫定理的证明是简洁明了的，在许多书中都有陈述。这里要强调的是，式(F.59)对关于周期势的薛定谔方程解提出了严格的条件。

F.10　小　　结

就量子力学而言，这部分介绍并不是面面俱到的，而只是涉及表面。重要的结果是，粒子用波函数 $\psi(\boldsymbol{r})$ 来描述，粒子位于 $\boldsymbol{r}$ 的概率是 $\psi^*(\boldsymbol{r})\psi(\boldsymbol{r})$，量子力学的理论基础是薛定谔方程。这里并没有作过多介绍，鼓励读者阅读推荐阅读中列出的一本(或更多本)关于量子力学的优秀书籍。

推荐阅读

量子力学方面有很多好书可以阅读。

读者可能想从物理化学方面的书籍开始，如 Spiegel(1988)撰写的 *Schaum's Outline of Physical Chemistry*，McQuarrie 和 Simon(1997)撰写的 *Physical Chemistry: A Molecular Approach*，都做了全面的讨论。

Pauling 和 Wilson(1935)撰写的 *Introduction to Quantum Mechanics with Applications to Chemistry*，非常经典，也值得一读。

附录 G　统计热力学和动力学

本附录介绍统计热力学的基本概念和假设。首先讨论时间平均值，介绍系综平均值的概念；然后介绍在原子模拟中使用的重要系综并展示它们通过配分函数与热力学关联起来；最后归纳经常在原子模拟中应用的一些重要结果，还介绍一些动力学的基本概念。

G.1　基本的热力学量

表 G.1 定义了本书中使用的热力学量。其中一些量，如 E、H 和 A 等是具有广延性的(extensive)，也就是说，它们是可叠加的，与系统的大小呈线性关系。与之相反，有些量，如 T、P 和 μ 则是强度性的(intensive)，与系统规模的大小不成比例。注意，这里使用符号 A 表示亥姆霍兹自由能，而在一些文献中用 F 表示。还要注意，符号 U 表示势能，而 K 则表示动能。

表 G.1　常见的热力学符号的定义

名称	符号	名称	符号
粒子数	N	内能	E，$E=U+K$
体积	V	熵	S
压力	P	焓	H，$H=E+PV$
温度	T	亥姆霍兹自由能	A，$A=E-TS$
化学势	μ	吉布斯自由能	G，$G=E-TS+PV$

表 G.1 中的热力学量可以通过标准微分形式相互关联到一起。

设一个系统中有 r 种类型的粒子

$$\begin{cases} \mathrm{d}A = -S\mathrm{d}T - P\mathrm{d}V + \sum_{i=1}^{r} \mu_i \mathrm{d}n_i \\ \mathrm{d}G = -S\mathrm{d}T + V\mathrm{d}P + \sum_{i=1}^{r} \mu_i \mathrm{d}n_i \\ \mathrm{d}H = T\mathrm{d}S + V\mathrm{d}P + \sum_{i=1}^{r} \mu_i \mathrm{d}n_i \\ \mathrm{d}E = T\mathrm{d}S - P\mathrm{d}V + \sum_{i=1}^{r} \mu_i \mathrm{d}n_i \end{cases} \tag{G.1}$$

从这些方程中，利用全导数的定义，如果 $f = f(x, y)$，则有 $df = (\partial f / \partial y)_x dx + (\partial f / \partial x)_y dy$，可以得出这样的关系式，如 $(\partial A / \partial T)_{N,V} = -S$。还可以利用下面的结果，即如果 $dz = a dx + b dy$，那么 $(\partial a / \partial y)_x = (\partial b / \partial x)_y$，推导出一系列的偏导数之间的关系式。例如，从 d$G$ 的结果，有 $(\partial s / \partial P)_{T,N} = -(\partial V / \partial T)_{P,N}$。这些与偏导数关联的方程称为麦克斯韦关系式。

G.2 统计热力学入门

第 5 章讨论了材料的内聚能和多种类型系统中原子之间相互作用的模型。但是，在第 5 章中讨论的一切，只有系统的温度为 0K 时才成立。要把这些概念应用到有限温度(即大于零)的材料上，需要与称为统计力学领域中的研究成果结合起来。统计力学解释了如何把系统的宏观性质与它的微观变量关联在一起。例如，统计力学展示了如何将一个块体系统中原子的 10^{23} 个自由度减少为几个参数(如压力、体积和温度)，来描述系统的热力学行为或宏观行为。严格地说，统计力学有两大类研究方向：统计热力学描述系统在平衡状态下的行为，并提供与热力学的关联；非平衡统计力学则侧重于远离平衡状态的系统研究。后者的研究内容超出了本书的范围，将不予讨论。

统计热力学主要关注平均数的计算，并将这些平均值与人们在自然界观察到的现象关联起来。统计热力学还为理解扰动及其与相稳定性、热流量等关联提供了一个框架。

关于统计热力学有许多书籍(如那些在本附录最后列出的参考书目)。本附录中只归纳一些概念，这对于正确使用一些基本模拟技术如蒙特卡罗方法和分子动力学方法等很重要。

G.3 宏观状态对微观状态

系统的热力学状态称为宏观状态(macrostate)，它是指确定状态的一组宏观性质。宏观状态对系统全部的、整体的行为加以归类，并且可以通过作用于其上的热力学约束进行描述。例如，一个系统，它的粒子数目 N、体积 V 以及温度 T 是恒定的，那么它的热力学性质会不同于压力 P 保持不变但体积可以变化的系统，这就是由亥姆霍兹自由能 $A(N, V, T)$ 和吉布斯自由能 $G(N, P, T)$ 所描述系统之间的差别。

系统的微观状态(microstate)是其内部变量的瞬时值。例如，如果系统具有 N 个原子，那么在特定的时间 t_0，微观状态就是所有原子在 t_0 时的一组坐标和动量。当系统变化时，微观状态随时间改变。

统计力学说明了如何将微观状态的平均值与宏观状态的热力学量相关联。事实证明，要做这样的关联，有两种方法，即时间平均或者系综平均。

G.4　相空间和时间平均

假设一个系统共有 N 个原子，其中 N 是非常大的数目。如果这些原子的运动遵循经典力学，那么在时刻 t 原子具有一组确定的位置和动量。该系统随时间变化的性质由 $6N$ 个量完全表征，即位置的 $3N$ 个坐标($\boldsymbol{r}_1, \boldsymbol{r}_2, \boldsymbol{r}_3, \cdots, \boldsymbol{r}_N$)和动量的 $3N$ 个坐标($\boldsymbol{p}_1, \boldsymbol{p}_2, \boldsymbol{p}_3, \cdots, \boldsymbol{p}_N$)，这些量称为力学自由度(mechanical degree of freedom)。也就是说，系统由瞬时的微观状态来表征[①]。这些位置和动量是 $6N$ 维空间的坐标，称为相空间(phase space)。在任意时刻，系统由相空间中的一个点来表征，即在那个时刻的 $3N$ 个位置和 $3N$ 个动量构成的坐标点。随着时间的推移，当原子在运动中获得了新的位置和动量时，系统将在相空间中移动，称这些在相空间中运动的点的连线为运动的轨迹[②](trajectory of the motion)。

在相空间中，可设定在时刻 t 的一个点为($\boldsymbol{r}^N(t), \boldsymbol{p}^N(t)$)，此处，符号 $\boldsymbol{r}^N(t)$ 是指在时刻 t 时 N 个粒子的位置矢量组，$\boldsymbol{r}^N(t)=\{\boldsymbol{r}_1(t), \boldsymbol{r}_2(t), \cdots, \boldsymbol{r}_N(t)\}$，而 $\boldsymbol{p}^N(t)$ 是动量矢量组，$\boldsymbol{p}^N(t)=\{\boldsymbol{p}_1(t), \boldsymbol{p}_2(t), \cdots, \boldsymbol{p}_N(t)\}$。可以尝试显式地找出这些变量随时间的变化情况。然而，知道一个系统的瞬时状态，并不会提供很多信息，它太复杂了，即使是要考虑 N 的值相对较小的情况。

可以从观察图 G.1 开始了解相空间的复杂性。图 G.1(a)中给出附录 D.3 中出现的简单的一维谐振子的相空间，图中所绘制的是随着时间变化的速率 $v_x(t)$ 相

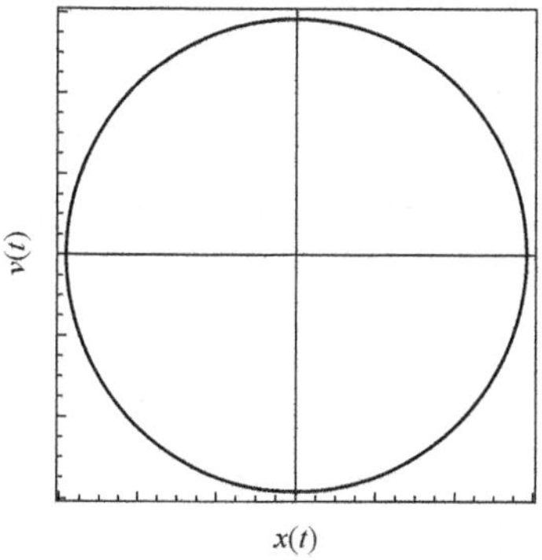

(a) 附录D.3中一维谐振子的曲线

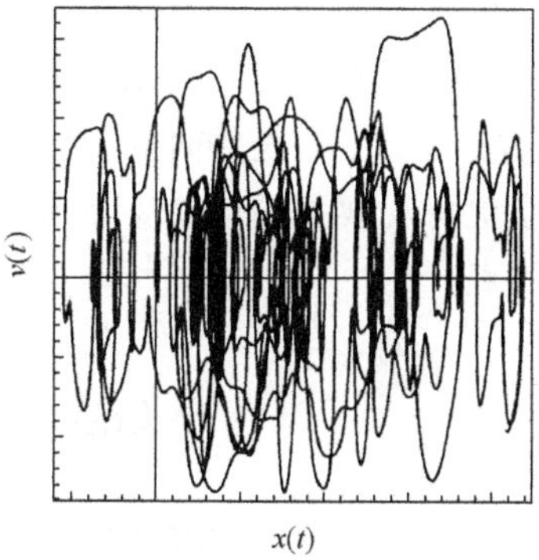

(b) 三维分子动力学模拟中亚飞秒时间段里一个原子在一个维度的曲线

图 G.1　相空间的简略示意(绘制 $x(t)$ - $v_x(t)$ 的曲线)

① 每个坐标有三个自由度(x, y, z)，并且每个动量有三个自由度(p_x, p_y, p_z)。

② 从技术上讲，可以通过忽略粒子质心的运动以消除三个自由度，当 N 非常大时，这是无关紧要的。

对于位置 $x(t)$ 的曲线。这个问题中的自由度只有 2 个维度，即总能量 E 为动能(v_x^2 的函数)和势能(x^2 的函数)的和，并且是一个常数。振子在运动中总是有动能和势能之间的能量交换，以保持随着时间的变化总能量固定不变。因此，速度和位置是关联的，相空间也简单。图 G.1(b)绘制出一个原子的 $v_x(t)$ 与 $x(t)$ 曲线，这个原子是从具有 Lennard-Jones 势的多原子相互作用的三维分子动力学模拟中选出的一个原子，图中所示的是其在亚飞秒时间段里的轨迹。x 和 v_x 之间没有明显的关联。从图中能够辨别出一些状况，例如，该原子在空间中似乎是相对于某个固定的位置运动，但在总体上并没有给出什么特别有用的信息。该图没能说明这个原子的完整轨迹，只是示出了 x 和 v_x 分量。实际上应该示出的是所有三个方向和三个速度函数的轨迹。这样的图需要六维的空间，六维空间将需要画出六个坐标轴：x、y、z、v_x、v_y 和 v_z，这是人们不能够可视化的图像。但是，即使是六维空间也不足以描述系统，因为任何原子的运动都受其他原子运动的严重影响，通过原子间相互碰撞和长程相互作用，交换动能和势能。因此，需要完整的 $6N$ 维空间来表示系统。既然从二维相空间中获取信息都困难重重，了解 $6N$ 维空间的状态显然是无望的。

通过在微观状态上求得数量平均的方式，将微观状态与宏观状态关联起来是研究的目的。最直观的想法是，在实验中观察到的宏观状态的量值应等于该量随时间变化的平均值。例如，观察到的总能量 E_{obs} 应是 $E(t)$ 在某段时间 t_0 内对时间的平均值，即

$$E_{\text{obs}} = \langle E \rangle = \frac{1}{t_0}\int_0^{t_0} E(t')\mathrm{d}t' \tag{G.2}$$

式中，E 是时间的连续变量。$E(t)$ 为时刻 t 时在相空间中特定点的 E 值，即 $E(t)=K(\boldsymbol{p}^N(t))+U(\boldsymbol{r}^N(t))$。多长的时间 t_0 才是一个足够长的时间？使得时间平均值对应于宏观尺度上可观察到的值。t_0 必须足够长，才能使系统访问到所属相空间部分中足够多的点。

G.5 系　综

计算平均值还有另一种方法(见附录 C.4 中概率的讨论结果)。求时间平均值时，计算在相空间中沿着轨迹访问的每一个组态(configuration)的 E 值。假设沿着这条轨迹，系统重复访问(或者任意地接近于)某个组态超过一次，可以设想，记录系统到达某一特定的组态的次数，那么就可以通过先求出各个组态的 E 值再计算出平均值。例如，如果系统的组态数为 N_{config}，先求出 E_α 的值，对每个不同的组态(α)乘以系统到达该组态的次数 n_α，求总的平均值，只需要除以访问系统所

有组态的总次数，即

$$\langle E \rangle = \frac{1}{\sum_{\alpha=1}^{N_{\text{config}}} n_\alpha} \sum_{\alpha=1}^{N_{\text{config}}} n_\alpha E_\alpha = \sum_{\alpha=1}^{N_{\text{config}}} \rho_\alpha E_\alpha \tag{G.3}$$

在式(G.3)中的第二部分，引入概率密度ρ_α，它是所有可能状态中构型α部分的比例。对于连续系统，式(G.3)所示的求和式就变成积分式。概率密度的一个重要性质是归一化，即

$$\sum_{\alpha=1}^{N_{\text{config}}} \rho_\alpha = 1 \tag{G.4}$$

在这里，不是对单一的系统在很长一段时间里进行计算，而是想象已建立了数量巨大的相同系统，并允许它们独立的变化，这就是系统的系综(ensemble)。虽然这些系统是完全相同的，但是它们将处于不同的状态。对于给定状态的概率密度，可通过记录该状态在系综中出现的次数，并除以系统的状态总数得到。然后，就可以依据式(G.3)求出平均值。通过这种方式获得的平均值称为系综平均(ensemble average)，最初是出自于 J. Williard Gibbs 的工作。

对于系统的系综，概率密度取决于施加于系统上的约束。对于考虑的大多数系统，约束条件是某些热力学量是固定的。因此，条件有时会用$\langle\cdot\rangle_\beta$的形式表示系综平均值，其中，$\beta$列出施加在系统上的约束条件。

G.5.1　权函数和概率

现在来考察在一个状态下的概率密度ρ_α。在这点上，没有办法来确定哪些因素会影响这个概率，例如，它可能会依赖热力学变量，如温度。但是，可以引入一个函数来起这种作用，并且期待最终能确定它是什么函数。对于状态α，将这个函数记为ω_α。由于ω_α确定热力学量是如何给各个状态的概率加权的，所以它被称为权函数(weight function)。

因此假定ρ_α的形式为$\rho_\alpha \propto \omega_\alpha$。但是，要求概率是归一化的，按照附录 C.4 的讨论，可以列出①

$$\rho_\alpha = \frac{\omega_\alpha}{\sum_\alpha \omega_\alpha} = \frac{1}{Q}\omega_\alpha \tag{G.5}$$

---

① $\sum_\alpha \rho_\alpha = \sum_\alpha \omega_\alpha \Big/ \sum_\alpha \omega_\alpha = 1$。

式中，分母是对所有状态求总和。归一化函数为

$$Q = \sum_{\alpha} \omega_{\alpha} \tag{G.6}$$

称为配分函数，在统计力学中有着极为重要的意义，建立起与热力学的重要联系。物理量 B 的平均值由式(G.7)给出：

$$\langle B \rangle = \frac{1}{Q} \sum_{\alpha} \omega_{\alpha} B_{\alpha} \tag{G.7}$$

系统的系综的性质取决于约束，每组约束对应于不同的系综。正如将要看到的，每个系综可以用一个独特的权函数 ω_{α} 来表征，因而可以由各不相同的配分函数 Q 来表征。

本书中讨论了许多具有连续作用势的经典系统，其特点是在相空间中以位置和动量为基本坐标。这些都是连续变量，所以必须用积分替换上述公式中对所用状态的求和。原则上讲，因为可以有全部可能的位置和动量，所以必须对所有的坐标和所有的动量进行积分。对于有 N 个粒子的系统，对所有状态求和的形式为(McQuarrie, 1976)

$$\sum_{\alpha} f_{\alpha} \to \frac{1}{N!h^{3N}} \int f\left(\boldsymbol{r}^N, \boldsymbol{p}^N\right) \mathrm{d}\boldsymbol{r}^N \mathrm{d}\boldsymbol{p}^N \tag{G.8}$$

$N!$说明粒子是不可辨识的，也就是说，因为无法区别哪个粒子是哪一个，利用 $N!$方式可以分配它们。h^{3N} 将经典系统与量子力学结合到一起，并且需要用它求得理想气体熵的正确结果。

G.5.2 各态遍历性

已经设想两种求系统平均的方法，时间平均或系统平均是等价的。系统具有这种等价性就说它是各态遍历的。各态遍历性(ergodicity)不是一个简单的概念，证明一个系统具有各态遍历性，经常是不可能的。但是，对于在本书中要讨论的大系统，假设它们具有各态遍历性是合理的。

G.5.3 正则系综

在实验室中，将某种材料一定数量的原子，如 N 个，放入具有固定体积 V 的容器中，然后保持在一个恒定的温度 T 下，是研究系统常用的方式。与具有恒定正则系综的系统相关的自由能是亥姆霍兹自由能 A。具有这些约束的系统称为正则系综(canonical ensemble)，根据其固定的热力学变量，它有时又称为 NVT 系综。

正如上面所述的那样，正则系综的特征在于它在固定的体积内和恒定的温度下具有固定数目的粒子。所有其他热力学量(在平衡状态下)将会在其平均值附近波动。正像第 7 章所讨论的，这是大多数蒙特卡罗模拟的标准系综。

权函数描述热力学量如何影响概率，对于正则系综，由式(G.9)给出(Chandler, 1987)：

$$\omega_\alpha = \mathrm{e}^{-E_\alpha/(k_\mathrm{B}T)} \tag{G.9}$$

式中，E_α 是状态 α 的能量；k_B 是玻尔兹曼常量($k_\mathrm{B}=R/N_A$，气体常数除以阿伏伽德罗常数)。会经常地遇到这种形式的权函数，称为玻尔兹曼因子。系数 $1/(k_\mathrm{B}T)$ 出现的频率非常高，以至于它常常被表示为 $\beta=1/(k_\mathrm{B}T)$。

式(G.6)的正则配分函数由式(G.10)给出：

$$Q_{NVT} = \sum_\alpha \mathrm{e}^{-E_\alpha/(k_\mathrm{B}T)} \tag{G.10}$$

计算 Q_{NVT} 需要对系统中所有状态的玻尔兹曼因子求和。在大多数情况下，有太多可能的状态，无法直接计算 Q。因此，虽然知道每个状态下权函数 ω_{NVT}，但是依据式(G.5)也不会知道每个状态下的实际概率密度 ρ_{NVT}。然而，假设考虑两个微观状态 α 和 α^*。可以用式(G.11)计算状态之间的相对概率：

$$\frac{\rho_{\alpha^*}}{\rho_\alpha} = \frac{\mathrm{e}^{-\beta E_{\alpha^*}}}{Q}\frac{Q}{\mathrm{e}^{-\beta E_\alpha}} = \mathrm{e}^{-\beta\left(E_{\alpha^*}-E_\alpha\right)} \tag{G.11}$$

注意，状态之间的相对概率不依赖于配分函数的计算，这是非常重要的。能够确定各状态之间的相对概率是第 7 章中叙述的 Metropolis 蒙特卡罗方法的基础。

根据式(G.7)，正则系综的平均值具有下面的形式：

$$\langle E\rangle = \frac{1}{Q_{NVT}}\sum_\alpha \mathrm{e}^{-E_\alpha/(k_\mathrm{B}T)}E_\alpha \tag{G.12}$$

下面以平均能量作为一个例子加以说明。

亥姆霍兹自由能 A 与正则配分函数之间的关系由式(G.13)表示(McQuarrie, 1976)

$$A = -k_\mathrm{B}T\ln Q_{NVT} \tag{G.13}$$

根据热力学，$(\partial(A/T)/\partial(1/T))_{N,V}=E$。需要注意的是，式(G.13)中，求 A 对 $1/T$ 的偏微分，并利用式(G.10)中 Q_{NVT} 的定义，又重新获得式(G.12)中平均能量的表

达式①。

对于由位置和动量描述的连续系统，其配分函数的形式为

$$Q_{NVT} = \frac{1}{N!h^{3N}} \iint \mathrm{e}^{-\mathcal{H}(\boldsymbol{r}^N, \boldsymbol{p}^N)/(k_\mathrm{B}T)} \mathrm{d}\boldsymbol{r}^N \mathrm{d}\boldsymbol{p}^N \tag{G.14}$$

式中，哈密顿函数 $\mathcal{H}(\boldsymbol{r}^N, \boldsymbol{p}^N) = K(\boldsymbol{p}^N) + U(\boldsymbol{r}^N)$ 的值是总能量(McQuarrie, 1976)。在式(G.14)中，位置坐标的积分域范围由它们的体积 V 限定。动量分量的积分域可以取 $-\infty$ 和 ∞ 之间的任何值②。

如果势能只取决于位置③，那么对动量和位置的积分是可分离的，成为一组对动量的积分与一组对位置的积分的乘积。这样，就可以单独地计算对动量的积分，结果就变成解析的了④，配分函数的形式成为

$$Q_{NVT} = \frac{1}{N!\Lambda^{3N}} \int \mathrm{e}^{-U(\boldsymbol{r}^N)/(k_\mathrm{B}T)} \mathrm{d}\boldsymbol{r}^N \tag{G.15}$$

式中，$\Lambda = h/\sqrt{2\pi m k_\mathrm{B} T}$，是德布罗意波长(thermal de Broglie wavelength)。所以动量不会在 Q_{NVT} 的表达式中直接显现出来。对于仅依赖于位置的量，如势能，计算其平均值的表达式为

$$\langle U \rangle = \frac{1}{Z_{NVT}} \int \mathrm{e}^{-U(\boldsymbol{r}^N)/(k_\mathrm{B}T)} U(\boldsymbol{r}^N) \mathrm{d}\boldsymbol{r}^N \tag{G.16}$$

式中，组态积分(configurational integral)为

$$Z_{NVT} = \int \mathrm{e}^{-U(\boldsymbol{r}^N)/(k_\mathrm{B}T)} \mathrm{d}\boldsymbol{r}^N \tag{G.17}$$

需要注意，在式(G.16)中德布罗意波长被消掉了。

还可以计算只依赖于动量的平均值。在这种情况下，积分中对坐标的积分部分被抵消掉了。例如，平均动能的计算根据式(G.14)和式(G.12)推导，得出

① 一个非常有用的练习就是要证明这种说法是正确的。

② 依据式(D.7)，每个原子的动能的形式为 $K(p_x, p_y, p_z) = (p_x^2 + p_y^2 + p_z^2)/(2m)$。

③ 例如，没有速度相关的项，如那些在第 13 章中讨论的源自于摩擦力的项。

④ 对每个原子动量的每个坐标上的积分为 $\int_{-\infty}^{\infty} \exp(-(p_x^2/2m)/(k_\mathrm{B}T))\mathrm{d}p_x$。这些都是高斯积分，其形式为 $\int_{-\infty}^{\infty} \exp(-ax^2)\mathrm{d}x = \sqrt{\pi/a}$，从而在每个坐标上 $\int_{-\infty}^{\infty} \exp(-(p_x^2/2m)/(k_\mathrm{B}T))\mathrm{d}p_x = \sqrt{2\pi m k_\mathrm{B} T}$。对于每个原子，有三个相同的积分彼此相乘，分别为 p_x、p_y 和 p_z。因此，每个原子的贡献量为 $(2\pi m k_\mathrm{B} T)^{3/2}$。如果所有的原子是相同的，那么有 N 个这样的积分乘积，所以 K 对配分函数的总贡献为 $(2\pi m k_\mathrm{B} T)^{3N/2}$。

$$\langle K \rangle = \frac{\int \exp\left(-K(\boldsymbol{p}^N)/(k_B T)\right) K(\boldsymbol{p}^N) \mathrm{d}\boldsymbol{p}^N}{\int \exp\left(-K(\boldsymbol{p}^N)/(k_B T)\right) \mathrm{d}\boldsymbol{p}^N} \tag{G.18}$$

利用上页脚注④中所述的基本方法，这些积分很容易地就可以计算出来(虽然冗长乏味)。平均动能与温度之间的关系是

$$\langle K \rangle = \frac{3}{2} N k_B T \tag{G.19}$$

式(G.19)是一个非常重要的结果，即均分定理(equipartition theorem)的实例，这个定理指出，在热平衡状态下，能量被其各个形式同等配分(equally partitioned)[①]。在模拟中(如分子动力学)，式(G.19)被用来根据平均动能值求出温度值。

依据经典力学的位力定理(Virial theorem)(McQuarrie, 1976)，可以定义一个表示瞬时“压力”的函数$\mathcal{P}$，其平均值为系统的压力P，即$\langle \mathcal{P} \rangle = P$

$$\mathcal{P} = \frac{N}{V} k_B T - \frac{1}{3V} \left\langle \sum_{i=1}^{N} \boldsymbol{r}_i \cdot \nabla_i U \right\rangle \tag{G.20}$$

对于仅依赖于粒子i和j之间距离r_{ij}的势能(第5章)，其值为中心力势$\phi(r)$的总和，压力方程为[②]

$$\mathcal{P} = \frac{N}{V} k_B T - \frac{1}{3V} \left\langle \sum_{i=1}^{N} \sum_{j>i}^{N} r_{ij} \frac{\mathrm{d}\phi}{\mathrm{d}r_{ij}} \right\rangle \tag{G.21}$$

G.5.4 麦克斯韦-玻尔兹曼分布

可以从正则配分函数导出另一个非常重要的结果，即热平衡状态下理想气体粒子速度的分布。这个分布称为麦克斯韦-玻尔兹曼分布(Maxwell-Boltzmann distribution)，这是以它的发现者James Clark Maxwell和Ludwig Boltzmann命名的。对于原子，它的表达形式为

① 更具体地说，均分理论指出，每个自由度在其坐标上对能量的贡献是其坐标平方的函数，它对平均能量的贡献是$\frac{1}{2}k_B T$。因此，每个原子平均动能的值为$\frac{3}{2}k_B T$，正比于$v_x^2 + v_y^2 + v_z^2$。对于谐振子，由于$U(x) = \frac{1}{2}k\left(x^2 + y^2 + z^2\right)$，其每个坐标的平均能量为$\frac{1}{2}k_B T$。

② 式(6.19)给出了用于嵌入式原子模型(金属的多体势)压力方程。

$$f_P\left(p_x,p_y,p_z\right)=\left(\frac{1}{2\pi mk_{\mathrm{B}}T}\right)^{3/2}\mathrm{e}^{-(p_x^2+p_y^2+p_z^2)/(2mk_{\mathrm{B}}T)} \tag{G.22}$$

式中，m 为质量；T 为温度。需要注意的是，麦克斯韦-玻尔兹曼分布就是大家熟悉的高斯分布(在统计学中称为正态分布)。

G.5.5　微正则系综

微正则系综(microcanonical ensemble)由恒定数量的粒子、恒定的体积和恒定的总能量表征，也称为 NVE 系综。在第 6 章中讨论过，它是标准的分子动力学模拟的系综。这个系综的权函数由式(G.23)给出：

$$\omega_{NVE}=\delta\left(\mathcal{H}\left(\boldsymbol{r}^N,\boldsymbol{p}^N\right)-E\right) \tag{G.23}$$

式中，$\delta(x)$ 是附录 C.5 中介绍的 Dirac δ 函数。这个函数表明，总能量为规定值 E 的所有的状态，都具有同样的可能性；但是，总能量不是这个值的所有状态都被禁止，即系统受到约束，使得哈密顿函数取一个恒定值。只有那些与此约束相一致的动量和位置才能够被这个系统所接纳。

微正则系综的配分函数就是权函数在所有状态上的积分，即

$$Q_{NVE}=\frac{1}{N!h^{3N}}\int\delta\left(\mathcal{H}\left(\boldsymbol{r}^N,\boldsymbol{p}^N\right)-E\right)\mathrm{d}\boldsymbol{r}^N\mathrm{d}\boldsymbol{p}^N \tag{G.24}$$

它与热力学之间的关系是建立在熵 S 与配分函数关系上的，即

$$S=k_{\mathrm{B}}\ln Q_{NVE} \tag{G.25}$$

式中，k_{B} 是玻尔兹曼常量。这也许是所有关于系综的最根本关系式，因为它确立了熵是系统无规性(randomness)的度量这一概念。如何证明这个关系式，Callen(1985)在关于热力学的著作中做了特别好的叙述。

动能 K 和势能 U 可以改变，只要总能量 E=K+U 是恒定的。在平衡状态下，动能和势能将在它们的平均值附近波动。在本系综里，温度不是恒定的，这是它与正则系综的不同之处。在平衡状态下，温度也会在其平均值附近波动。然而，确定温度的唯一关系式是式(G.19)，它建立了平均温度与平均动能之间的关系，这一点在第 6 章中进行了更进一步的讨论。这个系综的压力也在某个平均值附近波动，与正则系综(以及任何其他具有固定 V 的系综)相同。

G.5.6　正则和微正则系综比较

为了简化讨论，假设系统由三个相同的“原子”(1、2 和 3)组成，并且每个

原子只有 m 个可能的能级，图 G.2 中，m=6。在任何时刻，每个原子都将在某一个能级上，用 n 来表示。为了便于下面的讨论，将设一个原子的第 n 级的能量为 $\epsilon_n = n\epsilon_0$。总能量为 $E = E_1 + E_2 + E_3$，其中第 i 个原子的能量 $E_i = n_i\epsilon_0$。如果用能级来表示，那么 $E = \epsilon_0(n_1 + n_2 + n_3)$。这个系统的微观状态可以表示为 $\{E_1, E_2, E_3\}$，或其等价表示方式为 $\{n_1, n_2, n_3\}$。要建立与宏观状态之间的关系，将通过某个可以测量的量，在这里将是总能量(E)的平均值。

假设在 M 个不同的时刻测量图 G.2 中的系统瞬时状态，建立微观状态值 $\{n_1, n_2, n_3\}$ 的列表。计数每个原子处于第 n 个能级的次数，然后除以 M，可求出原子处于第 n 个能级的概率密度 ρ_n。每个原子的平均能量为 ρ_n 乘以该原子处于第 n 能级的能量，在这个一组相同的原子简单例子中就是 $\rho_n\epsilon_n$。平均总能量为 $\langle E\rangle = N\rho_n\epsilon_n$，其中 N 是原子的个数。

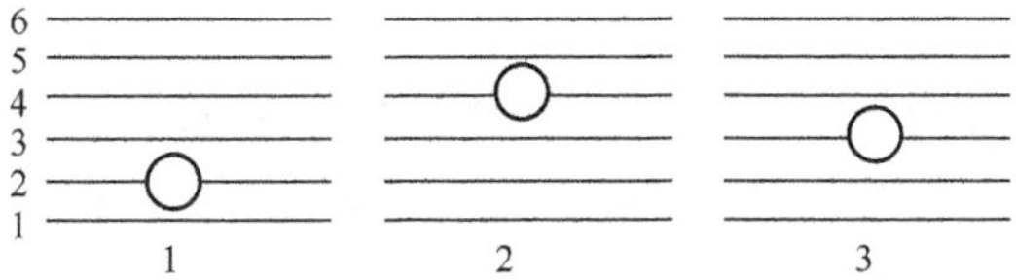

图 G.2　由三个相同原子组成的系统示意图
（每个原子有 6 种可能的能级 n，且能量 $\epsilon_n = n\epsilon_0$。其微观状态是一组瞬时的原子组态，在本例中由它们的能量 $\{E_1, E_2, E_3\}$ 表示）

假设该系统是微正则系综，那么系统的瞬时能量 $E = E_1 + E_2 + E_3 = \epsilon_0(n_1 + n_2 + n_3)$ 将是恒定的。如果 $E = 9\epsilon_0$，那么{2, 4, 3}和{3, 3, 3}是允许的微观状态(n_1+n_2+n_3=9)，而{3, 3, 4}不是。作为任意一个允许的微观状态，都具有相等的概率，即{2, 4, 3}与{3, 3, 3}的可能性相等。需要注意的是，随着能量的增大，允许的微观状态的数量迅速增加，这与关于熵的概念是一致的(参见式(G.25))。

如果图 G.2 中的系统是正则系综，那么所有的微观状态都将是可能的，也就是说，在三个状态中的每一个中，n 可以取任意值。当然，每个微观状态的概率也将不会是相同的。事实上，微观状态 α 的概率是 $\exp(-\beta E_\alpha)/Q$，其中 E_α 是状态 $\alpha\{n_1, n_2, n_3\}$ 的能量，并且 $Q = \sum_\alpha \exp(-\beta E_\alpha)$。如上所述，虽然所有的状态都是可能的，但是就所有可能状态而言，可能出现的状态数量只是相对小的一个子集。最有可能出现的微观状态体现着所有可能的状态数量和玻尔兹曼因子 $\exp(-\beta E_\alpha)$ 之间的平衡，其中所有状态数量随着能量的增大而增加，而玻尔兹曼因子随着能量的增大而减小。

G.5.7　其他系综

在实验室中，大多数系统的压力 P 和温度 T 是恒定的。描述这样系统的最好方式既不是正则系综(NVT)，也不是微正则系综(NVE)，而是需要另一个系综。这样的系统中的粒子总数、压力和温度是恒定的，称为等压等温系综。这种系综的总能量和体积都不固定，并且在平衡状态下各自在某个平均值附近波动。它对于研究相变非常有用，在相变时通常在恒定压力 P 下会出现体积变化。

式(G.26)为等压等温系综配分函数的表达式

$$Q_{NPT}=\frac{1}{V_0 N!h^{3N}}\int \mathrm{d}V\int \mathrm{e}^{-\left(\mathcal{H}\left(\boldsymbol{r}^N,\boldsymbol{p}^N\right)+PV\right)/(k_\mathrm{B}T)}\mathrm{d}\boldsymbol{r}^N\mathrm{d}\boldsymbol{p}^N \tag{G.26}$$

式中，V_0 是一个不大重要的常量，它定义某个体积的基本单位，配分函数与热力学的关系是通过式(G.27)建立起来的：

$$G=-k_\mathrm{B}T\ln Q_{NPT} \tag{G.27}$$

式中，G 是吉布斯自由能。

在巨正则系综(μVT)中，化学势 μ 是固定的。因此，粒子的数量随着压力和能量的变化而波动。这类系综对研究合金性能非常有用，但在有效实施上可能有些微妙。对于单组分系统，其配分函数为

$$Q_{\mu VT}=\sum_{N=0}^{\infty}\mathrm{e}^{\mu N/(k_\mathrm{B}T)}Q_{NVT} \tag{G.28}$$

应注意到，由于粒子是离散的，采用对原子总数的求和，而不是积分。它与热力学的关系表达式为

$$PV=-k_\mathrm{B}T\ln Q_{\mu VT} \tag{G.29}$$

G.6 涨　落

在平衡状态下，除了通过热力学的约束条件固定的热力学量，所有热力学量都会在某个平均值附近波动。举个例子，假如有一个变量 F，它可能是能量或者是温度或者是其他量。F 的标准偏差 σ_F 是 F 值涨落(fluctuation)的量度，由式(G.30)给出

$$\sigma_F^2=\langle\left(F-\langle F\rangle\right)^2\rangle=\langle F^2\rangle-\langle F\rangle^2=\langle\left(\delta F\right)^2\rangle \tag{G.30}$$

根据热力学，在体积恒定的条件下，E 对 T 的导数定义为热容，即

$$C_V=\left(\partial E/\partial T\right)_{N,V} \tag{G.31}$$

研究式(G.12)中正则系综的平均能量$\langle E\rangle$的定义[①]。对T求导数并加以整理，得到[②]

$$C_V=\frac{1}{k_B T^2}\left(\langle E^2\rangle-\langle E\rangle^2\right)=\frac{1}{k_B T^2}\left\langle\left[E-\langle E\rangle\right]^2\right\rangle=\frac{1}{k_B T^2}\sigma_E^2 \tag{G.32}$$

式中，σ_E是E的标准偏差。式(G.32)表明，在恒定体积中，物质温度的提高需要热能，热容与能量在其平均值附近瞬时涨落的均方差是相关的，即

$$\sigma_E^2=k_B T^2 C_V \tag{G.33}$$

式(G.33)是一个不同寻常的结果。它表明能量瞬时涨落的大小与能量随温度变化的速率是相关的。它还能够估计系统中能量分布的相对宽度(relative width of the distribution)。

如果假设E是正态分布的，其概率密度将服从下面形式的高斯函数：

$$f_E(E)=\frac{1}{\sqrt{2\pi}\sigma_E}\mathrm{e}^{-\left(E-\langle E\rangle\right)^2/\left(2\sigma_E^2\right)} \tag{G.34}$$

依据标准统计学，分布的相对均方根(RMS)值定义为

$$\frac{\sqrt{\left[E-\langle E\rangle\right]^2}}{\langle E\rangle}=\frac{\sqrt{k_B T^2 C_V}}{\langle E\rangle}\sim O\left(\frac{1}{\sqrt{N}}\right) \tag{G.35}$$

它表示分布的相对宽度。由于C_V是一个广延量(extensive quantity)，与$\langle E\rangle$一样正比于系统中原子的数量N。因此，分布的相对宽度与$1/\sqrt{N}$成正比，在大系统中当N接近原子的阿伏伽德罗数时，就变成可以忽略不计的量。分布函数实际上就成为一个Dirac δ函数。

可以写出$\sigma_E^2=\gamma N$，其中γ是一个常数，包含$k_B T^2$项。E还是广延量，所以可表示为$E-\langle E\rangle=N(E_n-\langle E_n\rangle)$，其中$E_n$是每个原子的能量(强度量)。改写概率分布函数，得到

$$f_E(E)=\frac{1}{\sqrt{2\pi\gamma N}}\mathrm{e}^{-N\left(E_n-\langle E_n\rangle\right)^2/(2\gamma)} \tag{G.36}$$

---

① 由于已经建立和使用正则系综，在本节中关于平均值将不再提及正则系综。

② $\partial\langle E\rangle/\partial T=\partial[f/Q]/\partial T$，式中$f=\sum_n E_n\exp(-E_n/(k_B T))$，$Q=\sum_n\exp(-E_n/(k_B T))$。利用链式法则(chain rule)，$\partial[f/Q]/\partial T=(1/Q)\partial[f]/\partial T+f\partial[1/Q]/\partial T$。在第一项中，需要计算$\partial\exp(-E_n/(k_B T))/\partial T=(E_n/(k_B T^2))\cdot\exp(-E_n/(k_B T))$，因此，第一项为$\langle E^2\rangle/(k_B T^2)$。第二项为$f\partial[1/Q]/\partial T=-(f/Q^2)\partial Q/\partial T=-(1/(k_B T^2))\cdot(f/Q)^2=-\langle E\rangle^2/(k_B T^2)$。

在公式里包含因子 N，以确保它是归一化的。在图 G.3 中，对一组 N 的值绘制 $f_E(E)$ 曲线。图中使用了铜的每个原子热容值，并且将能量值除以内聚能作为能量的比例尺度。注意到，当达到 2000 个原子时，分布就高度尖锐。随着 N 的增大，它将越来越尖锐。图 G.3 看起来与图 C.6 很类似。理应是这样，因为式(G.34)与用于表示 δ 函数的式(C.54)是同一个函数。

本节的重点是解释在实验室中热力学变量看起来是常数的原因，即使它们可能并没有被热力学约束条件限定为固定的。E 的确在其均值附近波动，却从不测量这些波动，因为对于大容量系统，相对于平均值的偏差很小，无法测出来。然而，对于小系统，如在计算机上模拟的系统，或者非常小的纳米系统，这些波动则能够被看到。

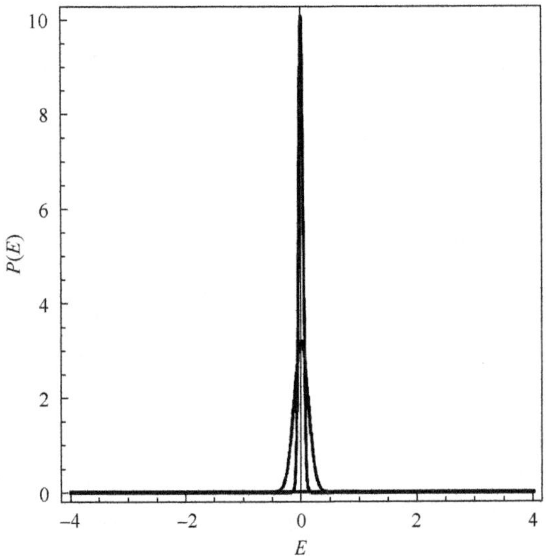

图 G.3　在不同数量原子 N 的情况下 E 值在其平均值附近分布的示意图(常数是依据对铜的估计而确定的。最宽的峰为 N=1，中间的峰为 N=10，尖锐的峰为 N=2000)

系综的等价

在正则系综里，N、V 和 T 是恒定的，所有其他热力学量在其平均值附近涨落。在微正则系综里，N、V 和 E 是恒定的。这两个系综是互补的，两个不同的变量构成强度变量-广延变量对(intensive-extensive pair)。在热力学中，变量是以强度变量-广延变量对形式出现的，如(T，E)、(P，V)和(μ，N)。

假定研究两个系综，分别由强度变量 f 和广延变量 F 表征，假定对某个量 B 的平均值感兴趣。根据热力学知识，如果 $F=\langle F\rangle_f$，一定有 $\langle B\rangle_f=\langle B\rangle_F$。对于有限尺度的系统，$\langle B\rangle_f=\langle B\rangle_F+C$，其中 C 是一个修正项，量级为 $O(1/N)$。修

正项随着系统尺度的增大快速消失，但是对于小系统，如大多数模拟系统，它们可以具有百分之几的差异(Allen and Tildesley, 1987)。因此，微正则系综的分子动力学计算和正则系综的蒙特卡罗计算得出的值，如压力，有少量的不同完全是由系综差异造成的。

G.7　关 联 函 数

在统计分析中，经常研究变量之间的相关性，也就是研究一个变量对另一个变量的响应影响或者二者关联到何种程度。在统计力学中，这些是由关联函数(correlation function)描述的。假设有两个量 A 和 B，利用标准的统计定义，这两个量之间的关联性为

$$c_{AB}=\frac{\langle(A-\langle A\rangle)(B-\langle B\rangle)\rangle}{\sigma_A\sigma_B} \tag{G.37}$$

式中，A 的标准偏差为 $\sigma_A=\sqrt{\langle(A-\langle A\rangle)^2\rangle}$，$B$ 的类似。式(G.37)所定义的关联函数 c_{AB} 是归一化的，如果 A 和 B 的值是完全相关的，如 A=B，那么 $c_{AB}=1$；如果 A 和 B 相互独立且完全不相关，那么 $c_{AB}=0$。

G.7.1　时间关联函数

一类重要的关联函数是关于一个时间 t 和另一时间 t' 之间的相关性。$A(t)$ 和 $B(t')$ 之间的关联性称为时间关联函数(time correlation function)，具有如下形式：

$$c_{AB}(t)=\frac{\langle(A(t)-\langle A\rangle)(B(0)-\langle B\rangle)\rangle}{\sigma_A\sigma_B} \tag{G.38}$$

因为只与时间的差有关系，设 t' 为 0。自关联函数描述的是一个量在某一时刻的值与其另一时刻的值之间的相关性，即

$$c_{AA}(t)=\frac{\langle(A(t)-\langle A\rangle)(A(0)-\langle A\rangle)\rangle}{\sigma_A^2} \tag{G.39}$$

速度自关联函数可以说是时间关联函数的最重要例子(速度与其自身的相关性)，它的定义为

$$c_{vv}(t)=\frac{\langle\boldsymbol{v}(t)\cdot\boldsymbol{v}(0)\rangle}{\langle v^2\rangle} \tag{G.40}$$

式(G.40)是对所有的原子取平均值。由于 $\boldsymbol{v}$ 是一个矢量，它的平均值为零。式(G.40)分母中的 $\langle v^2\rangle$ 是一个标量，曾叙述过 $\langle K\rangle = m\langle v^2\rangle/2 = 3k_BT/2$ ，这样它与温度关联起来，即 $\langle v^2\rangle = 3k_BT/m$ 。因此有

$$c_{vv}(t)=\frac{m}{3k_BT}\langle \boldsymbol{v}(t)\cdot\boldsymbol{v}(0)\rangle \tag{G.41}$$

当 $t=0$ 时，$c_{vv}(0)=1$。经过很长的时间，如 $t\to\infty$， $c_{vv}(t)\to 0$ ，即原子在 $t=0$ 和 $t=\infty$ 时的速度之间相关性完全消失。

讨论一下 $c_{vv}(t)$ 度量了什么。它是原子在 $t=0$ 时的速度与其后在时刻 t 时的速度之间点积(dot product)的平均值。这个点积为 $\langle\boldsymbol{v}(t)\cdot\boldsymbol{v}(0)\rangle=\langle v(t)v(0)\cos\theta(t)\rangle$ ，其中 $\theta(t)$ 是时刻 t 和时刻 $t=0$ 时速度之间的夹角，$v(0)$ 和 $v(t)$ 是这两个时刻的速度值(正值)，平均值是对系统中所有的原子进行计算得出的。考虑到所有原子会出现许多不同的随机碰撞，可预计它们的运动方向随着时间的推移会有很大的不同，从而 $c_{vv}(t)$ 将相当迅速地变为零。但是，从图 G.4 中看到的却是相当复杂的行为现象，经过长时间衰减，$c_{vv}(t)$ 才变为零。这些长时间的衰减现象在很多年都是一个争论很多的主题。注意图 G.4(a)中 $T^*=0.76$ 曲线(实线)的结构。在“井”的区域 $\langle v(t)v(0)\cos\theta_{v(0),v(t)}\rangle<0$ ，这只有当 $\theta_{v(0),v(t)}<0$ 时才能发生，它表明“井”所对应的原子速度出现其自身的反转，原子反过来朝向其原始位置运动。这种行为通常在较低温度下的致密系统(dense system)中出现，对应于相邻原子碰撞引起的“背向散射”事件。

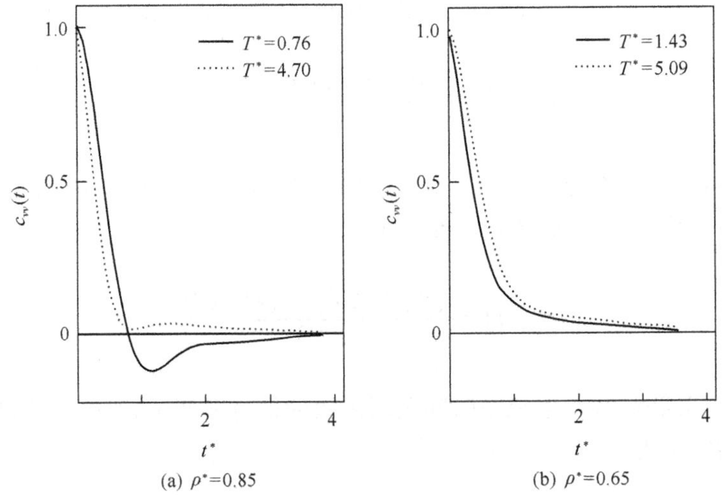

图 G.4　Lennard-Jones 流体的速度自关联函数(Levesque and Verlet, 1970; Hansen and McDonald, 1986)

(Lennard-Jones 势定义见式(6.21)，其简化单位见表 6.1)

扩散常数与速度自关联函数的关系为(McQuarrie, 1976)

$$D = \lim_{t\to\infty}\frac{k_{\mathrm{B}}T}{m}\int_0^t c_{vv}(t')\,\mathrm{d}t' = \lim_{t\to\infty}\frac{1}{3}\int_0^t \langle \boldsymbol{v}_i(t')\cdot\boldsymbol{v}_i(0)\rangle \mathrm{d}t' \tag{G.42}$$

式(G.42)是Green-Kubo关系式的一个例子，建立了宏观传输系数(如D)与对时间关联函数积分之间的关系。还有其他一些Green-Kubo关系式，如剪切黏度和热导率之间的关系。在第6章中讨论了如何使用分子动力学方法计算c_{vv}和类似的函数。

比较式(G.42)与式(2.2)中长时间条件下的扩散常数关系式，有

$$D = \frac{1}{6t}\langle \boldsymbol{r}^2\rangle \tag{G.43}$$

式中，$\langle \boldsymbol{r}^2\rangle$是均方位移。将式(G.42)代入式(G.43)，整理得到

$$\langle \boldsymbol{r}^2\rangle = 2t\int_0^t \langle \boldsymbol{v}_i(t')\cdot\boldsymbol{v}_i(0)\rangle \mathrm{d}t' \tag{G.44}$$

证明式(G.44)并不难，从$\boldsymbol{r}(t)=\int_0^t \boldsymbol{v}(\tau)\mathrm{d}\tau$入手，进而确立式(G.43)等价于式(G.42)。

由于$\boldsymbol{r}(t)=\int_0^t \boldsymbol{v}(\tau)\mathrm{d}\tau$，所以

$$\begin{aligned}
\langle \boldsymbol{r}^2\rangle &= \langle \int_0^t \boldsymbol{v}(\tau_1)\,\mathrm{d}\tau_1\cdot\int_0^t \boldsymbol{v}(\tau_2)\,\mathrm{d}\tau_2\rangle \\
&= \int_0^t \mathrm{d}\tau_1\int_0^t \mathrm{d}\tau_2\langle \boldsymbol{v}(\tau_1)\cdot\boldsymbol{v}(\tau_2)\rangle \\
&= \int_0^t \mathrm{d}\tau_1\int_0^{\tau_1} \mathrm{d}\tau_2\langle \boldsymbol{v}(\tau_1)\cdot\boldsymbol{v}(\tau_2)\rangle + \int_0^t \mathrm{d}\tau_2\cdot\int_0^{\tau_2} \mathrm{d}\tau_1\langle \boldsymbol{v}(\tau_1)\cdot\boldsymbol{v}(\tau_2)\rangle \\
&= 2\int_0^t \mathrm{d}\tau_1\int_0^{\tau_1} \mathrm{d}\tau_2\boldsymbol{v}(\tau_1)\cdot\boldsymbol{v}(\tau_2) \\
&= 2\int_0^t \mathrm{d}\tau_1\int_0^{\tau_1} \mathrm{d}\tau_2\langle \boldsymbol{v}(0)\cdot\boldsymbol{v}(\tau_2-\tau_1)\rangle \\
&= 2\int_0^t \mathrm{d}\tau_1\int_0^{\mathrm{t}} \mathrm{d}\tau_2\langle \boldsymbol{v}(0)\cdot\boldsymbol{v}(\tau)\rangle \\
&= 2t\int_0^t \langle \boldsymbol{v}(0)\cdot\boldsymbol{v}(\tau)\rangle\,\mathrm{d}\tau
\end{aligned}$$

在第二行中，对求平均的顺序重新排列。在第三行中，将积分分解成两个等价的积分，并在积分中始终保持一个变量小于另一个变量。在第五行中，可见相关性只依赖于两个变量之间的时间差，而不是绝对时间。在第六行中，用$\tau=\tau_2-\tau_1$做了变量代换。

G.7.2　空间关联函数

粒子之间位置的相关是另一类重要的关联性。在固体中，每个原子都围绕着其晶格的位置振动，在与该位置有关的位置和方向上，它的近邻都围绕着它们的晶格位置振动。在流体中，粒子易于扩散，没有固定位置，但在平均意义上粒子的位置彼此相关。有些关联函数就是用来识别这些类型相关性的，其中最有用的是对分布函数。对分布函数标记为 $g_2(\boldsymbol{r}_i, \boldsymbol{r}_j)$，其中下标 i 和 j 表示原子。当然，由于要计算的是平均值，规定下标是任意的。这个函数得出的结果是找到材料中相隔一定距离的一对原子的概率。因为仅依赖于距离，它经常被表示为 $g_2(r)$，或者更简单地表示为 $g(r)$，这里采用此标记。在 6.9.3 节中，讨论根据原子位置的分布计算 $g(r)$ 的方法。

正如所定义的，$g(r)$ 不依赖于晶格的方向，而只是给出关于距离的信息。例如，虽然可能不知道球面上每个原子的确切位置，但是在半径为 r_0 的球面上围绕中心原子的近邻平均数是

$$n = 4\pi\int_0^{r_0} r^2 g(r)\,\mathrm{d}r \tag{G.45}$$

图 G.5 给出了典型的径向分布函数曲线。对于液体，如图 8.5(a)所示，有一个大的最近邻峰值，在较远的距离有一个振荡模式，其渐近线的值为 1。对于固体，如图 G.5(b)所示，$g(r)$ 在每个近邻距离的中心都有峰值。例如，面心立方结构在 r_{nn}、$\sqrt{2}r_{nn}$、$\sqrt{3}r_{nn}$ 等位置将出现峰值，其中 r_{nn} 是最近邻距离，如图 G.5(b)所示。与流体不同，固体的 $g(r)$ 在峰值之间基本上由峰值降为零。对各个峰值求 $g(r)$ 的积分(利用式(G.45)及适当的积分限)，将得出在那个距离上近邻的数量。在面心立方结构中的近邻壳上，这些数量是 12、6、24…。

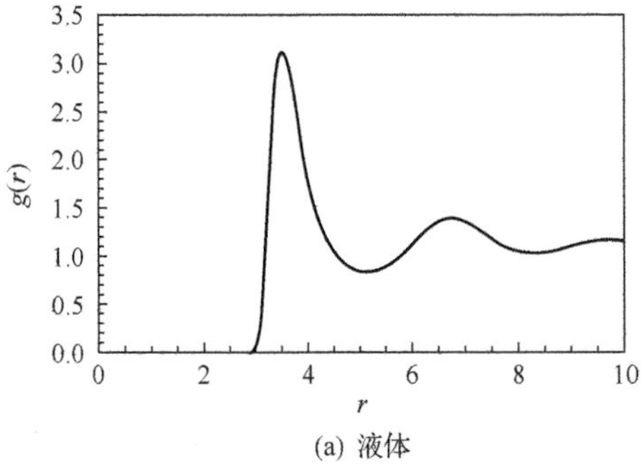

(a) 液体

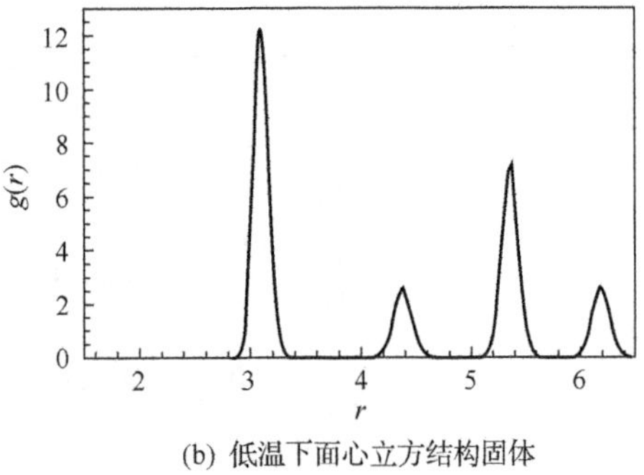

(b) 低温下面心立方结构固体

图 G.5　典型的径向分布函数曲线

鉴于 $g(r)$ 反映的是材料中原子之间的平均距离，自然地，由中心力对势所描述的系统平均势能和平均压力可以用径向分布函数来表示。这些关系式为

(Chandler，1987)

$$\langle U\rangle = 2\pi\frac{N^2}{V}\int_0^{\infty} r^2\phi(r)g(r)\,\mathrm{d}r \tag{G.46}$$

和

$$\langle P\rangle = Nk_{\mathrm{B}}T - \frac{2\pi}{3}\frac{N^2}{V}\int_0^{\infty} r^2\left(r\frac{\partial^2\phi(r)}{\partial r}\right)g(r)\mathrm{d}r \tag{G.47}$$

这里列出的简单径向分布函数，对于相互作用不是径向对称的系统(如分子具有的形状，反映在它们之间的相互作用中)，不能提供足够的和特别有用的有关材料结构的信息。对于这类材料，有多种方式来表示它们的分布函数(Gray and Gubbins, 1985)。

还可以定义许多其他测度结构的量，如平移序参数可以写为

$$\rho(\boldsymbol{k}) = \frac{1}{N}\sum_{i=1}^{N}\cos(\boldsymbol{k}\cdot\boldsymbol{r}_i) \tag{G.48}$$

式中，$\boldsymbol{k}$ 是所选的倒易晶格矢量，可用来监测结构的变化。例如，对于面心立方晶格，$\boldsymbol{k}=(2\pi/a_0)(-1,1,-1)$，其中 a_0 为单胞的长度，而不是模拟单元的长度。一个完美的面心立方固体 $\rho(\boldsymbol{k})=1$，而从平均的意义上说液体为 $\rho(\boldsymbol{k})=0$。正如在第6章中所看到的，监测 $\rho(\boldsymbol{k})$ 是探测系统具有不同相的非常好的方式。

G.8 动力学速率理论

动力学速率理论(kinetic rate theory)描述系统是如何随着时间的推移而演变的。更具体地说，速率理论借助离散事件描述系统随着时间的演变，这些事件通常是激活过程，依赖于克服能垒从一个吸引域(attractive basin)跳跃到另一个吸引域。本部分主要回顾速率过程的基础理论，即过渡态理论(transition-state theory)。

G.8.1 基础知识

经常在化学动力学的背景下讨论速率，分子之间反应形成新的分子。许多其他类型的过程与化学反应都有相同的主要特征，它们的动态特征可以由偶发事件描述。偶发事件是指系统中粒子从一个状态快速跃迁到另一个状态，这里的快速指相对于粒子长时间位于同一位置而言。例如，在固体中扩散的原子通常位于晶格的特定位置，围绕其平均位置振动。当原子跃迁到其他位置时发生扩散，扩散是很少发生的事件。这里的目的是了解这些跃迁发生的速率。

G.8.2　势能面和反应坐标

图 G.6 为一个位于固体中某位置的原子的势能面示意图。这是一个等位线图，图中粗线表示恒定的能量线，中间是一个势阱，位于其中的原子围绕它的平均位置振动，在其右侧和左侧是该势阱和相邻势阱之间的能垒(barrier)。原子的运动由细线表示。原子花费其大部分时间围绕它的最初势阱运动。每过一段时间，获得足够的能量的原子就处于朝向相邻势阱模式，它移到能垒处并穿过脊顶上势阱之间的分割面(垂直线)。势阱之间的轨迹称为转变坐标，或者，由于速率理论最初起源于化学，它又称为反应坐标。原子可以越过分割面到另一个势阱，或者它也可以重新返回其初始势阱。速率理论的关键点是，原子跃迁到另一个位置的时间比它在其势阱中振动的时间短得多。

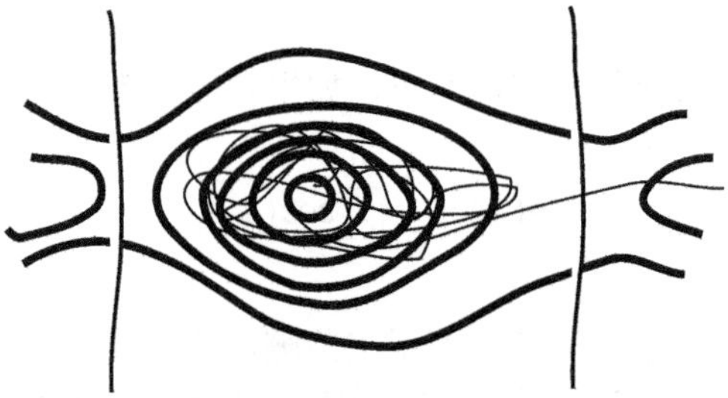

图 G.6　解释系统偶发事件的典型拓扑结构(Voter et al., 2002)
(原子从一个势阱跃迁到另一个势阱。原子在其势阱里振动，直到它有足够的速度从右侧的方向逃逸)

偶发事件过程都有这样的基本拓扑结构，即势阱之间的能垒，穿越能垒事件不是频发的。速率理论的目标是从平均的角度研究一个原子在跃迁到一个新的位置之前在其势阱里待多久。

图 G.7 为在三维空间中两个势阱之间的势能面(potential surface)。可以看到最低激活能垒位于鞍点，这是指势能面的形状像一个马鞍，具有负曲率的这个点是势阱之间的最小能量路径。在垂直于最小能量路径方向上，势能的曲率是正的。因此，其形状类似于骑马用的马鞍。

绘制出图 G.7 中沿着特定路径的能量，会更容易看清势能面的形状。图 G.8 (a)所示的是沿着连接两个势阱的坐标方向的能量变化。该图显示，从状态 A 到状态 B 的势能变化为 ΔU ，这时反应的总驱动力为 ΔG 。

当一个原子在近邻的势阱之间运动时，势阱之间存在能量势垒。对于 $A \to B$ ，能量势垒的幅值为 E_A，称为过程的激活能(activation energy)。能垒顶部的位置称为过渡态(transition state)，由能垒顶部的线来表示(图 G.6 的分割面)。$B \to A$ 的激活能为 E_B。激活能是越过能垒的最小能量，也就是说，它是过渡点和原子初始位置的势阱井底之间的能量差。

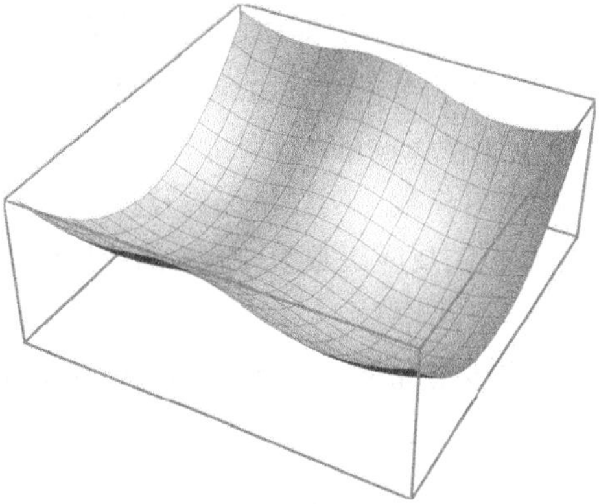

图 G.7　两个不等深度势阱之间的二维鞍形能量面

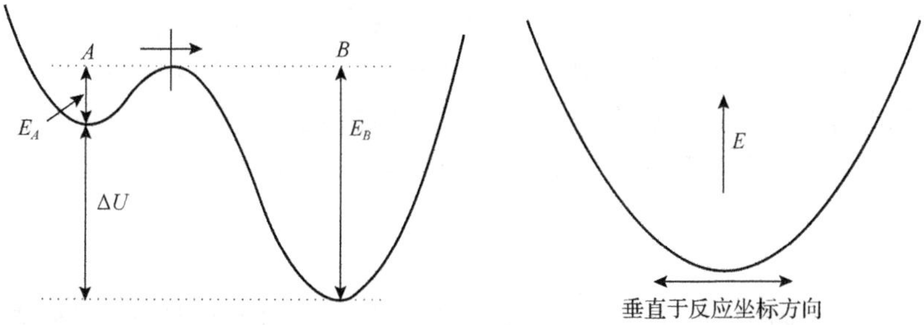

(a) 沿两个势阱之间的最小能量反应路径的断面

(b) 在(a)中所示的路径上，垂直于反应坐标方向上的能量

图 G.8　沿图 G.7 所示的势能面上路径的能量

沿着反应坐标的势能面的形状显示出它在过渡点处具有负曲率（$\partial^2 U / \partial X^2 < 0$，其中 X 代表反应坐标）。但是在垂直于反应坐标的 Y 方向上，原子位于过渡点的一个势阱里（$\partial^2 U / \partial Y^2 > 0$），如图 G.8(b)所示。

G.8.3　化学反应速率

考虑基本的化学反应

$$A + B \underset{k_r}{\overset{k_f}{\rightleftharpoons}} C \tag{G.49}$$

式中，A、B 和 C 表示原子或分子；k_f 为正向反应 $A+B \longrightarrow C$ 的速率常数(rate constant)，它依赖于温度；k_r 为逆反应 $C \longrightarrow A+B$ 的速率常数。速率常数是判断反应速度的量度，并体现在产生反应物的速率方程中。例如，在正向反应中，C 的浓度变化为

$$\frac{\mathrm{d}[C]}{\mathrm{d}t} = k_f [A][B] \tag{G.50}$$

式中，[·]表示浓度。k 的单位取决于所描述过程的类型。一般 k 的单位是 s^{-1}。但是，在气相反应中，速率常数的单位通常由摩尔、体积和秒的某种组合构成，这取决于反应的级数(order of the reaction)相对于特定的反应物种，其反应的级数为其物种在速率方程中浓度的幂指数。例如，如果反应 $A+2B \longrightarrow C$ 的速率方程为 $\mathrm{d}[C]/\mathrm{d}t = k[A][B]^2$，那么 A 的反应级数为 1，B 的反应级数为 2，总的反应级数为 1+2=3。

实验中已经发现，在许多情况下，依赖温度的 k_f 可以很好地由阿伦尼乌斯方程描述

$$k_f = A\mathrm{e}^{-E_a/(RT)} \tag{G.51}$$

式中，R 为气体常数；A 为指前因子(或频率系数)；E_a 为反应的激活能。在反应中，A 和 E_a 通常都被认为是常数(House, 2007)。阿伦尼乌斯关系式不仅很好地描述了依赖温度的化学反应速率，而且也很好地描述了那些速率由偶发事件决定的大多数反应。对于某些反应，关于速率常数的方程形式为

$$k_f = AT^n\mathrm{e}^{-E_a/(RT)} \tag{G.52}$$

式中，n 为一个附加的常数。参数 A、n 和 E_a 通常通过实验取得，可列成表格。可以通过反应速率为温度的函数实验来确定常数，绘制出 $\ln(k(T))$对 $1/T$ 的曲线。如果式(G.51)成立，那么这个图将是一条直线，其斜率为 E_a/R，截距为 $\ln A$。

逆反应，如图 G.8(a)中的 $B \longrightarrow A$，通常具有与正反应不同的激活能，从而也有不同的速率。如果 $\Delta G = G_B - G_A$ 是 A 和 B 之间的自由能差，那么由图 G.8(a)，$\Delta G < 0$ 且在相反方向上的激活能垒将是 $E_a - \Delta G = E_a - (\Delta H - T\Delta S)$，其中反应焓的变化为 ΔH，熵的变化为 ΔS。逆反应的速率常数与正反应的速率常数之间的关系是(Harris and Goodwin, 1993)

$$K_{\mathrm{eq}} = \frac{k_f}{k_r} = \mathrm{e}^{-\Delta G/(RT)} \tag{G.53}$$

热化学量列表中都是指 1 个大气压的标准状态下的数据，所以在使用式(G.53)时，如果采用了其他单位(如浓度)(Harris and Goodwin, 1993)，必须小心。

G.8.4 过渡态理论

通过过渡态理论(transition-state theory, TST)了解速率是常用的方法。从一个状态 A 克服障碍跨越到另一状态 B 的速度常数是 TST 的输出结果。它可以是反应速率，表示分子的状态；或者它可能是一个扩散事件，在这种情况下，表示的是

在不同的位置上原子的状态。得出 TST 方程可以有多种方法。这里所采用的方法是基于平衡态热力学简单的思想。需要注意的是，TST 忽略了所有的量子效应(如隧道效应)。

TST 的基本思想是，新状态形成于反应的过渡点上，即在图 G.7 中所示的鞍点上。根据 TST 的观点，将重新列出式(G.49)中的化学反应为

$$A+B \rightleftharpoons (AB)^{\ddagger} \longrightarrow C \tag{G.54}$$

式中，上标 $(AB)^{\ddagger}$ 表示过渡状态(transition state)。而且，它还假定过渡态与系统和反应物是处于平衡状态的，这样就能够利用热力学的结果。

由于反应物与过渡态处在平衡状态，可以写出该反应形成过渡态的平衡常数(House, 2007)

$$K^{\ddagger} = \frac{[AB]^{\ddagger}}{[A][B]} \tag{G.55}$$

式中，$[AB]^{\ddagger}$ 是过渡态的浓度[①]。因此，$[AB]^{\ddagger}$ 为

$$[AB]^{\ddagger} = K^{\ddagger}[A][B] \tag{G.56}$$

反应速率正比于一个乘积，即过渡态的浓度和过渡态分解成生成物的频率的乘积。将在下面讨论频率，现在用 ν 表示频率，并且有

$$反应速率 = \nu[AB]^{\ddagger} = \nu K^{\ddagger}[A][B] \tag{G.57}$$

根据标准的热力学，平衡常数由式(G.58)给出：

$$K^{\ddagger} = \mathrm{e}^{-\Delta G^{\ddagger}/(RT)} \tag{G.58}$$

式中，$\Delta G^{\ddagger}$ 是过渡态和反应物之间的自由能差。因此，依据式(G.50)，可以得出速率常数 k 为

$$k = \nu K^{\ddagger} = \nu \mathrm{e}^{-\Delta G^{\ddagger}/(RT)} = \nu \mathrm{e}^{\Delta S^{\ddagger}/R} \mathrm{e}^{-\Delta H^{\ddagger}/(RT)} \tag{G.59}$$

因此，利用图 G.8(a)中的能量 E_a，可以确定出 $\Delta H^{\ddagger}$。

余下的就是要确定过渡态分解频率的值。有多种方法来考虑这个频率。在过渡态理论中，它是在过渡态上直接导致生成物形成的特定振动频率。对于一个扩

① 热力学不描述个体事件，而是描述事件的系综，记住这一点是十分重要的。因此，不能只考虑一个过渡态，而是考虑过渡态的浓度。

散的问题，这可能是导致原子从过渡态到另一个原子位置上的特定振动频率。

要记住，估计频率的前提是一切都处于平衡状态。依据量子力学的理论，能够将能量 $h\nu$ 与振动模式相关联，其中 h 是普朗克常量。而根据统计力学，附录 G.5.3 的均分定理指出，在热平衡下，可以将 $\frac{1}{2}k_B T$ 的能量与振动的每个坐标相关联。考察图 G.8(a)可以看出，直接沿着反应坐标振动的频率是虚数，而垂直于反应坐标的两个方向上的频率是实数，因此可以将总热能 $k_B T$ 与振动模式相关联[①]。将两个表达式的方程等同起来，得到

$$\nu = \frac{k_B T}{h} \tag{G.60}$$

式(G.60)存在一个问题，不是所有的振动都将实际上产生生成物，因此人们通常附加一个修正因子 κ，以考虑不分解的振动分数。这样，过渡态理论速率常数就变成

$$k = \kappa \frac{k_B T}{h} e^{\Delta S^{\ddagger}/R} e^{-\Delta H^{\ddagger}/(RT)} \tag{G.61}$$

式(G.61)中的参数可通过实验数据拟合来确定。

还有其他方式，假如利用统计力学的结果来推导过渡态速率常数，会对激活过程的基本物理机制更有启发性。然而，对于本书，这个简单的方式似乎已经足够了。

过渡态理论对于理解偶发事件的基本物理机制有着非常有用的指导作用。当然这里的介绍不是这一理论的全部。它所基于的某些假设，特别是过渡态处于平衡态的这一假设，在某些情况下可能是不正确的。然而，它是一种直观地理解势能面与反应速率之间关系非常好的途径。

G.8.5 谐波过渡态理论

过渡态理论中一个特别简单的近似方法，就是假设已经确定势能面上反应路径的鞍点。如果假定势能面上势阱附近的区域可以近似为简谐势(harmonic potential)，那么速率常数可以简单地表示为

$$k^{\mathrm{HTST}} = \nu_0 e^{-\Delta E_A/(k_B T)} \tag{G.62}$$

其中，根据统计力学分析结果，指前因子为

---

① 根据式(D.16)，振动的频率为 $\nu = \sqrt{k/m}/(2\pi)$，其中对每个坐标 x_α 有 $k = \partial^2 U / \partial x_\alpha^2$。沿图 G.8(a)的反应坐标，$\partial^2 U / \partial x_\alpha^2 < 0$，所以 $k<0$，ν 是虚数。

$$\nu_0 = \frac{\prod_{i=1}^{3N} \nu_i^{\min}}{\prod_{i=1}^{3N-1} \nu_i^{\text{sad}}} \tag{G.63}$$

$\{\nu_i^{\min}\}$是振动频率(系统中所有的原子)，此时粒子处于状态 A 且位于势阱最小值处；$\{\nu_i^{\text{sad}}\}$是在鞍点处的非虚数频率。由于反应坐标的曲率是负的，因而与它相对应的频率是虚数的，所以非虚数频率只有 $3N-1$ 个，如图 G.8(a)所示，在上页脚注中也对此作了讨论。这些频率可以由势能矩阵的二阶导数求得。如果没有再次迁跃并且势能面是简谐的，则式(G.62)就是速率的准确表达。对于大多数系统来说，k^{HTST} 是对真实速率的一个非常好的近似。有时，简谐近似公式也称为 Vineyard 方程(Vineyard, 1957)。

G.9　小　　结

本章首先介绍了许多热力学中统计方面的基本思想；然后介绍了相空间以及与之相对的系综这个热力学概念；接着叙述了模拟用的基本系综及得到的重要结果；最后介绍了关联函数，并叙述了在模拟中使用的基本函数。

推荐阅读

统计热力学方面的著作有很多，建议阅读下面的书籍：

Chandler(1987)的著作 *Introduction to Modern Statistical Mechanics*，是一本优秀而简洁的关于统计力学入门的书籍。

Callen(1985)的著作 *Thermodynamics and an Introduction to Thermostatistics*，是一本令人愉快的书，有着非常独特的视角。McQuarrie(1976)的著作 *Statistical Mechanics*，是一本很好的入门教材。

Frenkel 和 Smit(2002)的著作 *Understanding Molecular Simulations: From algorithms to Applications*、Allen 和 Tildesley(1987)的著作 *Computer Simulation of Liquids*，都简要地介绍了相关的背景知识。

在许多图书中都对动力学速率理论进行了讨论。Balluffi 等(2005)的著作 *Kinetics of Materials*，是一本很好的具有材料视角的书籍，但有些深奥。入门性知识介绍在任何物理化学方面的书籍中都可以找到，如 McQuarrie 和 Simon(1997)的书籍。

附录H　线 性 弹 性

假设有一个物体处于规定的载荷(即施加的力)下。利用弹性理论的结果，可以描述该物体将如何变形以响应这个载荷。为了满足本书的目的，将把讨论仅限制在小位移的范围内，这样就可以利用线性部分的弹性理论。线性弹性(linear elasticity)的基本假设是：①位移量(应变)很小；②应变与它们相关的应力(将在下面定义应力和应变)之间具有线性关系。线性弹性的假设对于许多应用是合理的，并且在结构分析中有广泛的应用。

注意这里，对于线性弹性还有进一步的限制。所施加的应力必须足够小，因而不出现屈服，也就是说，材料不发生永久变形。以细金属棒为例，如果对棒施加一个小的力，它会出现变形，但当力被撤除后，它又回弹到其原来的状态。如果不断地增大施加的力，棒最终会弯曲，而且在力被撤除后也不会返回原来的状态。这个变形是由称为位错的线缺陷运动引起的，在附录 B.5 中有过叙述。此外，附录 B.5 中依据位错运动还叙述了塑性变形的基本模型。附录 H.5 中将讨论弹性和塑性应变之间的关系。

H.1　应力和应变

应力定义为作用于物体某个区域上的力。应力显然具有方向性，作用于一个方向上的力与作用于另一个方向上的力，将使物体出现不同的变形。可以用许多方法表示方向性。一般情况下，因为通常使用笛卡儿直角坐标系，所以这里采用图 H.1(a)所示的符号法。考虑一个小立方体的材料，边长分别为 δ_x、δ_y 和 δ_z。

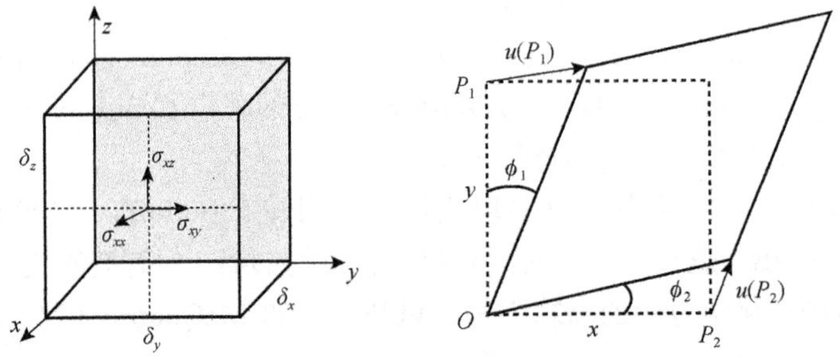

(a) 应力张量的分量　　(b) 剪切体积元的剪切位移u_1和u_2及角度ϕ_1和ϕ_2

图 H.1　应力张量与剪切位移

假设力是作用于正面的(即规定为 x 的常数值)，其方向可以是 x、y 或 z。按照惯例，在该平面的单位面积上所施加的力定义为应力，并由 $\sigma_{x\alpha}$ 来表示，其中 $\alpha=x$、y 或 z，由力的方向来决定。垂直于正面的 σ_{xx} 为应力，而 σ_{xy} 和 σ_{xz} 为剪切应力(shearing stress)。对于垂直于 y 轴平面上的应力，表示形式为 $\sigma_{y\alpha}$，类似地对于垂直于 z 轴平面上的应力也是如此。因此，存在 9 种可能的应力分量。

因此，应力称为二阶张量对象，表示为 σ(矢量、张量介绍见附录 C.1)。可以把张量用矩阵形式表示为

$$\boldsymbol{\sigma}=\begin{pmatrix}\sigma_{11} & \sigma_{12} & \sigma_{13}\\ \sigma_{21} & \sigma_{22} & \sigma_{23}\\ \sigma_{31} & \sigma_{32} & \sigma_{33}\end{pmatrix} \tag{H.1}$$

如果没有扭矩，通常情况是这样的，有

$$\sigma_{ij}=\sigma_{ji} \tag{H.2}$$

如果在物体上作用一个足够小的应力时，它会出现弹性变形，意味着物体的形状不会发生永久性的变化，并且当应力被撤除后，它返回其初始的形状。首先以一个简单的一维杆为例，初始时，它的一端位于 x_1，另一端位于 x_2，其长度为 $\ell_0=x_2-x_1$。假设它受到一个应力，杆的端部被移动，$x_1\to x_1'$ 和 $x_2\to x_2'$，新的长度为 $\ell=x_2'-x_1'$。其应变就定义为

$$\varepsilon=\frac{\ell-\ell_0}{\ell_0} \tag{H.3}$$

该应变是无量纲的数值，它测定物体弹性变形的相对大小。

定义位移函数为 $u(x)$，即

$$u(x)=x'-x \tag{H.4}$$

$u(x)$ 是连续函数，反映了由原来形状变为新形状。那么有

$$x_1'=x_1+u(x_1)$$

及

$$x_2'=x_2+u(x_2) \tag{H.5}$$

和

$$\ell=x_2'-x_1'=u(x_2)-u(x_1)+\ell_0 \tag{H.6}$$

应变就可成为

$$\varepsilon = \frac{u(x_2) - u(x_1) + \ell_0 - \ell_0}{\ell_0} = \frac{u(x_2) - u(x_1)}{\ell_0} \tag{H.7}$$

$$u(x_2) = u(x_1) + \varepsilon \ell_o \tag{H.8}$$

当然，$u(x)$是连续函数，如果假设位移是缓慢变化的，那么就可以写出$u(x_2)$关于$u(x_1)$的展开式：

$$u(x_2) = u(x_1 + \ell_0) \approx u(x_1) + \left(\frac{\mathrm{d}u(x)}{\mathrm{d}x}\right)_{\ell_0=0} \ell_0 \tag{H.9}$$

合并式(H.9)和式(H.8)，得出应变为

$$\varepsilon = \frac{\mathrm{d}u(x)}{\mathrm{d}x} \tag{H.10}$$

现在来讨论图 H.1(b)所示的更为复杂的情况。未变形材料规定为$\boldsymbol{P}_1 = (0, y_1)$和$\boldsymbol{P}_2 = (x_2, 0)$。位移为$u(\boldsymbol{P}_1) = (u_x(\boldsymbol{P}_1), u_y(\boldsymbol{P}_1))$和$u(\boldsymbol{P}_2) = (u_x(\boldsymbol{P}_2), u_y(\boldsymbol{P}_2))$。利用基本的三角公式，材料变形后的角度为

$$\phi_1 = \arctan\left(\frac{u_x(\boldsymbol{P}_1)}{y_1 + u_y(\boldsymbol{P}_1)}\right) \tag{H.11a}$$

$$\phi_2 = \arctan\left(\frac{u_y(\boldsymbol{P}_2)}{x_2 + u_x(\boldsymbol{P}_2)}\right) \tag{H.11b}$$

利用所有的变形都很小的假设，可以对式(H.11)取近似值。利用类似式(H.9)的思路，可以将$u_y(\boldsymbol{P}_2)$对x_2项展开为

$$u_y(\boldsymbol{P}_2) \approx \left(\frac{\partial u_y(\boldsymbol{P}_2)}{\partial x_2}\right) x_2 \tag{H.12}$$

假设相对于变形区域的初始尺寸，变形是很小的，有

$$\frac{1}{x_2 + u_x(\boldsymbol{P}_2)} \approx \frac{1}{x_2} \tag{H.13}$$

所以有(对ϕ项采用类似的思路)

$$\phi_1=\arctan\left(\frac{\left(\partial u_x\left(\boldsymbol{P}_1\right)/\partial y_1\right)y_1}{y_1}\right)=\arctan\left(\frac{\partial u_x}{\partial y_1}\right)\approx\left(\frac{\partial u_x}{\partial y}\right) \tag{H.14a}$$

$$\phi_2=\arctan\left(\frac{\left(\partial u_y\left(\boldsymbol{P}_2\right)/\partial x_2\right)x_2}{x_2}\right)=\arctan\left(\frac{\partial u_y}{\partial x_2}\right)\approx\left(\frac{\partial u_y}{\partial x}\right) \tag{H.14b}$$

在公式的最后部分，利用了当角度很小时，$\arctan\theta\approx\theta$。取角度的平均值为应变的值，因此(一般)有①

$$\varepsilon_{ij}=\frac{1}{2}\left(\frac{\partial u_i}{\partial x_j}+\frac{\partial u_j}{\partial x_i}\right) \tag{H.15}$$

根据应力的特点，$\varepsilon_{ij}=\varepsilon_{ji}$。请记住，在图 H.1(b)中，假设应变非常小，因此，角度也小。

H.2　弹 性 常 数

在线性弹性情形下，应力与应变呈线性比例，其比例常数称为弹性常数$\{c_{ijkl}\}$，这与弹簧的胡克定律有相同的意义。它的复杂性在于每一个ε_{kl}与所有可能的应力σ_{ij}都有潜在的关联。因此，有 27 个可能的弹性常数，由c_{ijkl}表示，应力与形变的关系为

$$\sigma_{ij}=\sum_{k=1}^{3}\sum_{l=1}^{3}c_{ijkl}\varepsilon_{kl}=c_{ijkl}\varepsilon_{kl} \tag{H.16}$$

在式(H.16)表达式的第二部分，使用了爱因斯坦标记法，对其中重复的下标求和，如$a_ib_i=\sum_{i=1}^{3}a_ib_i$。

线性弹性系统的应变能量密度是②

$$w=\frac{1}{2}\sigma_{ij}\varepsilon_{ij}=\frac{1}{2}c_{ijkl}\varepsilon_{kl}\varepsilon_{ij} \tag{H.17}$$

应变能量为应变能量密度 w 对材料体积的积分，即

① 使用符号 i 和 j 表示坐标，其中 $x_1=x, x_2=y, x_3=z$。

② 与附录 D.3 中简谐振子再次进行比较。

$$W = \int w \mathrm{d}V = \frac{1}{2}\int c_{ijkl}\varepsilon_{kl}\varepsilon_{ij}\mathrm{d}V \tag{H.18}$$

H.3　工程应力和工程应变

有些时候，对应变采用略微不同的定义是更方便的，如

$$\varepsilon_i = \varepsilon_{ii} = \frac{\partial u_i}{\partial x_i}$$

$$\gamma_k = \gamma_{ij} = \left(\frac{\partial u_i}{\partial x_j} + \frac{\partial u_j}{\partial x_i}\right),\quad i \neq j \neq k \tag{H.19}$$

由于这个定义通常受到工程师青睐，故称为工程应变(engineering strain)，以此来区别实验测量的非微分应变。需要注意，剪切应变 γ 的定义是式(H.15)中所定义应变的 2 倍。应力的标记方法通常为 $\sigma_i = \sigma_{ii}$，当 $i \neq j \neq k$ 时，$\tau_k = \sigma_{ij}$。

工程应力可以用工程应变来表示，对于立方晶体，表达式为

$$\boldsymbol{\sigma} = \begin{pmatrix} \sigma_x \\ \sigma_y \\ \sigma_z \\ \tau_x \\ \tau_y \\ \tau_z \end{pmatrix} = \begin{pmatrix} C_{11} & C_{12} & \cdots & C_{16} \\ C_{21} & C_{22} & \cdots & C_{26} \\ C_{31} & C_{32} & \cdots & C_{36} \\ C_{41} & C_{42} & \cdots & C_{46} \\ C_{51} & C_{52} & \cdots & C_{56} \\ C_{61} & C_{62} & \cdots & C_{66} \end{pmatrix} = \begin{pmatrix} \varepsilon_x \\ \varepsilon_y \\ \varepsilon_z \\ \gamma_x \\ \gamma_y \\ \gamma_z \end{pmatrix} = \boldsymbol{C\varepsilon} \tag{H.20}$$

其中工程弹性常数与式(H.16)中弹性常数的关系为 $C_{mn} = c_{ijkl}$，对应的编号是

ij	或	kl	11	22	33	23	31	12
m	或	n	1	2	3	4	5	6

在这里，已经利用对称性来减少弹性常数的数量。符号 $\boldsymbol{C}$ 表示常数的 6×6 矩阵。将 6 个独立的应变和应力表示为矢量，而不是矩阵。

依照式(H.20)的标记方法，弹性应变能变为

$$W = \int w \mathrm{d}V = \frac{1}{2}\int C_{ij}\varepsilon_i\varepsilon_j\mathrm{d}V \tag{H.21}$$

H.4 各向同性固体

对于各向同性的固体(isotropic solid)，其所有性质都与方向无关。在这种情况下，只有两个弹性常数是独立的。弹性常数矩阵变为

$$\boldsymbol{C}=\begin{bmatrix}\lambda+2\mu & \lambda & \lambda & 0 & 0 & 0\\ \lambda & \lambda+2\mu & \lambda & 0 & 0 & 0\\ \lambda & \lambda & \lambda+2\mu & 0 & 0 & 0\\ 0 & 0 & 0 & \mu & 0 & 0\\ 0 & 0 & 0 & 0 & \mu & 0\\ 0 & 0 & 0 & 0 & 0 & \mu\end{bmatrix} \tag{H.22}$$

式(H.22)中引入了常见的材料常数：

$$\begin{cases}\mu=C_{44}=\dfrac{1}{2}\left(C_{11}-C_{12}\right)\\ \lambda=C_{12}\\ \lambda+2\mu=C_{11}\end{cases} \tag{H.23}$$

式中，μ 为剪切模量；λ 为 Lamé 常量(Lamé constant)。

应用式(H.20)，在各向同性条件下，应力可以表示为

$$\begin{cases}\sigma_{11}=\left(\lambda+2\mu\right)\varepsilon_{11}+\lambda\varepsilon_{22}+\lambda\varepsilon_{33}, & \sigma_{23}=2\mu\varepsilon_{23}\\ \sigma_{22}=\lambda\varepsilon_{11}+\left(\lambda+2\mu\right)\varepsilon_{22}+\lambda\varepsilon_{33}, & \sigma_{31}=2\mu\varepsilon_{31}\\ \sigma_{33}=\lambda\varepsilon_{11}+\lambda\varepsilon_{22}+\left(\lambda+2\mu\right)\varepsilon_{33}, & \sigma_{12}=2\mu\varepsilon_{12}\end{cases} \tag{H.24}$$

这是标准应力和应变定义下的表达式，或者

$$\begin{cases}\sigma_x=\left(\lambda+2\mu\right)\varepsilon_x+\lambda\varepsilon_y+\lambda\varepsilon_z, & \tau_x=\mu\gamma_x\\ \sigma_y=\lambda\varepsilon_x+\left(\lambda+2\mu\right)\varepsilon_y+\lambda\varepsilon_z, & \tau_y=\mu\gamma_y\\ \sigma_z=\lambda\varepsilon_x+\lambda\varepsilon_y+\left(\lambda+2\mu\right)\varepsilon_z, & \tau_z=\mu\gamma_z\end{cases} \tag{H.25}$$

这是工程应力和应变的表达式。

当然，可以将应变表示成以应力为变量的表达式。根据式(H.24)，有

$$
\begin{cases}
\varepsilon_{11} = \dfrac{1}{E}\left(\sigma_{11} - \nu\left(\sigma_{22} + \sigma_{33}\right)\right), & \varepsilon_{23} = \dfrac{\sigma_{23}}{2\mu} \\
\varepsilon_{22} = \dfrac{1}{E}\left(\sigma_{22} - \nu\left(\sigma_{11} + \sigma_{33}\right)\right), & \varepsilon_{31} = \dfrac{\sigma_{31}}{2\mu} \\
\varepsilon_{33} = \dfrac{1}{E}\left(\sigma_{33} - \nu\left(\sigma_{11} + \sigma_{22}\right)\right), & \varepsilon_{12} = \dfrac{\sigma_{12}}{2\mu}
\end{cases}
\tag{H.26}
$$

式(H.26)中引入了新的材料常数：

$$
\begin{cases}
E = \dfrac{\mu\left(3\lambda + 2\mu\right)}{\mu + \lambda} = \dfrac{9\mu B}{3B + \mu} = 2\mu\left(1 + \nu\right) \\
\nu = \dfrac{\lambda}{2\left(\mu + \lambda\right)} = \dfrac{3B - 2\mu}{2\left(3B + \mu\right)} \\
K = \dfrac{3}{3\lambda + 2\mu} = \dfrac{1}{B}
\end{cases}
\tag{H.27}
$$

式中，E 为杨氏模量；ν 为泊松比；K 为压缩系数(体积弹性模量 B 的倒数)。常数之间的一些其他关系有

$$
\begin{cases}
\mu = \dfrac{E}{2\left(1 + \nu\right)} \\
\lambda = \dfrac{\nu E}{\left(1 + \nu\right)\left(1 - 2\nu\right)} = \dfrac{2\nu\mu}{1 - 2\nu}
\end{cases}
\tag{H.28}
$$

组成固体的原子，如果它们相互作用仅通过中心力势(只为原子间距离的函数)并且原子位于晶体中的对称中心，那么固体的弹性常数之间还存在特殊的关系，称为柯西关系(Cauchy relation) (Love, 1944)。最有用的柯西关系可能是①

$$
C_{12} = C_{44} \quad \text{或} \quad \frac{C_{12}}{C_{44}} = 1 \tag{H.29}
$$

式(H.29)的用途在于 C_{12}/C_{44} 与 1 的任何差异都表征出有关弹性体分子之间作用力的重要信息。

依据式(H.23)和式(H.29)，很有吸引力的假设是，仅仅通过中心力相互作用

① 在有限压力 P 下，系统的表达式为 $C_{44} - C_{12} + 2P = 0$ (Korpiun and Lüscher, 1977)。

的晶体[①]，其$\nu=1/4$。然而，这个假设忽略了一个事实，即晶体有结晶学取向，因此实际上不可能是各向同性的。例如，对面心立方晶体仔细的原子模拟表明，在Lennard-Jones 势（中心力）相互作用下，沿着[100]方向变形的泊松比为$\nu_{100}=0.347$(Quesnel et al., 1993)。只有对许多晶体方向上的泊松比进行平均，才得到$\nu=1/4$，如对纯粹各向同性材料预期的那样。

H.5　塑 性 应 变

当物体受到一个足够大的应力(称为屈服应力)的作用时，就会诱发永久性变形，使得应力撤除后，系统不返回其原始状态。这个永久变形称为塑性变形(plastic deformation)或塑性(plasticity)。

图 H.2 显示出应力-应变曲线，其中包括屈服。当应力从零开始增大时，初期时应变弹性地增加，由适当的弹性常数显示出线性的斜率。在屈服应力下，材料开始屈服，出现永久变形。假设应力增大，直到所施加的应力σ_{app}超出了屈服点。如果这时卸下实验样品的载荷(即撤除应力)，则系统沿着直线弹性地松弛，该直线的斜率与加载阶段的相同，这是由弹性常数决定的。但是，由于样品出现塑性变形，它不能恢复到起点。与塑性变形有关的应变量为塑性应变ε^p。

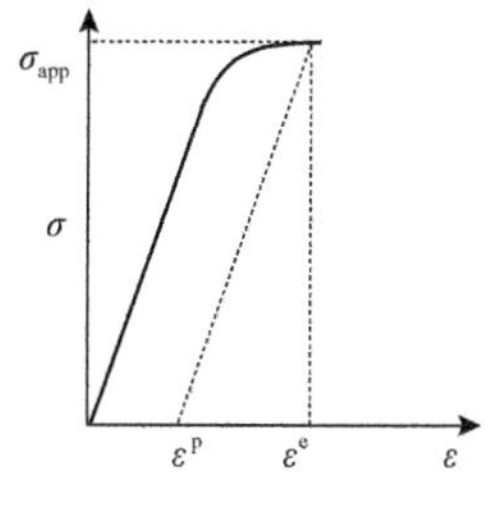

图 H.2　应力-应变曲线示意图

(塑性应变ε^p和弹性应变ε^e为所施加应力σ_{app}的函数，总应变为弹性应变和塑性应变的总和)

更加确切地说，假设在图 H.2 中，正在对一个各向同性材料加载简单的剪切应力。这样，只有一个应力分量，即σ_{12}。根据式(H.26)，$\sigma=2\mu\varepsilon$，其中，μ是剪切模量。因此，总应变为

$$\varepsilon=\varepsilon^{p}+\varepsilon^{e} \tag{H.30}$$

式中，$\varepsilon^{e}=\sigma_{app}/(2\mu)$。

---

① 根据式(H.23)，$\mu=C_{44}$和$\lambda=C_{12}$，因而式(H.29)中的柯西关系式等价于$\mu=\lambda$。利用式(H.28)，$\lambda=2\upsilon\mu/(1-2\upsilon)$，即$2\upsilon/(1-2\upsilon)=1$。

附录 B.5.1 中指出过，称为位错的曲线缺陷的运动导致了塑性变形，同时给出了塑性应变与位错密度及各位错平均位移之间关系的简单表达式。

推荐阅读

Timoshenko(1970)撰写的 *Theory of Elasticity* (第三版)是一本有用而且简单的关于线性弹性的入门书籍。

附录I　计 算 简 介

本附录介绍本书中计算所使用的一些基本概念。它不是一个编程指南，因为每个软件系统都有自己的语言和函数的定义。这里讨论一些一般方法，即在编程语言中通用的和本书中常出现的一些方法，如随机数的计算；还讨论几种数值计算方法。各种方法的具体实现方式见 https://www.cambridge.org/lesar。

I.1　一些基本概念

计算机处理的是离散问题，因此所有的问题，无论在空间或时间上是离散的或是连续的，在计算机上都必须转换成离散的计算方法。这个对方法的离散性要求是具有挑战的，也指导着本书中的大多数模型的开发。某些方法，如第 6 章中的分子动力学方法，可以在一维上(空间)是连续的，但以离散时间步长加以解决。其他的，如第 10 章中晶粒生长的波茨模型，在空间和时间上都是离散的。

I.2　随机数生成器

本书中讨论的所有方法基本上都需要用到随机数。在谈论计算机时讨论随机数是有些奇怪的，因为计算机应是精确的，根本不是随机的。然而，与某些有随机性的统计量相比，已经开发出的算法生成的一系列数字看起来是随机的。这些算法通常被称为随机数生成器。令人质疑的是，随机数生成器生成随机数的质量不同。好消息是，通用软件框架，如 Mathematica®或者 MATLAB®中的随机数生成器都有很好的质量。Morokoff 和 Caflisch(1994)曾对随机数序列的质量作了很好的讨论。

研究下列数序列：

$$I_{i+1} = aI_i\left(\mathrm{mod}(x,m)\right) \tag{I.1}$$

式中，I_i为某个数，用来作为随机数序列的起始数；a 和 m 都是常数；函数 mod(x, m)得出 x/m 的余数，如 mod(3, 4)=3, mod(8, 4)=0, mod(7, 4)=3 等。Park 和 Miller(1988)建议

$$a = 7^5 = 16807, \quad m = 2^{31} - 1 = 2147483647 \tag{I.2}$$

这是基于广泛的测试而提出的建议。式(I.1)中数序列的结果为一长串正整数，其最大值为 m，其性能满足许多统计检验的随机性要求。将这个数序列除以 m，可以把它转换成 0 和 1 之间的数序列，即

$$F = \{I_i\} / m \tag{I.3}$$

注意，数序列 F 中的所有数字都满足 $0 < F_i < 1$。

利用式(I.1)，生成一个数序列，必须选择一个起始数字 I_0。这个数称为随机数生成器的种子(seed)。例如，假设选择 I_0=362355，那么这个数序列中的前 5 个数字是

$$F = \{1795133191, 805784434, 787104256, 361965072, 1873276800\} \tag{I.4}$$

和

$$F / m = \{0.835924, 0.375223, 0.366524, 0.168553, 0.872312\}$$

需要注意，一旦选定种子，数序列就是相同的，即从一个点传递到下一个点。

要求数序列 $\mathfrak{R} = F / m$ 是这样的，它要与一组真实的随机数序列具有相同的统计特性[①]。在没有进行完整分析的情况下，可以从绘制出数序列 F/m 的 10000 个数字的图开始分析，图 I.1 所示。该数序列 10000 个数字的平均值为 0.498661，其标准偏差为 0.2889。在图 I.1 中，数字看上去“杂乱无章”，但它们的平均值和标准偏差都与预期的随机数序列是一致的。事实上，这种简单的生成器通过了所有随机性标准统计检验，并且已经得到大量的成功应用(Press et al., 1992)。

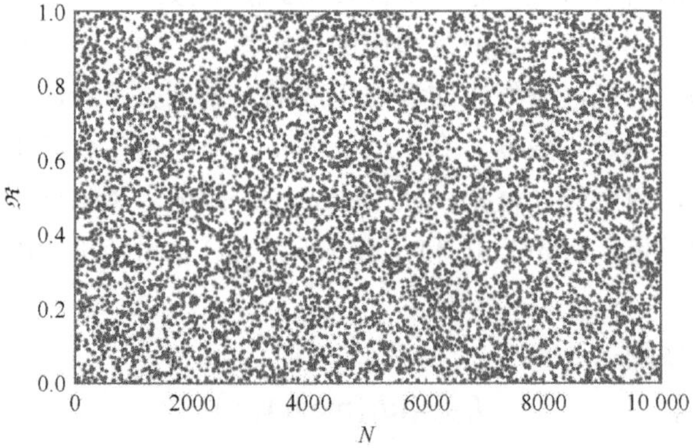

图 I.1 一个简单随机数生成器的结果

(各个点表示生成的数值，并且按照它们在随机数序列中生成的顺序绘制出来)

这个产生随机数序列的简单过程，基本上就是所有现代随机数生成器的做法：

① 这些数字是不严格随机的，它们有时被称为“伪随机”。在此，不做这样的区分。

它们开始于某个种子，产生一个长的数序列，其性质满足随机性的统计检验。大多数现代随机数生成器中的数序列比式(I.1)中的更复杂，但都有相同的基本特征。

源自相同种子的两个数序列是完全相同的。因此，使用不同的种子生成新的随机数序列是很重要的。一种方法是将种子与以秒为单位的某个时间捆绑在一起，如从给定的开始时间到已经花费的时间。由于种子随着时间的变化而变化，可以确保每次都具有不同的种子。

如上所述，现在有一组随机数{$\mathscr{R}$}，其范围是(0, 1)。改变随机数的范围是很简单的。例如，如果$\mathscr{R}$是一个(0, 1)上的随机数，$2\mathscr{R}-1$就是(–1, 1)上的随机数。假设定义一个函数 ceiling(x)，称为取整函数，它将x取整为大于x的最小整数[①]，那么，如果$\mathscr{R}$是 0 和 1 之间的随机数，ceiling(n$\mathscr{R}$)就是 1 和n之间的随机整数。

在 9.2 节中，讨论为动力学蒙特卡罗法步长设立时间时，利用了随机数对数的统计特性，具体地说，是(0, 1)上随机数$\mathscr{R}$的表达式$-\ln\mathscr{R}$。图 I.2 给出了一组 100 万个$-\ln\mathscr{R}$值的概率分布。请注意，虽然它在原点附近有很高的峰值，但该分布的平均值和标准偏差都等于 1。

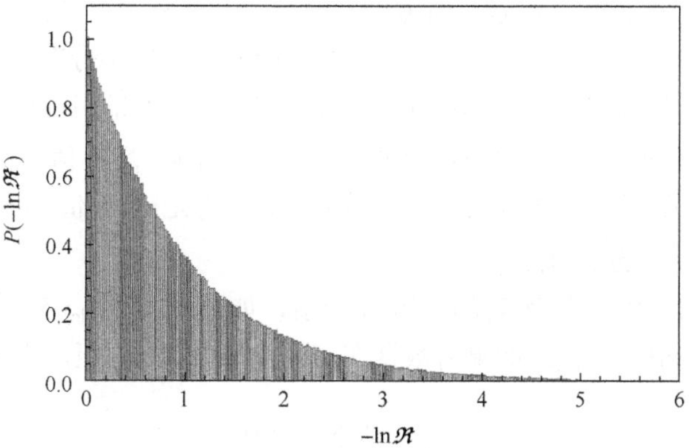

图 I.2 $-\ln\mathscr{R}$ 的概率分布

正态分布随机数

正态分布(或高斯分布)具有的一般形式为

$$\rho(x)=\frac{1}{\sigma\sqrt{2\pi}}\mathrm{e}^{-(x-\langle x\rangle)^2/(2\sigma^2)} \tag{I.5}$$

式中，平均值为$\langle x\rangle$；标准偏差为σ。

① 许多编程语言，包括各种软件平台，具有与取整函数 ceiling(x)功能相同的函数。

Box 和 Müller(1958)指出，利用式(I.6)，这个分布可以生成随机变量 x：

$$x = \langle x \rangle + \sigma\tau \tag{I.6}$$

式中，τ 是由正态分布生成的具有零均值和单位方差的随机数。τ 可以由下面式子计算得出：

$$\tau_1 = \left(-2\ln\mathcal{R}_1\right)^{1/2}\cos\left(2\pi\mathcal{R}_2\right),\quad \tau_2 = \left(-2\ln\mathcal{R}_1\right)^{1/2}\sin\left(2\pi\mathcal{R}_2\right) \tag{I.7}$$

式中，$\mathcal{R}_1$ 和 $\mathcal{R}_2$ 为(0, 1)上的随机数。τ_1 和 τ_2 中的任何一个或两个都可以用来生成正确的分布。

I.3　分　　组

经常要计算连续函数概率分布的值。正如上面所述的，计算机是处理不连续问题的，所以需要寻求一种方法以离散的方式表示连续的概率分布。这样做的基本方法就是将数值分组(bin)，建立直方图(histogram)，从中得到正态的概率分布。

例如，考虑在第 2 章无规行走模型中讨论的端距概率分布的计算。式(2.16)中的 $P(R_n)$ 表示出现端距(为 n 步的一个跳跃序列)为 R_n 的可能性。

假设已经进行了 m 次无规行走模拟，由此获得 m 个 R_n 值，R_n 为每个 n 次跳跃序列的值。可以建立 $P(R_n)$ 的离散表达式，对于特定的 R_n 值，可将 m 个值分组，每组代表有限范围的 R_n 值。

对于特定的 n 值，考虑 R_n 的一组 m 个值，如图 I.3 为 n_{bin}=5。假设其中的最大值为 R_{max}，最小值为 R_{min}。如果将数据在空间上等分为 n_{bin} 组，那么组的宽度为

$$\varDelta = \frac{R_n^{\max} - R_n^{\min}}{n_{\text{bin}}} \tag{I.8}$$

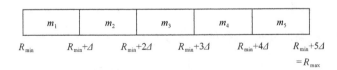

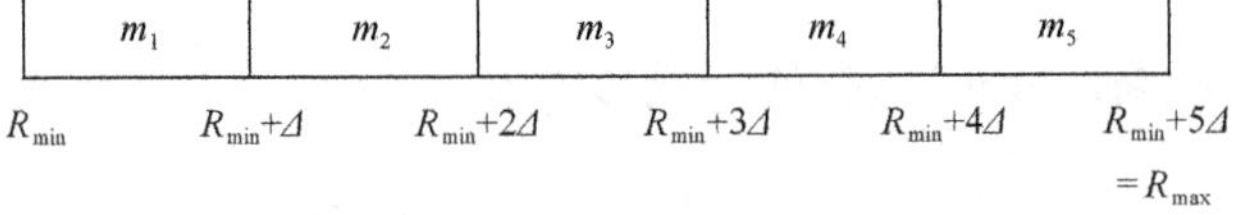

图 I.3　n_{bin}=5 的分组过程示意图

现在需要计算落入每个组中有多少个 R_n，也就是说，有多少个值落入 $R_n^{\min}$ 到 $R_n^{\min}+\varDelta$ 的范围，有多少个值落入 $R_n^{\min}+\varDelta$ 到 $R_n^{\min}+2\varDelta$ 的范围，依此类推。确定第 i 个组，其区域为 $R_n^{\min}+(i-1)\varDelta < R_n < R_n^{\min}+i\varDelta$，需要确定 m_i，也就是落入第 i

个组中的 R_n 值的个数。这样，R_n 值落入第 i 个组中的概率就是(依据式(C.40))

$$P_i = \frac{m_i}{m} \tag{I.9}$$

图 I.4 为端距的概率分布图。在一个三维的简单立方格子上，格子参数 $a=1$，无规行走步数 $n=1000$，模拟次数 $m=2000$，每个图中的实线是式(2.15)和图 2.3(b)的解析结果。基于相同的数据组，图中示出了计算的概率分布对分组过程中所用分组数量 n_{bin} 的依赖性，并与式(2.15)的解析结果进行了比较。不难看出，当 $n_{\text{bin}}=10$ 时，计算结果和精确解的统计偏差拟合得非常好；而对于 $n_{\text{bin}}=20$ 到 $n_{\text{bin}}=80$，与精确解相比，统计偏差值在增加。这种变化是普遍的，并且很容易理解。对于 $n=1000$，总共有 $m=2000$ 个端距数值。因此，平均而言，在每个分组上有 m/n_{bin} 个数值。当然，数值的分布在峰值处比在尾端处要多出许多。

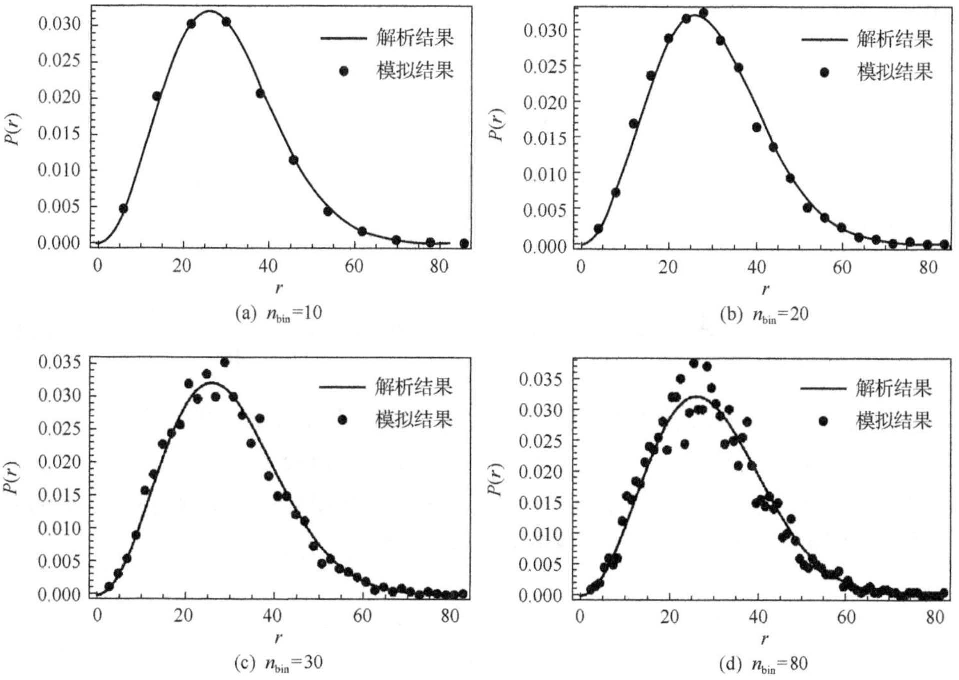

(a) $n_{\text{bin}}=10$　(b) $n_{\text{bin}}=20$

(c) $n_{\text{bin}}=30$　(d) $n_{\text{bin}}=80$

图 I.4　端距的概率分布

当 $n_{\text{bin}}=10$ 时，每个组平均有 200 个点，而当 $n_{\text{bin}}=80$ 时，则只有 25 个点，预期数据点数量较少会有很大的统计波动。每当用这种方式计算概率分布时，就要有取舍和折中：更多个组意味着更精细和更连续的结果，但同时也需要更多次的模拟，以降低统计的不确定性。

I.4 数值导数

在计算模型中，一个常见的任务是在一个网格上计算导数，如第 12 章中的相场方法。相场方法涉及连续的序参量，通常要在均匀间距的网格上求解。例如，式(12.6)中的 Allen-Cahn 方程，需要计算拉普拉斯算子，即 $d^2\phi/dx^2+d^2\phi/dy^2+d^2\phi/dz^2$。对于式(12.9)所示的 Cahn-Hilliard 方程，需要计算 ϕ 的四阶导数，即 $\nabla^2\nabla^2\phi$。在网格上运用这些方程，就需要求得这些导数的近似形式。

I.4.1 一维导数

在网格上计算导数的近似方法，有不少文献作过论述。例如，假设一维的一系列等距点，$\{\cdots,x_{i-3},x_{i-2},x_{i-1},x_i,x_{i+1},x_{i+2},x_{i+3},\cdots\}$，已知函数 ϕ 的值，那么导数 $d\phi_i/dx$ 就很容易用中心差分公式来计算：

$$\frac{d\phi_i}{dx}=\frac{\phi_{i+1}-\phi_{i-1}}{2a} \tag{I.10}$$

式中，a 为网格间距。注意，i 点的导数取决于 $i-1$ 点和 $i+1$ 点的函数值。

可以利用一阶导数的中心差分，计算二阶导数，即

$$\frac{d^2\phi_i}{dx^2}=\frac{\dfrac{d\phi_{i+1}}{dx}-\dfrac{d\phi_{i-1}}{dx}}{2a}=\frac{\dfrac{\phi_{i+2}-\phi_i}{2a}-\dfrac{\phi_i-\phi_{i-2}}{2a}}{2a}=\frac{\phi_{i+2}+\phi_{i-2}-2\phi_i}{4a^2} \tag{I.11}$$

这个表达式一般来说不那么准确，因为它只涉及在点 x_i 和 $x_{i\pm2}$ 的函数值，而没有采用在点 $x_{i\pm1}$ 的函数值。它常常被称为非紧致形式(non-compact form)。一个更精确的表达式是紧致形式(compact form)，它是一个利用导数在点 $x_{i\pm1/2}$ 的中心有限差分，如 $d\phi_{i+1/2}/dx=(\phi_{i+1}-\phi_i)/a$ 和 $d\phi_{i-1/2}/dx=(\phi_i-\phi_{i-1})/a$，使得

$$\frac{d^2\phi_i}{dx^2}=\frac{\dfrac{d\phi_{i+1/2}}{dx}-\dfrac{d\phi_{i-1/2}}{dx}}{a}=\frac{\dfrac{\phi_{i+1}-\phi_i}{a}-\dfrac{\phi_i-\phi_{i-1}}{a}}{a}=\frac{\phi_{i+1}+\phi_{i-1}-2\phi_i}{a^2} \tag{I.12}$$

图 I.5 中所示的图形为图 12.2 中所示系统的第一阶和第二阶导数的计算值，ϕ 为 $t=0$ 时的值。

利用函数的二阶导数公式，推导出其四阶导数公式为

$$\frac{d^4\phi_i}{dx^4}=\frac{\phi_{i+2}+\phi_{i-2}-4(\phi_{i+1}+\phi_{i-1})+6\phi_i}{a^4} \tag{I.13}$$

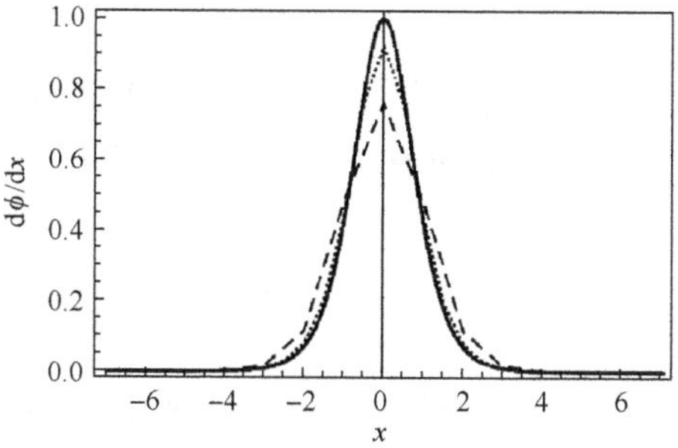

(a) 式(I.10)中的$\mathrm{d}\phi/\mathrm{d}x$

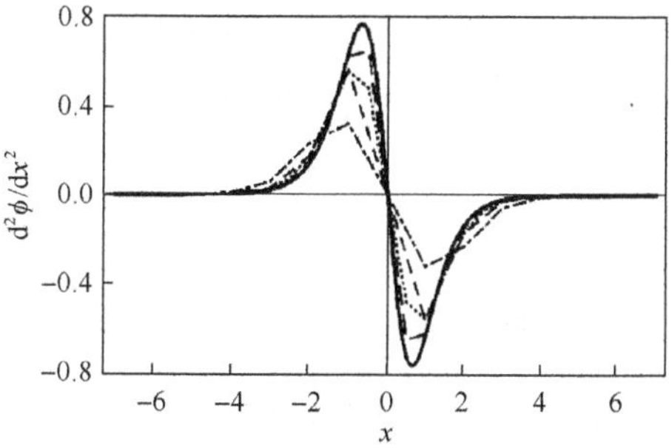

(b) 式(I.11)中非紧致形式的$\mathrm{d}^2\phi/\mathrm{d}x^2$
及式(I.12)中紧致形式的$\mathrm{d}^2\phi/\mathrm{d}x^2$

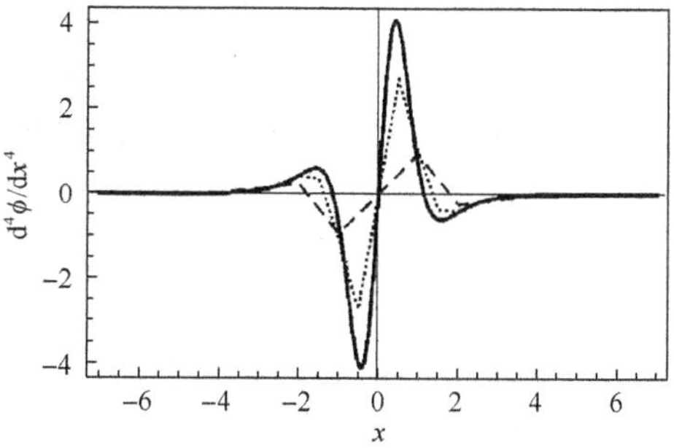

(c) 式(I.13)中的$\mathrm{d}^4\phi/\mathrm{d}x^4$

图 I.5 $\phi=\tanh(\gamma x)$的离散化导数与解析导数的比较(实线表示解析导数)

图 I.5 中比较了由各种方法计算的一维导数，其中函数$\phi(x)=\tanh(\gamma x)$，x以$1/\gamma$的单位给出，还给出了网格尺寸对导数精度的影响。具体地说，图 I.5(a)中给出了一阶导数$\mathrm{d}\phi/\mathrm{d}x$，实线是精确的结果，式(I.10)的结果分别表示为网格尺寸为$a=\Delta x=1/\gamma$的虚线和网格尺寸为$a=0.5/\gamma$的点线。

图 I.5(b)给出了拉普拉斯算子($\mathrm{d}^2\phi/\mathrm{d}x^2$)的比较，其中实线是精确的结果，其他 4 条线分别是采用非紧致形式(式(I.11))和紧致形式(式(I.12))的结果，对于非紧致形式，点划线为$a=1/\gamma$，点线为$a=0.5/\gamma$，对于紧致形式，短虚线为$a=1/\gamma$，长虚线为$a=0.5/\gamma$。

图 I.5(c)给出了四阶导数$\mathrm{d}^4\phi/\mathrm{d}x^4$的比较，其中实线是精确的结果；其他为式(I.13)的导数计算结果：短划线为$a=1/\gamma$，点划线为$a=0.5/\gamma$。

观察图 I.5(a)中的导数$\mathrm{d}\phi/\mathrm{d}x$。网格尺寸为$a=1/\gamma$的数值导数，其近似值不尽人意；而网格尺寸为$a=0.5/\gamma$的，误差显著降低。

对图 I.5(b)，比较利用$\mathrm{d}^2\phi/\mathrm{d}x^2$的非紧致形式和紧致形式在网格尺寸为$a=1/\gamma$的结果。紧致形式结果要好得多。紧致形式在网格尺寸为$a=0.5/\gamma$时，与导数的精确结果有更好的一致性。

在图 I.5(c)示出的 $d^4\phi/dx^4$ 结果中，也显示出类似的对网格尺寸的依赖性。不出所料，小尺寸网格的结果是更好的。假定界面的宽度约是$1/\gamma$，其中γ依赖于模型参数，如式(12.20)，网格的选择取决于模型和所期望的精度。在几乎所有的建模中，最好的做法就是尝试不同的参数和网格，观察结果是否收敛。

I.4.2　二维导数

前面给出的基本公式可以扩展到多于一个维度的空间。以拉普拉斯算子的二维模拟计算为例，表达形式将取决于在该问题中使用的网格(如正方形网格与三角形网格的表达形式是不同的)。

讨论一个正方形的网格点$\{x_i, y_i\}$。方便起见，将 i 周围的最近邻位点(上、下、左、右)编号为 i+1 到 i+4，次最近邻(沿对角线)位点编号为 i+5 到 i+8。利用式(I.12)的紧致形式，用最近邻位点计算 $\nabla^2\phi = d^2\phi/dx^2 + d^2\phi/dy^2$ 的最简单的表达形式是

$$\begin{cases}\dfrac{d^2\phi}{dx^2}(i)=\dfrac{\phi_{i+1}+\phi_{i+3}-2\phi_i}{a^2}\\[2ex]\dfrac{d^2\phi}{dy^2}(i)=\dfrac{\phi_{i+2}+\phi_{i+4}-2\phi_i}{a^2}\end{cases}\tag{I.14}$$

可表示为

$$\nabla^2\phi(i)=\frac{1}{a^2}\sum_{j=1}^{4}\Big(\phi\big(x_{i+j},y_{i+j}\big)-\phi\big(x_i,y_j\big)\Big)\tag{I.15}$$

当然，也可以使用次最近邻的位点来确定拉普拉斯算子，表达式为

$$\nabla^2\phi(i)=\frac{1}{\left(\sqrt{2}a\right)^2}\sum_{j=5}^{8}\Big(\phi\big(x_{i+j},y_{i+j}\big)-\phi\big(x_i,y_j\big)\Big)\tag{I.16}$$

注意，系数$\sqrt{2}$是考虑次最近邻位点的距离。

在最近的关于晶粒生长的相场模型的研究中，Tikare 等(1998)使用了最近邻和次最近邻位点的简单平均表达式，即

$$\nabla^2\phi(i)=\frac{1}{2a^2}\left(\sum_{j=1}^{4}\Big(\phi\big(x_{i+j},y_{i+j}\big)-\phi\big(x_i,y_i\big)\Big)+\frac{1}{2}\sum_{j=5}^{8}\Big(\phi\big(x_{i+j},y_{i+j}\big)-\phi\big(x_i,y_i\big)\Big)\right)\tag{I.17}$$

第一项是对最近邻位点求和，第二项是对次最近邻位点求和。

类似于附录 I.4.1 和附录 I.4.2 中的方程，可以推广到三维空间上，如式(I.14)

就可以扩展到三维晶格的最近邻位点上，依此类推。

I.5 小 结

本部分介绍了在本书中经常使用的几种数值方法，包括生成随机数、连续变量的分组、在网格上计算导数，它们并不是全面的或严格的。

推荐阅读

关于计算有很多的书籍。

对于大多数的方法，一个很好的选择是阅读 Press 等(1992)编写的 *Numerical Recipes* 丛书。这些方法在许多不同的计算机语言里都有现成的程序。

许多书籍都讨论过这些内容，利用软件平台在网上做计算练习，如 Danaila 等(2007)的著作 *An Introduction to Scientific Computing: Twelve Computational Projects Solved with MATLAB*，还有 Maeder(2000)编写的 *Computer Science with Mathematica*。

参考文献

Abell G C. 1985. Empirical chemical pseudopotential theory of molecular and metallic bonding. Physical Review B, 31: 6184-6196.

Alder B F, Wainwright T E. 1957. Phase transition for a hard sphere system. Journal of Chemical Physics, 27: 1208-1209.

Alder B J, Wainwright T E. 1959. Studies in molecular dynamics: 1. General method. Journal of Chemical Physics, 31: 459-466.

Alinaghian P, Gumbsch P, Skinner A J, et al. 1993. Bond order potentials: A study of s-and sp-valent systems. Journal of the Physics of Condensed Matter, 5: 5795-5810.

Allen M P, Tildesley D J. 1987. Computer Simulation of Liquids. Oxford: Oxford University Press.

Allen S M, Cahn J W. 1979. Microscopic theory for antiphase boundary motion and its application to antiphase domain coarsening. Acta Metallurgica, 27: 1085-1095.

Allison J, Li M, Wolverton C, et al. 2006. Virtual aluminum castings: An industrial application of ICME. JOM, 58(11): 28-35.

Almohaisen F M, Abbod M F. 2010. Grain growth simulation using cellular automata. Advanced Materials Research, 89-91: 17-22.

Anderson M P, Srolovitz D J, Grest G S, et al. 1984. Computer simulation of grain growth: 1. Kinetics. Acta Metallurgica, 32: 783-791.

Arfken G B, Weber H J. 2001. Mathematical Methods for Physicists. New York: Academic Press.

Ashbaugh H S, Patel H A, Kumar S K, et al. 2005. Mesoscale model of polymer melt structure: Self-consistent mapping of molecular correlations to coarse-grained potentials. Journal of Chemical Physics, 122: 104908.

Ashby M F. 1992. Physical modelling of materials problems. Materials Science and Technology, 8: 102-111.

Ashby M F. 2011. Materials Selection in Mechanical Design. 4th ed. Oxford: Butterworth-Heinemann.

Ashby M F, Johnson K. 2009. Materials and Design: The Art and Science of Material Selection in Product Design. 2nd ed. Oxford: Butterworth-Heinemann.

Ashcroft N W, Mermin N D. 1976. Solid State Physics. Monterey: Brooks Cole.

Aziz R A, Chen H H. 1977. An accurate intermolecular potential for argon. Journal of Chemical Physics, 67: 5719-5726.

Backman D G, Wei D Y, Whitis D D, et al. 2006. ICME at GE: Accelerating the insertion of new materials and processes. JOM, 58(11): 36-41.

Baettig P, Schelle C F, LeSar R, et al. 2005. Theoretical prediction of new high-performance lead-free piezoelectrics. Chemistry of Materials, 17: 1376-1380.

Bales G S, Chrzan D C. 1994. Dynamics of irreversible island growth during submonolayer epitaxy. Physical Review B, 50: 6057-6067.

Baletto F, Ferrando R. 2005. Structural properties of nanoclusters: Energetic, thermodynamic, and kinetic effects. Reviews of Modern Physics, 77: 371-423.

Balluffi R W, Allen S M, Carter W C. 2005. Kinetics of Materials. New York: Wiley- Interscience.

Basanta D, Bentley P J, Miodownik M A, et al. 2003. Evolving cellular automata to grow microstructures//Ryan C, Soule T, Keijzer M, et al. EuroGP 2003. Berlin: Springer-Verlag.

Baskes M I. 1987. Application of the embedded-atom method to covalent materials: A semiempirical potential for silicon. Physical Review Letters, 59: 2666-2669.

Baskes M I. 1999. Many-body effects in fcc metals: A Lennard-Jones embedded-atom potential. Physical Review Letters, 83: 2592-2595.

Battaile C C, Srolovitz D J. 2002. Kinetic Monte Carlo simulation of chemical vapor deposition. Annual Review of Materials Research, 32: 297-319.

Battaile C C, Srolovitz D J, Butler J E. 1997. A kinetic Monte Carlo method for the atomic-scale simulation of chemical vapor deposition: Application to diamond. Journal of Applied Physics, 82: 6293-6300.

Battaile C C, Srolovitz D J, Oleinik I I, et al. 1999. Etching effects during the chemical vapor deposition of (100) diamond. Journal of Chemical Physics, 111: 4291-4299.

Becquart C S, Domain C. 2011. Modeling microstructure and irradiation effects. Metallurgical and Materials Transactions A, 42: 852-870.

Bellucci D, Cannillo V, Sola A. 2010. Monte Carlo simulation of microstructure evolution in biphasic-systems. Ceramics international, 36: 1983-1988.

Belonoshko A B. 1994. Molecular dynamics of silica at high pressures-equation of state, structure, and phase transitions. Geochimica et Cosmochimica Acta, 58: 1557-1566.

Bercegeay C, Bernard S. 2005. First-principles equations of state and elastic properties of seven metals. Physical Review B, 72: 214101.

Bernardes N. 1958. Theory of solid Ne, A, Kr, and Xe at 0K. Physical Review, 112: 1534-1539.

Berry J, Elder K R, Grant, M. 2008. Melting at dislocations and grain boundaries: A phase field crystal study. Physical Review B, 77: 224114.

Biner S B, Morris J R. 2002. A two-dimensional discrete dislocation simulation of the effect of grain size on strengthening behaviour. Modelling and Simulation in Materials Science and Engineering, 10: 617-635.

Bishop G H, Harrison R J, Kwok T, et al. 1982. Computer molecular dynamics studies of grain boundary structures. I. Observations of coupled sliding and migration in a three dimensional simulation. Journal of Applied Physics, 53: 5596-5608.

Boal D. 2002. Mechanics of the Cell. Cambridge: Cambridge University Press.

Boettinger W J, Warren J A, Beckermann C, et al. 2002. Phase-field simulation of solidification. Annual Review of Materials Research, 32: 163-194.

Bortz A B, Kalos M H, Lebowitz J L. 1975. A new algorithm for Monte Carlo simulation of Ising spin systems. Journal of Computational Physics, 17: 10-18.

Bos C, Mecozzi M G, Sietsma J. 2010. A microstructure model for recrystallisation and phase transformation during the dual-phase steel annealing cycle. Computational Materials Science, 48: 692-699.

Box G E P, Müller M E. 1958. A note on the generation of random normal deviates. The Annals of Mathematical Statistics, 29: 610-611.

Brenner D W. 1990. Empirical potential for hydrocarbons for use in simulating the chemical vapor deposition of diamond films. Physical Review B, 42: 9458-9471.

Brenner D W. 1996. Chemical dynamics and bond-order potentials. Materials Research Society Bulletin, 21 (2) : 36-41.

Broughton J Q, Gilmer G H. 1983. Molecular dynamics investigation of the crystal fluid interface. 1. Bulk properties. Journal of Chemical Physics, 79: 5095-5104.

Buchelnikov V D, Sokolovskiy V V. 2011. Magnetocaloric effect in NiMnX (X = Ga, In, Sn, Sb) Heusler alloys. The Physics of Metals and Metallography, 112: 633-665.

Buckingham A D. 1959. Molecular quadrupole moments. Quarterly Review of the Chemical Society, 13: 183-214.

Buckingham A D. 1975. Intermolecular forces. Philosophical Transactions of the Royal Society of London A, 272: 5-12.

Buckingham A D, Utting B D. 1970. Intermolecular forces. Annual Review of Physical Chemistry, 21: 287-316.

Buehler M J. 2010. Colloquium: Failure of molecules, bones, and the Earth itself. Reviews of Modern Physics, 82: 1459-1487.

Bulatov V V, Cai W. 2006. Computer Simulations of Dislocations. New York: Oxford University Press.

Burke J E, Turnbull D. 1952. Recrystallization and grain growth. Progress in Metal Physics, 3: 220-292.

Caflisch R E. 1998. Monte Carlo and quasi-Monte Carlo methods. Acta Numerica, 7: 1-49.

Cahn J W, Hilliard J E. 1958. Free energy of a nonuniform system. I. Interfacial free energy. Journal of Chemical Physics, 28: 258-267.

Cahn J W, Hilliard J E. 1959. Free energy of a nonuniform system. III. Nucleation in a two-component incompressible fluid. Journal of Chemical Physics, 31: 688-699.

Cai W, Bulatov V V, Chang J, et al. 2003. Periodic image effects in dislocation modelling. Philosophical Magazine, 83: 539-567.

Callen H B. 1985. Thermodynamics and an Introduction to Thermostatistics. New York: Wiley.

Car R, Parrinello M. 1985. Unified approach for molecular dynamics and density-functional theory. Physical Review Letters, 55: 2471-2474.

Catlow C R A. 2005. Energy minimization techniques in materials modeling//Yip S. Handbook of Materials Modeling. Dordrecht: Springer.

Ceder G, Morgan D, Fischer C, et al. 2006. Data-mining-driven quantum mechanics for the prediction of structure. Materials Research Society Bulletin, 31 (12) : 981-985.

Ceperley D, Alder B. 1980. Ground state of the electron gas by a stochastic method. Physical Review Letters, 45: 566-569.

Ceperley D, Alder B. 1986. Quantum Monte Carlo. Science, 231: 555-560.

Chan P Y, Tsekenis G, Dantzig J, et al. 2010. Plasticity and dislocation dynamics in a phase field crystal model. Physical Review Letters, 105: 015502.

Chandler D. 1987. Introduction to Modern Statistical Mechanics. Oxford: Oxford University Press.

Chen J, Im W, Brooks III C L. 2006. Balancing solvation and intramolecular interactions: Toward a consistent generalized Born force field. Journal of the American Chemical Society, 128: 3728-3736.

Chen L Q. 2002. Phase-field models for microstructure evolution. Annual Review of Materials Research, 32: 113-140.

Chen L Q, Hu S. 2004. Phase-field method applied to strain-dominated microstructure evolution during solid-state phase transformations//Raabe D, Roters F, Barlat F, et al. Continuum Scale Simulations of Engineering Materials. Weinheim: Wiley-VCH.

Cherry M, Imwinkelried E. 2006. How we can improve the reliability of fingerprint identification. Judicature, 90: 55-57.

Cho J, Terry S G, Levi C G, et al. 2005. A kinetic Monte Carlo simulation of thin film growth by physical vapor deposition under substrate rotation. Materials Science and Engineering A, 391: 390-401.

Chopard B, Droz M. 1998. Cellular Automata Modeling of Physical Systems. Cambridge: Cambridge University Press.

Ciacchi L C, Payne M C. 2004. The entry pathway of O_2 into human ferritin. Chemical Physics Letters, 390: 491-495.

Clementi E, Roetti E. 1974. Roothan-Hartree-Fock atomic wave functions. Atomic Data and Nuclear Data Tables, 14: 177-478.

Coffey W T, Kalmykov Y P, Waldron J T. 1996. The Langevin Equation:With Applications in Physics, Chemistry, and Electrical Engineering. Singapore: World Scientific Publishing.

Committee, Integrated Computational Materials Engineering. 2008. Integrated Computational Materials Engineering: A Transformational Discipline for Improved Competitiveness and National Security. Technical report. National Research Council.

Cranford S, Buehler M J. 2011. Coarse-graining parameterization and multiscale simulation of hierarchical systems: Part I: Theory and model formulation//Derosa P, Cagin T. Multiscale Modeling: From Atoms to Devices. Boca Raton: CRC Press.

Curtarolo S, Morgan D, Ceder G. 2005. Accuracy of ab initio methods in predicting the crystal structures of metals: A review of 80 binary alloys. Computer Coupling of Phase Diagrams and Thermochemistry, 29: 163-211.

Danaila I, Joly P, Kaber S M, et al. 2007. An Introduction to Scientific Computing: Twelve Computational Projects Solved with MATLAB. New York: Springer.

Darden T, York D, Pederson L. 1993. Particle mesh Ewald: An N log(N) method for Ewald sums in large systems. Journal of Chemical Physics, 98: 10089-10092.

Daw M S, Baskes M I. 1983. Semiempirical, quantum mechanical calculation of hydrogen embrittlement in metals. Physical Review Letters, 50: 1285-1288.

Daw M S, Baskes M I. 1984. Embedded-atom method: Derivation and application to impurities, surfaces, and other defects in metals. Physical Review B, 29: 6443-6453.

Daw M S, Foiles S M, Baskes M I. 1993. The embedded-atom method: A review of theory and applications. Materials Science Reports, 9: 251-310.

de Miguel E, Rull L F, Chalam M K, et al. 1991. Liquid crystal phase diagram of the Gay-Berne fluid. Molecular Physics, 74: 405-424.

de Wit R. 1960. The continuum theory of stationary dislocations. Solid State Physics, 10: 249-292.

Déprés C, Robertson C F, Fivel M C. 2004. Low-strain fatigue in AISI 316L steel surface grains: A three-dimensional discrete dislocation dynamics modelling of the early cycles I. Dislocation microstructures and mechanical behaviour. Philosophical Magazine, 84: 2257-2275.

Déprés C, Robertson C F, Fivel M C. 2006. Low-strain fatigue in 316L steel surface grains: A three dimension discrete dislocation dynamics modelling of the early cycles. Part 2: Persistent slip markings and micro-crack nucleation. Philosophical Magazine, 86: 79-97.

Déprés C, Fivel M, Tabourot L. 2008. A dislocation-based model for low-amplitude fatigue behaviour of face-centred cubic single crystals. Scripta Materialia, 58: 1086-1089.

Devincre B, Kubin L P. 1997. Mesoscopic simulations of dislocations and plasticity. Materials Science and Engineering A, 234-236: 8-14.

Devincre B, Kubin L P. 2010. Scale transitions in crystal plasticity by dislocation dynamics simulations. Comptes Rendus Physique, 11: 274-284.

Devincre B, Kubin L P, Hoc T. 2006. Physical analyses of crystal plasticity by DD simulations. Scripta Materialia, 54: 741-746.

Devincre B, Hoc T, Kubin L. 2008. Dislocation mean free paths and strain hardening of crystals. Science, 320: 1745-1748.

Dick B G, Overhauser A W. 1958. Theory of dielectric constants of alkali halide crystals. Physical Review, 112: 90-103.

Ding J, Carver T J, Windle A H. 2001. Self-assembled structures of block copolymers in selective solvents reproduced by lattice Monte Carlo simulation. Computational and Theoretical Polymer Science, 11: 483-490.

Dirac P A M. 1930. A note on the exchange phenomena in the Thomas atom. Proceedings of the Cambridge Philosophical Society, 26: 376-385.

Doi M. 1995. Introduction to Polymer Physics. Oxford: Oxford University Press.

Doi M, Edwards S F. 1986. The Theory of Polymer Dynamics.Oxford: Oxford University Press.

Duff N, Peters B. 2009. Nucleation in a Potts lattice gas model of crystallization from solution. Journal of Chemical Physics, 131: 184101.

El-Awady J A, Biner S B, Ghoniem N M. 2008. A self-consistent boundary element, parametric dislocation dynamics formulation of plastic flow in finite volumes. Journal of the Mechanics and Physics of Solids, 56: 2019-2035.

Elder K R, Grant M. 2004. Modeling elastic and plastic deformations in nonequilibrium processing using phase field crystals. Physical Review E, 70: 051605.

Elder K R, Thornton K, Hoyt J J. 2011. The Kirkendall effect in the phase field crystal model. Philosophical Magazine, 91: 151-164.

Fermi E. 1927. Un metodo statistice per la determinazione di alcune proprieta dell'atomo. Rendiconti Accademia Lincei, 6: 602-607.

Ferris K F, Peurrung L M, Loni M, et al. 2007. Materials informatics: Fast track to new materials. Advanced Materials and Processes, 165: 50-51.

Finnis M W, Sinclair J E. 1984. A simple empirical N-body potential for transition metals. Philosophical Magazine A, 50: 45-55.

Fiolhais C, Nogueira F, Marques M A L. 2003. A Primer in Density Functional Theory. Lecture Notes in Physics, vol. 620. New York: Springer.

Fischer C C, Tibbetts K J, Morgan D, et al. 2006. Predicting crystal structure by merging data mining with quantum mechanics. Nature Materials, 5: 641-646.

Flory P J. 1953. Principles of Polymer Chemistry. Ithaca: Cornell University Press.

Foiles S M. 1985. Calculation of the surface segregation of Ni-Cu alloys with the use of the embedded-atom method. Physical Review B, 32: 7685-7693.

Foiles S M. 1996. Embedded-atom and related methods for modeling metallic systems. Materials Research Society Bulletin, 21 (2) : 24-28.

Foreman A J E, Makin M J. 1966. Dislocation motion though a random array of obstacles. Philosophical Magazine, 14: 911-924.

Foreman A J E, Makin M J. 1967. Dislocation motion though a random array of obstacles. Canadian Journal of Physics, 45: 511-517.

Frenkel D, Smit B. 2002. Understanding Molecular Simulations: From Algorithms to Application. 2nd ed. San Diego: Elsevier Academic Press.

Frisch U, Hasslacher B, Pomeau Y. 1986. Lattice-gas automata for the Navier-Stokes equation. Physical Review Letters, 56: 1505-1508.

Frost H J, Thompson C V. 1988. Computer simulation of microstructural evolution in thin films. Journal of Electronic Materials, 17: 447-458.

Gandin C A, Rappaz M. 1994. A coupled finite element-cellular automaton method for the prediction of dendritic grain structures in solidification processes. Acta Metallurgica et Materialia, 42: 2233-2246.

Gardner M. 1985. Wheels, Life, and Other Mathematical Amusements. New York: W.H. Freeman & Company.

Gaskell D R. 2008. Introduction to the Thermodynamics of Materials. 5th ed. London: Taylor & Francis.

Gater A J P, Brown S G R, Baker L, et al. 2011. A fast Bortz-Kalos-Lebowitz implementation of the kinetic Monte Carlo technique for the prediction of strain ageing. Scripta Materialia, 65: 400-403.

Gay J G, Berne B J. 1981. Modification of the overlap potential to mimic a linear site-site potential. Journal of Physical Chemistry, 74: 3316-3319.

Gaylord R J, Nishidate K. 1996. Modeling Nature: Cellular Automata Simulations with Mathematica. Santa Clara: TELOS.

Germann T C, Kadau K. 2008. Trillion-atom molecular dynamics becomes a reality. International Journal of Modern Physics C, 9: 1315-1319.

Ghoniem N M, Sun L Z. 1999. Fast-sum method for the elastic field off three-dimensional dislocation ensembles. Physical Review B, 60: 128-140.

Ginstead C M, Snell J L. 1997. Introduction to Probability. 2nd ed. Providence: American Mathematical Society. http://www.dartmouth.edu/~chance/teaching/aids/books/articles/probability book/book.html.

Ginzburg V L, Landau L D. 1950. On the theory of superconductivity. Zh. Eksp. Teor. Fiz., 20: 1064.

Glazier J A, Graner F. 1993. Simulation of the differential adhesion driven rearrangement of biological cells. Physical Review E, 47: 2128-2154.

Glicksman M E. 1999. Diffusion in Solids: Field Theory, Solid-State Principles, and Applications. New York: Wiley-Interscience.

Glotzer S C, Paul W. 2002. Molecular and mesoscale simulation methods for polymer materials. Annual Review of Materials Research, 32: 401-436.

Goetz R L, Seetharaman V. 1998. Modeling dynamic recrystallization using cellular automata. Scripta Materialia, 38: 405-413.

Goldstein H, Poole C P, Safko J L. 2001. Classical Mechanics. 3rd ed. New York: Addison-Wesley.

Goringe C M, Bowler D R, Hernandez E. 1997. Tight-binding modelling of materials. Reports on Progress in Physics, 60: 1447-1512.

Graner F, Glazier J A. 1992. Simulation of biological cell sorting using a two-dimensional extended Potts model. Physical Review Letters, 69: 2013-2016.

Gray C G, Gubbins K E. 1985. Theory of Molecular Fluids. Oxford: Oxford University Press.

Greengard L, Rokhlin V. 1987. A fast algorithm for particle simulations. Journal of Computational Physics, 73: 325-348.

Greengard L F. 2003. The Rapid Evaluation of Potential Fields in Particle Systems. Cambridge: MIT Press.

Guillot B. 2002. A reappraisal of what we have learnt during three decades of computer simulation on water. Journal of Molecular Liquids, 101: 219-260.

Gulluoglu A N, Srolovitz D J, LeSar R, et al. 1989. Dislocation distributions in two dimensions. Scripta Metallurgica, 23: 1347-1352.

Gurney J A, Rietman E A, Marcus M A, et al. 1999. Mapping the rule table of a 2-D probabilistic cellular automaton to the chemical physics of etching and deposition. Journal of Alloys and Compounds, 290: 216-229.

Haile J M. 1997. Molecular Dynamics Simulation: Elementary Methods. New York: Wiley-Interscience.

Haire K R, Carver T J, Windle A H. 2001. A Monte Carlo lattice model for chain diffusion in dense polymer systems and its interlocking with molecular dynamics simulation. Computational and Theoretical Polymer Science, 11: 17-28.

Hand D, Mannila H, Smyth P. 2001. Principles of Data Mining. Cambridge: MIT Press.

Hansen J P. 1986. Molecular-dynamics simulation of Coulomb systems in two and three dimensions// Ciccotti G, Hoover W G. Molecular Dynamics Simulation of Statistical-Mechanical Systems. Amsterdam: North-Holland.

Hansen J P, McDonald I. 1986. Theory of Simple Liquids. London: Academic Press.

Harris S J, Goodwin D G. 1993. Growth on the reconstructed diamond（100）surface. Journal of Physical Chemistry, 97: 23-28.

Harun A, Holm E A, Clode M P, et al. 2006. On computer simulation methods to model Zener pinning. Acta Materialia, 54: 3261-3273.

Hassold G N, Holm E A. 1993. A fast serial algorithm for the finite temperature quenched Potts model. Computers in Physics, 7: 97-107.

Hesselbarth H W, Göbel I R. 1991. Simulation of recrystallization by cellular automata. Acta Metallurgica et Materialia, 39: 2135-2143.

Hill J R, Freeman C M, Subramanian L. 2000. Use of force fields in materials modeling//Lipkowitz K B, Boyd D B. Reviews in Computational Chemistry. New York: Wiley-VCH.

Hill N A. 2000. Why are there so few magnetic ferroelectrics? Journal of Physical Chemistry B, 29: 6694-6709.

Hirschfelder J O, Curtiss C F, Bird R B. 1964. Molecular Theory of Gases and Liquids. 2nd ed. New York: Wiley.

Hirth J P, Lothe J. 1992. Theory of Dislocations. Malabar: Kreiger Publishing.

Hirth J P, Zbib H M, Lothe J. 1998. Forces on high velocity dislocations. Modelling and Simulation in Materials Science and Engineering, 6: 165-169.

Hohenberg P, Kohn W. 1964. Inhomogeneous electron gas. Physical Review B, 136: B864-B871.

Holm E A. 1992. Modeling microstructural evolution in single-phase, composite and two-phase polycrystals. Ph.D. thesis. Detroit: University of Michigan.

Holm E A, Battaile C C. 2001. The computer simulation of microstructural evolution. JOM, 53 (9): 20-23.

Holm E A, Glazier J A, Srolovitz D J, et al. 1991. Effects of lattice anisotropy and temperature on domain growth in the two-dimensional Potts model. Physical Review A, 43: 2662-2668.

Holm E A, Miodownik M A, Rollett A D. 2003. On abnormal subgrain growth and the origin of recrystallization nuclei. Acta Materialia, 51: 27012716.

Hoover W G. 1985. Canonical dynamics: Equilibrium phase-space distributions. Physical Review A, 31: 1695-1697.

House J E. 2007. Principles of Chemical Kinetics. 2nd ed. Amsterdam: Academic Press.

Howard J. 2001. Mechanics of Motor Proteins and the Cytoskeleton. Sunderland: Sinauer Associates.

Hull D, Bacon D J. 2001. Introduction to Dislocations. 4th ed. Oxford: Butterworth Heinemann.

Israelachvili J. 1992. Intermolecular and Surface Forces. London: Academic Press.

Jones G W, Chapman S J. 2012. Modeling growth in biological materials. SIAM Review, 54: 52-118.

Jones J E, Ingham A E. 1925. On the calculation of certain crystal potential constants, and on the cubic crystal of least potential energy. Proceedings of the Royal Society of London. Series A, 107: 636-653.

Jorgensen W L, Chandrasekhar J, Madura J D, et al. 1983. Comparison of simple potential functions for simulating liquid water. Journal of Chemical Physics, 79: 926-935.

Kammer D, Voorhees P W. 2008. Analysis of complex microstructures: Serial sectioning and phase-field simulations. Materials Research Society Bulletin, 33 (6): 603-610.

Kansuwan P, Rickman J M. 2007. Role of segregating impurities in grain-boundary diffusion. Journal of Chemical Physics, 126: 094707.

Kawasaki K. 1966. Diffusion constants near the critical point for time-dependent Ising models. I. Physical Review, 145: 224-230.

Kawasaki K, Nagai T, Nakashima K. 1989.Vertex models for two-dimensional grain growth. Philosophical Magazine B, 60: 399-421.

Kaxiras E. 2003. Atomic and Electronic Structure of Solids. Cambridge: Cambridge University Press.

Keeler G J, Batchelder D N. 1970. Measurement of the elastic constants of argon from 3 to 77 K. Journal of Physics C, 3: 510-522.

Kim S G, Horstemeyer M F, Baskes M I, et al. 2009. Semi-empirical potential methods for atomistic simulations of metals and their construction procedures. Journal of Engineering Materials and Technology, 131: 041210.

Kim Y S, Gordon R G. 1974. Unified theory for the intermolecular forces between closed shell atoms and ions. Journal of Chemical Physics, 61: 1-16.

Kocks U F, Mecking H. 2003. Physics and phenomenology of strain hardening: The FCC case. Progress in Material Science, 48: 171-273.

Kofke D A. 2011. CE 530 Molecular Simulation. http://www.eng.buffalo.edu/~kofke/ce530/Lectures/Lecture12/ppt.pdf.

Kohn W, Sham L J. 1965. Self-consistent equations including exchange and correlation effects. Physical Review, 140: A1133-A1138.

Kollman P A, Massova I, Reyes C, et al. 2000. Calculating structures and free energies of complex molecules: Combining molecular mechanics and continuum models. Accounts of Chemical Research, 33: 889-897.

Körner C, Attar E, Heinl P. 2011. Mesoscopic simulation of selective beam melting processes. Journal of Materials Processing Technology, 211: 978-987.

Korpiun P, Lüscher E. 1977. Use of force fields in materials modeling//Venables J A, Klein M L. Rare Gas Solids. London: Academic Press.

Koslowski M, Cuitiño A M, Ortiz M. 2002. A phase-field theory of dislocation dynamics, strain hardening and hysteresis in ductile single crystals. Journal of the Mechanics and Physics of Solids, 50: 2597-2635.

Koslowski M, Thomson R, LeSar R. 2004a. Avalanches and scaling in plastic deformation. Physical Review Letters, 93: 125502.

Koslowski M, Thomson R, LeSar R. 2004b. Dislocation structures and the deformation of materials. Physical Review Letters, 93: 265503.

Kratky O, Porod G. 1949. X-ray investigation of chain-molecules in solution. Recueil des Travaux Chimiques des Pays-Bas, 68: 1106-1122.

Kremer K. 2003. Computer simulations for macromolecular science. Macromolecular Chemistry and Physics, 204: 257-264.

Kroc J. 2002. Application of cellular automata simulations to modelling of dynamic recrystallization//Sloot P M A, Tan C J K, Dongarra J J, et al. Computational Science-ICCS 2002. Berlin: Springer-Verlag.

Kubelka J, Hofrichter J, Eaton W A. 2004. The protein folding “speed limit”. Current Opinion in Structural Biology, 14: 76-88.

Kubin L P, Canova G, Condat M, et al. 1992. Dislocation microstructures and plastic flow: A 3D simulation. Solid State Phenomena, 23-24: 455-472.

Kubin L P, Devincre B, Thierry H. 2009. The deformation stage II of face-centered cubic crystals: Fifty years of investigations. International Journal of Materials Research, 100: 1411-1419.

Kundin J, Raabe D, Emmerich H. 2011. A phase-field model for incoherent martensitic transformations including plastic accommodation processes in the austenite. Journal of the Mechanics and Physics of Solids, 59: 2082-2102.

Lal M. 1969. Monte Carlo computer simulations of chain molecules I. Molecular Physics, 17: 57-64.

Landau D P, Binder K. 2000. A Guide to Monte Carlo Simulations in Statistical Physics. Cambridge: Cambridge University Press.

Langevin P. 1908. Sur la théorie du mouvement brownien. Comptes Rendus de l'Académie des Sciences, 146: 530-533.

Leach A R. 2001. Molecular Modelling: Principles and Applications. 2nd ed. Harlow: Prentice-Hall.

Lee C T, Yang W T, Parr R G. 1988. Development of the Colle-Salvetti correlation-energy formula into a functional of the electron density. Physical Review B, 37: 785-789.

Lenosky T J, Kress J D, Kwon I, et al. 1997. Highly optimized tight-binding model of silicon. Physical Review B, 55: 1528-1544.

Lépinoux J, Kubin L P. 1987. The dynamic organization of dislocation structures: A simulation. Scripta Metallurgica, 21: 833-838.

Lépinoux J, Weygand D, Verdier M. 2010. Modeling grain growth and related phenomena with vertex dynamics. Comptes Rendus Physique, 11: 265-273.

LeSar R, Etters R D. 1988. Character of the α-β phase transition in solid oxygen. Physical Review B, 37: 5364-5370.

LeSar R, Rickman J M. 1996. Finite-temperature properties of materials from analytical statistical mechanics. Philosophical Magazine B, 73: 627-639.

Levesque D, Verlet L. 1970. Computer "experiments" on classical fluids. III. Time-dependent self-correlation functions. Physical Review A, 2: 2514-2528.

Lewis A C, Geltmacher A B. 2006. Image-based modeling of the response of experimental 3D microstructures to mechanical loading. Scripta Materialia, 55: 81-85.

Lewis A C, Suh C, Stukowski M, et al. 2006. Quantitative analysis and feature recognition in 3-D microstructural data sets. JOM, 58(12): 52-56.

Lewis A C, Suh C, Stukowski M, et al. 2008. Tracking correlations between mechanical response and microstructure in three-dimensional reconstructions of a commercial stainless steel. Scripta Materialia, 58(7): 575-578.

Lin K, Chrzan D C. 1999. Kinetic Monte Carlo simulation of dislocation dynamics. Physical Review B, 60: 3799-3805.

Lin Y, Ma H, Matthews C W, et al. 2012. Experimental and theoretical studies on a high pressure monoclinic phase of ammonia borane. Journal of Physical Chemistry C, 116: 2172-2178.

Lishchuk S V, Akid R, Worden K, et al. 2011. A cellular automaton model for predicting intergranular corrosion. Corrosion Science, 53: 2518-2526.

Liu Y, Baudin T, Penelle R. 1996. Simulation of normal grain growth by cellular automata. Scripta Materialia, 34: 1679-1683.

Liu Z K, Chen L Q, Rajan K. 2006. Linking length scales via materials informatics. JOM, 58(11): 42-50.

Lothe J, Indenbom V L, Chamrov V A. 1982. Elastic field and self-force of dislocations emerging at free surfaces of an anisotropic half-space. Physica Status Solidi (b), 111: 671-677.

Love A E H. 1944. A Treatise on the Mathematical Theory of Elasticity. 4th ed. New York: Dover.

Lukas H, Fries S G, Sundman B. 2007. Computational Thermodynamics: The CALPHAD Method. Cambridge: Cambridge University Press.

MacKerell A D, et al. 1998. All-atom empirical potential for molecular modeling and dynamics studies of proteins. Journal of Physical Chemistry B, 102: 35863616.

MacPherson R D, Srolovitz D J. 2007. The von Neumann relation generalized to coarsening of three-dimensional microstructures. Nature, 446: 1053-1055.

Madec R, Devincre B, Kubin L. 2004. On the use of periodic boundary conditions in dislocation dynamics simulations. Solid Mechanics and Its Applications, 115: 35-44.

Madras N, Sokal A D. 1988. The pivot algorithm: A highly efficient Monte Carlo method for the self-avoiding walk. Journal of Statistical Physics, 50: 109-186.

Maeder R E. 2000. Computer Science with Mathematica. Cambridge: Cambridge University Press.

Mahoney M W, Jorgensen W L. 2000. A five-site model for liquid water and the reproduction of the density anomaly by rigid, nonpolarizable potential functions. Journal of Chemical Physics, 112: 8910-8922.

Malcherek T. 2011. The ferroelectric properties of $Cd_2Nb_2O_7$: A Monte Carlo simulation study. Journal of Applied Crystallography, 44: 585-594.

Malvern L E. 1969. Introduction to the Mechanics of a Continuous Medium. London: Prentice-Hall.

March N H. 1975. Self-Consistent Fields in Atoms. Oxford: Pergamon Press.

Martin J W, Doherty R D, Cantor B. 1997. Stability of Microstructure in Metallic Systems. 2nd ed. Cambridge: Cambridge University Press.

Martin R M. 2008. Electronic Structure: Basic Theory and Practical Methods. Cambridge: Cambridge University Press.

Martínez E, Marian J, Arsenlis A, et al. 2008. Atomistically informed dislocation dynamics in FCC crystals. Journal of the Mechanics and Physics of Solids, 56: 869-895.

Massalski T B. 1996. Structure of stability of alloys//Cahn R W, Haasen P. Physical Metallurgy, vol. 1. Amsterdam: North-Holland.

McDowell D L, Olson G B. 2008. Concurrent design of hierarchical materials and structures. Scientific Modeling and Simulation, 15: 207-240.

McQuarrie D A. 1976. Statistical Mechanics. New York: Harper and Row.

McQuarrie D A, Simon J D. 1997. Physical Chemistry: A Molecular Approach. Mill Valley: University Science Books.

Mendelev M I, Bokstein B S. 2010. Molecular dynamics study of self-diffusion in Zr. Philosophical Magazine, 90: 637-654.

Merriam-Webster. 2011. Dictionary. http://www.merriam-webster.com/dictionary.

Metropolis N, Ulam S. 1949. The Monte Carlo method. Journal of the American Statistical Association, 44: 335-341.

Metropolis N, Rosenbluth A W, Rosenbluth M N, et al. 1953. Equation of state calculations by fast computing machines. Journal of Chemical Physics, 21: 1087-1092.

Meyers M A, Mishra A, Benson D J. 2006. Mechanical properties of nanocrystalline materials. Progress in Materials Science, 51: 427-556.

Miguel M C, Vespignani A, Zapperi S, et al. 2001. Intermittent dislocation flow in viscoplastic deformation. Nature, 410: 667-671.

Miodownik M, Holm E A, Hassold G N. 2000. Highly parallel computer simulations of particle pinning: Zener vindicated. Scripta Materialia, 42: 1173-1177.

Miodownik M A. 2002. A review of microstructural computer models used to simulate grain growth and recrystallisation in aluminium alloys. Journal of Light Metals, 2: 125-135.

Mora L A B, Gottstein G, Shvindlerman L S. 2008. Three-dimensional grain growth: Analytical approaches and computer simulations. Acta Materialia, 56: 5915-5926.

Morokoff W J, Caflisch R E. 1994. Quasi-random sequences and their discrepancies. SIAM Journal on Scientific Computing, 15: 1251-1279.

Müller-Plathe F. 2002. Coarse-graining in polymer simulation: From the atomistic to the mesoscopic scale and back. ChemPhysChem, 3: 754-769.

Nada H, van der Eerden J P J M. 2003. An intermolecular potential model for the simulation of ice and water near the melting point: A six-site model of H_2O. Journal of Chemical Physics, 118: 7401-7413.

Najafabadi R, Yip S. 1983. Observation of finite-temperature bain transformation (F.C.C.↔B.C.C.) in Monte Carlo simulation of iron. Scripta Metallurgica, 17: 1199-1204.

Neumann R, Handy N C. 1997. Higher-order gradient corrections for exchange-correlation functionals. Chemical Physics Letters, 266: 16-22.

Nielsen S O, Lopez C F, Srinivas G, et al. 2004. Coarse grain models and the computer simulation of soft materials. Journal of the Physics of Condensed Matter, 16: R481-R512.

Nogueira F, Castro A, Marques M A L. 2003. A tutorial on density functional theory. Lecture Notes in Physics, 620: 218256.

Nose S. 1984. A molecular dynamics method for simulations in the canonical ensemble. Molecular Physics, 52: 255-268.

Olson G B. 1997. Computational design of hierarchically structured materials. Science, 277: 1237-1242.

Onsager L. 1944. Crystal statistics. I. A two-dimensional model with an order–disorder transition. Physical Review, 65: 117-149.

Onuchic J N, Wolynes P G. 2004. Theory of protein folding. Current Opinion in Structural Biology, 14: 70-75.

Onuchic J N, LutheySchulten Z, Wolynes P G. 1997. Theory of protein folding: The energy landscape perspective. Annual Review of Physical Chemistry, 48: 545-600.

Oono Y, Puri S. 1987. Computationally efficient modeling of ordering of quenched phases. Physical Review Letters, 58: 836-839.

Orowan E. 1934. Zur kristallplastizität III: Über diemechanismus des gleitvorganges. Zeitschrift für Physik, 89: 634-659.

Packard N H, Wolfram S. 1985. Two-dimensional cellular automata. Journal of Statistical Physics, 38: 901-946.

Pao C W, Foiles S M, Webb III E B, et al. 2009. Atomistic simulations of stress and microstructure evolution during polycrystalline Ni film growth. Physical Review B, 79: 224113.

Park S K, Miller K W. 1988. Random number generators: Good ones are hard to find. Communications of the ACM, 31: 1192-1201.

Parr R G, Yang W. 1989. Density-Functional Theory of Atoms and Molecules. Oxford: Oxford University Press.

Parrinello M, Rahman A. 1981. Polymorphic transitions in single crystals: A new molecular dynamics method. Journal of Applied Physics, 52: 7182-7190.

Pauling L, Wilson Jr E B. 1935. Introduction to Quantum Mechanics with Applications to Chemistry. New York: Dover.

Payne M C, Teter M P, Allan D C, et al. 1992. Iterative minimization techniques for ab initio total-energy calculations: Molecular dynamics and conjugate gradients. Reviews of Modern Physics, 64: 1045-1097.

Peach M, Koehler J S. 1950. The forces exerted on dislocations and the stress fields produced by them. Physical Review, 80: 436-439.

Perdew J P, Wang Y. 1992. Accurate and simple analytic representation of the electron-gas correlation energy. Physical Review B, 45: 13244-13249.

Perdew J P, Zunger A. 1981. Self-interaction correction to density-functional approximations for many-electron systems. Physical Review B, 23: 5048-5079.

Perdew J P, Burke K, Ernzerhof M. 1996. Generalized gradient approximation made simple. Physical Review Letters, 77: 3865-3868.

Pettifor D G, Oleynik I I. 2004. Interatomic bond-order potentials and structural prediction. Progress in Material Science, 49: 285-312.

Phillips R. 2001. Crystals, Defects, and Microstructures: Modeling Across Scales. Cambridge: Cambridge University Press.

Polanyi M. 1934. Über eineArtGitterstrung, die einenKristall plastischmachen könnte. Zeitschrift für Physik, 89: 660-664.

Ponder J W, Case D A. 2003. Force fields for protein simulations. Advances in Protein Chemistry, 66: 27-85.

Porter D A, Easterling K E. 1992. Phase Transformations in Metals and Alloys. 2nd ed. Boca Raton: CRC Press.

Press W H, Teukolsky S A, Vetterling W T, et al. 1992. Numerical Recipes in Fortran 77. Cambridge: Cambridge University Press.

Project ParaView. 2011. Para View-Open Source Visualization Software. http://www.paraview.org.

Püschl W. 2002. Models for dislocation cross-slip in close-packed crystal structures: A critical review. Progress in Material Science, 47: 415-461.

Quesnel D J, Rimai D S, DeMejo L P. 1993. Elastic compliances and stiffnesses of the FCC Lennard-Jones solid. Physical Review B, 48: 6795-6807.

Raabe D. 2002. Cellular automata in materials science with particular reference to recrystallization simulation. Annual Review of Materials Research, 32: 53-76.

Raabe D. 2004a. Cellular, lattice gas, and Boltzmann automata//Raabe D, Roters F, Barlat F, et al. Continuum Scale Simulations of Engineering Materials. Weinheim: Wiley-VCH.

Raabe D. 2004b. Overview of the lattice Boltzmann method for nano-and microscale fluid dynamics in materials science and engineering. Modelling and Simulation in Materials Science and Engineering, 12: R13-R46.

Rajan K. 2008. Combinatorialmaterial sciences: Experimental strategies for accelerated knowledge discovery. Annual Review of Materials Research, 38: 299-322.

Rappaz M, Gandin C A. 1993. Probabilistic modeling of microstructure formation in solidification processes. Acta Metallurgica et Materialia, 41: 345-360.

Read W T. 1953. Dislocations in Crystals. New York: McGraw Hill.

Rittner J D, Seidman D N. 1996. <110>symmetric tilt grain-boundary structures in FCC metals with low stacking-fault energies. Physical Review B, 54: 6999-7015.

Rodrigues P C R, Fernandes F M S S. 2007. Phase diagrams of alkali halides using two interaction models: A molecular dynamics and free energy study. Journal of Chemical Physics, 126: 024503.

Rollett A D, Srolovitz D J, Anderson M P. 1989. Simulation and theory of abnormal grain growth-anisotropic grain boundary energies and mobilities. Acta Metallurgica, 37: 1227-1240.

Rose J H, Smith J R, Guinea F, et al. 1984. Universal features of the equation of state of metals. Physical Review B, 29: 2963-2969.

Rothman D H, Zaleski S. 1994. Lattice-gas models of phase separation: Interfaces, phase transitions, and multiphase flow. Reviews of Modern Physics, 66: 1417-1479.

Rountree C L, Kalia R K, Lidorikis E, et al. 2002. Atomistic aspects of crack propagation in brittle materials: Multimillion atom molecular dynamics simulations. Annual Review of Materials Research, 32: 377-400.

Ryckaert J P, Ciccotti G, Berendsen H J C. 1977. Numerical integration of the cartesian equations of motion of a system with constraints: Molecular dynamics of n-alkanes. Journal of Computational Physics, 23: 327-341.

Sauzay M, Kubin L P. 2011. Scaling laws for dislocation microstructures in monotonic and cyclic deformation of fcc metals. Progress in Materials Science, 56: 725-784.

Scheraga H A, Khalili M, Liwo A. 2007. Protein-folding dynamics: Overview of molecular simulation techniques. Annual Review of Physical Chemistry, 58: 57-83.

Schiferl S K, Wallace D C. 1985. Statistical errors in molecular dynamics simulations. Journal of Chemical Physics, 83: 5203-5209.

Seidman D N. 2002. Subnanoscale studies of segregation at grain boundaries: Simulations and experiments. Annual Review of Materials Research, 32: 235-269.

Sept D, MacKintosh F C. 2010. Microtubule elasticity: Connecting all-atom simulations with continuum mechanics. Physical Review Letters, 104: 018101.

Shan T R, Devine B D, Hawkins J M, et al. 2010. Second-generation charge-optimized many-body potential for Si/SiO_2 and amorphous silica. Physical Review B, 82: 235302.

Shewmon P. 1989. Diffusion in Solids. Warrendale: TMS.

Shin C S, Robertson C F, Fivel M C. 2007. Fatigue in precipitation hardened materials: A three-dimensional discrete dislocation dynamics modelling of the early cycles. Philosophical Magazine, 87: 3657-3669.

Shirinifard A, Gens J S, Zaitlen B L, et al. 2009. 3D multi-cell simulation of tumor growth and angiogenesis. PLoS ONE, 4: e7190.

Singh D J. 1994. Planewaves, Pseudopotentials, and the LAPW Method. Boston: Kluwer Academic Publishers.

Soper A K. 1996. Empirical potential Monte Carlo simulation of fluid structure. Chemical Physics, 202: 295-306.

Sørensen M R, Voter A F. 2000. Temperature-accelerated dynamics for simulation of infrequent events. Journal of Chemical Physics, 112: 9599-9606.

Spiegel M R. 1988. Schaum's Outline of Physical Chemistry. 2nd ed. Boston: McGraw-Hill.

Srolovitz D J, Anderson M P, Sahni P S, et al. 1984a. Computer simulation of grain growth: 2. Grain-size distribution. Acta Metallurgica, 32: 793-802.

Srolovitz D J, Anderson M P, Grest G S, et al. 1984b. Computer simulation of grain growth: 3. Influence of a particle distribution. Acta Metallurgica, 32: 1429-1438.

Stillinger F H, Webber T A. 1985. Computer simulation of local order in condensed phases of silicon. Physical Review B, 31: 5262-5271.

Suh C W, Rajan K. 2005. Virtual screening and QSAR formulations for crystal chemistry. QSAR and Combinatorial Science, 24: 114-119.

Sutton A P. 1993. Electronic Structure of Materials. New York: Oxford University Press.

Sutton A P, Godwin P D, Horsfield A P. 1996. Tight-binding theory and computational materials synthesis. Materials Research Society Bulletin, 21 (2) : 42-28.

Svyetlichnyy D S. 2010. Modelling of the microstructure: From classical cellular automata approach to the frontal one. Computational Materials Science, 50: 92-97.

Swaminarayan S, LeSar R, Lomdahl P S, et al. 1998. Short-range dislocation interactions using molecular dynamics: Annihilation of screw dislocations. Journal of Materials Research, 13: 3478-3484.

Swendsen R H, Wang J S. 1986. Replica Monte Carlo simulation of spin glasses. Physical Review Letters, 57: 2607-2609.

Swope W C, Andersen H C, Berens P H, et al. 1982. A computer simulation method for the calculation of equilibrium constants for the formation of physical clusters of molecules: Application to small water clusters. Journal of Chemical Physics, 76: 637-649.

Syha M, Weygand D. 2010. A generalized vertex dynamics model for grain growth in three dimensions. Modelling and Simulation in Materials Science and Engineering, 18: 015010.

Taleb A, Stafiej J. 2011. Numerical simulation of the effect of grain size on corrosion processes: Surface roughness oscillation and cluster detachment. Corrosion Science, 53: 2508-2513.

Taylor G I. 1934. The mechanism of plastic deformation of crystals. Part I: Theoretical. Proceedings of the Royal Society of London. Series A, 145: 362-387.

Terentyev D, Zhurkin E E, Bonny G. 2012. Emission of full and partial dislocations from a crack in BCC and FCC metals: An atomistic study. Computational Materials Science, 55: 313-321.

Tersoff J. 1988. New empirical approach for the structure and energy of covalent systems. Physical Review B, 37: 6991-7000.

Thomas L H. 1927. The calculation of atomic fields. Proceedings of the Cambridge Philosophical Society, 23: 542-548.

Thornton K, Poulsen H F. 2008. Three-diemensional materials science: An intersection of three-dimensional reconstructions and simulations. Materials Research Society Bulletin, 33(6): 587-595.

Tikare V, Holm E A, Fan D, et al. 1998. Comparison of phase-field and Potts models for coarsening processes. Acta Materialia, 47: 363-371.

Tikare V, Braginsky M, Bouvard D, et al. 2010. Numerical simulation of microstructural evolution during sintering at the mesoscale in a 3D powder compact. Computational Materials Science, 48: 317-325.

Tilocca A. 2008. Short-and medium-range structure of multicomponent bioactive glasses and melts: An assessment of the performances of shell-model and rigid-ion potentials. Journal of Chemical Physics, 129: 084504.

Timoshenko S. 1970. Theory of Elasticity. New York: McGraw-Hill.

Tsuchiya T, Tsuchiya J. 2011. Prediction of a hexagonal SiO_2 phase affecting stabilities of $MgSiO_3$ and $CaSiO_3$ at multimegabar pressures. Proceeding of the National Academy of Science, 108: 1252-1255.

Uberuaga B P, Bacorisen D, Smith R, et al. 2007. Defect kinetics in spinels: Long-time simulations of $MgAl_2O_4$, $MgGa_2O_4$, and $MgIn_2O_4$. Physical Review B, 75: 104116.

Upmanyu M, Srolovitz D J, Shvindlerman L S, et al. 1999. Misorientation dependence of intrinsic grain boundary mobility: Simulation and experiment. Acta Materialia, 47: 3901- 3914.

van der Giessen E, Needleman A. 2002. Micromechanics simulation of fracture. Annual Review of Materials Research, 32: 141-162.

van Duin A C T, Dasgupta S, Lorant F, et al. 2001. ReaxFF: A reactive force field for hydrocarbons. Journal of Physical Chemistry A, 105: 9396-9409.

Vanderzande C. 1998. Lattice Models of Polymers. New York: Cambridge University Press.

Verlet L. 1967. Computer "experiments" on classical fluids. I. Thermodynamical properties of Lennard–Jones molecules. Physical Review, 159: 98-103.

Verlet L. 1968. Computer "experiments" on classical fluids. II. Equilibrium correlation functions. Physical Review, 165: 201-214.

Vineyard G H. 1957. Frequency factors and isotope effects in solid state rate processes. Journal of Physics and Chemistry of Solids, 3: 121-127.

Volterra V. 2005. Theory of Functionals and of Integral and Integro-Differential Equations. New York: Dover.

von Appen J, Dronskowski R, Hack K. 2004. A theoretical search for intermetallic compounds and solution phases in the binary system Sn/Zn. Journal of Alloys and Compounds, 379: 110-116.

von Neumann J. 1952. Discussion: Shape of metal grains//Herring C. Metal Interfaces. Cleveland: American Society for Metals.

Voter A F. 1986. Classically exact overlayer dynamics: Diffusion of rhodium clusters on Rh(100). Physical Review B, 34: 6819-6829.

Voter A F. 1994. The embedded-atom method//Westbrook J H, Fleischer R L. Intermetallic Compounds: Vol. 1. Principles. New York: Wiley.

Voter A F. 1996. Interatomic potentials for atomistic simulations. Materials Research Society Bulletin, 21(2): 17-19.

Voter A F. 1997a. Hyperdynamics: Accelerated molecular dynamics of infrequent events. Physical Review Letters, 78: 3908-3911.

Voter A F. 1997b. A method for accelerating the molecular dynamics simulation of infrequent events. Journal of Chemical Physics, 106: 4665-4677.

Voter A F, Chen S P. 1986. Accurate interatomic potentials for Ni, Al, and Ni_3Al. Materials Research Society Symposium Proceedings, 82: 175-180.

Voter A F, Montelenti F, Germann T C. 2002. Extending the time scale in atomistic simulation of materials. Annual Review of Materials Research, 32: 321-346.

Vukcevic M R. 1972. The elastic properties of cubic crystals with covalent and partially covalent bonds. Physica Status Solidi (b), 50: 545-552.

Wales D J. 2003. Energy Landscapes. Cambridge: Cambridge University Press.

Wallin M, Curtin W A, Ristinmaa M, et al. 2008. Multi-scale plasticity modeling: Coupled discrete dislocation and continuum crystal plasticity. Journal of the Mechanics and Physics of Solids, 56: 3167-3180.

Wallqvist A, Mountain R D. 2007. Molecular models of water: Derivation and description. Reviews in Computational Chemistry, 13: 183-247.

Wang H Y, LeSar R. 1995. O(N) algorithm for dislocation dynamics. Philosophical Magazine A, 71: 149-164.

Wang H Y, LeSar R. 1996. An efficient fast-multipole algorithm based on an expansion in the solid harmonics. Journal of Chemical Physics, 104: 4173-4179.

Wang H Y, LeSar R, Rickman J M. 1998. Analysis of dislocation microstructures: Impact of force truncation and slip systems. Philosophical Magazine, 78: 1195-1213.

Wang J S, Swendsen R H. 1990. Cluster Monte Carlo simulations. Physica A, 167: 565-579.

Wang Y, Li J. 2010. Phase field modeling of defects and deformation. Acta Materialia, 58: 1212-1235.

Wang Y, Srolovitz D J, Rickman J M, et al. 2003. Dislocation motion in the presence of diffusing solutes: A computer simulation study. Acta Metallurgica, 51: 1199-1210.

Wang Y F, Rickman J M, Chou Y T. 1996. Monte Carlo and analytical modeling of the effects of grain boundaries on diffusion kinetics. Acta Materialia, 44: 2505-2513.

Wang Y U, Jin Y M, Khachaturyan G. 2005. Dislocation dynamics-phase field//Yip S. Handbook of Materials Modeling. Dordrecht: Springer.

Wang Z, Ghoniem N M, LeSar R. 2004. Multipole representation of the elastic field of dislocation ensembles. Physical Review B, 69: 174102.

Wang Z, Ghoniem N M, Swaminarayan S, et al. 2006. A parallel algorithm for 3D dislocation dynamics. Journal of Computational Physics, 219: 608-621.

Wang Z Q, Beyerlein I J, LeSar R. 2007. Dislocation motion in high-strain-rate deformation. Philosophical Magazine, 87(16): 2263-2279.

Wang Z Q, Beyerlein I J, LeSar R. 2008. Slip band formation and mobile density generation in high rate deformation of single FCC crystals. Philosophical Magazine, 88: 1321-1343.

Wang Z Q, Beyerlein I J, LeSar R. 2009. Plastic anisotropy in FCC single crystals in high rate deformation. International Journal of Plasticity, 25: 26-48.

Weertman J, Weertman J R. 1992. Elementary Dislocation Theory. New York: Oxford University Press.

Williams P L, Mishin Y. 2009. Thermodynamics of grain boundary premelting in alloys. II. Atomistic simulation. Acta Materialia, 57: 3786-3794.

Wilson E B, Decius J C, Cross P C. 1955. Molecular Vibrations. New York: Dover Publications.

Wolf D. 2005a. Introduction: Modeling crystal interfaces//Yip S. Handbook of Materials Modeling, vol. A. Dordrecht: Springer.

Wolf D. 2005b. Structure and energy of grain boundaries//Yip S. Handbook of Materials Modeling, vol. A. Dordrecht: Springer.

Wolf D, Keblinski P, Phillpot S R, et al. 1999. Exact method for the simulation of Coulombic systems by spherically truncated, pairwise r^{-1} summation. Journal of Chemical Physics, 110: 8254-8282.

Wolff U. 1989. Collective Monte Carlo updating for spin systems. Physical Review Letters, 62: 361-364.

Wolfram S. 1986. Theory and Applications of Cellular Automata. Singapore: World Scientific.

Wolfram S. 2002. A New Kind of Science. Champaign: Wolfram Media.

Woodward C, Trinkle D R, Hector Jr L G, et al. 2008. Prediction of dislocation cores in aluminum from density functional theory. Physical Review Letters, 100: 045507.

Wulf W M. 1998. The image of engineering. Issues in Science and Technology Online, Winter. http://issues.org/wulf-21.

Yamakov V, Wolf D, Phillpot S R, et al. 2002. Grain-boundary diffusion creep in nanocrystalline palladium by molecular-dynamics simulation. Acta Materialia, 50: 61-73.

Yip S. 2005. Atomistic calculations for structure-property correlations//Yip S. Handbook of Materials Modeling, vol. A. Dordrecht: Springer.

Yu J, Sinnott S B, Phillpot S R. 2007. Charge-optimized many body potential for the Si/SiO_2 System. Physical Review B, 75: 085311.

Zacate M O, Grimes R W, Lee P D, et al. 1999. Cellular automata model for the evolution of inert gas monolayers on a calcium (111) surface. Modelling and Simulation in Materials Science and Engineering, 7: 355-367.

Zacharapolous N, Srolovitz D J, LeSar R. 1997. Dynamic simulation of dislocation microstructures in mode III cracking. Acta Materialia, 45: 3745-3763.

Zacharapolous N, Srolovitz D J, LeSar R. 2003. Discrete dislocation simulations of the development of a continuum plastic zone ahead of a mode III crack. Journal of the Mechanics and Physics of Solids, 51: 695-713.

Zbib H M, Rhee M, Hirth J P. 1998. On plastic deformation and the dynamics of 3D dislocations. International Journal of Mechanical Sciences, 40: 113-127.

Zhang H Z, Liu L M, Wang S Q. 2007. First-principles study of the tensile and fracture of the Al/TiN interface. Computational Materials Science, 38: 800-806.

Zhou C Z, LeSar R. 2012a. Dislocation dynamics simulations of Bauschinger effects in metallic thin films. Computational Materials Science, 54: 350-355.

Zhou C Z, LeSar R. 2012b. Dislocation dynamics simulations of plasticity in polycrystalline thin films. International Journal of Plasticity, 30-31: 185-201.

Zhou C Z, Biner S B, LeSar R. 2010a. Discrete dislocation dynamics simulations of plasticity at small scales. Acta Materialia, 58: 1565-1577.

Zhou C Z, Biner S B, LeSar R. 2010b. Simulations of the effect of surface coatings on plasticity at small scales. Scripta Materialia, 63: 1096-1099.

Zhou C Z, Beyerlein I J, LeSar R. 2011. Plastic deformation mechanisms of fcc single crystals at small scales. Acta Materialia, 59: 7673-7682.

Zhou N, Shen C, Mills M J, et al. 2011. Modeling displacive-diffusional coupled dislocation shearing of γ_ precipitates in Ni-base superalloys. Acta Materialia, 59: 3484-3497.

Zwanzig R. 2001. Nonequilibrium Statistical Mechanics. New York: Oxford University Press.